Donald Cardwell

Viewegs Geschichte der Technik

In Viewegs Reihe zur Geschichte der Naturwissenschaften wollen wir neue Aspekte und Interpretationen der Wissenschaftsgeschichte einem breiten Publikum zugänglich machen. International anerkannte Historiker schreiben allgemeinverständlich über ihr Spezialgebiet und zeigen so spannende Zusammenhänge der Wissenschaftsentwicklungen in den letzten Jahrhunderten auf.

Peter J. Bowler
Viewegs Geschichte der Umweltwissenschaften

William H. Brock
Viewegs Geschichte der Chemie

Donald Cardwell
Viewegs Geschichte der Technik

John North
Viewegs Geschichte der Astronomie und Kosmologie

Vieweg

Donald Cardwell

Viewegs Geschichte der Technik

Aus dem Englischen übersetzt
von Peter Hiltner

Titelgraphik:
Pläne für die Menai-Hängebrücke sowie die Eisenbrücke über den Fluß Severn von Thomas Telford

Originalausgabe:
© Fontana Press, Imprint of Harper Collins Publishers,
London 1994
Authorised translation from English language edition
"The fontana history of Technology".

Alle Rechte vorbehalten
© Friedr. Vieweg & Sohn Verlagsgesellschaft mbH, Braunschweig/Wiesbaden, 1997
Softcover reprint of the hardcover 1st edition 1997

Der Verlag Vieweg ist ein Unternehmen der Bertelsmann Fachinformation GmbH.

Das Werk einschließlich aller seiner Teile ist urheberrechtlich geschützt. Jede Verwertung außerhalb der engen Grenzen des Urheberrechtsgesetzes ist ohne Zustimmung des Verlags unzulässig und strafbar. Das gilt insbesondere für Vervielfältigungen, Übersetzungen, Mikroverfilmungen und die Einspeicherung und Verarbeitung in elektronischen Systemen.

Gedruckt auf säurefreiem Papier

ISBN-13:978-3-322-83124-8   e-ISBN-13:978-3-322-83123-1
DOI: 10.1007/978-3-322-83123-1

Vorwort

Die Geschichte der Technik beginnt bereits mit dem sogenannten „eotechnischen" oder frühtechnischen Zeitalter und den einfachsten Werkzeugen und Handwerkskünsten. Faktisch beginnt die Geschichte des *Homo sapiens* mit den ersten Werkzeugen, die von Archäologen gefunden wurden; sie setzt sich dann fort durch die verschiedensten Kulturen und Zivilisationen bis in die heutige Epoche der Computer und der Raumfahrt. Es handelt sich um die längste, die allgemeinste und, wie man sagen kann, die fundamentalste Form der weltlichen Geschichtsschreibung. Sie ist am wenigsten mit lokalen, nationalen oder rassistischen Vorurteilen belastet – oder kann wenigstens sehr leicht so dargestellt werden. Sie umfaßt nicht nur eine enorme Zeitspanne, sondern auch eine enorme Bandbreite der Erfindungen, die von einfachsten Gegenständen wie einer Zeichenfeder bis hin zu den allerkompliziertesten reicht. Von daher verbietet sich jeder Versuch, eine vollständige Geschichtsschreibung der Technik präsentieren zu wollen. Eine Auswahl ist unabdingbar. Glücklicherweise gibt es zwei sehr vernünftige Leitlinien: Wie bedeutsam war eine bestimmte Erfindung oder Serie von Erfindungen?, und in welchem Ausmaß hat sie andere Erfindungen oder Neuerungen stimuliert? Diese beiden Kriterien fallen oft, aber keineswegs immer, zusammen. Es ist durchaus möglich, daß eine Erfindung zwar sehr bedeutsam war, aber keine weiteren Erfindungen angeregt hat.

Zu den Merkmalen der Technologie, die mit der Zeit immer mehr an Bedeutung gewonnen haben, gehört die enge Wechselbeziehung zur Wissenschaft. Daraus ergibt sich eine weitere Leitlinie. Diese Wechselbeziehung ist und war schon immer symmetrisch. Die Wissenschaft hat von der Technologie nicht weniger profitiert als umgekehrt. Ungeachtet dessen scheinen sich die Wissenschaftshistoriker und die Technologiehistoriker in zwei völlig getrennte Gruppen aufzuspalten, obwohl ohne gebührende Beachtung der jeweils anderen Seite weder eine befriedigende Wissenschaftsgeschichte noch eine befriedigende Technologiegeschichte geschrieben werden kann. Es ist meine Hoffnung, daß die folgende Arbeit ein Stück weit zum Verständnis dieser offenkundigen Tatsache beiträgt. Es gibt einige Wissenschaftshistoriker, die verächtlich auf die Technologiegeschichte herabgesehen haben; so hat z.B. ein verstorbener Wissenschaftshistoriker den Unterschied zwischen der Wissenschafts- und der Technologiegeschichte als den Unterschied zwischen den Denkern und den Flickschustern beschrieben. In Wirklichkeit verdankt die Wissenschaft der Technologie sehr viel, und eine Wissenschaftsgeschichte ohne Berücksichtigung der Technologie gibt einfach keinen Sinn.

Das vorliegende Buch beruht auf Vorlesungen und Seminaren, die während der vergangenen 25 Jahre am Institut für Wissenschaft und Technologie der Universität von Manchester stattfanden. Ich hoffe, daß es in anderen Instituten für ähnliche Zwecke von Nutzen sein kann. Es liegt in der Natur der Sache, daß es ein Zwischenprodukt darstellt, da es sich mit einem in gewisser Hinsicht neuen Thema befaßt, nämlich mit einer Wissenschafts- und Technologiegeschichte. Deshalb möge es einfach als ein Beitrag gesehen werden, eine integrierte und verwertbare Technologiegeschichte zu schaffen. Die wesentliche Grenze dieses Buches liegt darin, daß es sich hauptsächlich auf physikalische Technologien beschränkt.

Ich meine, daß es wenigstens einen weiteren, genauso umfangreichen Band erfordern würde, wollte man den Biotechnologien nur einigermaßen Gerechtigkeit widerfahren lassen. Ebenso spielt auch die chemische Technologie nur eine untergeordnete Rolle; der Grund dafür ist, daß bereits exzellente Geschichtswerke über Chemie und Chemietechnologie erhältlich sind. Eine andere Grenze ist, daß man der Meinung sein kann, es betone in unbilliger Weise die englischen Erfahrungen. Ich möchte dem verständnisheischend entgegenhalten, daß die große, als industrielle Revolution bekannte Bewegung unbestreitbar im 18. Jahrhundert von England ihren Ausgang genommen hat, und daß es unrealistisch wäre, von einem Angehörigen des Kernlands dieser Revolution zu erwarten, daß er darüber schreibt, als wäre all dies am anderen Ende der Welt geschehen.

Nun bleibt mir nur noch, meinen Freunden sowie meinen ehemaligen und gegenwärtigen Kollegen für viele anregende Diskussionen, Kommentare und konstruktive Kritik zu danken. Besonders dankbar bin ich Michael Bailey, Dr. K.R. Barlow, Dr. Michael Duffy, Dr. Kathleen Farrar und ihrem Ehegatten, dem verstorbenen Dr. Wilfred Farrar, R.S. Fitzgerald, Dr. Patrick Greene und dem gesamten Personal des Museums der Wissenschaft und der Industrie in Manchester, Rev. Dr. Richard Hills, J.O. Marsh, Dr. Arnold Pacey, Dr. John Pickstone und Dr. Alan Williams sowie allen anderen Mitgliedern der „Manchester-Schule", den Bibliothekaren und ihren Mitarbeitern in Manchester und an allen anderen Orten, und schließlich, last but not least, vielen Doktoranden und Studenten. Die Verantwortung für eventuelle Fehler kommt selbstverständlich mir allein zu.

Inhaltsverzeichnis

1	Einleitung	1
2	Griechische Getriebe	12
3	Neue Welten und die Informationsrevolution	31
4	Die wissenschaftliche Revolution	49
5	Vernunft und Verbesserung	67
6	Verwirklichter Fortschritt	83
7	Die Geburt der Fabrik	99
8	Autonome Technologie: Die Eigendynamik des Fortschritts	116
9	Das napoleonische Europa	132
10	Straßen, Schienen und eine neue Energiewirtschaft	148
11	Die öffentliche Seite der Technologie: Kunstfertigkeit und Intelligenz	164
12	Die Fortschrittsflut	179
13	Drei innovative Jahrzehnte	195
14	Eine zweite industrielle Revolution	214
15	Das Jahrhundert der Kriege	234
16	Fallbeispiele	253
17	Großtechnologie – die Zukunft im Visier	273
18	Technologie und der Einzelne: Kleine Technologie	294
19	Anmerkungen zu einer Philosophie der Technologie	313
Sachwortverzeichnis		333

1 Einleitung

„Jede Wissenschaft", schrieb James Clerk Maxwell, „besitzt ein Präzisionsinstrument, das als ihr materielles Symbol gelten kann, weil es einen Forscher dieser Wissenschaft in die Lage versetzt, seine Resultate in meßbarer Form auszudrücken. So gibt es in der Astronomie den Sextanten und die Armillarsphäre, in der Chemie die Balkenwaage und in der Wärmelehre das Thermometer. *Möchte man die Zivilisation als Ganzes symbolisieren, so eignen sich dafür ein Metermaß, ein Satz Gewichte und eine Uhr*[1]". Damit erkennt Maxwell die zentrale Rolle der Technik in der menschlichen Entwicklung uneingeschränkt an, denn ein Metermaß, ein Gewichtssatz und eine Uhr sind sowohl Instrumente für die Technik als auch Produkte der Technik. Es ist das Ziel des vorliegenden Buches, diese Behauptung Maxwells zu illustrieren und zu bestätigen; gleichzeitig möchte es ein wenig Licht auf das Wesen der Technik und die Rahmenbedingungen des technischen Fortschritts werfen.

Ein unvoreingenommener Leser mag sich wundern, weshalb angesichts ihrer offenkundigen Bedeutung die Geschichte der Technik weder in Bücherregalen noch in Schulen, Kollegien oder Universitätslehrplänen einen hervorgehobenen Platz einnimmt. Unabhängig von unseren Meinungen und unserem Vorverständnis kann man nicht leugnen, daß die Technik zu einem bestimmenden Faktor geworden ist – bestimmend für die meisten menschlichen Aktivitäten, für die Erwartungen und sogar die Glaubensüberzeugungen der Menschen. Die Technik besitzt ein fast unbegrenztes Potential zum Guten, ihr Mißbrauch aber kann (daran werden wir sehr häufig erinnert) eine Katastrophe für alle bedeuten. Gemessen an der Zeitspanne seit dem Auftreten der ersten menschlichen Wesen auf der Erde zeigt die Geschichte, daß zivilisierte Gesellschaften erst vor sehr kurzer Zeit auf den Plan traten. Das bedeutet, daß Politik, Literatur, Philosophie usw. – alle Dinge also, mit denen sich die gewöhnliche Geschichte beschäftigt – noch junge Erfindungen sind. Im Gegensatz dazu läßt sich die menschliche Technik bis zu den allerersten Anfängen der Menschheit zurückverfolgen. Genau gesagt, beginnt die Geschichte des Menschen eben mit den ersten archäologischen Nachweisen von „Technik". Die Geschichte der Technik ist deshalb die fundamentalste und umfassendste aller Geschichtsschreibungen. So gut wie jeder alltägliche Gebrauchsgegenstand beinhaltet eine ausgefeilte Technik. Ein offensichtliches Beispiel ist der Videorekorder; doch wird heute selbst das einfachste Utensil oder Werkzeug, auch wenn es seine äußere Form wenig verändert hat, aus völlig neuen Substanzen und mit Hilfe komplexer Verfahren erzeugt. Fällt eine vernünftige und knappe Geschichte der Technik vielleicht deshalb so schwer, weil das Thema zu kompliziert und das Material zu mannigfaltig ist? Ein wenig Nachdenken läßt vermuten, daß die Kompliziertheit nicht so sehr die Ursache als vielmehr eine Folge des unterentwickelten Zustands der Technikgeschichte ist. Jeder Geschichtszweig beruht notwendigerweise auf einer Reihe von unterscheidenden Urteilen. Was für unwichtig gehalten wird, läßt man beiseite, oder man delegiert es an Liebhaber oder Antiquariate. Zwar würde der Versuch, alles gleich am Anfang zu definieren,

---

[1] Hervorhebung durch den Autor

die zu behandelnden Gegenstände nur verwirren, eine gewisse Einteilung ist aber dennoch geboten. Auf der einen Seite gibt es Handwerk und Technik, auf der anderen Technologie und Wissenschaft. Auf beiden Seiten gibt es Erfindungen, sowie Neuerungen, durch welche die Erfindungen in die Praxis umgesetzt werden. Allgemein kann man sagen, daß Erfindungen im Zusammenhang mit Technik und Handwerk nicht auf systematischem Wissen beruhen, sondern empirisch sind, während Erfindungen, die aus der Technologie und der angewandten Wissenschaft folgen, eben auf systematischer wissenschaftlicher Kenntnis aufbauen. Die Zahl der Erfindungen aus der zweiten Kategorie ist naturgemäß in den zwei Jahrhunderten seit der wissenschaftlichen Revolution stark angestiegen. Allerdings – und hier liegt ein Fallstrick – darf man nicht vergessen, daß zu erfolgreichen Neuerungen viel mehr gehört, als diese einfache Einteilung beinhaltet. Ich hoffe, daß dieser Punkt aus dem Fortgang des Buches ersichtlich wird.

Welche Themen wollen wir also zur Technikgeschichte zählen? Bevor ich versuchsweise eine Antwort auf diese Frage vorschlage, wollen wir kurz auf die Arbeiten eingehen, durch welche diese Disziplin heute repräsentiert wird. Zunächst gibt es da enzyklopädische Untersuchungen wie die siebenbändige Oxford History of Technology. Jedes Kapitel stammt von einem anderen Autor und behandelt eine spezifische Technologie. Der Vorteil von Spezialistenwissen und -fähigkeiten wird erkauft um den Preis einer etwas unzusammenhängenden Auswahl, die häufig versäumt, die Verbindungen zwischen den verschiedenen Technologien aufzuzeigen. Diese Schwierigkeiten wurden im Fall von Werken, die aus der Feder eines einzelnen Gelehrten (wie Forbes, Klemm und Usher) stammen und sich auf spezielle Themen beschränken, vermieden. Über die Umstände, die bestimmte Neuerungen begünstigt haben, und über die sozialen und wirtschaftlichen Folgen dieser Neuerungen haben die Wirtschaftshistoriker Habbakuk, Landes, Musson, Robinson, Rosenberg und andere tiefschürfende Studien vorgelegt. Es ist freilich klar, daß Wirtschaftshistoriker gewöhnlich an technologischen Fragen weniger interessiert sind als an den mit der Technik verbundenen wirtschaftlichen und sozialen Faktoren. Aber immerhin wird dadurch ein Stück weit für den notwendigen Ausgleich zu dem naiven Enthusiasmus gesorgt, mit dem eine Vielzahl von Verfassern populärwissenschaftlicher, reich bebilderter Bücher über Lokomotiven, Oldtimerautos, Eisenbahnzüge, Flugzeuge und Waffentechnik daherkommen. Am amateurhaft und praktisch orientierten Ende der Technikgeschichte schließlich befinden sich die Industriearchäologen. Ihre Sorge ist es, die Überbleibsel aus der Zeit der Industrialisierung möglichst vollständig zu dokumentieren und in besonders wichtigen Fällen auch zu bewahren. Sie haben bemerkt, daß viele einzigartige Relikte entweder am Zerfallen sind oder kurz vor dem Abriß stehen und fordern, daß diese der Nachwelt erhalten bleiben sollen. Das ist gewiß ein außerordentlich verdienstvolles Unterfangen, aber es führt uns nicht ins Herz der Technologiegeschichte – es hilft nicht, die Prozesse zu erklären, durch welche die Technologie voranschreitet (wobei die Industriearchäologen freilich antworten würden, daß das ja gar nicht ihr Ziel ist).

Ich möchte diese Zugänge zur Technikgeschichte in keiner Weise kritisieren, meine aber, daß andere, ergänzende Zugänge nicht weniger Berechtigung haben, auch wenn sie bei weitem noch nicht auf demselben Entwicklungsstand angekommen sind. So kann man sich insbesondere vorstellen, daß die Technikgeschichte auf die Wissenschaftsgeschichte und auf die Ideengeschichte allgemein Bezug nimmt. Dabei muß freilich betont werden, daß eine solche Betrachtungsweise der Technik nicht bedeuten soll, daß diese eine abhängige Variable sei, die parasitär ihre Ideen von der Wissenschaft bezöge. Sie bleibt vielmehr eine gleichberechtigte Partnerin, die zum gesamten Wissensstand mindestens ebensoviel beiträgt wie sie davon empfängt. Auf dieser Anschauung ist jedenfalls das vorliegende Buch aufgebaut, und von ihr beziehe ich die Kriterien, zu entscheiden, was wichtig ist und was weggelassen werden kann.

Meine Betrachtungsweise unterstellt auch nicht, daß nur die am meisten wissenschaftlich orientierten Zweige der Technik Beachtung verdienen. Wie bereits bemerkt, ist mein Vorhaben unter anderem dies, die Methoden der Technik und die Umstände ihres Fortschreitens zu untersuchen, und davon haben keineswegs alle einen Bezug zur Wissenschaft. Sobald technische Neuerungen in den Alltag übernommen sind und sich, wie die Wissenschaft, selbst weitertragen, haben wir einen Maßstab für Unterscheidungen zur Verfügung. An diesem Punkt beginnt die Technologie, sich aus der Technik und der Ansammlung handwerklichen Wissens heraus – welche die Bedürfnisse der Gesellschaft lange befriedigen konnten und manchmal auch zu neuen Erfindungen geführt haben – eigenständig zu entwickeln. Die Technik besteht natürlich weiterhin, so bedeutsam wie immer oder noch bedeutsamer. Mein Prüfstein werden aber die universelle Tragweite und die Auswirkungen einer bestimmten Entdeckung sein, ferner die Originalität und die Tiefe der Einsicht des Erfinders. Kurz gesagt, hoffe ich einige der Hauptlinien im jahrhundertelangen Prozeß der technischen Entwicklung zu identifizieren, die dann den Rahmen für eine systematische Technologiegeschichte abgeben können. Dieses Verfahren ist keineswegs revolutionär. Es stellt im Gegenteil eine sehr natürliche Wahl dar, nachdem das Wort „Technologie" eine Beziehung zur Wissenschaft (die ich hier einfach als systematisches Wissen ohne speziellen Zweck definieren möchte) und zur industriellen Kunstfertigkeit bereits beinhaltet. Warum ist es dann trotz der Werke von Wolf, Crombie, Forbes und Dijksterhuis nicht zur Norm geworden? Dafür gibt es mehrere Gründe. Vor allem mangelte es schon immer an Kommunikation zwischen den verschiedenen Technik- und Wissenschaftshistorikern (dies wird etwas weiter unten beispielhaft belegt); sodann liegt es an der ausgeprägten Spezialisierung der Untersuchungen, die einheitliche Betrachtungsweisen nicht fördert, sondern eher zur Spaltung führt und den zusätzlichen Nachteil hat, daß diejenigen, welche die Geschichtswissenschaft zu ihrem Fach gewählt haben, ganz bewußt die Naturwissenschaft ablehnen. Schließlich kommt noch der ziemlich unterentwickelte Stand der Wissenschaftsgeschichte dazu.

Die industrielle Revolution, die im England des 18. Jahrhunderts ihren Ausgang nahm, muß im Prinzip tiefgreifende Auswirkungen auf die Naturwissenschaft (wie auf praktisch alle menschlichen Aktivitäten) gehabt haben. Ungeachtet dessen hatten bis in die jüngste Zeit viele Historiker und Philosophen der Naturwissenschaft die Tendenz, die Naturwissenschaft stillschweigend als rein intellektuelle Angelegenheit zu begreifen, die sich nur mit abstrakten Gedanken befaßt, an Experimenten wenig Interesse hat, zweckfrei und ohne direkte Verbindung zu Errungenschaften ist, die von Nützlichkeitserwägungen bestimmt sind. Diese Einstellung rührt zum Teil von den methodologischen Interessen gerade der Wissenschaftsphilosophen her, die am meisten von sich reden machen; zum Teil aber auch aus dem Willen, die Naturwissenschaft vor den verheerenden Fesseln zu bewahren, die ihr von totalitären politischen Systemen angelegt werden könnten. Zu einem gewissen Grad hängt diese Einstellung zweifellos aber auch mit den Wertvorstellungen und Vorurteilen der ausgeprägten Klassengesellschaften früherer Jahrhunderte zusammen. So schrieb Rev. William Whewell (1794–1866), der in Cambridge am Trinity College arbeitete, eine umfassende Abhandlung über die Geschichte der Naturwissenschaft (die erste englische Arbeit zu dem Thema), und eine weitere über die Philosophie der Naturwissenschaften. Die Technik erwähnte er so gut wie gar nicht. Hingegen schrieb Samuel Smiles, etwas jünger als Whewell, allgemeinverständliche aber dennoch auch wissenschaftlich beachtenswerte Bücher über die Geschichte der Technik oder des Ingenieurwesens. Die Naturwissenschaften kommen darin kaum vor. Zwischen diesen beiden Autoren gab es keine Verbindung und keinen Austausch, sie lebten und schrieben in unterschiedlichen Welten – und ihre jeweiligen Nachfolger haben den Bruch verewigt. Die Folgen waren sehr unglücklich. In England (sic!) hat das Technologiestudium nie auch nur entfernt das Prestige gewinnen können, welches das Studium der klassischen Antike, der Mathematik, der Naturwissenschaft und der modernen Literatur fraglos besitzt. Dasselbe gilt auch für andere europäische Nationen. Vielleicht ist das der Grund dafür, daß die Geschichte der Technik in den USA erfolgreicher als in England und einigen anderen europäischen Ländern verfolgt worden ist. An dieser Stelle sollten wir die Leitgedanken, die bei der Erstellung der akademischen Lehrpläne Pate gestanden und die verschiedenen Disziplinen geprägt haben, etwas genauer unter die Lupe nehmen. In die heutigen, noch einigermaßen zusammenhängenden, Disziplinen wurden die Wissenschaften erstmals im revolutionären und napoleonischen Frankreich aufgeteilt. Es ist aber keine Frage, daß es die deutschen Universitäten waren, im 19. Jahrhundert – wohlverdientermaßen – einen hervorragenden Ruf als die auf der Welt in Wissenschaft und Forschung führenden Schulen erlangten. Wilhelm von Humboldt (1767–1835), dem dieser durchschlagende Erfolg des deutschen Universitätswesens wohl zum größten Teil zu verdanken ist, hatte das Ideal, daß eine Universität das reine Lernen fördern sollte und daß die Studenten eine Liebe zur Forschung, zum zweckfreien Lernen, entwickeln und dieses selbständig und unter der Anleitung eines anerkannten Gelehrten einüben sollten. Praktische oder berufsbezogene Studien wie Technologie, von denen er glaubte, sie würden lediglich ein Auswendiglernen von Fakten beinhalten, sollten ausgeschlossen sein. Dieses pädagogische Glaubensbekenntnis ging zurück bis auf Platon und Aristoteles und wurde von den führenden Schichten in ganz Europa geteilt. Freilich ließ sich von Humboldts Ideal nie voll verwirklichen. Im weiteren Verlauf des Jahrhunderts brachten es die fortschreitende Spezialisierung und die Ausbildungsanforderungen einer sich schnell entwickelnden Nation mit ihrem rasch wachsenden Bedarf an Schullehrern, Rechtsanwälten, Ärzten, Beamten und Verwaltungsangestellten mit sich, daß das von Humboldtsche Programm immer mehr ausgedünnt wurde. Dennoch wirkt das universitäre Ideal eines zweckfreien Lernens und Forschens bis heute weiter, wie die noch immer aktuelle Rede von der „reinen Wissenschaft" zeigt. In der Praxis wurden die „reinen Wissenschaften" allerdings auf dem Verwaltungsweg definiert: es waren einfach die Wissenschaften der Universitäten und nicht der technischen Hochschulen. Viele ausländische Studenten, die an deutschen Universitäten studiert hatten, kehrten, begreiflicherweise begeistert von deutscher Wissenschaft, Forschung und Ausbildung, heim und brachten das Modell der reinen Wissenschaft nach Amerika, nach England und in andere Länder. Was die deutschen Technischen Hochschulen und später die Technischen Universitäten betrifft, so konnten sie zwar die Bedeutung einer freien Forschung betonen, aber kaum die eines zweckfreien Lernens; ihr Einfluß auf die ausländische Meinungsbildung wohl weitaus geringer.

Das soll keinerlei Kritik an dem bewundernswerten System der deutschen Hochschulausbildung sein. Vielmehr ist der springende Punkt einfach der, daß ein großer Teil der Wissenschaftsgeschichte und -philosophie sich bis in die jüngste Zeit unter dem Einfluß der deutschen Universitätspraxis entwickelt hat, die in ihren wesentlichen Zügen auch in der übrigen zivilisierten Welt befolgt wurde. Die „Geschichte der Technikgeschichte" zeigt dadurch aber die Auswirkungen einer fachfremden bürokratischen Verwaltung. Bis zu einem gewissen Grad ist der Ausschluß der Technik aus der Wissenschaftsgeschichte eine Folge des Ausschlusses der Technik aus den deutschen Universitäten. Freilich soll die Autonomie weder der Wissenschaft noch der Technologie bestritten werden. Es ist ganz klar, daß weite Gebiete der Wissenschaftsgeschichte – etwa die Stellarastronomie seit dem 18. Jahrhundert – mit der Technologie nur am Rande, z.B. über wissenschaftliche Meßgeräte, zusammenhängen.

Die Gegenstände des akademischen Interesses sind Modeerscheinungen unterworfen und verändern sich deshalb im Laufe der Zeit. In den zwanziger und dreißiger Jahren dieses Jahrhunderts beschäftigte man sich heftig mit Fragen wie: Existieren Elektronen und wenn ja, in welchem Sinn? Welche Folgen hat die Unschärferelation für das Problem des freien Willens? Welche Bedeutung kann man der Aussage beimessen, daß die Raum-Zeit gekrümmt ist? Diese – gewiß interessanten – Fragen sind heute aus der Mode gekommen. Auf jeden Fall wurden sie durch die Ereignisse seit 1940 von ganz anderen und vielfach sehr beklemmenden Fragen verdrängt: Wie kann man die Wissenschaftler und Technologen so organisieren, daß die noch in den Kinderschuhen befindliche Elektronik entscheidende Kriegsbeiträge liefern kann? Wie kann man eine Atombombe bauen? Oder, nach dem Ende des Krieges: Welche Aussichten ergeben sich für eine organisierte Wissenschaft und Technologie? Welche moralische Verantwortung kommt den Wissenschaftlern und Technologen zu? Was kann getan werden, um die verschiedenen Formen der Umweltverschmutzung zu begrenzen oder zu beenden? Gehen wir einer unabwendbaren Energiekrise entgegen? Wie steht es mit der globalen Erwärmung? Wir sehen aus all dem, daß die Gesellschaft heute tief und unwiderruflich in wissenschaftliche und technische Probleme verstrickt ist, und erkennen, daß die Wissenschaft heute einer sozialen Kontrolle unterliegt wie nie zuvor – in einem Ausmaß, das für Lavoisier, Ampère, Faraday, Joule, Liebig, Clausius und all die anderen Leitfiguren der wissenschaftlichen Welt vor hundert oder zweihundert Jahren sicherlich ein Albtraum gewesen wäre. Für intelligente, aber nicht wissenschaftlich geprägte Menschen unserer Zeit gelten die Triumphe der modernen Wissenschaft gewöhnlich als Triumphe der Technologie. Daran läßt sich nichts ändern, denn die Wissenschaft, die Technik und die Politik sind heute engstens miteinander verknüpft. Die Bindeglieder heißen nationale Verteidigung, Bildung, institutionalisierte Forschung, die Bedürfnisse einer wissenschaftlich ausgerichteten Industrie, und viele weitere hochrangige Aufgaben. Es gibt hier unzählige Probleme und offene Fragen, Material für zahllose ausgedehnte Debatten und gelehrte Abhandlungen; leider müssen aber in diesem Buch die Auswirkungen der Wissenschaft und Technik auf die Gesellschaft und – nicht weniger gewichtig – die Einflüsse der Gesellschaft auf Wissenschaft und Technik außer Betracht bleiben.

Wir beschränken uns daher auf den Versuch, die wesentlichen Wendepunkte in der Technikgeschichte ausfindig zu machen und die Prinzipien, die dabei eine Rolle spielen, zu beleuchten. Es geht mir nicht um die Feinheiten einzelner Erfindungen; diese sind in verschiedenen Spezialuntersuchungen angemessen beschrieben. Ferner haben die Begrenztheit des zur Verfügung stehenden Platzes, des mir verfügbaren Wissens und der mir zugänglichen Information zusammen bewirkt, daß ich auch so entscheidende Wendepunkte wie die Erfindung der Schrift, des Wasserrads, des Kalenders, des Kanus, des Speers und des Spatens sowie viele andere Schlüsselentwicklungen in der frühen Geschichte der Menschheit nicht diskutieren kann. Ich kann hier kaum mehr tun als die Errungenschaften der chinesichen, indischen und islamischen Zivilisationen kurz zu erwähnen. Konzentriert habe ich mich auf die Entwicklung der Technik und Technologie seit dem frühen Mittelalter in Europa, was allein schon ein umfangreiches Thema ist. Ich rechtfertige dies auf zweierlei Weise. Erstens gibt es gute Gründe für die Ansicht, daß irgendwann im frühen Mittelalter eine bemerkenswerte Veränderung in der Wahrnehmung der Natur und der Einstellung ihr gegenüber eingetreten ist, die in Zusammenhang steht mit einer Reihe grundlegender Erfindungen – Erfindungen, deren letztliche Bedeutung weit über ihre momentane Nützlichkeit hinausgeht. Das betrifft z.B. die Druckerpresse, die Uhr mit Gewichten, das Spinnrad, die Kanone und den Hochofen. Diese Erfindungen, zusammen mit einer veränderten Wahrnehmung der Natur und mit einem erneuerten Interesse am Lernen (was ja allein schon Anzeichen für eine innovative Grundeinstellung ist), ermöglichten die – wie sie treffend genannt wird – wissenschaftliche Revolution des 17. Jahrhunderts. Obwohl sich schon in der antiken Welt erste Beispiele finden lassen, beginnt die Technologie effektiv erst im 18. Jahrhundert in England und Frankreich. Dabei unterscheiden wir die Technologie von der Technik, auch in deren fortgeschrittenen Form wie beispielsweise der Druckerpresse. Der Beginn einer *technologischen* Entwicklung wird deutlich in den Bereichen der Kommunikation, der Energiequellen, der Mechanisierung und der frühen chemischen Industrie. Zu ihren Kennzeichen gehört die Bereitschaft, systematische Forschungsmethoden anzuwenden und die neuesten Erkenntnisse der Wissenschaft zu nutzen; darüber hinaus ist unverkennbar, daß die Technologie auch eigene Methoden entwickelt hat. Der rasche Aufstieg der Technologie begann etwa mit der Blütezeit der industriellen Revolution in England. Er zeitigte tiefgreifende geistige Auswirkungen und sowohl soziale als auch wirtschaftliche Folgen nicht nur in England, sondern in der ganzen Welt.

Die Entwicklung der modernen Technologie läßt sich ohne eine gewisse Kenntnis ihrer wissenschaftlichen Seite sicherlich nicht verstehen. Zu dieser Seite gehören vor allem der Energiebegriff von Carnot, Joule, Kelvin und Clausius sowie die Feldtheorie von Faraday, Maxwell und deren Nachfolgern. Andererseits ist es schwierig – darauf möchte ich besonders hinweisen – sich vorzustellen, wie diese hätten entwickelt werden können, wenn es die Anregungen durch die gleichzeitigen technologischen Problemstellungen nicht gegeben hätte. Die zweite wissenschaftliche Revolution, die in der Mitte des 19. Jahrhunderts einsetzte, wurde von einer neuen industriellen Revolution begleitet, die stetig an Triebkraft hinzugewonnen hat und bis heute nicht abgeschlossen ist.

Ich habe aus diesen Überlegungen heraus die vorliegende Arbeit in drei Teile geteilt: Der erste behandelt die technische Entwicklung und den Aufstieg der modernen Naturwissenschaft bis zum 17. Jahrhundert, der zweite die industrielle Revolution und der dritte führt die Linie weiter von der Mitte des 19. Jahrhunderts bis in die Gegenwart.

Eine erklärende und entschuldigende Bemerkung halte ich schließlich noch für angebracht. Ich gebe zu, daß man mich der Heldenverehrung bezichtigen könnte, oder zumindest der Überbetonung der Wichtigkeit von Individuen auf Kosten des sozialen Systems. Ohne Zweifel ist dies aber ebensosehr eine Frage des Geschmacks wie des Urteils. Eine historische Erzählung ist nicht die schlechteste Darstellungsweise und gewinnt sogar, wenn die Arbeiten und eine kurze Lebensbeschreibung herausragender Gestalten zu den Einzelheiten ihrer Erfindungen hinzukommen. Das Eingehen auf Einzelpersonen kann auch helfen, wesentliche Züge des technologischen Fortschritts exemplarisch zu verdeutlichen, den diese Forscher entscheidend mitgeprägt haben. Ich gebe auch zu, daß man mich anklagen könnte, einem „Triumphalismus" zu huldigen. Doch hat die Technologie tatsächlich einen triumphalen Fortschrittsweg beschritten, welchen Maßstab auch immer man anlegen möchte. Der Versuch, zu bewerten, was manche vielleicht als Irrwege der Technik sehen, hieße ein völlig anderes Buch zu schreiben. Ich überlasse es dem Leser zu beurteilen, in wieweit ich einen annehmbaren Rahmen der Technikgeschichte ausgeleuchtet habe, indem ich der Beherrschung der Energie die zentrale Stelle zugewiesen habe. Es ist ebenfalls dem Leser anheimgestellt, zu beurteilen, ob ich mein Anliegen überzeugend dargestellt habe, daß eine zufriedenstellende Geschichte der Naturwissenschaft die Beziehungen zwischen der Naturwissenschaft und der Technik voll berücksichtigen muß – ebenso, wie die Technikgeschichte nach Smiles und seinen Schülern die große Bedeutung der Naturwissenschaft für den Fortschritt der Technologie anerkennen muß.

Überblick über frühe Techniken

Mit Abstand der größte Teil der menschlichen Geschichtsschreibung besteht aus einer Zusammenstellung von Techniken, die uns durch die Archäologie enthüllt wurden. Der Mensch ist, so wurde gesagt, ein Werkzeuge herstellendes und nicht nur ein Werkzeuge gebrauchendes Wesen; das unterscheidet ihn von den intelligentesten übrigen Primaten. Die ersten Kenntnisse, die wir von der frühen Menschheit haben, betreffen deren Werkzeuge. Wir wissen einiges über primitive Werkzeuge, Waffen und Hausgeräte. Über die primitive Kunst wissen wir schon bedeutend weniger. Aus dieser schließlich sowie aus Grabbeigaben können wir ein klein wenig über religiöse Überzeugungen ableiten. Da ein Alphabet und die geschriebene Sprache fehlen, haben wir keine Möglichkeit, etwas über primitive Rechtsformen, Musik, Dichtung und Literatur oder über soziales Brauchtum etwa bei Hochzeiten zu wissen. Der Fortschritt muß über die vielen Jahrtausende der Altsteinzeit und der kürzeren Jungsteinzeit sehr langsam gewesen sein und ist zweifellos für heutige Forscher über lange Zeiträume überhaupt nicht zu erkennen. Dennoch läßt die Tatsache, daß Werkzeuge hergestellt wurden, drei wichtige Schlüsse zu: Erstens, daß ein gewisses Maß an Arbeitsteilung erreicht war (wir wissen von Steinzeitfabriken zur Herstellung von Steinwerkzeug); zweitens, daß – wenn auch langsam – allmählich immer höherwertige Fertigkeiten erreicht wurden; drittens, daß es irgendein Lehr- und Ausbildungssystem gegeben haben muß. Es ist offensichtlich, daß die vorstellbaren Zielrichtungen weiterer

Erfindungen sehr beschränkt waren, solange als Material nur Stein und Holz zur Verfügung standen. Es ist eine allgemeine Erfahrung, daß eine Gemeinschaft um so mehr Erfindungen macht und in Gebrauch nimmt, über je mehr Resourcen sie verfügt. Erfolgt in einer bestimmten Richtung ein Durchbruch, so löst dies eine Flut neuer Erfindungen aus, von denen viele zur Zeit des Durchbruchs gar nicht abzusehen waren.

Die heutige Forschung geht davon aus, daß mit größter Wahrscheinlichkeit spezifisch menschliche Siedlungs- und Tätigkeitsformen erstmals im afrikanischen Riftvalley aufgetreten sind und sich von dort nach Osten, Norden und Westen ausgebreitet haben. Klar ist, daß in den letzten zehntausend Jahren mehrere unterschiedliche und getrennte Zivilisationen entstanden sind, die einen hohen Stand sozialer Organisation und technischer Fähigkeiten erreicht haben. Da erhebt sich die Frage, warum diese auf einem gewissen Stand ihrer Entwicklung verharrten, anstatt immer weiter fortzuschreiten zu noch höheren Organisationsformen ihrer Wirtschaft und ihrer materiellen Erfindungskraft.

Die Mehrzahl dessen, was wir Fundamentalerfindungen nennen könnten, war lange vor einer wie auch immer gearteten Geschichtsschreibung erreicht. Der Gebrauch des Feuers, Jagd- und Fischereiausrüstung, einfache Waffen, das Spinnen und Weben zusammen mit dem Bleichen, Färben, Malen, die Töpferei und das Glasieren, der Hausbau, der Ackerbau und die Zähmung von Tieren, primitive Boote, Haushaltsgeräte, Wasserversorgung und Bewässerung – alle diese und andere wesentliche Erfindungen, wie schließlich das Alphabet und das Schreiben, waren da, bevor die eigentliche bekannte Geschichtsepoche begann. Die Namen der zahllosen Erfinder wurden niemals festgehalten. Wahrscheinlich gab es sogar viel mehr Erfinder als Erfindungen, denn bestimmte Erfindungen wurden aller Wahrscheinlichkeit nach mehrmals in verschiedenen Kulturen gemacht, die von einander nichts wußten. Gleichzeitige, aber unabhängige Erfindungen, wie sie aus der modernen Welt gut bekannt sind, gab es zweifellos in der fernen Vergangenheit sehr, sehr oft. Die ersten großen Zivilisationen mit den ersten großen Städten waren vermutlich die minoische, die babylonische und die ägyptische Zivilisation. Die erstere, auf der Insel Kreta, wurde vermutlich durch einen Vulkanausbruch zerstört; die beiden letzten waren abhängig von den großen Flüssen Nil, Euphrat und Tigris. Erste Ansätze zu einer Schrift gab es in diesen Teilen der Welt bereits vor fast 5000, zur Arithmetik vor rund 4000 Jahren. In Babylonien wurde auf Tontafeln, in Ägypten auf Papyrus geschrieben und gerechnet. Viele Tausende von Tontafeln sind entdeckt worden und werden jetzt in den großen Museen der Welt aufbewahrt, doch sie zu erhalten und zu deuten erfordert große Fertigkeiten.

Vor 4000 Jahren erweiterte Hammurabi, bis dahin Herrscher über ein kleines Reich in Babylonien, sein Einflußgebiet zu einem großen Staat und schuf ein umfassendes Gesetzeswerk, den Codex Hammurabi. Es ist gut möglich, daß in solchen Bemühungen um einen Ausgleich in der Gesellschaft und um rationale, für alle anwendbare Verfahren zur Bereinigung von Streitfällen, nicht nur die Wurzeln einer zivilisierten Gesellschaft, sondern auch der Wissenschaft liegen. Wenn jemand einen Schaden verursacht hat, so muß er dafür in zivilisierter Weise aufkommen; Verbrechen müssen im Zuge einer ordentlichen Gerichtsverhandlung angemessen bestraft werden. In einem solchen Denken liegen nach Meinung von Hans Kelsen die Ursprünge des wissenschaftlichen Kausalitätsprinzips. Die Ursache, betont er, geht der Wirkung voraus wie das Verbrechen der Strafe. Von da aus ist es kein großer Schritt zu der Annahme, daß in der Natur die gleiche Abfolge gilt. Die Naturerscheinungen werden von gesetzesgleichen Sanktionen beherrscht, die möglicherweise göttlichen Ursprungs sind. Wenn die Sonne versäumen würde, aufzugehen, so würde sie bestraft, so wie die Tempelwachen bestraft werden, wenn sie ihren Dienst versäumen. Inwieweit kann nun die Natur durch den Menschen regiert werden? Hier könnte eine verbreitete Neigung von Bedeutung sein: Kinder und Männer (weniger Frauen) versuchen oft, Spielzeug bzw. Werkzeug, das ihnen nicht gehorcht, durch Zerstörung zu bestrafen. Es wird erzählt, daß der König Xerxes in seiner Wut das Meer auspeitschen ließ. Kelsen berichtet von einem Gerichtshof in Athen, an dem Werkzeuge abgeurteilt wurden, die ihre Benutzer verletzt hatten. In den geschichtlichen und anthropologischen Berichten lassen sich weitere Beispiele dieser Art finden. Die Erfahrung hat jedoch schon lange gezeigt, daß die Natur sich nicht in dieser Weise kommandieren läßt.

Die babylonischen Tontafeln, die eine mit Griffeln eingedrückte Keilschrift tragen, zeugen von bemerkenswerten Fähigkeiten in der Arithmetik und in astronomischen Vorhersagen. Über viele Generationen hinweg wurden die Bewegungen der Himmelskörper von Berufsastronomen aufgezeichnet und numerische Vorhersageverfahren entwickelt. Man hat jedoch bisher keine Anzeichen dafür gefunden, daß hinter diesen Beobachtungen und Vorhersagen irgendeine astronomische oder kosmologische Theorie stand. Sie wurden einfach aufgezeichnet und waren – zufällig oder beabsichtigt – anderen Zivilisationen für ihre Zwecke zugänglich.

Die Rechenkunst und die Astronomie waren nicht die einzigen Gebiete, auf denen die Babylonier große Fähigkeiten bewiesen. Die Entwicklung der seßhaften Ackerbaukultur machte eine Einteilung des Bodens notwendig, der Kauf und Verkauf von Grundstücken mußte geregelt werden. Das wiederum erforderte eine ausgereifte Vermessungs- und Kartentechnik, damit die zur Verhandlung stehenden Flächen bildlich gezeigt werden konnten. Es gibt einige Tontafeln mit sorgfältig gezeichneten Diagrammen, welche die Einteilung der Landflächen sowie Berechnungen zu ihrer Größe zeigen. In Ägypten war es zudem nötig, das Land nach jeder Nilflut neu zu vermessen. In so weit fortgeschrittenen Kulturen war für gesellschaftliche Abmachungen auch ein Kalender erforderlich, um komplizierte Verhandlungen oder Gespräche lange im voraus planen zu können; das gleiche gilt für religiöse Zeremonien. Das zog dann eine neue Kette gesellschaftlicher Erfindungen hinter sich her – aber diese müssen, so weitreichend und bedeutsam sie auch sein mögen, außerhalb des Bereichs dieses Buches bleiben. Die bedeutsamste aller antiken Errungenschaften war – neben der Erfindung der Zahlensymbole, der Arithmetik und des Alphabets – die Entdeckung und Ausnutzung des Metalls. Zuerst wurde das Kupfer entdeckt, dann erfand man Methoden, es durch Zugabe von Zinn oder Zink zu härten und seinen Anwendungsbereich dadurch enorm zu erweitern. Durch Zugabe von Zinn entstand die Bronze, die einem ganzen Zeitalter den Namen gab; setzte man Zink hinzu, so erhielt man Messing. Gold, ein sehr weiches Metall, das aber nicht korrodierte bzw. rostete, wurde entdeckt und zur Grundlage vieler Währungen gemacht. Zum Schluß kam das schwer handhabbare Eisen hinzu. Die antiken Schmiede fanden heraus, daß ein rotglühender Eisenklumpen, wenn man ihn wiederholt hämmert und in einem Holzkohlenfeuer (eine weitere Erfindung) neu erhitzt, ein außerordentlich starkes und hartes Metall ergibt, das Schmiedeeisen. Natürlich wußten sie nichts über die chemischen Vorgänge, die dabei eine Rolle spielen. Das Verständnis dieses Verfahrens kam erst rund tausend Jahre später.

Aber sie fanden auch heraus, daß durch geeignete Abänderungen des Erhitzens und des Holzkohleanteils ein Eisentyp hergestellt werden konnte, der sowohl fest als auch relativ leicht war. Es handelte sich um Stahl, den man damals mangels Kenntnis von systematischen Verfahren freilich nicht in großem Maßstab produzieren konnte. Diese Metalle, die sich zur Herstellung vieler verschiedener Werkzeuge hervorragend eigneten, für die früher Holz oder Stein verwendet worden waren, ermöglichten die Erfindung von Nägeln, Schrauben, Nieten und Dübeln. Wir können deshalb sagen, daß die Metallurgie (zusammen mit der angewandten Mathematik) die erste wirklich *strategische* Technologie[2] war. Sie begünstigte und ermöglichte Fortschritte auf sehr vielen anderen Gebieten der Technik – Erfindungen, die aus dem ursprünglichen Ersatz von Stein und Holz als Werkstoffe durch Metall nicht unmittelbar abgeleitet werden konnten. Die Metallbearbeitung ermöglichte also völlig neue und vorher undenkbare Werkzeuge und Vorrichtungen. Die überragende Bedeutung der Metallbearbeitung und das hohe Ansehen der fähigen Metallurgen wird, wie Samuel Smiles bemerkt hat, durch die Häufigkeit des Nachnamens Schmied, Schmid usw. bezeugt. Da das Wort Schmied germanischen bzw. nordischen Ursprungs ist, ergeben sich daraus auch Hinweise auf die Lage der frühen Metallbearbeitungszentren in Westeuropa. Die Metallbearbeitung war vorzugsweise in gebirgigen Gegenden beheimatet, wo die Erze geschürft wurden und oft Holz in Fülle vorhanden war. Das ergibt sich z.B. aus der besonderen Verwendung des Wortes „Berg", das in Zusammensetzungen wie Bergakademie, Bergarbeit oder Bergbau immer auf Erzabbau verweist. Historisch gesehen, ging es dabei im Harz und in anderen Mittelgebirgen um die Gewinnung von Nichteisenerzen. Die ersten Anfänge des Erzabbaus und der Metallbearbeitung sind freilich – wenn man den fernen Osten außer Betracht läßt – in den Gebirgsgegenden des nördlichen Irak, des Libanon und Syriens sowie in Anatolien und auf dem Balkan zu finden. Damaszener Stahl war im mittelalterlichen Europa berühmt.

Etwa um die gleiche Zeit, als die antiken Zivilisationen des mittleren Ostens und des Mittelmeerraumes ihren Höhepunkt erreichten, entwickelte sich in China eine bemerkenswerte Kultur, die mit erstaunlicher gesellschaftlicher Kontinuität bis ins letzte Jahrhundert reichte. Ebenso einprägsam wie ungenau beschrieb Whitehead China als die größte in der Geschichte bekannte Ansammlung von Zivilisationen. Wenn auch einige seiner Behauptungen durchaus in Frage gestellt werden können, so haben doch die Forschungen von Needham und seinen Mitarbeitern gezeigt, in welch großem Ausmaß der Rest der Welt China für viele Schlüsselerfindungen Dank schuldet. Einige davon werden in den folgenden Kapiteln erwähnt. Die Chinesen waren vielleicht die ersten, die so lustige, aber wenig nützliche Dinge wie den Papierdrachen, den drehbaren Bücherschrank, Feuerwerkskörper usw. erfanden (damit will ich die chinesische Erfindungsgabe nicht kritisieren; ganz im Gegenteil spricht dies für die Wendigkeit der chinesischen Erfinder, und die moderne Welt findet schließlich Gefallen an einer ganzen Reihe zweckfreier Erfindungen!).

Auch im alten Indien blühte ohne Zweifel der Erfindungsgeist, doch haben wir bedauerlicherweise keine geschriebene Geschichte der frühindischen Wissenschaft und Zivilisation, die Needhams Arbeiten über China vergleichbar wäre. Die Historiker, die sich mit der westlichen Technologie befassen, können deshalb den Dank, den wir Indien für

---

[2] Der Begriff stammt von A.P. Usher

die Übermittlung sowohl der chinesischen wie auch eigener Erfindungen schulden, nicht richtig ermessen. Aber auch umgekehrt ist unser Wissensstand über das Schicksal westlicher Erfindungen, die in den Osten gelangten, sehr unbefriedigend.

Die Entstehung städtischer Zentren und fortschreitende Fähigkeiten in der Metallbearbeitung kennzeichnen den technischen Fortschritt. In der antiken Welt hatte er bereits einen langen Weg hinter sich, als sich die griechisch-römische Zivilisation entwickelte. Der Weg von Jahrhundert zu Jahrhundert und von Kultur zu Kultur wirft Fragen auf, die ebenso wichtig wie unbeantwortbar sind – unbeantwortbar jedenfalls mit unserem gegenwärtigen Wissensstand. Was verursacht den jahrhundertelangen Fortschritt der Technik, was ist seine treibende Kraft? In einigen Fällen mag dies die Furcht vor Feinden, in anderen mögen wirtschaftliche Bedürfnisse ausschlaggebend gewesen sein. Vielleicht haben einige Religionen den technischen Fortschritt begünstigt, während andere ihn nahezu unmöglich machten. Doch mag auch das erfinderische Talent Einzelner, die Erfindungen um ihrer selbst willen machten, ausreichend gewesen sein, sofern nur die Zeitgenossen willens waren, ihre Erfindungen anzunehmen. Das führt freilich zu dem wenig befriedigenden Schluß, daß einerseits eine Vielzahl von Antriebskräften in ihrem Zusammenwirken den technischen Fortschritt bestimmen, aber auch nur dann, wenn die sozialen oder umweltbedingten Umstände dem nicht entgegenstehen.

Wir können zum Schluß nur feststellen, daß die technischen Fähigkeiten der Menschheit seit ihren frühesten Tagen ständig zugenommen haben. Aber die treibende Kraft dieses Fortschritts bleibt im letzten verborgen als ein Geheimnis der menschlichen Natur.

2 Griechische Getriebe

Die griechischen Stadtstaaten der antiken Welt – etwa seit dem 6. Jahrhundert vor Christus – waren geografisch sehr günstig auf Halbinseln und Inseln gelegen. Die umgebenden Meere verliehen einen gewissen Grad an Sicherheit vor Invasionen und boten den Griechen, die damals wie heute Seefahrer und Händler waren, gleichzeitig die Möglichkeit, mit den umliegenden großen Zivilisationen im Süden und Osten Handel zu treiben und von ihnen in mehr als nur in finanzieller Hinsicht zu profitieren. So beobachteten sie die Praxis verschiedener Rechtssysteme und schlossen, daß es ein Naturrecht gebe, dem alle Völker gehorchten. Konventionelle Gesetze waren dagegen solche, die nur in bestimmten Nationen und aufgrund besonderer Übereinkunft galten. Sie lernten Mathematik von ihren Nachbarn, bevor sie eigene Beiträge leisteten, darunter als berühmtester Euklids Buch über die Geometrie. In diesem wurde die Geometrie systematisiert – d.h. die Kunst der Landvermesser (die, wie das Wort Geo-Metrie ja sagt, ganz praktisch Landstücke ausmaßen) wurde in eine abstrakte Wissenschaft umgewandelt. Es ist dies das früheste Beispiel dafür, wie die Technik zur Grundlage für den wissenschaftlichen Fortschritt wird; ein Faktum, das leider nicht allgemein anerkannt ist.

Die griechischen Astronomen übernahmen die astronomischen Beobachtungen der Babylonier, doch beschränkten sie sich nicht auf das bloße Sammeln von Beobachtungen, sondern vollzogen als erste den Schritt zu ausgefeilten astronomischen Theorien. Diese waren auffallend rational geprägt, es gab in der griechischen Astronomie keinen Platz für Götter, Göttinnen oder andere Geistwesen. Sie ging, dem Augenschein entsprechend, davon aus, daß sich die übrigen Himmelskörper täglich um die Erde bewegen, die sie sich im Mittelpunkt des Universums vorstellten. Neben einer großen Menge feststehender Sterne, von denen viele in Sternbildern angeordnet waren, kannte sie sieben „Planeten", die eine zusätzliche, allerdings sehr langsame Bewegung aufwiesen. Es handelte sich um die Sonne, den Mond, den Merkur, die Venus, den Mars, den Jupiter und den Saturn, die in bezug auf den Fixsternhintergrund 1 Jahr, 28 Tage, 88 Tage, 226 Tage, 2 Jahre, 11 Jahre und 30 Jahre für einen Umlauf benötigten. Bei der Sonne und dem Mond konnte man sich leicht vorstellen, daß sie an durchsichtigen Kugelschalen befestigt waren, die aus einem auf der Erde unbekannten fünften Element bestanden. Bei den fünf anderen, kleineren Planeten ergab sich das Problem, daß ihre Bewegung unregelmäßig war. Auf ihrer Himmelsreise blieben sie manchmal stehen, liefen dann eine Weile in „retrograder" Bewegung rückwärts, um schließlich wieder zur Vorwärtsbewegung zurückzukehren. Die geometrischen Fähigkeiten der Griechen waren aber so ausgeprägt, daß sie ein System von konzentrischen Kugelschalen konstruieren konnten, mit dem sich auch die retrograde Bewegung erklären ließ. Es stellte sich freilich heraus, daß diese Modelle für Vorhersagen zu kompliziert waren. Um astronomische Ereignisse vorhersagen zu können, mußten die Astronomen eine Rechenmethode mit „Epizykeln" und „Deferenten" anwenden. Diese ausgeklügelte Technik wurde von drei Männern erfunden: Apollonios von Perga (um 200 v. Chr.), Hipparchos (um 150 v. Chr.) und Claudius Ptolemäus (um 150 n. Chr.), der sie vervollkommnet hat. Der Gebrauch von Epizykeln und Deferenten für die planetarische Vorhersage sowie das geozentrische System als ein Bild des Universums bildeten die Eckpfeiler der Astronomie bis ins 16. Jahrhundert. Dazu muß gesagt werden, daß einer der Hauptzwecke der Planetenastronomie darin bestand, zuverlässige Horoskope zu erstellen. Schließlich war die Astronomie eine vernünftige Wissenschaft: Wenn offenkundig die Sonne das Leben auf der Erde beherrscht und der Mond viele (wenn auch weniger direkte) Einflüsse wie die Gezeiten ausübt, sollten dann nicht logischerweise auch die kleinen Planeten ihre ganz bestimmten Auswirkungen auf das Leben und die Menschen haben?

Die Vorherrschaft der Griechen

Über die Entwicklung von Methoden zur Planetenvorhersage hinaus machten die Griechen einige bemerkenswerte astronomische Entdeckungen. Hipparchos fand die „Präzession des Frühlingspunkts", d.h. die Verschiebung der Tag-und-Nachtgleichen, heraus. Diese Entdeckung war nur möglich, indem man Beobachtungen über mehrere Astronomenleben hinweg zusammenfaßte. Er erstellte auch für ungefähr 850 Sterne einen Katalog mit den Positionen und den scheinbaren Helligkeiten. Aristoteles gab gute Gründe für die Annahme an, daß die Erde rund sei. Aristarch von Samos schließlich wird die Idee zugeschrieben, daß die Erde selbst ein Planet sei, der sich um die Sonne bewegt. Die Beweise dafür waren freilich viel zu schwach, als daß sich ein so fernliegender Gedanke hätte durchsetzen können. Ungeachtet dessen, daß die meisten griechischen Astronomen praktizierende Astrologen waren, ist es ganz klar, daß sie die Astronomie zu einer echten Wissenschaft auch mit all ihren institutionellen Zügen (wie dem Ansammeln von Wissen über Generationen hinweg) machten. Sie könnten deshalb auch ernstzunehmende technische Fortschritte in Gang gesetzt haben.

Wie jede fortschreitende Wissenschaft war auch die griechische Astronomie von der Erfindung und Herstellung wissenschaftlicher Instrumente begleitet. Sie bauten Planetarien – Mechanismen zur Nachbildung der Planetenbewegungen – und entwickelten Sichtgeräte wie den Quadranten und die Armillarsphäre. Die krönende Errungenschaft der griechischen Astronomen und Techniker wurde jedoch erst 1900 entdeckt. In diesem Jahr fand eine Gruppe von Schwammtauchern nahe bei der Küste der winzigen Insel Antikythera, zwischen Kreta und dem Peloponnes, das Wrack eines alten Schiffes. Unter den geborgenen Gegenständen erwies sich ein kleines, etwa 87 v. Chr. gebautes Instrument als am bedeutsamsten. Es war allerdings nach 2000 Jahren unter Wasser so stark korrodiert und beschädigt, daß erst nach langer Zeit eine hinreichend präzise Beschreibung seines Zwecks und seiner Funktionsweise möglich war. Die sorgfältigen Untersuchungen des verstorbenen Professors Price haben ergeben, daß es sich um ein Instrument zur Kalenderberechnung handelte, mit einem außerordentlich komplexen Bronzegetriebe. Das Kernstück des Instruments ist ein ausgeklügeltes Differentialgetriebe, das es ermöglichte, die Bewegungen der Sonne und des Mondes sowie die Mondphasen im richtigen Zusammenhang darzustellen. Professor Price vermutete, daß das kleine Gerät von Hand betrieben wurde, aber sein genauer Zweck ist unbekannt. Es kann für Demonstrationsanwendungen gedacht gewesen sein, oder auch nur zum Vergnügen – dann wäre es ein Beispiel für eine nutzlose oder besser zweckfreie Erfindung. Was auch immer sein Sinn gewesen sein mag, es läßt keinen Zweifel an den enormen praktischen Fertigkeiten und dem klaren Verständnis der Steuerungsmechanismen seiner Erbauer. Diese Fertigkeiten und das damit verbundene Wissen gingen auf die islamischen Erbauer astronomischer Instrumente über, und von ihnen auf das mittelalterliche Europa. Trotzdem wurde erst im 16. Jahrhundert ein Differentialgetriebe in eine europäische Uhr eingebaut. Im gegenwärtigen Zusammenhang können wir uns auf die Feststellung beschränken, daß das Instrument von Antikythera in die gleiche Familie von Mechanismen gehört wie James Watts Planetengetriebe, Morins *Compteur* und das Differentialgetriebe im Auto.

Die griechische Literatur, Mathematik und Philosophie stand lange Zeit so sehr im Mittelpunkt des Interesses, daß die griechische Technik weitgehend unbeachtet blieb. Es wurde sogar abgestritten, daß die Griechen überhaupt Erfindungen gemacht haben. In der Tat wurde die griechische Technik erst nach 1945 ernsthaft studiert. Im Prinzip war es immer klar, daß Bauten wie die Akropolis nicht von Menschen errichtet worden sein konnten, die nichts als ihre Hände und abstraktes Wissen hatten. Den gleichen Schluß kann man aus dem mächtigen Löwentor im antiken Mykene ziehen. Doch wissen wir über die griechische Bautechnik sehr wenig und können nur sagen, daß sie ziemlich fortgeschritten gewesen sein muß. Auch über die griechische Schiffsbaukunst wissen wir nicht viel mehr, als was man den Abbildungen auf Vasen entnehmen kann. Allerdings hat in jüngster Zeit das fantasievolle Projekt, einen Triremus nachzubauen, einiges Licht auf diese bemerkenswerten Kriegsschiffe sowie auf die Fertigkeiten und das Wissen, das in diesen Konstruktionen steckt, geworfen.

Die westliche Zivilisation wurzelt in den Errungenschaften der Griechen. Diese haben gewiß viel von anderen Nationen gelernt, nun erhebt sich aber auch die Frage, in welchem Umfang sie selbst ihre Nachbarn beeinflußt haben. Was die Ägypter anbelangt, so gab es zweifellos einen schöpferischen Wettstreit zwischen den beiden Zivilisationen. In Alexandrien trafen der griechische Genius, der unbestreitbar mehr philosophisch ausgerichtet war, und der ägyptische Genius mit seinem Schwerpunkt auf der praktischen und technologischen Seite, aufeinander. Dort entstanden Euklids Geometrie, die Astronomie und Geographie des Ptolemäus, Eratosthenes' Abschätzung des Erdumfangs, Herons dampfgetriebene Spielzeuge, die ersten Anfänge der Chemie und die archimedische Schraube (eine ägyptische Erfindung). Außerdem wurde die Große Bibliothek gegründet. Offensichtlich gab es genügend Gemeinsamkeiten, um – wie man heute sagen würde – einen „Dialog" zwischen Griechen und Ägyptern zu ermöglichen, der zu einer fruchtbaren Mischung aus Wissenschaft, Gelehrsamkeit und praktischen Errungenschaften führte. Das beste Beispiel für diese wechselseitige kulturelle Befruchtung bietet vielleicht Archimedes (287– 212 v. Chr.), der in der griechischen Kolonie von Sizilien geboren wurde und in Alexandrien auf die dortigen Gelehrten traf. Archimedes entdeckte unter Verwendung der Mathematik die Hebelgesetze und die Grundprinzipien der Hydrostatik. Man kann ihn deshalb zu Recht den ersten wirklichen Physiker nennen. Man kann auch sagen, daß er die Fähigkeiten und Interessen eines Ingenieurs hatte. Überall auf der Welt ist bekannt, daß er angeblich bei der Einnahme der Stadt Syrakus von einem römischen Soldaten ermordet wurde.

Was hätte erreicht werden können, wenn es im großen römischen Imperium, das später Griechenland und Ägypten einschloß, zwei oder mehr Alexandrien gegeben hätte, im

Austausch und im Wettstreit miteinander? Vielleicht hätte sich so etwas wie die moderne Wissenschaft entwickelt, lange Zeit bevor es tatsächlich geschah. Aber das ist Spekulation und soll nur hervorheben, daß eine wesentliche Bedingung für den wissenschaftlichen und technologischen Fortschritt die Existenz mehrerer herausragender Zentren ist; nur dann kann das Ganze voranschreiten. Die wechselseitige Befruchtung ist sowohl auf individueller wie auch auf kultureller Ebene unbedingt nötig. Doch führten politische Veränderungen und militärische Katastrophen schließlich zum Zusammenbruch des römischen Weltreichs und zum Untergang Alexandriens.

Technik in der Antike

Die Römer leisteten nur wenig bemerkenswerte Beiträge zur Wissenschaft und zur Technik. Ihre Ingenieurkunst hatten sie von den Babyloniern, den Griechen und den Ägyptern abgeschaut. Sie trugen auch kaum etwas zur frühen Chemie und zur Metallurgie bei. Ebensowenig aktiv waren sie in Mathematik, Astronomie und im Instrumentenbau. Ihre Begabung lag auf dem Gebiet der Verwaltung und des Rechts. Es wird gesagt, daß das von ihnen geschaffene Imperium tolerant war gegenüber all den Religionen und Philosophien, die es in den verschiedenen zugehörigen Nationen gab. Ihre Toleranz, ihre juristischen Fähigkeiten und ihre militärische Macht ermöglichten dieses Weltreich. Der Preis war, daß es unter diesen Umständen, vom Römischen Recht abgesehen, kaum eine gemeinsame Kultur gab. Sogar auf diesem Gebiet gab es für verschiedene Völker Ausnahmeregelungen, das sogenannte *ius gentium*, das Recht der Völker oder Einzelnationen, das durch Auswahl aus den Gemeinsamkeiten der Rechtssysteme der Nationen entstand. Vom Römischen Recht leiten sich die Rechtssysteme der europäischen Nationen, Amerikas und vieler östlicher Staaten ab.

Wenn wir versuchsweise aus den Erfahrungen der antiken Welt Schlüsse ableiten wollen, so erstens, daß für ein andauerndes Blühen von Wissenschaft und Technik mehr als ein herausragendes Zentrum nötig ist, und zweitens, daß diese Zentren eine gemeinsame Kultur und Philosophie haben müssen. Wir können hinzufügen, daß diese gemeinsame Philosophie nicht so umfassend und bestimmend sein darf, daß sie die Freiheit und Originalität des Denkens einschränkt.

Der verstorbene Bertrand Gille hat gute Gründe dafür angegeben, warum die antike Welt technologisch schließlich steckengeblieben ist. Er wies darauf hin, daß der Mittelmeerbereich und der mittlere Osten arm an Eisenerz, an Kohle und an Wasserkraft sind. Die Böden sind meist dünn und wenig ergiebig, es gibt wenig Wälder und die Bäume sind kümmerlich. Einige dieser Rohstoffe fehlten zwar auch in anderen Gebieten, wo sich antike Zivilisationen entwickelt haben, vor allem in den Teilen Amerikas, wo die vorkolumbianischen Kulturen blühten. Man muß aber berücksichtigen, daß im Gegensatz zur Wasserkraft Reichtum an Eisen kein entscheidender Faktor für die industrielle Entwicklung war, die im Mittelalter in Norditalien und Süddeutschland begann und die im England des 18. Jahrhunderts eine so mitreißende Kraft entfaltete. Messing und Bronze können in den meisten Fällen, bis hin zu Waffen und Kriegsrüstung, Eisen ersetzen. Außerdem können, wie die Beispiele der zentral- und südamerikanischen Kulturen zeigen, zwei andere

Nachteile entscheidend sein. Wir wissen schon, daß eine ungehinderte Kommunikation Erfindungen und Neuerungen anregt. Die Zivilisationen der Azteken, der Mayas und der Inkas waren aber geografisch isoliert durch das Meer, durch dichten Dschungel und hohe Berge. Ebenso kann die Isolation den Fortschritt der Völker in Afrika südlich der Sahara und in Australien und Tasmanien blockiert haben, und auch zu der langen Stagnation der großartigen chinesischen Zivilisation hat die rücksichtslos auferlegte Isolation gewiß beigetragen. Schließlich können wir vermuten, daß Technik, Wissenschaft und die Entwicklung der Wirtschaft nie in Kulturen gedeihen kann, die wie die aztekische von einer Religion beherrscht waren, in der Menschenopfer normal waren.

Es wird allgemein angenommen, daß die metaphysischen und religiösen Überzeugungen der verschiedenen Völker die Entwicklung ihrer wissenschaftlichen Gedanken beinflussen. So haben die Chinesen, die in der Natur wenig Regelmäßigkeit feststellten, die Existenz von unveränderlichen Naturgesetzen stillschweigend verneint. Sie erklärten dementsprechend Naturerscheinungen nicht mit wissenschaftlichen Gesetzen, sondern als das unvorhersehbare Ergebnis des Kampfs einander entgegengesetzter Kräfte. In ähnlicher Weise gründeten sie ihre Rechtsprechung nicht auf die (griechischen) Prinzipien eines absoluten Gesetzes, wie dies die Römer und nach ihnen die anderen Europäer taten, sondern eher darauf, welche Auswirkungen bestimmte juristische Entscheidungen auf die Gesellschaft als Ganzes hatten. Die Frage von Schuld und Unschuld wurde der Frage, inwieweit eine Entscheidung die soziale Harmonie beeinträchtigte, untergeordnet. Freilich hat diese Einstellung – wie auch immer sie die chinesische Wissenschaft beeinflußt haben mag – viele Jahrhunderte lang die beeindruckende Entwicklung der chinesischen Technik und die ihr zugrundeliegende Erfinderkraft nicht behindert. Auf lange Sicht aber mögen die moralistischen und ästhetischen Elemente im chinesischen Rechtssystem durch ihre Betonung der geistig-kosmischen Harmonie die Entwicklung der Wirtschaft (und insofern auch der Technik) eingeengt haben.

Die Frage der Sklaverei

Das Problem bei diesen populären und viel diskutierten Theorien ist leicht zu erkennen. Wenn man einem Weltanschauungssystem – sei es religiös, sozial oder philosophisch – nachweisen kann, daß es sich mit Wissenschaft und Technik nicht verträgt, so kann es durchaus irrig sein, einen kausalen Zusammenhang „Glaube verhindert Wissenschaft" anzunehmen. Aus ganz anders gearteten Gründen könnte es z.B. sein, daß die Unfähigkeit, Wissenschaft und Technik zu entwickeln, antiwissenschaftlichen Grundeinstellungen erst den Freiraum schafft. Umgekehrt könnte man sehr wohl annehmen, das wissenschaftliche und technische Wachstum fördere Glaubenseinstellungen, die ihm positiv gegenüberstehen. Die letzte Meinung war unter den Rationalisten des 19. Jahrhunderts weit verbreitet.

Die Griechen liefern Beispiele für die Anschauung, welche die Wissenschaft für die Speerspitze des menschlichen Erkennens hält. Ihre Religion hatte mit einer ganzen Reihe von Göttern, Göttinnen und halbgöttlichen Wesen zu tun, die alle sehr menschliche – manche allzu menschliche – Züge aufwiesen. Dennoch waren sie außerordentlich erfolgreich mit der Entwicklung von Theorien über die Natur, in denen die Erscheinungen von rationalen und unwandelbaren Gesetzen gesteuert wurden. Wenn nach einem brillanten Start der anfängliche Schwung in den griechischen Stadtstaaten und Kolonien nachließ, so muß das der Eroberung durch die Römer zugeschrieben werden. Die Ermordung des Archimedes durch einen römischen Soldaten ist viel mehr als der Tod eines herausragenden Mathematikers; er hat symbolische Bedeutung als Ende einer überaus erfolgreichen wissenschaftlichen Epoche. Nur in Alexandrien lebte ein Teilbereich weiter. Natürlich lassen sich noch andere Gründe für das Ersticken der Wissenschaft in der antiken Welt finden. So waren die griechische und die römische Gesellschaft durch die Institution der Sklaverei gekennzeichnet. Man kann sich vorstellen, daß darin der Grund für ihren schließlichen Niedergang liegt. Gille steht der These, die Sklaverei habe auf den technischen Fortschritt hemmend gewirkt, kritisch gegenüber. Er gibt gute Gründe für seine Meinung an, und tatsächlich gab es ja in der Wissenschaft und Technik der antiken Welt unleugbaren Fortschritt, obwohl die Sklaverei blühte. Trotzdem kann man Gilles Kritik nicht völlig zustimmen. Die Sklaverei scheint die meisten, wenn nicht sogar alle antiken und älteren Zivilisationen gekennzeichnet zu haben, die Griechen, Römer, Araber, die vorkolumbianischen Amerikaner usw. Wenn wir einmal von den ethischen Einwänden absehen, so kann man die brutale Institution der Sklaverei auch als Kennzeichen für einen Entwicklungszustand der Zivilisation und als Antwort auf technische Herausforderungen ansehen. Die Sklaverei ist mit anderen Worten eine in sehr vielen Fällen brauchbare Antwort auf Probleme, von denen ein großer Teil auch durch mechanische und sonstige Erfindungen gelöst werden könnte. Sie ist, so gesehen, eine Alternative zur Technik, oder eine verfälschte Form von Technik. Der Sklave, bemerkte schon Aristoteles, ist ein lebendiges Werkzeug.

Die Institution der Sklaverei setzt eine ziemlich weit entwickelte und militärisch erfolgreiche Gesellschaft voraus. In einer solchen Gesellschaft werden unangenehme, gefährliche, monotone und körperlich anstrengende Tätigkeiten auf die Sklaven abgewälzt. Es wird nun argumentiert, daß es wenig Anreiz gibt, arbeitsparende Maschinen zu entwickeln, solange Sklaven frei erhältlich sind. Dadurch, so behauptet man, würde die Sklaverei Erfindungen und Neuerungen verzögern. Außerdem würde die gedankliche Verbindung von Handarbeit einerseits mit Sklaven, andererseits mit praktischen Erfindungen, die letzteren in den Augen der freien Bürger abwerten. Schließlich könnte es auch sein, daß die Sklavenhändler, die in einer auf Sklaverei beruhenden Gesellschaft vermutlich ein einflußreicher wirtschaftlicher Faktor waren, alles getan haben, um die Einführung von Arbeit und damit Sklaven sparenden Geräten zu begrenzen oder zu verhindern.

Dagegen kann man einwenden, daß Sklavenarbeit auch nicht kostenlos ist. Sklaven müssen ausgebildet, unterhalten und bei Beschädigung wenn möglich repariert werden; der gleichmäßige Nachschub an Sklaven ist nicht gesichert; das Arbeitsleben der Sklaven ist zeitlich begrenzt, und die Maßnahmen, die nötig sind, um ihre Freiheit einzugrenzen und sie zum Arbeiten zu zwingen, bedeuten einen zusätzlichen Kostenfaktor. Kompliziert werden die Dinge auch dadurch, daß es zweifellos viele unterschiedliche Ausprägungen der Sklaverei gab, so daß Verallgemeinerungen riskant erscheinen können.

Es gibt allerdings ein Argument für die Erfindungen verzögernde Wirkung der Sklaverei, das immun ist gegen solche und andere Gegenargumente. Die Sklaverei bedeutet in jedem Fall die Leugnung der persönlichen Freiheit für viele Menschen, und das hat für einen großen Bevölkerungsteil eine Beschränkung der Mobilität zur Folge. Wenn ein Sklave eine gute Idee hat oder eine Erfindung macht, so hat er keinerlei Möglichkeit, diese zu verbreiten, sich einen Sponsor zu suchen oder einen geeigneten Platz, an dem er sie weiterentwickeln kann. Die Geschichte der Technik zeigt aber sehr deutlich, daß die Reisefreiheit gewöhnlich eine wesentliche Rahmenbedingung für einen erfolgreichen Erfinder darstellt. Die Karriere von James Watt kann diesbezüglich als Beispiel dienen (siehe Kapitel 7). Der Erfinder, der den Anreiz, die Ideen, die Materialien und schließlich alle erforderliche Unterstützung – bildlich gesprochen – auf der Türschwelle des Elternhauses findet, war und ist die Ausnahme, nicht die Regel. Es kann sein, daß gewisse Sklaven zu gewissen Zeiten und an gewissen Orten eine beträchtliche Freiheit genossen, bis hin zur Freiheit zu reisen. Soweit sie das ausnutzten, waren sie aber eben nicht typisch für die Institution der Sklaverei. Dieses Argument läßt sich verallgemeinern und in moderner Sprache so ausdrücken: Eine Gesellschaft, in der die Mobilität der Arbeitskraft eingeschränkt ist, wird weniger effizient und innovativ sein als eine, in der die Arbeitskraft völlig frei beweglich ist. Daraus schließen wir, daß die Institution der Sklaverei Erfindungen und Neuerungen verzögert hat. Ich betone, daß das nicht bedeutet, sie habe diese völlig verhindert.

Die Technik erreicht den Westen und den Norden

Während der „dunklen Jahrhunderte" und im frühen Mittelalter, das etwa im 9. Jahrhundert begonnen hat, wurde die Sklaverei in Europa zunehmend abgeschwächt zum sogenannten Feudalismus, in dem der Hörige fast buchstäblich an das Land gebunden war und dem Feudalherrn Abgaben und Dienste zu leisten hatte. Der Aufstieg des Feudalismus und insbesondere des Rittertums verdankt nach Meinung des verstorbenen Professors Lynn White sehr viel der Einführung des Steigbügels. Dieses simple Gerät ermöglichte es dem Ritter, vom Pferd aus zu kämpfen. Insbesondere konnte er eine Lanze verwenden, indem er sich gegen die Steigbügel stemmte, um den Stoß der ins Ziel treffenden Lanze aufzufangen. Im feudalistischen System konnte der Vasalle oder Hörige, und später der Bauer, einen Teil der Erzeugnisse seiner Arbeit für sich behalten, während der Grundherr und seine Gefolgsleute verpflichtet waren, den Hörigen in kriegerischen Zeiten zu beschützen. In Ungarn wurden die Arbeiter, die unbezahlt für ihren Feudalherrn arbeiteten, *Robotnik* genannt; von daher stammt – vermittelt durch Karel Capeks Schauspiel – das moderne Wort Roboter. Im westlichen Europa übte der Landherr zusätzliche Monopolrechte aus, indem er die Bauernschaft zwang, ihr Getreide in seiner Mühle zu mahlen. Geoffrey Chaucer hat sehr deutlich gezeigt, daß Müller oft sehr unbeliebt waren.

Seit Karl dem Großen wurde Westeuropa stabiler und verhältismäßig wohlhabend. Die christliche Religion war überall eingeführt und die Welle des Islam in Spanien und Italien gestoppt, bevor sie dann allmählich zurückgedrängt wurde. Die wachsenden Städte entwickelten sich zu eifersüchtigen Verteidigern ihrer Rechte. Viele Hörige liefen vor ihrer Unterdrückung auf dem Land davon und suchten Zuflucht in der Stadt, wo sie ihre Freiheit gewannen. In Deutschland ist der Ausdruck „Stadtluft macht frei" bekannt. In dieser Epoche begann Europa Erfindungen von den Arabern zu importieren, mit denen sie in Spanien und Italien, wo sich Europa und die islamische Welt trafen, direkten Kontakt hatten. Viele dieser Erfindungen, aber beileibe nicht alle, hatten ihren Ursprung in China und

Indien und wurden von den Arabern lediglich weitergegeben[1]. Schon allein dies war freilich ein beträchtlicher Dienst. Die Araber hatten die griechische Astronomie und Mathematik geerbt und erweitert und das Reich der griechischen Philosophie ausgelotet. Der Umfang ihrer astronomischen Arbeiten wird durch die Tatsache bestätigt, daß viele der auffälligsten Sterne arabische Namen tragen und daß das Werk des Ptolemäus, die *Syntaxis*, im Westen als *Almagest* bekannt wurde, was eine leicht entstellte Form seines arabischen Namens ist. Die Welt schuldet den Hindumathematikern Dank für die Erfindung des Zahlensymbols Null, das für die Arithmetik unschätzbar wertvoll ist, und den Arabern, die das heutige Zahlensystem entwickelt und zusammen mit der Null weitergegeben haben. Dadurch konnte das schwerfällige römische Zahlensystem mit seinen zeitraubenden Berechnungsverfahren abgelöst werden. Viele bekannte mathematische und geometrische Ausdrücke – Algebra, Algorithmus, Nadir usw. – sind arabischen Ursprungs. Die Araber entwickelten die Chemie und die Metallurgie weiter, deren Pioniere in der griechisch-ägyptischen Stadt Alexandria ansässig gewesen waren, und leisteten bemerkenswerte Beiträge zur Augenoptik. Arabische Schiffsbauer haben den Besanmast erfunden, und arabische Ingenieure haben komplexe Wasserversorgungs- und Bewässerungssysteme erbaut. Schließlich lieferten sie auch bedeutsame Beiträge zur Kosmetik und zu den kulinarischen Künsten (z.B. führten sie den Kaffee ein). Dann aber begann die arabische Zivilisation zu stocken und zu stagnieren. Außer der Sklaverei gibt es dafür zwei ganz materielle Gründe. Zum einen erschöpften die Kreuzzüge von 1096 bis 1270 die islamischen Nationen, während sie gleichzeitig ihre christlichen Feinde und Rivalen auf die Errungenschaften der Araber aufmerksam machten. Zum anderen vervollständigte eine Reihe von Einfällen aus dem Osten im 13. und 14. Jahrhundert den Ruin, der durch die Kreuzzüge eingeleitet worden war.

Nachahmung bedeutet Erneuerung, und diese wiederum regt oft echte Erfindungen an – das lehrt uns der erste Abschnitt des europäischen Mittelalters. Weitere Kapitel zu dieser Lektion steuern England im 17. Jahrhundert und Japan am Ende des 19. Jahrhunderts bei. Nachahmung ist nicht, wie manche vielleicht vermuten, ein Zeichen von Unterlegenheit. Damit eine Erfindung von einer andersartigen Gesellschaft übernommen – nachgeahmt – werden kann, muß diese etwa den gleichen Stand technischer Leistungsfähigkeit erreicht haben und muß darüber hinaus selbstverständlich lernbereit sein. Was passiert, wenn eine solche Grundeinstellung fehlt, zeigt das Beispiel von China. Die beeindruckende Zahl chinesischer Erfindungen beweist zur Genüge den schöpferischen Geist des chinesischen Volkes. Dennoch weigerte sich China über Jahrhunderte hinweg, Gedanken oder Erfindungen von außerhalb anzunehmen, mit dem Ergebnis, daß die chinesische Technik schließlich dahinsiechte. In sehr viel kleinerem Maßstab sind die Annalen der Industrie in Westeuropa voll von Firmen, die sich Neuerungen verschlossen, sich weigerten, neue Wege zu beschreiten oder ihre Konkurrenten nachzuahmen und dadurch schließlich zugrunde gingen.

Die Bereitschaft, Erfindungen anderer nachzuahmen und zu übernehmen, ist der erste Schritt zu einer kreativen und technisch fortschrittlichen Gesellschaft. Dabei läuft vermutlich folgender Prozeß ab: Die städtischen und dörflichen Handwerker – Schmiede, Wagenbauer, Maurer, Zimmerleute – sehen sich vor fremde Erfindungen gestellt und

---

[1] Zur Zeit der Niederschrift dieses Buches ist mir immer noch keine Untersuchung der arabischen Wissenschaft und Technologie bekannt, die der monumentalen Arbeit Needhams vergleichbar wäre. Das ist bedauerlich und in Hinblick auf den großen Reichtum der arabischen Nationen ein besonders überraschender Mangel.

beginnen zunächst mit sklavischer Nachahmung. Dabei lernen sie aber, diese Erfindungen in bezug auf das Material und die Vorgehensweise den örtlichen Gegebenheiten und Bedürfnissen anzupassen und entsprechend abzuändern. Die neuen Anwendungen waren von den ursprünglichen Erfindern vielleicht nie vorhergesehen worden. In diesem Moment haben die heimischen Techniker aber bereits eigenständige Erfindungen gemacht, und auf jeden Fall haben sie ihre Fähigkeiten erweitert und ihre eigene Erfindungskraft gestärkt. Über die im wesentlichen gesellschaftlich begründeten Grundantriebe, die dem technischen Fortschritt Schwung und Dauer verleihen, wissen wir dadurch freilich noch nichts. Seit etwa 800 n.Chr. gab es in Europa zwei Zentren der Technik, Norditalien und Süddeutschland; wir können diese den Bereich der alpinen Technik nennen. Ein Faktor war vermutlich die relative Nähe zur islamischen Welt, ein zweiter Faktor die reichliche Wasserkraft der Alpenflüsse. Die üppigen Bergwälder waren ein weiterer Aktivposten, denn sie lieferten nicht nur Baumaterial, sondern auch den Rohstoff für die Holzkohle, einem unabdingbaren Bestandteil der Metallveredlung. Die deutschen Techniker des Mittelalters hatten ihren Schwerpunkt im Bergbau und in der Metallverarbeitung; sehr viel später wurde darauf verwiesen, daß dadurch die hervorragenden deutschen Leistungen in der nahe verwandten chemischen Wissenschaft erklärlich werden, die bis heute andauern. Die Technik der Italiener hatte mit Kunst, Architektur und Mechanik zu tun. Dementsprechend hat auch das moderne Italien einen guten Ruf in der Herstellung von Hochleistungsautos und ähnlichen Dingen. Frankreich, Norddeutschland, Skandinavien, die Region der heutigen Benelux-Länder und England blieben etwas zurück. Vor allem England lag bis zum Ende des 17. Jahrhunderts im Rückstand[2].

Die Ausrichtung der mittelalterlichen Technik in Europa unterschied sich in mindestens einer Hinsicht von der antiken Technik, und darin spiegeln sich zweifellos sehr unterschiedliche politische und soziale Strukturen. Die mittelalterlichen Europäer mieden extravagante, grandiose Bauwerke, die lediglich den Bedürfnissen, den Launen oder dem Ehrgeiz allmächtiger Potentaten dienten. Das Maß ihrer Technik war zumindest am Anfang viel kleiner. Beispielsweise ließ man die prächtigen Römerstraßen verfallen. Unsere moderne Zeit, die überall nur ihre Autos im Sinn hat, und das viktorianische England, das stolz auf seine Eisenbahnen war, sind sich hier in ihrer Verdammung des Mittelalters einig. Aber die Menschen des Mittelalters hatten keinen Bedarf an teuren Verkehrswegen. Sie hatten keine großen Armeen zu unterhalten, kein Imperium und keinen Kontinent gefügig zu halten, zu überwachen und zu verwalten. Und wenn sie auch keine prunkvollen Villen mit Zentralheizung bauten und keine imposanten Aquädukte konstruierten, so hinterließen sie uns doch zumindest ihre großartigen Kathedralen. Dabei waren diese keineswegs die einzigen Neuerungen, die sie den nachfolgenden Generationen übergaben.

Die Grundlage jeder Industrie ist der Ackerbau. Hier gab es im Mittelalter vor der Jahrtausendwende zwei wichtige Neuheiten: Die Fruchtfolge der Dreifelderwirtschaft und den berädertem sächsischen Pflug, mit dem schwere, fruchtbare Böden kultiviert werden konnten. Ein Pferdehalfter, das es dem Tier ermöglichte, wirkungsvoll mit seinen Schultern zu ziehen, und die genagelten Hufeisen wurden eingeführt. Die der antiken Welt

---

[2] Die Vertreibung der Juden aus England im Jahr 1290 kann zu dem vergleichsweisen technischen Rückstand Englands im späten Mittelalter beigetragen haben. Sie wurde in der Mitte des 17. Jahrhunderts von Oliver Cromwell formal rückgängig gemacht.

unbekannte Windmühle wurde erfunden, und in England waren zur Zeit der Eroberung durch die Normannen im Jahr 1066 urkundlich nachgewiesen 6000 Wasserräder in Betrieb. Im folgenden Jahrhundert wurden viele neue Anwendungen für die Wasserkraft geschaffen: Holz sägen, Eisen schmieden, Walkkolben antreiben, Getreide mahlen, die Blasebälge der neuen Hochöfen wurden von Wasserkraft angetrieben, und vieles andere. Die Metallurgie wurde weiterentwickelt, insbesondere wurden die Methoden des Eisen- und Bronzegießens verbessert. Die Kurbel wurde eingeführt und die Methoden der Kraftübertragung vervollkommnet. 1269 unterzog Petrus Peregrinus den Magneteisenstein einer theoretischen Untersuchung, und der Schiffskompaß (der möglicherweise aus China stammt) kam in Gebrauch. Am Ende des gleichen Jahrhunderts wurde die Brille erfunden und, angeregt durch die Chinesen, mit der Papierherstellung begonnen. Das chinesische Geheimnis der Porzellanherstellung wurde in Europa jedoch erst im 18. Jahrhundert gelüftet. Eine Reihe neuer chemischer Substanzen kam in Gebrauch, die man im wesentlichen den Arabern verdankte, darunter Kampfer, Kalomel, Farben, Tinkturen, Pigmente, Beizen und Medikamente. Das Studium Mathematik erfuhr eine Neubelebung, und die arabischen Ziffern wurden eingeführt.

Bei dieser Aufzählung handelt es sich nur um einen kleinen Ausschnitt aus den wesentlichen Neuerungen dieser Epoche. Alle zusammen bewirkten, daß der technische Standard Westeuropas am Ende des Mittelalters höher war als der jeder früheren Zivilisation.

Woher die alten Künste des Spinnens und Fadendrehens stammen, ist nicht bekannt. Über Jahrhunderte waren Spindel und Wirtel die einzigen mechanischen Hilfsmittel beim Spinnen. Die Spinnjungfer – gewöhnlich eine unverheiratete junge Frau – hielt in der einen Hand ein Bündel Wolle oder Baumwolle, während sie mit den Fingern der anderen Hand ein kurzes Fadenstück zusammendrehte und um die Spindel wickelte. Danach wurden Spindel und Wirtel in Drehung versetzt, so daß sie beim Fallen aus dem in der Hand gehaltenen Bündel einen verzwirbelten Faden herauszogen. Diese Methode der Fadenherstellung wurde erst im 13. Jahrhundert durch eine ganz neue Technik abgelöst, als irgendwo in Europa das sogenannte Große Rad erfunden wurde. Ein leichtes, aber großes Rad war an einer waagrechten Achse frei beweglich und trieb über eine Endlosschnur eine kleine waagrechte Spindel an. Wie bei Spindel und Wirtel wurde erst ein kurzes Fadenstück aus dem Woll- oder Baumwollbündel gezogen und um die Spindel gewickelt. Dann wurde das große Rad mit der freien Hand in Drehung versetzt. Wenn man nun das Bündel von der schnell rotierenden Spindel wegzog, konnte rasch und leicht ein langer Faden gesponnen werden. Hatte der Faden Armlänge erreicht, wurde er um 90° gedreht, so daß er sich um die rotierende Spindel herumwand. Auf diese Weise konnte die Produktivität der Spinnjungfer drastisch erhöht werden.

Ein weiterer wichtiger Fortschritt in der Technik des Fadenspinnens wurde 200 Jahre später am Ende des Mittelalters erreicht. Es handelt sich um die Einführung des Sächsischen Rades. Einmal mehr ist der Erfinder unbekannt. Das Sächsische Rad war beträchtlich kleiner als das Große Rad und wurde über Pedale mit den Füßen angetrieben. Anstelle der Spindel trieb das Rad nun einen hufeisenförmigen metallenen „Flieger" an. Dieser hatte an der Spitze eine kleine Öse und weitere Ösen auf einer Seite, durch die der Faden von der Spitze her geführt wurde. Beim Rotieren verzwirbelte der Flieger den Faden, der gleichzeitig auf eine zwischen den Seitenteilen des Fliegers befindliche Spule gewickelte wurde. Damit entfiel die Notwendigkeit, zwischen Spinnen und Verdrillen hin- und herzuwechseln, Spinnen und Verdrillen verschmolzen zu einem gleichförmigen und einheitlichen Vorgang. Das ganze Verfahren wurde für die Spinnjungfer viel einfacher, ermüdete sie weniger und steigerte gleichzeitig im Vergleich zum Großen Rad die Effizienz noch einmal beträchtlich. Bis zum nächsten großen Fortschritt dauerte es nun 300 Jahre. Natürlich ist das Spinnrad, das in Kindergeschichten und Märchen sowie in mindestens einer Oper und einem Ballett vorkommt, ein Sächsisches Rad.

Die Chinesen (und möglicherweise auch die Byzantiner) entdeckten die außerordentlich leichte Entzündbarkeit des Schwarzpulvers, einer Mischung aus rund 75% Salpeter (Kaliumnitrat), 15% pulverisierter Holzkohle und 10% Schwefel. Es wurde anfangs in Feuerwerkskörpern und militärisch zum Brandstiften, den heutigen Flammenwerfern vergleichbar, verwendet. Später entdeckte irgendwo irgendwer den bemerkenswerten Sachverhalt, daß Schwarzpulver, das man in ein enges Gefäß stopfte und mit einem Stein abdeckte, beim Anzünden *explodierte* und den Stein als Geschoß mit enormer Wucht davonschleuderte. Damit waren das Schießpulver und die Kanone erfunden. Die erste nachgewiesene Erwähnung der Kanone stammt aus dem Jahr 1318. Die ersten Kanonen wurden dadurch hergestellt, daß gebogene Eisenstangen zu einem Rohr zusammengefügt und mit Eisenringen verbunden wurden. Sie wurden als Belagerungswaffen zur Eroberung von Festungen und Burgen eingesetzt und zeigten eine Durchschlagskraft, welche die alten Rammböcke verblassen ließ. Die Kanoniere konnten in sicherer Entfernung von den Verteidigern die Mauern der Stadt, der Festung oder des Schlosses systematisch in Schutt verwandeln. Nicht einmal die große Mauer von Byzanz (dem heutigen Istanbul) konnte den monströsen Kanonen mit zwei Fuß großem Loch widerstehen, die vor Ort von ungarischen Ingenieuren hergestellt wurden. Natürlich folgten bald kleinere Kanonen – bis hin zum Gewehr, das ja nichts anderes ist als eine in der Hand gehaltene Kanone, die leicht von einem einzigen Mann bedient werden kann. Es entwickelten sich langläufige Arkebusen (Hakenbüchsen) und Steinschloß-Musketen, deren langer Lauf dafür sorgte, daß die Kugel maximale Geschwindigkeit erreichte. Der Muskete war es beschieden, trotz ihrer Unvollkommenheiten (Gewicht, Langsamkeit, Schießpulververschwendung und Unzuverlässigkeit vor allem bei schlechtem Wetter) den Bogenschützen zu verdrängen. Nachdem die militärisch disziplinierte Schlachtordnung wiedererfunden war, konnte eine Truppe von Musketieren, die von Lanzenträgern beim Laden ihrer Musketen geschützt wurden, mit einer konzertierten Salve das Schlachtfeld säubern. Die Lanze wurde später in Form des Bajonetts mit der Muskete vereinigt. Allerdings konnte das eine Truppe von geübten Langbogenschützen ebenso, und zwar wesentlich schneller. Der entscheidende Vorteil der Muskete war, daß für ihren Einsatz keine muskelstarken und hochtrainierten Männer erforderlich waren. Körperlich starke und bestens trainierte Bogenschützen waren immer knapp und konnten, weil sie sich ihres Monopols bewußt waren, auch leicht Ärger machen. Dagegen konnte so gut wie jeder Musketier werden. Nicht einmal bewaffnete Reiter und Ritter in Rüstungen hatten gegen irgendeinen Tölpel mit einer billigen Muskete eine Chance.

Die Muskete und die Kanone entwickelten sich im Lauf der Jahrhunderte langsam weiter, und das Schießpulver wurde immer wirkungsvoller. Die kontinuierlichen Verbesserungen der Muskete und des Schießpulvers bieten das Musterbeispiel dessen, was man eine evolutionäre Entwicklung nennt. Eine revolutionäre Verbesserung wurde erst im 19. Jahrhundert wieder möglich, als die Entwicklung von Werkzeugmaschinen, eine verbesserte Metallverarbeitung und neue chemische Explosivstoffe zur Erfindung des Hinterladergewehres führten. Dieses war zusammen mit dem Feldgeschütz auf dem Schlachtfeld entscheidend, bis es in unserem Jahrhundert von Maschinengewehren und Panzern verdrängt wurde.

Die Uhr mit Gewichtsantrieb

Der Zeitpunkt der Erfindung eines Längenmaßstabs und eines Satzes von Gewichten liegt, unserem Wissen verborgen, in der fernen Vergangenheit. Die Uhr hingegen – das dritte Schlüsselelement, das nach Maxwell die Zivilisation kennzeichnet – wurde ohne Zweifel im Mittelalter erfunden. Über die Erkenntnis Maxwells hinaus darf man sicher sagen, daß der technische, wirtschaftliche und soziale Standard einer Zivilisation mit der Genauigkeit und der Anzahl der benutzten Zeitmeßgeräte eng zusammenhängt. Viele Jahrtausende lang hatten die Menschen keinen Bedarf an Uhren. Erst mit dem Aufstieg der bürgerlichen Gesellschaften mit ihren komplexen Institutionen wurde die Zeitmessung wichtig. Ausgefeilte religiöse und gesellschaftliche Zeremonien, militärische Aktivitäten und wirtschaftliche Verhandlungen erforderten eine genauere zeitliche Festlegung, als sie der einfache Tag-Nacht-Rhythmus vorgab. Die von der Sonne geworfenen Schatten stellten die nächstliegende, verbreitetste und anfangs auch zuverlässigste Methode der Zeitbestimmung dar. So kam die Sonnenuhr auf. Nachts war sie natürlich nutzlos, allerdings auch unnötig, denn die verfügbaren Lampen und Kerzen waren so schwach, daß die meisten gesellschaftlichen Tätigkeiten ohnedies bei hereinbrechender Nacht endeten. In nördlichen Breiten hatte die Sonnenuhr aber auch am Tag ihre Grenzen. An ihre Stelle konnten ergänzende Geräte wie Kerzen mit genormter Brenngeschwindigkeit, Sanduhren und Wasseruhren treten. Die ersten beiden waren sehr grobe Hilfen und konnten nur über eine kurze Zeitspanne hin benutzt werden. Auch die Wasseruhr war nicht zufriedenstellend, weil ein konstanter Wasserdruck und ein hinreichend gleichförmiger Fluß nicht garantiert werden konnten. Die Gewohnheit, die Dauer der Tageshelligkeit in eine bestimmte Anzahl von Stunden einzuteilen, die dann natürlich besonders in nördlichen Ländern je nach Jahreszeit unterschiedlich lang ausfielen, sorgte für zusätzliche Komplikationen.

Die Grundanforderung an eine mechanische Uhr erfüllt ein Gerät, das einen pfeilförmigen Zeiger auf je eine aus einer Reihe von Ziffern ausrichtet, die dem täglichen Kreislauf der Sonne um die Erde zugeordnet sind. Die Ziffern bedeuten die Stunden, welche die Sonne für ihren Umlauf benötigt: Zwölf für den Tag und zwölf für die Nacht, wobei die Zahl zwölf vermutlich von den zwölf Teilungen des Tierkreises abgeleitet war. Da der Himmel kugelförmig ist, mußten die Ziffern auf eine kreisförmige Scheibe gemalt oder eingraviert werden. Soweit zum Prinzip – in der Praxis bestand das Problem darin, einen geeigneten Antriebsmechanismus und, als Kern der Sache, einen geeigneten Regelmechanismus zu finden. Ein fallendes Gewicht war die einzige verfügbare und natürliche Antriebskraft. Unglücklicherweise beschleunigt aber ein Gewicht beim Fallen, so daß die Uhr ohne weitere Vorkehrungen schneller und schneller laufen würde. Der Fall kann zwar durch eine Bremse verzögert werden, das Gewicht fällt dann wie eine Kugel im Sirup nach Erreichen einer gewissen Endgeschwindigkeit gleichmäßig schnell. Die Bremse wird aber unweigerlich

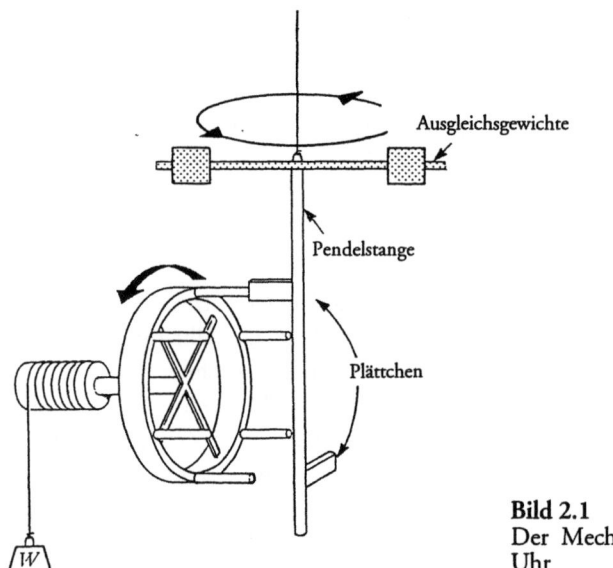

Bild 2.1
Der Mechanismus der gewichtsgetriebenen Uhr

immer weicher und die Endgeschwindigkeit allmählich immer größer. Auf diesem Weg gibt es also keine Lösung. Wir tappen vollständig im Dunkeln, auf welchen Wegen ein uns unbekanntes Genie (oder waren es mehrere?) schließlich den Hemmungsmechanismus fand. Jedenfalls handelt es sich sehr wahrscheinlich um die größte menschliche Einzelerfindung seit der Erfindung des Rades.

Die Grundidee der Hemmung besteht darin, gleiche Beträge mechanischer Energie in jeweils gleichen, kurzen Zeitintervallen freizugeben. Der Mechanismus ist in Bild 2.1 dargestellt. Das Rad besitzt in gleichmäßigem Abstand voneinander kurze, waagrechte Stifte und wird von einem Gewicht angetrieben, das an einer um die Achse gewickelten Schnur befestigt ist. Vor dem Rad befindet sich eine senkrechte Stange (die Pendelstange) mit zwei kleinen Plättchen, die in einem Winkel von etwas mehr als 90° zueinander so angebracht sind, daß sie in die Stifte greifen können. Die Pendelstange, die frei an einer Schnur hängt, trägt oben eine kurze waagrechte Stange mit verschieblichen Ausgleichsgewichten an beiden Enden.

Damit funktioniert die Hemmung nun sehr einfach. Wenn ein Stift, wie in der Abbildung, auf die obere Platte trifft, hemmt die Trägheit – wie man heute sagen würde – der Ausgleichsgewichte die Rotation des Rades. Das Antriebsgewicht überwindet schließlich deren Trägheit, der Stift schiebt das Plättchen beiseite und das Antriebsgewicht kann für einen Moment frei fallen. Dabei hat sich die senkrechte Stange gedreht und die untere Platte kommt nun zwischen die Stifte. Sie wird fast sofort von einem der unteren Stifte mit entgegengesetzter Bewegungsrichtung getroffen. Die Pendelbewegung der Ausgleichsgewichte wird gebremst und der Fall des Antriebsgewichts wieder gehemmt, bis dieses die Platte abermals beiseiteschiebt. Das Antriebsgewicht fällt für einen Moment frei, und die obere Platte kommt wieder zwischen die Stifte. Dieser Vorgang wiederholt sich unbegrenzt, die waagrechte Stange und die Ausgleichsgewichte schwingen vor und zurück, und das Antriebsgewicht wird laufend im Fall gehemmt, weil es gezwungen wird, die Bewegungsrichtung der Ausgleichsgewichte ständig umzukehren. Durch sorgfältige Abstimmung des Antriebsgewichts, der Ausgleichsgewichte und des Abstands zwischen den Ausgleichsgewichten und der Stange kann man erreichen, daß der Mechanismus eine in vorherbestimmten, gleichmäßigen Abständen unterbrochene Bewegung ausführt. Der freie Fall des Antriebsgewichts wird periodisch gehemmt und freigegeben, so daß die Fallrate insgesamt gleichförmig und im wesentlichen von der Reibung unabhängig wird.

Diese Erfindung hat zwei außergewöhnliche Aspekte. Der erste ist die brillante Einsicht in die Mechanik bzw. Kinematik des Hemmechanismus: Die entgegengesetzten Bewegungen der oberen und der unteren Hälfte des Hemmrades können mit Hilfe der um gut 90° versetzten Platten in die periodische Hin- und Herbewegung der Ausgleichsgewichte umgewandelt werden. Dies ist Erfindergenie höchsten Grades. Nicht weniger beeindruckend ist, zweitens, die meisterhafte Beherrschung des dynamischen Prinzips, das es ermöglicht, den Fall des Antriebsgewichts dadurch *gleichförmig* zu hemmen, daß es gezwungen wird, auf die Ausgleichsgewichte stets das *gleiche* Maß an beschleunigter Bewegung zu übertragen. Das theoretische Verständnis dieser Zusammenhänge lag damals noch in ferner Zukunft, erst zur Zeit Galileis und Newtons konnten sie wissenschaftlich erklärt werden. Man könnte diese Erfindung deshalb als verfrüht bezeichnen, da, wie auch bei anderen mittelalterlichen Entdeckungen, die Funktionsprinzipien weit jenseits dessen lagen, was der zeitgenössischen Wissenschaft zugänglich war. Wenn wir andererseits versuchen, Vorgänger der mechanischen Uhr aufzuspüren, stoßen wir gegen eine Wand; es gibt einfach kaum Informationen darüber.

Der erste zuverlässige Hinweis auf diese Uhr stammt aus dem Jahr 1286, aber wer sie hergestellt hat und zu welchem besonderen Zweck, wissen wir nicht. Es könnte sich gut um eine astronomische Uhr gehandelt haben, die in einer Entwicklungslinie mit Modellen oder Instrumenten steht, welche die Umläufe der Planeten in ihren Sphären darstellten. Die Konstruktion ergab sich vielleicht aus den Experimenten eines Mühlenbauers, der nicht nur Steuerungsmechanismen und die Probleme gleichförmiger Bewegung kannte, sondern der darüber hinaus eine erstaunliche Einsicht in mechanische Prinzipien hatte. Wir können nur vermuten, daß es viele Versuche gegeben haben muß, einen Mechanismus zu entwerfen, der den Stand der Sonne auf ihrem täglichen Lauf um die Erde und somit die Zeit anzeigen konnte. Zweifellos handelte es sich bei vielen der ersten Versuche um astronomische Uhren mit teilweise so ausgefeilter Konstruktion, daß die Stellungen der Sonne, des Mondes, der fünf Planeten und sogar die Bewegung der Gezeiten dargestellt werden konnten. Durch fallende Gewichte angetriebene Uhren wurden am Ende des 13. und am Beginn des 14. Jahrhunderts in Kathedralen, Kirchen und Schlössern installiert. Zu den frühen Pionieren der Uhrmacherkunst zählen Richard of Wallingford und die Familie de Dondi. Nach ihnen ist die Geschichte der Uhr eine Geschichte langsam fortschreitender, evolutionärer Verbesserungen. Um 1500 wurde ein Uhrwerk mit Unruh und Federantrieb eingeführt und die Taschenuhr erfunden. Die Verwendung eines Federantriebs brachte allerdings ein neues Problem mit sich. Im Gegensatz zur Gravitation nimmt die Antriebskraft bei Spiralfedern immer mehr ab, je mehr sie sich entspannen. Zur Kompensation wurde eine geniale Methode ersonnen, mit der am Anfang Energie gespeichert (so würde man das heute nennen) und dann beim Entspannen der Feder portionsweise wieder abgegeben werden konnte: Der „stackfreed". Eine andere Vorrichtung mit der gleichen Wirkung war die Schnecke. Im 17. Jahrhundert kam Galileis Erfindung der Pendeluhr, die statt der Trägheit von Ausgleichsgewichten das zeitliche Gleichmaß der Pendelschwingung ausnützte. Noch später folgten die schleifende Hemmung und die Ankerhemmung, bemerkenswerte Verbesserungen, die auf Robert Hooke zurückgehen. Ihren Gipfel erreichte die mechanische Uhr im 19. Jahrhundert in Form des Seechronometers von John Harrison.

Da die tägliche Bewegung der Sonne praktisch gleichförmig und unabhängig von der Jahreszeit erfolgt, wäre es eine komplizierte Angelegenheit gewesen, die Uhrenblätter je nach Jahreszeit mit unterschiedlichen Stundenmarkierungen zu versehen – in nördlichen Breiten mit langen Stunden für die Winternächte und Sommertage und mit kurzen Stunden entsprechend umgekehrt. Deshalb überrascht es nicht, daß mit der zunehmenden Verbreitung der gewichtsgetriebenen Uhr eine Stunde mit fester zeitlicher Länge, also ein astronomisches Zeitmaß, die alte, veränderliche Stunde ersetzte. Ferner war schon im 14. Jahrhundert die Uhrmacherkunst so weit fortgeschritten, daß die Stunde in sechzig Minuten und bald darauf die Minute in sechzig Sekunden unterteilt werden konnte. Seit dieser Zeit tickt der gleichmäßige Uhrenschlag jedem Menschen den unendlichen Ablauf der Zeit unbarmherzig ins Bewußtsein.

Die Astronomen, Philosophen und Theologen mögen sich des unaufhörlichen Zeitflusses – Platons bewegendes Bild der Ewigkeit – wohl bewußt gewesen sein. Die mechanische Uhr leistete jedoch mehr, als diesen Aspekt der Zeit konkret zu veranschaulichen. Ohne ein genaues, leicht verfügbares und allgemein anerkanntes Zeitmaß wären die verwaltungsmäßigen, wirtschaftlichen und industriellen Verflechtungen fortgeschrittener Zivilisationen unmöglich. Obwohl wir heute über so raffinierte Zeitmeßinstrumente verfügen wie Schwingquarze und Atomuhren, ist der Rahmen für all unser Handeln letztlich immer noch das Zeitmaß, das sich aus der mittelalterlichen Erfindung der gewichtsgetriebenen Uhr ergeben hat.

Die neue Uhrmacherindustrie ging einher mit dem Aufstieg einer neuen, sehr überlegenen Handwerkerklasse. Diese Techniker erwarben große Fähigkeiten im Entwurf von Antrieben und in den unterschiedlichen Arten der Umformung und Anwendung von Bewegung. Vermutlich gibt es auch eine Verbindung zwischen den Uhrmachern Europas und den vergessenen griechischen Handwerkern, die den Mechanismus von Antikythera entworfen und gebaut haben; allerdings liegt diese Verbindung bisher noch im Dunkel der Geschichte. Unausweichlich, so scheint es, mußten die Uhrmacher die Grenzen ihres eigentlichen Handwerks überschreiten. So kann man feststellen, daß sie schon bald Wasserräder konstruierten und deren Bau überwachten. Später, in der Anfangszeit der industriellen Revolution in England, stellten Uhrmacher die entscheidenden Ingenieure bei der Konstruktion und dem Betrieb von Textilmaschinen[3]. Es ist eine Tatsache, daß zwischen der Erfindung der mechanischen Uhr im Mittelalter und den enormen industriellen Veränderungen, die ab dem Beginn des 18. Jahrhunderts eintraten, ein direkter Zusammenhang besteht – Veränderungen, die den Weg zu öffentlichem Wohlstand bahnten und heute Hoffnung auf ein Ende der Armut und des Hungers in der Welt machen.

---

[3] Die Funktionsweise von Getrieben mag auf den ersten Blick offenkundig erscheinen. Für einen Anfänger oder Ungebildeten ist sie das jedoch keineswegs: Die meisten Menschen werden sich an Verwirrung erinnern, wenn sie an die erste Begegnung mit dem Konzept der „mechanischen Vorteile" in der Physik zurückdenken.

Lange Zeit war die Uhrmacherkunst sowohl der Gipfel der mechanischen Künste als auch das Übungsfeld und die Quelle der Inspiration für die anderen Zweige der Mechanik. Dieses Handwerk und seine Erzeugnisse wurden so hoch eingeschätzt, daß die Pioniere der wissenschaftlichen Revolution und der „mechanischen Philosophie" im 17. Jahrhundert sich das Planetensystem als riesigen Teil eines himmlischen Uhrwerks vorstellten, dessen Uhrmacher Gott selbst war.

Im allgemeinen neigten die mechanischen Erfindungen des Mittelalters und der Renaissance zu übertriebener Raffinesse und Kompliziertheit. Ihre Erbauer scheinen in ihrer neuen Macht geschwelgt zu haben und achteten wenig auf rationelle Funktionsweise und mechanische Effizienz. Diese Einstellung änderte sich im 17. Jahrhundert drastisch, aber da schien in den Augen der Öffentlichkeit Mechanik schon so etwas wie Magie zu sein, und die ausgesprochenen Talente der Mechaniker und Erfinder wurden für magische Praktiken gehalten. Zudem hielt man Maschinen allgemein für Geräte, mit denen man die Natur hereinlegen konnte, und konsequenterweise galten Maschinenbauer als Menschen mit weit überlegenen Kenntnissen und Kräften. Die Legende vom Mechanik-Magier lebte bei den weniger Gebildeten lange fort. Noch E.T.A. Hoffmann verewigte sie in seinen Erzählungen und in der Gestalt des Spallanzani.

Die letzte Erfindung aus dieser Zeit, die wir hier besprechen wollen, ist eine gesellschaftliche und keine mechanische. Sie ist aber von so allgemeiner Bedeutung, daß sie eine kurze Diskussion wert ist. Es handelt sich um die Erfindung der breiten Erwachsenenbildung. Die Gründung der ersten Universitäten läßt sich zeitlich heute nicht mehr genau festlegen. Sie entstanden allmählich aus kleinen Gruppen von Gelehrten, die sich um die Kathedralen oder Kathedralschulen sammelten und die lernbereiten Menschen Unterschlupf boten. Es handelte sich im wesentlichen um christliche Gründungen, wie ja überhaupt die Existenz von Universitäten eine gemeinsame Kultur auf der Grundlage einer gemeinsamen Religion voraussetzte. In der gereiften mittelalterlichen Form beinhalteten die Universitäten vier Fakultäten: Die erste, unterste war die Fakultät der Künste, die eine allgemeine Ausbildung in den sieben freien Künsten Grammatik, Rhetorik und Logik (diese bildeten zusammen das „Trivium"), ferner in Musik, Geometrie, Arithmetik und Astronomie (das „Quadrivium") vermittelte. Nach der Fakultät der Künste konnte der Student erwarten, zu einer der drei großen professionellen Fakultäten fortzuschreiten: Der theologischen, der juristischen oder der medizinischen. Die Unterrichtssprache war natürlich Latein. Die Prüfungen bestanden darin, in öffentlicher Debatte eine Arbeit zu verteidigen, wobei die Debatte formal im Rahmen der aristotelischen Logik abzulaufen hatte.

Man könnte annehmen, daß die Universitäten im Mittelalter so wie die heutigen das vorhandene Wissen vorantreiben und erweitern wollten und daß die Forschung eine ihrer Aufgaben und die Pflicht jedes ihrer Mitglieder war. Das war aber keineswegs der Fall. Die christliche Religion lehrte, daß die Menschheit gefallen war, und es herrschte die allgemeine Meinung, daß das goldene Zeitalter der weltlichen Erkenntnis mit der klassischen Antike vergangen sei und das Wissen und Verstehen seither abgenommen habe. Dementsprechend galten die klassischen Autoren der Philosophie, der Literatur, des Rechts und der Medizin als letzte Autoritäten. Die Universitäten erreichten nach dem 13. Jahrhundert den Gipfel ihrer Bedeutung und Popularität. Zuerst war die neuplatonische Philosophie gelehrt worden, aber durch die Bemühungen des heiligen Thomas von Aquin wurde Aristoteles als Meisterphilosoph und als letzte Autorität in Logik und Physik auf den Thron gehoben (die Physik wurde damals als die Wissenschaft vom Wechsel verstanden und schloß deshalb die Biologie mit ein). Die Bücher Euklids bildeten die Grundlage der Geometrie, während Ptolemäus die Autorität für Astronomie war. Die Medizin wurde nach Texten von Galen, Hippokrates und Celsus gelehrt, die Jurisprudenz war einfach eine Wiederbelebung des Römischen Rechts, und Theologie wurde selbstverständlich mit den Schriften der Kirchenväter gleichgesetzt. Die moderne Universität heute sieht ihren Daseinszweck ganz anders: Forschung, die zu neuem Wissen führt, und Lehre gelten als wesentliche Kennzeichen. Im mittelalterlichen Europa mußte die Idee des Fortschritts aber erst noch geboren werden – schließlich hatten ja die Alten alles Wissen besessen, und niemand zweifelte am gefallenen Zustand der Menschheit.

Ungeachtet dessen war es natürlich unvermeidbar, daß auch die mittelalterliche Universität den Wissensfortschritt und die Technik beeinflußte. Das intensive Studium des Aristoteles verfeinerte dessen philosophisches System und behandelte unter dem allgemeinen Thema der Veränderung auch gewisse Bewegungsprobleme. Im Zusammenhang mit anderen Bemühungen (z.B. der Artilleristen um Verbesserung ihrer Kunst) gewannen diese Probleme im 16. und 17. Jahrhundert größere Bedeutung. Im Endeffekt liegen hier die Wurzeln der Wissenschaft der Mechanik. Was auch immer die Auswirkungen der Universitäten auf Neuerungen und Erfindungen gewesen sein mögen – unbestreitbar haben sie in Westeuropa eine ziemlich homogene Kultur geschaffen und gefestigt, mit Latein als verbindender Sprache von Wittenberg bis Bologna und Salerno, von Oxford bis Krakau. Weiterhin lehrten sie die Menschen, logisch zu denken und rational zu argumentieren. Das war eine wirkliche Revolution des Wissens; doch die Kultur war noch reicher.

In der Epoche der bedeutenden Erfindungen und Neuerungen (die Universitäten selbst waren ja Neuerungen) stellte statisches Wissen, wie das von den Universitäten repräsentierte, eine Herausforderung dar. So entstanden die sogenannten „häretischen Wissenschaften", welche die etablierten Lehrweisen angriffen. Alchemie und Astrologie, die von der Kirche verdammt wurden, sowie „Naturmagie" waren dabei führend, und der Bettelmönch Roger Bacon ist ihr bekanntester Vertreter. Die Verwandlung gewöhnlicher Metalle in Gold, ein perfektes Horoskop und die Konstruktion eines Perpetuum Mobile waren die drei vornehmsten Ziele. Aristoteles hatte behauptet, daß eine Kraft erforderlich sei, wenn eine Bewegung andauern solle – gut, dann wird ein häretischer Wissenschaftler eben die Regel des Aristoteles ignorieren. Die Himmelssphären sind doch in ewiger Bewegung, und wenn Aristoteles darauf beharrt, daß zwischen Himmel und Erde eine unüberbrückbare Kluft sei, so wird der häretische Wissenschaftler eben diese Kluft zu schließen versuchen. Die Nadel des Seefahrerkompaß zeigt auf den Polarstern, um den sich die Himmelssphären bewegen – vielleicht liegt der Schlüssel zu der gesuchten Perpetuum-Mobile-Maschine im Magnetismus? Die Suche scheitert, auf diesem Weg ebenso wie auf allen anderen. Aber sie war sehr wichtig für die spätere Wissenschaft der Mechanik, die auf dem Axiom aufbaut, daß es unmöglich ist, unbegrenzte Arbeitsleistung aus einer Perpetuum-Mobile-Maschine zu entnehmen. Die häretischen Wissenschaftler erreichten, daß die jahrhundertealte Tabuisierung der natürlichen Welt gebrochen wurde, die aus dem Glauben erwachsen war, wir könnten nicht tun, was die Natur tut, und sollten es nicht einmal versuchen. Dies ist ein von Unheil bedrohter Irrweg, wie schon die Legende von

Prometheus zeigt. Und doch ist das Tabu in gewisser Weise immer noch in Kraft: Wir alle kennen die Werbung, in der ein bestimmtes Produkt als „rein wie die Natur" dargestellt wird. Das Wort Natur oder natürlich soll eine vom Menschen unerreichbare und unnachahmliche Qualität zum Ausdruck bringen. Mit der Überwindung dieses Vorurteils (und dieser Furcht) trugen die häretischen Wissenschaftler dazu bei, den Weg für die moderne Wissenschaft und Technik zu bahnen. Der Aufstand gegen den mittelalterlichen Aristotelianismus, der ein notwendiger Bestandteil der wissenschaftlichen Revolution des 17. Jahrhunderts war, wurde von Whitehead in Form eines Paradoxes so formuliert: Gemessen an den Maßstäben des Aristoteles ist die Wissenschaft des Galilei in ihrem Wesen irrational.

Im Prinzip sollte eine monotheistische Religion, deren Gott sowohl der Schöpfer der Welt als auch der Erlöser der Rechtschaffenen ist, der Wissenschaft und Technik positiv gegenüberstehen. Es gab für einen gläubigen Entdecker oder Erfinder keinen Anlaß, feindliche oder willkürliche Geister oder Götter zu fürchten oder zu besänftigen, denn solche existierten nicht. Gleichzeitig legte die christliche Religion den lähmenden Fatalismus ab, von dem viele alte Religionen geprägt waren. Lynn White und andere haben das Argument sehr stark vertreten, daß diese Kombination von Religion und Metaphysik, zusammen mit einer neubelebten griechischen Philosophie, die Wissenschaft und die Technik grundsätzlich ermutigen sollte. Wir können aber noch weiter gehen: Im Christentum hat Gott menschliche Gestalt, er ist ein Gott, der sich gewöhnlichen Männern und Frauen zugesellt hat und der ihre alltäglichen Sorgen kennt und ernst nimmt. Bei so einem Gott kann man leichter Verständnis, Schutz und Unterstützung suchen als bei einer unpersönlichen Gottheit, selbst wenn sie wohlwollenden Charakter hat. Eine religiöse Überzeugung dieser Art ist gewiß ein starker Schutz für Technologen, die an der Grenze des Abenteuers Mensch arbeiten, sei es als Steuermann, als Arbeiter im Bergwerk, als Erfinder, als Metallbearbeitungsfachmann oder als Chirurg. Auch noch in einem anderen, ebenso bedeutenden Bereich kann man sagen, daß das Christentum technikfreundlich ist. Der Religionsgründer hat die Handarbeit nicht abgewertet, wie viele seiner Äußerungen belegen. Bestimmte Mönchsorden wie die Kartäuser und die Benediktiner hatten deshalb immer mit körperlicher Arbeit und Technik, vom Ackerbau über die Eisenbearbeitung bis hin zur Medizin, zu tun.

Das Mittelalter war für Westeuropa eine Zeit fundamentaler Veränderungen. Sie spiegeln sich in seiner charakteristischen Kunst, in seiner Technologie und in seiner entstehenden Wissenschaft – denken wir etwa an die Sektion menschlicher Leichname, die ja auch ein Tabubruch ist. Zwei Tatsachen sind unbestreitbar: Zum einen, daß Europa in seinen schöpferischen Jahrhunderten vom christlichen Glauben bestimmt war, zum andern, daß keine andere Zivilisation je den Grad an erfinderischen und technischen Errungenschaften übertroffen hat, den Europa am Ende des Mittelalters erreicht hatte. Die Annahme, daß das Christentum den technischen Fortschritt prinzipiell begünstigt hat, ist deshalb durchaus plausibel. Die im 19. Jahrhundert verbreitete These, es habe einen ständigen Konflikt zwischen den beiden gegeben, in dem schließlich die Wissenschaft und die Technik gesiegt hätten, ist heute, wo wir die enormen Fortschritte viel besser einschätzen können, welche die Technik im sogenannten Zeitalter des Glaubens gemacht hat, nicht mehr überzeugend. Natürlich gibt es Beispiele dafür, daß die Kirche Erfindungen, Entdeckungen und wissenschaftliche Theorien unterdrückt hat. Es wäre sogar überraschend, wenn es nicht so wäre. Dagegen muß man aber die oben diskutierten und viele andere bedeutenden Beispiele sehen, die eben nicht unterdrückt wurden.

Stellen wir uns folgendes Bild vor: Ein Student an einer modernen Universität, der eifrig auf die Uhr schaut, einen Haufen Papiere zusammenrafft und in eine Vorlesung eilt, vielleicht über aristotelische Logik oder über (vermutlich nichteuklidische) Geometrie. Ein alltägliches Ereignis – und dennoch stellt es ein so deutliches Zeugnis der mittelalterlichen Erfindungskraft dar, wie man es sich nur wünschen kann.

3 Neue Welten und die Informationsrevolution

Die englischen Wassermühlen, von denen Wilhelm der Eroberer 1084 in seinem *Domesday Book* berichtet, versorgten eine Bevölkerung von rund 3 Millionen Menschen mit Energie. Wenn wir auch weder die durchschnittliche Leistung dieser Mühlen noch die Leistung, die in Form von Pferden oder Ochsen zur Verfügung stand, abschätzen können, so können wir doch vermuten, daß die verfügbaren Pferdestärken pro Einwohner relativ hoch waren. Die Wassermühlen blieben durch die industrielle Revolution hindurch bis ins erste Drittel des 19. Jahrhunderts in England die Hauptquelle mechanischer Energie. Ihre überragende historische Bedeutung geriet aber durch den dramatischen Erfolg der Dampfmaschine in den letzen 150 Jahren etwas in Vergessenheit.

Die Wasserkraft war in den Jahrhunderten nach der Jahrtausendwende eine strategische Technologie, da sie, wie wir gesehen haben, Fortschritte in anderen Zweigen der Technik anregte. Im 14. Jahrhundert ließ allerdings das Tempo der Neuerungen vorübergehend nach. Über die Ursachen sind sich die Historiker unsicher. Es ist denkbar, daß die Serie von Seuchen, von der Europa um die Mitte des Jahrhunderts heimgesucht wurde (z.B. der „Schwarze Tod" 1348), mitbeteiligt war. Im darauffolgenden Jahrhundert zog das Tempo des Fortschritts jedenfalls wieder an und ist seither ungebrochen. So wurde am Ende des Mittelalters und zu Beginn der Renaissance eine der folgenträchtigsten Erfindungen aller Zeiten gemacht, nämlich das Drucken mit beweglichen Lettern. Es gibt viele, die beanspruchen, der erste Erfinder gewesen zu sein, und auch viele potentielle Orte der erstmaligen Erfindung. Es sprechen jedoch gute Gründe für die Annahme, diese Erfindung in Europa um die Mitte des 15. Jahrhunderts anzusiedeln und das Verdienst Johann Gutenberg, einem Goldschmied aus Mainz, zuzuschreiben.

In einer sehr bekannten Form gibt es das Drucken seit undenklicher Zeit. Das königliche Siegel, der Siegelring, die von Gold- und Silberschmieden verwendeten Stempel, sowie, noch nicht ganz so alt, der bürokratische Gummistempel sind alle einfache Druckgeräte. Bevor allerdings das Drucken von Zeitungen, Zeitschriften und Büchern möglich wurde, mußten erst einige Hilfserfindungen gemacht werden. Es mußte ein verhältnismäßig billiges und gutes Rohmaterial vorhanden sein (dafür wurde Papier aus China eingeführt), Drucktinte mußte entwickelt und die Presse für diesen Zweck optimiert werden (ausgehend vermutlich von der alten Kunst der Weinherstellung). Vor allem aber mußte das Problem einer einfachen und genauen Letternherstellung gelöst werden; schließlich – das wird leicht übersehen – mußte ein geeignetes Alphabet im allgemeinen Gebrauch sein. Das lateinische Alphabet, das in Europa die universelle Schrift darstellte, erwies sich mit seinen 26 Buchstaben auch als besonders anpassungsfähig für das Drucken. Man darf als sicher annehmen, daß es in jener Zeit des technischen Fortschritts und der geografischen Entdeckungen einen erhöhten Bedarf an Büchern gegeben hat, der aber wegen der Knappheit, der Unfähigkeit und der restriktiven Praktiken der Schreiber und Kopierer nicht befriedigt werden konnte. Durch die Forderung, daß jede Einzelkirche über eine Bibel verfügen sollte, verschärfte das Problem. Wir wissen, daß um 1400 in Norditalien Spielkarten und einfache Heiligenbildchen mittels

Stempel gedruckt wurden. Der Herstellung eines Stempels mit all den Worten, Zahlen und Satzzeichen einer Seite der Bibel standen aber Kostengründe entgegen. Es gab also einen Engpaß, der denen, die sich mit der Buchherstellung befaßten, unüberwindbar erscheinen mußte. Doch die Schwierigkeit wurde gelöst, und mit ihrer Lösung hat uns das scheidende Mittelalter sein größtes Geschenk hinterlassen: Die Druckerpresse und das Buch, wie wir es heute kennen. Johann Gutenberg (1394/99–1468) hat zweifellos vor irgendjemand anderem gedruckte Bücher hergestellt, und es gibt mehrere Argumente, die seinen Anspruch, der Erfinder des Druckens mit beweglichen Lettern zu sein, sehr glaubhaft machen. Er wurde in oder bei Mainz geboren, wo sein Vater Friele Gensfleisch zum Gutenberg Goldschmied des Erzbischofs war, ein verantwortungsvoller und – wie man annehmen darf – auch profitabler Posten. Johann folgte den Fußstapfen seines Vater, indem er, wie viele andere Deutsche, ein fähiger Metallhandwerker wurde. Diese Qualifikation war für den Erfinder einer Druckerpresse zur Massenproduktion wesentlich.

Gutenbergs Lösung des Druckproblems erfolgte in zwei deutlich getrennten Phasen. Zunächst mußte er es theoretisch lösen, dann mußte er die prinzipielle Lösung durch einen Entwicklungsprozeß (wie wir heute sagen würden) tatsächlich „zum Laufen" bringen.

Die erste, theoretische Phase war einfach. Anstatt für jede Seite oder auch nur jedes Wort einen separaten und enorm komplizierten Stempel zu schneiden, schlug Gutenberg vor, Stempel für jeden einzelnen Buchstaben sowie für jedes Satzzeichen oder andere Symbol zu machen. Diese kleinen Druckeinheiten sollten in großer Zahl hergestellt werden und jede Sorte in einen eigenen Kasten kommen, also ein Kasten für das „A", einer für das „a" usw. Wenn er nun eine Druckseite erstellen wollte, hatte er nichts weiter zu tun als die benötigten Buchstaben herauszusuchen, sie in einem Rahmen zu setzen und die fertige Seite fest zusammenzuklammern. Dann mußte er die Drucklettern unter Benutzung eines „Tintenballs" einfärben und sie zum Drucken gegen ein Blatt Papier pressen. Nach dem Druck der gewünschten Anzahl von Seiten wurden die Lettern wieder gelöst und in ihre Kästen zurückgelegt, bis sie für die Erstellung der nächsten Seite wieder gebraucht werden.

Soweit das Lösungsprinzip. In der Praxis muß Gutenberg bald auf zwei gravierende, miteinander verbundene Probleme gestoßen sein, die ihn eine Menge Zeit, Geld, Geduld und Nachdenken gekostet haben dürften. Zur Erläuterung dieser Probleme gehen wir davon aus, daß die kleinen Drucklettern wie in Bild 3.1 zusammengeklammert sind. Einige der Lettern sind geringfügig länger als der Durchschnitt und ragen etwas hervor, andere bleiben etwas zurück. Wegen dieser zufälligen Längenunterschiede werden einige Buchstaben kräftig gedruckt, während andere nur schwach oder gar nicht erscheinen. Für einen einheitlichen Druck müssen also alle Drucklettern exakt die gleiche Länge haben, damit die Druckfläche vollkommen eben ist. Nun ist die Länge aber nur eine von drei Dimensionen, und es zeigt sich, daß eine der beiden übrigen ebenfalls kritisch ist. Was passiert, wenn die Höhe der Lettern, vom oberen Seitenrand nach unten gerechnet, über das zulässige Maß hinaus variiert? Es stellt sich heraus, daß die Fehler sich addieren und das Druckbild von Zeile zu Zeile schlechter wird, bis schließlich nach verblüffend wenigen Zeilen der Druckzusammenhang verloren geht und die Buchstaben völlig durcheinanderlaufen (siehe Bild 3.2).

Der springende Punkt dabei ist, daß diese Mißlichkeiten anfangs kaum absehbar waren. Es sind typische Probleme, wie sie in der zweiten, der Entwicklungsphase, auftreten.

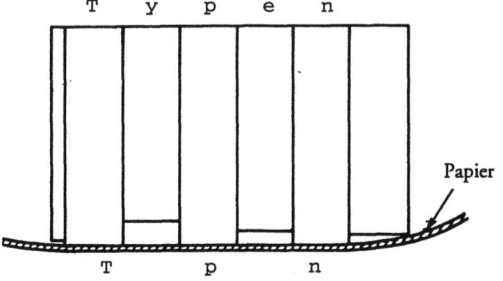

Bild 3.1
Druckfehler aufgrund von Längenunterschieden der Drucklettern

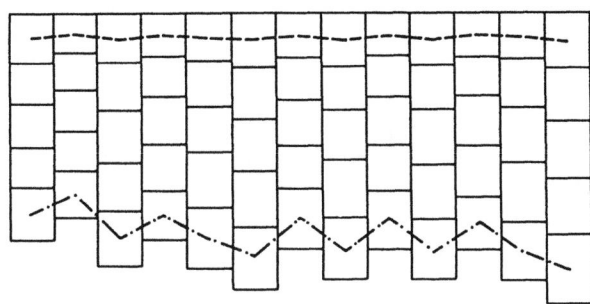

Bild 3.2
Druckfehler aufgrund von Höhenunterschieden der Drucklettern

Gutenberg hätte sich einen Bestand an brauchbaren Drucklettern aufbauen können, indem er einfach mit größter Sorgfalt diejenigen Drucklettern ausgewählt hätte, die ein Mindestmaß an Präzision aufwiesen, und alle anderen weggeworfen hätte. Dieser Weg war aber nicht gangbar, da wegen der immensen Kosten der Hauptvorteil der Erfindung auf der Strecke geblieben wäre. Drucklettern aus Holz oder einem anderen organischen Material kamen also nicht in Frage, und Gutenberg sah sich vor einem großen Dilemma.

Wir wissen nicht, auf welchem Weg Gutenberg dieses Dilemma gelöst hat, d.h. wir kennen die Überlegungen und Experimente nicht, die ihn schließlich zu einer Antwort geführt haben. Jedenfalls ist die praktische Lösung, die er gefunden hat, nicht weniger brillant als die ursprüngliche Idee, als das Lösungsprinzip. Eine fast vollkommene Präzision war erreichbar, wenn alle Drucklettern aus Metall hergestellt und in der *gleichen* Form gegossen wurden. Dadurch wurde der Anspruch an größte Genauigkeit von den einzelnen Drucklettern verlagert auf die Druckform, in der diese alle gegossen werden.

Gutenberg erfand und entwickelte eine anpaßbare Druckform, die aus zwei L-förmigen, gegeneinander frei beweglichen Teilen bestand (siehe Bild 3.3). Für diese Konstruktion sprachen zwei gute Gründe. Erstens konnte man bei beweglicher Form den fertig gegossenen Buchstaben leicht entnehmen; zweitens ließ sich bei einer Form, die in der dritten, unkritischen Dimension beweglich ist, die Breite des Buchstabens verändern, so daß beispielsweise ein „i" in Zeilenrichtung weniger Platz benötigte als ein „W". Das Druckergebnis erhielt dadurch ein gefälligeres und leichter lesbares Aussehen. Das offene untere Ende der Form wurde durch die Matrix verschlossen, das ist ein Stück weiches Metall (z.B. Kupfer), in das der Buchstabe, der gegossen werden soll, eingraviert ist. Wenn ein Buchstabe in ausreichender Anzahl gegossen war, wurde eine neue Matrix mit einem anderen Buchstaben unterlegt,

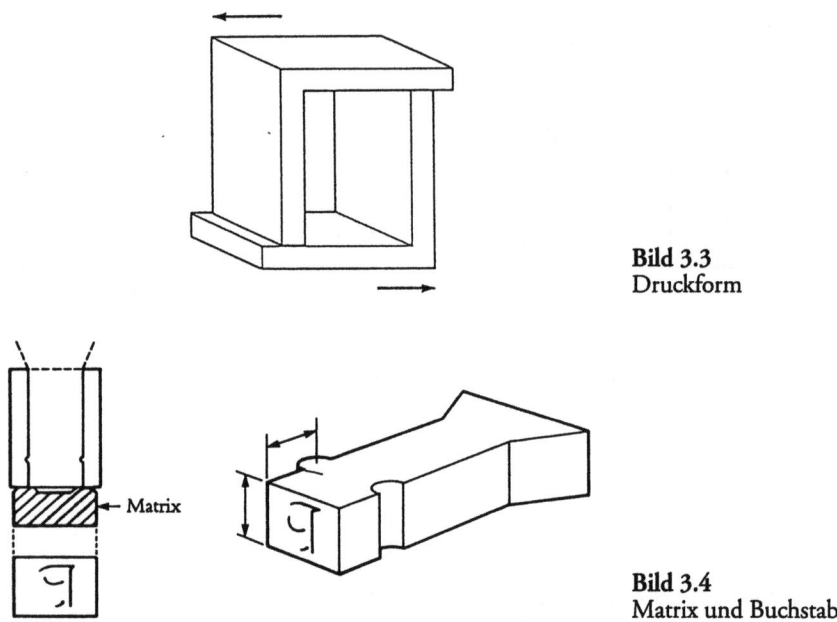

Bild 3.3
Druckform

Bild 3.4
Matrix und Buchstabe

und der Vorgang begann von neuem. Das Metall des Buchstabens durfte natürlich nicht an den Seitenwänden der Form oder an der Matrix kleben bleiben. Mit einer Legierung aus Zinn, Zink und Blei konnte diese Bedingung erfüllt werden. Man kann daraus ersehen, daß es für die Erfindung des Druckens mit beweglichen Lettern sehr wichtig war, vielfältige Erfahrung mit Metallen und Metallbearbeitung zu haben. Gutenberg war durch seine Berufserfahrung auf diese Aufgabe ausreichend vorbereitet.

Bild 3.4 zeigt eine Druckmatrix und den damit gegossenen Buchstaben. Die Länge wird durch die Einkerbung auf der einen und die Erhöhung auf der anderen Seite des Buchstabens bestimmt; nach dem Nut-und-Feder-Prinzip halten sich dadurch alle Buchstaben im Druckrahmen gegenseitig in der richtigen Lage.

Die übrigen Probleme waren einfach zu lösen. Die Erfahrung erwies, daß sich für die Druckertinte eine Mischung aus Ruß und Leinöl am besten eignete – diese Mischung war so gut, daß sie bis ins 19. Jahrhundert hinein verwendet wurde. Der Farbballen wurde aus Leder gemacht, und es wurde das Prinzip der Schraubenpresse übernommen, das (wie bereits erwähnt) aus der Kunst der Weinkelterei stammte.

Gutenbergs Druckerpresse revolutionierte die Buchveröffentlichung. Das erste gedruckte Buch, von dem wir wissen, ist die Gutenbergbibel, die 1455 in Mainz gedruckt wurde. Es gibt Schätzungen, daß in den ersten 50 Jahren nach Gutenberg (also bis zum Beginn des 16. Jahrhunderts) mehr Bücher veröffentlicht wurden als in den tausend Jahren zuvor. Dieser Produktivitätszuwachs um das Zwanzigfache ist sehr beeindruckend, und es ist nicht übertrieben, Gutenberg als den ersten Produktionsingenieur zu betrachten. Dabei übersieht man leicht, daß Gutenberg auch vollkommene Austauschbarkeit im Herstellungsprozeß erreicht hat: Jeder Buchstabe konnte in beliebiger Kombination mit anderen immer wieder verwendet werden (siehe Kapitel 12). Schließlich ereignete sich mit Gutenbergs

Erfindung auch die erste Revolution der Informationstechnologie. Erst 250 Jahre später wurde eine andere, ähnlich dramatische und bedeutsame Erfindung gemacht.

Es wird oft behauptet, daß die Druckerei unabhängig von Europa und möglicherweise etwas früher in China und Korea erfunden wurde. Was China anbelangt, so war es aufgrund der komplizierten Schriftzeichen unmöglich, daß die chinesische Druckkunst in ähnlicher Weise wie bei Gutenberg funktionierte. Mit einer gewissen Wahrscheinlichkeit wurde bei Bedarf von jedem chinesischen Ideogramm eine Porzellanform hergestellt, so daß die Chinesen das „Gummistempelprinzip" anwandten, das für die lateinische Schrift unpraktisch war. Den Koreanern sagt man nach, daß sie im 15. Jahrhundert das Drucken mit Metallettern erfunden hätten. Es wäre aber unklug anzunehmen, daß die Erfindung sich von Korea aus um die halbe Welt verbreitet habe, um dann von Gutenberg und seinen Mitarbeitern kopiert zu werden. Ganz im Gegenteil weisen der ziemlich weit fortgeschrittene metallurgische Kenntnisstand in Deutschland, der riesige aufgestaute Bedarf an Büchern sowie die Fertigkeiten, welche die mittelalterlichen Erfinder und Mechaniker in Europa ohne Zweifel erreicht hatten, darauf hin, daß die Zeit für diese Erfindung in Europa reif war, unabhängig von den Entwicklungen in anderen fernen Ländern. Es ist nichts Unglaubhaftes an gleichzeitigen und doch unabhängigen Erfindungen. Wenn zwei oder mehrere Gesellschaften etwa den gleichen Stand der technischen Fähigkeiten erreichen, dann macht es die Kombination von allgemeinen Bedürfnissen mit Anreizen und Möglichkeiten seitens des Handels, der Industrie, der Verwaltung und der Bildung zunehmend wahrscheinlich, daß die gleichen Dinge gleichzeitig und doch unabhängig voneinander in verschiedenen Gesellschaften erfunden werden. Je fortgeschrittener eine Gesellschaft in technischer Hinsicht ist und je mehr sich die Kommunikationswege verbessern, um so wahrscheinlicher sind gleichzeitige Erfindungen. Heute muß man sie als die Regel, nicht die Ausnahme betrachten. So wurde das Radar gleichzeitig und weitgehend unabhängig voneinander in einem halben Dutzend Länder erfunden, und der Düsenmotor wurde gleichzeitig und unabhängig in England und in Deutschland entdeckt.

Fast jede Erfindung hat eine lange Vorgeschichte. Das scheint zwar im Widerspruch zu stehen mit der weit verbreiteten Sicht des Erfinders als einem heroischen Einzelkämpfers, der gegen Skeptizismus und Anfeindungen um die Anerkennung seiner Erfindung kämpft. Die Erklärung, welche die beiden unvereinbaren Aussagen teilweise miteinander versöhnt, besteht darin, daß die meisten wirklich revolutionären Erfindungen von Einzelnen gemacht wurden, die außerhalb der in Frage stehenden Zunft oder Technik arbeiteten. In diesem Fall hat ein großer Teil der Vorgeschichte mit dem betreffenden Handwerk nichts zu tun. Gutenberg kann sehr wohl ein solcher Einzelner gewesen sein; es gibt keine Belege dafür, daß er jemals sein Brot als Schreiber oder Kopierer verdient oder eine solche Lehre gemacht hat. Wir werden später noch anderen Beispielen für Außenseiter, die revolutionäre Erfindungen machten, begegnen. Die mechanische Uhr und die Druckerpresse bestimmen das alltägliche Leben auch heute noch in beträchtlichem Ausmaß, wie das für kaum eine der späteren Erfindungen der Fall ist. Dabei stellen sie nur zwei von vielen Neuerungen des Mittelalters dar, deren Motive wirtschaftlich oder humanitär waren (Erhöhung der Lebensqualität durch die Erfindung der Brille!), oder auch nur das Vergnügen der Erfindungskraft an sich zum Ziel hatten, oder deren Ziele im mystischen bzw. magischen Bereich lagen.

In die letzte Kategorie fallen Roboter und die ausgefeilten öffentlichen Uhren der alten Städte Europas, sowie die lange andauernde Suche nach einem Perpetuum Mobile. Die Suche nach einem Perpetuum Mobile wurde von mehreren Faktoren getragen: Die antiaristotelischen, „häretischen" Wissenschaftler stimmten mit Aristoteles darin überein, daß wohl die tägliche Erfahrung zu zeigen schien, daß Bewegung eine antreibende Kraft erfordert. Sie hielten jedoch dagegen, daß eines Tages vielleicht eine fortgeschrittenere Mechanik als die des Aristoteles entdeckt würde und daß auf dieser höheren Stufe ja ein Perpetuum Mobile machbar sein könnte. Freilich schlugen ihre Anstrengungen fehl, sie leisteten aber einen indirekten Beitrag zur Entwicklung und zum Verständnis des Uhrwerks.

Von einem gewissen Blickwinkel aus betrachtet, ist die Idee eines Perpetuum Mobile keineswegs absurd und erscheint vielmehr als allgemeine Erfahrung. So stellen – wenn man von der praktisch unzugänglichen ewigen Drehung der Himmelssphären absieht – die Gezeiten auf der Erde eine unaufhörliche Bewegung dar, die auf geheimnisvolle Weise mit der Bewegung des Mondes zusammenhängt; die Flüsse und Ströme fließen unaufhörlich, und auch die Winde kommen zwar unregelmäßig, zeigen aber keinerlei Tendenz, abzuebben in eine beständige Ruhe. Jede Gezeitenmühle, jedes Wasserrad und jede Windmühle war also so etwas wie eine Perpetuum-Mobile-Maschine. Wenn nun ein Erfinder auf irgendeine Weise die Grundprinzipien der Flüsse, der Gezeiten und des Windes in den Griff bekäme, so könnte man hoffen, das Bewegunsproblem vollständig zu lösen und eine einfache, in sich abgeschlossene Perpetuum-Mobile-Maschine konstruieren zu können. Auf diesem Weg schien der Magnet besonders vielversprechend. Es muß betont werden, daß all diese Überlegungen ohne jede Einsicht in den Wasserkreislauf, in die Thermodynamik oder den Magnetismus angestellt wurden. Vielmehr war das immer neue Scheitern der Bemühungen um ein Perpetuum Mobile ein notwendiger Anreiz für die wissenschaftliche Erforschung dieser Erscheinungen.

Die Träumer, Utopisten und häretischen Wissenschaftler dieser Zeit lassen sich wohl am besten als der eine Flügel einer großen Bewegung verstehen, deren anderer Flügel von ganz praktischen Erfindern wie Gutenberg und vielen seiner weniger bekannten Zeitgenossen, ferner von Künstlern, Architekten und Ingenieuren gebildet wird. Ein kompetenter Historiker sieht diese Dinge so:

> Vom Ende des 14. Jahrhunderts an trat die herausragende Gruppe, die Leonardo Olschki als „Ingenieurkünstler" bezeichnet hat, als Schrittmacher des intellektuellen Lebens an die Stelle der akademischen Philosophen. Diese Gruppe war im wesentlichen ein Produkt der italienischen städtischen Gesellschaft. Ihre Leistung bestand darin, zu der logischen Kontrolle über Argumente, welche die Philosophen entwickelt hatten, die zweckgerichtete Kontrolle vieler unterschiedlicher Materialien aus der Malerei, der Bildhauerei, der Architektur, des Ingenieurwesens, des Kanalbaus, der Befestigungsanlagen, der Ballistik und der Musik hinzuzufügen.

Dieses allgemeine Urteil läßt sich genauso gut auf das Deutschland Gutenbergs anwenden – man muß nur die Liste der Technologien etwas verändern und den Bergbau, die Metallbearbeitung und die damit zusammenhängenden chemischen Künste mehr betonen. Diese handwerklichen Künste waren bis zu den Grenzen vorangetrieben worden, welche durch die verfügbaren Materialien und Energiequellen gesetzt wurden. Die Geometrisierung, ein wesentliches Element vieler Techniken aus dem Spätmittelalter und der Renaissance, wurde zu einem der Schlüsselfaktoren in der wissenschaftlichen Revolution des 17. Jahrhunderts. Doch waren die Erfindungen und Neuerungen der Alpenregion – also Norditaliens und Süddeutschlands – nicht die einzigen technischen bzw. technikähnlichen Faktoren, die auf die große wissenschaftliche Umwälzung Einfluß hatten. Mitbeteiligt war in dieser wirklich einzigartigen Epoche der Weltgeschichte auch das erstaunliche Vermächtnis der großen geografischen Entdeckungen. Dies lenkt unsere Aufmerksamkeit von Zentraleuropa zu den Küsten Spaniens und Portugals und zu den Handelshäfen Italiens.

Am Anfang des 15. Jahrhundert war die Kenntnis der Länder außerhalb Europas noch sehr begrenzt. Frühe Landreisende wie Carpini, Marco Polo und Odorico brachten Informationen über China und die Mongolei nach Hause; in der anderen Richtung segelten die Normannen über Island bis nach Grönland und aller Wahrscheinlichkeit nach bis nach Nordamerika, wo sie sogar in Labrador Siedlungen errichteten (siehe die Anmerkung am Ende dieses Kapitels). Viel weiter südlich wurden um 1336 die den Römern bekannten Kanarischen Inseln neu entdeckt, später auch Madeira, die Azoren und die Kapverdischen Inseln. Die übrigen Teile des Globus blieben der Spekulation und Fabeln über Drachenreiche sowie den Hypothesen aus dem ptolemäischen Werk *Geographie* überlassen. Die dramatische Reihe von Entdeckungen, die auf diese ersten tastenden Versuche folgte, füllte die enormen Lücken auf der Landkarte und ließ die wahre Gestalt der Welt erkennen. Zweifellos gab es wirtschaftliche Motive für diese Entdeckungen, nämlich die Erschließung von Handelswegen, auf denen man die Risiken des Landhandels vermeiden konnte. Zu einem beträchtlichen Teil verdanken sie sich aber auch dem, was man die neue Naturphilosophie nennen könnte: Eine experimentell ausgerichtete Grundeinstellung, die beide Beine auf dem Boden hatte und von einem unstillbaren Verlangen beseelt war, Zusammenhänge und Phänomene um jeden Preis herauszufinden. Das große Abenteuer der Entdeckungen wurde ermöglicht durch Fortschritte in der Kunst des Schiffsbaus und der Navigation: Die Einführung des Dreimasters, der Entwicklung des beweglichen Steuerruders und die Erfindung des Seefahrerkompasses.

Im Unterschied zu den Fertigkeiten des Steuermanns und Seefahrers ist die Navigation eine mathematische Technologie. In der Mitte des 15. Jahrhunderts errichtete ein portugiesischer Prinz, der Heinrich der Navigator genannt wurde, eine Navigationsschule, die sehr wahrscheinlich die erste technische Fachschule der Welt darstellte. Er ermunterte seine Seefahrer, weiter und weiter nach Süden an der afrikanische Küste und in den unbekannten Atlantik vorzudringen. 1455 wurde das Sternbild Kreuz des Südens entdeckt. 1481 wurde der Äquator überschritten und die Navigatoren erlebten zum ersten Mal Sterne, die sich um einen Pol am Südhimmel bewegen. Der Genueser Seefahrer Kolumbus erreichte 1492 Amerika und Bartholomäus Diaz zwei Jahre später das Kap der Guten Hoffnung. 1497 umfuhr Vasco da Gama das Kap und segelte bis Indien, dabei „beseitigte" er den südlichen Kontinent des Ptolemäus, indem er einfach über ihn hinwegsegelte. Schließlich brach 1517 Magellan mit mehreren Schiffen zu einer Reise auf, von denen eines drei Jahre später nach der ersten Weltumseglung nach Portugal zurückkehrte. Innerhalb nicht einmal eines Jahrhunderts waren die Europäer aus den Grenzen ihres kleinen Kontinents ausgebrochen, hatten neue Kontinente und Ozeane entdeckt, darunter den größten von allen, den Pazifik, hatten die Welt umrundet, die Ränder des antarktischen Kontinents berührt und alle Zweifel über die Form und die Eigenschaften ihrer Heimat Erde abgeschüttelt. Sie erkannten, daß die Naturgesetze überall gleich sind, daß beispielsweise ein Stein südlich des Äquators – also in den „Antipoden" – ebenfalls zu Boden fällt und nicht zum Antipodenhimmel. Soweit es Naturerscheinungen betraf, war alles genau gleich wie daheim. Die große Himmelssphäre umgab die ganze kleine Erdkugel, freilich mit Sternen und Sternbildern, die zuhause unbekannt waren.

Man kann den körperlichen und vor allem den beispiellosen geistigen Wagemut der portugiesischen, spanischen und italienischen Seefahrer nicht hoch genug einschätzen. Neben den offenkundigen Gefahren des Ozeans gab es die Gefahren und Ängste der Fantasie, die schlimmer waren, da sie sich auf Unbekanntes und Dunkles bezogen. Ein Gelehrter in der Sicherheit und im Komfort seiner Studierstube kann leicht überzeugt sein, daß die Erde eine Kugel ist und daß die Naturgesetze überall dieselben sind. Auf hoher See in einem unbekannten Ozean ist das etwas ganz anderes.

Die sozialen, politischen, wirtschaftlichen und kulturellen Folgen der großen Entdeckungen sind zu umfangreich, als daß sie hier auch nur aufgezählt werden könnten. Es genügt festzuhalten, daß die unzweideutige Feststellung der wahren Gestalt der Erde es den Menschen leicht machte, sie sich realistisch als Kugel vorzustellen und außerdem zu erkennen, daß sie wie ein Schiff in einem kleinen Modell nachgebildet werden kann. So hat nach 1490 Martin Behaim, ein Nürnberger Kartograf, kleine Globen hergestellt, auf denen der Fortschritt der Entdeckungen dargestellt werden konnte. Daß Erdgloben bald ziemlich verbreitet waren, belegt das Gemälde Hans Holbeins *Die Gesandten*. Es zeigt zwei Weltmänner mit harten Gesichtern und zwischen ihnen auf einem Tisch die Werkzeuge ihrer Verhandlungen: Karten, juristische Dokumente, Verträge und – ein Globus. Aus der damals schon weitgehend akzeptierten Kugelgestalt der Erde ergibt sich eine unmittelbare Folgerung. Die beiden nahen Nachbarn der Erde, die Sonne und der Mond, sind offensichtlich Kugeln und ebenso offensichtlich in Bewegung. Wenn nun die Erde ebenfalls eine Kugel ist, war es für einen Astronomen aufgrund astronomischer Erwägungen naheliegend, als nächsten Schritt anzunehmen, daß sich auch die kugelförmige Erde bewegt, und zwar um die Sonne. Der Beweis dieser Annahme war freilich eine viel schwierigere Sache.

Diese Zusammenhänge wurden von Sir Christopher Wren in seiner Einführungsvorlesung am Gresham College 1657 dargelegt. Unter Bezugnahme auf die Reisen von Kolumbus und da Gama stellte er fest:

> Aus diesen und späteren Reisen, die von Weltumseglern unserer Nation ausgeführt wurden, schloß man, daß die Erde wirklich Kugelgestalt hat und überall gleichermaßen bewohnbar ist. Dies ermöglichte Kopernikus zu fragen, warum der Erdkörper, mit seiner für eine Bewegung so geeigneten Gestalt, sich nicht zwischen den anderen Himmelskörpern bewegen sollte. Die Bewegung der Erde schien ihm deshalb eine wahrscheinliche und passende Möglichkeit, die Erscheinungen zu deuten. So räumte er bei dieser Gelegenheit mit antiquierten Vorstellungen auf und erneuerte die Astronomie.[1]

Es gab, mit anderen Worten, keinen guten Grund, weshalb ein Ball oder eine Kugel sich nicht bewegen sollte. Eine nachgewiesenermaßen kugelförmige Erde konnte man sich also in Bewegung vorstellen. Diese Hypothese wurde durch astronomische Erwägungen gestützt. Die geozentrische Astronomie und das Ptolemäische System mit seinen Epizykeln

---

[1] Ich danke Prof. Rattansi für den Hinweis auf dieses Zitat.

und Deferenten konnten nicht so konstruiert werden, daß sie die Bewegungen der Planeten wirklich annehmbar wiedergegeben hätten. Das war intellektuell unbefriedigend und machte astronomische Vorhersagen zu einem Glücksspiel. Das Schlimmste war, daß die mit der Erdbewegung verbundene Präzession der Ekliptik die zeitliche Festlegung des Osterfestes unsicher machte. Eine Reform war also dringend nötig. Das heliozentrische System, das bereits um 280 v. Chr. von Aristarch und dann wieder von Nikolaus Kopernikus (1473–1543) vertreten wurde, führte durch die Annahme, daß die Erde um die Sonne läuft, Regelmäßigkeit im Himmelsgeschehen ein. Die retrograden Bewegungen und sonstigen Anomalien der umlaufenden Planeten konnten nun als Effekt der Erdbewegung verstanden werden, da die Erde bei ihrem Umlauf die äußeren Planeten Mars, Jupiter und Saturn ein- und überholt und ihrerseits von den inneren Planeten (Merkur und Venus) überholt wird. Die Abfolge von Tag und Nacht konnte einfach durch die Rotation der Erde um ihre Achse erklärt werden.

1543 erschien in Nürnberg das Buch *De revolutionibus orbium coelestium*. Das darin beschriebene kopernikanische System bedeutete die Rückkehr zu einer systematischen Astronomie. Aber es strapazierte die anerkannten wissenschaftlichen Auffassungen und den gesunden Menschenverstand beträchtlich. Wenn die Erde mit einer solchen Geschwindigkeit nach Osten rotiert, warum bläst dann nicht ein ungeheurer Sturm aus dem Osten? Warum werden wir nicht abgeworfen? Wenn sie sich um die Sonne bewegt, warum bleiben wir dann nicht zurück? Warum empfindet man eigentlich überhaupt keine Bewegung? Warum kann man keine Sternparallaxen beobachten?

Die erste Frage ließ sich damit beantworten, daß die Luft genauso rotiert, wie die Erdoberfläche – was aber voraussetzt, daß die Erdatmosphäre begrenzt ist. Die Fragen zwei und drei sowie verwandte Probleme waren schwieriger; um sie zu beantworten, benötigte man eine neue mechanische Theorie. Die vierte Frage war nicht so schwer: An Bord eines Schiffes auf ruhiger See braucht man auch keine Bewegung zu spüren. Die letzte Frage fand erst im 19. Jahrhundert, als Sternparallaxen endlich entdeckt wurden, eine Antwort.

De revolutionibus war nicht das einzige bedeutende Werk, das 1543 erschien. Im selben Jahr veröffentlichte Andreas Vesalius (1514–64) in Venedig sein Buch *De humani corporis fabrica*. Vesalius war in Brüssel geboren und hatte die Universitäten von Louvain und Paris besucht, bevor er nach Padua an die große medizinische Universität seiner Zeit ging, wo er 1537 zum Doktor der Medizin promovierte und später Anatomieprofessor wurde. Sein Buch ist ein Klassiker der menschlichen Anatomie. In ihm weist er viele Behauptungen Galens zurück, dessen Sektionen sich auf Affen beschränkt hatten. Zusätzlich war das Buch großzügigst illustriert. Allgemein als Zeichen seiner Zeit betrachtet, ist das aufschlußreichste Bild das auf der Titelseite, das Vesalius selbst als untersetzten, praktisch orientierten Mann zeigt, der, von einer großen Studentengruppe umgeben, gerade einen Körper seziert. Dieses Bild bestätigt nämlich, daß ein fast universelles Tabu in Europa überwunden worden war. Ein vergleichsweise geringes gesellschaftliches Tabu hatte Vesalius selbst gebrochen: Vor seiner Zeit war es für einen ausgebildeten Professor üblich, von einer Kanzel über dem Seziertisch zu unterrichten, während die Sektion selbst von einem untergeordneten Angestellten, dem „Demonstrator", vorgenommen wurde. Der Professor las Auszüge aus Galen und anderen klassischen Autoren, während der Demonstrator die im Text erwähnten Organe freilegte.

Drei Jahre vorher hatte Vannocio Biringuccio (1480 – ca. 1539) ebenfalls in Venedig ein Buch über ein ganz anderes Thema veröffentlicht. Es handelt sich um *De la pirotechnia*. Vorher waren in Deutschland eine Reihe kleiner Handbücher über Erzanalysen anonym erschienen, das *Probierbergbüchlein* und *Nützliches Bergbüchlein*. Biringuccios Werk war anspruchsvoller. Er erklärte, wie Erze und Lagerstätten entdeckt wurden, wie man Gold und Silber trennt, Erze analysiert, und welche Eigenschaften Kupfer, Zink und andere Metalle und Legierungen haben. Er erörterte die Eigenschaften von Quecksilber, Schwefel, Antimon usw. und bot die vermutlich erste Darstellung eines Flammofens. Er beschrieb, wie beim Prozeß der Stahlherstellung dem geschmolzenen Roheisen mit hohem Kohlenstoffgehalt ein Schuß Schmiedeeisen mit niedrigem Kohlenstoffgehalt hinzugefügt und die Mischung wie beim Kochen ständig gerührt werden sollte, bis schließlich die richtige Stahlmischung erreicht war (dies ähnelt der Technik des „Eisenpuddelns", siehe Kapitel 7. Als Flußmittel wurden Marmorsteinchen hinzugefügt. Die Qualität des so erhaltenen Stahls mit mittlerem Kohlenstoffgehalt hing klarerweise sehr von den Fähigkeiten der Metallarbeiter ab. Es erübrigt sich zu sagen, daß Biringuccio von der Rolle des Kohlenstoffs bei der Bildung von Schmiedeeisen, Roheisen und Stahl nichts wußte.

De la pirotechnia enthielt auch eine frühe, bebilderte Darstellung von Bohrmaschinen für die Kanonenherstellung, vielleicht die erste veröffentlichte Beschreibung einer industriellen Werkzeugmaschine. Das Buch beschrieb das Gießen von Kanonen und Kugeln, das Drahtziehen und die Herstellung von Feuerwerk. Der Bergbau wurde nur kurz erwähnt, ebenso die Geologie und die Mineralogie. Den Zielen und Behauptungen der Alchemisten stand Biringuccio geringschätzig gegenüber. Er scheute Spekulationen und befaßte sich ausschließlich mit bekannten Tatsachen. Sein Buch wurde über mehr als 140 Jahre hinweg veröffentlicht und erlebte viele Auflagen.

Ganz anders als *De la pirotechnia*, aber dieses ergänzend, ist *De re metallica*, das 1556 in Basel erschien. Sein Autor war Georg Bauer (1494–1555), der seinen Namen immer in der latinisierten Form Agricola benutzte. Er hatte eine breitgefächerte Ausbildung durchlaufen, auch die klassischen Fächer, und hatte mehrere norditalienische Universitäten besucht. Er qualifizierte sich als Arzt und wurde zum Stadtmediziner von Joachimsthal, einer nordböhmischen Stadt mit beachtlichen Silberminen, berufen[2]. *De re metallica* war das letzte und umfassendste von Agricolas acht Werken über den Bergbau. Auch dieses Buch erlebte viele Auflagen und blieb für rund 150 Jahre ein Standardwerk. Der lateinische Titel steht im Gegensatz zu dem in gesprochenem Italienisch abgefaßten *De la pirotechnia*. Agricolas Buch enthält viele hervorragende Illustrationen, während Biringuccios Werk nur spärlich bebildert ist. Die beiden Bücher ergänzen sich insofern, als Agricola den Bergbau und die dafür benötigten Maschinen ebenso ausführlich behandelt wie die Metalle und ihre Bearbeitung.

In seinem Vorwort hebt Agricola hervor, daß der Bergbau zu einer ehrenvollen und nützlichen Beschäftigung geworden ist. Zwar waren in der Antike Sklaven als Bergleute eingesetzt worden, doch galt dies auch für viele andere ehrenwerte Berufe, die Medizin eingeschlossen. Nachdem Bauer also eine Lanze für den Bergbau gebrochen hatte, stellte er dessen Geologie und Techniken sowie die Werkzeuge der Prospektoren vor. Er fuhr dann

---

[2] Die österreichische Währungseinheit Thaler hat ihren Namen von Joachimsthal; „Dollar" wiederum ist von Thaler abgeleitet.

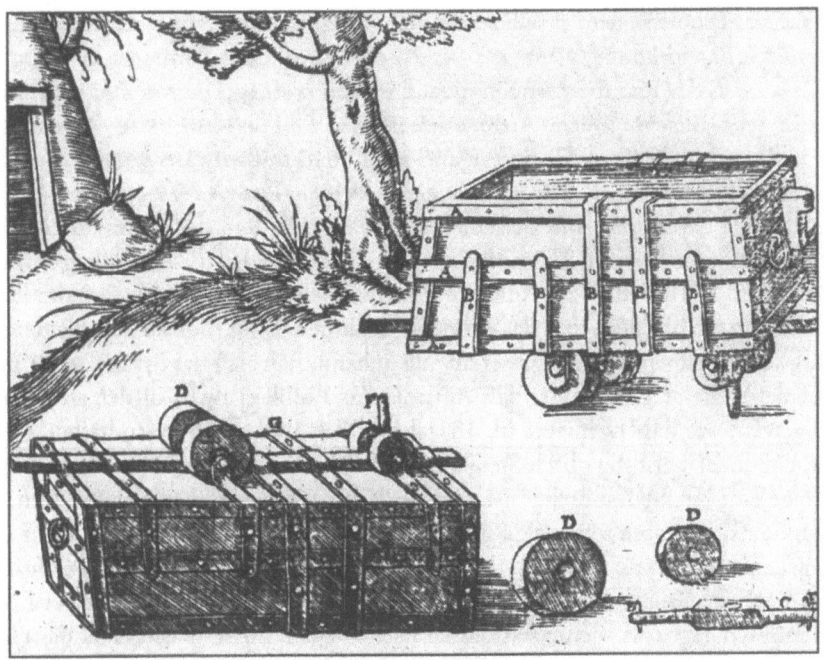

Bild 3.5 Der „Hund" aus Agricola, *De re metallica* (Basel, 1556). Die Abbildung zeigt die großen und kleinen Holzräder (D), die Eisenachse (C) mit den kleinen Eisendornen (E) sowie den großen Eisenbolzen, der das Gefährt entlang der hölzernen Planken oder Schienen bewegt. Auf der rechten Seite des Wagens ist noch eine Lampe befestigt (oberes Teilbild). (Mit freundlicher Genehmigung, Universitätsbibliothek der John-Rylands-Universitätsbibliothek Manchester).

fort mit der Beschreibung der verschiedenen Winden, Kurbeln, Schubkarren und kleinen Wagen, die für die Beförderung des Erzes verwendet wurden. Ein besonderes Problem warf der Transport des schweren Erzes über den holperigen Untergrund der gewundenen Gänge von der Sohle bis zum Eingang auf. Die Lösung bestand in einem kleinen Wagen, der „Hund" genannt wurde (Bild 3.5). Er hatte eine rechteckige Form, war aus Holz und wurde von schmiedeeisernen Bändern zusammengehalten. Hinten besaß er ein paar große Räder, vorne zwei kleine, die eng beieinander standen. Ein kräftiger Eisenbolzen ragte zwischen den Felgen der kleinen Räder nach unten in einen Spalt zwischen zwei glatten hölzernen Planken, die auf dem Boden parallel zueinander angebracht waren und auf denen die beiden kleinen Räder liefen. Auf diese Weise wurde der Hund durch die engen Gänge geführt. *Der Hund ist der Vorläufer der modernen Eisenbahn.* Noch vor dem Ende des Jahrhunderts liefen in deutschen Bergwerken solche Wägen auf hölzernen Schienen.

Agricola wendete seine Aufmerksamkeit sodann Pumpen zu, welche die Bergwerke frei von Wasser halten sollten. Das war schon immer eine kritische Sache gewesen. Agricola listete sieben verschiedene Typen von Saugpumpen auf, illustrierte und beschrieb sie. Unter ihnen befand sich eine Vielfachpumpe, die von einem großen Wasserrad angetrieben wurde, und eine kombinierte Saug- und Druckpumpe. Er beschrieb auch noch andere Pumpenarten wie die Eimerpumpe und die Kettenpumpe, die durch Wasserkraft oder tierische Muskeln angetrieben wurden. Mit Windmühlen beschäftigte er sich aber nicht.

Ein besonderes Problem, dem er sich zuwandte, betraf die Frage, wie man die Leistung eines Wasserrades erhöhen könne, wenn z.B. wegen eines trockenen Sommers so wenig Wasser im Fluß war, daß das Rad die Pumpen nicht bewegen konnte. Die von ihm vorgeschlagene Lösung ist sehr aufschlußreich. Angenommen, das Flußbett hat steile Ränder und das Wasser läuft von oben über das Rad. Dann kann man flußaufwärts vom großen Rad ein zweites, kleineres anbringen, das mittels einer kleinen Pumpe Wasser vom Niveau des großen Rades hochpumpen und zusätzlich über das große Rad fließen lassen kann. Durch diese Verstärkung läuft genug Wasser über das große Rad, so daß dieses die Bergwerkspumpe antreiben kann. Natürlich ist am Anfang ein menschlicher Eingriff nötig, um das Hauptrad so in Schwung zu bringen, daß das Pumpen beginnen kann. Sobald das kleine Rad aus dem Bergwerk hochgepumptes Wasser ansaugen kann, hält sich das System selbst in Gang. Bedeutsam bei dieser Lösung ist, daß Agricola das Problem nicht in der gleichen Weise angegangen ist, wie das Ingenieure im 18. Jahrhundert und später getan hätten. Sie hätten erkannt, daß mehr Leistung durch Steigerung der Fallhöhe erzielt werden kann, und hätten demzufolge eine der hydraulischen Maschinen konstruiert, von denen sie wußten, daß sie das bewirken (siehe unten sowie die Kapitel 6 und 12). Agricola konnte noch nicht in dieser Richtung denken, da er noch jenseits der wissenschaftlichen Revolution des 17. Jahrhunderts war und die dieser Problemlösung zugrunde liegenden allgemeinen Prinzipien erst entdeckt werden mußten. Agricola suchte stattdessen nach Wegen, mehr Wasser über das Hauptrad zu leiten. Das Ergebnis war in beiden Fällen gleich, aber der Lösungsansatz verschieden.

Die zweite Hälfte von *De re metallica* behandelte den Umgang mit Erzen und deren Analyse. Wie Biringuccio drückt auch Agricola in seinem ganzen Buch den Alchemisten gegenüber Verachtung aus. Er erkannte nur zweifelsfreie Tatsachen an, und seine ganze Darstellung ist frei von Aberglauben und Mythen. Seine Skepsis bezog sich auch auf die weithin praktizierte Kunst, verborgene Metalle mit der Wünschelrute aufzuspüren. Das Rutengehen war und ist eine altehrwürdige und zumindest harmlose Kunst. Agricola widmete der Angelegenheit eine sorgfältige Betrachtung, entschied sich dann aber gegen sie. Das Rutengehen, so seine Meinung, leitete sich aus alter Magie her, auch wenn es von gewöhnlichen und einfachen Bergleuten praktiziert wurde. Es sollte seiner Meinung nach aufgegeben werden. Die Erfahrung und die Praxis sollten für einen Bergmann ausreichen, um abbauwürdige Erzadern zu finden. Nach diesem gesunden Skeptizismus ist es etwas ernüchternd festzustellen, daß Agricola glaubte, ein Magnet mit Knoblauch eingestrichen würde seine anziehende Kraft auf Eisen verlieren. Dies mag uns einfach als Leichtgläubigkeit erscheinen, wahrscheinlich ist es aber als Beispiel dafür einzustufen, daß Menschen überall und in jedem Zeitalter dazu neigen, Meinungen oder Aberglauben in den Bereichen unkritisch zu übernehmen, die außerhalb ihrer eigenen Kompetenz liegen. Die Eigenschaften von Magneten waren für die Praxis des Bergbaus und der Erzuntersuchung kaum von Bedeutung.

Das dritte aus dem Trio der im 16. Jahrhundert veröffentlichten maßgeblichen Werke über den Bergbau und über Metalle ist Lazarus Erckers *Abhandlung über Erze und Metallsuche*, die 1574 in Prag erschien. Ercker war leitender Superintendent der böhmischen Bergbaubetriebe und schrieb in deutscher Sprache; im folgenden Jahrhundert wurde sein Buch ins Englische übersetzt. Daß er die deutsche Sprache benutzte, ist nichts Ungewöhnliches. Die Ingenieure, Verwaltungskräfte und Manager der Bergwerke in Böhmen und in der benachbarten Slowakei waren Deutsche, die Handarbeiter waren Tschechen und Slowaken. Es war allgemein akzeptiert, daß der Bergbau ebenso wie die Metallbearbeitung eine deutsche Technologie war. Wie Biringuccio und Agricola, so bot auch Ercker eine präzise Tatsachendarstellung, die im wesentlichen frei war von Aberglauben und Spekulation. Es handelte sich noch nicht um eine systematische oder wissenschaftliche Basis der Metallurgie, der Mineralogie oder der Geologie, aber das Wissen war bereitgestellt, aus dem solche Verallgemeinerungen schließlich abgeleitet werden konnten.

Diese Werke geben zu verschiedenen Fragen Anlaß. Erstens, in welchem Ausmaß war die rationale Einstellung Biringuccios, Agricolas und Erckers eine Resultat der in harter Arbeit gewonnenen Erfahrungen von Generationen von Handwerkern und Technikern? Zweitens, in welchem Ausmaß war sie eine Folge der im Mittelalter neu gewonnenen Wertschätzung des Lernens? Man kann dabei etwa an den strikt rationalen Zugang zur Natur denken, den Aristoteles in seinen drei großen Büchern über die Biologie vertrat. Der Hintergrund unserer beiden Fragen ist ganz allgemein: Wie sollen wir den bemerkenswerten Mut der Technologen des späten Mittelalters und der Renaissance einstufen, mit dem diese sich mit der Natur auseinandersetzten und die über die Naturvorgänge gelegten Tabus brachen – ein Mut, der bei den Navigatoren, den Anatomen und den Bergleuten ganz klar zu erkennen ist? Es ist sehr wahrscheinlich, daß dieser Mut zu einem Teil aus der Lehre einer monotheistischen Religion erwuchs, zu einem anderen Teil aus der Kenntnis früherer technischer Errungenschaften und zu einem gewissen Teil auch aus dem Beispiel der häretischen Wissenschaftler.

Im letzten Viertel des 16. Jahrhunderts erschienen einige interessante Bücher über die mechanischen Künste. Dazu gehören Agostino Ramellis *Le diverse et artificiose machine* (Paris 1588) und Jacques Bessons *Theatrum instrumentorum et machinarum* (Lyon 1569). Die Bedeutung dieser beiden Bücher liegt darin, daß sie im westlichen Europa und nicht im Alpenraum, der Wiege der europäischen Technologie, veröffentlicht wurden. Bessons Buch enthielt eine später oft wiederverwendete Abbildung, die eine Holzdrehbank mit Bleischraube zeigt. Die Drehbank wurde benutzt, um ein hölzernes Werkstück, z.B. ein Stuhlbein, zu drehen, auf dem ein Muster eingeschnitten wurde, das präzise dem Muster auf der Bleischraube entsprach.

Zu Beginn des 17. Jahrhunderts schrieb V. Zonca das Buch *Nuovo teatro di machine et edifici* (Padua 1607), in dem eine Seidenspinnmaschine aus Norditalien gezeigt wird (siehe Bildtafeln). Die Spinnmaschine, die von einem Wasserrad angetrieben wurde, konnte den Faden mittels einem „Flieger" mit einem Drall versehen. Diese Maschine sollte im 18. Jahrhundert in einem anderen Land und in einem anderen Zusammenhang enorm wichtig werden. Hundert Jahre nach der Erfindung der Druckerpresse und der Herausgabe der Gutenbergbibel war eine ganze Reihe von Büchern erschienen, in denen der technische Stand und die Errungenschaften des Mittelalters dargestellt und zusammengefaßt waren. Das Tempo der technischen Erneuerungen war in dieser Epoche ungebrochen. Gleichzeitig folgte auf die Reisen der Navigatoren sehr schnell die Eroberung und Besiedlung der Neuen Welt. 1520 nahm Hernan Cortes mit seiner winzigen Armee und seiner Handvoll Reiter Mexiko-Stadt ein, nachdem er das aztekische Reich besiegt hatte. Die Konquistadoren hatten begonnen, mit Kanonen und Flinten, mit Kavallerie und militärischer Disziplin riesige neue

Bild 3.6 Details der Seidenspinnmaschine aus Zonca, *Nuovo teatro di machine*. Der S-förmige „Flieger" (links), verdreht den Faden, wenn er auf die Spule (A) aufgewickelt wird. (Aus der National Paper Collection des Manchester Museum of Science and Industry; Aufnahme von Jean Horsfall.)

Imperien auf den Ruinen weniger erfolgreicher Kulturen zu errichten. Zeitgleich mit der ersten Informationsrevolution schlug die Geburtsstunde der Neuen Welt.

Technologie und Verstehen

Wir können heute mit Sicherheit feststellen, daß die europäische Zivilisation in der Zeitspanne, die wir Mittelalter nennen, sich grundlegend und unumkehrbar wandelte. Von einem vollen Verständnis der Ursachen und aller Auswirkungen dieses Wandels sind wir zwar weit entfernt, doch ist deutlich zu sehen, daß die Menschen seit dieser Zeit die Welt um sie herum mit anderen Augen betrachten als andere und ältere Kulturen.

Die ersten deutlichen Anzeichen dafür finden wir in der Kunst und der Architektur der Renaissance. Wir können hier freilich nur auf ganz wenige der vielen Künstler dieser Zeit eingehen. Vier seien namentlich erwähnt. Leon Battista Alberti (1404–72) hatte an der Universität von Bologna studiert und war ein Mensch mit weitgespannten Interessen, die praktische Wissenschaft und die Mathematik einschlossen. Seine diesbezüglichen Untersuchungen beeinflußten seine einflußreichen Schriften über die Architektur. Paolo Uccellos (1397–1475) Gemälde zeigen das in seiner Zeit neu erwachte Interesse an

Geometrie. Piero della Francesca (etwa 1415–93) verfaßte einen Aufsatz über perspektivische Darstellung. Das Vorzeigeexemplar der Renaissancekünstler ist aus unserer Sicht aber Leonardo da Vinci (1452–1519), der nicht nur ein genialer Künstler war, sondern auch der große Registrator, wenn nicht sogar der Erfinder vieler mechanischer Geräte bis hin zu einem Flugapparat war; außerdem widmete er sich anatomischen Studien. Es war eine neue Welt des Wahrnehmens und des Verstehens, welche diese Künstler schufen oder zumindest abbildeten. Sie malten lebendige Menschen und Tiere, nicht als abstrakte Idealisierungen, sondern anatomisch korrekt; die Natur wurde so abgebildet, wie sie sich unserer Augen darstellt, und die Geometrie gab der künstlerischen Darstellung den Rahmen. Die Kunst und die Architektur der Renaissance belegen die Ansicht, daß die Menschheit die Furcht vor der Natur ein Stück weit abgeschüttelt hatte: Die Natur erschien nun als etwas, das besiegt, gemeistert werden mußte.

Wir können das Thema der neuen Welten und der ersten Informationsrevolution nicht verlassen, ohne noch einen Blick auf die Errungenschaften in anderen Bereichen außerhalb der schönen Künste und der Technik zu werfen – es ist ja fast unglaublich, wie reich und vielfältig diese Epoche der menschlichen Geschichte war. Die als Reformation und Gegenreformation bekannten religiösen Bewegungen sind allerdings zu umfassend, als daß sie hier diskutiert werden könnten. Auch sind ihre Beziehungen und Auswirkungen auf die Technik noch kaum untersucht. Andererseits bieten die in der Morgenröte des wissenschaftlichen Zeitalters geschriebenen Renaissancedichtungen bemerkenswerte Einblicke in die zeitgenössische Gedanken- und Gefühlswelt. So stellt die Schlußszene von Christopher Marlowes Schauspiel *Faustus* den vom Schicksal geschlagenen Philosophen dar, wie er, zwischen Terror und Gewissensbissen hin- und hergerissen, handlungsunfähig wird, als die ihm zugemessene Zeitspanne unbegrenzter Macht abläuft, nach der seine Seele zur Hölle fahren muß. Die Uhr schlägt die halbe Stunde, Faustus hofft verzweifelt auf irgendeine Gnadenfrist, sogar auf vollständigen Erlaß, bis schließlich die Uhr die Mitternachtsstunde schlägt und die Dämonen kommen, um ihn hinaus in die ewige Verdammung zu tragen. Vollkommen klar kommt hier die Mechanisierung der Zeit zum Ausdruck: Sie erscheint nicht als mäandernder, verschlungener Strom, nicht als etwas Subjektives, sondern als mechanisch, berechenbar, erbarmungslos. Oder, wie Newton sie viele Jahre später definiert hat, als „absolute, wahre und mathematische Zeit, die vermöge ihrer selbst, und ihrer eigenen Natur folgend, gleichmäßig ohne Beziehung zu irgendetwas Äußerem verfließt". Im Schauspiel *Tamburlaine* beweist Marlowe ein präzises Verständnis des Konzepts der Geheimwaffen, das uns aus der Zeit des Kalten Krieges so vertraut ist:

> Ich will mit Kriegsmaschinen, die niemals angewendet wurden, eure Städte und eure goldenen Paläste erobern, plündern und vollständig zerstören und mit den Flammen, die gegen die Wolken schlagen, die Himmel anzünden und die Sterne zum Schmelzen bringen, als ob sie Mohammeds Tränen wären ... *(Tamburlaine II, Akt 4.1)*

Diese Passage erweckt fast schon die Vorstellung eines thermonuklearen Krieges.

Es wurde darauf hingewiesen, daß Shakespeare kein Interesse an der neuen Wissenschaft Kopernikus', Keplers und Galileis hatte, die sich zu der Zeit, als er seine Dramen schrieb, gerade durchsetzte und spätere Dichter und Dramatiker so stark beeinflussen sollte. Ihre Wissenschaft war astronomisch und kosmologisch. Shakespeares Anliegen galt der

Landschaft der englischen Wiesen und Felder, den Bäumen, den Wildblumen und Falstaffs grünen Hügeln. Auch die Zeit beschäftigt ihn in seinen Schauspielen und Sonetten sehr. Einige wenige Beispiele seien zitiert:

> Komme, was kommen mag! Die Stund' und Zeit durchläuft den rauhsten Tag. *(Macbeth, 1. Akt, 3. Szene)*

> Komm, Desdemona. Ich hab' nur eine Stunde mit dir zu verbringen für die Liebe, für irdische Dinge und für Anweisungen. Wir müssen uns der Zeit fügen. *(Othello, 1. Akt, 3. Szene)*

> Die Windsor-Glock hat zwölf geschlagen: der Augenblick rückt heran. *(Die lustigen Weiber von Windsor, 5. Akt, 4. Szene)*

> Neun schlug die Glock', als ich die Amme sandte. In einer halben Stunde wollte sie schon wieder hier sein. *(Romeo und Julia, 2. Akt, 5. Szene)*

> Wie Wellen an des Ufers Kiesel bersten, so eilen unsre Stunden an ihr Ziel. *(Sonett 60)*

Man könnte ihn des krassen Anachronismus beschuldigen, hinsichtlich des durch die Uhr gegebenen Zeitmaßes ebenso wie in anderen Dingen:

> Still! zählt die Glocke. Sie hat drei geschlagen. Es ist zum Scheiden Zeit. *(Julius Caesar, 2. Akt, 1. Szene)*

Immerhin kommen in *Antonius und Kleopatra, Coriolanus, Troilus und Cressida, König Lear, Cymbeline, Timon von Athen* sowie in dem widerwärtigen *Titus Andronicus*, die alle in der Antike spielen, keine Uhren vor.

Zum Schluß sei erwähnt, daß Pucks berühmte Prahlerei

> Rund um die Erde zieh' ich einen Gürtel in viermal zehn Minuten. *(Ein Mittsommernachtstraum, 2. Akt, 1. Szene)*

die Flugzeit einer Raumfähre im Orbit bemerkenswert genau vorhersagt.

Wir können also annehmen, daß die Zuhörer von Shakespeare und Marlowe mit einer metrisierten, mathematisch in Stunden und Minuten gleichmäßiger Länge eingeteilten Zeit, der die Angelegenheiten der Menschen strikt zu gehorchen hatten, völlig vertraut waren.

Was auch immer die Einsichten und Meinungen der Philosophen und Theologen gewesen sein mögen, es ist vollkommen klar, daß am Beginn des wissenschaftlichen Zeitalters diese Vorstellung der Zeit weithin akzeptiert war. Für die Entwicklung der großen intellektuellen Errungenschaft des 17. Jahrhunderts, der physikalischen Lehre von den Kräften und den Veränderungen der Bewegung (genannt Mechanik), war sie sicherlich zentral. Ihrem Ursprung nach verdankt sie sicherlich viel den Fähigkeiten und der praktischen Intelligenz der Uhrmacher, die auf spezielle Bedürfnisse der Kirche, der Monarchen und der Kaufleute antworteten. Das neue Weltbild wiederum verdankt den Navigatoren und Globusherstellern sehr viel, welche die Menschen überzeugten, die Welt mit neuen Augen zu betrachten. Uhren und Globen waren die greifbare Darstellung einer mechanisierten Welt. Der Historiker R.G. Collingwood schrieb, daß die Renaissancesicht der Natur

... auf der menschlichen Erfahrung beim Entwurf und der Konstruktion von Maschinen beruht. Die Griechen und Römer benutzten Maschinen nur in ganz geringem Grad. Ihre Katapulte und Wasseruhren spielten in ihrem Leben eine so untergeordnete Rolle, daß die Art, wie sie die Beziehung zwischen sich selbst und dem Rest der Welt auffaßten, davon nicht beeinflußt werden konnte. Aber im 16. Jahrhundert ... waren die Druckerpresse und die Windmühle, der Hebel, die Pumpe und der Flaschenzug, die Uhr und der Schubkarren und eine Menge anderer Maschinen, die von Bergleuten und Ingenieuren gebraucht wurden, zu gewohnten Dingen des täglichen Lebens geworden. Jeder verstand das Wesen einer Maschine, und die Erfahrung, solche Dinge herzustellen und zu benutzen, war Teil des allgemeinen Bewußtseins der Europäer geworden. Von da war es ein leichter Schritt zu der Vorstellung, daß Gott für die Natur dasselbe sei wie es ein Uhrmacher für die Uhr oder ein Mühlenbauer für die Mühle ist.

Somit hatte die Technik einen grundlegenden Beitrag zur Interpretation der Welt und zum Aufkommen der Naturwissenschaft im 17. Jahrhundert geleistet.

Anmerkung zu Entdeckungen

Es wird manchmal gesagt, daß die Nordmänner oder Wikinger Amerika als erste entdeckt haben. Diese Behauptung ist aber nicht akzeptabel, da sie auf einem falschen Verständnis der Bedeutung des Wortes Entdeckung beruht. Die Wikinger waren Zigeuner der Meere, die zu verschiedenen Zeiten Siedlungen an den Küsten von Großbritannien und den weiter im Atlantik gelegenen Inseln wie Island oder Färöer errichteten. Sie siedelten auch an den Küsten Grönlands und ziemlich sicher auch Labradors. Es gibt aber keine Hinweise darauf, daß sie irgendeine Vorstellung davon hatten, was ein Kontinent ist, und das ist der wesentliche Punkt der Sache. Wahrscheinlich ist, daß Labrador für sie wenigstens anfangs nichts weiter als eine andere, zur Besiedlung geeignete Küste war. Die Wikinger waren fähige und wagemutige Segler, aber keine Navigatoren – das heißt, sie waren Handwerker, aber keine Technologen.

Demgegenüber beruhten die Fahrten der portugiesischen, spanischen und italienischen Navigatoren auf einer Hypothese, nämlich daß die Erde ein endlicher, kugelförmiger Körper ist. Auf der Grundlage dieser Hypothese war es plausibel anzunehmen, man könne Indien erreichen, indem man immer weiter gen Westen segelte. Kolumbus und seine unmittelbaren Nachfolger erreichten dadurch zwar nicht Indien oder China, entdeckten aber innerhalb kurzer Zeit die Karibischen Inseln, die Kontinente Nord- und Südamerika und den Pazifischen Ozean. Kolumbus selbst starb in der Meinung, er habe die Westroute nach Indien entdeckt – ein fruchtbarer Fehler, wie er in den Annalen der Wissenschaft nicht ungewöhnlich ist. Schon Francis Bacon hat bemerkt, daß die Wahrheit eher aus Fehlern als aus Verwirrung erwächst.

Kolumbus ist vor kurzem anläßlich der Fünfhundertjahrfeier seiner Reise heftig kritisiert worden wegen der angeblichen Grausamkeiten, welche die europäische Kolonisierung Nord- und Südamerikas begleitet hätten. Dabei wird freilich nicht gesagt, inwiefern ein Mensch für die Taten anderer, die nach ihm kamen und von denen er nichts gewußt haben konnte, verantwortlich gemacht werden kann. Und man wird ja sicherlich nicht behaupten wollen, daß Amerika ohne Kolumbus unentdeckt geblieben wäre!

4 Die wissenschaftliche Revolution

Die große Leistung des heiligen Thomas von Aquin bestand darin, daß er die aristotelische Philosophie mit den Lehren der katholischen Kirche aussöhnte. Für Protestanten wie Petrus Ramus (1515–1572) war dies ein Grund, die aristotelische Philosphie abzulehnen. Außerdem mußte die zunehmende Kenntnis über das Wissen der Alten zwangsläufig dazu führen, daß man sich der Überlegenheit des zeitgenössischen Faktenwissens und des enorm fortgeschrittenen Stands der zeitgenössischen Technik bewußt wurde. Die Artillerie des 16. Jahrhunderts hätte die Belagerung Trojas innerhalb weniger Wochen zu Ende gebracht! Auf einer anderen Ebene führte im mittelalterlichen Europa die Neubelebung des Römischen Rechts (das nie völlig erloschen war), früher oder später ganz natürlich zu der Idee des Fortschritts. Maine hat hervorgehoben, daß das Recht und eine vom Recht zusammengehaltene zivilisierte Gesellschaft von zwei Gefahren bedroht ist: Die eine ist das vorzeitige Erwachen der kritischen Intelligenz, wie im antiken Griechenland, die andere eine enge Identifikation mit der Religion. Letztere, schrieb er, habe „große Teile der menschlichen Rasse dauerhaft an Lebensformen und Lebensanschauungen gekettet, wie sie zu der Zeit üblich waren, als sie sich erstmals zu einer systematischen Form verfestigten". Indem das Römische Recht weite Handlungs- und Erfahrungsfelder absteckte, die offenbar dem religiösen Gebot nicht unterworfen waren, und gleichzeitig dem einzelnen es ermöglichte, von den potentiellen Vorzügen einer monotheistischen Religion zu profitieren, kann die Neubelebung des Römischen Rechts durchaus das Wachstum der Wissenschaft und der Technik während der letzten vierhundert Jahre beschleunigt haben.

Francis Bacon (1561–1626), seines Zeichens Lord Verulam und später Vicomte von St. Albans, war ein fähiger Rechtsanwalt und ein vollendeter Höfling, der 1618 bis zum Lordkanzler von England aufstieg. Vier Jahre später wurde er für schuldig befunden, Bestechungsgelder angenommen zu haben. Er wurde seines Amtes enthoben, vom Gerichtshof verbannt und schwer bestraft (es scheint allerdings, daß die Strafe nie in Kraft gesetzt worden ist). Die Einzelheiten seiner Karriere legen die Vermutung nahe, daß er ein rücksichtslos ehrgeiziger, nicht eben skrupulöser Mensch war, der den Verrat an einem Freund und Wohltäter auf dem Gewissen hatte. Francis Bacon hatte aber noch eine ganz andere Seite. Er war auch der unvergleichlich überzeugende Anwalt und Prophet der Technologie. Er stellte als erster ein umfassendes Programm für die Wissenschaft und die Technologie auf, und sein diesbezüglicher Einfluß erstreckte sich über das ganze zivilisierte Europa.

Von der kurzen Blüte des Intellekts im Mittelalter zur Zeit der Gelehrten Ockham, Grosseteste und Bradwardine abgesehen, hat England wenig zum Fortgang der Zivilisation beigetragen, gemessen an den starken Impulsen, die von Deutschland und Italien ausgingen. England war ein Land von Kriegerkönigen und ungestümen Adligen, kein Land der Künstler, Schriftsteller, Handwerker und Erfinder. Diese Situation wandelte sich aber am Ende des 16. Jahrhunderts grundlegend. Das Zeitalter Shakespeares hat keine Entschuldigung nötig, und Bacon lebte in dieser Zeit. Was die englische Renaissance stimulierte, kann nur vermutet werden. Die rasche Ausweitung der Übersee-Erkundungen und die dadurch eröffneten ungeheuren Möglichkeiten müssen etwas damit zu tun haben. Die Entdeckung des Weltganzen hat Bacon sicherlich stark beeinflußt. Auch die deutschen Leistungen, die z.B. in Agricolas *De re metallica* zum Ausdruck kommen, haben ihn sehr beeindruckt. Das Programm für die Wiederherstellung oder Wiederbelebung der Technik und der Bildung, das er in *Instauratio magna* entwarf und in den Büchern, die zwischen 1605 und dem postumen *Neues Atlantis* erschienen sind, so beredt verficht, läßt deren Spuren erkennen.

Bacons Bestrebungen gelten der ganzen Menschheit. Er hofft, daß die menschlichen Kräfte, die seit dem Sündenfall so beklagenswert geschwächt sind, zu einem großen Teil wiedergewonnen werden können. Den antiken Griechen erweist er zwar die übliche Reverenz, hat aber im übrigen keine hohe Meinung von ihnen. Er lehnt ihr Wissen als unfruchtbar und bloßes Buchstabenwissen ab. Sie hätten keine Geschichte, von der man reden könnte, nur Fabeln und Legenden, sie kannten nur einen kleinen Teil der Welt, wußten nichts vom Afrika südlich Äthiopiens, von Asien östlich des Ganges, und waren sich der Neuen Welt überhaupt nicht bewußt. Folgerichtig vertritt Bacon die Meinung, ein zu großer Respekt vor der Antike könne den Fortschritt der Wissenschaft nur stören. Er betont demgegenüber die Bedeutung der modernen Entdeckungen:

> Durch die in unseren Tagen häufigen Reisen in große Entfernungen sind viele Dinge in der Natur offengelegt und entdeckt worden, die der Philosophie neues Leben einhauchen werden. Und es wäre sicherlich schändlich, wollte man, während die Bereiche der materiellen Welt – also der Erde, der Ozeane und der Sterne – in unseren Tagen offengelegt und enthüllt worden sind, die Bereiche der geistigen Welt in die engen Grenzen der alten Entdeckungen einschließen.

Es gibt, wie er meint, vier Haupthindernisse für den Fortschritt der Wissenschaft und der Technik. Er nennt diese die Stammesideologie, die Höhlenideologie, die Theaterideologie und die Marktplatzideologie. Die Stammesideologie besteht in den psychologischen und physischen Begrenzungen des Menschen – z.B. in der Tendenz, simplifizierende Erklärungen zu suchen und mit umfassenden Verallgemeinerungen daherzukommen. Das behindere die Menschen in ihrem Bemühen, die Natur zu verstehen und zu kontrollieren. Die Höhlenideologie bezieht sich auf die Beschränkungen, die der Menschheit durch ihre Erziehung und durch die Gesellschaft, der sie angehören, auferlegt sind. Die Theaterideologien sind die der großen intellektuellen Systeme (der mittelalterliche Aristotelianismus ist hierfür ein gutes Beispiel), durch die unsere Gedanken kontrolliert und eingegrenzt werden. Die Marktplatzideologie schließlich besteht in den Unklarheiten und Problemen, welche die Sprache mit sich bringt, auf die wir zur Verständigung angewiesen sind.

Diese vier Ideologien zusammen bilden in der Praxis den begrenzenden Rahmen, innerhalb dessen Erfindungen, schöpferisches Tun und Entdeckungen stattfinden. In Hinblick auf eine anwendbare wissenschaftliche Methodik lehnt Bacon die aristotelische Induktion ab, weil sie nachweisbar unfruchtbar sei. An ihrer Stelle schlägt er eine erneuerte induktive Methode vor, die seine Erfahrungen als Rechtsanwalt stark widerspiegelt. Wer eine Naturerscheinung erforscht, soll zuerst alle Befunde im Zusammenhang mit dem Auftreten der Erscheinung sammeln, und dann alle Befunde, die man feststellen kann, wenn die Erscheinung nicht auftritt, obwohl sie vernünftigerweise zu erwarten gewesen wäre. Dann solle der Forscher alle Befunde sorgfältig zusammenfassen, und der entscheidende kausale

Faktor werde sich daraus ergeben. Außerdem, sagt er, erfordere dieses Vorgehen auch keine außergewöhnliche Begabung oder Originalität.

Mit der Zunahme des Wissens müssen sich auch neue Gelegenheiten für Erfindungen ergeben. Neue Entdeckungen können zu Erfindungen führen, die vorher unvorstellbar waren, oder die als ganz unmöglich verlacht worden wären:

> Beispielsweise habe jemand vor der Erfindung der Kanone deren Wirkungen folgendermaßen beschrieben: Es gibt eine neue Erfindung, mit deren Hilfe Mauern und die größten Bollwerke erschüttert und aus beträchtlicher Entfernung zum Einsturz gebracht werden können. Dann hätten die Menschen begonnen, die verschiedenartigsten Wege zur Erhöhung der Kraft der Geschosse und Maschinen zu ersinnen, durch Gewichte und Räder und andere Arten der Belagerungs- und Wurfgeräte. Es ist aber höchst unwahrscheinlich, daß irgendein Höhenflug der Fantasie auf die feurige Sprengladung gestoßen wäre, die sich so plötzlich und gewaltig ausdehnt und entwickelt. Denn niemand hätte ein Beispiel gesehen, das ihr auch nur entfernt gliche – außer vielleicht im Donner und im Erdbeben, von denen man aber sofort sagen würde, das seien die großen Werke der Natur, nicht für die Nachahmung durch den Menschen bestimmt[1].

Ebenso, argumentiert Bacon, könne sich niemand Seidenfäden vorstellen, welche die Seidenraupen doch so reichlich herstellen, wenn seine Textilfädenkenntnisse beschränkt sind auf die Fäden, welche aus Tierpelzen oder Pflanzenfasern gesponnen werden; oder jemand, der die bemerkenswerten Eigenschaften des Magnetsteines nicht kenne, könne sich auch einen Kompaß nicht vorstellen. Er hält es deshalb für sehr wahrscheinlich, daß noch viele unentdeckte Dinge, die heute jenseits unseres Vorstellungsvermögens liegen, ans Licht gebracht und zur Grundlage neuer und sehr einschneidender Erfindungen werden. Eine bedeutsame Folgerung daraus ist, daß wesentliche Erfindungen oft außerhalb der davon betroffenen Technologie gemacht werden. Bacon hat das klar erkannt. Die Militär- und Belagerungsingenieure der Antike beispielsweise hätten auf der Grundlage ihrer eigenen abgegrenzten Disziplin niemals das Gewehr erfinden können. Im Gegensatz zur Kanone, zur Seide und zum Kompaß hängen aber andererseits viele Erfindungen offenbar nicht von wissenschaftlichen Einsichten in die Natur der betreffenden Dinge ab. Bei vielen alltäglichen Gebrauchsgegenständen ist das so, und die überaus bedeutende Erfindung des Druckens „beinhaltet keinerlei Raffinesse, sondern ist in ihrem Konzept klar und fast selbstverständlich".

Bacon unterscheidet also zwischen wissenschaftsgestützten und sozusagen empirischen Erfindungen. Die ersteren hängen von einem Fortschreiten des Wissens ab und können nur erfolgen, wenn, beispielsweise, die explosiven Eigenschaften des Schießpulvers, die magnetischen Eigenschaften des Magnetsteines oder die Lebensweise der Seidenraupe gut verstanden werden. Die dahinterstehende Vorstellung von Wissenschaft ist freilich recht simpel und meint einfach eine Menge von Allgemeinwissen. Mit der durchstrukturierten, hochabstrakten Wissenschaft unserer Tage ist das nicht zu vergleichen. Dennoch erscheint die Unterscheidung zwischen wissenschaftlichen und empirischen Erfindungen durchaus überzeugend. In die erste Kategorie sollten wir heute die Gasturbine, die Computer, das Plastik, das Fernsehen und die Antibiotika einordnen, in die zweite Kategorie Dinge wie den Stacheldraht, den Reißverschluß, die Nähmaschine, den Rasenmäher und die Drehtür.

---

[1] Der letzte Halbsatz zeigt, daß Bacons Denken noch immer von dem Tabu der Natur beeinflußt ist.

Von allen Erfindungen, die Bacon anspricht, erscheinen drei als besonders bedeutsam:

> Weiterhin sollten wir die Ausstrahlungskraft und die Tragweite von Erfindungen beachten. Nirgends sind sie deutlicher als in den dreien, die den Alten unbekannt waren: Das Drucken, die Feuerwaffe und der Kompaß. Diese drei haben das Erscheinungsbild und den Zustand der ganzen Welt verändert, durch die Literatur zuerst, dann im Kriegswesen und schließlich in der Navigation. Unzählige Veränderungen sind seither daraus hervorgegangen, so daß kein Imperium, keine Sekte und kein Stern je eine größere Macht und einen größeren Einfluß auf die menschlichen Angelegenheiten ausgeübt hat als diese drei mechanischen Erfindungen.
>
> Man kann vielleicht ebenso drei Arten oder Grade von Ehrgeiz unterscheiden. Zuerst den von Männern, die um die Ausdehnung ihrer eigenen Macht in ihrem Land besorgt sind; das ist eine sehr gewöhnliche und entartete Form. Zweitens den von Männern, die um die Vergrößerung der Macht ihres Landes über die Menschheit kämpfen; dieser ist etwas ehrbarer, aber nicht weniger gierig. Aber wenn jemand die Macht und die Herrschaft der Menschheit insgesamt über das Universum erneuern und vergrößern will, so ist solch ein Ehrgeiz (wenn man es so nennen darf) sowohl vernünftiger als auch edler als die beiden anderen. Die Herrschaft der Menschen über die Dinge aber beruht nur auf den Handwerkskünsten und der Wissenschaft; denn die Natur kann man nur beherrschen, indem man ihr gehorcht.

Diese letzten Worte sollte man sich gut einprägen.

Bacon hat damit nicht nur eine brauchbare und vernünftige Einteilung der Erfindungen gefunden, sondern auch eine weitherzige und wahrhaft internationale Grundeinstellung dem Fortschritt der Wissenschaft und der Technik gegenüber. Er bemerkte, daß „das wahre und legitime Ziel der Wissenschaften nichts anderes ist, als daß das menschliche Leben durch neue Entdeckungen und Handlungsmöglichkeiten bereichert werde" (*Novum Organum*). In seinem postumen Werk *Neues Atlantis* schlug er darüber hinaus eine spezielle Organisation des technischen Fortschritts vor. In dem dort beschriebenen Land Utopia gibt es eine „Salomos Haus" genannte Institution, die den Zweck hat, die von Bacon in früheren Werken genannten Ziele zu verwirklichen:

> Was die verschiedenen Beschäftigungen und Ämter unserer Kollegen anbelangt: Wir haben zwölf, die – unter dem Namen anderer Nationen, denn den unserer eigenen verheimlichen wir – in ferne Länder segeln und uns Bücher, zusammenfassende Anleitungen und Musterexperimente aller Arten bringen. Diese nennen wir die Kaufleute des Lichts. Weiterhin haben wir drei, welche die in allen erdenklichen Büchern beschriebenen Experimente sammeln. Diese nennen wir Plünderer. . . .

Und so weiter, bis hin zu den 18 besser bezahlten Kameraden, zu deren Pflichten experimentelle Untersuchungen, Bewertungen der Ergebnisse und Anwendung des erworbenen Wissens zum Zweck weiterer praktischer Erfindungen gehören. Es gab auch Novizen und Lehrlinge. Von der Sprache abgesehen, atmet das Ganze einen sehr modernen Geist. Es ist wie ein großes Unternehmen, das Überseehandel treibt, technische Repräsentanten beschäftigt, eine Forschungs- und Entwicklungsabteilung sowie für die Firmenpolitik zuständige Geschäftsführer hat. Interessant ist, daß die Aufgabe der größten Gruppe von Bacons Angestellten darin bestand, nützliche Erfindungen vom Ausland mitzubringen. Zweifellos spiegelt sich darin der zurückgebliebene Zustand der Technik im damaligen England.

Man könnte dieser kurzen Darstellung entgegenhalten, sie stelle eine insgesamt zu positive Interpretation von Bacons Ideen dar und sei aufgrund des überlegenen Wissens der Zurückschau ausgewählt. Der ausgesprochen intellektuelle Trend des 17. Jahrhunderts, der sich in der Anwendung der Mathematik auf die Naturdeutung zeigt, sei – so wird behauptet – Bacon völlig entgangen; er habe die Bedeutung des Kopernikus nicht erkannt und über William Gilberts wichtige Arbeit zum Magneten gespöttelt[2]; seine Version der induktiven Methode sei von den Physikern nicht übernommen worden; und schließlich habe er trotz aller Skepsis gegenüber der Alchemie und der Astrologie die Hexerei als Höhepunkt der Abgötterei betrachtet.

Die pauschale Antwort auf all diese Kritikpunkte ist, daß Bacons Ideen und Ideale ohne jeden Zweifel alle diejenigen in England inspiriert hat, die im folgenden Jahrhundert die Führung bei der technischen Erneuerung und dem Einläuten der industriellen Revolution übernommen haben – – meist, aber nicht in jedem Fall, Dissidenten der Staatskirche von England. Auf den Vorwurf, Bacon habe die Bedeutung der Mathematik für die zeitgenössische Wissenschaft nicht erkannt, könnte man antworten, daß die Medizin, die Chemie, die Eisenbearbeitung, die Landwirtschaft, die Flußschiffahrt und der Bergbau extrem wichtige, aber nichtmathematische Künste und Wissenschaften waren, welche die Baconianer bevorzugt interessierten. Im übrigen genügt es wahrscheinlich anzumerken, daß bis weit ins 19. Jahrhundert hinein Lord Bacon, wie er gewöhnlich genannt wurde, allgemein und mit Recht als einer der Begründer der modernen Wissenschaft angesehen wurde.

An der mechanischen Technik scheint Bacon kein besonderes Interesse gehabt zu haben, dementsprechend fehlt in seiner Liste revolutionärer Erfindungen die mechanische Uhr. Seine Philosophie ist wesentlich *organisch* und weniger mechanisch. Von daher ist auch seine Regel zu verstehen, daß wir erst lernen müssen, der Natur zu gehorchen, wenn wir sie beherrschen wollen – ein Rat, der unserer mechanisch ausgerichteten Zivilisation an die Wurzeln geht, denn mechanische Problemlösungen sind meist einfacher und schneller als organische (ob sie auch besser sind, wird heute heftig diskutiert). In Bacons Tagen hatten jedenfalls die Mechanik und die Mathematik vom Fortschritt der großen Entdeckungen nur wenig zu lernen. Die Kundschafter mochten neue Pflanzen, Tiere, Mineralien und Berichte von unbekannten Kulturen zurückbringen, aber keine neue Mathematik oder Mechanik. Aus diesem Grund scheint auch die umfassendere Bedeutung der großen Entdeckungen von der naturwissenschaftlichen Geschichtsschreibung übersehen worden zu sein. Bacons induktive Methode ist von Wissenschaftshistorikern oft angegriffen worden, aber, aus unserer Sicht, zu Unrecht [3]. Es sei unterstrichen, daß Bacon die Unabhängigkeit von Wissenschaft und Technik behauptete und betonte, daß sie wahrhaft internationale Aktivitäten zum Besten der ganzen Menschheit seien. Sie seien wesensmäßig auf Zusammenarbeit ausgerichtet und könnten auch von Menschen mäßiger Fähigkeiten ausgeübt werden. Die Erfahrungen in

---

[2] Gilbert wurde von Königin Elizabeth I. begünstigt und erhielt von ihr eine Pension. Bacon wurde zu seinem Verdruß von ihr gemieden und mag deshalb Gilbert gegenüber einen Groll gehegt haben.

[3] Liebig war einer der ersten modernen Wissenschaftler, der Bacons induktive Methode schlecht gemacht hat. Seine Kritik war jedoch, wie mein verstorbener Freund und Kollege Wilfred Farrar hervorgehoben hat, nicht uneigennützig: Bacons Vorgehensweise war benutzt worden, um einige von Liebigs Arbeiten zur landwirtschaftlichen Chemie zu widerlegen.

unserer modernen Welt haben das ja auch vielfach bestätigt. Er analysierte einfach die Bedingungen für den wissenschaftlichen Fortschritt und schlug spezielle Institutionen vor, um diesen zu sichern. Seine Schriften beeinflußten Colbert und Leibniz und waren ebenso mitverantwortlich für die Gründung der Royal Society in London wie der Académie Royale des Sciences, der Zusammenstellung der *Encyclopédie* und eines großen Teils des Idealismus, von dem das Zeitalter der Vernunft getragen war. Auch daß er in einer Zeit, die von widerstreitenden religiösen Bekenntnissen geprägt war, der Wissenschaft und Technologie eine weithin akzeptierbare Rolle zugewiesen hat, ist kein geringer Dienst an seiner Zeit. Nach ihm genossen Wissenschaft und Technik die Autonomie, welche die Rechtsprechung schon im Mittelalter gekannt hatte.

Zwei Jahre nach Bacons Tod veröffentlichte William Harvey, ein Absolvent der Universität Padua, die Schrift *Execitatio anatomica de motu cordis et sanguinis in animalibus*, in der er die Blutzirkulation bei Tieren nachwies. Ohne Frage handelt es sich dabei um einen bedeutenden englischen Beitrag zur Wissenschaft. Paradoxerweise war Harvey, wie auch William Gilbert, ein Aristoteliker.

Die Bedeutung Galileis

Die Laufbahn Galileis (1564–1642) bildet einen aufschlußreichen Gegensatz zu der Bacons. Galilei, ein fähiger Mathematiker und begabter Musiker, studierte an der Universität in Pisa, wo er Mathematikprofessor wurde. Später wirkte er in Padua, bevor er Hofmathematiker und -philosoph des Herzogs der Toskana wurde. Zu unterschiedlichen Zeiten hat er sich selbst als Mathematiker, Ingenieur und Philosoph beschrieben, und er konnte zurecht behaupten, all das zu sein. Im Gegensatz zu Bacon war er ein unmittelbarer Erbe der Mathematik, der Architektur, der Ingenieur- und Handwerkskunst sowie der Musik der italienischen Renaissance. Ebenfalls im Gegensatz zu Bacon schrieb er in der Landessprache Italienisch und wendete sich damit über die Köpfe der etablierten Akademiker hinweg direkt an die aufgeklärten Menschen seiner Zeit. Doch ebenso wie Bacon fiel er in offizielle Ungnade, in seinem Fall bei der Kirche. Seine wissenschaftlichen Methoden und Leistungen vervollständigen die gesellschaftliche Analyse und Propaganda Bacons.

Galilei war ein Schüler des Archimedes. Wie dieser, war auch er davon überzeugt, daß die Gesetze der Natur sowohl einfach als auch ihrem Kern nach mathematisch sind. Allerdings, argumentierte er, wird ihre Einfachheit oft von zufälligen Umständen verdeckt. Glücklicherweise besaß er eine bemerkenswerte Begabung, den Kern eines Problems aus vielfältigen und komplexen Erscheinungen herauszuschälen. So erkannte er, daß ein in Bewegung befindlicher Körper sich mit gleichbleibender Geschwindigkeit unaufhörlich weiterbewegen würde, wenn nicht eine Kraft – normalerweise die Reibung – ihn abbremsen und anhalten würde. Reibung ist auf der Erde unausweichlich, schon die Luft bietet ja der Bewegung einen Widerstand. Diese Einsicht führte ihn zu der Schlußfolgerung, daß die Geschwindigkeit aller fallenden Körper in exakt der gleichen Weise zunehmen sollte, unabhängig von ihrem Gewicht. Wenn nun beispielsweise ein Ast schneller fällt als ein Blatt, so muß das an dem größeren Luftwiderstand des Blattes liegen. Völlig analog verhalten sich ein Ei und ein eiförmiger Bleiklumpen, die im Wasser versinken. Der Bleiklumpen fällt viel schneller als das Ei, das im Wasser wenig Gewicht und folglich wenig Kraft hat, das Wasser beiseite zu drücken. Aus Galileis Überlegung folgt, daß im Vakuum fallende Körper alle exakt die gleiche Beschleunigung erfahren würden. Die Argumente, mit denen er seine Ansicht begründete, zählen heute zu den klassischen Feststellungen der Naturwissenschaft. Lange Zeit meinte er, die Geschwindigkeitszunahme, d.h. die Beschleunigung eines fallenden Körpers sei proportional zur Fallstrecke bzw. allgemein zur Länge der Beschleunigungsstrecke. Ein Stein, der 20 m gefallen ist, richtet einen größeren Schaden an als einer, der nur 2 m gefallen ist. Jeder Soldat und jeder Kanonengießer weiß, daß die Geschwindigkeit der Kugel umso höher ist, je länger der Lauf ist. Schließlich erkannte Galilei, daß der Geschwindigkeitszuwachs einfach zur Fallzeit proportional ist, was er auch experimentell bestätigen konnte.

Uns interessieren jedoch vor allem Galileis Beiträge zur Mechanik und zur Wissenschaft der Maschinen, weniger die zu dem, was wir heute Physik nennen. Gewöhnlich werden ihm lediglich die Erfindung eines Thermometers, eines Pendels und eines astronomisch verwendbaren Teleskops zugeschrieben, aber seine Erfindungen reichen viel weiter. Er veränderte unser Verständnis von Maschinen und vor allem die Art und Weise, deren Wirksamkeit zu bewerten. Wie wir sehen werden, verhalf er ferner den Schlüsselkonzepten Arbeit, Leistung und Energie zum Durchbruch.

Wir gehen davon aus, daß bis zur Zeit Galileis – und faktisch noch etwas darüber hinaus – der Wert einer Maschine nach normativen Kriterien beurteilt wurde: War sie solide und aus gutem Material gebaut? Würde sie ihren Zweck mit einem gewissen Spielraum für Notfälle erfüllen? War sie ästhetisch ansprechend? Anhand der Antworten auf solche Fragen wurde über die Qualität einer Maschine befunden. Auf spekulativer Ebene betrachteten viele eine Maschine als ein raffiniertes Gerät, um die Natur auszutricksen und etwas umsonst zu erhalten. Schließlich geht ja die Natur mit ihren Kräften verschwenderisch um, denken wir nur an Flüsse, den Wind und die Gezeiten. Die Gedanken einiger Erfinder bewegten sich immer um den alten Traum von einer wahren, sich selbst genügenden Perpetuum-Mobile-Maschine.

Nach Jahrhunderten fruchtloser Spekulation und ergebnisloser Versuche hatten viele Ingenieure und Erfinder erkannt, daß sich die Natur nicht täuschen läßt. Es mußte ein grundlegendes Prinzip geben, das dem, was man von der Natur erhalten konnte, Grenzen setzte. In gleicher Weise hatten lange Erfahrung und enttäuschte Hoffnungen die Behauptungen der Alchemie in Verruf gebracht, wie Bacon wußte. Galilei war in der Lage, dieser kollektiven Einsicht Worte zu verleihen und die Grundregeln auszusprechen, nach denen die Wirksamkeit einer Maschine rigoros mathematisch bewertet werden kann. Erst zeigte er, daß eine Maschine ein Gerät ist, mit dem man die Kräfte der Natur – den Wind, das Wasser oder die Muskelkraft eines Tieres – in bestmöglicher und billigster Weise ausnützt. Dann erkannte er, daß eine Maschine, die gerade mit ihrer Last zurechtkommt, innerhalb einer vorgegebenen Zeitspanne keineswegs ein Maximum an Arbeit leistet, was immer der gesunde Menschenverstand in einem bestimmten Fall suggerieren möchte. Genauso leistet ein Mensch, der eine gegebene Last mit Leichtigkeit trägt, mehr als einer, der diese Last gerade noch zu tragen vermag. Galilei entschied nun, daß als Kriterium für die Leistungsfähigkeit einer Maschine die Menge der innerhalb einer bestimmten Zeitspanne

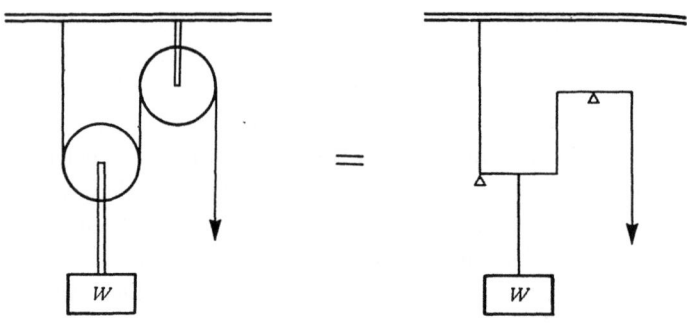

Bild 4.1 Galileis Hebelprinzip beim Flaschenzug

von ihr verrichteten Arbeit gelten soll, gleichgültig, wie diese im Einzelfall bestimmt werden mag.

Zu jeder Maschine gehören zwei Komponenten: Die antreibende Kraft und der Mechanismus, mit dessen Hilfe die angewendete Kraft dazu gebracht wird, die gewünschte Arbeit zu verrichten. Nun ist ja Archimedes für seine Beobachtungen des Hebelprinzips berühmt geworden, ebenso wie für seine Untersuchungen der Hydrostatik und des spezifischen Gewichts. Seine bekannte Bemerkung über den Hebel, mit dem er die Welt aus den Angeln heben könne, bezieht sich im Prinzip auf eine Maschine, wenn auch eine sehr simple. Galilei hat den Ansatz des Archimedes weiterentwickelt und gezeigt, daß alle Maschinen – Schalthebel, ein System von Flaschenzügen oder die schiefe Ebene – einem System von Hebeln äquivalent sind (siehe Bild 4.1). Archimedes hat bewiesen, daß ein Hebel im Gleichgewicht ist, wenn das *Produkt* aus Gewicht und Abstand vom Drehpunkt auf beiden Seiten gleich ist. Aber weder Archimedes noch seine Nachfolger waren imstande, über diesen Punkt hinaus zu gehen und die Bewegung komplexerer Maschinen zu untersuchen. Die Schwierigkeit hing mit einer alltäglichen Erfahrung zusammen, die jeden weiteren Fortschritt zu blockieren schien. Niemand würde bestreiten, daß es viel leichter ist, ein Fahrzeug (z.B. ein leichtes Auto) daran zu hindern, abwärts zu rollen, als es bergauf zu schieben, und sei es nur ganz langsam. Ganz allgemein ist für alle Maschinen eine beträchtliche Kraft nötig, um sie in Bewegung zu setzen, und diese Kraft ist von Maschine zu Maschine, von Umstand zu Umstand verschieden. Galilei mit seinem bemerkenswert klaren Blick und seiner Fähigkeit, direkt zum Kern des Problems vorzustoßen, erkannte, daß die Ungleichheit zwischen der Gleichgewichtskraft und der Kraft, die erforderlich ist, um die Maschine in Bewegung zu setzen, kein Naturprinzip darstellt. Sie ist lediglich eine Folge der Unvollkommenheit aller Maschinen. Eine gute Maschine bewegt sich mit gleichförmiger, unveränderlicher Geschwindigkeit, wenn die Antriebskraft und die Last, die Reibung eingeschlossen, im Gleichgewicht sind. Eine perfekte Maschine, die frei ist von Reibung und sonstigen verzerrenden Einflüssen, beschleunigt auch schon bei einer unendlich kleinen Kraft und erreicht schließlich unendlich große Geschwindigkeit. Die Tragweite dieser Aussagen versteht man, wenn man sie auf einen Hebel anwendet und berücksichtigt, daß er ein Prototyp für jede beliebige Maschine ist.

Nehmen wir an, ein kleines Gewicht a befindet sich in einer Entfernung AC vom Drehpunkt C eines Hebels. Ein größeres Gewicht b befindet sich auf der anderen Seite in einem Abstand BC vom Drehpunkt. Nach Archimedes ist der Hebel im Gleichgewicht, wenn gilt:

$$a * AC = b * BC.$$

Stellen wir uns jetzt vor, daß im Gleichgewichtszustand ein winzig kleines Gewicht zu a hinzugefügt wird. Dann wird sich, nach Galilei, die „Maschine" ganz langsam in Bewegung setzen, und die Last b wird sich allmählich heben. a sinkt in einer bestimmten Zeitspanne um eine Strecke d_a, während sich gleichzeitig b um d_b hebt. Aufgrund der Geometrie der Anordnung verhält sich d_a zu d_b wie AC zu BC und daraus folgt die Gleichung

$$a * d_a = b * d_b.$$

Mit Worten ausgedrückt, ist also das Produkt aus antreibender Kraft (hier das Gewicht a) und der zurückgelegten Strecke gleich dem Produkt aus bewegter Last und zurückgelegter Strecke. Diese Aussage gilt für alle *perfekten* Maschinen.

Man kann die Bedeutung dieser tiefschürfenden Einsicht Galileis gar nicht überschätzen. Sie besagt: Wenn wir die Stärke einer bewegenden Kraft kennen, können wir die Last, die durch diese Kraft bewegt werden kann (bzw. die Arbeit, die durch sie verrichtet werden kann), für den Fall einer perfekten Maschine *berechnen*. Wenn wir die Reibung und andere Unvollkommenheiten als zusätzliche Last auffassen und mitberücksichtigen, können wir die Leistung und den Wirkungsgrad (das ist die verrichtete Arbeit geteilt durch die treibende Kraft) für jede reale Maschine berechnen.

Galilei hat die industrielle Revolution nicht ausgelöst, aber er hat dazu beigetragen, daß sie möglich wurde. Vor ihm konnten Maschinen nur qualitativ beurteilt werden, nach ihm war eine quantitative Bewertung möglich. Der Deutsche Franz Reuleaux hat noch einen anderen Aspekt dieser grundlegenden Tatsache deutlich gemacht:

> Früher betrachteten die Menschen jede Maschine als Ganzes für sich, zusammengesetzt aus bestimmten, für diese Maschine charakteristischen Teilen. Sie übersahen vollkommen, oder bemerkten jedenfalls nur selten, daß sich manche Teile zu Gruppen zusammenfassen ließen, die das bildeten, was wir heute Mechanismen nennen. Eine Mühle war eine Mühle, ein Stempel ein Stempel und nichts weiter. In alten Büchern finden wir deshalb jede Maschine für sich von Anfang bis zum Ende beschrieben. So beschreibt Ramelli in seinem 1588 erschienenen Buch über Pumpen, die von Wasserrädern angetrieben werden, jede einzelne von neuem, vom Rad oder sogar dem antreibenden Wasser angefangen bis hin zur Auslauföffnung. Die Vorstellung vom Wasserrad ist ihm schon hinreichend geläufig, solche Räder fand man schließlich überall, aber die Idee „Pumpe" fehlt vollständig, und folglich hat er auch kein Wort dafür. Wir können deshalb feststellen, daß jedes Gebiet große Fortschritte gemacht hat, sobald die allgemeinen Prinzipien hinter der speziellen Ausführungsvielfalt erkannt wurden. Dies ist der erste Punkt, an dem die volkstümliche und die wissenschaftliche Denkweise sich unterscheiden.

Es erscheint auf den ersten Blick überraschend, daß die Idee „Pumpe" am Ende des 16. Jahrhunderts noch solche Schwierigkeiten bereitete. Man sollte sich aber vor Augen halten, daß es, von einigen Ähnlichkeiten abgesehen, zwischen den für sehr unterschiedliche

Anwendungen ausgelegten Maschinen nur wenig Gemeinsamkeiten gab. Wie sollte man einen Walkkolben mit einer Bergwerkspumpe vergleichen, eine Getreidemühle mit dem Blasbalg eines Hochofens, oder eine Sägemühle mit einer Pumpe zur Wasserversorgung eines Wohnhauses? Alle verrichteten sie unterschiedliche Dinge und wurden von ganz unterschiedlichen Handwerkern hergestellt. Lediglich die Frage, ob sie ihre Aufgabe gut erfüllten, bezog sich auf alle gemeinsam, und die einzig möglichen Antwort darauf war, daß es entweder eine gute Maschine war oder eben nicht. Nach Galilei hatten aber alle Maschinen die gemeinsame Funktion, eine Kraft so effizient wie möglich anzuwenden. Die Leistung einer Maschine kann demnach quantitativ bestimmt werden: Im Idealfall ist sie gleich dem Produkt aus treibender Kraft und der Geschwindigkeit, mit der sich z.B. das Antriebsgewicht bewegt, weil dieses dann gleich ist dem Produkt aus der Last und deren Geschwindigkeit. Sobald dies allgemein akzeptiert wird, ist eine rationale Wissenschaft der Maschinen möglich, in der die Ausführung und die Funktion jedes einzelnen Teils untersucht werden kann mit dem Ziel, die Wirksamkeit zu optimieren.

Der Ausbau von Galileis Erkenntnis in Hinblick auf die Technik – oder, wie wir heute sagen sollten, die Technologie – begann im 17. Jahrhundert und setzte sich im 18. Jahrhundert fort. Unterschiedliche Weisen, die Leistung (d.h. die Last multipliziert mit ihrer Geschwindigkeit) zu erfassen, wurden von „Wissenschaftler-Ingenieuren" wie Mariotte, Parent, Desaguliers und Beighton entwickelt, bis schließlich 1784 von James Watt die Einheit „Pferdestärke" als Standard festgelegt wurde: 1 PS ist die Fähigkeit, 75 kg in einer Sekunde um 1 m anzuheben oder – man denke an den Hebel – 7,5 kg in der gleichen Zeit um 10 m, und so fort. Die Einführung einer wirklichen Wissenschaft der Maschinen dauerte etwas länger und begann, nach Reuleaux, so richtig erst mit den Arbeiten der Mitglieder der 1794 gegründeten Ecole Polytechnique.

Galilei begann sein klassisches Werk *Zwei neue Wissenschaften* (1638) mit der Bemerkung, daß die Maschinen und Gerätschaften, die in den Schiffswerften von Venedig in Gebrauch waren, für einen Studenten der Mechanik viele anregende Lektionen bereithielten. Er stellte fest, daß aufgrund eines Skaleneffekts ein Schiff, das nur an Heck und Bug gestützt wird, in der Mitte auseinanderbricht, während ein kleines Modell dieses Schiffes, in der gleichen Weise gehalten, leicht standhält. Solche Überlegungen führten ihn zur Entwicklung seiner enorm fruchtbaren Gedanken über die Stärke von Materialien, der ersten seiner beiden neuen Wissenschaften (die zweite war die Dynamik).

Die Stärke eines Balkens, d.h. seine Fähigkeit, Kräfte in Längsrichtung auszuhalten, ist einfach zu seiner Querschnittsfläche proportional. Wenn die Stärke wie bei Holz oder Schmiedeeisen auf Längsfasern zurückzuführen ist, dann muß die Anzahl der Fasern proportional zur Querschnittsfläche sein. Die Zerreißkraft F des Balkens (siehe Bild 4.2) läßt sich also schreiben als eine Konstante, sagen wir k, multipliziert mit der Querschnittsfläche. Nun ergibt sich das Problem: Welche Last W kann der Balken aushalten, wenn er in waagrechter Richtung mit einem Ende in der Wand befestigt ist? Zur Vereinfachung sei angenommen, daß die Last nur am unbefestigten Ende D angreife.

In charakteristischer Weise abstrahierte Galilei die Fragestellung und reduzierte auf das Wesentliche, indem er das Problem auf einen Hebel zurückführte. Er ging davon aus, daß die Kraft F, die der Last W entgegenwirkt, in der Mittelachse des Balkens angreift. Aufgrund der Hebelgesetze muß dann bei Bruchbelastung die Gleichheit gelten:

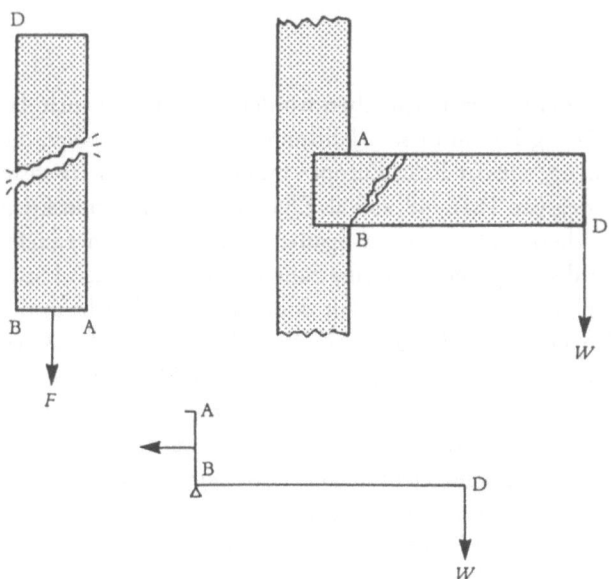

Bild 4.2
Galileis Hebelprinzip beim Balken

$$1/2 * AB * k * \text{Querschnittsfläche} = W * BD.$$

Das bedeutet, daß die maximal zulässige Last etwas kleiner als die linke Seite, geteilt durch BD, sein muß. Bei einer etwas größeren Last wird der Balken am Auflagepunkt brechen. Es ergibt sich daraus, daß die Höhe AB des Balkens so groß wie möglich sein sollte. Hier liegt der Grund, weshalb die Stahlträger in großen Bauwerken den gewohnten I-Querschnitt haben – man verwendet zusätzliches Metall besser zur Vergrößerung der Dicke nach oben, auf Kosten der seitlichen Dicke.

Bei einem zylindrischen Balken ist der Querschnitt proportional zum Quadrat des Radius r, so daß sich die maximale Stärke hier zu $k*r^3$ ergibt. Um den Balken so stabil wie möglich zu machen, muß also r vergrößert werden. Dies erreicht man ohne übermäßige Gewichtszunahme, indem man den Balken als Hohlzylinder mit entsprechendem Außenradius ausbildet. Aus diesem Grund sind auch in der Natur Gras- und Strohhalme hohl. Allerdings gibt es bei gegebenem Materialgewicht und gegebener Länge eine Grenze, über die hinaus die Stärke durch Vergrößerung des Radius nicht mehr gesteigert werden kann. An dieser Grenze beginnt sich der Balken zu biegen und zu verformen, schon ehe er bricht. Diesen Fall betrachtete Galilei nicht mehr. Auch die unvermeidliche Elastizität der Balken berücksichtigte Galilei nicht. Tatsächlich werden die unteren Schichten eines Balkens unter Belastung ja komprimiert, nicht gedehnt, und die Biegung erfolgt um einen Drehpunkt, der im Inneren des Balkens liegt. Diese Feinheiten waren damals aber nicht so wichtig, weil Galileis Theorie erst viel später praktische Bedeutung erlangte.

Der Aufstieg Westeuropas

Das 17. Jahrhundert ist als Zeitalter der Genies beschrieben worden, es war aber auch das Zeitalter der Kriege. Nach G.N. Clark gab es in diesem Jahrhundert nur sieben Jahre, die vollständig frei von einem Krieg in irgendeiner Ecke Europas waren. Der zerstörerischste von allen war der Dreißigjährige Krieg von 1618–48, der als Dynastie- und Religionskrieg begann und als Kampf um die Vorherrschaft zwischen Spanien und Frankreich endete. Spanien, das Land, das bei der Entdeckung der Welt eine führende Rolle gespielt hatte, lag am Boden, während das triumphierende Frankreich zur dominierenden Macht in der westlichen Zivilisation wurde. Die deutschen Länder, auf deren Territorien der Krieg ausgetragen worden war, waren verwüstet. Obwohl zuverlässige Daten und Statistiken über das Ausmaß der Zerstörungen meist nur schwer zu erhalten und Übertreibung normal sind, gibt es wenig Grund, am Umfang der Verwüstungen zu zweifeln. Sie werden durch ihre weitreichenden Folgen zur Genüge belegt, denn Deutschland hörte auf, eines der beiden Hauptzentren der technischen Errungenschaften zu sein. Auch Italien verlor seinen Platz in der Vorhut der europäischen Zivilisation. Die Eröffnung des Seewegs nach Indien und der atlantische Handel mit den beiden Amerikas verwies das Mittelmeer in die Rolle eines toten Gewässers. Die Zentren der Kunst, der Bildung, der Wissenschaft und der Erfindungen verschoben sich eindeutig nach Frankreich, den Niederlanden und, etwas später, nach England.

  Die erste Hälfte des 17. Jahrhunderts war keine Zeit grundlegend wichtiger Erfindungen. Der Krieg, wir stellen es abermals fest, regt nicht zwangsläufig und immer Erfindungen an. Die wesentlichen Erfindungen dieser Zeit waren das Barometer, das Teleskop und das Thermometer – einem Jahrhundert enormen wissenschaftlichen Fortschritts wohl angemessen, doch nur eine dieser Erfindungen war für Kriege verwertbar. Auf Galileis Anregung hin ersetzte das Pendel, dessen natürliche Periode nur durch seine Abmessungen und sein Gewicht bestimmt ist, die waagrechte Stange und die Ausgleichsgewichte in der Regelung der gewichtsgetriebenen Uhr. Ferner erhielt das Interesse an der Kraft des Feuers oder der Wärme neue Impulse. Hero von Alexandrien hatte seine einfachen Dampfspielzeuge in einer Zeit und an einem Ort erfunden, wo kein dringender und klar bestimmbarer Bedarf an einer kontinuierlichen Kraftquelle bestand. Als della Porta 1606 und Solomon de Caus 1611 Methoden zur Zähmung der „Antriebskraft des Feuers" vorschlugen, waren die Umstände schon günstiger, jedenfalls langfristig gesehen. Bei beiden hob der Dampfdruck Wasser in einer Röhre an. Etwa 20 Jahre später erfand Giovanni Branca eine einfache dampfgetriebene Reaktionsturbine. Keine dieser Erfindungen hatte wirklichen Erfolg, ebensowenig wie einige Folgeerfindungen. Dennoch dürften sie eine Denkrichtung eröffnet haben, die sich zum Ende des Jahrhunderts als sehr fruchtbar erwies.

  Die „wissenschaftliche Revolution" des 17. Jahrhunderts hatte keinen gewandteren und überzeugenderen Fürsprecher als René Descartes (1596–1650). Er verschaffte den Ideen und Annahmen Galileis und der anderen Führer der wissenschaftlichen Bewegung die richtige Beachtung. Im Gegensatz zu anderen schrieb er in Französisch und vermied das akademische Latein. Er war nicht nur ein brillanter Mathematiker, sondern auch der erste wirklich originelle Philosoph seit der Antike. Das von ihm vorgestellte Weltbild ist, mit einigen Veränderungen, das der modernen Naturwissenschaft. Allgemeiner kann man sagen, daß der von ihm vertretene Rationalismus zu einem Teil der westlichen Kultur geworden ist. Für Descartes ist die äußere Welt durch Materie (oder besser durch Ausdehnung, die charakteristische Eigenschaft der Materie) und durch Bewegung bestimmt. Es gibt in der Natur keine Farbe, keine Töne und keine Gerüche, diese werden vielmehr durch unsere Wahrnehmung hervorgerufen und sind deshalb Illusion. Außerhalb unserer selbst finden sich objektiv nur träge Materieteilchen, die eben durch Ausdehnung und Bewegung gekennzeichnet sind. In den Zwischenräumen des komplexen Teilchensystems, das der menschliche Körper ist, huscht als dünnes Medium die Seele umher. Das Teilchensystem stellt im wesentlichen eine Maschine dar, Hebel, die durch Druck und Zug bewegt werden. Die Analogie zu den Mechanismen der Renaissance – Uhren, Automaten usw. – ist hier sehr eng. Wir Menschen unterscheiden uns von den Tieren darin, daß wir eine Seele haben, die auf irgendeine Weise die Maschine kontrolliert. Wie die Seele das tun kann, ist eine schwierige Frage, da sie ja als immaterielles Geistwesen per definitionem keine Ausdehnung besitzt. Dieses sogenannte Körper-Geist-Problem stand im Mittelpunkt der westlichen Philosophie, seit Descartes es zum erstenmal aufwarf.

Harveys Bericht über die Blutzirkulation griff Descartes sehr bereitwillig auf, da es mit seiner mechanistischen Interpretation des Körpers übereinstimmte. Er bemerkte wie Harvey, daß das Herz heiß ist, und fügte hinzu, daß sich aus diesem Grund das einströmende venöse Blut ausdehnt. Das Ventilsystem des Herzens stellt dann sicher, daß sich das ausgedehnte Blut in die Arterien ergießt. Auf diese Art und Weise wird die Blutzirkulation aufrechterhalten. Es wurde gesagt, Descartes habe gedacht, das Herz arbeite wie eine Dampfmaschine. Das ist natürlich nicht der Fall, denn die Dampfmaschine wurde erst mehr als 60 Jahre nachdem Descartes diese Ideen entwickelt hatte, erfunden. Es ist allerdings sehr wohl möglich, daß Descartes, ein ausnehmend gut informierter Mann, alles über die Erfindungen della Portas, de Caus' und anderer wußte.

Descartes' Philosophie war umfassend. Die Bewegung der Planeten um die Sonne muß, so sagte er, mechanisch erklärt werden. Die Begrifflichkeit der Renaissance konnte er nicht akzeptieren. Sympathien, Affinitäten, Anziehungskräfte können keinesfalls die fortdauernde Kreisbewegung träger Körper erklären. Wie, so hätte er wohl gefragt, können tote und träge Körper wie Planeten eine Hinneigung zu etwas verspüren? Sympathie, Anziehung oder Affinität sind eine Angelegenheit der menschlichen Gefühle. Descartes' Universum wird von einem Äther durchzogen, der aus extrem feinen Teilchen besteht. Heiße Körper, wie beispielsweise die Sonne, erzeugen in diesem Äther Wirbel, und diese führen die Planeten mit sich, so wie Badewasser beim Auslaufen Seifenblasen mit sich führt. Die Erde hat ihre eigene Wärme in sich und ruft deshalb ihren eigenen, kleineren Wirbel hervor, der den Mond umlaufen läßt und der die Gravitation auf der Erdoberfläche erzeugt. Gäbe es keine Wirbel, so würden die Planeten und der Mond auf geraden Bahnen im Weltraum verschwinden und es gäbe auch keine Gravitation. Das ganze Bild war beruhigend mechanisch, ohne alle okkulten oder spirituellen Züge. Die mathematisch-mechanistische Naturwissenschaft, die Descartes vertritt, steht nach seiner Ansicht voll in der Tradition Bacons, zum Wohl der ganzen Menschheit. Diese Verpflichtung, wie er es sieht, erweckt in ihm den Glauben, es werde möglich sein,

> eine Art des Wissens zu erwerben, die der Menschheit von größtem Nutzen sein wird, und daß wir anstelle der scholastischen Philosophie (d.h. des Aristotelianismus) eine

praktische Philosophie entwickeln können, nach der wir durch ein Verständnis der Kräfte und Wirkungen des Feuers, des Wassers, der Luft, der Himmelskörper, also einem Verständnis aller physischen Dinge um uns her – so klar, wie wir die Dinge des Handels verstehen – in der Lage sein werden, diese Kräfte in vergleichbarer Weise zu angemessenen Zwecken einzusetzen und so die Herrschaft über die Natur zu erreichen.

Zu versichern, daß der Fortschritt der Wissenschaft zu einer erweiterten Herrschaft über die Natur führt, ist eine Sache; viel schwieriger, wenn nicht sogar unmöglich, ist es freilich, vorherzusagen, wo, wann und wie diese Herrschaft zustande kommen wird. Mehr als zweihundert Jahre sollten noch vergehen, ehe der soziale Wandel und der Fortschritt der Wissenschaft eine systematisch betriebene angewandte Wissenschaft, wie sie Bacon und Descartes vor Augen hatten, ermöglichten.

Die größte wissenschaftliche Leistung des Jahrhunderts – ja sogar aller Zeiten – waren nach allgemeiner Übereinstimmung die in Sir Isaac Newtons *Philosophiae naturalis principia mathematica* 1687 dargelegten Erkenntnisse. Zu Beginn des Jahrhunderts hatte Johannes Kepler drei Gesetze der Planetenbewegung veröffentlicht, von denen das bildhafteste aussagte, daß sich die Planeten auf elliptischen Bahnen um die Sonne bewegen, wobei die Sonne in einem Brennpunkt der Ellipsen steht. Um die gleiche Zeit hatte Galilei mit Hilfe des Teleskops gezeigt, daß der Mond die gleiche „erdige" Natur hatte wie die Erde, und hatte daraus abgeleitet, daß dasselbe auf alle anderen Planeten ebenso zutrifft. Er hatte auch bewiesen, daß die Bahn eines Wurfgeschosses – einer Kanonenkugel, eines Steines oder eines Wurfspießes – eine Parabel war, sofern der Luftwiderstand keine wesentliche Rolle spielte. Die Tatsache, daß sowohl Planeten als auch Wurfgeschosse Bahnen folgen, die zur Gruppe der Kegelschnitte gehören, ließen den wendigen Robert Hooke (1635–1703) vermuten, daß da gewiß ein Zusammenhang bestehe. Zusammen mit Wren und Halley legte Hooke auch kluge Spekulationen über die Art dieses Zusammenhangs vor.

Diesen Erkenntnissen fügte Newton sein Konzept der universellen Gravitation, der Masse und der beschleunigenden Kraft hinzu. Er übernahm auch das von Galilei und Descartes aufgestellte Trägheitsprinzip, demzufolge ein in gleichförmiger Bewegung befindlicher Körper sich solange in gerader Linie und mit gleicher Geschwindigkeit weiterbewegt, bis er durch eine äußere Kraft gezwungen wird, davon abzuweichen. Außerdem griff er Descartes' Begriff der „Quantität der Bewegung", des Impulses (d.h. Masse mal Geschwindigkeit) auf. Das Trägheitsprinzip brachte Newton in den ersten beiden seiner berühmten Bewegungsgesetze unter, das dritte Gesetz schlug erstmals er selbst vor. Nach diesen berühmten drei Gesetzen oder Axiomen fügte er als Korollar eine formale Begründung von Stevins Kräfteparallelogramm an.

Mit der descartesschen Wirbeltheorie gab es ernsthafte mathematische und physikalische Schwierigkeiten, z.B. konnte sie die Keplergesetze nicht erklären. Newton verzichtete deshalb auf den Äther und vertraute allein auf die Vorstellungen, daß die Gravitation durch den Raum hindurch wirkt und immer zum Zentrum der gravitierenden Körper (der Sonne, der Planeten oder des Mondes) hin gerichtet ist, ferner, daß sie mit dem Quadrat des Abstandes abnimmt. Mit dieser Deutung der Gravitation als einer Fernwirkung und mit dem galilei-descartesschen Trägheitsgesetz löste das Mathematikgenie Newton das Bewegungsproblem der Planeten. Dieses Problem war so alt wie die Astronomie selbst; man hätte es das Welträtsel nennen können. Er hatte damit die Grundlage für eine rationale

Mechanik gelegt und verband dies mit der Hoffnung, mit seiner philosophischen Methode – anziehende und abstoßende Kräfte, die durch den leeren Raum auf Punktmassen wirken – würden auch alle anderen Naturerscheinungen erklärt werden können. Was den Äther anbelangt, so lehnte er ihn nicht ausdrücklich ab, aber er machte in seinen *Principia* einfach keinen Gebrauch davon. Die Äthervorstellung lebte in der Physik bis zum Beginn des 20. Jahrhunderts fort, als die Relativitätstheorie endgültig mit ihr aufräumte.

Newtons Ruhm erreichte im 18. Jahrhundert enorme Ausmaße, und sein Einfluß wurde schier unermeßlich. Dennoch stellen die *Principia* ein konservatives Werk dar. Nachdem das Problem der Planetenbewegung gelöst war, gab es in dieser Richtung vorerst nichts mehr zu tun, und die Astronomen der folgenden Generationen wandten sich dem Universum der Sterne zu. Zudem fand Newton einen Herausforderer in G.W. Leibniz, der wie Christiaan Huygens die Ansicht verfocht, das wahre Maß für die „Kraft" eines bewegten Körpers sei die Masse multipliziert mit dem *Quadrat* der Geschwindigkeit. Diese *vis viva*, wie Leibniz es nannte, war proportional zur Fähigkeit eines bewegten Körpers, Widerstand zu überwinden. Eine Kugel mit der doppelten Geschwindigkeit kann viermal so tief in einen Baumstumpf oder einen Lehmhaufen eindringen, wird die Geschwindigkeit verdreifacht, so dringt sie neunmal so tief ein, usw. Die *vis viva* eines bewegten Körpers kann auch ausgedrückt werden durch sein Gewicht multipliziert mit der Höhe, zu der er gegen die Anziehung oder den Widerstand der Gravitation aufsteigen kann, oder was auf dasselbe hinausläuft, die Höhe, aus der er herunterfallen muß, um eine bestimmte Geschwindigkeit zu erreichen. Ein Maß Gewicht mal Entfernung paßt mit Galileis Erkenntnissen über die von Maschinen verrichtete Arbeit zusammen. Es ist deshalb nicht überraschend, daß die Ingenieure des 18. und folgenden Jahrhunderts das Konzept von Galilei und Leibniz brauchbarer fanden als Newtons Impuls.

Robert Hooke war ein vielseitigeres Genie als Newton. Neben seinen astronomischen Arbeiten, seiner Unterstützung für die Wellentheorie des Lichts und seinem berühmten Buch *Micrographia* machte er auch eine Reihe sehr origineller Erfindungen. So erfand er das Radbarometer, den Schaltmechanismus, die Spiralfeder für Uhren und vermutlich die Ankerhemmung. Zusätzlich zu diesen und anderen Erfindungen entdeckte er, daß die Ausdehnung eines elastischen Körpers proportional zur Spannung ist, durch welche die Ausdehnung hervorgerufen wird („Hookesches Gesetz"). 1675 wies er darauf hin, daß ein stabiler Tor- oder Gewölbebogen die Form einer umgekehrten Kettenlinie haben müsse (eine Kettenlinie ist die Kurve, die ein Seil annimmt, wenn es an beiden Enden festgehalten wird und sonst frei hängt). 22 Jahre später gab David Gregory seine Schlußfolgerung bekannt, daß ein Bogen nur stabil sein könne, wenn eine Kettenlinie vollständig in seine Umrisse gezeichnet werden kann.

Die Experimente und Entdeckungen hinsichtlich der Erdatmosphäre, die in der zweiten Hälfte des 17. Jahrhunderts gemacht wurden, erscheinen vielleicht nicht so beeindruckend wie die heroischen Leistungen Newtons und seiner Gefolgsleute. Sie erwiesen sich jedoch als ebenso fruchtbar wie die neue mechanische Wissenschaft. Galilei hatte bereits bemerkt, daß eine Saugpumpe Wasser nicht mehr als 10 m hochheben kann. Er führte das darauf zurück, daß die Wassersäule unter ihrem eigenen Gewicht abreißt. Erst sein Schüler Evangelista Torricelli gab die korrekte Erklärung. Torricelli erkannte, daß die Wirkungsweise der Saugpumpe auf dem Druck bzw. dem Gewicht der Erdatmosphäre beruht. Dieser Druck treibt die Wassersäule nach oben, wenn die Bewegung des Pumpenkolbens ein Vakuum erzeugt. Der Atmosphärendruck kann aber das Gewicht einer über 10 m hohen Wassersäule nicht tragen. Um dies zu beweisen, verwendete Torricelli Quecksilber, das fast 14 mal schwerer bzw. dichter als Wasser ist. Er füllte eine einseitig verschlossene Glasröhre mit Quecksilber und tauchte sie mit dem offenen Ende nach unten in ein Quecksilberbad. Das Quecksilber in der Röhre fiel, bis es in einer Höhe von 72 cm, das ist $\frac{1}{13,6}$ von 10 m, über dem Spiegel des Quecksilberbades stehenblieb. Der leere Raum oberhalb des Quecksilbers in der Röhre war Vakuum. Torricelli hatte damit das normale Barometer erfunden und der Meteorologie die Tür geöffnet. Er hatte aber noch mehr getan. Kurze Zeit später nahm Blaise Pascal ein Barometer auf einen Berggipfel mit, schrieb sich das Fallen der Quecksilbersäule auf und konnte anhand der bekannten Höhe des Berges die Dicke des Luftozeans um die Erde abschätzen.

Einige Zeit später, als man sich darüber klar geworden war, daß die Luft tatsächlich eine Art Flüssigkeit ist, erfand Otto von Guericke (1602–86) die Luftpumpe. Damit wurden die ungewöhnlichen Eigenschaften des Vakuums allgemein bekannt, wenn auch eine Erklärung noch in ferner Zukunft lag. In Vakuum ist weder Leben noch Verbrennung möglich, und das Ticken einer Uhr kann man durch Vakuum hindurch nicht hören. Die Erkenntnis der flüssigkeitsähnlichen Eigenschaften der Luft führte bald zur Entdeckung des Boyle-Mariotteschen Gesetzes, das den Druck mit dem Volumen der Luft in Zusammenhang bringt. Schließlich ließ die Einsicht, daß es einen endlichen Luftozean um die Erde herum gibt, Pater Lana Terzi 1672 vermuten, daß ein Luftschiff oder ein Ballon möglich sein könnte[4]. Leider lag damals die erste erfolgreiche „Leichter-als-Luft-Maschine" noch in ferner Zukunft!

Im Vergleich mit diesen wirklich einzigartigen wissenschaftlichen Fortschritten gingen Frankreich und England ganz andere Wege. Die Unterschiede sind recht aufschlußreich. Seit 1661 trieb Colbert (1619–83), der Inbegriff eines Technokraten, die nationale Tendenz zu einer zentralisierten Verwaltung voran und erweiterte die Rolle des Staates in Industrie und Technologie erheblich. Ausgehend von der scheinbar vernünftigen Annahme, Reichtum und Wohlstand würden sich aus der Herstellung von teuren Gebrauchsartikeln ergeben, kurbelte Colbert die Entwicklung von Luxusindustrien an, die beispielsweise Gobelinbehänge oder Sèvres-Porzellan herstellten. Er unterstützte die Aktivitäten der 1666 neugegründeten Académie Royale des Sciences. Er erkannte die Bedeutung guter Kommunikationswege und begann, ein modernes Straßennetz aufzubauen. Straßen- und Brückenbau auf nationalem Maßstab erforderten Experten mit herausragenden Fähigkeiten, d.h., es wurden Ingenieure gebraucht. Ingenieure fand man damals allerdings nur beim Militär, wo sie sich mit Belagerungsgeräten und ähnlichem beschäftigten. Colbert richtete deshalb eine Académie Royale d'Architecture ein, der unter anderem die Aufgabe zugewiesen wurde, Kanäle, Straßen und Brücken zu bauen. Architekt und Ingenieur waren damals häufig in Personalunion vereint. Frankreich besitzt viele kleine Flüsse, und deshalb war die Verbesserung der Flußschiffahrt ein weiterer Punkt in Colberts Programm. Sein besonderes Interesse

---

[4] Pater Terzi argumentierte korrekterweise, daß große luftleere Kugeln aufsteigen müßten, da sie leichter sind als die umgebende Luft. Unglücklicherweise muß ein Material, das einerseits leicht genug, andererseits stark genug ist, um dem Luftdruck standzuhalten, erst noch gefunden werden. Der Gedanke war also im Prinzip durchaus richtig, aber leider praktisch in keiner Weise nutzbar.

galt Kanälen. Technische Großprojekte faszinierten ihn, und sein vielleicht bedeutendstes Denkmal ist der große Canal du Midi oder du Languedoc. Die Idee, einen Verbindungskanal zwischen Atlantik und Mittelmeer zu bauen, war schon 1633 aufgekommen, aber erst 1666 wurde unter dem Ingenieur Pierre-Paul Riquet de Bonrepos mit dem Bau begonnen. Im Mai 1681 war dieses glänzende Projekt fertiggestellt. Der Kanal war rund 240 km lang, besaß 100 Schleusen und erhob sich zu einer Höhe von mehr als 200 m. Mit einem langen Tunnel und drei großen Aquädukten war er die größte Heldentat ziviler Ingenieurkunst seit den Zeiten der Römer. Er spielte sogar eine – wenn auch indirekte – Rolle für die englische industrielle Revolution.

In Frankreich herrschte eine Kommandowirtschaft und eine erzwungene religiöse Gleichförmigkeit, die auf dem Widerruf des Edikts von Nantes 1685 beruhte (was schon für sich genommen ein Aspekt der Zentralisierungspolitik ist). Die Diskussion der Politik des Merkantilismus liegt jedoch außerhalb des Themenbereichs dieses Buches. Auf jeden Fall wurden die Errungenschaften Colberts durch die Kriege und die anderen Torheiten des aufgeblasenen, freilich äußerlich eindrucksvollen Ludwig XIV. weithin zunichte gemacht.

In England, dem Land von hundert Religionen und einer Soße, wie Voltaire es später genannt hat, schlug dagegen der Wandel eine Richtung ein, die zu *laisser faire* und zu einem Minimum an zentralisierter Kontrolle führte. Der Aufstieg der puritanischen Sekten vor und während der Errichtung des Commonwealth 1649–60 ging einher mit einem lebhaften Interesse an Bacon und seinem Ideal der im Dienst öffentlicher Wohlfahrt stehenden Wissenschaft. Es gab Entwürfe für neue Universitäten und eine radikale Reform von Oxford und Cambridge. Der Aristotelianismus sollte aus den Vorlesungsverzeichnissen gestrichen und durch die Lehren Descartes' und van Helmonts ersetzt werden. Den Mitgliedern der „unsichtbaren Universität", die größtenteils an der Universität Oxford beschäftigt waren – Boyle, Halley, Hooke und Wren – war vor allem an einer angewandten Wissenschaft nach der Art Bacons gelegen. Die Gründung der Royal Society of London 1660 und die Gewährung ihrer Statuten 1662 ist größtenteils ihr Verdienst. Isaac Newton allerdings hatte an dieser angewandten Wissenschaft kein Interesse.

Die Beziehung zwischen den Lehrsätzen des Puritanismus und der Ideologie des privaten Unternehmertums ist in einer bekannten Studie Max Webers untersucht worden. R.K. Merton hat diese Arbeit erweitert auf die Wissenschaft und Technologie. Auf der Grundlage einer sorgfältigen Untersuchung der religiösen Bindungen der frühen Mitglieder der Royal Society fand Merton heraus, daß ein überproportional hoher Anteil von ihnen Dissidenten der englischen Staatskirche war. In welchem Umfang dies mit einer ausgesprochen calvinistischen Ethik zusammenhängt und in welchem Umfang dies auf andere soziologische Faktoren zurückzuführen ist – beispielsweise den Ausschluß aller Dissidenten aus der Regierung und offiziellen Ämtern – mag diskutiert werden. Auf jeden Fall steht außer Frage, daß die Puritaner und andere Dissidenten in der Wissenschaft und vor allem der Technologie eine herausragende Rolle spielten.

Trotz ihres Eifers empfanden sich die Engländer, ob Puritaner oder nicht, als zurückgeblieben im Vergleich mit dem übrigen Europa und vor allem mit Deutschland. Über viele Jahre hinweg hatten sie die deutsche Überlegenheit im Bergbau und in der Metallbearbeitung anerkannt. Die englische Eisenindustrie stagnierte, und ein großer Teil des im Land verwendeten Eisens wurde von Kontinentaleuropa importiert. Der Schienenwagen war, wie wir uns erinnern, von deutschen Bergleuten im 16. Jahrhundert erfunden worden. In der zweiten Hälfte des 17. Jahrhunderts war in vielerlei Hinsicht die Führung von den deutschen Ländern auf Holland übergegangen. Holländische Kaufmannsschiffe beherrschten den Seehandel; holländische Kriegsschiffe regierten über die Meere; im Bankwesen und in der Wirtschaft war Holland das bedeutendste Land Europas. Und als England Cornelius Vermuyden mit der Trockenlegung der Moorgebiete von East Anglia beauftragte, erkannte es die holländische Führungsrolle auch im Bereich des hydraulischen Ingenieurwesens an. Zu Beginn des Jahrhunderts war der Holländer Simon Stevin Europas herausragendster Ingenieur; an seinem Ende war Christiaan Huygens nicht nur in der Wissenschaft ein führender Mann, sondern auch ein bedeutender Erfinder. Die Engländer schätzten die technische Überlegenheit der Kontinentaleuropäer so hoch ein, daß Daniel Defoe, ein scharfsinniger Beobachter und wohlinformierter Journalist, es für selbstverständlich hielt, daß die Engländer hinsichtlich origineller Erfindungen nicht gut waren, dafür aber um so besser in der Nachahmung und Verbesserung der Ideen anderer Leute. Das ist genau das Gegenteil der Meinung, welche die Engländer heute von sich haben.

5 Vernunft und Verbesserung

Am Ende des 17. Jahrhunderts waren die aktivsten Zentren der technologischen Erneuerung in Westeuropa, d.h. in Frankreich und den Niederlanden, sowie etwas später in England und in Skandinavien zu finden. In den Jahren zwischen Galileis erster Veröffentlichung und dem Erscheinen von Newtons *Principia* ereigneten sich etliche Veränderungen, die radikale Auswirkungen auf den technologischen Prozeß hatten.

Deren erste war, chronologisch gesehen, die Bewegung zur Reform des Patentwesens in England. Man sagt, daß das erste Patent im 15. Jahrhundert in Florenz gewährt wurde und daß andere norditalienische Städten diese Praxis schnell übernahmen. Im England des 16. Jahrhunderts waren Patente im wesentlichen Herstellungs- und Handelsmonopole, die den Günstlingen des Hofes zukamen oder gegen Bestechungsgelder gewährt wurden. Das Monopolstatut des Jahres 1624 fegte viele der krassen Mißbräuche des Systems hinweg, behielt aber die Praxis bei, einem Erfinder (oder allgemeiner einem Erneuerer) Patentbriefe zu gewähren, die – anfangs für 21 Jahre – sein Monopol auf seine Erfindung schützten. Ebenso schützte es Erfindungen oder handwerkliche Kunstfertigkeiten, die jemand vom Ausland mitgebracht hatte. Das Statut räumte nicht mit allen Mißbräuchen auf, und eine befriedigende juristische Definition, was eigentlich eine Erfindung sei, erwies sich als schwierig. Dementsprechend wurden die Gesetze über die folgenden Jahrhunderte hin wiederholt verfeinert und verbessert. Auf das Unionsgesetz von 1707 hin wurden sie auf Schottland ausgedehnt. 1790 erließen die noch in den Kinderschuhen steckenden Vereinigten Staaten von Amerika ihre eigenen Patentgesetze, und ein Jahr später richtete das revolutionäre Frankreich ein Patentsystem ein, das vom englischen Monopolstatut inspiriert war. Erst in der Mitte des 19. Jahrhunderts folgte das immer noch aufgesplittete Deutschland mit einem Schutzsystem für Erfindungen. Das Patentsystem wurde gelegentlich bezeichnet als „die Fortschrittsidee in juristische Form gegossen", denn offenkundig benötigt eine statische Gesellschaft kein Patentwesen.

Vor der Existenz effektiver Patentgesetze konnte sich ein Erfinder nur des unsicheren Schutzes der Geheimhaltung erfreuen. Zwangsläufig hat das Erfindungen erschwert und Erneuerung verzögert; dazu hatte es den Nebeneffekt, einen Erfinder mit der Aura des Geheimnisses und des Mythos zu umgeben, der selbst heute noch nicht völlig verschwunden ist. Die überwältigende Mehrzahl der Erfindungen, die es der Menschheit ermöglicht haben, sich aus der Barbarei zur Zivilisation zu erheben, wurde von völlig unbekannt gebliebenen Männern und Frauen gemacht. Durch die Einführung des Patentwesens wurde der Erfinder zu einer öffentlichen Person - - man würde heute sagen, der Erfinder betrat die öffentliche Bühne. Als Historiker kann man feststellen, daß vom späten 17. Jahrhundert an das Leben und die Individualität der Erfinder zunehmend klarer umrissen sind. Die Erfinder und Erneuerer reihen sich in die Galerie der Philosophen, der Künstler, der Dichter, der Kirchenführer, der Krieger und der Könige ein.

Es war aber nicht nur das Patentsystem, das die Erfinder samt ihren Leistungen der Öffentlichkeit bekannt machte und Erneuerungen förderte. Im 17. Jahrhundert entstand auch der Journalismus. 1631 eröffnete Theophraste Renaudot in Paris die *Gazette de France*, in England folgte 1665 die *London Gazette*. 1702 erschien in England die erste Tageszeitung. Speziell der Wissenschaft und Technik widmeten sich Fachzeitschriften: Das im Januar 1665 gegründete *Journal des Scavans*, und die *Philosphical Transactions of the Royal Society*, die drei Monate später ins Leben gerufen wurden. Nicht weniger folgenreich war das Erscheinen der ersten wirklichen Enzyklopädien: John Harris' *Lexicon technicum* aus dem Jahr 1704, das den Untertitel „Universelles englisches Wörterbuch der Handwerkskünste und der Wissenschaften" trug, sowie Ephraim Chambers zweibändige *Cyclopaedia* (1728) mit fast gleichem Untertitel. Diese Arbeiten vermieden, als charakteristische Erzeugnisse der Schule Bacons, jegliche Effekthascherei, Fabeln, Aberglauben und unbewiesene Behauptungen.

Das Programm Bacons, die umfassende Philosophie Descartes' und der Erfolg der galileisch-newtonsch-leibnizschen Mechanik bestimmten den Charakter der folgenden Jahrhunderte. Die allem zugrundeliegende Ursache muß meiner Überzeugung nach im einzigartigen Wesen der mittelalterlichen Gesellschaft gesucht werden, vor allem in der Bereitschaft, die Natur bis an die Grenzen des Möglichen herauszufordern. Woraus dieser geistige – und oft auch körperliche – Mut erwachsen ist, bleibt eine schwierige Frage. Wir beschränken uns auf die Feststellung, daß um 1700 die Grundlagen für die moderne Technologie gelegt waren. Dazu paßt, daß eben der Begriff „Technologie" am Ende des 16. Jahrhunderts geprägt wurde; wahrscheinlich wird auch das Wort „Erfinder" seit dieser Zeit in seinem heutigen Sinn gebraucht.

Lebenswichtige Aktivitäten veränderten sich vor allem in England im Lauf des 18. Jahrhunderts drastisch. Im Bereich der Landwirtschaft spiegelte sich die neue Einstellung vielleicht zuerst, und zwar in einem sozialen Wandel, der sich in immer mehr umzäunten Grundstücken und im Aufstieg des Gutsherrn als Erfinder und Neuerer äußerte. Die alte ländliche Gesellschaft war das Dorf mit seinem öffentlichen Weideland und seinen offenen Feldern, die streifenweise von einzelnen Bauern bestellt werden konnten. Das System war recht ineffizient: Eine Bewirtschaftung in größerem Maßstab war ausgeschlossen, kultivierbares Land wurde durch die vielen Fußwege zwischen Feldern vergeudet, und auf dem Weg von Anbaustreifen zu Anbaustreifen ging auch viel menschliche Energie nutzlos verloren. Die Abgrenzung großer Monokulturen veränderte dies, aber der Fortschritt ging zwangsläufig nur langsam voran, da viele individuelle Rechte betroffen waren. Ein exemplarischer Gutsherr war Jethro Tull (1674–1740), der eine Ausbildung als Rechtsanwalt genossen hatte und in Europa weit herumgereist war, bevor er sich im Süden Englands als Großbauer niederließ. 1735 veröffentlichte er sein einflußreiches Werk *Ackerbau mit dem Pferdepflug*. Auf seiner Rundreise durch Frankreich hatte er beobachtet, daß Reihen von Weinstöcken dadurch hochproduktiv erhalten wurden, daß zwischen den Reihen gepflügt wurde. Das Pflügen lockerte den Boden zwischen den Pflanzen und befreite ihn von Unkräutern, so daß nach Meinung Tulls die Wurzeln leichter die (hypothetischen) atomähnlichen Nährstoffteilchen des Bodens aufnehmen konnten. Tull entwickelte, verfeinerte und verallgemeinerte die Techniken der Weinbauern mit so großem Erfolg, daß Lord Ernle ihn den „größten Einzelverbesserer, den die britische Landwirtschaft je gesehen hat", nannte. Er experimentierte auf induktive Weise mit dem Ziel, herauszufinden, in welche Tiefe und mit welchem Abstand Getreidepflanzen gesät werden sollten, um die besten Erträge zu erhalten. Bei seinen Untersuchungen benutzte er ein Mikroskop und erdachte und baute auch eigene

Apparate. Als Ergebnis all seiner Experimente erfand er schließlich die Sämaschine, bei der die Samenkörner durch eine eingekerbte Röhre ausgestreut und genau in der richtigen Tiefe und im richtigen Abstand in die Erde eingebracht wurden, die am Ende mechanisch über die Saatkörner wieder verteilt wurde. Das war im Vergleich mit der alten, zufälligen Sämethode des breitwürfigen Ausstreuens mit der Hand ein großer Fortschritt.

Man kann den sehr gebildeten Tull als Schüler Bacons einordnen, der sich fest der Lehre der Verbesserungen verpflichtet fühlte. Seine Methode war „baconsch", seine Philosophie wissenschaftlich. Die Verschiedenartigkeit der Böden, der Topografie und des Klimas (bis hin zum Mikroklima) ist allerdings so groß, daß sich die Neuerungen in der Landwirtschaft nur ganz allmählich verbreiten konnten. Nachdem das Leben sehr direkt von der Landwirtschaft abhängt, wurden Experimente auch nicht vorschnell und leichtfertig unternommen. Die Landwirtschaft ist verständlicherweise die vielleicht konservativste aller Industrien. Nur die großen Landeigner übernahmen bereitwillig die Erfindungen Tulls und anderer, denn sie konnten die Risiken der Neuerungen tragen. Ein herausragender Vertreter derer, die Tulls Lehren verbreiteten und eigene Neuerungen hinzufügten, war Lord Townshend (1674–1738), ein Gutsherr und aktiver Politiker. Townshend trat für Bodenverbesserung durch Zugabe von Ton und Kalk ein, die durch eine Rotation von Getreide, Wurzelgemüse, Klee und Gräsern ergänzt werden sollte. Seine besondere Begeisterung für Rüben verschaffte ihm den Spitznamen „Rüben-Townshend". Das große Verdienst seiner Methoden bestand darin, daß das Vieh das ganze Jahr hindurch ausreichend gefüttert werden konnte, so daß es am Ende des Winters nicht mehr halb verhungert war. Tiere, die das ganze Jahr hindurch wohlgenährt waren, sicherten auch eine gute Bestellung des Bodens. Die nächste Ernte war dadurch reicher und stellte noch mehr Futter zur Verfügung. Es war ein hervorragendes Beispiel für, ganz wörtlich, eine positive Rückkopplung (was ja im Englischen „feedback" heißt! Anm. des Übers.). Durch diese und andere Neuerungen verbesserten die Großgrundbesitzer den Ackerbau in England im Verlauf des 18. Jahrhunderts ganz entscheidend. Die kleineren Bauern folgten mit gebührendem Abstand nach.

In Frankreich dagegen empfanden der Adel und die großen Landeigner wenig Neigung, ihren Grundbesitz auf solche Weise aufzuwerten. Nach Arthur Young liegen die Gründe vor allem in der Dominanz des Zentrums Paris, des Königs und des Hofes, zusammen mit einem kraß unausgewogenen Steuersystem, das die Bauernschaft unterdrückte, aber die Aristokratie und die Kirche ausnahm. Young weist Colbert einen großen Teil der Schuld an diesem Mangel an wirkungsvoller Politik zu, der die Interessen der Landwirtschaft zugunsten der Industrie vernachlässigte.

Die Eisenindustrie, die von außen betrachtet so anders zu sein scheint, zeigte interessante Ähnlichkeiten mit dem Ackerbau. Da die Art und die Qualität des Eisenerzes von Ort zu Ort sehr unterschiedlich waren, ergaben sich für die Eisenbearbeitung ähnliche Hindernisse wie in der Landwirtschaft, was die Ausbreitung von neuen Errungenschaften anbelangt. „Das mag dort schon gehen, aber nicht mit dem Zeug, das wir hier haben", so könnte ein verständlicher Einwand gegen jede neue Idee gelautet haben. Die Produktionseinheiten blieben eher klein und an die Orte gebunden, an denen es natürliche Lagerstätten gab. Kleine Eisenwerke fand man überall, wo es örtliche Eisenerzvorkommen, Holz zum Herstellen der Holzkohle und Wasserkraft zum Betrieb der Blasebälge und Kipphämmer gab. Transportprobleme beschränkten den Umfang der Arbeiten zusätzlich. Immer noch bestand der größte Teil des Eisens aus Schmiedeeisen, das aus der Schmelze herausgehämmert und zu Nägeln, Bolzen, Schlössern, Scharnieren, Spaten, Gabeln, Sensen, Klammern, Werkzeugen, Gewehren, Pflugscharen und natürlich Hufeisen geformt wurde. Die Landwirtschaft stellte für Eisenartikel einen großen Markt dar. Gußeisen hatte aufgrund seiner Sprödigkeit und geringen Zugfestigkeit nur beschränkte Anwendungsgebiete, z.B. für große Kochtöpfe oder für Kanonen. Das Haupthindernis für die Entwicklung der Eisenindustrie war, daß sie sich auf Holzkohle stützen mußte, die nicht nur umständlich und teuer in der Herstellung war, sondern im Hochofen auch nur eine begrenzte Menge an Eisenerz und Kalkstein (der als Flußmittel verwendet wurde) tragen konnte. Experimente mit Kohle als Alternative schlugen, ungeachtet der Behauptungen Dud Dudleys in der Mitte des 17. Jahrhunderts, fehl: Der in der Kohle enthaltene Schwefel ruinierte das Eisen.

1708 pachtete Abraham Darby (1677–1717), ein Mitglied der Gesellschaft der Freunde (Quäker) und Eisenmeister aus Bristol, in Coalbrookdale am Fluß Severn einen verlassenen Hochofen. Im folgenden Jahr gelang es ihm, Eisen mit Hilfe von Koks anstelle der Holzkohle zu schmelzen. Darby hatte die Techniken der holländischen Eisenarbeiter studiert, die damals als die weltbesten galten, und besaß außerdem Erfahrung mit dem Erschmelzen von Nichteisen-Metallen. Koks trug eine größere Last von Erz und Kalkstein als Holzkohle und verbrannte dazu im Hochofen mit höherer Temperatur, so daß das geschmolzene Eisen flüssiger war. Mit diesem flüssigeren Eisen konnte eine Vielzahl an dünnwandigen Gerätschaften gegossen werden. Hierin wurde von Hyde der Grund für den Umzug Darbys nach Coalbrookdale vermutet, wo zufällig die örtliche Kohle einen Koks lieferte, der sich für das Eisenschmelzen eignete. Das würde die interessante Möglichkeit eröffnen, daß es Darby bereits vor 1709 – vermutlich in Bristol – gelungen war, Eisen mittels Koks zu schmelzen. 1707 hatte er ein Verfahren zum Guß von Eisentöpfen patentieren lassen, bei dem Sand anstelle von Erde benutzt wurde, so daß es vernünftig erscheint zu vermuten, der nächste Zug habe in der Suche nach einer Möglichkeit, die Temperatur des geschmolzenen Eisens zu erhöhen, bestanden. Hyde weist auf die Bedeutung der Tatsache hin, daß Darby zwar eifersüchtig über sein Patent von 1707 wachte, aber keine Anstrengungen unternahm, sein Koksschmelzverfahren patentieren zu lassen. In den folgenden 50 Jahren wurde nur etwa ein halbes Dutzend Koksöfen gebaut, was nach Hyde seinen Grund darin hatte, daß für die meisten Zwecke das Holzkohlenschmelzen einfach billiger war. Die Quäker spielten damals in der Eisenindustrie Englands eine hervorgehobene Rolle, und es ist im Prinzip wahrscheinlich, daß Darby einigen von ihnen von seinem Erfolg mit dem Koksschmelzen erzählt hat.

Im mittelalterlichen Europa war die Industrie hauptsächlich in den Städten angesiedelt. Die verschiedenen Gilden teilten die Arbeit auf, überwachten die Lehrlingsausbildung und übten ganz allgemein ein restriktives Verhalten, was freilich in manchen Fällen durchaus im Interesse des Verbrauchers war. Im 17. und verstärkt im 18. Jahrhundert wanderte die Industrie aufs Land, wo es Wasserkraft und Holz sowie, im Fall Englands, Kohle als Brennstoff gab, und wo schließlich die Beschränkungen der Gilden für die Produktion oder die Arbeitsweise nicht hinreichten. Auf der anderen Seite fehlt es Holland offenkundig an Wasserkraft, man möchte sagen, daß die Energiequellen des Landes negativ waren. Dies muß, der Genialität des holländischen Volkes zum Trotz, das wirtschaftliche Wachstum und die technischen Neuerungen begrenzt haben.

Die Verlagerung auf das Land und die Abhängigkeit von der Wasserkraft ließen neue Probleme entstehen. Da war einmal die Frage der Kommunikation. Die Straßenbautechniken waren in Vergessenheit geraten, da der Bedarf für ein effizientes Straßennetz verschwunden und nach dem Zusammenbruch des allumfassenden römischen Imperiums auch kaum mehr zu erwarten war. Die Wiederbelebung hing von komplexen wirtschaftlichen, militärischen und politischen Faktoren ab und ging extrem langsam vonstatten. In Frankreich und England lag der Wegebau lange Zeit in der Verantwortung der örtlichen Gemeinden, die diese Aufgabe mit einem Arbeitsdienstsystem erfüllen sollten. Verständlicherweise geschah deshalb diese Arbeit halbherzig, ohne straffe Führung und offenkundig ohne ausreichendes technisches Fachwissen. Das System erwies sich als Fehlschlag. Es gab keine nationale Straßenbaupolitik in England, obwohl ab 1663 „Schnellstraßengesellschaften" mit stückweisen Verbesserungen beauftragt wurden. Englands Geografie bedingte, daß für viele Orte ein kleines Schiff das beste Transportmittel war. Rinder, Schafe und Schweine konnten in die Städte und sogar nach London auf Viehwegen getrieben werden, die nicht viel mehr als offene Schlammpfade waren.

Im 18. Jahrhundert gab es sowohl in der Praxis als auch von der Einstellung her viele Veränderungen. Der Rahmen für eine nationale Kommunikationsbehörde entwickelte sich zuerst in Frankreich. Der Straßen- und Kanalbau wurde von Colberts Nachfolgern mit unterschiedlichem Elan weitergeführt. 1716 wurde die Straßen- und Brückengesellschaft gegründet. Die Belegschaft, unter der Aufsicht eines Generalinspekturs, bestand unter anderem aus einem „Oberingenieurarchitekten", drei Inspektoren und 21 Hilfsingenieuren, die auf die Dienste von Maurern, Zimmerleuten (die meisten Brücken wurden aus Holz gebaut) und anderen Handwerkern zurückgreifen konnten. Es muß bemerkt werden, daß der Unterschied zwischen einem Architekten und einem Ingenieur, der heute selbstverständlich erscheint, damals überhaupt nicht klar war. Der Titel von Bernard Foret de Belidors maßgeblichem Werk *Architecture hydraulique*, erschienen in vier Bänden zwischen 1737 und 1753, bestätigt das. Es beschäftigt sich außer mit Hydraulik mit Straßen, Brücken und Häusern und sogar mit der „Newcomen-Maschine" (siehe übernächsten Abschnitt). Durch den Fortschritt der Technologie rückten allerdings die Bereiche Architektur und Ingenieurwesen, die damals fast nicht zu unterscheiden waren, zunehmend auseinander.

Gebäude, ob es sich nun um Paläste, Burgen oder Kirchen handelte, wurden von Handwerkern erbaut, deren Fertigkeiten über Generationen weitergegeben worden waren. Da die Eigenschaften der traditionellen Materialien – Stein, Ziegel und Holz – allgemein bekannt waren, konnte ein erfahrener Handwerker leicht sagen, was er mit einem bestimmten Stück machen konnte und was nicht. Für ausgefeiltere Techniken gab es offenbar keinen Bedarf. Aber der Geist der technologischen Erneuerungen ließ sich nicht aussperren. Philippe de la Hire benutzte 1695 das Parallelogramm der Kräfte, um die Gewichte von Keilsteinen in einem stabilen Bogen abzuleiten. Er ging davon aus, daß die Keilsteine völlig gleichmäßig seien. Diese idealisierte Vorstellung führte zu der absurden Konsequenz, daß die untersten Keilsteine unendliches Gewicht haben müßten. 17 Jahre später benützte er die Methode der Momente und konnte so mit mehr Erfolg die Stabilitätsbedingungen für einen halbkreisförmigen Bogen ermitteln. Die Annahme Galileis, daß die neutrale

Schicht eines Balkens durch seine untere Fläche gegeben sei, stellte er nicht in Frage. Edmé Mariotte erkannte jedoch 1686, daß selbst das härteste Material unter Belastung bis zu einem gewissen Grad elastisch ist, und verlegte die neutrale Schicht an die richtige Stelle. Leider unterlief ihm bei seiner Berechnung der relativen Balkenstärke ein Rechenfehler. Das korrekte Ergebnis konnte dann 1713 Antoine Parent (1666–1716) angeben. Parent stellte fest, daß die neutrale Schicht nicht zwangsläufig in der Mitte des Balkens verläuft, denn die Elastizität unter Zug kann von der unter Druck verschieden sein. Er erkannte auch, daß im Gleichgewicht bei einem belasteten Balken die gesamte Kompressionskraft gleich sein muß der Zugkraft. Unglücklicherweise wurde Parent aber weithin ignoriert, und so blieb es über viele Jahre hin dem persönlichen Geschmack überlassen, Galileis Annahme über die Lage der neutralen Schicht anzunehmen oder zu verwerfen.

Die Begründung der Kraftwerkstechnologie

Parent interessierte sich aber nicht nur für architektonische Strukturen, sondern auch für Wasserkraft. Daß die verfügbare Wasserkraft so effizient wie möglich ausgenutzt werden sollte, war jedem klar, der mit dem Auspumpen von Bergwerken oder mit der Trinkwasserversorgung von Städten und Palästen zu tun hatte. Es hatte für die Effizienz jedoch keinen Maßstab gegeben, ehe die galileische Wissenschaft der Mechanik weithin anerkannt war. Da dieser Maßstab aber bereits in sich selbst eine radikale Neuerung darstellt, deren Konsequenzen von unschätzbarer Bedeutung waren, müssen wir dessen Ursprünge etwas genauer diskutieren.

Die wissenschaftliche Untersuchung der Wasserkraft begann 1704, als Parent seine Berechnung der maximalen Leistung, die aus einem gegebenen Wasserfluß entnommen werden kann, veröffentlichte[1]. Torricelli hatte unter Verwendung der galileischen Dynamik gezeigt, daß die Geschwindigkeit eines Wasserstrahls, der unten aus einem Tank herauskommt, gerade ausreicht, um ihn bis zur Oberfläche des Wassers im Tank emporsteigen zu lassen, wenn er in weichem Boden wie in einem Springbrunnen nach oben geführt wird. Dies war die dynamische Entsprechung des seit langem wohlbekannten Prinzips, demzufolge Wasser immer sein eigenes Niveau wiederfindet. Torricelli zeigte weiterhin, daß das Quadrat der Geschwindigkeit des Wasserstrahls proportional zur Tiefe des Wassers im Tank ist (d.h. in moderner Sprechweise v^2 ist proportional zu h oder $v^2 = 2gh$, wie bei Leibniz' *vis viva*).

Parent betrachtete den Fall eines perfekten, reibungsfreien unterschlächtigen Wasserrades, auf dessen Stege der Strahl trifft und so durch Stoß wirkt. Wenn das Rad so schwer belastet ist, daß es sich nicht bewegen kann, wird auch keine Arbeit verrichtet; wenn es vollkommen unbelastet ist und sich mit derselben Geschwindigkeit wie der Wasserstrahl dreht, wird ebenfalls keine Arbeit verrichtet. *Irgendwo zwischen diesen beiden Extremen muß also die optimale Belastung und Geschwindigkeit liegen, bei der ein Maximum an Arbeit*

---

[1] Parents Theorie und Schlußfolgerungen wurden von den Autoritäten seiner Zeit akzeptiert und tauchen in den Schriften obskurer britischer Schreiberlinge noch zu Beginn des 19. Jahrhunderts auf, obwohl sie zu dieser Zeit bereits seit langem überholt waren.

verrichtet wird. Welches ist diese Geschwindigkeit, und welcher Anteil der gesamten „Kraft" des Strahls kann in nutzbringende Arbeit oder, wie er es nennt, Wirkung verwandelt werden?

Unter der Annahme, daß keine zusätzliche Übersetzung vorhanden ist, muß bei gleichförmiger Drehgeschwindigkeit die Kraft des Wassers auf die Stege gleich dem anzuhebenden Gewicht sein – andernfalls würde das Rad beschleunigen (wenn die Kraft größer ist) oder abbremsen (wenn die Kraft kleiner ist), bis eine gleichförmige Geschwindigkeit erreicht ist. Die Kraft, die das Wasser auf die Stege ausübt, entspricht der Wassermenge multipliziert mit der Geschwindigkeit, die das Wasser relativ zum Rad hat. Nachdem die Wassermenge aber der relativen Geschwindigkeit proportional ist, ergibt sich schließlich, daß die Kraft oder der Wasserdruck dem Quadrat der Relativgeschwindigkeit proportional ist. Die Kraft, die der Wasserstrahl auf die Stege ausübt, entspricht deshalb nicht der vollen Höhe des Wassers im Tank. Die Leistung des Wasserrades (die pro Zeiteinheit verrichtete Arbeit) ist gleich der Kraft des Strahls auf die Stege, multipliziert mit der Geschwindigkeit des Rades, die wiederum proportional zu der Geschwindigkeit ist, mit der sich die Last hebt.

Die volle Wucht (oder Energie) des Strahls ergibt sich aus der Höhe, aus der das Wasser fallen muß, um seine Geschwindigkeit zu erreichen. Unter Benutzung der neu erfundenen Differentialrechnung zeigte Parent, daß die Geschwindigkeit, bei der das Rad seine maximale Leistung bzw. Arbeit pro Zeiteinheit erreicht, 1/3 der Strahlgeschwindigkeit und die maximale Leistung selbst nur 4/27 der Strahlleistung ist (vgl. die Anmerkung am Ende des Kapitels). Parent räumt ein, daß das ein überraschend kleiner Bruchteil ist, hebt aber hervor, daß das Wasser ja hinter dem Wasserrad immer noch eine beträchtliche Geschwindigkeit hat, und daß sich die Aufschlagskraft des Wassers in dem Maß verringert, wie sich das Rad in Bewegung setzt. In seinem Gedankengang ist unausgesprochen auch enthalten, daß ein Teil des Wassers vorbeifließt ohne einen Steg zu treffen, und zwar um so mehr, je schneller sich das Rad dreht. Da er allerdings perfekte Wasserräder betrachtet, muß dies nicht zwangsläufig so sein: Es steht ihm frei, sich ein Rad mit praktisch unendlich vielen Stegen vorzustellen, wo kein Wasser mehr ungenutzt vorbeifließen kann. Die übliche Praxis seiner Zeit, lediglich mit Proportionalitäten zu arbeiten, verschleiert ferner die Tatsache, daß er v^2 mit $2h$, nicht nur mit h hätte gleichsetzen müssen. Mit diesen beiden Abänderungen ergibt sich als Geschwindigkeit am Leistungsmaximum die Hälfte der Strahlgeschwindigkeit und als maximale Leistung die Hälfte der Strahlleistung. Die Variante eines oberschlächtigen Rades, bei dem das Wasser von oben her kommend Eimer am Rad füllt und deshalb durch sein Gewicht statt durch seine Wucht wirkt, hat Parent nicht betrachtet. Er war vermutlich gefühlsmäßig überzeugt, daß so ein Rad nicht besser als ein unterschlächtiges sein kann.

Parents Veröffentlichung war höchst einflußreich. Sie setzte die Erforschung der effizienten Ausnutzung von Energiequellen in Gang, ein Forschungszweig, dessen Bedeutung heute nicht besonders betont zu werden braucht. Sie führte, wenn auch nur implizit, ein sowohl für die Wissenschaft als auch für die Technik grundlegendes Konzept ein. Sein Maßstab war, bis zu welchem Grad die ursprüngliche Situation wiederhergestellt werden konnte. Nach seiner Berechnung konnten, wenn man an das Wasserrad eine perfekte Pumpe anschließt, nur 4/27 des treibenden Wassers wieder in die ursprüngliche Höhe zurückgepumpt werden. Dieses „Reversibilitätskriterium" sollte viel später, im 19. Jahrhundert, zu einem Basiskonzept der Wissenschaft und Technologie der Thermodynamik werden. Es ist eine Ironie der Wissenschaftsgeschichte, daß Parents korrekte Einsichten hinsichtlich der Stärke eines Balkens ignoriert wurden, während seine fehlerbehaftete Berechnung der

Wasserkraft anerkannt wurde. Erst 50 Jahre nach ihm wurde seine 4/27-Regel und die damit verbundene Theorie erneut aufgegriffen und konstruktiv kritisiert.

Eine andere Neuerung des frühen 17. Jahrhunderts, die lange auf ihre volle Ausnutzung warten mußte, war die von Thomas und John Lombe nach England gebrachte italienische Seidenspinnmaschine. 1702 hatte Thomas Cotchett eine „Mühle" gebaut, die mit Hilfe eines holländischen Mechanismus einen Seidenfaden spann. Sie lag in Derby am Fluß Derwent und wurde von einem Wasserrad angetrieben. Offenbar war ihr aber kein Erfolg beschieden. Einige Jahre später reiste John Lombe in Verkleidung nach Italien, um herauszufinden, wie dort Seide maschinell gesponnen werden konnte. Die Verkleidung erwies sich allerdings als unnötig, denn die Information war frei zugänglich. 1717 begann sein Halbbruder Thomas Lombe in der Nähe von Cotchetts ursprünglichem Gebäude mit der Errichtung einer Mühle, die den italienischen Mechanismus verwendete. Unglücklicherweise war der Mechanismus für die damalige Zeit ziemlich kompliziert, und das Unternehmen wurde in finanzieller Hinsicht nur ein zweifelhafter Erfolg. Aber zumindest wurde dadurch bestätigt, daß Textilfäden mit Hilfe von wasserkraftgetriebenen Maschinen gesponnen werden konnten. Der nächste Schritt mußte nun darin bestehen, auch Woll- und Baumwollfäden mechanisch zu spinnen. Dies erwies sich freilich als bedeutend schwieriger. Ein Seidenfaden ist sehr lang und klebrig, Woll- und Baumwollfäden sind kurz und gar nicht klebrig. Es benötigte mehr als 50 Jahre, um Woll- und Baumwollfäden mechanisch spinnen zu lernen. Nichtsdestoweniger hatten Cotchett sowie die Brüder Lombe einen völlig neuen Mühlentyp und eine neue Anwendung der Wasserkraft in England eingeführt.

Die erste arbeitsfähige Dampfmaschine

Das akute Problem, die Bergwerke wasserfrei zu halten, durch das die mit sinnvollen Mitteln erreichbare Arbeitstiefe wesentlich begrenzt wurde, regte die Erfinder zu Versuchen an, die „Triebkraft" des Wassers zu bändigen. Die Bedeutung der früheren Vorschläge della Portas und anderer sollte dabei nicht überbewertet werden. Sie zeigen bestenfalls den Experimentiergeist in einem progressiven Zeitalter. Man kann ihre Vorschläge auch nicht als direkte Vorläufer der Dampfmaschine auffassen. Um Erfolg zu haben, mußte eine Dampfmaschine drei grundlegende Anforderungen erfüllen. Erstens mußte sie einen sicheren und zuverlässigen Mechanismus haben, mit dem die Triebkraft des Feuers gebändigt werden konnte; zweitens mußte sie einen klar bestimmbaren Bedarf befriedigen; und drittens mußte sie dies nachweislich billiger als jede bekannte Kraftquelle wie Wind, Wasser oder Tiermuskeln tun. Wie dies erreicht wurde, ist eine merkwürdige und aufschlußreiche Geschichte. Die Untersuchungen des Vakuums, die Torricelli, Viviani und Pascal durchführten, scheinen auf den ersten Blick für die Kraftmaschinenfrage unwichtig; dem ist aber nicht so. In Otto von Guerickes Buch *Experimenta nova Magdeburgica de vacuo spatio* (1672) sind seine Erfindung der Luftpumpe und die damit durchgeführten Experimente beschrieben. Er erzeugte Vakua in großem Maßstab und mit weitreichenden Konsequenzen. Die Bebilderung seines Buches war nicht nur hervorragend informativ, sondern auch dramatisch und inspirierend. Die vielleicht bekannteste Abbildung zeigt auf einer Doppelseite zwei Gruppen von je acht Pferden, die versuchen, die beiden Halbschalen einer luftleer gepumpten Kugel mit etwa

30 cm Durchmesser voneinander zu trennen. Man sieht, daß die Pferde dazu nicht in der Lage waren, so groß war das Gewicht bzw. der Druck der Atmosphäre, der mit ca. 750 kg die beiden Halbschalen aneinanderpreßte (es müssen faktisch recht schwache Tiere gewesen sein). Ein anderes Bild zeigt, wie diese neue Kraft praktisch verwertet werden konnte: Ein senkrechter Zylinder, der oben mit einem Kolben verschlossen ist, wird luftleer gepumpt, was ein elfjähriges Kind schaffen würde. Der Atmosphärendruck treibt den Kolben nach unten, der dabei über ein Seil und eine Umlenkrolle eine sehr schwere Last heben kann. Einen klareren Hinweis kann man sich kaum vorstellen: Erfinde einen einfachen und wirkungsvollen Weg, um die Luft aus dem Zylinder zu saugen, und du hast eine neue Energiequelle. Fast gleichzeitig schlugen unabhängig voneinander Christiaan Huygens und Abt Hautefeuille vor, die Luft durch die Explosion einer Ladung Schießpulvers herauszutreiben, aber das Verfahren war zu teuer und die Schwierigkeiten der praktischen Durchführung zu groß (merkwürdigerweise wurde im ersten wirklich erfolgreichen Gasmotor, dem Vorläufer aller späteren Motoren mit innerer Verbrennung, eine sehr ähnliche Methode angewandt). 1690 hatte Denis Papin (1647–1714) eine viel fruchtbarere Idee. Diese bestand darin, am unteren Ende des Zylinders Wasser zu kochen. Der Kolben wird vom Dampf nach oben getrieben; wenn er den höchsten Punkt erreicht hat, kann man das Feuer entfernen. Der Zylinder kühlt dann ab, der Dampf kondensiert und der Kolben wird durch den Atmosphärendruck nach unten getrieben. Das war vom Prinzip her einer Lösung schon sehr nahe.

Thomas Savery aus Devonshire (1650?–1715) entwickelte eine andere Idee. Savery war Kaufmann, aber auch Erfinder, und hatte eine offizielle Stellung bei der britischen Admiralität, in der er zu verschiedenen Häfen wie Plymouth und Dartmouth reisen mußte, wo Depots und Handelspartner waren. 1698 erhielt Savery ein Patent auf eine Maschine, die Wasser mit Hilfe der Feuerkraft anhob. 1699 führte er auf einer Sitzung der Royal Society eine arbeitsfähige Version seiner Erfindung vor; im gleichen Jahr wurde durch einen Parlamentsbeschluß sein Patent auf 31 Jahre verlängert. 1702 beschrieb er die Maschine in einem kleinen Buch mit dem Titel *Bergarbeiters Freund*. John Harris beschrieb die Maschine voll Begeisterung in seinem *Lexicon technicum*. Auch andere Autoren in England und Frankreich griffen sie bald auf.

Bei Saverys Maschine leitet eine Röhre Dampf aus einem Siedekessel über einen Verschlußhahn in den Oberteil eines großen Metallgefäßes. Eine weitere Röhre leitet den Dampf vom Boden des Gefäßes zu einer dritten, langen senkrechten Röhre. Ober- und unterhalb des Punktes, an dem die zweite in die dritte Röhre mündet, befinden sich Ventile, die sich nach oben öffnen können. Das untere Ende der senkrechten Röhre, das sich höchstens 10 m unter dem Gefäß befindet, taucht in einen Vorratsbehälter mit dem anzuhebenden Wasser ein. Das obere Ende neigt sich über einen Trog. Im Betrieb strömt zunächst der Dampf durch das System, bis er oben aus der senkrechten Röhre austritt. In diesem Moment muß der Hahn geschlossen und kaltes Wasser über das Gefäß gegossen werden. Der darin befindliche Dampf kühlt dann ab, kondensiert und hinterläßt im Gefäß ein Vakuum. Der Atmosphärendruck treibt dann durch die senkrechte Röhre das Wasser aus dem Vorratsbehälter in das Gefäß. Der Verschlußhahn wird nun wieder geöffnet und der Dampf treibt mit hohem Druck das Wasser aus dem Gefäß und durch die senkrechte

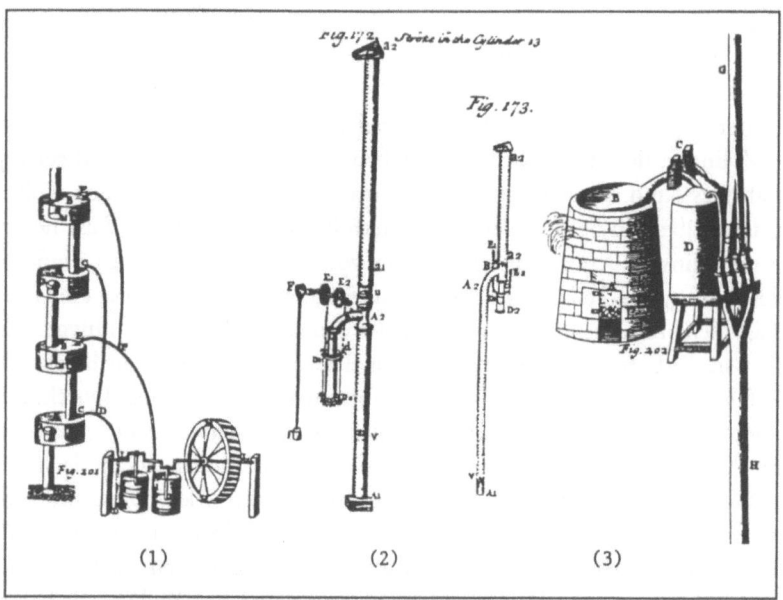

Bild 5.1 Papins Pumpe (1). Wenn der Kolben im linken Zylinder angehoben wird, entsteht im ersten und dritten Gefäß ein Unterdruck, und der Luftdruck treib das Wasser das erste und dritte Rohr hinauf. Gleichzeitig sinkt der Kolben im rechten Zylinder, wodurch der Druck im zweiten und vierten Zylinder erhöht wird. Rücklaufsicherungen bewirken, daß das Wasser nur aufwärts transportiert wird. Beide Kolben werden durch das Wasserrad rechts angetrieben (aus den *Philosophical Transactions*, 1685). Das Problem dieser Pumpen war der Druckverlust zwischen Kolben und Zylinder. Um diesen zu vermeiden, ersetzte Joshua Haskins den Kolben durch einen Tauchkolben, der von Quecksilber umgeben war. Eine verbesserte Version dieser Pumpe wurde von J. T. Desaguliers 1772 in den *Philsophical Transactions* beschrieben. Leupold bezeichnete sie als die „Englische Pumpe". Zwei Modelle der Haskins-Desaguliers-Pumpe sind in (2) gezeigt. Zum Vergleich in (3) Saverys Pumpe. (Aus den *Philosophical Transactions* 1698.)

Röhre nach oben in den Trog. Savery betont, daß kein Dampf am oberen Ende austreten darf, denn das wäre mit Verlusten verbunden.

Savery, der zum Mitglied der Royal Society gewählt wurde, war Geschäftsmann. Er war mit Papins Ideen vertraut, allerdings bleibt ungewiß, wie ausgeprägt sein Verständnis der wissenschaftlichen Kenntnisse seiner Zeit war. Die Idee, Dampfkondensation zur Erzeugung eines Vakuums auszunutzen, war also nicht neu, aber die spezielle Form seiner Maschine wirft einige interessante Fragen auf. Die Zug-Schub-Technik, die beim Ansaugen des Wassers und beim nachfolgenden Ausstoßen durch die senkrechte Röhre angewandt wurde, war eine Neuigkeit. Die größte Ähnlichkeit bestand mit einer wasserkraftgetriebenen Saug- und Druckpumpe (siehe Bild 5.1), die Papin in einem Artikel für die Royal Society 1685 beschrieben und zum Trockenlegen von Bergwerken vorgeschlagen hatte; die Ähnlichkeit zeigt sich freilich nur im Rückblick. Woher Savery seine Ideen hatte, bleibt somit eine offene Frage, die, wenn auch mehr Forschungsarbeit wünschenswert erscheint, vielleicht nie vollständig beantwortet werden kann. Savery war prahlerisch veranlagt, und seine Erfindung wurde überall veröffentlicht. Er behauptete (man hört das Echo Guerickes), daß ein dreizehnjähriger Junge die Maschine bedienen könne.

Es gibt Hinweise darauf, daß drei bis vier solcher Maschinen tatsächlich gebaut wurden. Man darf annehmen, daß wenigstens eine davon für einige Zeit in Betrieb war, wie zufriedenstellend, ist allerdings unbekannt. Savery sorgte für eine Vorrichtung, die den Boiler mit frischem Wasser versorgte. Er wurde über eine weitere Röhre mit Verschlußhahn an einen Hilfsboiler angeschlossen, in dem Hochdruckdampf erzeugt wurde. Die Röhre reichte bis fast auf den Boden des Hilfsboilers, so daß der höhere Dampfdruck im Hilfsboiler bei geöffnetem Verschlußhahn heißes Wasser in den Arbeitsboiler pressen konnte. So ein Gerät trägt bereits die Merkmale der praktischen Erfahrung. In England und Frankreich wurden gelegentlich Versuche unternommen, die Maschine zu verbessern und zu automatisieren, jedoch ohne durchschlagenden Erfolg, bis schließlich am Ende des Jahrhunderts eine stark veränderte und vereinfachte Form einen speziellen, aber begrenzten Markt fand.

Die Frage ist nun, welches die hauptsächlichen Nachteile der Maschine waren. Zum einen ist klar, daß zu dieser Zeit die Verwendung von Dampf mit einem Druck weit über dem Atmosphärendruck praktisch unmöglich war. Die für die Fertigung von Hochdruckgefäßen erforderlichen metallurgischen Techniken waren noch nicht entwickelt. Die Höhe der Schubphase war dadurch stark eingeschränkt. Saverys Behauptung, der Dampf solle keinesfalls oben abgeblasen werden, wirft die Frage auf, wie er die Luft loszuwerden gedachte, die unweigerlich vom Dampf aus dem Boiler mitgeführt wurde (zu Saverys Zeit war wohlbekannt, daß sich Luft in Wasser löst). Die fortschreitende Anhäufung von Luft im Gefäß hätte den Wirkungsgrad der Maschine schwerwiegend herabgesetzt, wenn sie nicht durch die vertikale Röhre abgeblasen worden wäre. Natürlich kann man einfach annehmen, daß die Maschine dadurch befriedigend arbeitete, daß die Bedienungsmannschaft Saverys Anordnung ignorierte.

Der Brennstoff, der nur zur Erwärmung des Eisengefäßes auf die Temperatur des Hochdruckdampfes benötigt wurde, war in Hinblick auf die Arbeitsleistung vergeudet. Nur der Teil, der zur Erzeugung des Dampfs, der das Gefäß dann füllte und beim Kondensieren das Wasser durch die dritte Röhre ansaugte, wurde ökonomisch ausgenutzt. Nachdem das Eisengefäß ebenso wie das Wasser, das mit dem Dampf in Berührung war, bei jedem Arbeitstakt neu aufgeheizt werden mußte, war die Maschine schlicht und einfach extrem unwirtschaftlich. Mit all diesen Nachteilen würde sie hier kaum Beachtung verdienen, wäre sie nicht der Vorgänger der ersten eindeutig erfolgreichen Dampfmaschine. Überdies hat – was oft übersehen wird – Saverys Maschine ihren Platz in den Annalen der Dampfmaschine auch wegen ihres geplanten Verwendungszwecks. Savery hatte klar erkannt, daß die neue Energiequelle den fast verzweifelten Bedarf der europäischen und ganz besonders der englischen Bergbauindustrie nach einer Methode decken konnte, mit der die Schachtwässer, welche die relativ großen Abbautiefen so einschneidend begrenzten, beherrschbar wurden. Selbst wenn die Savery-Maschine uneffektiv war, verdient also ihr Erfinder doch Dank dafür, daß er unüberhörbar auf die Möglichkeiten der Dampfkraft aufmerksam gemacht hat. Es sollte nicht das letztemal sein, daß ein gut publizierter Fehlstart der Startschuß für eine neue Technologie wurde (siehe Kapitel 16).

Wie Savery kam auch der Eisenhändler Thomas Newcomen (1664–1729) aus dem südlichen Devon. Nach den wenigen hinterlassenen Briefen und Dokumenten zu urteilen, war er ein gut gebildeter und einigermaßen wohlhabender Mann. Bekannt ist auch, daß er ein frommer Baptist und Verwalter des baptistischen Versammlungshauses in Bromsgrove, südwestlich von Birmingham, war (Bromsgrove war damals ein Zentrum der religiösen Dissidenten in England). Zwei der baptistischen Gemeinschaft in Bromsgrove ebenfalls eng verbundene Familien waren die Potters und die Hornblowers. Die Potters arbeiteten mit Newcomen zusammen, als er seine neue Dampfmaschine erstmals propagierte, während die Hornblowers später bei deren Entwicklung eine bedeutende Rolle spielten.

Newcomen und sein Gehilfe John Calley errichteten die erste erfolgreiche Dampfmaschine der Welt 1712 im Kohlenbergwerk von Coneygree, nicht weit von Schloß Dudley und Bromsgrove. Es ist unvorstellbar, daß Newcomen von Savery und seinen Ideen nicht gewußt hat. Beide gehörten zu prominenten örtlichen Händlerfamilien, und Savery kam regelmäßig nach Dartmouth. Davon abgesehen wissen wir aber nichts über die Erfindung und Entwicklung der Newcomen-Maschine, deren Arbeitsprinzip enger mit Papins Modell als mit Saverys Maschine zusammenhängt. Unsere Kenntnis der Maschine in Coneygree beruht auf einer Zeichnung aus dem Jahr 1719, einer Zeichnung von einer etwas anderen Maschine aus dem Jahr 1717 und auf späteren Berichten. Es scheint sich um eine gut entwickelte Maschine gehandelt zu haben, so daß wir schließen, daß eine Menge an Forschungs- und Entwicklungsarbeit sowie zweifellos zahlreiche Rückschläge ihrem erfolgreichen Debut vorausgegangen sind. Es handelte sich sicherlich um eine große Maschine, die um die 17 m hoch gewesen sein mag. Im Normalbetrieb führte sie etwa 12 Pumpenhübe pro Minute aus und entwickelte nach modernen Schätzungen eine Leistung von etwas mehr als 5 PS. Im Gegensatz zu fünf oder mehr Pferden konnte sie aber 24 Stunden am Tag und 7 Tage in der Woche ohne Pause arbeiten. Der Aufbau und die Wirkung der Newcomen-Maschine sind leicht zu verstehen. Ein großer Messingzylinder mit einem Kolben ist senkrecht über einem Boiler befestigt. Eine starke Kette verbindet den Kolben mit dem gebogenen Ende eines langen Balkens. Das andere Ende des in der Mitte gelagerten Balkens war ebenfalls gebogen und durch eine zweite Kette mit der Pumpenstange verbunden, die in den Bergwerksschacht hinabführt. Die Endkrümmung garantiert, daß die Ketten immer senkrecht verlaufen. In den Zylinder wird Dampf aus dem Boiler eingelassen, und der Kolben hebt sich, nicht wegen des Dampfdrucks, sondern aufgrund des Gegengewichts am anderen Ende des Balkens. Wenn der Kolben das obere Ende des Zylinders erreicht, wird der Dampf abgestellt und gleichzeitig kaltes Wasser *in* den Zylinder gesprüht, so daß ein großer Teil des Dampfes kondensiert, ein gewisses Vakuum entsteht und der Überschuß des Atmosphärendrucks den Kolben nach unten drückt. Wenn der Kolben unten ist, wird das Sprühwasser abgedreht, gleichzeitig die Dampfzuführung wieder geöffnet und der nächste Zyklus beginnt. Das An- und Abstellen der Dampf- und Sprühwasserzuführung geschehen automatisch. Vom großen Balken hängt eine lange, mit Pflöcken versehene Holzstange herunter (die „Pflockstange"), mit deren Hilfe zwei sehr trickreiche Hebelsysteme bedient werden. Diese kontrollieren die Dampf- und Wasserventile so, daß sie gleichzeitig und – was am wichtigsten ist – ohne Verzögerung funktionieren. Während das Sprühwasser eingeschaltet ist, darf kein Dampf in den Zylinder kommen und umgekehrt!

Obwohl das Prinzip der Maschine einfach war, gab es doch eine Menge von Ausführungsdetails, die geklärt sein mußten, ehe die Maschine befriedigend laufen konnte. Das Sprühwasser und der kondensierte Dampf wurden aus dem Zylinder mit Hilfe einer Ausflußröhre entfernt, deren Ende in das warme Reservoir eintauchte und mit einem Lederlappen verschlossen war, der als Rückschlagventil diente. Die Luft, die mit dem

Dampf aus dem Boiler kommt, mußte ebenfalls aus dem Zylinder entfernt werden, sonst wäre die Maschine wegen „Luftverstopfung" nach einiger Zeit stehen geblieben. Dies wurde dadurch bewerkstelligt, daß der am Beginn des Zyklus einströmende Dampf die Luft vom vorhergehenden Zyklus durch die Ausflußröhre und über ein „Schnüffelventil" ausstieß (die Bezeichnung „Schnüffelventil" kommt vom Arbeitsgeräusch dieses Maschinenteils). Es stellte sich weiterhin heraus, daß der Kolben den Zylinder nicht dicht genug verschließen konnte, um den Luftzutritt und damit das Ende des Vakuums zu verhindern. Deshalb wurde ein aus einem kleinen Tank gespeister Wassersee oben auf dem Kolben mitgeführt, der den Luftabschluß vervollständigte. Die Erfahrung zeigte auch, daß es nicht wirtschaftlich war, den gesamten Dampf zu kondensieren, indem man den Zylinder vollständig herunterkühlte. Es hätte viel zuviel Dampf erfordert, den Zylinder bei jedem Zyklus neu aufzuheizen; die Maschine wäre dann auch zu langsam geworden. Dieses Problem hatte sich ja bereits bei Saverys Maschine ergeben. Es zeigte sich, daß es besser war, mit einem ständig warmen Zylinder schneller zu arbeiten und dabei nur etwa den halben Atmosphärendruck auszunutzen, dafür aber weniger Dampf und damit auch weniger Brennstoff zu verbrauchen.

Als vor einigen Jahren ein Modell dieser ersten Maschine im Maßstab 1:3 gebaut wurde (es befindet sich jetzt in Manchester im Museum für Wissenschaft und Technik), stellten die Techniker des Department of Mechanical Engineering, die das Modell bauten, fest, daß der Wassersee auf dem Kolben unbedingt nötig war – und dies, obwohl sie ein wenig „betrogen" hatten, indem sie moderne Formmaschinen verwendet hatten, die einen dichten Abschluß zwischen Kolben und Zylinder garantieren sollten. Sie stellten auch fest, daß die richtige Plazierung der Pflöcke an dem Pflockrahmen ganz wesentlich ist und daß der Durchmesser der Röhre, die das kondensierte Wasser ableitet, genau passen muß. Ist die Röhre zu weit, so saugt der Unterdruck in der Röhre so schnell Wasser an, daß der Zylinder überflutet und die Maschine gestoppt wird; ist die Röhre zu eng, funktioniert die Kondensation nicht richtig. Weitere Probleme, die beim Nachbau gelöst werden mußten, betrafen die Größe der Dampföffnung, die Einstellung des Schnüffelventils und des Ausflußventils sowie das geeignete Gewicht der Pumpenstange. Auf diese Weise vergingen mehrere Monate, ehe hervorragende Techniker mit modernen Werkzeugen die Maschine zu einem befriedigenden Arbeiten brachten. Es braucht nur wenig Fantasie, um sich die Schwierigkeiten und Enttäuschungen vorzustellen, die Newcomen bis 1712 erlebt haben muß, solange seine Maschine noch in der Testphase war. Wir haben hier einen Fall, in dem der Historiker zugeben muß, daß die Praxis mehr zählt als der rein dokumentarische Beweis.

Ein neuer Zug der Newcomen-Maschine war das innere Besprühen mit kaltem Wasser zur Dampfkondensierung. Das war im Vergleich mit der Savery-Maschine ein großer Fortschritt, bei der ja das Kühlwasser über den ganzen Zylinder gegossen wurde und ihn vollständig herunterkühlte. Es ist allerdings nicht von vornherein klar, daß eine Sprühung kalten Wassers eine wirksame Kondensation herbeiführen kann. Wahrscheinlich ist aber die Erklärung zutreffend, die Mårten Triewald, ein verläßlicher Zeuge, geliefert hat. Triewald, der Newcomen wohl gekannt hat und von dem der erste Augenzeugenbericht der laufenden Maschine stammt, sagte, daß die Vorteile der inneren Kondensation zufällig entdeckt wurden. Zuerst war die Kondensation nach Saverys Methode herbeigeführt worden, als eine plötzliche und markante Leistungsverbesserung auf einen Riß im Zylinder zurückgeführt werden konnte, durch den ein Wasserstrahl eindrang (man fragt sich, warum durch einen so großen Riß nicht auch Luft einströmte und die Maschine zum Stehen brachte). Doch tut die Zufälligkeit dieser Entdeckung der Leistung Newcomens keinen Abbruch.

Die Entdeckungen und Ideen, welche die Newcomen-Maschine ermöglichten, gingen zurück auf Italiener, Franzosen, den Deutschen von Guericke und den Holländer Huygens. In der Ausdrucksweise des Franzosen Papin könnte man sagen, daß durch sie die Triebkraft des Feuers gezähmt war. Nun traten die Engländer Savery und Newcomen auf den Plan und ernteten die Früchte dieser kontinentaleuropäischen Arbeiten. Diese Geschichte paßt zu den heutigen Klagen (Gewinsel wäre vielleicht ein besseres Wort), die man aus manchen Ländern und vor allem aus England hört, daß *wir* die Erfindungen machen, während Ausländer den Gewinn daraus ziehen. Wie bereits früher bemerkt, gibt es praktisch keine bedeutende Erfindung ohne Vorgeschichte. Andererseits erfordern die Schwierigkeiten bei der Umsetzung einer Idee oder Erfindung in praktikable Wirklichkeit oft genauso viel Originalität wie die Idee selbst – oder sogar noch mehr. Der Fall der Newcomen-Maschine bestätigt das. Wenn man die Schwierigkeiten, die Newcomen überwinden mußte, wirklich berücksichtigt, muß man zugeben, daß er ein höchst origineller Geist war, dessen Erfolg schließlich die Welt veränderte.

Weitere Überlegungen

Zu den bemerkenswerten Veränderungen dieser Zeit gehört, daß in gelehrten Publikationen das traditionelle Latein sowohl in Frankreich als auch in England durch die Muttersprache ersetzt wurde. Auf individueller Ebene verlief allerdings die Kommunikation völlig verschieden von der heutigen. Es gab keine professionellen Institute, keine anerkannten Qualifizierungen und, vom Patentrecht abgesehen, wenig oder keine gesetzlichen Vorschriften. Thomas Newcomen war, wie wir annehmen können, der Baptistengemeinde als gottesfürchtiger, befähigter und zuverlässiger Mann bekannt, und das genügte. Es könnte übrigens durchaus sein, daß Kirchenverbindungen für die Verbreitung von technischem Wissen eine bedeutendere Rolle spielten, als wir heute noch meinen.

Die Epoche, in der die Grundlagen für die moderne Kraftwerkstechnologie gelegt wurden und sich in England die landwirtschaftliche Revolution beschleunigte, wird zeitlich durch die Konstruktion zweier Prunkpaläste eingerahmt. 1688 wurde Ludwigs XIV. glänzendes Schloß von Versailles fertiggestellt, 1722 der Palast von Blenheim für John Churchill, Gegner Ludwigs XIV. und Herzog von Marlborough. Blenheim ist viel kleiner als Versailles, seine Fassade erreicht gerade ein Fünftel von dessen Länge. Beide Bauwerke haben gewisse Züge gemeinsam, daneben gibt es einige aufschlußreiche Unterschiede. Beide wurden aus Stein, Ziegel und Balken erbaut, Materialien, die seit Urzeiten vertraut sind. Es gab keinen oder nur geringen Spielraum, Galileis neue Wissenschaft von der Materialstärke anzuwenden. Traditionelle Fertigkeiten und die Begrenzungen des Materials spielten bei der Festlegung der Gebäudeform eine Rolle. Ein weiterer gemeinsamer Punkt ist, daß Versailles und Blenheim zur Verehrung einzelner Menschen, nicht aber Gottes errichtet wurden. Insofern kennzeichnen sie den Beginn einer mehr materiellen, weniger spirituellen Epoche.

Andererseits haben die Umgebungen der beiden Paläste nichts gemeinsam. Die Gärten von Versailles wurden von André le Nôtre (1613–99?), dem führenden Landschaftsgestalter seiner Zeit, konzipiert. Sein Stil war ausgesprochen künstlich. „Der Hauptzweck", schreibt eine unparteiische Autorität, „scheint es gewesen zu sein, die Natur den Gesetzen der Geometrie zu unterwerfen und geometrische Formen, Architektur und Bildhauerei bei Rasen, Bäumen und Teichen auszuüben". Die Umgebung von Blenheim gestaltete Lancelot Brown (1715–83), der einem von William Kent ersonnenen Stil folgte. Hier war das Ziel, die natürliche Landschaft zur Geltung zu bringen, konstruktiv mit der Natur zusammenzuarbeiten, wie Bacon es empfohlen haben würde. Es wäre unbesonnen, aus diesem Vergleich Schlüsse über etwas so wenig Greifbares wie den Nationalcharakter zu ziehen. Eine einfache Beobachtung zeigt, daß die typisch englischen Vorstadtgärten unserer Tage mit ihren übersichtlich geordneten Reihen von immer identischen Blumen und Büschen und mit ihren in gerader Linie oder in perfekten Kreisen geschnittenen Rasen nichts so sehr ähneln wie einem Miniatur-Versailles. Freilich würde es ziemliche Genialität erfordern, Browns Grundsätze erfolgreich auf einen kleinen Vorstadtgarten anzuwenden.

Herren und Damen mit Empfindungsvermögen fanden im folgenden Zeitalter der Vernunft Gefallen an einer Landschaft, in der die zähmende Hand des zivilisierten Menschen sichtbar war. Um wirklich geschätzt zu werden, mußte eine Landschaft ein Kunstwerk sein. Mit Abscheu betrachteten sie die Wildheit der Steine und Felsen, des Eises und Schnees der Alpen und anderer europäischer Gebirge. Andererseits hatte die große Mehrheit der Menschen keine Zeit, solche ästhetischen Empfindungen zu pflegen; ihr Leben war hart und kurz und ihre Erwartungen bescheiden.

Bemerkung zu Parents Theorie

Nennen wir die Geschwindigkeit des Strahls v, die des Rades V und die angehobene Last W. Dann ist die Wassermenge, die pro Zeiteinheit auf die Stege trifft, proportional zu $v - V$ und die relative Geschwindigkeit, mit der das Wasser auf die Stege trifft, ist ebenfalls proportional zu $v - V$.

Wenn sich das Rad mit gleichförmiger Geschwindigkeit dreht, muß W proportional sein zum Produkt $(v - V) \times (v - V)$. In Abwesenheit von zusätzlichen Übersetzungen hebt sich das Gewicht mit der Geschwindigkeit des Rades V, so daß die pro Zeiteinheit verrichtete Arbeit $W \times V$ und somit proportional zu $V \times (v - V)^2$ ist.

Wenn wir, wie man es zur Maximumsbestimmung macht, diesen Ausdruck nach V differenzieren und das Ergebnis gleich Null setzen, so finden wir, daß am Maximum der Leistung V entweder gleich v oder gleich $v/3$ sein muß. Nimmt man den Wert $v/3$, so ergibt sich für die Maximalleistung $(4/27) \times v^3$.

Nun ist aber die pro Zeiteinheit fließende Wassermenge proportional zu v, und die Höhe, bis zu der das Wasser aufsteigen kann, ist proportional zu v^2, so daß die zur Verfügung stehende Wucht proportional zu v^3 ist. Der Vorfaktor 4/27 hängt deshalb mit dem Wirkungsgrad des Wasserrades zusammen.

Wenn für irgendeinen spezifischen Fall der tatsächliche Wert der verwertbaren Aufschlagswucht berechnet werden soll, muß der Proportionalitätsfaktor 2 berücksichtigt werden, so daß sich der Wirkungsgrad zu 8/27 ergibt.

6 Verwirklichter Fortschritt

Newcomen-Maschinen waren in ganz gewöhnlichen Häusern aus Holz und Stein untergebracht. Was das anbetrifft, brauchte man keine weiter fortgeschrittene Technik als für die Paläste von Versailles und Blenheim. Man könnte ganz zurecht die Maschine selbst ein Bauwerk nennen, denn sie stellte mehr ein arbeitendes Gebäude als eine Maschine im heutigen Sinn dar. Unter diesem Gesichtspunkt war sie eine Art Mühle, und in der Tat brauchte man die meisten Fertigkeiten, die für eine Newcomen-Maschine erforderlich waren, ebenso zum Bau einer Wassermühle. Ein Patenteigner, ein Bergbauingenieur, ein Landvermesser oder ein Instrumentenbauer konnte die Maschine konstruieren; die örtlichen Maurer, Zimmerer, Mühlenbauer und Grobschmiede konnten sie bauen. Es war für England ein glücklicher Umstand, daß die vorhandenen Fertigkeiten den konstruktiven Anforderungen der Maschine genügten, und daß es eine ausreichende Menge an befähigten Handwerkern gab, so daß die Idee dieser Maschine tatsächlich realisierbar war.

Der Erfolg der Newcomen-Maschine wurde sofort anerkannt. Sie befriedigte ganz hervorragend die drei Hauptkriterien Zuverlässigkeit, Wirtschaftlichkeit und ein klar erkennbarer Bedarf. Wenn mehr Wasser auf größere Höhe angehoben werden mußte, benötigte man lediglich eine größere Maschine mit einem größeren Zylinder. Bei der Savery-Maschine wäre nicht nur eine größere Maschine, sondern auch ein zunehmend höherer und gefährlicherer Dampfdruck nötig gewesen. Nichtsdestoweniger konnte Newcomens Maschine nicht patentiert werden, denn nach der damaligen Gesetzeslage galt Saverys Patent für alle Maschinen, welche die Triebkraft des Feuers bändigten. Das technologische Verständnis war noch nicht so weit fortgeschritten, daß die einzigartigen Vorzüge der Newcomen-Maschine erkennbar gewesen wären, und die Linie zwischen Erfindung und Verbesserung war nicht deutlich genug gezogen, um die Unterschiede zwischen der Savery- und der Newcomen-Maschine klar herauszuheben. Beide galten einfach als Feuermaschinen. Es war, als ob man sagte, Newtons *Principia* sei eine verbesserte Version von Ptolemäus' *Syntaxis* bzw. *Almagest*! Nach heutigen Standards, oder sogar bereits 50 Jahre später, beinhaltete die Newcomen-Maschine mindestens 4 verschiedene bedeutsame Patente.

Zwischen 1715 und 1733 waren die Rechte im Besitz einer Gruppe von sechs Eignern, zu denen anfangs auch Newcomen zählte. Die erschöpfenden Forschungen von Kanefsky und Robey haben ergeben, daß in diesen Jahren in England 94 Newcomen-Maschinen gebaut wurden. Viele von ihnen standen im nordöstlichen Kohlenrevier, dem ausgedehntesten Europas, ferner in Mittelengland, in den Kohlenrevieren des Nordwestens und Nordwales' sowie in Cornwall, wo Nichteisenmetalle abgebaut wurden. Einige Maschinen wurden nicht im Bergbau verwendet, so die von 1726 am Yorkgebäude in der Nähe von Charing Cross in London, die der Wasserversorgung diente. Sie wurde manchmal mit dem großen Wasserrad von Marly verglichen, das seit 1705 Wasser in die Gärten von Versailles pumpte. Einer der Eigner, John Meres, konstruierte 1726 in Passy, Paris, eine Maschine, die ebenfalls als Triumph der hydraulischen Ingenieurskunst gefeiert wurde. Etwa um die gleiche Zeit wurde Isaac Potter aus Bromsgrove beauftragt, in Wien eine Maschine zur Wasserversorgung von Skulpturbrunnen zu errichten. Praktischeren Zwecken dienten die von Colonel John O'Kelly im Kohlenrevier von Liège in Belgien ab 1723 gebauten Maschinen.

Im früheren Nordungarn (der heutigen Slowakei) gab es eine Reihe bedeutender Abbaugebiete von Nichteisenmetallen, die dem österreichischen Staat gehörten und von Wien aus kontrolliert wurden. Wie auch in Böhmen, waren die Manager und Ingenieure deutschsprachig, so daß die drei größten Ansiedlungen zumindest im Westen als Schemnitz, Königsberg und Windschacht bekannt waren, und nicht als Banska Stiavnica, Nova Bana und Stiavnicke Bane, wie die slowakischen Namen lauteten. Isaac Potter wurde überredet, von Wien nach Königsberg weiterzuziehen, wenige Kilometer von Schemnitz entfernt, wo er 1721–22 die erste von sieben Newcomen-Maschinen baute (siehe die Anmerkung am Ende des Kapitels). Es wird – vielleicht etwas überoptimistisch – berichtet, daß Potters Maschine zweimal so stark war wie die erste Maschine von Coneygree und Wasser aus einer Tiefe von 152 Metern gehoben hat; heute würden wir sagen, daß sie etwa 10 PS Leistung hatte.

Die Newcomen-Maschinen des Schemnitzgebietes waren zweifellos erfolgreich. Sie hatten allerdings auch einen gravierenden Nachteil: Sie verbrauchten pro Tag zwischen neun und dreizehn Kubikmeter Holz. Holz wurde in großen Mengen auch beim Schmelzvorgang sowie überhaupt für alle Bergbaumaschinen und -gebäude verbraucht. Die Waldzerstörung war so groß, daß die Arbeit der Maschinen beschränkt werden mußte; sie durften nicht alle gleichzeitig laufen.

Holz war auch der Brennstoff der vielleicht berühmtesten und sicherlich am besten dokumentierten frühen Maschinen des Kontinents. Es handelt sich um die Maschine, die Maarten Triewald (1691–1747) in den Eisenminen von Dannemora in Schweden baute. Triewald kam 1716 nach England, wo Edmund Halley und vor allem J.T. Desaguliers sein Interesse an Wissenschaft und Technologie weckten. Im darauffolgenden Jahr ging Triewald in den Norden nach Newcastle und arbeitete dort mit Samuel Calley, dem Sohn von Newcomens Partner, bei der Errichtung von vier Newcomen-Maschinen zusammen. Zusätzlich machte er sich als Vortragsredner in Edinburgh und Newcastle einen Namen, bevor er nach London zurückkehrte, wo er mit dem alternden Newton höchstpersönlich zusammentraf – Triewald muß sich zu seinen Englandjahren von 1716–25 wahrhaft selbst gratuliert haben!

In der Zwischenzeit hatte bereits 1720 die Nachricht von der neuen Maschine Schweden erreicht. In den darauffolgenden Jahren versuchte John O'Kelly die schwedischen Bergbaubehörden zu überreden, ihm den Auftrag zum Bau einer Newcomen-Maschine zur Trockenlegung eines Bergwerks in Dannemora, etwa 100 km nördlich von Stockholm, zu geben. Ein gewisser Colonel de Valair, über den wenig bekannt ist, machte ein ähnliches Angebot. Keiner der beiden hatte Erfolg, der Auftrag ging an Triewald. Er besaß umfangreiche praktische Erfahrung, hatte sich beträchtliches wissenschaftliches Wissen erworben und war zudem ein gut beleumundeter schwedischer Bürger. 1728 war die Maschine fertiggestellt. Obwohl sie ihre Fähigkeit, die Mine trockenzulegen, bewies, war sie kein großer Erfolg: Sie brach immer wieder zusammen, bis sie schließlich 1734 endgültig ihre Arbeit einstellte. Die Einzelteile der Maschine sind seit langem verschwunden, aber das Maschinenhaus steht noch und wird sorgfältig instandgehalten. Es ist vermutlich das älteste Überbleibsel einer Newcomen-Maschine der Welt.

Überzeugende und aufschlußreiche Gründe für das Versagen der Maschine hat Lindqvist in seiner beispielhaften Monographie angegeben. Er weist darauf hin, daß die schwedische Technologie auf Holz beruhte, und daß (erstaunlicherweise) der Standard der Fertigkeiten in der Eisenbearbeitung deutlich unter dem englischen lag. Wesentliche Teile, die man in England aus Eisen hergestellt hätte, waren aus Holz gefertigt. Außerdem hatte Triewald, um mehr Leistung zu erzielen, den Durchmesser des Zylinders um 90% vergrößert, ohne gleichzeitig die Größe und die Stärke der anderen Komponenten zu erhöhen, so daß diese der größeren Leistung nicht standhalten konnten. Zu allem Überfluß gab es in Schweden auch nur zwei Männer, die überhaupt in der Lage waren, die Maschine zu bedienen; einer davon war Triewald. Keiner von beiden blieb lange in Dannemora: Triewald hatte Interessenten in Stockholm, und der andere war lieber in Uppsala. Lindqvist bemerkt hierzu, daß eine Technologie nur dann erfolgreich von einer Gemeinschaft, Nation oder Kultur in eine andere übertragen werden kann, wenn auf Empfängerseite die Hilfsmittel und Fähigkeiten mit denen der Geberseite vergleichbar sind. Der bemerkenswerte Erfolg und die große Geschwindigkeit, mit der die Newcomen-Maschine in England eingeführt worden war (Kanefsky und Robey schließen, daß in England im Lauf des 18. Jahrhunderts mehr als 1000 gebaut wurden), bestätigen den vergleichsweise hohen Standard und die weite Verbreitung technischer Fähigkeiten im Land. Wenn Newcomen und John Calley den Bau der allerersten Maschinen noch selbst überwachten, so gab es bald andere – die Potters, die Hornblowers und Stonier Parrott – die kompetent genug waren, die Arbeit fortzusetzen. Es gab auch genügend weitsichtige Unternehmer, die den Maschinenbauern Aufträge verschafften. Es gab in der damaligen Zeit keine ingenieurmäßige Industrie, von den Maschinenbauern wurden keine formalen Qualifikationen verlangt – aus dem einleuchtenden Grund, daß es keine Ausbildungskurse gab, weder akademischer noch praktischer Art.

Der heutige Leser mag auf den ersten Blick überrascht sein, daß die Newcomen-Maschine als Vorläufer aller späteren Wärmekraftmaschinen[1], eingeschlossen die mit innerer Verbrennung, so wenig öffentliches Interesse erregte, als sie erschaffen wurde. Der Vergleich mit der wilden Begeisterung, welche die ersten Ballonflüge am Ende desselben Jahrhunderts auslösten, ist auffallend. Natürlich konnte damals niemand die weitere Entwicklung der Maschine vorhersehen. Außerdem gab es zwar viele, aber fast alle waren abseits der Zentren gelegen. Man fand sie in entlegenen, unsympathischen Gebieten wie Cornwall, Cumberland, dem nordöstlichen Kohlenrevier, dem Schwarzen Land, Lancashire und Yorkshire. Von außen war nicht mehr zu sehen als ein wenig beeindruckendes Stein- oder Ziegelgebäude mit einem Kamin und einem massiven Holzbalken, der aus einer Wand herausragte und sich langsam und schwerfällig auf und ab bewegte. Das große Wasserrad unter der Londonbrücke war weit eindrucksvoller: Es besaß Kurbeln, Pumpen und große Balken, die auf und nieder sausten. Noch beeindruckender war in dieser Beziehung das Wasserrad von Marly. Wenn auch Bacon von der Newcomen-Maschine entzückt gewesen wäre, so war sie doch für die meisten Menschen nur eine weitere

---

[1] Obwohl die Newcomen-Maschine oft als atmosphärische Maschine bezeichnet wurde, war sie im Grund eine Dampfmaschine. Die Leistung wurde dem Dampfdruck entnommen, während die Atmosphäre lediglich die Rolle einer Feder spielte, die vom Dampf zusammengedrückt wurde und sich dann entspannte. Die Energiequelle war letztlich die Wärmeenergie des Brennmaterials.

Pumpmaschine und speziell ein Fortschritt im Bergbau. Die Verbreitung der Newcomen-Maschine in Kontinentaleuropa wurde dadurch begrenzt, daß es nicht so viele Kohlenreviere gab. In der Schemnitzregion mußten die Maschinen durch Wasserkraft ergänzt werden. Dementsprechend erfand und baute der leitende Ingenieur J.K. Hoell oder Hell, der auch eine der Newcomen-Maschinen in Schemnitz gebaut hatte, eine besondere hydraulische Maschine, die sogenannte Wassersäulenmaschine. Sie war offensichtlich – und das wurde damals auch schon anerkannt – von der Newcomen-Maschine inspiriert, man könnte sie deren hydraulische Variante nennen. Anstelle des Atmosphärendrucks wirkte Wasserdruck auf den Kolben. Das Wasser wurde über eine Röhre von einer hinreichend hochgelegenen Quelle oder einem Reservoir dem Kolben von oben zugeführt, wobei der Zylinder oben geschlossen war, so daß die Kolbenstange durch eine Stopfbüchse verlief. Im übrigen glich die Maschine sehr der Newcomen-Maschine, besaß einen Arbeitsbalken mit gebogenen Enden, einer Pflockstange und einem Ventilmechanismus. Der große Vorzug im Vergleich zu einem Wasserrad war, daß dieses eine Wassersäule größer als sein Durchmesser nicht verwerten konnte, während die Wassersäulenmaschine nur durch den Druck, den ihre Röhren, Zylinder und Ventile aushalten konnten, begrenzt war. Außerdem, wurde sehr wenig Wasser vergeudet, und theoretisch war ein Wirkungsgrad von 1 (bzw. 100%) erreichbar. Das bedeutet, daß die gesamte Energie des fallenden Wassers in verwertbare Arbeit umgewandelt werden konnte. Spätere Ausführungen der Maschine erhielten eine Verfeinerung, die eine Verwandtschaft zu Watts Expansions-Dampfmaschine herstellte.

Hoells erste von insgesamt neun Wassersäulenmaschinen wurde 1749 fertiggestellt. Die Académie Royale des Sciences berichtete zwar von zwei solcher Maschinen vor 1749, doch waren dies nur Maschinen im Labormaßstab, und es gibt keine Hinweise darauf, daß sie tatsächlich funktioniert haben oder daß Hoell irgendetwas von ihnen wußte. Man kann als sicher annehmen, daß er seine Erfindung unabhängig davon, gestützt lediglich auf seine profunde Kenntnis der Newcomen-Maschine, gemacht hat.

Die Wassersäulenmaschine war aber nicht seine einzige bemerkenswerte Erfindung. So wurde über die vier von ihm gebauten Luftmaschinen (auch „Heronische Maschine" genannt) wegen deren Genialität und Einfachheit überall bewundernd berichtet. Das Wasser wurde von einem hochgelegenen Brunnen oder Reservoir durch eine Röhre zu einem starken Druckluftgefäß über dem Bergwerksschacht geleitet. Nachdem das Wasser die Luft in dem Gefäß hinreichend komprimiert hatte, wurde der Zufluß gestoppt und die komprimierte Luft in eine Röhre entlassen, die hinunter zum Schachtgrund in einen weiteren Behälter führte. Dort drückte die Luft das angesammelte Schachtwasser durch eine dritte Röhre nach oben. Vermutlich ist dies das erste Beispiel für eine erfolgreiche industrielle Anwendung der Druckluft.

Mit der Heronischen Maschine war ein merkwürdiges Phänomen verbunden, das die damalige Wissenschaft sehr verwirrte. Man stellte fest, daß die Luft am Ende ihres Arbeitszyklus, nachdem sie das Wasser nach oben gedrückt und sich dabei zwangsläufig ausgedehnt hatte, extrem kalt aus der Maschine kam – so kalt, daß sie selbst an den heißesten Augusttagen von Schneeflocken begleitet war. Eine halbherzig vorgebrachte Theorie versuchte dazu die völlig falsche Erklärung, daß die Wässer in den Schemnitzminen so salzhaltig seien, daß sie eine Gefriermischung darstellten.

Die Luftmaschine konnte einfach und billig gebaut werden. Ihr Nachteil im Vergleich zur Newcomen- oder zur Wassersäulenmaschine war, daß sie nicht selbsttätig funktionierte, sie mußte von zwei Mann ununterbrochen bedient werden. Außerdem war sie langsam, und die Fördertiefe war durch die Wucht des antreibenden Wasser und die Druckfestigkeit der Röhren begrenzt. Der große Vorteil der Wassersäulenmaschine war, daß ihre Betriebskosten in Schemnitz nur halb so hoch waren wie die der Newcomen-Maschine. Ihr Einsatz lohnte sich überall dort, wo der Brennstoff teuer, Wasserkraft aber reichlich vorhanden war. C.T. Delius hat sie in seinem Lehrbuch „Anleitung zu der Bergbaukunst" (1773) ausführlich beschrieben und dargestellt. Gabriel Jars übersetzte dieses Buch nicht nur ins Französische, sondern lieferte in seinem berühmten Buch „Voyages metallurgiques" (1780) selbst eine begeisterte Beschreibung. So wurde sie überall in Europa bekannt, und in der zweiten Hälfte des 18. Jahrhunderts wurden vor allem in Deutschland und Frankreich viele solcher Maschinen gebaut. In England gab es sie nicht so häufig, weil dort die Kohle fast überall billig war und die Newcomen- und später die Watt-Maschine vorherrschten.

Wie bereits vermerkt, hatten französische Ingenieure schon früher im 18. Jahrhundert hydraulische Maschinen auf der Grundlage derselben Prinzipien ersonnen. Im zweiten Band von Belidors „Architecture hydraulique" (1739) findet sich die kurze Beschreibung einer Maschine mit zwei Kolben, von denen einer durch Wasserdruck angetrieben wird, um Wasser „über seine Höhe" anzuheben. Weiterhin erwähnt er eine komplizierte Maschine, die von Denisard und de la Dueille erfunden wurde. 1741 veröffentlichte de Gensanne die Beschreibung einer kleinen, von ihm konstruierten Maschine, die der Newcomen-Maschine verblüffend ähnlich war. De Gensanne war seit 1738 Angestellter einer Bleimine bei Rennes in der Bretagne. Unglücklicherweise wurde seine Maschine später durch einen Unfall zerstört, doch hatten sich da die Beisitzer der Académie Royale des Sciences schon lobend über sie geäußert. Der interessanteste Teil von de Gensannes Darstellung ist seine Berechnung des Wirkungsgrads, welche die Maschine erreichte, wenn Wasser aus fünf Meter Höhe herabstürzte und zuerst ein unterschlächtiges Rad und damit seine Maschine antrieb. Er bewies, daß seine Maschine weitaus wirkungsvoller arbeitete als ein Wasserrad, dessen Wirkungsgrad er mit Hilfe von Parents 4/27-Regel berechnete.

Der Bericht mit der Darstellung und Abbildung von de Gensannes Maschine wurde erst 1757 veröffentlicht. Sie war auf jeden Fall, ebenso wie die von Belidor beschriebene Maschine, kaum mehr als ein Experimentiermodell. Die Ehre der unabhängigen Erfindung der Wassersäulenmaschine und vor allem deren praktischer Umsetzung unter den harten Arbeitsbedingungen der Bergwerke gebührt Hoell, wie französische Ingenieure auch großzügig zugaben. Allerdings stellte de Gensannes Idee eine Stufe in der öffentlichen Widerlegung von Parents Argumenten dar. Dieser Prozeß wurde einige Jahre später weitergeführt, als Chevalier de Parcieux beauftragt wurde, die Wasserversorgung für Madame la Marquise de Pompadours Schloß herzustellen. Das Problem dabei war, daß der Versorgungsbehälter des Schlosses mehr als 50 m über dem kleinen Fluß lag, aus dem er gespeist werden sollte. Bei Niedrigwasser hätte nach der 4/27-Regel der Fluß nicht genügend Wasser geführt, um die Pumpleistung zu erbringen. De Parcieux überlegte, daß fallendes Wasser mit Hilfe der Gewichtskraft im Prinzip mehr als nur 4/27 seines eigenen Gewichts sollte heben können. Zum Beispiel sollte das Wasser in den Eimern eines oberschlächtigen Wasserrades ein Gewicht heben können, das nicht wesentlich unter dem Gewicht des Wassers in den

Eimern liegt, denn eine solche Anordnung ist völlig analog zu einem Gewicht, das mittels eines Seiles über eine Rolle zu einem anderen, etwas geringeren Gewicht geführt wird. Niemand kann daran zweifeln, daß das größere Gewicht das kleinere heben wird. De Parcieux bemerkte, daß ein System aus einem oberschlächtigen Wasserrad, das ein identisches Rad in umgekehrter Richtung als Schöpfrad betreibt, das gesamte antreibende Wasser zur Quelle zurückbefördern könnte, wenn es reibungsfrei und auch sonst perfekt wäre. Damit hatte er den Gedanken der Reversibilität, der Wiederherstellbarkeit der ursprünglichen Situation, als Grenzbedingung ausdrücklich anerkannt. In Parents Arbeit war er nur implizit enthalten gewesen. Wir können also annehmen, daß de Parcieux die Wasserversorgung zu Madame la Marquises Schloß zu deren vollen Zufriedenheit hatte herstellen können.

Chevalier de Borda veröffentlichte schließlich im Jahr 1767 die korrekte allgemeine Theorie des unterschlächtigen Wasserrades, in der er zeigte, daß die maximal erzielbare Wirkung die Hälfte der vom Strom gelieferten Leistung beträgt. Er hob hervor, daß die Verschwendung der *vis viva* aufgrund der turbulenten Wasserbewegung beim Aufschlag auf die Schaufeln dadurch minimiert werden kann, daß man den Schaufeln eine passende Krümmung nach oben gibt. Er behauptete, daß auf diese Weise der Wirkungsgrad eines unterschlächtigen Wasserrades fast 100% erreichen könne, außerdem könne ein solches Rad mit hoher Geschwindigkeit laufen. De Borda hatte damit die Grundlagen für eine Theorie der Turbine geschaffen.

Die Umstände und Methoden bei der Analyse der Leistung von Wasserrädern unterschieden sich in England und Frankreich in sehr aufschlußreicher Weise voneinander. In Frankreich wählte man ein theoretisches, mathematisches Verfahren, in England ging man praktisch vor. Für den englischen Weg stehen exemplarisch die Arbeiten John Smeatons (1724–92), der das zivile Bauingenieurwesen in England begründet hat. Als Sohn einer Mittelstandsfamilie hatte er ursprünglich die Absicht, Rechtsanwalt zu werden. Seine natürlichen Anlagen setzten sich jedoch durch, und er lernte den Meßinstrumentenbau. Dieses fast wissenschaftliche Handwerk war in einer Zeit, als der wachsende Überseehandel immer bessere Navigationsinstrumente erforderte, von besonderer Bedeutung. Allerdings begründete Smeaton seinen Ruhm als *Bau*ingenieur, ein ziviler Beruf in deutlichem Unterschied zu dem längst etablierten Militäringenieur. Seine Bauwerke, von denen viele heute noch stehen, reichen von Brücken in Nordschottland bis zu dem ansprechenden Leuchtturm, den er auf den schwierigen und gefährlichen Eddystone-Felsen, 20 km vor der Küste Cornwalls, errichtete. Der Leuchtturm stand dort von 1755 bis 1879, dann wurde er ab- und in Plymouth Hoe neu aufgebaut, wo er bis heute steht. Ohne erfolgreiche Vorgängermodelle und ohne die Führung durch eine angemessene Theorie mußte sich Smeaton allein auf seine Intuition als Ingenieur verlassen. Er wählte einen Baumstamm als Modell – unten breit und nach oben sich verjüngend – für einen starken Turm, der den Kräften der atlantischen Stürme und Fluten standhalten kann. Später wurden alle vor der Küste gelegenen Leuchttürme nach diesem Modell gebaut. Smeatons weitgespannte praktische Erfahrung überzeugte ihn, daß Parents 4/27-Regel falsch war. Er sagte, daß er Wasserräder kenne, die mehr als 4/27 oder 14,8% Wirkungsgrad hatten. Er suchte eine experimentelle Lösung in Form einer direkten Messung des Wirkungsgrads von Wasserrädern. Zu diesem Zweck baute er ein kleines Rad mit etwa einem Meter Durchmesser, das durch einen dabeistehenden Tank mit Wasser versorgt wurde. Das Wasser wurde in den Tank zurückgepumpt, nachdem es unter dem

Rad durchgeflossen war, wobei der Wasserstand im Tank so konstant wie möglich gehalten wurde. Der Wasserfluß wurde Schritt für Schritt erhöht, und bei jedem Schritt wurde die Belastung der Maschine systematisch variiert und die geleistete Arbeit aufgeschrieben. Unter Berücksichtigung von Reibungsverlusten schloß Smeaton schließlich, daß der maximale Wirkungsgrad eines unterschlächtigen Wasserrades, dessen Funktionsweise auf Stoß beruht, rund 1/3 beträgt. Er zog daraus den Schluß, daß idealerweise der maximale Wirkungsgrad 1/2 beträgt und dann erreicht wird, wenn sich das Rad mit der halben Strömungsgeschwindigkeit des Wassers dreht. Danach untersuchte er die Leistung eines oberschlächtigen Wasserrades, bei dem das Wasser von oben auftreffend Eimer füllt und durch sein Gewicht, statt durch Stoß wirkt. Eine Wiederholung derselben Reihe von Experimenten wies auf einen maximalen Wirkungsgrad von 2/3 hin. Diesmal schloß er, daß ein oberschlächtiges Rad bei extrem langsamer Umdrehung einen Wirkungsgrad von 1 erreichen könne. Die Unterlegenheit des unterschlächtigen Rades schrieb Smeaton der Leistung zu, die dadurch verloren geht, daß erstens das Wasser mit halber Anfangsgeschwindigkeit weiterfließt und zweitens beim Aufschlag „seine Gestalt verliert", indem Turbulenz erzeugt wird. Er fragte sich nicht, ob die in der Turbulenz verlorene Leistung wiedergewonnen werden könne.

Smeaton bewies in diesen Experimenten eine Kompetenz und Fähigkeit, die durch die Royal Society (zu deren Mitglied er gewählt worden war) mit ihrer höchsten Auszeichnung, der Copley-Medaille, anerkannt wurde. Die Experimente wurden samt denen, die er mit Windmühlen durchgeführt hatte, 1759 in den *Philosophical Transactions* der Royal Society veröffentlicht. Seit dieser Zeit wurde das oberschlächtige Wasserrad als doppelt so effizient wie das unterschlächtige bewertet. Darüber hinaus empfahl Smeaton ein „Brustrad" als besten Kompromiß für den Fall, daß der Fluß ziemlich seicht und ohne ausreichendes Gefälle ist, so daß ein oberschlächtiges Rad nur mit großen Kosten installiert werden könnte. Bei diesem Rad muß zuerst ein Wehr gebaut werden, das den Fluß bis auf die Höhe der Radachse aufstaut. Das Rad sollte dann in die konkave Überlaufströmung des Wehres eintauchen, wo das Wasser sowohl durch seine Wucht als auch durch sein Gewicht wirkt.

Das praktische Ergebnis von Smeatons Forschungen war, daß die nutzbaren Energiequellen des Landes sehr stark erweitert wurden. Das altehrwürdige Wasserrad, das auf vielen gefühlvollen und nostalgischen Bildern dargestellt wird und von dem einige Exemplare liebevoll erhalten werden, lieferte genug Leistung, um für den lokalen Bedarf kleiner Gemeinden Korn zu mahlen, Holz zu sägen und Eisen zu hämmern. Vor Smeaton war das industrielle Wasserrad weitgehend auf den Bergbau beschränkt, aber durch ihn wurde dessen Wirkungsgrad soweit gesteigert, daß es genug Leistung für den Betrieb einer kleinen Fabrik abgeben konnte. Dies fiel günstigerweise in eine Zeit, als eine unmittelbar bevorstehende, größere technologische Innovation für ihre ungehemmte Entwicklung alle verfügbare Leistung – und noch mehr – verlangte. Smeaton wandte später seine Aufmerksamkeit der Verbesserung der Newcomen-Maschine zu. Er konstruierte eine kleine, nur vier Meter hohe Maschine, veränderte systematisch jede ihrer Komponenten und notierte die Auswirkungen auf die Leistung der Maschine. Aus den gesammelten Daten konnte er die optimale Auslegung einer Newcomen-Maschine angeben und, wie berichtet wird, den Wirkungsgrad der Maschine auf diese Weise verdoppeln. Dabei maß er den Wirkungsgrad daran, wieviel Wasser sie einen Fuß hochbefördern konnte, wenn ein Bündel Kohle verbrannt wurde. Dieses Verhältnis nannte er, in Übernahme des von Parent und anderen für die verrichtete Arbeit gebrauchten Ausdrucks, Wirkung. Smeaton baute auch sehr große Maschinen mit Zylindern bis zu 2 m Durchmesser, wie die bei Chasewater in Cornwall. Sie entwickelte, nach modernen Maßstäben, eine Leistung von 76 PS. Eine der von ihm eingeführten Verbesserungen bestand darin, daß er die einfachen Ketten, welche für die Verbindung zwischen dem Balken und dem Kolben sowie der Pumpenstange verwendet wurden, durch solche ersetzte, wie sie für die Schnecke von Uhren verwendet wurden. Diese Art von Ketten bestand aus flachen Eisenplatten, die durch runde Bolzen verbunden waren. Heute werden sie allgemein für Fahrräder verwendet. Der Vorteil, den der Gebrauch solcher Ketten in Newcomen-Maschinen bringt, ist offenkundig.

Die Textilindustrie

Als John Kay im Jahr 1733 sein fliegendes Webschiffchen erfand, löste er eine Revolution in der Textilherstellung aus, die wiederum der beginnenden industriellen Revolution Schwung verlieh. Vorher mußte der Weber die Spule mit dem Schußfaden per Hand durch den Webstuhl führen. Dies war nicht nur sehr langsam, sondern begrenzte auch die webbare Breite des Stoffes. Bei Kays Erfindung befand sich die Spule im Inneren eines Schiffchens, das sich an beiden Enden verjüngte und mit kleinen Rädern versehen war (siehe Bild 6.1). Durch Ziehen an einer Schnur konnte der Weber, ohne vom Webstuhl aufzustehen, das Schiffchen mit großer Geschwindigkeit aus seinem Behälter auf der einen Seite herausziehen und zum gegenüberliegenden Behälter führen. Durch einen zweiten Ruck an der Schnur ließ sich das Schiffchen wieder zurückführen. Das beschleunigte nicht nur den Webvorgang, sondern ermöglichte auch größere Stoffbreiten. In der Folge der dadurch stark erhöhten Produktivität der Weber entstand ein Druck auf die Spinner, ihrerseits die Fadenproduktion zu beschleunigen.

1738 ließen Lewis Paul, der Sohn eines Exilfranzosen, und John Wyatt eine Spinnmaschine patentieren. Sie war nach dem Vorbild der Seidenspinnmaschine konstruiert, die Lombe von Italien mitgebracht hatte. Die Wolle wurde als Vorgarn in Form bleistiftdicker, unverdrillter paralleler Fäden zwischen einem Rollenpaar durchgeführt und dann mittels eines vom Sächsischen Rad übernommenen Fliegers verdrillt und auf die Spule einer Spindel gewickelt. Paul und Wyatt errichteten 1741 in Birmingham eine Spinnmaschine, die von

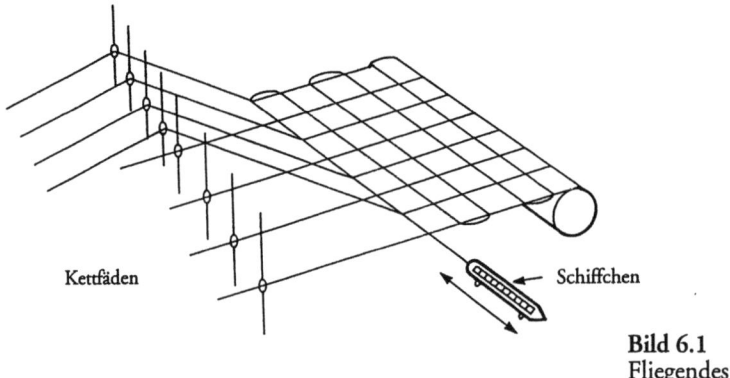

Bild 6.1
Fliegendes Schiffchen

zwei Eseln angetrieben wurde. Später wurden noch drei weitere gebaut, aber keine von ihnen war erfolgreich. Man sagt, daß Freizeitvergnügungen zu Arbeitsschwierigkeiten führten. Die Menschen hatten damals noch nicht die Gewohnheit disziplinierter Arbeit eingehämmert bekommen; außerdem gab es schwerwiegende Probleme mit der Maschinerie, die für die damalige Zeit reichlich komplex war. 1748 erwirkte Paul ein Patent auf eine Kardiermaschine, welche die Wollfäden mechanisch kämmte, doch war auch diese nicht besonders erfolgreich.

Während der Erfolg Paul und Wyatt versagt blieb, war er Richard Arkwright (1732–92) überreich beschieden. Mehr als irgendein anderer brachte er die industrielle Revolution zuwege, die einer neuen industriellen Welt den Weg bahnte. Er war der Sohn einer Arbeiterfamilie aus Preston, Lancashire, lernte bei einem Barbier und Perückenmacher und ließ sich zunächst in diesem Handwerk selbständig nieder. Seine Arbeit muß ihm nützliche Einsichten in die Eigenschaften von Naturfasern gegeben haben. Zusammen mit seiner natürlichen Begabung für praktische Mechanik müssen ihn diese Erfahrungen veranlaßt haben, sich mit den Problemen einer wachsenden Textilindustrie zu befassen, die immer noch auf Methoden, die im späten Mittelalter entwickelt worden waren, beruhte. Der Weg zu Arkwrights wichtigster Entdeckung ist unklar, weil rivalisierende Ansprüche ihn verdunkeln und Dokumente fehlen, doch das Prinzip selbst ist einfach und leicht zu verstehen (siehe Bild 6.2).

Anstelle von Pauls einzigem Rollenpaar benutzte Arkwright erst vier, später drei Paare. Das erste, in welches das Vorgarn eingeführt wurde, drehte sich relativ langsam, das nächste etwas schneller und das letzte am schnellsten. Im Ergebnis wurde das Vorgarn ausgezogen und verdünnt, ehe es den Flieger erreichte, verdrillt und schließlich um die Spule gewickelt wurde. Arkwright bewies seine völlige Beherrschung dieses Vorgangs darin, daß er die Abstände der Rollen gleich der mittleren Faserlänge wählte. Enger stehende Rollen würden eventuell Fasern zerreißen, weiter stehende könnten nur einen Faden minderer Qualität liefern. Außerdem erkannte er, daß es auf den Druck zwischen den Rollen ankam; deshalb

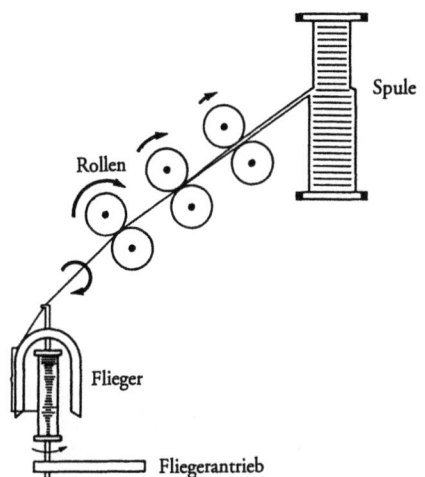

Bild 6.2
Arkwrights Erfindung

Bild 6.3 Der Wasserwebrahmen von Arkwright. (Manchester Museeum of Science and Industry; Aufnahme von Jean Horsfall.)

wählte er deren Gewicht so, daß eben der richtige Druck auf das durchlaufende Vorgarn herauskam.

Dieser berühmte, von Arkwright 1769 patentierte „Wasserwebrahmen" ist in Bild 6.3 gezeigt. Zusammen mit seinen Partnern John Smalley, David Thornley und später Samuel Need sowie Jedediah Strutt entschloß sich Arkwright 1771, in Nottingham eine mit Pferdekraft betriebene Spinnerei zu errichten. Noch ehe diese Fabrik die Arbeit aufgenommen hatte, begannen sie in Cromford (Derbyshire) mit dem Bau einer wasserbetriebenen Fabrik. Weshalb sie Cromford wählten, ist nicht klar. Es lag nicht an einer guten Straße, es gab keinen Kanal, und der Fluß Derwent war an dieser Stelle auch nicht schiffbar. Andererseits gab es Wasserkraft im Überfluß, und die Familien der Arbeiter in den nahegelegenen Bleiminen boten vielfältige und anpassungswillige Arbeitskräfte. Die Fabrik in Cromford nahm 1772 ihre Arbeit auf; mit ihrem Antrieb durch ein oberschlächtiges Wasserrad bot sie die Vorahnung einer modernen Fabrik.

Um optimale Ergebnisse zu erzielen, erforderte der Wasserwebrahmen gut geformtes Vorgarn. Es war also notwendig, als nächsten Schritt die Fadenherstellung zu verbessern. 1775 ließ Arkwright seine Kardiermaschine patentieren, die als rotierender Kamm, der auf einer Rolle zahlreiche kurze Metallzähne trug, konstruiert war. Wenn sich die Rolle drehte, wurden die zugeführten Baumwollfäden ausgekämmt und ergaben einen gleichmäßigen Streifen, dessen einzelne Fäden genau parallel zueinander waren. In der Patentbeschreibung gab Arkwright mehrere Wege an, diesen Streifen zu Vorgarn zu verarbeiten; einer davon lief auf den heimlichen Versuch hinaus – zumindest wurde es so gesehen – die Laufzeit seines Patents von 1769 zu verlängern. Eifersüchtige Konkurrenten griffen später das Patent an, das im Jahr 1785 dann tatsächlich widerrufen wurde. Das ist nicht völlig überraschend. Arkwright war in erster Linie ein vorwärtsdrängender Geschäftsmann, ein Magnat, der nebenbei auch noch einfallsreiche Erfindungen machte. Wie kein anderer vor ihm verstand er das Wesen und die Möglichkeiten der Textilfertigung; er sah mit vollkommener Klarheit, wie er die neuen mechanischen Erfindungen brauchbar machen konnte für etwas, was in fast jeder Hinsicht eine neue Industrieform war. Der viel Fingerfertigkeit erfordernde Vorgang des Handspinnens wurde aufgeteilt in eine Reihe getrennter Stadien, deren jedes mechanisiert werden konnte, so daß keine Fingerfertigkeit mehr nötig war und eine enorme Produktionssteigerung möglich wurde. Diese neue Industrie wurde durch die Baumwollfabrik symbolisch dargestellt. Die erste dieser Fabriken in Cromford war noch sehr groß und erreichte eine Höhe von fünf Stockwerken. Sie wurde zum universellen Prototyp. Sie hatte, mit den Worten Fittons, des verstorbenen Biografen Arkwrights, „in der englischen Architekturgeschichte kein Gegenstück und wurde für den Rest des 18. und für das ganze 19. Jahrhundert zum Konstruktionsmuster jeder industriellen Architektur".

Arkwrights Textilimperium breitete sich über ganz England und Schottland aus. Sein Gründer wurde zum reichsten Mann Großbritanniens und möglicherweise Europas oder sogar der Welt. Er zeigte, daß der Weg zu industriellem Wachstum über die Herstellung billiger Gewebe für die große Masse ging, nicht über die Produktion teurer Seidenstoffe für die wenigen Reichen. Sir Richard Arkwright (wie er sich schließlich nennen durfte) war kein Mann der Wissenschaft, er hat sich nie um eine Mitgliedschaft in der Royal Society bemüht, obwohl er es sich leicht hätte leisten können, sich in diese hehre Gesellschaft einzukaufen. Seine Erfindungen, wie überhaupt die der frühen Textilindustrie, beinhalteten keine Prinzipien oder Materialien, die Archimedes erstaunt hätten. Die Wissenschaft spielte bei ihrer Beschreibung keine Rolle. Sie spielte auch in James Hargreaves' konkurrierender und ungefähr gleichzeitiger Erfindung der Feinspinnmaschine keine Rolle. Die Feinspinnmaschine war ein einfaches Gerät, das im wesentlichen aus einem seitlich angebrachten Spinnrad bestand, das nicht nur eine, sondern eine ganze Reihe von Spindeln besaß.

Die von Kay, Paul, Arkwright, Hargreaves und anderen herbeigeführte Textilrevolution ließ das in der Massenproduktion steckende Potential erkennen. Sie schuf durch die hohe Produktivität enormen Reichtum und regte zusätzlich Erneuerungen und Erfindungen in einer ganzen Reihe von anderen Industrien an. Sie schuf sogar neue Industrien und Technologien. Nur die umfassende Bergbauindustrie bewirkte ebenso viel. Rasch folgten andere auf dem von Arkwright und seinen Partnern gewiesenen Weg, und die schnelle Ausdehnung der Industrie übte einen Innovationsdruck aus auf die Konstruktion, den Maschinenbau, den Transport, die Erzeugung und Übertragung von Energie sowie auf das Bleichen, Beizen,

Färben und Drucken. Schwachstellen, die in der Zeit der Handspinnerei und -weberei kaum spürbar waren, erwiesen sich bei der Ausdehnung der umgewandelten Industrie als unerträglich einengend. Die erste Generation der Woll- und Baumwollfabriken nach Cromford wurden durch oberschlächtige Wasserräder oder Brusträder auf der Grundlage von Smeatons Prinzipien angetrieben. Diese frühen Textilmeister mußten das letzte bißchen Wirkungsgrad aus dem letzten Wassertropfen auf dem letzten Zentimetern von dessen Fall herauspressen. Die Geschichte der neuen Textilindustrie bestätigt (wie wir bereits im Fall der Newcomen-Maschine festgestellt haben), daß im England des 18. Jahrhunderts praktische Fertigkeiten und unternehmerischer Geist weit verbreitet waren. Zudem gab es, wie Arkwrights Biograf anmerkt, nur wenig institutionelle oder formelle Hindernisse für einen Arbeiter, wenn er sein Glück machen und bis zur Spitze der sozialen Pyramide aufsteigen wollte – vorausgesetzt, er hatte die Fähigkeit, die Entschlossenheit sowie eine Mischung aus Glück und guter Gesundheit. Baumwolle, sagte man, ist der König.

Baumwollgewebe haben, wenn sie den Webstuhl verlassen, eine wenig beeindruckende gräuliche Farbe. Bevor sie verkauft werden können, müssen sie gereinigt, gebleicht, gebeizt und gefärbt oder bedruckt werden. Die alte Methode des Bleichens hatte darin bestanden, den Stoff für ein halbes Jahr auf freiem Feld der Sonne, dem Wind und dem Regen auszusetzen. Dies war nicht nur uneffizient, sondern auch riskant. Der Diebstahl von Bleichfeldern war offenbar so verbreitet, daß im 18. Jahrhundert in England die Todesstrafe darauf ausgesetzt wurde. Ein etwas schnellerer, aber immer noch teurer Prozeß bestand in der Verwendung von saurer Milch, bei der die Milchsäure als Bleichmittel wirkte. Am Ende des Textilerzeugungsprozesses standen also immer noch archaische Verfahren und Techniken, welche die Wirksamkeit der neuesten Technologien behinderten. Die Lösung dieses Problems erforderte die Entstehung einer neuen Industrie: Der chemischen Industrie.

Anfangs wurde einfach die Milchsäure durch Schwefelsäure ersetzt. Schwefelsäure wurde in relativ kleinen Mengen für spezielle Zwecke wie zum Reinigen und Trennen von Metallen, für die Herstellung von Arzneimitteln und in unterschiedlichen kleinen Gewerben verwendet. Die Säure wurde hergestellt, indem eine Mischung aus Schwefel und Kaliumnitrat in einem großen glockenförmigen Glas (*per campanum*) über Wasser verbrannt wurde. Das Verfahren war über Frankreich und Holland nach England gekommen. Die Herstellung in größerem Stil begann, als Joshua Ward, ein Hausierer von Quacksalberarzneien, und John White 1736 ihre Arbeiten in Twickenham bei London aufnahmen. Die Massenherstellung ermöglichte eine wesentliche Preissenkung, so daß die Säure für eine weitgefächerte industrielle Anwendung ebenso verfügbar wurde wie für die Herstellung kleiner Mengen an pharmazeutischen Mitteln. 1746 gelang John Roebuck und Samuel Garbett ein zweiter großer Fortschritt in der Herstellung von Schwefelsäure. Sie stützten sich auf die Beobachtung J.R. Glaubers, daß Schwefelsäure Blei nicht angreift. Sie bauten einen großen würfelförmigen Holzrahmen und kleideten ihn innen mit Blei aus. Den Boden der Bleikammer füllten sie mit Wasser, darüber verbrannten sie die Schwefel-Kaliumnitrat-Mischung. Es war allerdings immer noch ein langsamer Prozeß, denn es mußten wiederholte Ladungen der Mischung verbrannt werden, ehe unten eine relativ konzentrierte Säure entstand. Eine Produktion in wesentlich größerem Maßstab war so nicht möglich. Dennoch führten diese Verbesserungen zu einem solchen Preisrückgang, daß Francis Home, Professor der *Materia Medica* an der Universität Edinburgh, den Einsatz von Schwefelsäure als Bleichmittel anstelle von Milchsäure empfehlen konnte. Homes Buch *Die Kunst des Bleichens* (1756) soll die erste wissenschaftliche Untersuchung des Bleichens sein. Es ist aber noch mehr als das: Es ist eines der ersten Anzeichen dafür, daß Schotten zur Front der technologischen Entwicklung aufholen.

Die Eisenindustrie

In der Zeit, als Arkwright eifrig beschäftigt war, sein Textilimperium aufzubauen, veränderte sich auch die Eisenindustrie qualitativ und quantitativ. Nach dem – wie Hyde berichtet – raschen Anstieg der Holzkohlepreise wurde es wirtschaftlich, Koks zum Eisenschmelzen zu verwenden. Nach 1750 wurden zunehmend koksbefeuerte Hochöfen gebaut, während Holzkohlehochöfen außer Gebrauch kamen. Der aufsehenerregendste Einzelfall war die Eröffnung der großen Carron-Eisenwerke in Schottland im Jahr 1760. Zwei der drei hauptsächlichen Eigner waren bezeichnenderweise John Roebuck und Samuel Garbett. Die Hochöfen wurden natürlich mit Koks befeuert. Außerdem kamen von Coalbrookdale sowohl Ausrüstungsgegenstände als auch Arbeitskräfte, nicht nur, um die Fabrik am Laufen zu halten, sondern auch, um den Schotten die neue Eisentechnologie beizubringen. Es dauerte nicht lange, und die Carron-Eisenwerke waren die bei weitem größte Einzelfabrik ihrer Art in Großbritannien. Sie wurde berühmt für ihren Kanonenguß, insbesondere die Schiffskanone mit dem Namen „Carronade". Der ideenreiche Smeaton riet, zum Einblasen der Luft in die Hochöfen eine Luftpumpe in Form eines großen Eisenzylinders mit einem Kolben anstelle der altmodischen Lederblasbälge zu verwenden. Die Pumpe wurde von einem großen Wasserrad angetrieben, dessen Wasser mit Hilfe einer Newcomen-Maschine im Kreislauf floß. Die Energieversorgung war dadurch weitgehend unabhängig von der Wasserführung eines Flusses. Das bedeutete, daß die Eisenwerke den heißesten Sommer hindurch arbeiten und praktisch überall hin gebaut werden konnten, wo Kohle und Eisen verfügbar waren. Zudem waren durch die kräftige Smeatonpumpe die Hochofentemperaturen höher und das geschmolzene Eisen flüssiger.

Daß Gußeisen zunehmend preiswerter wurde, zeigte sich unter anderem daran, daß Richard Reynolds von Ketley 1763 eiserne Schienen mit L-förmigem Profil für die Kleinbahnen einsetzte, welche die Kohlegruben mit Flüssen, Kanälen und Häfen verbanden. Solche Kleinbahnen verbreiteten sich besonders im Nordosten Englands. Die L-förmigen Schienen wurden auf massiven flachen Steinen mit senkrechten Randplatten auf der Innenseite verlegt. Bei dieser Anordnung liefen die Räder der Kohlewaggons auf den flachen Platten. Die gußeisernen Schienen besaßen nicht nur eine längere Lebensdauer als die hölzernen, sondern konnten auch viel schwerere Lasten tragen. Doch mußten, ehe die vollen Möglichkeiten des Schienentransports erkennbar wurden, noch einige verwandte Entwicklungen stattfinden. Deren erste war die Einrichtung eines nationalen Kanalsystems.

Die Anfänge des englischen Kanalnetzes gehen in die Jahre 1761–64 zurück, als der Duke-of-Bridgewaters-Kanal erbaut wurde. Er verband die Kohlebergwerke des 12 km westlich von Manchester gelegenen Worsley mit Castlefield am Südwestrand der Stadt. Noch bevor der Kanal fertiggestellt war, war mit der Konstruktion eines nationalen Netzes begonnen worden. Bereits im letzten Jahrzehnt des 18. Jahrhunderts waren die wachsenden

Industriegebiete des Nordwestens, des Nordostens und Mittelenglands untereinander und mit London durch Kanäle verkoppelt, während London seinerseits mit dem Bristol Channel verbunden war. Der Kanaltransport war natürlich langsam, aber dafür extrem billig. Er war zuverlässig und ermöglichte den Transport schwerer Lasten, die auf der Schiene oder Straße nicht befördert werden konnten. Als reine Ingenieurleistung waren die englischen Kanäle sicherlich weniger beeindruckend als die französischen, die der Herzog von Bridgewater so bewundert hatte, als er seine für einen jungen Adligen verpflichtende Tour durch Europa machte, und die ihn auf die Idee der Kanalisierung Englands gebracht hatten. Doch darf man das technologische Wissen und die handwerklichen Fähigkeiten, die für ihren Bau erforderlich waren, nicht unterschätzen. Die Streckenführung mußte genau vermessen und eine geeignete Wasserversorgung hergestellt werden, vor allem im Bereich des höchsten Punktes. Der Wasserstand im Kanal mußte konstant gehalten werden, und dazu war es nötig, die Sohle und die Seiten mit einer Lehmmischung wasserdicht zu verkleiden. Arbeitskräfte mußten herangezogen, ausgestattet, ausgebildet und bezahlt werden. Schließlich waren auch juristische und politische Fähigkeiten vonnöten, da Land- und Wasserrechte abgelöst oder entschädigt werden mußten. Nicht zufällig wurde die erste geologische Karte von William Smith, einem Kanalbauingenieur, erstellt.

John Roebucks Name ist nicht so geläufig wie die anderer britischer Unternehmer des 18. Jahrhunderts. Nichtsdestoweniger war er einer der interessantesten. In seiner Laufbahn mischen sich Coalbrookdale, das Bleikammerverfahren und die Carron-Eisenwerke. Er spielte auch in der frühen Karriere von James Watt eine bedeutende Rolle. Roebuck war in Leiden Medizinstudent gewesen und war also ein Schüler des großen holländischen Chemikers und Lehrers Hermann Boerhaave.

Die politischen, sozialen, philosophischen und wirtschaftlichen Wurzeln der industriellen Revolution reichen zweifellos weit hinter die Mitte des 18. Jahrhunderts zurück. Zu den frühesten materiellen Leistungen dieser Revolution gehören das Bleikammerverfahren, die Baumwollfabrik in Cromford, die Carron-Eisenwerke und Coalbrookdale mit seiner berühmten Eisenbrücke. Sie hängen alle miteinander zusammen und haben sich in wichtigen Dingen wechselseitig inspiriert. Dies läßt sich auch vom Werk Robert Bakewells (1725–95) sagen, der in Mittelengland Großbauer war. Was Tull, Townshend und andere für die Verbesserung des Bodens und der Ernten taten, tat Bakewell für das Vieh. Er verbesserte systematisch die Nachzucht von Schafen und anderen Haustieren und erreichte die Fleisch- und Fettqualität (Fett wurde damals von den Engländern sehr geschätzt), die er entwickeln wollte, während er die Eigenschaften, welche wenig oder keinen wirtschaftlichen Nutzen hatten (Knochenbau z.B.) zurückdrängte. Bakewell plante seine Züchtung sehr sorgfältig. Ein gutes Tier mit einem weniger guten zu kreuzen, betrachtete er als Verschlechterung des Bestands. Die guten Tiere durften nur mit gleich guten gekreuzt werden, so lange, bis die gewünschten Qualitäten erreicht waren. Bakewell wurde so berühmt, daß Landeigner und Bauern von ganz Europa und sogar aus Rußland und Amerika kamen, um von ihm zu lernen. Im Gegensatz zum Bergbau und der Textilindustrie hat aber der Ackerbau keine – mit einer Ausnahme – Erfindung oder Entdeckung in anderen Industriezweigen angestoßen. Er stellte für die Neuerungen anderer Industrien, vor allem der Eisenindustrie, einem großen Markt dar, er versorgte die wachsende Zahl von Industriearbeitern mit Nahrungsmitteln und setzte in dem Maß, wie er effizienter wurde, überzählige Landarbeiter frei für die neue und expandierende Textilindustrie. Man darf sagen, daß er ein passiver Verbraucher, aber keine Quelle von Neuerungen war. Die Ausnahme war der Beitrag Bakewells. Seine Erfolge in der Tierzucht – man könnte ihn fast einen Tieringenieur nennen – sollten viel später von tiefgreifendem Einfluß auf die Gedanken Charles Darwins und Gregor Mendels sein.

Das Verbesserungsstreben, das sich in so vielen unterschiedlichen Bereichen zeigte, erfuhr eine formelle und institutionelle Anerkennung, als 1754 die Gesellschaft zur Förderung der Künste, des Handels und der Industrieproduktion in London gegründet wurde. Diese hervorragende Körperschaft kann auf eine beeindruckende Liste von Beiträgen zur Technologie, Industrie, technischen Bildung und zum Handel verweisen. Ein ländliches und spezialisierteres Gegenstück fand sie in einer Vereinigung von Industriellen Mittelenglands, die „Lunar Society" genannt wurde. Professor Schofield schreibt darüber: „Mehr als irgendeine andere Einzelgruppe hat die Lunar Society von Birmingham die Kräfte des Wandels im England des ausgehenden 18. Jahrhunderts repräsentiert". Der Name der Gesellschaft leitete sich von der Gewohnheit ihrer Mitglieder her, Treffen zur Zeit des Vollmonds abzuhalten, wenn das Reisen auf den unbeleuchteten Wegen und Straßen einigermaßen problemlos und sicher war. Sie begann um 1765, mit Matthew Boulton als treibender Kraft. Zu den übrigen Mitgliedern zählten James Watt, Josiah Wedgwood der Töpfer, Joseph Priestley, Erasmus Darwin (der Großvater Charles Darwins) und Richard Lovell Edgeworth, einem Erfinder und Reformer, dem Vater der Romancière Maria Edgeworth. Die Interessen dieser Gesellschaft waren wissenschaftlich, technologisch und industriell; ihre Aktivitäten erstreckten sich von Warrington im Nordwesten über Derby im Nordosten bis nach Coventry im Osten. In Birmingham empfing und unterhielt man vornehme Besucher und erkundete diskret ihre Ansichten über Dinge, die für die Mitglieder der Gesellschaft in handelstechnischer, industrieller und wissenschaftlicher Hinsicht von Interesse waren. Die Gesellschaft besaß keine Geschäftsordnung, sie gab keine Zeitschrift heraus, und von ihren Sitzungen wurden keine Protokolle angefertigt. Obwohl es sich um eine völlig weltliche Gesellschaft handelte, war ihr Einfluß beträchtlich. Sie war dem Staat, der etablierten Staatskirche oder den Universitäten Englands in nichts verpflichtet. Als Matthew Boulton mit zunehmendem Alter an Aktivität nachließ und zudem in der Folge der Französischen Revolution die politische Reaktion einsetzte, ging es mit der Lunar Society zu Ende. Wenn sie es geschafft hätte, diese turbulenten Jahre zu überstehen, hätte sie sich vielleicht auf Dauer etablieren können und möglicherweise zu etwas der Société Industrielle de Mulhouse Vergleichbarem entwickelt. Demgegenüber hat die Gesellschaft zur Förderung der Künste, des Handels und der Industrieproduktion mit ihrer breiteren Mitgliederschaft und ohne offene Verbindungen zu politischen Bewegungen überlebt und ist heute noch sehr aktiv.

Eine Anmerkung zu Jacob Leupold

In seinen umfassenden Bänden *Theatrum machinarum generale* und *Theatrum machinarum hydraulicarum* (Leipzig 1724, 1725) hat Jacob Leupold sowohl die Erfindung als auch den Bau der Maschine von Königsfeld in Ungarn Isaac Potter zugeschrieben. In seiner Zeichnung der Maschine erscheinen die Dampf- und Kondensierventile miteinander gekoppelt, gesteuert werden sie über eine einfache Kette, die mit der Pflockstange verbunden ist (die Pflöcke sind natürlich nicht gezeigt). Eine solche Anordnung kann allerdings nicht funktionieren. Leupold erklärte aber, noch keine vernünftige Zeichnung der Maschine gesehen zu haben. Bemerkenswerterweise zeigt sein Bild das System von Gegengewichten am Pumpenende des Balkens, das sich in England und im Rest von Europa zur allgemeinen Praxis entwickeln sollte.

Leupold zeigte auch die Abbildung einer einfachen Zweizylindermaschine, die mit Dampfdruck betrieben wurde. Dies ist ein gutes Beispiel dafür, daß Lösungsprinzipien oft schon entdeckt wurden, lange ehe die technologischen Mittel zu einer effektiven Realisierung vorhanden waren.

7 Die Geburt der Fabrik

Mehrere unabhängige, objektive Kriterien belegen die Beschleunigung des Wandels und der Erneuerung während des 18. Jahrhunderts. Dazu gehören vor allem die zunehmende Komplexität der Textilfabriken, die steigende Produktion von Schwefelsäure sowie die Anzahl, die Leistung und die Vielfalt im Einsatz der Dampfmaschinen. Einer der besten Belege ist ferner die Veröffentlichung der großen *Encyclopédie . . . des sciences, des arts et des métiers* von Denis Diderot und dem Mathematiker Jean d'Alembert. Man sagt, daß die *Encyclopédie* von Ephraim Chambers zweibändigem Werk *Cyclopaedia* inspiriert war, es handelte sich jedoch um ein viel größeres Werk mit 28 Bänden, das zwischen 1751 und 1778 veröffentlicht wurde.

Die Herausgeber lassen keinen Zweifel daran, wer sie zu diesem Vorhaben angeregt hat und wen sie als Architekten der modernen Welt betrachten. D'Alembert schrieb über die Männer, welche die „Große Instauration" herbeigeführt haben: „An die Spitze dieser illustren Persönlichkeiten muß der unsterbliche Kanzler von England, Francis Bacon gestellt werden, dessen Werke so berechtigterweise hoch geschätzt werden – um so höher, je mehr man sie kennt . . .". Es ist bemerkenswert, daß Bacon dem Rang nach gefolgt wird von Descartes, Newton, Huygens, Kepler, Locke, Barrow und Galilei. Man kann also sagen, daß mit der *Encyclopédie* der Triumph der Baconschen Philosophie im westlichen Europa gefeiert wurde. In ihr wurden nicht nur die Wissenschaft, die Technologie und die Industrie gepriesen, sondern sie befürwortete stillschweigend die rationale Gesellschaft, also eine Gesellschaft, in der anstelle der Tradition, der Privilegien, des Glaubens und Aberglaubens und all der anderen bekannten Eigenschaften des alten (und sicherlich auch zukünftigen) Europa die Vernunft herrschte. Sie half, Gedanken zu verbreiten, die schließlich zur Revolution von 1789 führten.

Etwa um die gleiche Zeit leistete Nordamerika im Zusammenhang mit der Untersuchung der Elektrizität seinen ersten bedeutenden Beitrag zum wissenschaftlichen Fortschritt. Benjamin Franklin (1706–90), ein Mann von breitgefächerten Interessen und außerordentlichen Fähigkeiten, veröffentlichte die „Eine-Flüssigkeit-Theorie" der Elektrizität. Als echter Newtonianer erklärte er die Elektrizität mit Hilfe abstoßender Kräfte, die zwischen den Atomen einer speziellen elektrischen Flüssigkeit wirken, die wiederum von gewöhnlicher Materie stark angezogen wird. Mit seinem berühmten Ballonexperiment bewies er, daß Gewitterwolken elektrisch geladen sind. Seine Theorie sagte voraus, daß ein spitzer Metallstab, der mit der Erde verbunden („geerdet") und auf einen geladenen Körper gerichtet ist, bewirkt, daß sich der Körpers entlädt; diese Voraussage wurde im Experiment bestätigt. Auf diese Weise erfand er den Blitzableiter: Auf der Grundlage seiner exemplarischen Experimente, so argumentierte er ganz wissenschaftlich, würde ein solcher Stab die Gewitterwolken entladen und damit den Blitz verhindern. Freilich ist die Blitzentladung viel komplizierter als Franklin oder einer seiner Nachfolger auf Jahre hinaus wissen konnten. Der Nützlichkeit seiner Erfindung tut das aber keinen Abbruch. Vorher wurden viele große Gebäude regelmäßig durch Blitzschlag beschädigt (besonders verletzlich waren Kirchen und Kathedralen), nach der Installation von Blitzableitern waren die Schäden bedeutend geringer.

Franklin war einer der Führer bei der Revolte der englischen Nordamerikakolonien, die 1775 begann und 1781 mit der endgültigen Niederlage der Engländer endete. Der amerikanische Unabhängigkeitskrieg und die Deklaration von 1776 mögen als kleine Affäre betrachtet worden sein, gemessen an den Dingen, welche die Franzosen und Engländer damals im Kopf hatten. Doch sollte diese Revolution – wenn man es eine Revolution nennen soll – später tiefgreifende Folgen für die Technologie haben. In den nächsten Jahrzehnten entsprach die Technologie Amerikas freilich noch der einer ländlichen Gesellschaft in der Pionierphase, nicht der einer gewachsenen industriellen Gesellschaft. Viele, die sich in England zu den Dissidenten der Staatskirche zählten, sympathisierten mit den rebellierenden Kolonisten. Männer wie Josiah Wedgwood, der Töpfer und Mitglied der Lunar Society, hatten keinen Grund, eine Regierung und einen König zu unterstützen, von denen sie nur wegen ihrer religiösen Überzeugungen diskriminiert wurden. Wahrscheinlich haben auch die Quäker die amerikanische Sache unterstützt, obwohl sie als Pazifisten kaum die Gewalt billigen konnten. Doch Geschäft ist Geschäft, und selbst in Coalbrookdale war es unwahrscheinlich, daß Prinzipien bis ins Extrem durchgehalten wurden.

Im Gegensatz zu dem diskreten (um nicht zu sagen geheimniskrämerischen) Gründer der Dynastie von Eisengießern war Abraham Darby III auf Öffentlichkeitswirkung bedacht. Das beweisen die zahlreichen Abbildungen seiner Eisenwerke in ihrer dramatischen und auf ihre Weise schönen Umgebung, für deren Anfertigung er Sorge trug. Vielleicht verdankt sein Bewußtsein für den Wert einer gesunden Öffentlichkeitsarbeit einiges den Aktivitäten des energischen Geschäftsmannes Matthew Boulton im nahegelegenen Birmingham. 1779 vollendete Darby III die berühmte Eisenbrücke über den Fluß Severn. Die Publikumswirkung dieses Bauwerks ist in seiner Region immer noch beträchtlich. Vom Material Gußeisen abgesehen, hat die Brücke aber nichts Revolutionäres. Sie besteht aus fünf halbkreisförmigen Eisenrippen, die auf gemauerten Pfeilern ruhen und eine Straße mit gekrümmtem Profil tragen (die Straße ist heute auf einen Fußweg beschränkt). Vom Konstruktionsprinzip her gleicht sie im wesentlichen einer gemauerten Brücke, deren Bauteile ausschließlich durch Druck aufeinander einwirken. Mit Eisen wäre eigentlich ein flacheres Profil mit größerer Bogenspannweite möglich gewesen. Das hätte einen größeren seitlichen Druck bewirkt, zum Ausgleich des nach innen gerichteten Drucks auf die Pfeiler, die übrigens eine ständige Quelle des Ärgers darstellten. Doch ist Kritik an einer radikalen Neuerung in der Regel nicht angebracht. Nachdem Eisen lange Zeit im Bauwesen eine untergeordnete Rolle gespielt hatte (man vermutet z.B., daß schmiedeeiserne Ankerbalken in mittelalterlichen Kathedralen Verwendung fanden), kennzeichnete und demonstrierte der Bau dieser Eisenbrücke den Beginn einer neuen Bautechnologie, in der Eisen eine wesentlich größere Rolle als vorher spielte.

Von den traditionellen Baumaterialien ist Ziegelmauerwerk sehr druckfest, während Holz elastisch und zugfest ist (wie könnte ein Baum sonst Stürmen standhalten?). Holz läßt sich außerdem problemlos formen, schon seine Rohform ist ja grob für Balken, Sparren oder Säulen geeignet. Ferner kommt es in verschiedenen Arten vor, die zu unterschiedlichen Zwecken, bis hin zur bloßen Dekoration, verwendet werden können. Daneben hat Holz aber auch seine bekannten Nachteile. Es verrottet, muß für eine gewünschte Festigkeit ziemlich dick sein und ist leicht brennbar. Diese Nachteile hätten den Bau von Fabriken und sonstigen Industriegebäuden, wo das Gewicht und die Vibrationen der Maschinen eine Rolle spielten, wesentlich verzögert. Glücklicherweise wurde mit dem Eisen gerade rechtzeitig ein besseres Baumaterial zu günstigem Preis und in großen Mengen verfügbar.

Ein weiterer Markt für Gußeisen fand sich in dem Bau von Newcomen-Maschinen. Die frühen Exemplare besaßen Messingzylinder und Kupferkessel. Beim Gießen und Ausbohren eines aufrechten Zylinders mit einem Durchmesser, der viel größer war als der von Kanonen, und bei gleichzeitig wesentlich dünneren Wänden, traten Schwierigkeiten auf, die für die Eisenindustrie des frühen 18. Jahrhunderts bei ihren vergleichsweise groben Kenntnissen in der Werkzeugherstellung einfach zu groß waren. Als sich das Koksschmelzen und verbesserte Bohrmaschinen ausbreiteten, wurden Eisenzylinder billiger als solche aus Messing. Wie zu erwarten, war dabei Coalbrookdale führend, während der Eisenmeister John Wilkinson in Bersham eine recht wirksame und genaue Bohrmaschine entwickelt hatte.

James Watt und seine Kollegen

Die Erfindung einer effizienten Maschine, die nur von Dampf und nicht vom Atmosphärendruck angetrieben wurde, sowie deren Entwicklung dahin, daß sie ohne zwischengeschaltete Wasserräder Arbeitsmaschinen antreiben konnte, ist einem einzigen Mann zu verdanken. Der Erfolg dieser Maschine erhöhte nicht nur den Bedarf an Eisen, sondern erweiterte auch den Anwendungsbereich der Wärmekraft enorm und veränderte dadurch die Lebensbedingungen in den industrialisierten Ländern erheblich. Ihr Erfinder James Watt war wie John Smeaton das Kind einer Mittelstandsfamilie und hatte, ebenfalls wie Smeaton, als Werkzeugmacher gelernt. Schon als Kind zeigte er ungewöhnliche mathematische Fähigkeiten, ein lebhaftes Interesse an der newtonschen Naturphilosophie und eine ausgeprägte handwerkliche Begabung. Nach seiner Ausbildung erhielt er über familiäre Beziehungen eine Anstellung als Werkzeugmacher bei der Universität Glasgow. 1757 gestattete ihm die Universität, in ihrem Bereich einen Laden zu eröffnen und als „Universitäts-Werkzeugmacher" zu firmieren. Die frühe und enge Verbindung mit einer Universität, zu einem günstigen Zeitpunkt, unterscheidet seine Karriere drastisch von der Smeatons und anderer Kollegen im Energiesektor. Das kleine „Glasgow-Kollegium" – kaum ein Dutzend Professoren und so gut wie kein unterstützendes Personal – besaß einen außergewöhnlichen Reichtum an Talenten. So zählten Adam Smith und Joseph Black zu den Professoren.

Black (1728–99) ist einer der Begründer der wissenschaftlichen Erforschung der Wärme. Der Gedanke, Wärme quantitativ auszudrücken, scheint sich ganz natürlich aus den bewährten Methoden zur Kalibrierung klinischer und meteorologischer Thermometer ergeben zu haben. Ein Kilogramm Wasser am Siedepunkt mit 100 °C ergibt nach Vermischung mit einem Kilogramm Wasser am Gefrierpunkt bei 0 °C *per definitionem* zwei Kilogramm Wasser mit 50 °C. Das setzt sich in arithmetischen Verhältnissen fort. Black bemerkte, daß diese einfache Regel nicht mehr gilt, wenn man z.B. 1 kg Eisen von 100 °C mit 1 kg Wasser von 0 °C zusammenbringt. Die gleiche Wärmemenge, welche die Temperatur von Wasser um 1 Grad erhöht, bewirkt bei anderen Stoffen eine andere Temperaturerhöhung. Black hatte das Konzept der (spezifischen) „Wärmekapazität" entdeckt. Weiter entdeckte er den Begriff der latenten Wärme, das ist die Wärmemenge, die mit einer Zustandsänderung (Schmelzen, Kondensieren, ...) verbunden ist. Für seine Entdeckung benötigte er lediglich die Schlüsselidee, daß Wärme mengenmäßig zu bestimmen ist, sowie die Überlegung, daß Schnee und Eis zum Schmelzen oder Wasser zum Verdampfen eine lange Zeit brauchen, während doch immerzu Wärme zugeführt wird. Black ließ sich auf keine Theorie über die Natur der Wärme ein, obwohl damals zwei Wärmetheorien kursierten. Die eine war von einigen Denkern des 17. Jahrhunderts propagiert worden und besagte, daß die Wärme mit der Bewegung der (vermuteten) Atome zusammenhängt, aus denen sich alle Materie zusammensetzt. Die andere besagte, daß Wärme in irgendeiner Form mit „Feuer" zusammenhängt. Black, ein Freund David Humes, war ein vorsichtiger Mann mit einer unverbindlichen, positivistischen Einstellung.

Die Geschichte von Watts entscheidender Erfindung und ihrer nachfolgenden Entwicklung ist gut dokumentiert, doch werden gewisse Details oft mißverstanden. Als Watt das (vermutlich verkleinerte) Modell einer Newcomen-Maschine, das der Universität gehörte, reparieren sollte, fiel ihm auf, daß der mit Dampf gefüllte Zylinder sehr heiß, in der anschließenden Kondensationsphase aber stark abgekühlt wurde. Außerdem konnte dieses Modell nur wenige Takte arbeiten, dann ging ihm der Dampf aus. Watt schloß daraus, daß zuviel Dampf gebraucht wurde, nur um den Zylinder wieder aufzuheizen; dieser Dampf ging in der Kondensationsphase verloren. Größenordnungseffekte waren ihm vertraut, bereits Newton hatte in den *Opticks* darauf hingewiesen, daß ein kleiner Körper Wärme schneller verliert als ein großer. Das, überlegte Watt, könnte durchaus die schlechte Leistung der Modellmaschine erklären. Es wäre also denkbar, daß auch bei den größeren Maschinen das abwechselnde Aufheizen und Kühlen des Zylinders sehr unwirtschaftlich ist. Es könnte aber im Vergleich mit anderen, behebbaren Verlustursachen auch geringfügig sein. Watt klärte diesen Punkt, als er herausfand, daß das zugeführte Dampfvolumen um ein Vielfaches größer war als das Zylindervolumen; der zusätzliche Dampf wurde nur zum Aufheizen verwendet. Es handelte sich somit tatsächlich um eine bedeutende Unwirtschaftlichkeit.

Erforderlich schien eine Substanz, die beim Aufheizen durch den Dampf wesentlich weniger Wärme absorbiert. Black hatte herausgefunden, daß Holz eine bedeutend geringere Wärmekapazität besaß als jedes Metall (er unterschied dabei nicht zwischen der spezifischen Wärmekapazität und der Wärmeleitfähigkeit; er bestritt diesen Begriff sogar, und erst gegen Ende des Jahrhunderts konnte dieser sich durchsetzen). Watt baute also einen Zylinder aus Holz, behandelte ihn mit Leinöl und dörrte ihn. Die Experimente zeigten, daß zu seiner Füllung viel weniger Dampf benötigt wurde. Watt hatte somit eine echte Einsparung erreicht. Jedoch stellte er beim Einjustieren des für die Kühlung benötigten Wasserstrahls auf Minimalverbrauch fest, daß die Leistung der Machine deutlich absank. Der Grund fand sich in der Temperatur des Kondensats: Es verließ den Zylinder so heiß, daß es bei Unterdruck kochte, bis das Vakuum zerstört war. Watt wußte, daß Dr. Cullen, Blacks Vorgänger in Glasgow, gezeigt hatte, daß lauwarmes Wasser bei hinreichend Unterdruck kocht.

Damit stand Watt vor einem schier unlösbaren Problem. In Hinblick auf die Wirtschaftlichkeit mußte der Zylinder samt Inhalt heiß gehalten, in Hinblick auf die Leistung aber abgekühlt werden. Das Ziel mußte es sein, maximale Wirtschaftlichkeit mit maximaler Leistung zu vereinen. Die Lösung fand Watt in einem Blitz von Verstehen und Einsicht, als er am Ostersonntag 1765 beim „Golfhaus" in Glasgow Green einen Spaziergang machte. Wenn 2 Zylinder verwendet werden, kann der eine, in dem der Kolben sich bewegt, immer heiß gehalten, und der andere, in dem der Dampf kondensiert wird, immer kalt gehalten werden. Das Vakuum im Kondensierzylinder (oder Kondensator) würde den ganzen Dampf unter seinem eigenen Druck aus dem Arbeitszylinder in den Kondensator fließen lassen, wo er durch die Berührung mit den kalten Metallwänden kondensieren würde. Der Kondensator sollte in einen großen Tank mit kaltem Wasser getaucht sein. Es würde sich also in beiden Zylindern ein Vakuum einstellen, wobei der Arbeitszylinder heiß und bereit für das nächste Dampfeinströmen bleiben würde.

Die groben Züge der vollständigen Maschine formten sich sehr schnell in Watts Kopf. Für größtmögliche Wirtschaftlichkeit mußte das Wasserbecken auf dem Kolben verschwinden, denn kalte Luft kam als Antriebskraft nicht länger in Frage. Nur heißer Dampf bei Atmosphärendruck war als „Arbeitssubstanz" geeignet. Um die Wirtschaftlichkeit weiter zu steigern, wurde der Arbeitszylinder in einen dampfgefüllten Zylinder eingeschlossen, der zur Vermeidung von Wärmeverlusten mit Holz isoliert war. Der Arbeitszylinder wurde oben mit einem Dichtring geschlossen, durch den der Kolben verlief. Der Dampf tritt nun oberhalb des Kolbens ein und treibt ihn bis zum Zylinderboden. In diesem Moment wird das Einlaßventil geschlossen und die weitere Dampfzufuhr gesperrt. Gleichzeitig öffnet sich das Ventil einer Umgehungsröhre, die den oberen und den unteren Teil des Zylinders verbindet, und läßt den Dampf unter den Kolben strömen; das Auslaßventil zum Kondensator bleibt dabei noch geschlossen. Der Druck auf beiden Seiten des Kolbens ist nun gleich, und der Kolben kann sich wieder nach oben bewegen. Das Einlaßventil öffnet sich, das Umgehungsventil schließt sich, und der nächste Zyklus beginnt, in dem sich auch das Auslaßventil öffnet, so daß der Dampf unter dem arbeitenden Kolben in den Kondensator strömt, wo er nach der Kondensation ein hochgradiges Vakuum hinterläßt.

Der Kondensator bestand aus einer Reihe von Metallrohren, die in kaltes Wasser eingetaucht waren. Der Dampf kondensierte durch den Kontakt mit dem kalten Metall, nicht durch einen Strahl kalten Wassers wie in der Newcomen-Maschine. Das Schnüffelventil wurde zwangsläufig durch eine Luftpumpe ersetzt (Dampf konnte ja zum Ausstoßen der Luft aus dem kalten Kondensator nicht mehr verwendet werden), die auch die geringe Menge an Kondenswasser nach draußen beförderte.

Die Beziehung zwischen Watt und Black wurde gelegentlich falsch interpretiert. Zweifellos hat Watt das grundlegende Konzept der Wärmekapazität von Black gelernt, aber er war niemals Blacks Student. Es gibt auch keine Hinweise darauf, daß Black irgendwelche Gedanken äußerte, die zu Watts Erfindung eines getrennten Kondensators führten. Watt stieß bei seinen Versuchen, die richtige Wassermenge zum Kondensieren des Dampfes herauszufinden, auf das Phänomen der latenten Wärme. Er bemerkte, daß ein Teil kochendes Wasser von 100 °C mit 30 Teilen kaltem Wasser vermischt nur eine kaum merkliche Temperaturänderung des kalten Wassers ergab, während eine kleine Portion Dampf von ebenfalls 100 °C, die durch das kalte Wasser geleitet wurde, dieses bald zum Kochen brachte. Dies verwirrte ihn, und er beriet sich mit Black, der ihm daraufhin von seiner Entdeckung der latenten Wärme berichtete. Watt konnte auf diese Weise allerdings die latente Wärme des Dampfes nicht messen (vgl. die Anmerkung am Ende dieses Kapitels).

Hier liegt die Quelle einer hartnäckigen Legende, die Watts Freund John Robinson verbreitet hat. Danach habe Watt, nachdem Black ihm von der latenten Wärme erzählt hatte, erkannt, daß der wirtschaftliche Umgang mit dem Dampf für die Wirtschaftlichkeit der Maschine insgesamt entscheidend sei. Diese irreführende Geschichte ist in vielen Berichten bis heute wiederholt worden, obwohl Watt selbst sie dementiert hat. Sie ist einfach Unsinn, denn die latente Wärme hat, kurz gesagt, mit dem eigentlichen Problem (bei dem es um den Wärmeverlust durch den Zylinder geht) nichts zu tun. Wäre nämlich die latente Wärme des Dampfes vernachlässigbar, so hätte man sehr viel mehr Dampf benötigt, um den Zylinder aufzuheizen und die Maschine zu betreiben; wäre andererseits die latente Wärme viel größer als sie tatsächlich ist, so wäre viel weniger Dampf erforderlich gewesen und die Newcomen-Maschine hätte einen viel höheren thermodynamischen Wirkungsgrad gehabt, so daß sich ein zusätzlicher Kondensator einfach erübrigt hätte (ob die Maschine dann wirtschaftlich gewesen wäre, ist freilich eine andere Frage).

Watt ließ seine Maschine 1769 patentieren. Sein Patentantrag enthielt auch die Beschreibung einer einfachen, direkten Rotationsmaschine, die aus einer festen Trommel mit einer darin befindlichen drehbaren Trommel bestand. Die bewegliche Trommel hatte so etwas wie einen Propellerflügel, der sich bis zur Innenwand der festen Trommel erstreckte. Diese war mit einer Sperrvorrichtung versehen; wenn man sie löste und auf der einen Seite Dampf einließ, konnte sich die innere Trommel drehen. Der Dampf wurde danach auf der anderen Seite der Sperrvorrichtung in den Kondensator abgelassen. Wenn die Sperrvorrichtung gelöst war, führte ein Schwungrad die innere Trommel über den toten Punkt hinaus. Doch war dieser extrem einfachen Maschine kein Erfolg beschieden; trotz der Anstrengungen einiger Ingenieurgenerationen blieb sie hartnäckig unrealisierbar. Die fortdauernden Versuche, sie zum Laufen zu bringen, wurden aufgegeben, als 1884 die erfolgreiche echte Dampfturbine aufkam.

Die Weiterentwicklung der Dampfmaschine – erst in Zusammenarbeit mit John Roebuck, der aber später in Konkurs ging, dann mit dem weitsichtigen, vermögenden und erfolgreichen Matthew Boulton (1775) – ist in einigen Untersuchungen geschildert worden (siehe Buchliste!). Hier sei nur soviel vermerkt, daß Watt viel Energie in den Versuch investierte, den Oberflächenkondensator zu vervollkommnen. Es genügt, darauf hinzuweisen, daß die neue Maschine zwar mindestens doppelt so wirtschaftlich arbeitete wie die beste Newcomen-Maschine, jedoch extrem schwierig und deshalb auch teuer zu bauen war. Sie lag an der Grenze der mechanischen Möglichkeiten einer Epoche, in der die einzigen *industriellen* Werkzeuge in primitiven Drehbänken und ungenauen Bohrmaschinen bestanden, die hauptsächlich zum Kanonenbohren verwendet wurden. Kosten- und Marktfaktoren führten bald zu Vereinfachungen: Der äußere Zylinder und damit die Dampfisolierung verschwand, und die Oberflächenkondensation wurde durch einen einfacheren und billigeren Wasserstrahl ersetzt. Selbst nach diesen Abänderungen gab es nur *einen* echten Markt für die Maschine, nämlich in Cornwall, der „Grafschaft der Feuermaschinen". Dort befanden sich viele reiche oder potentiell reiche Kupfer- und Zinnminen, Wassereinbrüche waren eine stete Gefahr, und die Kohle, die auf dem Seeweg herbeigeschafft wurde, war teuer. In Cornwall machten sich Boulton und Watt einen Namen, verdienten viel Geld und lernten alles über die Installation und die Verbesserung von Dampfmaschinen. Sie bauten einen Ventilmechanismus und betätigten sich im übrigen

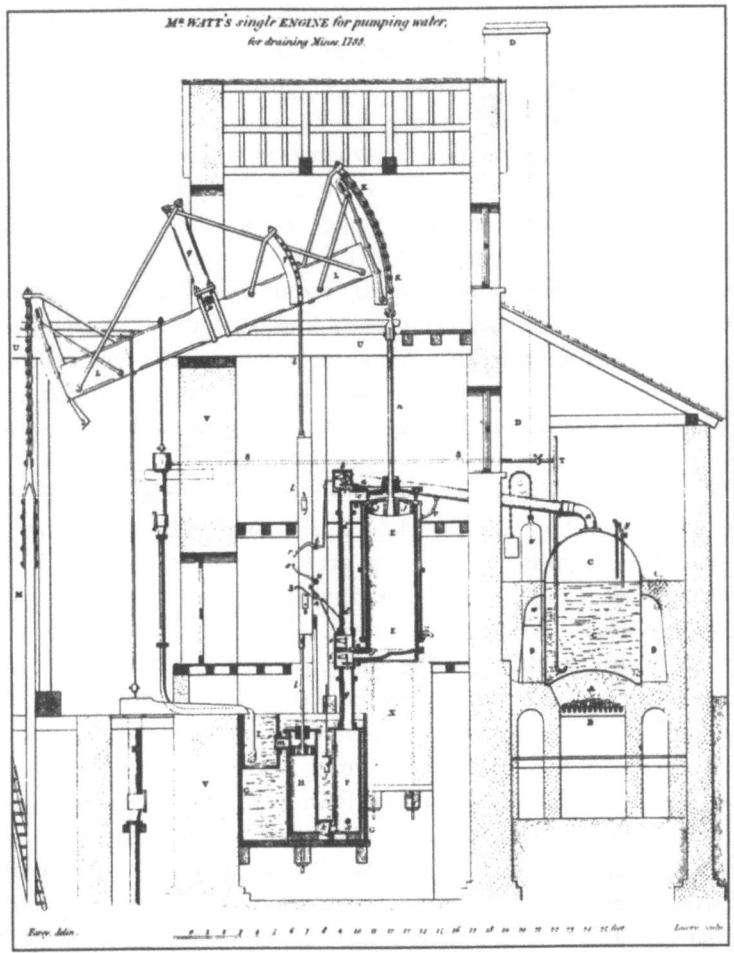

Bild 7.1 Dampfgetriebene Pumpe von James Watt. C: Kessel, F: Kondensator, H: Pumpe, die Wasser und Luft aus dem Kondensor entfernt. (John Farey, *The Steam Engine, 1827*)

als Berater und Lizenzgeber. Sie berieten ihre Kunden beim Kauf von Komponenten spezieller Hersteller – Dampfkessel aus Coalbrookdale, Zylinder von Wilkinson, Pumpen von William Jessop. Den Entwurf einzelner Maschinen und die Überwachung ihrer Montage behielten sie sich selbst vor. Erst 1796 waren die Partner in der Lage, komplette Maschinen selbst herzustellen.

Cornwall hatte aber auch seine Grenzen und wirtschaftlichen Risiken. Die Partner waren sich durchaus des Bedarfs nach einer rotierenden Dampfmaschine bewußt, die für städtische Getreidemühlen und Brauereien sowie für die neuen Textilfabriken Energie liefern konnte. Diesem Markt wandte Watt nach 1780 seine Aufmerksamkeit zu. Um dessen Anforderungen zu entsprechen, erfand er die „doppeltwirkende" Maschine, bei der der Dampf sowohl über als auch unter dem Kolben wirkte, so daß der komplette Zyklus Energie lieferte. Da der Kolben nun nicht mehr nur am Balken zog, sondern ihn auch anstieß, konnte keine Kette mehr zur Kraftübertragung benutzt werden; die Verbindung mußte starr sein. Eine starre Kolbenstange in Verbindung mit einer starren Verbindungsstange würden aber vibrieren und den Dichtring zerstören. Eine Hobelmaschine war noch nicht erfunden, so daß die beinahe offensichtliche Lösung, die Bewegung der Kolbenstange durch starre und präzise gearbeitete Führungsschienen einzugrenzen, nicht gangbar war. Die Führungsschienen per Hand so genau zu feilen, wäre viel zu teuer gekommen. Watt konstruierte also eine Vorrichtung, die er „Parallelbewegung" nannte, eine Kombination aus starren, mit Gelenken verbundenen Stangen, die Vibrationen des Kolbens verhinderten. Man kann mehrere verschiedene Kombinationen gelenkig verbundener Stangen so konstruieren, daß sich das Ende einer der Stangen in einer geraden Linie bewegt. Der Scherenstromabnehmer („Storchschnabel") einer elektrischen Lokomotive ist ein einfaches und bekanntes Beispiel für eine solche Kombination. Schließlich erfand Watt das Planetengetriebe, um ein Patent für den Gebrauch von Kurbeln in Feuermaschinen zu umgehen, das er als einschränkend empfand.

Watts Karriere und Leistungen haben eine allgemeine Bedeutung, die über die Geschichte der Dampfmaschine hinausreicht. Als er seine Schlüsselerfindung machte, war er kein Experte der Feuermaschinen, er war ganz klar ein Außenseiter. Die Newcomen-Maschine war gut eingeführt, einfach und zuverlässig, sie war billig zu bauen und zu betreiben, besonders bei Kohlebergwerken, wo überschüssige Steinkohle buchstäblich nur Dreck und deshalb unverkäuflich war. Die Newcomen-Maschine war sogar so anpassungsfähig, daß sie zum Antrieb von Maschinen benutzt werden konnte: Als günstigste Möglichkeit ließ man sie Wasser auf ein Wasserrad zurückpumpen, wie das z.B. bei Smeatons Blasebalg für die Eisenwerke geschah. Dieselbe Anordnung wurde benutzt, als am Ende des Jahrhunderts die Savery-Maschine in veränderter Form von Joshua Wrigley wieder eingeführt wurde. Er nutzte nur die Saug- oder Zugphase aus, so daß kein Bedarf an Hochdruckdampf bestand, die Kondensation erfolgte durch einen Wasserstrahl im Inneren, und die Dampf- und Kondensationsventile wurden durch die Bewegung des Wasserrades automatisch betätigt. Sie war damit, wie Hills schreibt, „eine Maschine von extremer Einfachheit, da sie wenig bewegliche Teile hatte, von sehr geringen Kosten, weil es keinen Zylinder gab, der paßgenau für einen Kolben aufgebohrt werden mußte ... und sie war ... ebenso wirtschaftlich wie die Newcomen-Maschinen dieser Zeit". Sie entsprach den Bedürfnissen von Mühlenbesitzern, die zum Betrieb ihres Wasserrades eine kleine Maschine benötigten. Dementsprechend erfreute sie sich einer gewissen Beliebtheit, obwohl nicht bekannt ist, wieviele davon tatsächlich gebaut wurden. Hills betont, daß es eine bemerkenswerte Leistung der frühen Textilingenieure war, ihre plumpen und schwerfälligen Maschinen für das Spinnen der feinen Baumwollfäden brauchbar zu machen.

In Hinblick auf die Probleme ihrer Herstellung und die Konkurrenz durch andere Energiequellen war die Einführung der Wattschen Maschine zweifellos eine große unternehmerische Leistung. Die ersten Exemplare tragen noch die Kennzeichen des Herstellers wissenschaftlicher Instrumente, eines Perfektionisten, der mit der groben Welt des Bergbaus im 18. Jahrhundert nicht vertraut war. Dem muß entgegengehalten werden, wie unwahrscheinlich es war, daß ein traditioneller Maschinenbauer diese beachtliche Erfindung hätte machen können. Wir haben also mit Watts Erfindung ein weiteres und sehr gut dokumentiertes Beispiel dafür, wie ein Außenseiter revolutionäre Ideen in eine etablierte Technologie einbringt. Seither gibt es noch viele derartige Beispiele. Eine Besonderheit im Fall Watts war seine enge Verbindung zur Universität und vor allem sein Rückgriff auf die neuen, von Black verfochtenen wissenschaftlichen Gedanken. Man muß betonen, daß kein anderer Ingenieur, Techniker oder Handwerker dieser Zeit etwas von der gerade entstehenden wissenschaftlichen Erforschung der Wärme wissen konnte. Boerhaave hatte das Studium der Wärme für die Chemie und die Medizin beansprucht. Dementsprechend war von Black bis in die ersten Jahrzehnte des 19. Jahrhunderts die Untersuchung der Wärme praktisch das Monopol von Chemikern und Medizinern, und damit weit entfernt von der Welt der Energieingenieure. Zudem zog Black es vor, seine Entdeckungen bei seinen gut besuchten Vorlesungen mitzuteilen, anstatt sie in einer Zeitschrift zu veröffentlichen. Diese Unterlassung sollte, wie wir noch sehen werden, ihre Auswirkungen auf die weitere Entwicklung der Dampfkraft haben. Es ist sogar denkbar, daß Watt ein gewisses Verständnis dafür besaß, daß es die Wärme war, die in seiner Maschine und ihren Vorgängern als Antriebskraft wirkte, wenn auch noch viele Jahre vergehen mußten, ehe dies bewiesen werden konnte. Die Erfindung der Newcomen-Maschine hatte auf den vorhandenen wissenschaftlichen Kenntnissen beruht, die Erfindung der Watt-Maschine war direkt auf die jüngste, *progressive* Wissenschaft bezogen. Diese Art des technischen Fortschritts ist heute durch industrielle und staatliche Forschungslabors institutionalisiert. Man hat gesagt, daß Watt sich mit einer viel einfacheren Maschine zufriedengegeben hätte, wenn ihm nicht der Wissenschaftler oder Laborperfektionist im Blut gesteckt hätte. Während der Gültigkeitsdauer seines Monopols wurden viele Versuche unternommen, sein Patent zu stehlen oder zu umgehen. Einen Weg dazu stellte der sogenannte Pökeltopfkondensator dar. Bei ihm war ein Abschnitt der Röhre, die vom Dampfkessel zum Arbeitszylinder führte, topfförmig erweitert worden. Das kalte Wasser zum Kondensieren wurde nur in diesen relativ kleinen „Pökeltopf" eingesprüht, so daß der Arbeitszylinder ständig einigermaßen heiß bleiben konnte. Diese Maschinen hatten zwar nicht einen so hohen Wirkungsgrad wie eine echte Watt-Maschine, arbeitete aber wirtschaftlicher und fast ebenso kostengünstig wie eine gewöhnliche Newcomen-Maschine. Als weitere Verfeinerung hätte man sich den Gebrauch heißen Kesselwassers zum Verschluß des Kolbendurchbruchs vorstellen können. Es scheint, daß Watt nie Kompromisse an seiner idealen Maschine ins Auge gefaßt hat, die über die vom Markt erzwungenen hinausgingen.

Häufig heißt es, daß die Wissenschaft der Dampfmaschine mehr verdankt als umgekehrt. Watts Erfindung der expansiven Arbeitsweise scheint das zu bestätigen. Er hatte erkannt, daß nutzbare Arbeitsleistung vergeudet würde, wenn man zuließe, daß der Dampf mit dem Kesseldruck in den Kondensator entweicht, sobald der Kolben das Ende seines Arbeitshubes erreicht hat. Er schlug deshalb vor, die Dampfzufuhr zu sperren, sobald sich der Kolben ein kleines Stück im Zylinder abwärts bewegt hatte. Der in dem geschlossenen Volumen oberhalb des Kolbens befindliche Dampf würde trotzdem weiter auf den Kolben drücken, doch würde der Druck auf ein Minimum abfallen, wenn der Kolben den Zylinderboden erreicht. Auf diese Weise ließe sich dem Dampf ein Maximum an Arbeit entnehmen. In der Begründung der wissenschaftlichen Thermodynamik war diese Einsicht ein entscheidendes Element.

Watt leistete der später so genannten Thermodynamik einen weiteren Dienst, indem er Smeatons empirisches Maß für den Wirkungsgrad der Newcomen-Maschine an das von ihm verwendete Maß anpaßte. Er ersetzte das von Smeaton verwendete *Volumen* des Wassers, das die Maschine für ein gegebenes Bündel Kohle hochpumpen konnte, durch dessen *Gewicht*. Er nannte das die „Nutzarbeit" (duty) der Maschine; auch diese Größe spielte bei der Entwicklung der Thermodynamik eine Rolle (der Ausdruck Nutzarbeit bedeutet etwa beim Auto, wieviel Kilometer pro Liter Benzin das Auto fahren kann). Schließlich, aber das ist wissenschaftlich nicht von so großer Bedeutung, hat Watt die Einheit der Pferdestärke standardisiert. 1783, als er begann, rotierende Maschinen an Müller, Baumwollhersteller und andere Handwerker, die mit der Bergbaupraxis nicht vertraut waren, zu verkaufen, beschrieb er seine Maschinen mit Hilfe der Pferdestärke, von der jeder eine gewisse Vorstellung hatte. Er legte fest, daß einer Pferdestärke die Fähigkeit entspricht, 100 kg in 1 Sekunde um 2,7 m anzuheben. Diese Einheit ist bis vor wenigen Jahren immer noch in Gebrauch gewesen.

Doch auch Watt war fehlbar. Sein ganzes Leben lang blieb er ein heftiger Gegner der Verwendung von Hochdruckdampf, obwohl dieser kleinere und leistungsfähigere Maschinen zugelassen und den Markt für die Dampfmaschine enorm erweitert hätte. Er hatte Angst, daß eine verheerende Kesselexplosion die Dampfmaschinen insgesamt in Verruf bringen würde. Er hätte sehen können, daß diese Gefahr nicht unüberwindbar war. Nach Ablauf seines Patents im Jahr 1799 war es die Hochdruck-Dampfmaschine, die dominierte und das Leben im folgenden Jahrhundert ungemein veränderte. Erstaunlicher noch als Watts Unvermögen, die Zukunft vorherzusehen, ist, daß Adam Smith in seinem Werk *Reichtum der Nationen* (1776) die Dampfmaschine überhaupt nicht erwähnte und also auch die radikal verbesserte Version seines jungen Kollegen unterschlug.

Zu Watts Persönlichkeit gehört weiterhin, daß er aus Schottland stammte. Er war nicht nur einer der bedeutendsten Ingenieure, sondern auch der erste, der aus Schottland kam. Vor etwa 1700 befand sich Schottland nicht nur am geografischen, sondern ebenso am kulturellen Rand Europas. Als entlegenes Gebiet mit gleichmäßigem Klima, bewohnt von gewalttätigen, kriegerischen Menschen, waren die Beiträge Schottlands zum europäischen Fortschritt gering geblieben. Der bekannteste Schotte war der grimmige John Knox. Im Bereich der Wissenschaft gab es John Napier, den Erfinder der Logarithmen, den Mathematiker David Gregory sowie nach 1700 Colin MacLaurin und George Martine, ein Arzt, der ein interessantes Buch über das Messen mit dem Thermometer schrieb. Doch kamen nach Watt und Black noch viele Schotten, die ihre Plätze unter den führenden Ingenieuren und Wissenschaftlern rasch einnahmen. Nachdem Watt und Black mit Smith und Hume gleichaltrig waren, hatte diese Blüte der nationalen Kultur eine breite Basis. Was sie herbeiführte, ist eine spannende Frage. Vielleicht stellte sie eine kollektive nationale Antwort auf die stillschweigende Herausforderung durch die englische Dominanz dar. Aber was die Gründe auch immer sein mögen, es gibt keinen Zweifel, daß die hervorragenden schottischen Universitäten sehr viel damit zu tun hatten. In der Tat waren viele außerordentlich kreative Engländer direkt oder indirekt den schottischen Universitäten verpflichtet. Es war keine bloße Sentimentalität, daß John Dalton den ersten Band seines Buchs *Neues System der chemischen Philosophie*, in dem er die wissenschaftliche Atomtheorie erklärte, den Universitäten von Glasgow und Edinburgh widmete.

In kaufmännischer Hinsicht zeigten Boulton und Watt ihr Geschick, als sie 1786 die „Albion-Getreidemühle" im Zentrum Londons am Ufer der Themse errichteten. Die Mühle besaß zwei rotierende Maschinen, von denen sämtliche Arbeitsgänge angetrieben wurden. Die Eröffnungszeremonie war ein großes öffentliches Ereignis und brachte dem Unternehmen weitgestreute Werbung ein. Die Mühle war auch technisch ein großer Erfolg. Sie läutete das Ende der traditionellen lokalen, wasser- oder windgetriebenen Mühle ein und stand am Beginn der Epoche großer, an Küsten oder schiffbaren Flüssen gelegenen Getreidemühlen. Finanziell erwies sie sich allerdings als Katastrophe, denn sie wurde 1791 niedergebrannt, lange bevor die aufgenommenen Schulden abbezahlt waren. Man vermutete Sabotage, dies konnte jedoch bis heute nicht bewiesen werden. Gewiß ist, daß die Albion-Getreidemühle der neuen, rotierenden Dampfmaschine Publizität verschafft hat, während ihr Schicksal warnend auf die Feuergefahr hinwies.

Bauwerke

Die Verwendung von Eisen als Baumaterial wurde in England, wie Arnold Pacey festgestellt hat, von den Eisenhandwerkern vorangetrieben. In Frankreich waren dagegen die Architekten und die Mathematiker führend. Die Engländer bevorzugten billiges Gußeisen, die Franzosen Schmiedeeisen, das vielseitiger einsetzbar war. Den Anfang der Bautechnik mit Gußeisen machten in England in den Jahren 1770–72 die relativ schlanken Säulen in der St. Ann-Kirche in Liverpool. In Frankreich schlug J.F. Calippe 1777 eine Brücke aus Schmiedeeisen vor, die 200 m Spannweite haben sollte. Bis dahin waren die meisten Brücken in Frankreich aus Holz gefertigt. Zuerst wurde ein Modell ausgestellt. Es mag sein, daß dieses den Architekten J.G. Soufflot (1713–81) beeinflußt hat, in den Jahren 1779–81 in einem Treppenhaus des Louvrepalastes für den Rahmen eines Oberlichts in Form einer abgeschnittenen Pyramide schmiedeeiserne Träger zu verwenden. Dies wiederum brachte andere Architekten darauf, Eisen in Fußböden und Decken zur Verstärkung einzusetzen. 1785 begann J.V. Louis mit der Arbeit am Théâtre Royal. Für Fußböden und Decken benutzte er lange Spannträger mit Hohlziegelbögen dazwischen (siehe Bild 7.2). Der Zweck war, das Theater feuersicher zu machen.

Als Baumaterial für Theater hatte Holz spezielle Nachteile. Seine begrenzte Festigkeit bedeutete, daß weit vorspringende Balkone oder Ränge nicht gebaut werden konnten. Die Theater des 18. Jahrhunderts haben deshalb mehrere Reihen von Rängen, die jeweils nur wenige Sitzreihen tief sind. Ein weiterer Nachteil war, daß die Theater in der damaligen Zeit der Öllampen und Kerzen besonders feuergefährdet waren. Der Ausbruch der Revolution von 1789 setzte in Frankreich der weiteren Entwicklung des Eisens als Baustoff jedoch ein Ende, und die nächsten bedeutenden Neuerungen kamen aus England, und zwar aus dem Sektor mit der raschesten wirtschaftlichen und technologischen Entwicklung: Der

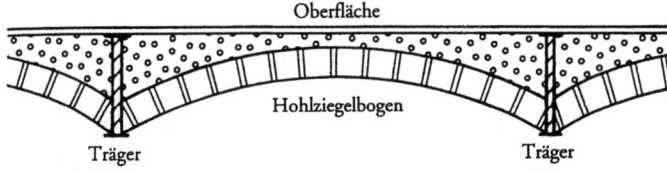

Bild 7.2 Träger mit Ziegelbögen

Textilindustrie. Die Probleme waren hier weithin die gleichen wie in der Theaterwelt. Fitton schrieb:

> Für die Fabrikherren stellte der Bau feuerbeständiger Baumwollfabriken ein drängendes Problem dar. Die frühen Holzbalkenkonstruktionen waren höcht anfällig. Die Räume waren ungenügend gelüftet, die Verfahren zur Staubentfernung waren primitiv, aus den hölzernen Maschinen tropfte Öl auf den hölzernen Boden. Überhaupt bestand das ganze Maschinenarsenal aus sehr viel Holz, während mit Öllampen und Kerzen beleuchtet wurde. Die Feuerwehr war mangelhaft. Es gab nur wenige Firmen, die nicht dann und wann Verluste durch Feuer hatten.

Schließlich machte außer dem Problem mit dem Feuer auch das Gewicht von immer mehr Maschinen starke Baustrukturen zur Notwendigkeit, wenn nicht das fortdauernde Wohlergehen der Industrie leiden sollte.

William Strutt war der Sohn und Erbe von Arkwrights Partner Jedediah Strutt. Sein Interesse an den Möglichkeiten des Eisen war auf eine merkwürdige, indirekte Art geweckt worden. Er hatte gehört, daß Tom Paine, der wenig später als Autor von *Die Menschenrechte* berühmt werden sollte, dabei war, eine Eisenbrücke in Sunderland zu konstruieren, für die er ein Patent hatte. Nach Fitton teilte Strutt Paines politische Ansichten und traf ihn wahrscheinlich in Derby oder Belper. Im darauffolgenden Jahr begann Strutt mit der Konstruktion einer feuersicheren Fabrik – möglicherweise auch angeregt durch die Zerstörung der Albion-Mühle, die das damals fortschrittlichste Industriegebäude darstellte. Schlanke Gußeisensäulen mit kreuzförmigem Querschnitt trugen hölzerne Balken, an denen beiderseits keilförmige eiserne „Kinnbacken" festgenagelt waren. Diese Kinnbacken dienten als Stützen, die den Druck der Ziegelbögen aufnahmen, welche den Abstand zwischen den Holzbalken überspannten. Die Unterseiten der Balken waren verputzt, um die Brandanfälligkeit zu verringern. Der Raum zwischen den höchsten Punkten der Ziegelbögen wurde mit Sand gefüllt. Den Fußboden bildeten Steinfliesen, die auf den Sand gelegt wurden.

Die nächste Neuerung kam von Charles Bage. 1797 stellte er die Castle Forgate Flachsmühle in Shrewsbury für die Leeds-Partnerschaft von Marshall und Benyon fertig. Dort waren auch die Balken aus Gußeisen. 1799 begann der Bau der George Lee's Garnfabrik in Salford, der 1801 abgeschlossen wurde. Diese hatte ebenfalls sowohl Balken als auch Säulen aus Gußeisen, stellte jedoch insofern noch einen weiteren Fortschritt dar, als sie von vorneherein als integrales Ganzes konzipiert war – die Dampfmaschine war Teil des Gebäudes! Darüber hinaus wurde, als weitere Neuerung, erstmals mit Leuchtgaslampen beleuchtet. Dies ist wieder ein Beispiel für die Verbindung der Textilindustrie mit der jeweils neuesten Technologie.

Zwar blieb das in jeder beliebigen Form leicht herstellbare Gußeisen vorerst der gebräuchlichste Metallwerkstoff, doch wuchs mit fortschreitender Industrialisierung der Bedarf an Schmiedeeisen. Immer wieder wurden im 18. Jahrhundert Patente auf Prozesse gewährt, die den Flammofen benutzten, so insbesondere an John und Charles Wood (1760), an die Cranage Brüder aus Coalbrookdale (1766), an Peter Onions aus Merthyr (1783) und an Henry Cort (1784) für seinen erfolgreichen „Puddelprozeß". Diesen kann man zurecht als das Ergebnis einer fortgesetzten Entwicklung, zu der viele Menschen beigetragen haben, sehen. Dabei wird geschmolzenes Roheisen in einem Flammofen mit langen Eisenstangen

– Rötel genannt – fortwährend gerührt (selbstverständlich mußte jede Stange nach kurzer Zeit ausgetauscht werden). Wenn frisches Eisen an die Oberfläche kommt, zeigen kleine blaue Flämmchen von brennendem Kohlenmonoxid dem Puddler an, daß der Kohlegehalt zurückgeht. In dem Maß, wie dieser gleichmäßig von etwa 4% auf 0,1% fällt, steigt der Schmelzpunkt des Eisens von rund 1000 °C auf rund 1400 °C an. Es wird immer zähflüssiger und bildet zuletzt einen großen plastischen Klumpen, der zu groß ist, um aus dem Ofentor geholt zu werden. Die Puddler müssen sehr achtgegeben, dies zu vermeiden. Sie müssen das Eisen in Brocken passender Größe aufteilen, die weder aneinander noch an der Ofenwand kleben. Danach werden diese Brocken aus dem Hochofen herausgenommen und geschmiedet oder in einem Walzwerk zu Barren geformt. Das Walzwerk war von dem vielseitigen schwedischen Ingenieur Christoph Polhem (1661–1751) erfunden worden.

Niemand, der einmal Puddler bei der Arbeit gesehen hat, wird daran zweifeln, daß Eisenpuddeln die härteste Arbeit ist, die jemals von Menschen geleistet wurde. Es erfordert nicht nur große körperliche Kraft, die Brocken zu formen und zu handhaben, sondern der Puddler muß auch die immense Hitze und das grelle Licht des Hochofens ertragen. Aus diesem Grund haben die Puddler gewöhnlich als Gruppe gearbeitet und abwechselnd gerührt und die sich verändernde Zusammensetzung der Schmelze überwacht. Nachdem diese Tätigkeit auch große Fertigkeiten erforderte, ist es nicht überraschend, daß es einige Zeit dauerte, ehe der Puddelprozeß sich durchsetzte. Er wurde 1840 vervollkommnet, als schließlich eine Innenauskleidung des Hochofens gefunden wurde, die auf das geschmolzene Metall nicht reagierte. Nach meinem Wissen wurde der Puddelprozeß zuletzt in Atlas Forge in Bolton bei der Produktion für einen kleinen, hochspezialisierten Schmiedeeisenmarkt angewendet. Durch die Ölkrise von 1973 wurde der Prozeß unwirtschaftlich. Baustahl ist ein Ersatz für Schmiedeeisen, obwohl die Verfechter des Schmiedeeisens behaupten, daß Stahl die feinen Qualitäten von Schmiedeeisen nicht erreicht.

Beim Bau von Textilfabriken Holz durch Eisen zu ersetzen, war nicht so einfach, wie eine Holzart durch eine stärkere zu ersetzen. Die Veränderung war viel fundamentaler und brachte eine Anzahl schwieriger Probleme mit sich. Das Verständnis von Gußeisen als Baumaterial steckte noch in den Kinderschuhen. Man konnte zwar eine ausreichende Stärke dadurch erreichen, daß man die Säulen und Balken so dick wie möglich machte, aber Gußeisen war kein billiger Abfall, und kein Unternehmen lebt davon, daß es mehr Geld ausgibt als nötig ist. Diese Wahrheit hat man in der industriellen Revolution so gut verstanden wie zu jeder anderen Epoche vorher oder nachher auch. Man mußte die benötigte Stärke also mit einem Minimum an Eisen erreichen. Zum Glück gab es dafür einige einfache Regeln.

1758 hatte William Emerson die erste Ausgabe seine *Prinzipien der Mechanik* veröffentlicht. Dies war ein Lehrbuch, das unter anderem eine sehr elementare und nicht ganz korrekte Darstellung von Galileis Theorie der Materialstärken beinhaltete. Eine noch weiter vereinfachte Form der wesentlichen Gedanken finden sich im Buch *Über Mühlen und Mühlenarbeit* des Wanderlehrers John Banks. Obwohl Edmé Mariotte und Antoine Parent schon lange vorher betont hatten, daß Galileis Theorie die Elastizität eines belasteten waagrechten Balkens außer Acht läßt, wußten Emerson und Banks nichts davon. Wie Galilei nahmen sie an, daß die Unterfläche des Balkens die neutrale Schicht sei, die weder gedehnt noch gestaucht wird. Die reine sowohl als auch die angewandte Mathematik

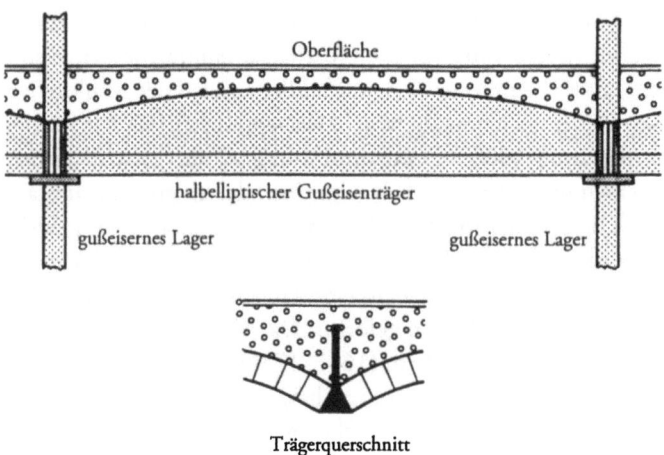

Bild 7.3 Gußeisenbalken mit Gußeisensäulen

waren in England immer noch von Newton beherrscht – ein im Vergleich zum Kontinent archaischer Zustand: Emerson und Banks waren populärwissenschaftliche Autoren ohne richtige Ausbildung, keine international denkenden Gelehrten, selbst wenn einige der fortgeschritteneren englischen Mathematiker von Mariottes und Parents Arbeiten gehört haben sollten. Glücklicherweise spielten ihre Mängel keine Rolle. Pacey hat darauf hingewiesen, daß Banks der englischen Tradition, in Proportionen zu argumentieren, folgte. Der Fehler trat deshalb auf beiden Seiten der Gleichung auf, hob sich auf und Banks kam zum richtigen Ergebnis.

Banks hatte zwei Regeln aufgestellt, um den Anfänger bei der Arbeit mit dem neuen Material anzuleiten. Erstens sollte die senkrechte Seite des Balkens so breit wie möglich sein, er sollte also I-Profil aufweisen. Zweitens soll ein in die Wand gemauerter Balken ohne Abstützung Parabelform haben, um bei einer gegebenen Stärke mit einem Minimum an Material auszukommen. Für einen waaggrechten Balken zwischen zwei senkrechten Säulen, der einen Ziegelbogen trug, war eine solche Form freilich nicht geeignet. Als Kompromiß konnte man eine halbelliptische Oberseite mit einer flachen Unterseite und einem Flansch an dem Ende, auf dem der Ziegelbogen ruhte, wählen (siehe Bild 7.3).

Dies war, mit immer neuen Verfeinerungen, die Form, welche die Gußeisenbalken in den großen Textilfabriken als den Vorreitern der industriellen Revolution hatten. Bei dieser völlig neuen Methode völlig neue Bauwerke zu errichten, zeigte sich ein altes, zuvor kaum mehr als theoretisches Problem in sehr praktischer Gestalt. Es handelte sich um das von Galilei so brillant analysierte Skalenproblem. Wir haben schon gesehen, daß Triewald beim Bau seiner Dannemora-Maschine die Bedeutung des Skalenproblems nicht richtig einschätzte. Wenn man von einem Modell oder einer kleinen Maschine ausgehend auf eine größere schließt, muß, wie Galilei gezeigt hat, der Skaleneffekt beachtet werden. Christoph Polhem war der erste, der von Modellen korrekt auf die richtige Maschine geschlossen hat, aber er war seiner Zeit voraus. Smeaton und Watt benutzten in ihren Forschungen Modelle, aber sie kümmerten sich nicht um die Größe und Stärke ihrer Maschinen. Banks

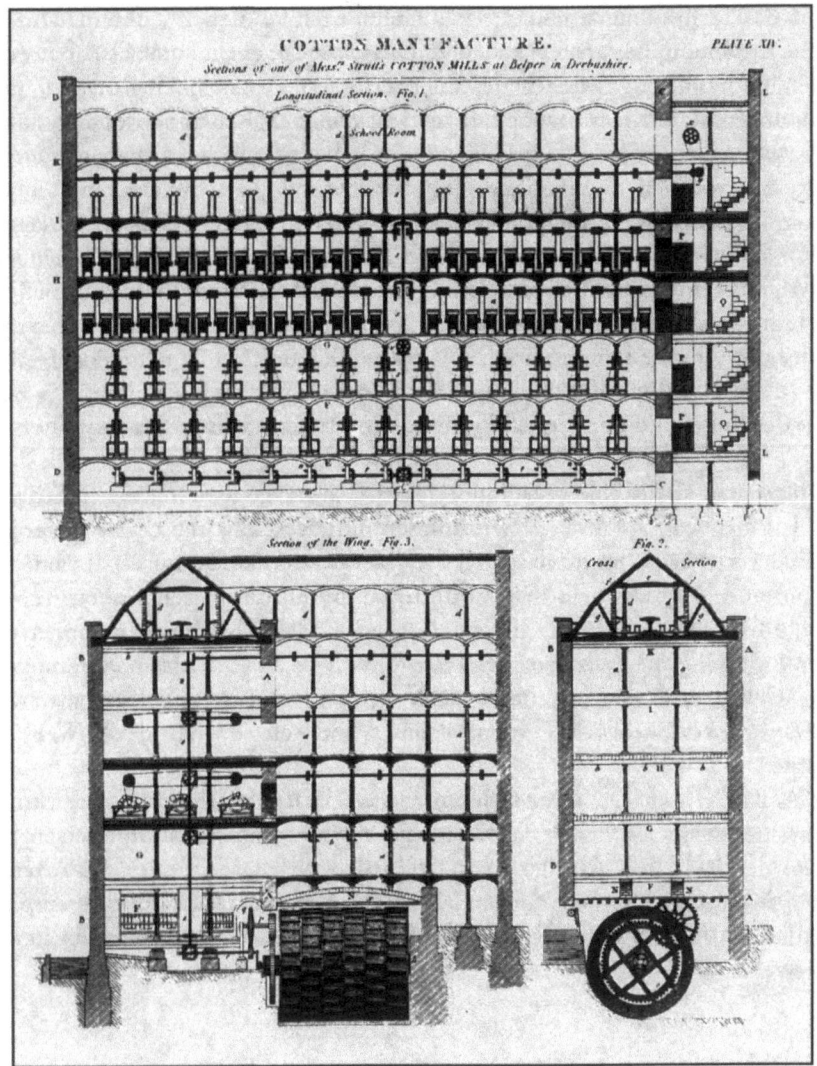

Bild 7.4 Die Nordmühle in Belper (Aus A. Rees, *Cyclopaedia*, 1819.)

stellte fest, daß ein schmiedeeiserner Balken von 30 cm Länge und 6 cm² Querschnitt brach, wenn er am freien Ende mit 1000 kg belastet wurde. Er konnte daraus die richtigen Abmessungen eines echten Balkens berechnen. Für die frühen Textilfabriken war das völlig zufriedenstellend. Im nächsten Jahrhundert ergaben sich aber wesentliche komplexere Probleme, als die Ingenieure Eisenbahnbrücken bauen sollten, die den Vibrationen und dem Gewicht schwerer, schneller Züge standhalten sollten; ebenso, als die Schiffsbauer riesige Eisenschiffe zu konstruieren begannen.

Wir fassen einige der in diesem Kapitel erwähnten Punkte zusammen, indem wir kurz Strutts Nordmühle in Belper besprechen (siehe Bild 7.4). Obwohl sie am Beginn des 19. Jahrhunderts erbaut wurde (1803–04), ist sie doch ein sehr schönes Sinnbild der Leistungen des 18. Jahrhunderts und der Verheißungen auf dessen Zukunft. Die oft wiedergegebene Zeichnung John Fareys aus Rees' *Cyclopaedia* zeigt ein kompaktes Bauwerk mit minimalen Entfernungen zwischen der Energiequelle (einem großen Brustrad) und den Textilmaschinen. Die Kraftübertragung zu den einzelnen Maschinen erfolgt durch Transmissionsriemen an der Decke. Die Gußeisensäulen befinden sich exakt übereinander, um Scherkräfte zu vermeiden, die sonst das Bauwerk verzerrt und geschwächt hätten. Beim Bau einer Baumwollfabrik gab es keine Zufälligkeiten. Auf den verschiedenen Stockwerken stehen Reihen von untereinander identischen Maschinen, z.B. in der Mitte zwei Reihen von Kardiermaschinen. Diese Reihen weisen auf eine ganz neue Arbeitstechnik hin: Die Fließbandfertigung, die in der Automobilindustrie des 20. Jahrhunderts eine solche Rolle spielt, kündigt sich hier an. Am bedeutsamsten ist, daß das ganze Bauwerk, die Maschinenreihen, das Verteilungsverfahren und die Zuteilung der Kraft eine sorgfältige Planung und ganz besonders das Bewußtsein eines integrierten Produktionssystems beweisen. Das war etwas völlig Neues.

Auf der rechten Seite der Mühle befindet sich eine Wendeltreppe mit einem Schacht daneben, in dem der Aufzug zur Personenbeförderung untergebracht ist. Dieses geniale Gerät war 1790 von Henry Strutt nach Rees' *Cyclopaedia* erfunden worden (allerdings verzeichnen Fitton und Wadsworth in ihrem Strutt-Stammbaum keinen Henry; sie vermuten, daß die Initiale „W" irrtümlich als „H" gelesen wurde). Wem auch immer das Verdienst der Erfindung dieses Aufzuggerätes zukommt, es hätte vor dem Aufkommen mehrstöckiger Gebäude, in denen Leistung auch im obersten Stockwerk verfügbar war, nicht erfunden werden können. Die Textilfabriken waren die ersten Gebäude der Welt, die dies ermöglichten.

Schließlich sollten wir den Unterrichtsraum im Dachstuhl beachten. Die Strutts waren fromme Presbyterianer, denen das Wohlergehen ihrer Angestellten am Herzen lag. Außerdem war der Bedarf an Arbeitskräften so groß, daß für die Kinder der Arbeiter gesorgt werden mußte, wenn beide Eltern in der Fabrik angestellt waren. Die Erfordernisse des wirtschaftlichen Vorteils trafen sich hier mit denen des sozialen Gewissens in der glücklichsten Weise.

Eine Bemerkung über die latente Wärme

Watts Interesse an der latenten Wärme hielt auch nach seinen anfänglichen Experimenten noch an. Er wollte herausfinden, ob man eine signifikante Einsparung erreichen könne, wenn man seine Maschine mit Dampf bei anderem Druck und damit bei anderer Temperatur betreibt. Seine Versuche erbrachten aber, daß sich mit steigender Dampftemperatur die latente Wärme verringert und umgekehrt, so daß die gesamte Wärme („spürbare" Wärme plus latente, d.h. versteckte, Wärme), annähernd konstant blieb. Watts Ausdruck Gesamtwärme wurde in späteren Lehrbüchern als Enthalpie bezeichnet.

Die Blacksche Methode, die latente Wärme zu messen, war einfach und bildet ein Beispiel für die Art, in der im 18. Jahrhundert in der Physik Proportionen anstelle von Gleichungen verwendet wurden. Er maß die Geschwindigkeit des Temperaturanstiegs, wenn man einen Topf mit Wasser zum Kochen brachte, und sodann die Zeit, die das

Wasser zum Verdampfen benötigte. Unter der Annahme, daß der Wärmefluß in den Topf konstant war, benutzte er diese zwei Zahlen um auszurechnen, welche Temperatur das Wasser erreicht hätte, wenn es nicht bei 100 °C verdampft wäre. Diese fiktive Temperatur war ein Maß für die latente Wärme. Ein ähnlich einfaches Experiment gestattete es ihm, die latente Wärme beim Schmelzen von Eis zu Wasser herauszufinden. Man beachte, daß es bei diesen Versuchen nicht notwendig ist, das Gewicht des beteiligten Wassers zu kennen, da die Zeiten proportional zum Gewicht sind.

Watts Methode, die latente Wärme zu messen, war komplizierter als die Blacks. Bei ihr überlagerte sich der latenten Wärme ein Mischungseffekt, weil das aus dem Dampf kondensierte heiße Wasser mit kaltem Wasser zusammentraf. Watt machte in seinen Berechnungen zwei Fehler: Er addierte die Gewichte des kondensierten Dampfes, und er nahm an, daß der Dampf nach der Kondensation vom kalten Wasser erwärmt würde. Seine Ergebnisse waren ungenau, aber nicht schwerwiegend falsch. Es muß betont werden, daß diese elementaren Fehler eine Konsequenz der Rechenmethode waren, die er benutzen mußte. Die Methode der Proportionen erlaubte keine Einsicht in Gleichungen.

Erst im September 1783 lernte Watt Lavoisiers und Laplaces *Memoir sur la chaleur* kennen, in denen die physikalischen Prozesse durch *Gleichungen* und nicht durch Proportionalitäten dargestellt wurden. Nach Lavoisier und Laplace führt Watts Versuch auf folgende Gleichung:

$$c m_1 (t_2 - t_1) = c m_2 (100 - t_2) + m_2 L$$

Dabei ist m_1 die Masse des kalten Wassers, m_2 die Masse des kondensierten Dampfes, t_1 und t_2 sind die Temperaturen des kalten Wassers bzw. der Mischung, c ist die spezifische Wärmekapazität des Wassers, und L ist die latente Wärme. Diese Gleichung gibt einen klaren Einblick in die physikalischen Prozesse.

Blacks „Wärmekapazität" wurde von dem portugiesischen Wissenschaftler J.H. de Magellan in seinem Buch *Abhandlung über die Wärme* (1781) als *chaleur spécifique*, d.h. als spezifische Wärme, bezeichnet. Heute wird diese Größe allgemein spezifische Wärmekapazität genannt.

8 Autonome Technologie: Die Eigendynamik des Fortschritts

Vom Mittelalter bis zur Mitte des 17. Jahrhunderts waren die deutschen Länder führend in der Chemie und den „chemischen Künsten", in der Metallurgie und im Bergbau. Danach bewegten sich die Zentren der technologischen Aktivitäten allmählich westwärts nach Frankreich, den Niederlanden, Skandinavien und England. Diese Entwicklung, die durch die Verheerungen des Dreißigjährigen Krieges zweifellos beschleunigt wurde, führte dazu, daß Deutschland in den einst ausgesprochen deutschen Wissenschaften und Technologien schließlich nur noch eine untergeordnete Rolle spielte. Die letzte große Idee, die vor der Wiederbelebung zu Beginn des 19. Jahrhunderts aus Deutschland kam, sollte eine ausgedehnte wissenschaftliche Debatte nach sich ziehen, die jedem Historiker geläufig ist, der sich mit der Chemie des 18. Jahrhunderts beschäftigt. Diese sogenannte Phlogiston-Theorie von J.J. Becher (1635–82) und G.E. Stahl (1660–1734) sollte die Vorgänge beim Verbrennen und Kalzinieren erklären. Nach dieser Theorie gab ein brennender Körper Phlogiston ab und hinterließ Asche oder Kalziumoxid. Umgekehrt bestand ein Metall aus Kalziumoxid plus Phlogiston und konnte folglich keine einfache Substanz, kein „Element", sein. Die Phlogiston-Theorie entspricht ersichtlich der Erfahrung der Eisenschmelzer, daß das Verbrennen von Holzkohle (die offenbar reich an Phlogiston ist) zusammen mit Eisenerz (Eisen ohne Phlogiston) das Metall ergibt, indem das Phlogiston wieder hinzugefügt wird.

Die Theorie erwies sich als Sackgasse. Sie mußte schließlich, wie Professor Crosland bemerkt hat, „so viel erklären, daß sie im Endeffekt gar nichts mehr erklärt hat". Es darf allerdings bezweifelt werden, daß sie viele Forscher in die Irre geführt hat, und auf jeden Fall kommt ihr das Verdienst zu, daß sie die Aufmerksamkeit auf ein Schlüsselproblem der Chemie, die Verbrennung, gelenkt hat. Das war mehr, als innerhalb des Newtonschen Systems erreichbar war, trotz seines klaren Hinweises am Anfang der *Principia*. Der chemische Fortschritt verlief während des 18. Jahrhunderts meist nur schrittweise, durch das Ansammeln von Wissen über die verschiedenen Reaktionen und – nach der Entdeckung der Atmosphäre – durch das lebhafte Interesse an den „Lüften", wie Gase oft genannt wurden. Der Universalgelehrte Joseph Priestley (1733–1804) staunte über die Tatsache, daß einerseits eine Kerzenflamme in einem geschlossenen Gefäß sehr schnell die Fähigkeit der darin befindlichen Luft, Verbrennung oder Leben zu ermöglichen, erschöpft, daß aber andererseits die vielen Feuer seit dem Anbeginn der Zeit die Atmosphäre offenbar nicht geschädigt haben. Er gelangte dadurch 1774 zu der Entdeckung, daß Pflanzen aus der Atmosphäre „fixierte Luft" (Kohlendioxid) entnehmen und „dephlogistierte Luft" (Sauerstoff) an die Atmosphäre abgeben. Dies war der erste Schritt zu einem Verständnis der Photosynthese. Er entdeckte auch, daß „kalziniertes" (oxidiertes) Quecksilber bei Erhitzung dephlogistierte Luft und die ursprüngliche Menge an Quecksilber ergab.

A.-L. Lavoisier (1743–94) war nicht nur ein genialer Chemiker, sondern auch ein wohlhabender und vielseitiger Mann. Seine praktischen Interessen galten so unterschiedlichen Bereichen wie der Verbesserung der Pariser Straßenbeleuchtung, der Herstellung von

Schießpulver, der Reform der Landwirtschaft und – unklugerweise – der Beteiligung an einer der privaten Steuereintreibungsgesellschaften. Lavoisier besaß große experimentelle Fähigkeiten und war sich wie Joseph Black der Notwendigkeit exakter Zahlenangaben bewußt. Als Lavoisier begann, die Phlogiston-Theorie erfolgreich anzugreifen, hatten sich bei ihr bereits unannehmbare Mehrdeutigkeiten und Inkonsistenzen angehäuft. Er wiederholte Priestleys Experiment, indem er mittels eines Brennglases Quecksilber in einem geschlossenen Gefäß kalzinierte und, nachdem die Kalzinierung abgeschlossen war, die Abnahme des Luftvolumens im Gefäß sorgfältig maß. Danach entnahm er das kalzinierte Quecksilber und erhitzte es, so daß er das ursprüngliche Quecksilber wieder zurückgewann. Das Volumen der dabei entstehenden dephlogisierten Luft maß er ebenfalls sorgfältig und stellte fest, daß es exakt der Volumenabnahme beim Kalzinieren entsprach. Schließlich erkannte er noch, daß sich die Eigenschaften der anfangs im Gefäß vorhandenen Luft voll wiederherstellen ließen, wenn er die dephlogisierte Luftmenge zu der im Gefäß verbleibenden Restluft hinzufügte; die Luft ließ dann wieder Verbrennung und Leben zu.

Er bemerkte, daß es bei diesem ganzen Vorgang keine Notwendigkeit für Phlogiston gab. Es ermöglichte keine neuen Gesichtspunkte und erklärte nichts. „Dephlogisierte Luft", entschied er, ist einfach eine bestimmte Gassorte, ein Element, das er Oxygenium (Sauerstoff) nannte. Verbrennung und Kalzinierung bestanden demnach in der chemischen Verbindung von Sauerstoff mit anderen Substanzen (Oxidation). Lavoisier setzte seine zunehmend erfolgreichen Angriffe auf das Phlogiston fort und stellte eine neue Chemielehre auf, die er in *Grundlegende Abhandlung der Chemie* (1789) beschrieb. Neben der Oxidationstheorie der Verbrennung enthielt das Buch eine von ihm aufgestellte Liste der chemischen Elemente, die statt der drei, vier oder fünf in der Antike genannten Elemente nicht weniger als 30 enthielt, darunter die neu entdeckten Gase Wasserstoff, Sauerstoff, Stickstoff und Chlor. Lavoisier äußerte vorsichtigerweise, daß alle 30 als provisorisch betrachtet werden müßten, es könne sein, daß zukünftige Experimente einige davon als zusammengesetzt erweisen würden. Außerdem reformierte Lavoisier die chemische Fachsprache. Er beseitigte alte, oft verschleiernde und irreführende Bezeichnungen und ersetzte sie durch neue Namen, die aus den Namen eines jeden Bestandteils des Stoffes gebildet waren und so dessen chemische Zusammensetzung anzeigten. Das war Chemie im heutigen Sinn.

Es verstrichen freilich noch einige Jahre, ehe sich die Chemie Lavoisiers für die Industrie als unschätzbar wertvoll erwies. Wenn auch die Beiträge der französischen Gelehrten außerordentlich bedeutsam waren, so muß man doch sagen, daß die englische „Politik" des stillschweigenden oder offen vertretenen *laisser faire* zu triumphalen Erfolgen führte, während der kontinentale Dirigismus eines Colbert zunehmend ins Abseits geriet. England hatte allerdings auch einige enorme Vorteile. Seine geografische Lage war für den Überseehandel außerordentlich günstig, und die Besitzungen in Indien und Westindien erzeugten einen Reichtum, der zunehmend in industrielle Investitionen floß. England besaß ausgedehnte und hochwertige Bergwerke für Nichteisenmetalle, eine wachsende Kohleindustrie und eine fortschrittliche Landwirtschaft. Außerdem gab es wesentliche politische und verwaltungsmäßige Vorteile, deren Diskussion uns jedoch zu weit von unserem Thema abbringen würde. Arkwright und seine unmittelbaren Nachfolger hatten eine Industriegesellschaft aufgebaut, aus der Henry Fords Dearborn-Fabrik und die modernen japanischen Automobilwerke unmittelbar hervorgegangen sind. John Smeaton hatte in den englischsprachigen

Ländern das Berufsbild des unabhängig vom Militär arbeitenden Bauingenieurs geschaffen, und James Watt hatte, vielleicht zum erstenmal, die aktuelle Forschung mit der technologischen Erneuerung und Entwicklung verknüpft. All dies ist heute mit ausgesprochen „wissenschaftlichen" Industrien verbunden, freilich unter ganz anderen Bedingungen als zur Zeit Watts, der noch in seiner Person eine Forschungs- und Entwicklungsabteilung, einen Vertriebsingenieur, einen Arbeitsmanager, einen Ausbildungsbevollmächtigten und den Vorstandvorsitzenden eines größeren Konzerns vereinte. Im Rückblick – bis zu einem gewissen Grad ist das schon erlaubt – kann man natürlich einige Schwächen in der englischen Position erkennen, die sich dann im 19. Jahrhundert stärker bemerkbar machten. Zum einen sind direkte staatliche Eingriffe in technologische Angelegenheiten nicht zwangsläufig und unter allen Umständen uneffektiv oder schädlich. Ein Beispiel dafür ist die Rolle des Staates in der Ausbildung, auch der technischen Ausbildung. Seit den turbulenten Tagen, als die Kaufleute der Tudor-Zeit die alten Grammar-Schools gründeten, hatten sich die Engländer um Ausbildung nicht mehr gekümmert. Wozu auch? Sie waren wirtschaftlich und zahlenmäßig das beherrschende Volk auf einer militärisch sicheren Insel. Sie hatten es nicht nötig, ihrer Jugend beizubringen, wie man Engländer war. Die Ausländer waren weit weg, ferngehalten durch eine rauhe See. Sicherlich muß sich ein Staat mit ausgedehnten Landgrenzen bis zu einem gewissen Grad um die Volkserziehung und auch um die Landesverteidigung kümmern. Schottland, ein kleines Land mit einer Grenze zu England, legte im 18. Jahrhundert und danach großen Wert auf die Ausbildung. Nach allgemeiner Meinung waren die schottischen Universitäten im 18. Jahrhundert die besten und effektivsten der Welt.

Auch in Frankreich war das Interesse an der Erziehung auf einem Tiefstand. Die einstmals großen französischen Universitäten lagen im Sterben oder waren, wie die englischen in Oxford und Cambridge, in Lähmung versunken. Frankreich war schließlich die beherrschende Kraft in Europa und besaß sichere Grenzen. Die Zentralisierungstendenz in Frankreich bedeutete, daß der Staat ein Interesse an guten Kommunikationsverbindungen hatte, manchmal aus militärischen und politischen Gesichtspunkten, manchmal aus den Erfordernissen der wirtschaftlichen Entwicklung heraus. Das Corps des Ponts et Chaussées war eine Behörde, die für die staatlichen Verbindungswege zuständig war. Eine solche auf nationaler Ebene arbeitende Einrichtung benötigt Experten mit entsprechenden Erfahrungen und Fertigkeiten, d.h. sie benötigt Ingenieure mit amtlich anerkannten Qualifikationen. Es gab noch einige Verwirrung über die Bezeichnung dieser neuen Beamten (waren sie, wie in der Armee, Ingenieure, oder waren sie Architekten?), und am Anfang gab es keine klaren Richtlinien für ihre Ausbildung. Das Corps mußte geeignet vorgebildete Lehrlinge rekrutieren, die zunächst unter der Leitung altgedienter Beamten arbeiteten und lernten. Das war nicht mehr als das altbewährte Lehrlingssystem der Handwerker: Ein junger Mensch lernt, indem er unter der Aufsicht eines fähigen Handwerkers arbeitet. Dieses Verfahren erwies sich aber als zunehmende Zeitverschwendung. Altgediente Beamte sind nicht notwendigerweise gute Lehrer und haben verständlicherweise wenig Lust, wichtige Arbeiten zu unterbrechen, um die Jugend zu unterweisen. Es erwies sich als befriedigender, die Ausbildung zu rationalisieren. Folglich wurde 1747 die Ecole des Ponts et des Chaussées begonnen; ihr erster Leiter war Jean-Rudolphe Perronet (1708–94), der wohl führende Bauingenieur des 18. Jahrhunderts. Die genauen Daten der Gründung solcher Institutionen lassen sich heute unmöglich mehr festlegen: Man darf sich nicht vorstellen, daß eine ganze Organisation mit Personal, Studenten und Lehrplänen irgendwo einfach eingerichtet wurde, wo noch im Jahr vorher eine grüne Wiese war. Perronet selbst drückt sich in dieser Sache auch nicht klar aus, manchmal redet er von seinem Büro, manchmal von der Schule. Der Titel Ecole wurde erst 1775 offiziell verliehen. Zu der Zeit war die Zahl der Studenten von 10 auf 60 gewachsen, und die Kurse wurden formal organisiert. Einige altgediente Beamte waren weiterhin für einen kleinen Teil des Unterrichts zuständig, der große Rest wurde von älteren und erfahreneren Studenten übernommen. Die Ecole hatte sich damit von einer formlosen ad hoc-Ausbildung zu einer formalen Schule entwickelt.

Perronet war 47 Jahre lang für die Schule verantwortlich. In dieser Zeit wurde ein einzigartiges System technischer Ausbildung entwickelt, das wahrscheinlich nirgendwo auf der Welt übertroffen wurde. Das Corps, dem es diente, stellte schon vor der Französischen Revolution ein völlig neues verwaltungstechnisches System dar, das seine materiellen, politischen und bildungspolitischen Spuren in Frankreich und einem großen Teil der zivilisierten Welt hinterließ.

In Frankreich wurde im 18. Jahrhundert noch eine Anzahl ähnlicher Schulen eingerichtet, die unterschiedlichen militärischen und bürgerlichen Organisationen dienten. Die erfolgreichste war die Ecole du Génie (1747) im Dienst des Corps der Militäringenieure. Andere waren nicht so erfolgreich und überlebten nur für einige Zeit. Sogar das dezentralisierte *laisser faire*-England wagte sich auf das Feld der technischen Erziehung, als 1741 die Royal Military Academy in Woolwich zur Ausbildung von Armeeingenieuren und Artilleristen gegründet wurde. Der zweite bedeutende Beitrag zur technischen Ausbildung wurde allerdings in den deutschen Ländern und in Österreich-Ungarn gemacht.

Die Bergbaugebiete der deutschsprachigen Länder hatten unter dem Dreißigjährigen Krieg nicht allzusehr gelitten, einige waren überhaupt nicht betroffen. Auf jeden Fall waren die Gold- und Silberminen zu wertvoll, als daß man sie im Boden gelassen hätte, und nach den damaligen wirtschaftlichen Leitlinien hatte die Ausbeutung der Erzlager eine hohe Priorität. Schon 1720 richtete J.F. Henschel in Freiberg in Sachsen mit staatlicher Finanzhilfe ein analytisches Laboratorium ein. Es zog bald zahlreiche Studenten an, deren berühmtester M. Lomonosow war, der von der russischen Regierung geschickt wurde. Die Bergwerke Sachsens waren größtenteils staatlich kontrolliert und stellten ähnlich hohe Anforderungen an die Fähigkeiten und das Wissen der Mitarbeiter wie das beim Corps des Ponts et Chaussées der Fall war. Ein Lehrlingssystem kam hinzu, wurde aber bald durch die Errichtung der Bergakademie wirksam ersetzt, die 1767 mit zwei Professoren und drei Bergbaubeamten ihre Arbeit aufnahm. Die hochorganisierte Ausbildung (die Studenten mußten eine Uniform tragen) dauerte drei Jahre. Der hervorragendste Schüler der Bergakademie war A.G. Werner (1749–1817), der 1775 als Professor dorthin zurückkehrte. Am bekanntesten wurde er durch seine „neptunische" Theorie, nach der alle Oberflächengesteine der Erde aus Sedimenten entstanden sind, die einst in einem weltumspannenden Urmeer abgelagert wurden. Daß es eine so große Zahl von Studenten nach Freiberg zog, ist sicherlich größtenteils Werners Erfolgen als Lehrer und Wissenschaftler zuzuschreiben; zu denen, die später berühmt wurden, zählen Leopold von Buch, James Watt jr. und Alexander von Humboldt.

Eine andere Hochschule des Bergbaus, die zu ihrer Zeit mindestens so bekannt war wie die in Freiberg, entwickelte sich in Schemnitz. Samuel Mikoviny war ab 1735 in Schemnitz als Lehrkraft für Mechanik und Pumpwesen beschäftigt. Nach seinem vorzeitigen Tod 1750 fielen die Kurse über Jahre hinweg aus, bis schließlich 1763 Nikolaus Jacquin (1727–1817) auf einen Lehrstuhl für Chemie nach Schemnitz berufen wurde. Zwei Jahre später wurde ein Lehrstuhl für Mathematik und Mechanik geschaffen. Jacquin war französischer Herkunft und kam aus Leiden, wo er bei Hermann Boerhaave Medizin studiert hatte, nach Schemnitz. Im Verlauf der sechs Jahre, die er den Lehrstuhl innehatte, bevor er als Botanikprofessor nach Wien ging, baute er einen überaus erfolgreichen Lehrgang auf, der internationale Anerkennung fand. 1770 wurde die Königliche Ungarische Bergbauakademie in Schemnitz formell gegründet, mit einem organisierten Dreijahreskurs und drei Professoren. Den Lehrstuhl für die Bergbaukunst hatte Christoph Traugott Delius inne, der seine Vorlesungen unter dem Titel „Anleitung zur Bergbaukunst" 1773 veröffentlichte. Dieses Buch genoß soviel Ansehen, daß es ins Französische übersetzt wurde. Um diese Zeit war die Akademie auf dem Höhepunkt ihres Ruhms, gegen Ende des Jahrhunderts wurde sie aber von Freiberg überholt.

Aus diesen Beispielen können wir eine einfache, allgemeine Schlußfolgerung ziehen: Technische Hochschulen bzw. technologische Universitäten entstanden dort, wo der Staat ein direktes Interesse daran hatte. Das war in allen Fällen die Verteidigung, im Fall Österreich-Ungarns und Sachsens ein Bergbaumonopol, Kommunikationswege im Fall Frankreichs. Für Frankreich möge die berühmte Ecole Polytechnique als Beispiel dienen, die 1794 gegründet wurde, als Frankreich fand, eine allgemeine wissenschaftliche Ingenieurausbildung sei für diejenigen nötig, welche das Personal in den technischen Abteilungen der Armee und der Zivilbehörden stellen sollten. Es ist eine Ironie der Geschichte, daß Lavoisier, der bei der Planung der Ecole des Travaux Public, wie die Ecole Polytechnique anfangs geheißen hatte, eine wesentliche Rolle gespielt hatte, im gleichen Jahr hingerichtet wurde. Die Anklage legte ihm zur Last, daß er privater Steuereintreiber gewesen war.

Das halbe Jahrhundert vor der Französischen Revolution war die Zeitspanne, in der die Technologie ihren eigenständigen und öffentlich anerkannten Rang erhielt. Dies wird durch die Vielzahl der Gesellschaften und Institutionen bestätigt, die in Frankreich, England und in anderen Ländern zur Förderung der Landwirtschaft, der „Künste" und der Industrie gegründet wurden. Die verschiedenen Spielarten des technischen Fortschritts wurden – dank der enorm verbesserten Publikationsmöglichkeiten und der immer kürzeren Zeitspannen für Veränderungen – klarer als jemals zuvor definiert. Waren früher Jahrhunderte vergangen zwischen einer Erfindung oder Verbesserung und der nächsten vergleichbaren, so waren es jetzt Jahrzehnte oder weniger. Die Erfindung von Samuel Cromptons Schemelschaftmaschine ist dafür ein gutes Beispiel. Als Mischform aus Arkwrights Wasserwebrahmen und Hargreaves' Feinspinnmaschine erschien es 1779, genau zehn Jahre nach Arkwrights und Hargreaves' Patenten. In der Zwischenzeit hatte Arkwright noch seine Kardiermaschine erfunden. Dagegen verstrichen zwischen der Erfindung des ursprünglichen Spinnrades (des Großen Rades) und des verbesserten Sächsischen Rades, das einen Flieger hatte, beinahe 100 Jahre. Es ist nicht bekannt, von wem oder wann genau diese mittelalterlichen Erfindungen gemacht wurden. Was alle diese Textilmaschinen, die antiken und die modernen, gemeinsam haben ist, daß sie Bacons Kriterium für einen gewissen Typ von Erfindungen erfüllen: Sie beinhalten keine Prinzipien, Materialien oder Verfahren, die Archimedes erstaunt hätten.

Die Geschichte der Textilmaschinen erreichte mit dem Webstuhl, den J.M. Jacquard (1752–1834) im Jahr 1801 erfand, einen Höhepunkt. Diese bemerkenswerte Maschine bedeutete eine vollständige Lösung des Problems, ein Gewebe mit exakt wiederholten Mustern herzustellen. Das Problem ließ sich auf einfache und relativ billige Art mit Hilfe des Druckens lösen. Teurer, aber genauer konnte es durch die Verwendung verschieden gefärbter Kettenfäden auf einem Kegelstuhl gelöst werden, wenn man einen „Zugjungen" anstellte, der bei jedem Durchlauf des Fliegers besondere Kettenfäden anhob, und zwar unveränderlich und gleichförmig, so daß ein gleichmäßig wiederholtes Muster entstand. Jacquards große Errungenschaft bestand in der Automatisierung dieser schon bekannten Technik, in dem er das Stoffmuster auf Lochkarten kodierte (siehe Bild 8.1). Jede einzelne Karte des periodisch sich wiederholenden Stapels war mit einem individuellen Muster kleiner Löcher versehen. Diese Löcher repräsentierten das zu webende Muster. Die Löcher wurden durch dünne, waagrechte Stahlnadeln „gelesen" oder registriert, die von kleinen Federn gegen die Karten gepreßt wurden. Jede Nadel wiederum besaß ein kleines Auge, durch das ein senkrechter Draht geführt war, dessen unteres Ende einen Kettenfaden hielt. Oben am Draht befanden sich Haken, die eine waagrechte Stange bewegen konnten. Wenn eine Nadel auf ein Loch traf, wurden das Auge und der senkrechte Draht so verschoben, daß der Haken die waagrechte Stange einfangen konnte. Wenn es kein Loch gab, bewegte sich die Nadel nicht und der Haken konnte die Stange nicht fassen. Ein Anheben der Stange zog also nur die

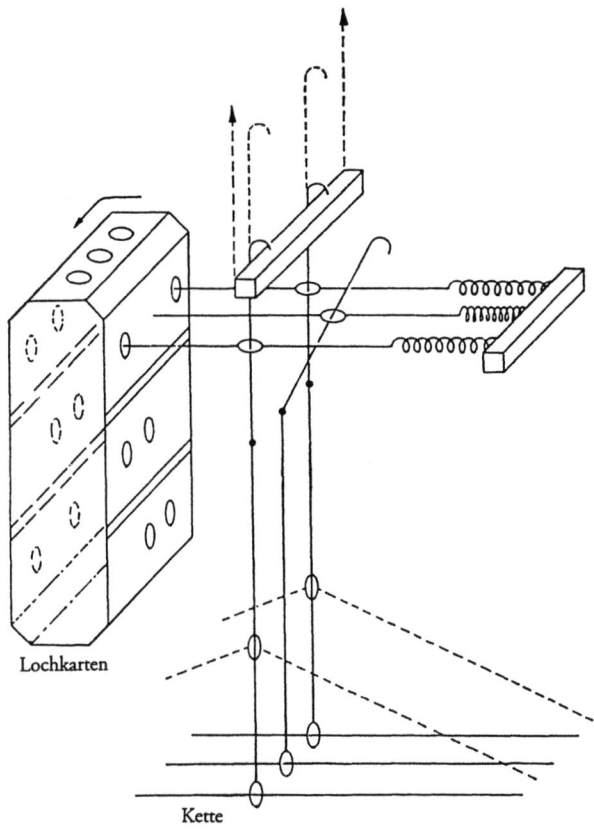

Bild 8.1
Der Jacquard-Mechanismus

Kettenfäden nach oben, denen ein Loch in der Karte entsprach. Auf diese Weise diktierte das Voranschreiten eines aufeinander abgestimmten Kartenstapels, welche farbigen Fäden anzuheben waren und welche nicht, damit das gewünschte Muster entstand. Die Karten bildeten einen geschlossenen Kreislauf, so daß durch ihre andauernde Rotation das Muster ohne Abänderung fortwährend wiederholt wurde.

Der Jacquard-Webstuhl wurde zum sofortigen Erfolg und blieb ohne wesentliche Veränderungen bis ins gegenwärtige Elektronikzeitalter in Gebrauch. Man kann ihn ohne weiteres die originellste und genialste aller Erfindungen der Textilbranche nennen[1]. Im Gegensatz zum wassergetriebenen Webstuhl, zur Kardiermaschine und zur Schemelschaftmaschine hatte der Jacquard-Webstuhl einen starken und dauerhaften Einfluß auch außerhalb des Textilbereichs. Die An- oder Abwesenheit eines gestanzten Lochs auf der Karte bedeutete „ein" oder „aus", bzw. in binärer Notation „1" oder „0". Jacquards Methode, Information zu kodieren, damit eine Maschine zu „programmieren" und die Information durch Sensoren zu „lesen", ist einer der Startpunkte der Computertechnologie. Der erste Erfinder eines Computers, Charles Babbage, wurde davon beeinflußt.

Doch war der Jacquard-Webstuhl beileibe nicht der einzige bedeutende französische Beitrag zu der revolutionären Textilindustrie dieser Zeit. Wie wir gesehen haben, wurde Schwefelsäure, ein Grundbestandteil vieler industrieller Prozesse, auch in der Textilbearbeitung standardmäßig eingesetzt. Es paßt, daß John Holker (1719–86) – der Mann, der das Bleikammerverfahren nach Frankreich brachte – ein Textilfacharbeiter aus Manchester war, der sich im englischen Thronfolgestreit 1745 auf die falsche Seite geschlagen und es dann für besser befunden hatte, das Land zu verlassen. Er ließ sich in Frankreich nieder, wo seine Fähigkeiten und sein Wissen so geschätzt wurden, daß er in seiner Wahlheimat und in deren Dienst schnell aufstieg. 1769 und 1770 unternahm sein Sohn ausgedehnte Reisen nach England und Schottland, um verschiedene chemische Fabriken zu studieren. In der Folge begann Holker senior um 1772, in seinen Werkstätten in Rouen Schwefelsäure nach dem Bleikammerverfahren herzustellen. Nun entstehen bei der Verbrennung von Schwefel zwei Gase, Schwefeldioxid und Schwefeltrioxid, von denen nur das letzte für die Säureherstellung benötigt wird. Lavoisiers klassische Forschungen hatten zu der plausiblen Ansicht geführt, daß die Funktion des Salpeters bei dem Prozess darin bestand, die Verbrennung des Schwefels zu beschleunigen und somit den Anteil an Schwefelsäure zu erhöhen. Man dachte, die seit langem bekannte geringe Effektivität sowohl des *per campanum*- als auch des Bleikammerverfahrens lägen an ungenügender Sauerstoffzufuhr, sowie an dem unvermeidlichen Gasverlust, wenn die Kammer zum Nachladen geöffnet werden mußte. Der Ersatz von Salpeter durch andere Hilfsstoffe führte jedoch ebensowenig zum Erfolg wie die Erhöhung des verfügbaren Sauerstoffs durch einen ständigen Frischluftstrom.

Die Einsicht in die wirkliche Rolle des Salpeters kam mit der Veröffentlichung der Forschungsergebnisse zweier Industriechemiker, N. Clément und C.-B. Desormes, zu Beginn des 19. Jahrhunderts. Sie konnten zeigen, daß beim Schwefelbrennen ein zyklischer Prozeß abläuft. Der mitverbrannte Salpeter erzeugt Stickstoffdioxid, das mit dem Schwefeldioxid zu Schwefeltrioxid und Stickstoffoxid reagiert. Letzteres reagiert mit dem

---

[1] Es heißt, daß Jacquard, als er eines Tages seine Erfindung vor einem Komitee erläutern sollte, er von Vorsitzenden (kein anderer als Napoleon selbst) gefragt wurde, ob er behaupte, zu können, was selbst der Allmächtige nicht könne: Einen Knoten in ein straff gespanntes Seil zu machen.

Luftsauerstoff wieder zu Stickstoffdioxid, das dann erneut mit dem Schwefeldioxid reagiert. Dies setzt sich fort, bis entweder aller Sauerstoff oder alles Schwefeldioxid verbaucht ist. J.G. Smith sagte zu dieser Analyse, daß sie

> ein wunderschönes Beispiel für die Anwendung wissenschaftlicher Kenntnisse und Fähigkeiten auf die Untersuchung, die Erklärung und, in der Folge, der Verbesserung eines industriellen Verfahrens ist. Gleichzeitig illustriert sie den umgekehrten Beitrag, den technologische Arbeiten zur reinen Wissenschaft leisten können, denn der erhellte Reaktionsprozeß stellt das erste gut dokumentierte Beispiel einer katalytischen Reaktion dar. Sie hatten damit auch die erste Theorie der Katalyse entwickelt.

Ungeachtet der praktischen Verdienste dieser Analyse waren noch andere Verbesserungen erforderlich, um die Effizienz des Verfahrens zu steigern. Dazu gehörte die Verbrennung in einem Ofen außerhalb der Bleikammer, die Anwendung eines Luftstroms (natürlich nicht als Ersatz für den Katalysator) und das Einblasen von Dampf, so daß das Verfahren praktisch kontinuierlich wurde. Nach J.G. Smith stellte es damit den ersten kontinuierlichen Flußprozeß in der chemischen Industrie dar. Als Folge dieser Verbesserungen war im zweiten Jahrzehnt des 19. Jahrhunderts die Schwefelsäureerzeugung in Frankreich wesentlich größer als in England.

Die zweite weitverbreitete Industriechemikalie war Soda oder Natriumkarbonat, ein wesentlicher Bestandteil in Seifen und bei der Glasherstellung, sowie ein Reinigungsmittel in der Textilindustrie. Bis zum Ende des 18. Jahrhunderts war Soda durch die Verbrennung pflanzlicher Rohstoffe unter Zugabe von Meersalz erzeugt worden. In der Praxis wurde entweder Seetang oder noch lieber spanischer Barilla verwendet. Zum Auslaugen des Sodas aus der Asche wurde Wasser genommen, die Lösung wurde dann eingedampft und zurück blieben Sodakristalle. Es war also klar, daß Salz oder Natriumchlorid mit dem Soda eng verwandt war und in Soda umgewandelt werden konnte. Schon vor der Mitte des Jahrhunderts war nachgewiesen worden, daß Soda mit einer einfachen chemischen Technik aus Salz hergestellt werden kann. Schwefelsäure reagiert mit Salz zu Natriumsulfat, das dann mit Holzkohle verbrannte wurde. Die entstehende Asche Natriumsulfid wurde mit Weinessig behandelt, und heraus kam Soda. Einen industriellen Prozeß daraus zu machen, stand aber nie zur Debatte. Zum einen gab es eine lähmende Salzsteuer, zum anderen war die Schwefelsäure viel zu teuer.

Die ersten Versuche, Soda auf solche Weise herzustellen, sind mit den Namen Garbett, Roebuck, Watt und James Keir verbunden. Was auch immer sie und andere mit solchen Projekten Befaßte in kleinem Maßstab für Erfolge erzielt haben mögen – sie waren nicht in der Lage, diese in industriellem Maßstab zu wiederholen. Die Nachricht von diesen Versuchen, mit Gerüchten über Erfolge, erreichten Frankreich, wo insbesondere Watt viele wissenschaftliche Kontakte und Beziehungen hatte. Die französischen Versuche, die erfolgreichen Laborergebnisse in ein vollständiges Industrieverfahren umzuwandeln, scheiterten aber ebenso. Neben den technischen Schwierigkeiten war wie in England die Salzsteuer sehr entmutigend.

Der am engsten mit der Sodaindustrie verbundene Name ist Nicholas Leblanc (1742–1806). Er war der Sohn eines Eisenwerkers, studierte in Paris zuerst Pharmazie und dann Chirurgie und wurde schließlich im Gefolge des Herzogs von Orléans (bekannt als Philippe Egalité) zum Chirurgen ernannt. Er berichtet, daß er sich für das Sodaproblem

1784 zu interessieren begann und 1789 die Antwort gefunden hatte. Sein Verfahren begann wie gewöhnlich mit dem Stadium, in dem Schwefelsäure mit Salz zu Natriumsulfat und Salzsäure reagiert. Im zweiten Stadium wurde das Natriumsulfat mit einer Mischung aus Holzkohle und Kalkstein verbrannt. Das Ergebnis war ein Gemisch aus Soda, Kalziumsulfid und Kohlendioxid, aus dem das Soda mit Wasser herausgelaugt wurde. Die wesentliche Neuerung bestand in der Zugabe von Kalkstein. Was Leblanc zu diesem Schritt führte, ist nicht bekannt.

Leblanc erhielt 1791 unter dem neuen Regime sein Patent. Gleichzeitig eröffnete er mit seinem Mitarbeiter Dizé, der wie er vom Herzog von Orléans bezahlt wurde, bei Paris eine Sodafabrik. Doch wurde sie kein Erfolg, obwohl Leblanc die Produktionsprobleme der Sodaherstellung gelöst hatte und die Salzsteuer 1791 abgeschafft wurde. Die Verhaftung und Hinrichtung des Herzogs von Orléans 1793 machten der finanziellen Unterstützung ein Ende. Die nationale Krise dieses Jahres, als Frankreich von jedem Staat Europas bedroht wurde, hatte zur Folge, daß der Landesverteidigung oberste Priorität eingeräumt wurde. Was an Schwefel, Salpeter und Holzkohle verfügbar war, ging in die Schießpulverherstellung. Welche Gründe auch immer für den Mißerfolg der Fabrik verantwortlich gewesen sein mögen, Leblanc konnte nie einen Lohn für seine Mühen genießen. Die Fabrik war zeitweise vom Staat konfisziert, als sie ihm zurückgegeben wurde, hatte er nicht die Mittel, sie zu betreiben. 1806 beging Leblanc Selbstmord.

Der Erfolg des Leblanc-Verfahrens wurde aber im ersten Jahrzehnt des 19. Jahrhunderts erkannt. Das war ein Triumph nicht der Wissenschaft, sondern der Überwindung von Entwicklungsschwierigkeiten. Die verwendeten Materialien waren leicht und im Überfluß zu beschaffen, sie mußten allerdings in den richtigen Mengenverhältnissen und bei den richtigen Temperaturen eingesetzt werden. Außerdem mußte ein völlig neues Fabrikgebäude konzipiert werden, um mit diesem gänzlich neuen Verfahren zurecht zu kommen. Kurz gesagt, begann die chemische Schwerindustrie mit dem Leblanc-Verfahren. Das Verdienst dafür kommt Frankreich zu, wobei Schottland bedeutsame Beiträge lieferte. Frankreich und Schottland waren natürlich die führenden Nationen sowohl in der „reinen" als auch in der industriellen Chemie.

Der letzte lukrative Fortschritt der chemischen Industrie am Ende des 18. Jahrhunderts fand ebenfalls in Frankreich statt. Zusammen mit der Beherrschung der Herstellungsverfahren für die Schwefelsäure und das Soda vervollständigte er die umwälzende Phase der Textilindustrie. Es handelt sich um die Einführung der Chlorbleiche. Der schwedische Chemiker K.W. Scheele hatte 1773 das Chlor entdeckt. Dessen Bleichfähigkeit wurde durch den französischen Chemiker C.-L. Berthollet (1748–1822) nachgewiesen, der seine Entdeckung sofort (1785) veröffentlichte. Unglücklicherweise ist das Gas Chlor zum direkten Gebrauch für das Bleichen kaum geeignet (und auch gefährlich); es löst sich auch schlecht in Wasser, allerdings genügt zum Bleichen bereits eine verdünnte Lösung. Eine Reihe von Forschungsprojekten folgte, um einen Weg zu finden, das Chlor so mit anderen Stoffen zu kombinieren, daß seine Bleicheigenschaften optimal genutzt werden konnten. Berthollet spielte dabei eine herausragende Rolle. Eine Möglichkeit war, das Chlor mit einer Lösung von Pottasche (Kaliumkarbonat) zu kombinieren. Dies ist das sogenannte *Eau de Javel*, ein wirkungsvolles und bequemes Bleichmittel. Ein noch besseres Rezept ergab sich aus einer Korrespondenz zwischen Berthollet und Watt. Charles Macintosh, ein Partner des Chemiefabrikanten Charles Tennant in Glasgow, fand heraus, daß man eine gute Bleichflüssigkeit erhielt, wenn man Chlor durch eine kalkhaltige Wasserlösung leitete. Das Patent dafür aus dem Jahr 1798 lief auf Tennants Namen. Ein Jahr später erfand Macintosh das Bleichpulver. Es bestand aus gelöschtem Kalk, der Chlor absorbiert hatte, war leicht zu transportieren und wurde einfach durch Zugabe von Wasser gebrauchsfertig gemacht. 1799 wurde auch diese Erfindung unter Tennants Namen patentiert.

Die meisten der französischen und schottischen Pioniere der Chemieindustrie waren als Mediziner ausgebildet. Erst nach 1794 erhielten die französischen Chemiker ihre Ausbildung in wachsendem Umfang an der Ecole Polytechnique und anderen spezialisierten Institutionen.

Der Fortschritt in der Gaschemie, der für das späte 18. Jahrhundert so kennzeichnend war, erhielt eine aufregende und wirklich dramatische Anwendung, als im Juni 1783 die Papierhersteller Joseph Montgolfier und sein jüngerer Bruder Etienne aus Annonay in der Languedoc den ersten unbemannten Heißluftballon starteten. Ein solches Gerät zu konzipieren und es schließlich erfolgreich zu starten, erforderte nicht nur ein solides Wissen der einfachen Gasphysik, sondern auch Mut und Unternehmergeist. Es dauerte nicht lang, bis zur wilden Begeisterung der Massen auch bemannte Flüge unternommen wurden. Ein Jahr später, 1784, stieg der erste Wasserstoffballon auf, und fast unmittelbar darauf wurde der Fallschirm erfunden und erfolgreich ausprobiert. Den Wasserstoffballon hatte die jetzt relativ billige Schwefelsäure ermöglicht. 1785 flogen J.P. Blanchard und John Jeffries bereits mit einem Ballon über den Ärmelkanal, doch erwiesen sich die „Leichter-als-Luft-Fahrzeuge" weder im Krieg noch im Frieden als so nützlich, wie es die wagemutigen Pioniere gehofft hatten (mit dem Fallschirm war das anders). Vergleicht man die Begeisterung der Menge mit der öffentlichen Gleichgültigkeit gegenüber der Newcomen-Maschine, so scheint das die Wankelmütigkeit und Unzuverlässigkeit der öffentlichen Meinung ebenso zu bestätigen wie die Ansicht des älteren Dr. Johnson, daß ein Heilmittel gegen Asthma nützlicher gewesen wäre. Ein solcher Schluß ist aber nicht ganz fair: Zweifellos haben die Ballonflüge die gewöhnlichen Leute von der Wirklichkeit des technischen Fortschritts überzeugt und auch dem fantasielosesten die zukünftigen Möglichkeiten vor Augen geführt. Und schließlich war, wenigstens ansatzweise, ein alter Menschheitstraum wahrgeworden – die Eroberung der Luft.

Die Erfindung des Leichter-als-Luft-Fahrzeugs durch die Industriellen und Technologen Montgolfier war ein Resultat der reinen Wissenschaft der Gaschemiker und „Physiker", wie sie nunmehr genannt wurden. In gleicher Weise war die Newcomen-Maschine ein Sprößling der wissenschaftlichen Entdeckung der Atmosphäre, und Benjamin Franklins Blitzstange beruhte auf seinen Forschungen über Gewitterwolken und der daraus gewonnenen Theorie der Elektrizität als einer abstoßenden Flüssigkeit.

Erfindergeist bildet offenkundig die Grundlage des technologischen Fortschritts. Die Leistungen des 18. Jahrhunderts lassen erkennen, wie komplex das sein kann. So zeigten Watts Forschungen, welche die neuesten wissenschaftlichen Erkenntnisse berücksichtigten, die unweigerlichen Begrenzungen der Newcomen-Maschine auf, wiesen aber keinen Weg zu deren Überwindung. Seine Erfindergaben ließen ihn auf den separaten Kondensator kommen, so daß im Einklang mit seinen wissenschaftlichen Kenntnissen die Maschine radikal verbessert, ja sogar zu einem neuen Maschinentyp umgewandelt werden konnte.

Sie werden auch durch die Erfindung des Planetengetriebes mit paralleler Bewegung und das doppeltwirkende Prinzip bestätigt, obwohl dazu keine wissenschaftlichen Kenntnisse erforderlich waren. Nach dem gleichen Schema verliefen die Fortschritte der zeitgenössischen Wasserkrafttechnologie, allerdings waren hier mehr Menschen beteiligt, und die Zeitspanne war wesentlich länger. Durch systematische Experimente entdeckte man die Mängel in Parents Theorie. Die verbesserte Theorie wies den Weg zu effizienteren Wasserrädern.

Es ist betont worden, daß die signifikante Erweiterung der englischen Energiequellen, die Smeaton ermöglicht hat, ein wesentlicher Faktor für den Fortgang der industriellen Revolution war. Sowohl heute noch bestehende frühe Textilfabriken als auch die zahlreichen Zeichnungen und Skizzen von verschwundenen Werkstätten bezeugen den weitverbreiteten Gebrauch des smeatonschen Wasserrades in der Industrie. Anders als die vielen Schlachten, die immer wieder beschrieben werden, wird dieses geschichtlich entscheidende Element oft übersehen. Man könnte Smeaton durchaus als den großen Erneuerer bezeichnen. Mit seiner Methode erreicht man das wirkungsvollste Produkt oder Verfahren, das mit den vorhandenen Mitteln realisierbar ist. Es ist sicher nicht falsch zu sagen, daß die smeatonsche Methode für die allmählichen Verbesserungen – ohne Veränderung der Grundprinzipien – der Autos, der Flugzeuge und der Fernseher während der letzten 40 Jahre verantwortlich ist. John Farey hat Smeatons Fähigkeiten und Grenzen folgendermaßen charakterisiert:

> Mr. Smeaton steht als herausragendes Beispiel für ein gesundes Urteil in mechanischen Dingen da, ohne daß er die Kraft zu großen Erfindungen oder originellen Ideen gehabt hätte. Seine Arbeiten und seine Art, zu denken, sind unangreifbar... Mr. Watt besaß größere Fähigkeiten zu originellen Erfindungen, war Mr. Smeaton aber auch als praktischer Ingenieur keineswegs unterlegen...

Dieses Urteil hat einiges für sich, wenn es auch keineswegs die ganze Wahrheit ist. Bei der Konzeption seiner Experimente zur Effizienz von Wasserrädern und bei der Beurteilung der Unterschiede zwischen den beiden Hauptformen zeigte Smeaton sehr viel Originalität. Nichtsdestoweniger konnte seine Methode der Parametervariation prinzipiell nicht zu einer neuen Erfindung führen; sie war auch keine wissenschaftliche Untersuchung der grundlegenden Gesetzmäßigkeiten des untersuchten Gebiets (einzelne Ausnahmen mögen die Regel bestätigen). Sie hat aber zweifellos erreicht, daß der geheimniskrämerische Zug des nur von Meister zu Lehrling weitergegebenen Handwerkerwissens aus dem Bereich der Technik verschwunden ist. Das Ingenieurwesen wurde in England durch Smeaton ein selbständiges Fach, mit wenigstens einer gemeinsamen Methode für alle Probleme und Umstände. Das besondere und leicht übersehene Verdienst John Smeatons besteht mit anderen Worten also in dem Beweis, daß seine Methode im gesamten Spektrum dessen, was vorher als Handwerk gegolten hat, anwendbar ist. Dieses verbindende Element rechtfertigt seinen Anspruch, der Vater des englischen Bauingenieurwesens und der Großvater der Maschinenbauingenieure als eigenständige Berufszweige zu sein. Noch vor dem Ende des Jahrhunderts wurde die Smeatonian Society of Civil Engineers in London gegründet, die zum Vorläufer der Institution of Civil Engineers wurde.

Die bemerkenswerten Verbesserungen in der Landwirtschaft und in der Eisenindustrie beruhten ohne Zweifel auf dem Glauben an die Verbesserbarkeit, auf scharfer Beobachtung, auf Intuition und harter Arbeit. Es scheint, daß wenig oder gar keine theoretischen oder wissenschaftlichen Erwägungen eingeflossen sind und daß diese tatsächlich erst im

19. Jahrhundert Bedeutung gewannen. Weitere Untersuchungen mögen allerdings durchaus ergeben, daß Methoden, die der Parametervariation vergleichbar sind, benutzt wurden. Insbesondere Tull könnte so vorgegangen sein. Wenn dem so ist, dann muß man die Quelle wohl im 17. Jahrhundert suchen. Auf jeden Fall müssen alle diese neuen Methoden und Techniken vor dem Hintergrund eines festen Glaubens an den Fortschritt, der schon als beinahe selbstverständlich betrachtet wurde, gesehen werden. Wenn die Philosophen des 18. Jahrhunderts über die Perfektionierbarkeit der Menschheit nachdenken konnten, wieviel leichter war es dann, an die Perfektionierbarkeit der Technologie zu glauben! Der offenkundige Erfolg der Technologie muß umgekehrt den Fortschrittsglauben in jeder Hinsicht bestärkt haben.

Wenn Smeaton auch dem englischen Ingenieurwesen eine einheitliche Methode und den Anfang einer prestigeträchtigen Institution beschert hat, eines konnte er nicht: Ein einheitliches Erziehungs- und Ausbildungssystem schaffen. Zur Spitze des englischen Ingenieurwesens führten mehrere unterschiedliche Wege. Smeaton und Watt wählten den Weg über den Beruf eines Instrumentenbauers. Ein anderer, schlichterer, verlief über den Beruf des Mühlenbauers; der dritte schließlich bestand in einer Lehre bei einem führenden Ingenieur wie Watt. Daneben gab es noch die Wege über eine Prospektortätigkeit, über die Landvermessung und über die Architektur. Eine ähnliche Verfahrensvielfalt gab es auch im Rechtswesen, in der Medizin und der Chirurgie.

Es ist interessant und aufschlußreich, Smeatons Leistungen mit dem Werdegang seines jüngeren Zeitgenossen Charles August Coulomb (1736–1806) zu vergleichen. Dieser war der Sohn einer ländlichen Familie von lokaler Bedeutung, studierte in Paris und trat dann in die Ecole du Génie in Mézières ein, wo de Borda und Bossut zu seinen Lehrern zählten. Als Offizier des Korps wurde er nach Martinique in Westindien entsandt, dort war er verantwortlich für den Bau von Festungsanlagen. Als er acht Jahre später nach Frankreich zurückkehrte, teilte er seine Zeit zwischen militärischen Verpflichtungen und dem Verfassen von Abhandlungen über Technologie und Physik. Eine davon ist seine wichtige Abhandlung über die Reibung.

Seine bekannteste technologische Abhandlung ist sein „Aufsatz über die Anwendung der Maximum-Minimum-Regeln auf einige Probleme der Statik, mit Bezug zur Architektur" (1773). Die Abhandlung beginnt, indem er das Verhalten eines belasteten Balkens analysiert. Ausgehend von der Erkenntnis, daß Holz und Metall elastisch sind, Stein aber nicht, bemerkte er, daß es irgendwo zwischen der oberen und der unteren Balkenfläche eine neutrale Schicht geben muß (Parent erwähnte er nicht, vermutlich hat er dessen Arbeiten gar nicht gekannt). Er zeigte dann, daß die Summe der Spannungen im oberen Teil des Balkens den Kompressionskräften im unteren Teil gleich sein muß. Weiterhin muß die vertikale Komponente dieser Kräfte gleich der angelegten Belastung sein, und das Moment der Biegekraft muß gleich dem Moment der Steifigkeit sein. Als nächstes bewies er unter Berücksichtigung der Kohäsion und der Reibung, daß ein senkrechter Pfeiler bei einer kritischen Belastung entlang einer schrägen Fläche brechen würde – wie eine schräg angeschnittene Wurst. Bei diesen und anderen Beweisen benötigte er zwangsläufig die Differential- und Integralrechnung. Seine Lösung war allerdings nicht vollständig: Er hatte Leonhard Eulers Theorie der Biegungen und der Stärke von Abstützungen außer Acht gelassen. Das Gleiten längs einer schrägen Fläche kommt auch in seiner Untersuchung

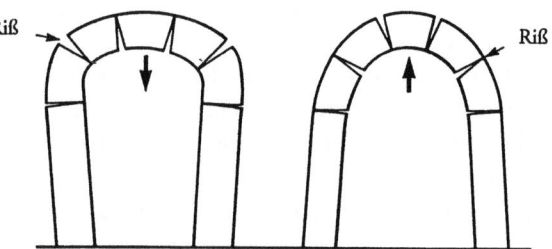

Bild 8.2 Stabilität von Gewölben

einer Mauer unter dem Einfluß des Erddrucks vor. Wenn eine keilförmige Erdmasse gegen eine Wand ungenügender Stärke drückt, bricht diese und gleitet dabei längs einer schrägen Fläche. Coulomb konnte aus der Kohäsion und der Reibung von Erde die Neigung dieser Fläche berechnen.

Ein Gewölbebogen kann auf zweierlei Weise brechen, nach innen und nach außen, je nach dem Verhältnis der Widerstandskraft der Pfeiler und dem Gewicht der Gewölbesteine (siehe Bild 8.2). Coulomb analysierte systematisch die Kräfte und Drehmomente in einem Gewölbe und fand heraus, zwischen welchem Minimal- bzw. Maximalwert der waagrechte Druck im Gipfelpunkt des Gewölbes liegen muß. Liegt der Druck außerhalb dieses Bereichs, so bricht das Gewölbe. Coulomb konnte schließlich auch für jedes vorgegebene Gewölbe die Bruchstelle angeben. Coulomb begann als Ingenieur, leistete in seinen späteren Jahren aber auch bedeutsame Beiträge zur Physik. Er unternahm umfangreiche Untersuchungen zur Elastizität und entdeckte Hookes Gesetz neu. Darauf aufbauend erfand er die Torsionswaage und bewies mit ihr direkt die umgekehrt quadratische Abstandsabhängigkeit der elektrischen Anziehungs- und Abstoßungskraft zwischen geladenen Kugeln und magnetischen Polen. Bis zu dieser Zeit waren die Forschungen zur Elektrizität fast ausschließlich in den Händen von experimentierenden Philosophen gelegen und von diesen entsprechend zweitrangig behandelt worden. Coulomb machte sie zu einer systematischen und professionellen Angelegenheit (die Einheit der elektrischen Ladung wird heute überall 1 Coulomb genannt).

Coulombs Laufbahn illustriert drei Dinge. Erstens zeigt sie die enge Verflechtung zwischen der Physik und der Technologie, die sich mit zunehmender Professionalisierung der Technologie und der Physik schon sehr bald ergab. Sie zeigt, wie leicht man von der einen zu der anderen wechseln konnte. Schließlich zeigt sie, wie in Frankreich die formalen Institutionen der technischen Ausbildung lange vor der Revolution errichtet wurden. In den letzten Jahrzehnten des 18. Jahrhunderts wuchs das Tempo der technologischen Erneuerungen so rasch an, daß ein mit Technologie und Wissenschaft befaßter Historiker ohne Kenntnis der politischen und sozialen Veränderungen (ein Gelehrter aus einer anderen Welt?) kaum vermuten würde, daß in diesen Jahren 1789 eine Revolution begann, die mit einer Militärgroßmacht endete, die fast ganz Kontinentaleuropa unterwerfen sollte.

Die Herausgeber der *Annales de Chimie* hegten keine Zweifel an der Wichtigkeit der Wissenschaft für den Krieg und die Technologie. Nach der Revolution und dem „Terror" konnten sie behaupten, daß die Chemie ein Licht auf die praktischen Fertigkeiten wirft:

Frankreich hängt bereits im Hinblick auf viele nützliche Erzeugnisse nicht mehr von anderen Nationen ab. Die Herstellung von mineralischen Säuren, verschiedenen Salzen, Metalloxiden, Farbstoffen und Glas, die in den vergangenen 15 Jahren so stark angewachsen ist, liefert den authentischen Beweis für die unermeßlichen Vorteile der Chemie. Hätten wir ohne die Führung dieser Wissenschaft die Mengen an Salpeter, Schießpulver und Waffen erzeugen können, die in den letzten vier Jahren hergestellt worden sind? Hätten wir das Kupfer, das Eisen, den Stahl, die Pottasche, das Soda, das Leder und die vielen anderen wertvollen Materialien besessen, mit deren Hilfe wir unsere Feinde besiegt und unser Dasein erhalten haben? *Hätten wir ohne die Chemie die Aerostatik so vervollkommnen können, wie dies geschehen ist?*

In diesem Geist widmeten sich die Bände 19 und 20 der *Annales* einer Darstellung der Dienste, welche die Chemie der Nation während der kritischen Jahre 1793–97 geleistet hatte. Die oben zitierte Behauptung war freilich anfechtbar. Eine gute Organisation und weit entwickelte praktische Fähigkeiten hatten in der Ausweitung der französischen Chemie- und Metallindustrie eine große Rolle gespielt. In dieser ganzen Epoche zählten zu den Neuerungen mit den größten Auswirkungen auf Kriegsangelegenheiten vielleicht der Aufbau der französischen Zuckerrübenindustrie, die den Zuckerimport aus Westindien, der durch die britische Blockade abgeschnitten war, ersetzte; die Entdeckung von Methoden zur Nahrungsmittelkonservierung; schließlich die Unterstützung, die Napoleon der französischen Krappbauindustrie gewährte. Doch wenn man die Definition von Chemie weiter faßt als dies die Akademiker zulassen würden, hatte der obige Anspruch schon eine gewisse Grundlage; er gewann auch von Jahr zu Jahr an Gültigkeit.

Diese Meinungen und Beispiele zu der Anwendung wissenschaftlicher Entdeckungen könnte den heutigen Leser dazu verleiten, vorschnell die üblichen Annahmen von heute auf die Technologie der Vergangenheit zu übertragen. Man nimmt zu leicht an, daß es zwei getrennte Gruppen gegeben habe, die Wissenschaftler und die Technologen, und daß die Wissenschaftler die Gesetze formulierten, Theorien ausarbeiteten oder Fakten entdeckten, die dann von den Technologen ausgenutzt werden konnten. In dieser Sichtweise scheint der Technologe, sei er Chemiker, Metallurg oder Ingenieur, lediglich das von anderen erworbene wissenschaftliche Wissen anzuwenden. Das ist aber ein Irrtum. Was England betrifft, gibt es vor dem letzten Teil des 19. Jahrhunderts wenig Anzeichen für eine abgegrenzte, ihrer selbst bewußte Klasse „reiner" Wissenschaftler. Newton war die Ausnahme, welche die Regel bestätigt. Typischer für seine Zeit war Robert Hooke. Der größte Teil der Menschen, die heute als Wissenschaftler eingestuft werden, leistete auch Beträge zur Technologie, und viele von denen, die man als Technologen sieht, trugen zur Wissenschaft bei. Wie Shakespeare schrieb, spielte ein Mensch seiner Zeit viele Rollen, selbst wenn diese nicht zwangsläufig in der von ihm genannten zeitlichen Reihenfolge kamen. In Frankreich und bis zu einem gewissen Grad auch in Schottland fällt es leichter, auf dem weiteren Weg zur Professionalisierung der Wissenschaft eine Klasse ihrer selbst bewußter und öffentlich anerkannter Wissenschaftler auszumachen. Die formale Trennung von Wissenschaft und Technik hängt mit bildungsmäßigen und organisatorischen Faktoren zusammen. Webster hat betont, daß es eine Verzerrung wäre, die Geschichte der Technologie und der Wissenschaft aus dem Blickwinkel moderner bildungsmäßiger Zuordnungen zu interpretieren.

Im 18. Jahrhundert wurden einige für das technologische Vorgehen wesentliche Punkte standardisiert. Dazu zählen die ersten klaren Beispiele für die wichtige Entwicklungsphase, in der eine Erfindung oder ein Modell vom Labormaßstab aus vergrößert oder verstärkt wird, um den Erfordernissen der erzeugenden Industrie zu entsprechen. Wir wissen nichts über die Entwicklungsprobleme, mit denen die Erfinder des Großen Rades oder des Sächsischen Rades konfrontiert waren; wir kennen die ersten Versuche zu einer erfolgreichen gewichtsgetriebenen Uhr, einem Seemannskompaß, einer Kanone oder einem Handgewehr nicht. Über Johann Gutenberg und seinen Druckereiladen in Mainz wissen wir zwar ein wenig, aber ebenfalls nichts über die Schwierigkeiten, mit denen er kämpfte, über die Probleme, die er löste und die Zeit, die er aufwenden mußte, um das richtige Metall für die Lettern zu finden, die Gußform zu entwickeln und die richtigen Zutaten für seine Drucktinte auszuwählen (wenn er das letztere überhaupt getan hat). Über die Probleme, die Newcomen bewältigte, können wir nur spekulieren oder sie durch Rekonstruktion herausfinden. Was James Watt und seine Kondensatormaschine anbelangt, so haben wir ein annehmbar klares Bild von der Art und Weise, wie er seiner Schwierigkeiten Herr wurde, und von den Faktoren, welche die Auslegung der von ihm und Boulton vermarkteten Maschinen. Das gleiche gilt für John Harrison und sein Chronometer und für die Pioniere der Sodaherstellung und des Chlorbleichens, schließlich auch für die Anfänge der „Aerostatik". Nur Neuerungen, die zuverlässig und sicher sind, die ein erkennbares Bedürfnis befriedigen und lukrativ sind, bestehen den Test.

Die Historiker, die sich mit dem Emporkommen einer organisierten, ihrer selbst bewußten und effizienten Technologie beschäftigt haben und die mit den enormen Handelserfolgen Englands konfrontiert sind, haben immer dazu geneigt, die Leistungen der organisierten Wissenschaft und Technologie in Frankreich zu übersehen. Frankreich hat ja auch in den Kriegen der Jahre bis 1815 enorm gelitten; im Vergleich dazu wurde auf britischem Boden nur eine einzige feindliche Muskete abgefeuert, und dies nur ein einziges Mal, und der einzige Schaden betraf lediglich eine Standuhr (Fishguard 1797). Der Versuch, nationale Bilanzen gegeneinander aufzurechnen, ist daher müßig. Gerechterweise muß man sagen, daß die Industrialisierung Europas nach 1815 Frankreich und England viel verdankt. Alle damaligen Technologieformen waren im Frankreich am Ende des 18. Jahrhunderts klar erkennbar. Die wesentlichen Züge hängen mit den Kriegs- und Revolutionsbedingungen kaum zusammen. Was Coulomb anbelangt, so haben wir hier vielleicht das erste bedeutende Beispiel eines Mannes, der als Ingenieur begann und aus einer der großen Ingenieurschulen hervorgegangen war, dann aber sein Ingenieurwissen dazu verwendet hat, einen fundamentalen Fortschritt in einem Bereich der Wissenschaft zu bewirken, der offenkundig nur beschränkt nützlich war. Coulombs Entdeckung und die Verwendung seiner Torsionswaage waren die ersten Schritte zur Quantifizierung der Elektrizitätslehre.

Die Dampfkraft und die Verwendung von Eisen als Baumaterial stammen beide aus dem 18. Jahrhundert, bereiteten aber den Ingenieuren der folgenden Jahrhunderte noch erhebliche Probleme. Bis zum Ende des 17. Jahrhunderts geschah der Einsatz traditioneller Baumaterialien – Holz, Mauerwerk und Ziegel – auf der Grundlage langjähriger Erfahrung. Es gab Regeln, aufgrund derer man wußte, was man mit diesen Materialien tun konnte und was nicht. Auch blieben die Energiequellen Wind, Wasser und tierische Muskelkraft sowie die in der Produktion verwendeten Maschinen über Jahrhunderte hinweg im wesentlichen unverändert. Die Dampfkraft, die Eisenbauten und die revolutionären Maschinen von Arkwright und seinen Nachfolgern warfen Probleme auf, welche die Möglichkeiten des traditionellen Wissens und Könnens überstiegen. Gleichzeitig machten wirtschaftliche Kräfte, die zum Teil von solchen Entwicklungen hervorgerufen worden waren, Lösungen immer dringender.

In bemerkenswerter Voraussicht hatte, wie wir gesehen haben, Galilei die Auswirkungen von Größenmaßstäben bei der Bestimmung des Verhaltens natürlicher oder künstlicher Bauwerke erkannt und erklärt. Da keine neuen Materialien im Spiel waren, gab es für seine Analyse keine unmittelbare Anwendung. Nach der Einführung und weiten Verbreitung des neuen Materials Gußeisen lernten die englischen Handwerker-Ingenieure, in Unkenntnis der Arbeiten Polhems, die Skalierungspraxis von Banks. Dank Banks' konnte man die Frage beantworten: Welche Form sollten die Eisenstützen und -balken haben, um sicherzustellen, daß das Gebäude die Last der Maschinen tragen kann? Noch wesentlich komplexere Probleme warfen die unter extremen Bedingungen wechselnden Belastungen auf, mit denen man es im 19. Jahrhundert beim Bau von Eisenbahnbrücken und großen Eisen- und Stahlschiffen zu tun hatte.

9 Das napoleonische Europa

Sowohl die Turbulenzen als auch der Idealismus der Französischen Revolution beherrschten Europa bis 1815 und überzogen den Kontinent mit der Gewalt und Brutalität langdauernder Kriege. Danach veränderte sich der Lauf der wirtschaftlichen, politischen und gesellschaftlichen Entwicklung auf dem Kontinent, und das beeinflußte auch die technologische Entwicklung. Freilich ist es sehr schwierig, wenn nicht unmöglich, irgendeine bestimmte größere Veränderung direkt diesen Umwälzungen zuzuschreiben.

In Frankreich wurde das metrische System eingeführt und die Ecole Polytechnique gegründet. Doch hatte man diese Ereignisse bereits vor 1789 vorhersehen können, soweit sie nicht ohnedies schon im Gang waren. Die alten Universitäten waren am Ende. Sie wurden aufgelöst und 1808 durch eine große, nationale und allumfassende Universität ersetzt. Aufgelöst wurden auch die Académie Royale des Sciences und die verschiedenen regionalen wissenschaftlichen Gesellschaften; an ihre Stelle trat das Institut National. Trotz dieser etwas zweifelhaften Veränderungen nahmen der Schwung und die Kreativität der französischen Technologie und Wissenschaft soweit zu, daß Frankreich in den ersten Jahrzehnten des 19. Jahrhunderts behaupten konnte, nach Zahl und Vielfalt der wissenschaftlichen und technologischen Aktivitäten eine Kompetenz zu besitzen, die nirgendwo anders erreicht wurde und die nie vorher übertroffen worden war.

Aus der Reihe der Ingenieure, die während der Revolution und der napoleonische Ära Ruhm und Einfluß erlangten, ragt Lazare Carnot (1753–1823) besonders heraus. Er war Ingenieuroffizier und Schüler in Mézières und wurde als „Organisator des Sieges" bekannt, da er sehr erfolgreich darin war, militärisch nicht ausgebildete Rekruten einzuberufen und daraus effiziente Armeen zu machen. Aufgrund seiner akademischen Neigungen hatte er sich erschöpfend mit den Anwendungen des *vis viva*-Prinzips auf Maschinen beschäftigt. Er hatte dabei den Grundsatz verallgemeinert, daß das Wasser oder die antreibende Substanz ohne Schock oder Verwirbelungen in die Maschine eintreten und mit möglichst niedriger Geschwindigkeit wieder austreten muß. Von Lazare Carnot stammen auch die ersten, noch tastenden Beiträge zur Theorie der Dimensionen.

Gaspard Monge (1746–1818), ein naher Zeitgenosse Carnots, kam von seiner gesellschaftlichen Klasse her als Offizierskadett für Mézières nicht in Frage. Er konnte allerdings zum Planzeichnungsgehilfen im Amt für Befestigungsbauten ernannt werden. Dort wurden seine Fähigkeiten bald erkannt. 1795 veröffentlichte er sein Buch *Géométrie descriptive*, das die Fachdisziplin des technischen Zeichnens begründete, zumindest im kontinentalen Europa. Monge zeigte darin, wie Objekte grafisch dargestellt werden konnten, indem ihre definierenden oder erzeugenden Linien auf zwei zueinander rechtwinklige Ebenen projiziert wurden. Die beiden Ebenen bildeten normalerweise ein flaches Diagramm, doch ließen sich die wahren Längen, Formen und Winkel der Objekte durch Rotation um 90° ermitteln. Dieses rationelle Vorgehen ermöglichte es ihm, dreidimensionale Objekte in zwei Dimensionen so darzustellen, daß sie mit Hilfe der flachen Zeichnungen präzise hergestellt werden konnten. Die politische und militärische Macht Frankreichs zu Beginn des 19. Jahrhunderts war so groß, daß das technische Zeichnen nach Monges Grundsätzen in ganz Kontinentaleuropa übernommen wurde. In England und Amerika verlief dagegen die Entwicklung des technischen Zeichnens mehr empirisch. Reverend William Farish (1759–1837), der als Jacksonian Professor an der Universität Cambridge Experimentelle Philosophie lehrte, verbreitete durch seine Vorlesungen die von ihm entwickelte isometrische Perspektive, die in der Tat ein hervorragendes Mittel war, alle Komponenten einer Maschine in ihren wechselseitigen Beziehungen zu zeigen. Wir können annehmen, daß ein Ingenieur beim Konzipieren und Konstruieren einer neuen Maschine zunächst seine Ideen grob skizzierte und dann orthografische Projektionen anfertigte. Schließlich lag es an fähigen Handwerkern, mit Hilfe dieser Detailzeichnungen die einzelnen Bauteile anzufertigen. Die Übersichtszeichnung der ganzen Maschine ermöglichte es ihnen, die Abmessungen der Bauteile zuverlässig innerhalb der erlaubten Toleranzen zu halten.

Das überragende Niveau der französischen Technologie spiegelte sich in den hochwertigen Lehrbüchern wider, die in dieser Zeit veröffentlicht wurden. Zu den bemerkenswertesten gehören Riche de Pronys (1755–1839) *Nouvelle architecture hydraulique* (1790 und 1796), das selbst in England als beste zeitgenössische Darstellung der Dampfmaschine galt. Auf der Grundlage der Arbeiten von Lazare Carnot und Monge entwickelten Lanz und Betancourt in ihrem *Essai sur la composition des machines* (1808) ein System mit 10 Klassen von Mechanismen, die geeignet waren, die verschiedenen Kreis- und Umkehrbewegungen untereinander zu verbinden. Mit diesem Buch wurde die Wissenschaft von der Kinematik begründet. Im *Traité élémentaire des machines* übernahm 1811 J.N.P. Hachette diese Klassifikation. Weitere Werke aus dieser Zeit sind A. Guenyveaus *Essai sur las sciences des machines* (1810), C.L.M. Naviers Überarbeitung von Belidors *Architecture hydraulique* (1819) und A.M. Heron de Villefosses *De la richesse minerale* (1819), das Gabriel Jars Buch ablöste. Etwas später folgten *Théorie de la mécanique usuelle* (1821) von J.A. Borgis und *Traité de la mécanique industrielle* (1822–25) von G.J. Christian.

Fairerweise muß man sagen, daß die ersten Lehrbücher des Ingenieurwesens in Frankreich geschrieben wurden. In England, wo Industrie und Technologie fast gänzlich private Angelegenheit und die Eingriffe des Staates (mit Ausnahme der Woolwich Academy) minimal waren, beschränkten sich solche Lehrbücher entweder auf elementare Abhandlungen wie die von Emerson, Banks oder Olinthus Gregory, oder auf wenig anspruchsvolle, beschreibende populärwissenschaftliche Bücher. Selbst John Fareys enzyklopädisch angelegtes Buch *A Treatise on the Steam Engine* aus dem Jahr 1827 gehört – wenn es auch für Historiker eine außerordentlich wertvolle Quelle ist – seiner Denkweise, seinem Stil und seinem Verstehenshorizont nach mehr der Zeit um 1770 als der um 1820 an.

Ein anderer Weg, Erfindungen und Neuerungen einer größeren Öffentlichkeit zugänglich zu machen, wurde mit der ersten Industrieausstellung beschritten, die 1798 in Paris stattfand. Im Zentrum der Ausstellung standen die Arbeiten dreier großer Unternehmen zur Herstellung von Wandbehängen, Teppichen und Porzellan, die früher der Krone gehört hatten. Begleitend wurden auch andere industrielle Erzeugnisse gezeigt. Zugrunde lag der Gedanke, daß Ausstellungsstücke der Lotterie zur Verfügung stehen sollten, und insoweit glich die Ausstellung den großen Märkten, deren Tradition bis in die Antike zurückreicht. Von einer nationalen Messe unterschied sie sich allerdings dadurch, daß eine Jury unter dem Chemiker J.A.C. Chaptal (1756–1832) für die besten Ausstellungsstücke Preise vergab.

Die Industrieausstellung von 1798 entging nicht der Aufmerksamkeit Napoleons. Unterstützt von Berthollet, Chaptal, Monge, Prony und anderen organisierte er 1801 im einst königlichen Louvre eine zweite und viel größere Ausstellung. Danach fanden durch das ganze 19. Jahrhundert hindurch Ausstellungen in kurzen, aber unregelmäßigen Abständen statt. Kriege, Nationalismus, politischer Fanatismus und rapide gestiegene Kosten haben dazu geführt, daß im gegenwärtigen Jahrhundert große Ausstellungen wesentlich seltener geworden sind. Die Begleitumstände der Französischen Revolution, insbesondere der Terror der Jahre 1793–94, und die späteren Eroberungen Napoleons führten in England zu einer starken politischen Reaktion, die auf die gesellschaftliche, politische und wahrscheinlich auch die technologische Entwicklung nachhaltige Auswirkungen hatte. Gleichzeitig wurde die distanzierte, kühle Ablehnung des religiösen „Enthusiasmus", der das Denken des 18. Jahrhunderts bis hinein in den Skeptizismus Blacks, Humes, Gibbons und Huttons geprägt hatte, von der konventionellen Religiosität des frühen viktorianischen Zeitalters abgelöst. Wirtschaftlich gesehen, beschleunigten die Kriege die industrielle Entwicklung Englands, besonders hinsichtlich der Eisenindustrie und der Industriezweige, welche die Armeen und die Marine versorgten. Auf technologische Neuerungen hatten sie allerdings wenig dauerhaften Einfluß. Es war sogar so, daß Erfindungen, die im direkten Kriegszusammenhang gemacht worden waren, mit der Rückkehr des Friedens wieder verschwanden. Das umfassende optische Telegrafensystem, das in Frankreich von Claude Chappe (einem „Telegrafeningenieur") errichtet worden war, wurde in England kopiert, als das Telegrafensystem von London zu einigen Marinebasen an der Südküste installiert wurde. Sobald der Frieden erklärt war, wurde es wieder geschlossen. Einige markante Punkte in der Landschaft Südenglands, die heute noch den Namen „Telegrafenhügel" tragen, sind die einzigen Überreste davon (man denke auch an die diversen „Beacons", d.h. Leuchtfeuer). Das neuartige Geschoßsystem mit dem Namen Congreve rocket wurde nach den Kriegen aufgegeben; als Erinnerung daran blieb nur eine Passage in der amerikanischen Nationalhymne, entfernt nimmt auch der Name von Stephensons erfolgreicher Lokomotive darauf Bezug (siehe nächstes Kapitel). Die Heißluftballons der Brüder Montgolfier fanden eine sehr begrenzte militärische Anwendung, doch führten die militärischen Erfordernisse nicht zur Weiterentwicklung der Ballontechnik. Am Höhepunkt der napoleonischen Kriege experimentierte Sir George Cayley, ein Gutsbesitzer aus Yorkshire, mit Fluggeräten, die waren. Er hatte erkannt, daß die einzige Lösung in einem Flugzeug mit festen Flügeln lag. Der Versuch, den Vogelflug nachzuahmen, den so viele Möchtegernflieger unternommen hatten, war sinnlos. Cayley sah auch, daß zum Antrieb dieses Flugzeugs ein Motor auf der Basis von heißer Luft und nicht eine Dampfmaschine nötig war. Zur Gewichtsverminderung schlug er außerdem vor, die leichtesten verfügbaren Räder einzusetzen, nämlich Räder mit Speichen unter Spannung. Es gibt keine Hinweise darauf, daß Cayley oder die englische Regierung in seinem Flugzeug potentielle Kriegswaffen sahen.

Man hätte erwarten können, daß die Maschinerie zur Blockherstellung, die von Marc Isambard Brunel und General Sir Samuel Bentham in Portsmouth installiert worden war, beträchtliche Auswirkungen auf die produzierende Industrie gehabt hätte. Zu den Geräten, die aufgrund der stark gestiegenen Zahl englischer Kriegsschiffe während der napoleonischen Kriege am meisten gebraucht wurden, gehörten ganz gewöhnliche Rollenblöcke, die für alle Schiffstypen standardisiert waren. Die Produktionsverfahren, mit deren Hilfe die enorme

Nachfrage befriedigt werden sollte, orientierten sich an dem von Arkwright gegebenen Beispiel. Spezialmaschinen führten eine Reihe von Einzeloperationen aus, so daß rohe Holzblöcke, die man am einen Ende dem Prozeß zuführte, als fertige Rollenblöcke am anderen Ende herauskamen. So erfindungsreich das war und so stark es die Produktivität erhöhte, scheint es doch eine Sackgasse gewesen zu sein und auf die Entwicklung von Verfahren mit hoher Produktivität wenig Einfluß gehabt zu haben. Dies könnte mit der Tatsache zusammenhängen, daß die englischen Marine- und Militärstützpunkte geografisch (und vielleicht auch sozial) von den Regionen intensiver industrieller Entwicklung in Mittelengland und im Norden weit entfernt waren. Zudem ersetzte das Eisen in wachsendem Maß Holz als Werkstoff bei der Maschinenherstellung.

Für die Zwecke der Marine und des Militärs war der nächstliegende Maschinenkandidat zweifellos die Dampfmaschine. Doch scheint außer ein oder zwei Vorschlägen nichts in dieser Richtung unternommen worden zu sein. Das ist um so überraschender, als Kanefsky und Robey herausgefunden haben, daß im letzten Jahrzehnt des 18. Jahrhunderts etwa 1000 Dampfmaschinen gebaut worden sind, ebenso viele wie in den vorausgehenden 90 Jahren. Offenkundig gewann die Dampfmaschine innerhalb kurzer Zeit an Vielseitigkeit und Leistungsvermögen wesentlich hinzu. Wie schon bei den Textilfabriken und -maschinen führte die Verfügbarkeit von besseren Guß- und Schmiedeeisen auch beim Bau von Dampfmaschinen zu Veränderungen. Gegen 1795 begann die wenig bekannte Firma Aydon und Elwell bei Bradford, Maschinen mit einem elliptischen Gußeisenbalken herzustellen. Zum Teil spielte hier das Engagement John Banks' mit, der mit der Firma verbunden war. Da alle Bauteile immer häufiger aus Eisen oder Kupfer hergestellt wurden, entwickelten sich die Maschinen zu selbständigen Kraftstationen und waren nicht länger untrennbare Gebäudebestandteile. Das bedeutete, daß Dampfmaschinen ohne Berücksichtigung ihrer individuellen Bestimmung konstruiert, gebaut und verkauft werden konnten – dementsprechend erweiterte sich der Markt für Dampfmaschinen.

Bis zum Ende des 18. Jahrhunderts bestand ein gewichtiger Hemmschuh für die Entwicklung der Dampfmaschine. James Watts Hauptpatent, das durch Parlamentsbeschluß 1775 verlängert worden war, kontrollierte immer noch so gut wie jede Art realisierbarer Dampfmaschinen. Watt aber war sein ganzes Leben hindurch ein unerbittlicher Gegner des Gebrauchs von Hochdruckdampf. Wenn es wegen Konstruktions- oder Herstellungsfehlern, oder wahrscheinlicher noch wegen nachlässiger Bedienung, zu Dampfkesselexplosionen käme, so würde das mit Sicherheit alle Dampfmaschinen in den Augen der Öffentlichkeit diskreditieren. Watt hatte schon lange nachgewiesen, daß eine kleine Erhöhung der Dampftemperatur zu einem überproportional starken Druckanstieg führt. Eine Maschine, die mit Hochdruckdampf und deshalb mit hoher Temperatur arbeitete, wäre nach seiner Meinung ein riskante Sache, denn ein zufälliger kleiner Temperaturanstieg könnte zu einem großen und vielleicht verheerenden Druckanstieg führen.

Nachdem sich Watt von der Industrie zurückgezogen hatte und sein Patent ausgelaufen war, konnten kühnere Geister die Möglichkeiten der Hochdruckdampfmaschine erkunden. Hochdruckdampf bot einen offenkundigen Vorteil: Je höher der Druck, um so mehr Kraft pro Quadratzentimeter des Kolbens wurde wirksam und um so höher war folglich die Leistung der Maschine. Umgekehrt konnte man eine Maschine mit bestimmter Leistung nun kleiner und kompakter bauen. Zu den ersten, die Hochdruckdampfmaschinen bauten, gehörten in Amerika Oliver Evans (1755–1819) und in England Richard Trevithick (1771–1833). Ihre Hochdruckdampfmaschinen eroberten im 19. Jahrhundert Stück für Stück die Wirtschaft in Nordamerika und in Westeuropa. Man könnte meinen, ihre Erfindung verweise Watts Beitrag auf den Rang eines geringfügigen Fortschritts zwischen den Vorschlägen Leupolds und der Erfinder des 17. Jahrhunderts einerseits und Trevithick und Evans andererseits. Das wäre allerdings vom heutigen Wissensstand aus geurteilt und eine Fehleinschätzung: Von seinen kinematischen Erfindungen – der Parallelbewegung und dem Planetengetriebe – abgesehen, hat Watt den Kolbenmotor und das doppeltwirkende Prinzip erfunden; er hat den Präzisionsstandard im Ingenieurwesen bedeutend erhöht; er hat – am wichtigsten von allem – die große Bedeutung der Wärmebilanz beim Betrieb der Maschine erkannt und bewiesen; seine Erfindung der expansiven Arbeitsweise schließlich erwies sich als wahrhaft fundamental, sowohl in wissenschaftlicher Hinsicht als auch bei der Anwendung von Dampf und andren Formen der Wärmekraftmaschinen. Kurz gesagt, hatte Watt die Maßstäbe für die Entwicklung aller späterer Wärmekraftmaschinen gesetzt.

Trevithick könnte durch den Vergleich mit dem hohen Wirkungsgrad von Wasserkraftmaschinen auf den Gedanken gebracht worden sein, Hochdruckdampf zu verwenden, denn er hatte in Bergwerken eine Reihe von Wassersäulenmaschinen gebaut. Seine erste bemerkenswerte Anwendung des Hochdruckdampfes bestand in einem Antrieb für Straßenfahrzeuge. Er war nicht der erste, der das versuchte, schon 1769 hatte Nicolas Cugnot (1725–1804) ein dampfgetriebenes Straßenfahrzeug entwickelt, das allerdings verfrüht war. Zu Trevithicks Zeit hatte sich die Technologie der Dampfmaschinen bereits soweit verbessert, daß eine bewegliche Dampfmaschine, eine „Lokomotive", realisierbar erschien. Das Problem lag im Zustand der damaligen Straßen, die für Dampflokomotiven völlig ungeeignet waren. Aber die zahlreichen Schienenwägen, die vor allem in den nordostenglischen und südwalisischen Bergwerken und Industriebetrieben benutzt wurden, boten eine alternative Einsatzmöglichkeit. 1804 baute Trevithick für Samuel Homfreys Eisenwerke in Pen y Darren die erste dampfbetriebene Schienenlokomotive. Der einzelne waagrechte Zylinder befand sich im Dampfboiler, wahrscheinlich aus Gründen der Kompaktheit und Sicherheit, vielleicht auch, um Wärmeverluste zu vermeiden. Der Kolben trieb die Räder mit Hilfe einer Kolbenstange und einigen Getrieben an, ein Schwungrad sorgte für gleichmäßige Bewegung. Die Lokomotive konnte mit einer Geschwindigkeit von rund 8 km/h fünf Wägen mit 70 Personen ziehen und verband die Eisenwerke mit dem etwa 16 km entfernten Glamorgan-Kanal. Unglücklicherweise zerbrach sie mehrmals die gußeisernen, als L-Träger geformten Schienen, so daß das Projekt aufgegeben wurde. Vier Jahre später errichtete Trevithick im Londoner Stadtteil Euston einen Schienenring und bot Rundfahrten in einem Wagen an, der von einer Dampflokomotive gezogen wurde, die angeblich „Fang-mich-wer-kann" genannt wurde. Nach dieser Geschichte verlor dieser sehr fähige, aber ruhelose Mann das Interesse an Dampfeisenbahnen und wandte seine Aufmerksamkeit anderen Dingen zu.

Man war damals weithin der Ansicht, daß die durch Gewicht und Reibung bewirkte Adhäsion zwischen den Rädern einer Lokomotive und den Schienen zum Ziehen einer erheblichen Last nicht ausreichen würde. Trevithick hatte die Antriebsräder seiner Lok aufgerauht, um einen besseren „Griff" zu ermöglichen. 1811 erhielt John Blenkinsop ein Patent auf ein System, bei dem sich die Lokomotive mittels eines Zahnrads vorwärtsbewegte, das in kurze, waagrechte Pflöcke seitlich der Schiene griff. Das Zahnrad wurde von zwei Zylindern über ein Gelenkgetriebe angetrieben. Die Zylinder waren nach Trevithicks Vorbild im Boiler versenkt. Blenkinsops Maschinen gingen 1812 auf der 6 km langen Schienenstrecke von Leeds nach Middleton Colliery in Betrieb und leisteten dort etliche Jahre einen nützlichen Dienst. Dies war die erste nachhaltige Demonstration der Nützlichkeit der Dampflokomotive. Die Maschinen wurden von Matthew Murray, einem sehr originellen und fähigen Ingenieur aus Leeds, gebaut. Es gab noch verschiedene andere Versuche, das Problem der vermeintlich unzureichenden Reibung zu bewältigen, aber sie waren alle gleichermaßen erfolglos. Es gab offenbar kein Konzept für systematische Experimente, um den Kern des Problems aufzuklären – sofern überhaupt eines da war. Es spielte auch kaum eine Rolle. Zwei Jahre später baute George Stephenson eine Maschine, die er „Blücher" nannte. Sie besaß ebenfalls zwei im Boiler versenkte, senkrechte Zylinder, aber der Antrieb ging direkt auf die Räder, und der Reibungskontakt erwies sich als völlig ausreichend.

Trevithick hatte zwischenzeitlich kleine stationäre Maschinen gebaut. Auch bei diesen baute er den Zylinder waagrecht in den Boiler ein. Dies war ungewöhnlich. Waagrechte Zylinder wurden abgelehnt, weil man meinte, das Gewicht des Kolbens würde zu einseitigem Verschleiß der unteren Hälfte führen, während in einem senkrechten Zylinder der Verschleiß ringsum gleichmäßig ist. Was auch immer die Vor- und Nachteile der einzelnen Systeme gewesen sein mögen – nachdem die Hochdruckdampfmaschine einmal akzeptiert war, schien ein Merkmal aufregende Perspektiven zu eröffnen: Der mit nur geringem Temperaturanstieg einhergehende starke Druckanstieg erweckte die Hoffnung (wenigstens bei einigen), daß mit einem ausgeklügelten Design und – wegen eventuellen Boilerexplosionen – der nötigen Vorsicht eine enorme, praktisch unbegrenzte Arbeitsleistung aus einer begrenzten Brennstoffmenge gewonnen werden könne. Zum erstenmal kam hier eine realistisch erscheinende Hoffnung auf, man könne für geringe Kosten riesige Leistung erreichen. Die Hoffnungen wurden aber bald enttäuscht. Die Euphorie über die unmittelbar bevorstehende Möglichkeit sehr billiger Energie brach bei noch drei weiteren Anlässen im 19. Jahrhundert und mindestens zweimal in diesem Jahrhundert aus, bisher jedesmal vergeblich.

Die kompakte und leistungsstarke Hochdruckdampfmaschine ermöglichte nicht nur die Entwicklung der Dampfeisenbahn, sondern fand auch vielfältige Anwendungen in Fabriken und Mühlen. Dennoch lieferte das Wasserrad während der ersten 40 Jahre des 19. Jahrhunderts den Hauptanteil der industriell benötigten Leistung. Auch dieses wurde verbessert, wenn auch nicht so radikal wie die Dampfmaschine. So wurden Wasserräder aus Eisen mit belüfteten Eimern, die weniger Wasser vergeudeten, gebaut. Die massiven Speichen wurden durch dünne schmiedeeiserne Stangen ersetzt, die wie die Speichen eines Fahrrads unter Spannung standen. Diese Neuerung ermöglichte viel leichtere Räder, bei denen die Kraft am Rand und nicht an der Achse abgegriffen wurde. Noch fortschrittlicher waren Rückkopplungsmechanismen, bei denen ein Regler den Wasserfluß zurücknahm, wenn die Maschinen in der Fabrik zu schnell liefen, und ihn automatisch erhöhte, wenn sie zu langsam waren. Damit waren die Grenzen der Verbesserungsfähigkeit des Wasserrades erreicht. Der nächste Fortschritt bestand in der hydraulischen Turbine, die von Burdin und Fourneyron entwickelt wurde. Es wäre ein Irrtum anzunehmen, daß sich der Scharfsinn und die Erfindungskraft auf Verbesserungen der Kolben-Dampfmaschine beschränkt hätten.

Im Gegenteil wurde eine breite Palette unterschiedlicher Formen ausprobiert, und die Möglichkeiten von anderen Arbeitssubstanzen als dem Wasserdampf wurden erkundet. Man war der verständlichen, aber falschen Ansicht, daß ein Dampf mit wesentlich geringerer latenter Wärme die Leistung der Maschine entsprechend erhöhen würde, da dann zum Füllen des Zylinders mit dem Dampf weniger Wärmeenergie aufgewendet werden müßte. Man stellte aber keine bessere Wirtschaftlichkeit fest, wenn Flüssigkeiten wie Alkohol, die beim Verdampfen eine geringe latente Wärme aufnehmen, verwendet wurden. Auch in Versuchen mit Luft und anderen Arbeitsgasen erwies sich keines als vorteilhaft. Die Wärmeausdehnung von Flüssigkeiten und festen Stoffen wurde ebenfalls als Energiequelle vorgeschlagen, jedoch ohne Erfolg. Die Erfahrung und die Experimente bewiesen, daß keine Arbeitssubstanz dem Wasserdampf überlegen war und daß keine Ausführung besser war als die Kolbenmaschine von Watt, Trevithick, Evans und den anderen führenden Ingenieuren – beziehungsweise, wenn sie es war, so lag sie weit jenseits der Ingenieurmöglichkeiten der Zeit. Um 1820 waren praktisch alle Möglichkeiten, die Ausdehnungskraft der Wärme zu bändigen, erschöpfend untersucht, und aus strikt praktischem Blickwinkel heraus zeigte sich keine Maschine der Kolbenmaschine überlegen.

Bei diesen vielfältigen Experimenten wurde die zeitgenössische Wissenschaft kaum bemüht, auf jeden Fall, soweit es um England geht. Es gab aber eine bemerkenswerte Unternehmung, die zwar nicht wissenschaftlich im üblichen Sinn, aber sicherlich systematisch war und die Zusammenarbeit förderte. Das war die von Joel Lean herausgegebene Zeitschrift *Monthly Engine Reporter*, die ihrem Wesen nach das subjektive und persönliche Element bei der Einschätzung der Leistung von Dampfmaschinen verringerte und einen objektiven Bewertungsmaßstab einführte. So erforderten die speziellen Bedingungen des Bergbaus in Cornwall, daß die Pumpmaschinen so wirtschaftlich wie möglich arbeiteten. Die Eigenheiten der Region, die sowohl abgelegen als auch relativ konzentriert war, ermöglichten ein gewisses Maß an Zusammenarbeit. Man sagt, daß der Wirkungsgrad der dortigen Maschinen drastisch zurückging, nachdem sich Boulton und Watt nach dem Auslaufen von Watts Patenten aus Cornwall zurückgezogen hatten. Was immer der Grund gewesen sein mag, die Bergleute in Cornwall baten den angesehenen Obersteiger Joel Lean, jeden Monat die Leistung möglichst vieler Maschinen im Detail zu veröffentlichen; d.h. praktisch aller Maschinen der Region. Man hoffte, auf diese Weise die effizientesten Maschinen und Verfahren ausfindig machen und für die übrige Gemeinschaft übernehmen zu können. Der *Engine Reporter* erschien ab 1811 jeden Monat, bis zum Niedergang der Bergwerksindustrie nach 1880.

Als unmittelbare Folge der Veröffentlichung des *Engine Reporter* wurde die überlegene Wirtschaftlichkeit der Woolf-Maschine bestätigt. Der autodidaktische Mechaniker Arthur Woolf (1776– 1837) hatte 1804 eine Hochdruckdampfmaschine mit zwei Zylindern patentieren lassen. Der Hochdruckdampf expandierte zunächst teilweise in einen kleinen Zylinder und von dort in einen Niederdruckzylinder, wo er bis fast auf Atmosphärendruck expandierte. Dabei war der Hochdruckzylinder kleiner als der Niederdruckzylinder, um einen möglichst gleichmäßigen Druck auf die beiden Kolben zu erzielen. Woolf gründete seinen ersten Entwurf auf ein bestürzend falsches „Gesetz", das er meinte entdeckt zu haben. Er benötigte mehrere Jahre, um seinen Fehler zu korrigieren, aber nachdem er das getan und 1814 seine erste Maschine im Wheal Abraham Bergwerk installiert hatte, zeigte der *Engine*

Reporter, daß sie mehr als das Doppelte der Leistung erbrachte, die Watt selbst für möglich gehalten hatte. Von dieser Zeit an waren die Maschinen in Cornwall – die effizientesten der Welt – zunehmend Hochdruckdampfmaschinen. Es gab immer noch Leute, die wie John Farey die Überlegenheit der Hochdruckdampfmaschinen abstritten, aber die allgemeine Erfahrung und insbesondere die Berichte Leans bestätigten sie ohne jede Frage. Als 1815 der Friede wieder einzog, ging Woolfs Partner Humphrey Edwards nach Frankreich, um auch dort Woolf-Maschinen zu bauen. Er hatte Erfolg, und wie schon in England erkannte man auch in Frankreich, daß die Hochdruckmaschine der Niederdruckmaschine vom Wattschen Typ überlegen war. Obwohl die Woolfsche Konstruktion bald abgelöst wurde, wurden zusammengesetzte Hochdruckmaschinen in Frankreich lange Zeit als „Woolf-Maschinen" bezeichnet. Die letzte Neuerung, die aus der Gießerei von Soho kam, stammte von Watts Assistent und späterem Partner John Southern. Er hatte um 1796 den „Indikator" erfunden, ihn allerdings erst 1824 öffentlich bekannt gemacht, und auch das nur in sehr diskreter Form. Bei dieser Vorrichtung wird ein kleiner Hilfszylinder über eine Röhre mit dem Arbeitszylinder verbunden. Im kleinen Zylinder befindet sich ein Kolben, der an einer Sprungfeder befestigt ist und einen Stift auf ein Blatt Papier drückt, das auf einem beweglichen Tisch aufliegt. Der Tisch ist mit dem Arbeitskolben der Maschine verbunden. Während sich der Tisch nun hin- und herbewegt, zeichnet der Stift eine geschlossene Kurve, welche die Druckänderungen im Arbeitskolben darstellt. Nachdem das Produkt aus dem Druck (eigentlich der Kraft) und der Strecke, um die sich der Kolben bewegt, die verrichtete Arbeit ergibt, ist die von der Kurve eingeschlossene Fläche proportional zu der in einem Arbeitstakt verrichteten Arbeit. Mit Hilfe eines solchen Indikatordiagramms, wie es genannt wurde, konnte man also durch Multiplikation mit der Anzahl der Arbeitstakte sehr leicht die während einer bestimmten Zeit verrichtete Arbeit bestimmen. Für eine nicht expansiv arbeitende Maschine, bei der die Arbeit pro Zyklus wenigstens näherungsweise das Produkt aus dem Kolbendruck und der Hublänge ist, mag der Indikator für die Berechnung der geleisteten Arbeit nicht so wichtig sein, bei expansiver Arbeitsweise ist er jedoch wesentlich.

Die kompakte Dampfmaschine bestand fast ausschließlich aus Eisen und erforderte Herstellungstechniken, die sehr verschieden waren von den Techniken, die zum Bau der Newcomen- und sogar noch der ersten Watt-Maschinen benötigt worden waren. Durch die fortgesetzte rapide Ausweitung der Textilindustrie wurde der ausgiebige Gebrauch von Guß- und Schmiedeeisen für die Textilmaschinen wirtschaftlich und technologisch vorteilhaft. Webrahmen, Rollen, Spindeln, Getriebe- und Antriebsräder konnten billig und genau in großen Stückzahlen gegossen werden. Maschinen, die zum größten Teil aus Eisen bestanden, hielten größerer Beanspruchung stand, waren feuerfest, weniger klotzig, genauer und langlebiger als hölzerne Maschinen. Der mechanische Webstuhl, der um die Jahrhundertwende eingeführt wurde, war im wesentlichen eine Eisenmaschine.

Die umfassende Verwendung von Eisen für die Herstellung fortschrittlicher Maschinen hatte Folgen weit über die Dampfmaschine und die Textilindustrie hinaus. So ist es bedeutsam, daß die ersten beiden großen Gebäude, die mit Kohlengas beleuchtet wurden, die Gießerei Boultons und Watts in Soho und die Garnspinnerei von Phillips und Lee in Salford waren. Der Pionier der Beleuchtung mit Gas war in England William Murdock, ein Angestellter von Boulton und Watt und deren Gebietsvertreter in Cornwall. Ursprünglich stammt die Idee aber von dem Franzosen Philippe Lebon und dem Deutschen F.A.

Winzer. Kurz gesagt, stimulierte das Zusammenwirken von Textil- und Dampfmaschinen neue Technologien. Am bedeutsamsten ist dabei die Konstruktion und Herstellung von Fertigungswerkzeugen, also von Maschinen zur Herstellung anderer Maschinen. Primitive Werkzeuge wie die Drechslerwippe hatte es schon seit langem gegeben. Eine einfache Bohrmaschine kam auf, als sie, wie wir gesehen haben, in der Renaissancezeit zum Ausbohren von gegossenen Bronze- und später Eisenkanonen benötigt wurde. Bei diesen Maschinen wurde ein gehärtetes Schneidewerkzeug am Ende eines langen Dorns befestigt, der beim Drehen Metall wegnahm und sich in die Kanone hineinbohrte. Als Kraftquelle diente ein Wasserrad. Derartige Maschinen waren noch recht ungenau, wenn auch John Wilkinson mit seiner berühmten Bohrmaschine 1775 eine beträchtliche Verbesserung brachte. James Watt fertigte damit seine präzisesten Zylinder. „Mathematische Instrumente" wie Teleskope und Sextanten wurden von den geschickten Instrumentenbauern des 18. Jahrhunderts gewöhnlich aus Bronze, einem weichen Metall, in großen Stückzahlen gemacht; sie benutzten dazu kleine Drehbänke, Leitspindeldrehmaschinen und Bohrer. Es gab auch Rosenmaschinen, mit denen man in weiches Metall Ornamente schneiden konnte. Doch ist die industrielle Bearbeitung von hartem Eisen oder Stahl mit Hilfe von maschinellen Werkzeugen im wesentlichen die Antwort auf die Bedürfnisse der Textil- und Dampfmaschinenindustrie.

Ein begabter und fruchtbarer Erfinder war Joseph Bramah (1748–1814), der unter anderem ein diebessicheres Schloß entwickelte, was in einer gesetzlosen Epoche sehr wichtig war, ferner eine Pumpe, mit der man Bier aus den Kellerfässern heraufpumpen konnte, und die hydraulische Presse. Bedeutsamer als Bramah war sein junger Vorarbeiter Henry Maudsley (1771–1831), dem die Konstruktion der Werkzeuge zur Herstellung von Bramahs Schloß zugeschrieben wird. Maudsley, der bald seine eigene Firma gründete, kann zurecht als der Vater der britischen Werkzeugtechnologie bezeichnet werden. Er soll auch den Werkzeugschlitten erfunden haben, aber das stimmt nicht: Schon in einem deutschen Manuskript aus dem Jahr 1480 ist ein Werkzeugschlitten abgebildet, und in der *Encyclopédie* von 1771 findet sich ebenfalls einer, der auf einer Rosenmaschine verwendet wurde. Zweifellos hat Maudslay jedoch den Werkzeugschlitten für Drehbänke zur Eisenbearbeitung übernommen. Obwohl Leitspindeldrehmaschinen für weiche Metalle schon von Instrumentenbauern im 18. Jahrhundert und noch viel früher zum Schneiden von Ornamenten in Holz verwendet wurden, stellte Maudsleys Drehbank von 1797 mit ihrer außerordentlich genauen Bleischraube den Beginn industrieller Fertigungswerkzeuge dar. Die Spindeln und die Spitzen der Leitspindeldrehmaschinen mußten präzise ausgerichtet werden, die Drehbänke selbst mußten absolut starr und deshalb ganz aus Eisen oder Stahl sein, und die Oberflächen, über die sich die Werkzeugschlitten und Vorschübe bewegten, durften keine Abweichungen von einer perfekten, ebenen Fläche zeigen. Maudsley stellte deshalb bei seinen Arbeiten in bezug auf Genauigkeit und Präzision maximale Ansprüche. Jeder seiner Handwerker, der mit der Herstellung von Drehbänken zu tun hatte, mußte neben sich auf der Werkbank eine vollkommen ebene Referenzfläche haben, mit der er seine Arbeit überprüfen konnte. Diese Standardebenen wurden in einem langwierigen und mühsamen Prozeß erzeugt, bei dem drei ebene Flächen aneinandergerieben wurden, die dünn mit roter Bleimennige überzogen waren. Stellen, an denen dieser Überzug weggerieben wurde, waren Vorsprünge, die sorgfältig weggefeilt werden mußten. Danach wurde der Vorgang wiederholt, solange, bis wirklich drei Ebenen erreicht waren.

Wie schon bei Boulton und Watt, so zog auch Maudsleys Ruf talentierte junge Männer an, die unter ihm arbeiten und lernen wollten. Einer davon war Joseph Clement (1779–1844), der Sohn eines Handwebers. Clement ersann eine sich selbst regulierende Drehbank und standardisierte deren Schraubengewinde. Außerdem, so wird behauptet, habe er eine Hobelmaschine erfunden, aber nicht patentiert. Clements Ansehen war so groß, daß Charles Babbage ihn einstellte, um die Bauteile für seine (nie vollendete) Differenzenmaschine zu fertigen, die einen Vorläufer der heutigen Computer darstellt. Zu den letzten von Maudsleys Schützlingen gehört der berühmte Joseph Whitworth, der aber eher ein Verbesserer als ein origineller Erfinder war. Der originellste von Maudsleys Schülern war zweifellos Richard Roberts (1789–1864). Zu seinen Erfindungen gehören eine Drehbank mit Untersetzungsgetriebe, der Ständerbohrer, der Radialbohrer und eine Lochmaschine, die von einem Jacquard-Mechanismus gesteuert wurde und somit das erste digital kontrollierte maschinelle Werkzeug war. Roberts hat 1817 mit Sicherheit eine Hobelmaschine erfunden. Auch James Fox aus Derby erhob den Anspruch, eine Hobelmaschine erfunden zu haben. Mit der Hobelmaschine war es möglich, präzise Führungsstangen für die Kolben der Dampfmaschine herzustellen, so daß Watts Parallelbewegung veraltete. Roberts perfektionierte auch Cromptons Schemelschaftmaschine, indem er eine selbsttätige Version konstruierte. Schließlich wurden der erste Elektromagnet und das erste industriell verwendete Stroboskop ebenfalls von Roberts eingeführt, allerdings nicht erfunden.

Roberts hatte auch mit dem neuerlichen Gebrauch des Differentialgetriebes zu tun, dem ein sehr wechselvolles Dasein beschieden war, da es über Jahrhunderte immer wieder vergessen und dann hauptsächlich durch Uhrmacher neu erfunden wurde. 1822 verwendete der amerikanische Mechaniker Asa Arnold Differentiale, um die Geschwindigkeit von Fliegern und Spindeln in einer Vorspinnmaschine dergestalt zu kontrollieren, daß die Antriebskraft sich mehr auf die Flieger verlagerte, wenn das Vorgarn auf den Spulen an Gewicht zunahm. Die Spindeln verlangsamten sich dadurch, und die Vorgarnspulen wuchsen nicht zu schnell. Diese Erfindung verbreitete sich von Amerika aus nach England und dem Rest von Europa. 1828 wendete der Franzose Onesiphore Pecqueur bei einem Straßenfahrzeug ein Differential an, und vier Jahre später erhielt Roberts ein Patent auf die Verwendung eines Differentials bei den Antriebsrädern einer Straßenlokomotive. Der dampf- oder pferdebetriebene Straßentransport wurde aber bald von Eisenbahnen abgelöst (zumindest schien es so), und die weitere Verwendung von Differentialen bei Kraftfahrzeugen mußte bis zur Einführung des Automobils am Ende des Jahrhunderts warten. Roberts wandte sich erfolgreich dem Bau von Schienenlokomotiven zu, und seine Firma Sharp-Roberts wurde weltberühmt.

Andere Pioniere der Technologie maschineller Werkzeuge kamen aus der Dampfmaschinenherstellung; außer Maudsley zählen dazu Matthew Murray und William Fairbairn. Die beiden letztgenannten hatten wie Whitworth auch enge Verbindungen zur Textilindustrie, wobei die Verbindungen zur Textilindustrie unter dem Strich die wichtigeren gewesen zu sein scheinen. Die englische Industrie für maschinelle Werkzeuge war im frühen 19. Jahrhundert in Glasgow, Leeds, Bradford, Manchester und London zuhause; mit der Ausnahme von London waren das alles Textilstädte. Die Textilindustrie erforderte als einzige in großer Stückzahl identische, komplexe Maschinen, die hauptsächlich aus Eisen bestanden. Dagegen waren Birmingham (die Heimatstadt Boultons und Watts), Liverpool und das Bergbaugebiet von Cornwall zwar für ihre Dampfpumpen berühmt, aber keine Zentren der Technologie maschineller Werkzeuge. Die Erklärung könnte sein, daß es wesentlich mehr Textilmaschinen als Dampfmaschinen gab, allerdings gibt es darüber keine genauen Zahlenangaben. Besonders Richard Roberts hatte einen sehr guten Ruf als Hersteller großer Mengen identischer Textilmaschinen, die zuverlässig und von hoher Qualität waren. Er hatte, mit anderen Worten, Fließbandarbeit erreicht und war auf dem besten Weg zur Massenproduktion. Der Unterschied zwischen den Straßen identischer Textilmaschinen in einer Baumwollfabrik im Lancashire des frühen 19. Jahrhunderts einerseits und den Straßen identischer Automobilfertigungsmaschinen in einer Fabrik in Detroit oder in einer japanischen Autofabrik heute ist mehr gradueller als grundsätzlicher Natur.

In Amerika wurde die Technologie in dieser Zeit von den Erfordernissen und den Möglichkeiten eines riesigen Landes gesteuert. Außerdem unterschied sich die Gesellschaftsordnung stark von der in England und anderen europäischen Ländern: Land war billig und problemlos zu haben; es gab kein Lehrlingssystem (was vielleicht ein Nachteil war), aber auch keine Zunftbeschränkungen. In einer Hinsicht allerdings folgte Amerika dem englischen Muster: Die Flüsse und Bäche im Nordosten des Landes stellten für die Textilfabriken Neuenglands, die den englischen nachgebaut waren, reichlich Energie zur Verfügung – und gerade aus diesen Fabriken gingen wie in England die ersten Firmen für maschinelle Werkzeuge hervor.

Der erste bemerkenswerte Technologe Amerikas war Eli Whitney (1765–1825). Er war der Sohn eines Bauern, hatte in Yale studiert und wurde zunächst in Georgia Lehrer. Dort war er verblüfft über die zeitraubende Praxis, die Samen der Baumwollballen mit der Hand auszulesen. Bereits 1793 hatte er seine Baumwollmaschine erfunden und gebaut, die eine Kämmvorrichtung zum Entfernen der Samen mit Rollen zum Sammeln der Fasern kombinierte. Es wurde behauptet, daß diese Maschine die Institution der Sklaverei verlängert habe, indem sie den Wohlstand der Baumwollstaaten vermehrte, aber es wäre nicht fair, Whitney die Schuld daran zu geben. Nachdem er seine Baumwollmaschine hatte patentieren lassen, machte sich Whitney daran, sie zu fertigen. Das wiederum führte ihn dazu, geeignete maschinelle Werkzeuge zu entwickeln und herzustellen. Seine Fähigkeiten in der Erzeugung maschineller Werkzeuge waren bald so anerkannt, daß die Regierung ihn beauftragte, 10 000 Musketen herzustellen, deren Einzelteile so präzise gefertigt sein mußten, daß man sie zwischen verschiedenen Exemplaren beliebig austauschen konnte, d.h. jede Komponente sollte ohne weiteres Feilen oder Anpassen direkt vom Lager ersetzt werden können.

Die Austauschbarkeit war auf diesem Gebiet ein neuer Gedanke, obwohl behauptet wird, daß sie bereits von einem französischen Waffenschmied erreicht worden war. Das ist aber sehr unwahrscheinlich. Wir haben bereits gesehen, daß Gutenberg die Austauschbarkeit in der Drucktechnologie eingeführt hatte, viele Jahre bevor Whitney für die Gewehrproduktion solche Überlegungen anstellte. Der Ausdruck Austauschbarkeit ist aber sehr relativ, denn worauf es ankommt, ist das Ausmaß der akzeptablen Toleranzen. Jeder Haushalt verfügt heute über eine Vielzahl von Einrichtungen, die auswechselbare Bestandteile haben – beispielsweise Glühlampen, Leuchtstoffröhren, elektrische Stecker, Dichtungsringe und andere Teile der Wasserleitung. Alle kann man in einem Laden kaufen und bei Beschädigung oder Verlust leicht austauschen. Doch je präziser das Gerät gearbeitet ist, um so schwieriger ist die Austauschbarkeit zu erreichen. Dafür bietet sie gerade in einem Land wie Amerika, wo Fachleute vergleichweise dünn gesät waren, den Vorteil, daß Einzelteile auch von Laien ohne Schwierigkeiten, und ohne daß sie weite Reisen zu einer Waffenschmiede oder Werkstatt unternehmen mußten, ersetzt werden konnten. Faktisch wurde die vollständige Austauschbarkeit aber lange Zeit nicht erreicht, gewisse Anpassungen blieben unumgänglich, wenn auch nicht immer die Fähigkeiten eines Waffenschmieds erforderlich waren. Dennoch hat Whitney geholfen, die Idee der Austauschbarkeit zu verbreiten.

Eine neue Form der Elektrizität

Entgegen den Hoffnungen der Herausgeber der *Annales de Chimie* hatte die Wissenschaft bei diesen technologischen Fortschritten weder in England und Amerika, noch in Frankreich selbst, eine führende Rolle gespielt. Dennoch war es für die Wissenschaft eine besonders fruchtbare Epoche, und dies nirgends mehr als in Frankreich. An der Spitze vieler hervorragender Physiker stand P.S. de Laplace, und wenn es auch niemand gab, der Lavoisier hätte ersetzen können, so waren doch Berthollet, Proust, Fourcroy und Gay-Lussac unbestreitbar Chemiker erster Klasse. Die ersten für das 19. Jahrhundert wegweisenden Fortschritte, die den Weg der Wissenschaft bestimmten, kamen aber nicht aus Frankreich, sondern aus Italien. 1791 beschrieb der Physiologe Luigi Galvani, wie Froschbeine, die mit Metallhaken an einem Metallgitter aufgehängt waren, konvulsivisch zuckten, wenn die Haken bewegt wurden und die Beine das Gitter berührten. Er schrieb die Erscheinung „tierischer Elektrizität" zu. Alessandro Volta (1745–1827), Physikprofessor an der Universität Pavia, fand eine befriedigendere Erklärung. Er wies nach, daß das Phänomen daher rührte, daß Haken und Gitter aus unterschiedlichen Metallen gemacht waren. Zur Bestätigung demonstrierte er, daß von zwei unterschiedlichen Metallen sich das eine positiv und das andere negativ auflädt, wenn sie nach einem Kontakt getrennt werden. Er stellte fest, daß Metalle Elektrizität leiten, und konnte durch sorgfältige Messungen die Metalle nach ihrer Fähigkeit, durch Kontakt positive oder negative Ladung aufzunehmen, in eine Spannungsreihe anordnen. Volta entdeckte und analysierte aber nicht nur ein neues Phänomen, er entwickelte es auch weiter und machte eine fundamentale neue Erfindung. Er brachte zwei Platten aus unterschiedlichen Metallen in Kontakt und isolierte sie von einem weiteren Paar solcher Platten durch ein nichtmetallisches Material wie Stoff oder salzgetränkten Karton. Er bemerkte, daß ein Stapel solcher Plattenpaare, jedes vom nächsten durch eine Schicht nichtmetallischen Materials getrennt, eine merkliche und beständige elektrische Wirkung hatte. Der Zweck der nichtmetallischen Trenneinlagen bestand natürlich darin, zu verhindern, daß sich zwei gleichartige Metalle durch Berührung mit der jeweils gegenüberliegenden Seite des anderen Metalls in ihrer Wirkung gegenseitig auslöschten. Kurz gesagt hatte Volta die elektrische Batterie erfunden. Die von ihr erzeugte Elektrizität wurde galvanische Elektrizität genannt. Lange Zeit wurde bezweifelt, daß es die gleiche Elektrizität war wie die, welche bei Reibung erzeugt wurde.

Voltas Batterie wurde 1800 der Öffentlichkeit vorgestellt. Noch im selben Jahr wurde sie zur „Elektrolyse" von Wasser in die beiden Bestandteile Wasserstoff und Sauerstoff benutzt. Mit nur kurzer Verzögerung wurden in London und Paris sehr große und leistungsstarke Batterien gebaut. Als erstes wurden mit ihrer Hilfe viele neue Entdeckungen in der Elektrochemie gemacht. Wenige Jahre später entdeckte der junge Humphrey Davy mittels der Batterie eine ganze Reihe neuer Elemente im Sinn Lavoisiers. Er demonstrierte auch, wie die Batterie durch Anschluß an zwei Holzkohlestücke, die sich fast berührten, zur Erzeugung eines sehr hellen Lichts (des „Lichtbogens") verwendet werden konnte. Freilich war das viel zu teuer, um von praktischem Nutzen zu sein.

Die Verwendung von statischer Elektrizität zur Signalübertragung war schon in der Mitte des 18. Jahrhunderts vorgeschlagen worden, kam aber nie über das Stadium unterhaltsamer Salontricks hinaus. Die Batterie bot da bessere Aussichten. 1809 führte der Kasseler Anatomieprofessor S.T. Sommering (1755-1830) seinen elektrischen Telegrafen vor. Zu dieser Erfindung hatte ihn die Geschwindigkeit angeregt, mit der Napoleon – gestützt auf das französische visuelle Telegrafensystem – die Österreicher aus Bayern vertrieben hatte. Sommerings Telegraf benutzte 27 isolierte Drähte, die zu einem Kabel zusammengedreht waren. 26 davon endeten auf der Empfängerseite an je einem Goldpunkt am Boden eines mit verdünnter Säure gefüllten Glasgefäßes, auf der Senderseite an Endstücken, die jeweils einen Buchstaben des Alphabets trugen. Der 27. Draht war für die Rückleitung bestimmt. Wenn man nun auf Senderseite eine Batterie an ein Endstück anschloß, so konnte der Empfänger dank der Elektrolyse am entsprechenden Goldpunkt Gasblasen beobachten. Aber obwohl Sommering seinen Telegrafen über eine Entfernung von 600 m vorführte, war er zu teuer, zu langsam und zu begrenzt in seiner Reichweite.

Erst 1820 führte die Batterie zu einer Entdeckung im Bereich der Physik. Der dänische Physiker Hans Christian Oersted (1777–1851) fand heraus, daß der elektrische Strom in einem Draht, der mit den Enden an je einem Pol einer Batterie angeschlossen war, die Nadel eines unter den Draht gelegten Kompasses ablenken konnte. Das war eine völlig neue Erfahrung. Jedermann kannte zu dieser Zeit Kräfte wie die Gravitation, die wechselseitige Anziehung oder Abstoßung von Magnetpolen oder elektrisch geladenen Körpern, aber eine *ablenkende* Kraft, die nicht von einem bestimmten Punkt ausging, war etwas völlig Neues. Man könnte fragen, was wohl Newton dazu gesagt hätte?

Die Royal Institution in London, wo Davy arbeitete, war 1799 von Benjamin Thompson (später Graf von Rumford, ein der britischen Krone treu ergebener, energischer Amerikaner) als Wissenschaftsmuseum und technische Hochschule gegründet worden. Da Davy als Wissenschaftler und öffentlicher Vortragsredner sehr erfolgreich war und auch den Umgang mit der öffentlichen Gunst perfekt beherrschte, entwickelte sich die Royal Institution sehr rasch zu einem Forschungszentrum, wo auch allgemeinverständliche wissenschaftliche Vorträge einem geneigten und dankbaren Auditorium dargeboten wurden. Nach kurzer Zeit hielt Davy, der die Zusammensetzung, die Interessen und Gewohnheiten seiner Zuhörerschaft ausfindig gemacht hatte, Vorlesungen über Landwirtschaftschemie. Die erfinderischen Gutsherren, die für die englische Landwirtschaft so viel getan hatten, waren sehr aufnahmebereit für das, was ihnen die chemische Wissenschaft zu sagen hatte.

Der zweite für das 19. Jahrhundert wegweisende Fortschritt kam erstaunlicherweise aus der neureichen Industriestadt Manchester. Die 1781 gegründete „Literary and Philosophical Society" Manchesters war anders als die Royal Institution. Es handelte sich um einen Klub von Männern, die sich zwar allgemein für Wissenschaft und Weiterbildung interessierten, der Klub selbst hatte aber keine öffentlichen Funktionen. Trotzdem spielte er für John

Dalton (1766–1844) die gleiche Rolle wie die Institution für Davy. Dalton war wie Davy niederer Herkunft. Aus Interesse und Berufung war er Meteorologe und Mathematiklehrer, ehe er (und auch noch nachdem er) Chemiker wurde. Er trat der „Lit & Phil" 1793 bei. In ihren Räumen arbeitete er die Atomtheorie aus, auf der alle künftige Chemie und ein wesentlicher Teil der Physik aufbauen sollten. Als Meteorologe hatte er über das Problem nachgegrübelt, weshalb die beiden hauptsächlichen Bestandteile der Luft, der Stickstoff und der Sauerstoff, überall gleichmäßig vermischt bleiben. Sie sollten sich wie Öl und Wasser trennen, und das schwerere Gas, der Sauerstoff, sollte sich am Boden sammeln. Man sollte sich erinnern, daß diese Frage nicht hätte gestellt werden können, bevor Lavoisier seine Theorie der chemischen Elemente aufgestellt hatte. Eine in ihren Umrissen klare, im Detail aber noch unverstandene Argumentationskette führte ihn zu der Vorstellung der relativen Atomgewichte. Als er die Bedeutung dieser Vorstellung erkannte (oder vielleicht darauf hingewiesen worden war), legte er seine meteorologische Arbeit beiseite und widmete sich ab 1803 der chemischen Ausarbeitung seiner Theorie. Danach kehrte er zur Meteorologie zurück. Niemand hätte vorhersagen können, daß der nach Lavoisier nächste bedeutende Fortschritt in der Chemie von einem an Meteorologie interessierten Mathematiklehrer an einem so unwahrscheinlichen Ort wie Manchester vollzogen werden würde. Sehr wahrscheinlich erhielt Dalton von seinen Freunden in der „Lit & Phil", Thomas Henry und seinem Sohn William – beide Chemiefabrikanten in Manchester – wesentliche Hilfe. Nach W.V. und K.R. Farrar und E.L. Scott können die Henrys sehr gut die ersten gewesen sein, die in England das Leblanc-Verfahren anwendeten, das später in der chemischen Industrie des Manchestergebiets eine solche Rolle spielte.

Für die meisten Menschen in England waren die augenfälligsten technologischen Fortschritte aber die neuen, verbesserten Straßen, die Brücken und die Kanäle, die von der neuen Ingenieurgeneration aus der Schule Smeatons gebaut wurden und für alle sichtbar waren. Die englischen Straßen hatten sich unter den zahlreichen Schnellstraßengesetzen langsam, aber stetig verbessert. Ab dem Ende des 18. Jahrhunderts nahm ihre Qualität unter den Bemühungen John Metcalfs und J.L. Macadams rasch zu. Sie bauten Straßen, die einen guten Unterbau besaßen und von deren glatter Oberfläche das Wasser rasch ablief. Als Ergebnis verringerte sich die Reisedauer zwischen zwei größeren englischen Städten drastisch. Bedeutender noch als Metcalf und Macadam war der Schotte Thomas Telford (1757–1834), der als Bauingenieur sehr breitgefächerte Interessen und eine innovative Begabung hatte. Seine Laufbahn begann, als er zum Landvermesser in der Grafschaft Shropshire ernannt wurde. 1805 stand er vor dem Problem, den Ellesmere-Kanal bei Pontcysylltau über das tiefeingeschnittene Tal des Flusses Dee zu führen. Er löste das Problem, indem er ein etwa 300 m langes Kanalbett aus Gußeisenplatten konstruierte, das auf rund 40 m hohen gemauerten Bögen ruhte. Der Treidelpfad wurde ebenfalls aus Gußeisenplatten gefertigt, die von Eisenstreben getragen wurden. Telford profitierte bei der Ausführung dieser Arbeiten von der Nähe der führenden Eisenwerke der Zeit, Coalbrookdale, Ketley und Bersham.

Telford war der erste, der die baulichen Möglichkeiten des Eisens voll erkannte. Die Probleme, die sich bei der Erstellung von Eisenrahmen für Fabriken und Lagerhäuser stellten, waren verhältnismäßig einfach zu lösen. Brücken dagegen stellten ganz neue Herausforderungen. 1814 wurde Telford beauftragt, die politisch wichtige Straße zwischen

London und Holyhead neu zu bauen, welche die kürzeste Verbindung zwischen London und Dublin darstellte. Im Zuge dieser Arbeit baute er 1815 die elegante Waterloo-Brücke bei Betws-y-Coed, eine der ersten Brücken, bei der er die Eigenschaften des Eisens als Baumaterial voll ausnutzte. Es gab keine Theorie, mit der er die optimale Form der Brücke hätte bestimmen können. Telford war – wie vor ihm Smeaton bei der Ermittlung der besten Form für den Eddystone-Leuchtturm – ganz auf seine Intuition angewiesen. Im Gegensatz zur „Ironbridge" war die Waterloo-Brücke so schlank, wie es die Stärke des Eisens eben noch erlaubte. Den Bogen bildete ein Kreissegment von beträchtlichem Durchmesser, während die Decke ziemlich flach war. Das Straßenprojekt nach Holyhead beinhaltete auch den Bau eines großen Hafens in Holyhead, ferner mußte die Straße über die Menai-Meerenge mit ihren Gezeiten geführt werden. Telfords Hängebrücke über diese Meerenge, die 1826 fertiggestellt wurde, ist eine großartige Leistung. Sie wird heute noch benutzt und trägt jetzt den motorisierten Verkehr. Auch sie ist etwa 300 m lang und erhebt sich mehr als 30 m über die Wasseroberfläche. Das Hauptbaumaterial war diesmal Schmiedeeisen. Die Glieder der tragenden Kette bestanden aus flachen, zusammengenieteten Platten. Billington hat aus diesen Gründen Telford völlig zurecht den Vater des Hochbau-Ingenieurwesens genannt.

In der Zeit, als Telford mit der Holyhead-Straße beschäftigt war, galt er als der hervorragendste Bauingenieur Englands. Da sich Smeatons Privatgesellschaft, die „Lunar Society" nicht wie erwartet entwickelt hatte, begann man nun die Notwendigkeit einer formalen Institution zu empfinden. 1818 wurde die „Institution of Civil Engineers" gegründet, und zwei Jahre später wurde Telford angeboten, die erste Präsidentschaft zu übernehmen. Lange Zeit schloß die Institution auch das ein, was wir heute Maschinenbau nennen würden. Vor einigen Jahren ist eine neugegründete Stadt nach Telford benannt worden, was zumindest in England eine einzigartige Auszeichnung darstellt.

Eine alternative Technik zu den Ketten, die Telford für die Hängebrücke von Menai benutzt hatte, schlug Marc Séguin (1786–1875) vor. Séguin war ein Großneffe von Joseph und Etienne Montgolfier und ein befähigter, vielseitiger Ingenieur. 1822 hatte er bei Tournon eine kleine Fußgängerbrücke über die Rhône gebaut, die an Drahtseilen statt an Ketten aufgehängt war. Gillespie weist darauf hin, daß Séguin nie erklärt hat, wie er auf die ausgezeichnete Idee gekommen ist, die Ketten durch Drahtseile zu ersetzen. Freilich hat er das Drahtseil nicht erfunden, es stammt sehr wahrscheinlich aus der deutschen Bergbauindustrie. Der klare Vorteil im Vergleich zu Ketten ist, daß alle Teile gleichmäßig unter Spannung stehen. Bei den Ketten fügen die waagrechten Partien der Glieder nur Gewicht hinzu, tragen aber nicht direkt die Last. Drahtseile haben deshalb in zunehmendem Maß bei allen Hängebrücken die Trageketten ersetzt.

In England wurden die Bauingenieure als Lehrlinge bei bewährten Meistern ausgebildet. Es gab zur Zeit Telfords keine Einrichtungen, die denen in Frankreich oder anderen europäischen Ländern vergleichbar gewesen wären. In Berlin wurde 1799 die Bauakademie gegründet, 1805 folgte in Prag, 1815 in Wien ein Polytechnikum. Die bemerkenswerteste Bildungseinrichtung war aber Wilhelm von Humboldts Universität in Berlin, die 1810, nach dem Sieg Napoleons über Preußen in der Schlacht bei Jena als Symbol der nationalen Herausforderung errichtet worden war. Die überall proklamierten Ideale der Französischen Revolution waren in ganz Europa und besonders von der Jugend begeistert aufgenommen worden. Die darauf folgende Invasion durch Napoleons Armeen hatte andere Gefühle geweckt, vor allem ein stark verletztes Nationalempfinden. Diese beiden Kräfte schufen vor dem Ablauf des Jahrhunderts ein geeintes Deutschland. Die Wiederbelebung der deutschen Wissenschaft und Technologie kann auf die Errichtung dieses Humboldtschen Symbols datiert werden. Nach kurzer Zeit schon konnte Deutschland wieder einen führenden Platz belegen, in erster Linie in der Wissenschaft, aber auch in der Technologie.

10 Straßen, Schienen und eine neue Energiewirtschaft

Von der Mitte des 18. Jahrhunderts bis ungefähr zum ersten Jahrzehnt des 19. Jahrhunderts war die britische Textilindustrie eine der wichtigsten strategischen Industrien im Land, weil sie die industrielle Revolution in Gang setzte. Ihr rapides Wachstum trieb die Zulieferindustrie und die Hilfstechnologien bis an die Grenze ihrer Leistungsfähigkeit, und ihre immer neuen Bedürfnisse regten Erfindungen in verwandten Bereichen der Technologie an. Das Hochbau-Ingenieurwesen, die Erzeugung und Übertragung von Energie, maschinelle Werkzeuge, die Gasbeleuchtung, die chemische Industrie und das Transportwesen – all das entwickelte sich unter dem Druck der Textilindustrie weiter. Der Transmissionsaufzug war der erste moderne Aufzug; er ergab sich als Nebenprodukt des Hochbaus, das durch die mehrstöckigen Textilfabriken mit eigener Energieversorgung möglich geworden war. Der spätere Fortschritt dieser Industrie selbst hatte weniger Auswirkungen. Von den Textilien konnte die Welt viel über die Vorteile der Organisation, der Mechanisierung, der Massenproduktion und des Marketings lernen. All das gehört zum Bereich des industriellen Managements. Der Grundgedanke des Jacquard-Webstuhls sollte viel später eine Anwendung auf einem völlig anderen Feld finden. Er war – neben der Einführung des Differentialgetriebes – die Erfindung aus der Textilindustrie, die den weitestreichenden Einfluß ausübte.

Die Bergbauindustrie, die im Mittelalter und in der Renaissance in Deutschland das Musterbeispiel einer strategischen Industrie und Technologie darstellte, blieb ebenfalls eine Antriebskraft für andere Industrien, u.a. indem sie die Entstehung und Entwicklung der Dampfkraft förderte. Zu Beginn des 19. Jahrhunderts bescherte sie noch eine weitere Segnung, als ihre Grenzen von der schon lange heranreifenden Eisenbahn und Dampflokomotive überschritten wurden. Die englischen Straßen waren für Pferdefuhrwerke gebaut und daher ungeeignet für schwere und vergleichsweise schnelle dampfgetriebene Fahrzeuge. Folgerichtig begannen Schienenlokomotiven die Vorherrschaft der Pferde und die kurzzeitige Konkurrenz der Straßenlokomotive beim Landtransport abzulösen, sobald die technischen, gesellschaftlichen und gesetzlichen Fragen der öffentlichen Eisenbahn geklärt waren. Die Kanalbauer erwiesen sich in vielerlei Hinsicht als Wegbereiter der Eisenbahn.

Auf den glatten, geraden Straßen Frankreichs mag Cugnot's Straßenlokomotive ein praktikabler Vorschlag gewesen sein. Auf jeden Fall blieb der Fortschritt beim Landtransport für viele Jahre beschränkt auf Fahrzeuge, die von Pferden gezogen wurden. Anfangs gab es sehr viele Verbesserungsmöglichkeiten. Reguläre Dienstleistungen mit Pferdekutschen gab es auf Frankreichs Straßen einige Zeit früher als in England. Im August 1784 wurde zwischen London und Bath ein regelmäßiger Kutschenverkehr eingerichtet, der die Post und eine eng begrenzte Anzahl von zahlenden Passagieren beförderte. Die Einkünfte aus dem Fahrkartenverkauf ermöglichten es, die Postgebühren niedrig zu halten. Passagiere im Innern der Kutsche zahlten mehr als die oben auf dem Dach fahrenden. In beiden Fällen wurde der Fahrpreis nach der Entfernung berechnet. Innerhalb kurzer Zeit war das Land überzogen von einem ausgedehnten Netz regelmäßig verkehrender Postkutschen, die, gut organisiert, genau nach Fahrplan fuhren. Als die Straßen besser wurden, erhöhte sich auch die Geschwindigkeit der Kutschen. In den dreißiger Jahren des 19. Jahrhunderts konnte auf den meisten wichtigen Strecken und über große Entfernungen eine Durchschnittsgeschwindigkeit von fast 16 km/h durchgehalten werden. Heute betrachten wir die Postkutsche mit nostalgischen Gefühlen und benutzen sie als Motiv für Ansichtskarten, aber zu ihrer Zeit war sie faktisch und im Bewußtsein der Menschen nicht nur ein sehr moderner technischer, sondern auch ein offenkundiger sozialer Fortschritt. Jane Austens junge Dame konnte in einer Postkutsche sicher und unbegleitet reisen, fünfzig Jahre früher wäre so etwas undenkbar gewesen. Die Begrenzungen dieses speziellen Kommunikationsgewinns waren aber bald klar. Die Durchschnittsgeschwindigkeit von 16 km/h war schon das erreichbare Maximum, wenn man von der Stärke, der Ausdauer und der Geschwindigkeit der besten Pferde ausging. Über Jahrhunderte hinweg hatte man Pferderassen gezüchtet, die besonders schnell rennen, andere, die schwerste Lasten bewegen, und wieder andere, die einen Reiter bei jedem Wetter möglichst weit tragen konnten. Die Leistungsgrenzen dieser Tiere waren gut bekannt. Die Postkutsche stellte die letztmögliche Perfektion einer bestimmten Technologie dar.

Die noch ungeschlachten Dampflokomotiven, die von Bergwerksmechanikern und Mühlenbauern im Nordosten Englands konzipiert und gebaut worden waren, stellten eine technologische Neuerung mit enormem Zukunftspotential dar. Weitsichtige Zeitgenossen konnten dies absehen. William Hedley, der Erbauer der berühmten *Puffing Billy*-Lokomotive, Timothy Hackworth und George Stephenson (1781–1848) mit seinem Sohn Robert (1803–59) machten Trevithicks Idee einer auf eisernen L-Schienen laufenden Dampflokomotive zu dem Eisenbahnsystem, das die Welt veränderte. Die erste Eisenbahn, die Fahrgäste beförderte, war die 1803 eröffnete Surrey-Iron-Railway, bei der die Waggons noch von Pferden gezogen wurden. Im September 1825 nahm die Stockton-Darlington-Railway ihren Betrieb auf. Sie war rund 28 km lang, transportierte sowohl Passagiere als auch Fracht und benutzte sowohl Pferde als auch Lokomotiven. Der verantwortliche Ingenieur war George Stephenson. Die erste der beiden Lokomotiven, die er dafür baute (die *Locomotion*, ist erhalten geblieben. Sie besaß zwei senkrechte, im Boiler befestigte Zylinder und ein ausgeklügeltes Hebelsystem, das die Kolbenbewegung auf die Antriebsräder übertrug. Um die Wärmeübertragung und damit die Dampferzeugung zu verbessern, war der Kamin mit dem Feuerungsraum durch ein dickes Rohr verbunden, das durch den Boiler führte. Der Dampf wurde über den Kamin abgeblasen, um heiße Luft in das Rohr zu saugen und die Verbrennung im Feuerungsraum zu verbessern. Zwei weitere interessante Punkte der Stockton-Darlington-Railway sind, daß sowohl Schmiede- als auch Gußeisen für die Schienen verwendet wurde, und daß die von Stephenson benutzte Spurweite von 1,435 m zum weltweiten Standard geworden ist.

Zur gleichen Zeit, als die Stockton-Darlington-Railway geplant und gebaut wurde, wurde auch ein Konzept für eine Eisenbahn zwischen Manchester und Liverpool, einer rasch wachsenden und bedeutenden Hafenstadt, diskutiert. Obwohl die Entfernung nur 50 km betrug, waren die Straßen und der Kanal, die den Hafen mit den Textilfabriken in und um Manchester verbanden, nicht mehr in der Lage, den Bedürfnissen gerecht zu werden, so stark war die Textilindustrie gewachsen. Nach langen Diskussionen und gegen den erheblichen Widerstand interessierter Kreise, billigte das Parlament die Vorschläge für die Liverpool-

Manchester-Railway. Nun erhob sich die Frage, welche Antriebsart benutzt werden sollte. Pferde waren ungeeignet, soviel war klar. Anfangs hatte man Kabelzug favorisiert, der von stationären Dampfmaschinen entlang der Schienen angetrieben werden sollte. Solch ein Antrieb hatte seine Vorzüge. Es hat bei den berühmten Straßenbahnen San Franciscos bis heute überlebt – ein klarer Beweis für die Vielseitigkeit und Zuverlässigkeit des Systems, vor allem in sehr hügeligem Gelände. Allerdings ist das Land zwischen Liverpool und Manchester recht flach, so daß hier ein charakteristischer Vorteil des Kabelzugantriebs nicht zur Geltung kommen kann. Der Erfolg der Stockton-Darlington-Railway und der ausgezeichnete Ruf Stephensons und seines begabten Sohnes Robert waren für die Eigentümer Grund genug, sich für Lokomotiven zu entscheiden. Bei der Auswahl des geeigneten Herstellers gingen sie überaus fair vor. Das Projekt hatte bereits sehr starkes Interesse erregt, und so konnte die Frage nur auf dem Weg eines Wettbewerbs geklärt werden. Dieser fand 1829 in Rainhill bei Liverpool statt. Vier Dampflokomotiven und eine Kuriosität standen zur Auswahl. Die Lokomotiven waren Braithwaites und Ericssons *Novelty*, Hackworths *Sanspareil*, die *Rocket* der Stephensons und Burstalls *Perseverance*. Die Kuriosität war ein pferdegezogener Apparat, der für die Kenner von Exzentrizitäten von Interesse ist.

Die von den Stephensons entwickelte und gebaute *Rocket* gewann. Als einzige Maschine erfüllte sie nicht nur den Anforderungskatalog, sondern übertraf ihn sogar noch. Die Entscheidung war gefallen, die Liverpool-Manchester-Railway würde mit Dampflokomotiven betrieben werden. Der Boiler der *Rocket* besaß 25 Kupferröhren, die vom Feuerungsraum zum Kamin führten. Die der Hitze ausgesetzte Oberfläche und damit die Dampferzeugung wurde dadurch enorm vergrößert. Wie bei der *Locomotion* war ein Dampfabzug integriert. Die bemerkenswerteste äußerlich sichtbare Eigenschaft war die Anordnung der beiden Zylinder. Sie befanden sich zu beiden Seiten des Boilers und hatten einen Winkel von 45o zur Senkrechten. Die Kolbenstangen waren mit Pleuelstangen verbunden, mit denen die beiden großen Vorderräder angetrieben wurden. Vibrationen der Kolbenstangen wurden durch Verwendung paralleler Führungsstangen mit Querköpfen vermieden. Das war eine viel einfachere und trotzdem effektivere Anordnung als bei früheren Verbindungen und war zweifellos mitverantwortlich für die phänomenale Geschwindigkeit von rund 50 km/h, welche die *Rocket* erreichte. Es ist klar, daß die Stephensons ein maschinelles Werkzeug, nämlich Roberts' neue Hobelmaschine, zur Herstellung der Führungsstangen benutzt haben müssen. Führungsstangen mit gleitenden Querköpfen blieben ein bei allen künftigen Dampflokomotiven wiederverwendetes Konstruktionsmerkmal.

Die ersten beiden Lokomotiven, die nach Frankreich kamen, wurden 1828 von Marc Séguin importiert und auf der Strecke Lyon – St. Etienne eingesetzt. Drei Jahre vorher hatte Séguin ein Unternehmen gegründet (die Séguin, Dayme, Montgolfier & Co.), um Dampfboote auf der Rhône zu betreiben. Zum Einkauf der geeignetsten Dampfmaschinen reiste er durch England, wo er unter anderem Maudsley, Babbage, Brunel und Stephenson traf. Von der neuen Stockton-Darlington-Railway war Séguin sehr beeindruckt. Als er wieder zuhause in Frankreich war, zeigte die Erfahrung mit den Dampfbooten, daß die Boiler nicht genug Dampf erzeugen konnten, um die volle Leistung der Maschinen zu erreichen. Séguin wußte, daß man dem abhelfen konnte, indem man die Fläche des heißen Metalls im Boilerwasser vergrößerte. Er erkannte, daß dies am besten zu erreichen war, wenn man die heiße Luft aus dem Feuerungsraum mittels Metallröhren durch den Boiler einem Bootsmotor einsetzte, probierte er sie auf einer Lokomotive aus, die er für die Lyoner Eisenbahn baute.

Diese Erfindung Séguins wurde im Februar 1828 patentiert und scheint Stephensons Erfindung um einige Monate vorangegangen zu sein. Daß er anstelle des von Stephenson eingesetzten Abdampfventils eine Zwangsbelüftung wählte, um einen gleichmäßigen Luftstrom durch die Röhren sicherzustellen, könnte die Unabhängigkeit der beiden Erfindungen bestätigen. Es ist aber gut möglich, daß beide Lösungen das Ergebnis der Gespräche sind, die Séguin und Stephenson über Probleme von beiderseitigem Interesse in Newcastle führten. Die Zwangsbelüftung Séguins wurde später, als mit Hochdruckdampf betriebene Verbundmaschinen zum Standard geworden waren, bei Schiffsmotoren allgemein verwendet. In Lokomotiven wurde sie nie benutzt; dort blieb das Abdampfventil bis zum Ende der Dampfepoche in Gebrauch.

Wir wissen nicht, wie viele das erste, noch unbeholfene Arbeiten der Newcomen-Maschine beobachteten und wie sie reagierten. Ganz anders war es bei der Eröffnung der Liverpool-Manchester-Railway am 15. September 1830. Der Nationalheld und gleichzeitig vielgehaßte Herzog von Wellington war anwesend, ebenso der Außenminister Mr. Huskisson. Es war eine beeindruckende Versammlung großer Teile des Adels mit ihren Damen, einige Bischöfe waren da, dazu Parlamentsmitglieder und herausragende Persönlichkeiten aus allen Bereichen des Lebens wie Miss Fanny Kemble, die beliebte Schauspielerin, und Mr. Charles Babbage, Professor auf dem lukasianischen Lehrstuhl für Mathematik in Cambridge, dazu auch eine große Menge gewöhnlicher Leute. Der Auflauf war vollkommen berechtigt. Anders als die Postkutsche hatte die Eisenbahn ein enormes Zukunftspotential, und die Mehrzahl der Anwesenden wird das gespürt haben.

Die Liverpool-Manchester-Railway wurde zum Modell für alle künftigen Eisenbahnen. Der gesamte Personen- und Frachtverkehr wurde von Dampflokomotiven gezogen. Es gab zwei Gleise, eines für die ostwärts und eines für die westwärts fahrenden Züge. Zur Erleichterung für die Passagiere wurden Bahnhöfe gebaut. Die Endstation in Manchester ist heute ebenso wie die schöne Lagerhalle auf der anderen Seite der Gleise Teil des Museums für Wissenschaft und Industrie. Die Passagierzüge verkehrten nach Fahrplan. Es gab drei Klassen mit unterschiedlichem Komfort und Fahrpreis, letzterer wurde nach der Entfernung berechnet. Auch dies wurde überall, mit örtlichen oder nationalen Variationen, zum Muster für die Entwicklung des Eisenbahnsystems.

Das wesentliche Verdienst an dieser Entwicklung muß den Stephensons zugesprochen werden. Wir haben gesehen, wie die einzelnen Bestandteile des Eisenbahnsystems im Verlauf der vorangehenden 50 Jahre zusammengekommen sind. Die Kanalbauer hatten die Techniken, die zum Tunnelbohren, zum Aufschütten von Dämmen und zum Ausheben von Geländedurchstichen erforderlich waren, zur Reife gebracht. Sie hatten die juristischen Verfahren zum Zwangsankauf von Land entwickelt und gelernt, wie man eine große Zahl von gelernten und ungelernten Arbeitern anwirbt und führt. Die Fabrikbauer, die Grobschmiede, die Mechaniker, die Maschinenbauingenieure und die Kohleprospektoren des Bergbaus hatten die Lokomotive erfunden und entwickelt. Die Postkutschen hatten den Gedanken eines öffentlichen Transportsystems mit einem an der km-Zahl orientierten Fahrpreis und der Disziplin eines Fahrplans in der Öffentlichkeit verbreitet. Diese Bestandteile waren immer weiter verfeinert worden. Nun war die Fähigkeit gefragt, sie alle miteinander zu

Bild 10.1 Die *Planet*. Dies ist ein funktionstüchtiger Nachbau des Originals von Stephenson aus 1831. (Manchester Museum of Science and Industry)

einem öffentlichen Eisenbahnsystem zu verbinden, das doch ganz anders war als die kleinen Schienenstrecken der Bergwerke mit ihren groben und primitiven Dampflokomotiven, den „Eisenrössern". Die Stephensons erkannten, daß die Eisenbahn es ermöglichte, einen Luxus auf die arbeitende Bevölkerung auszudehnen, den sich bis dahin nur die Wohlhabenden leisten konnten. Ihre Vision eines Schienennetzes, auf dem die einfachen Leute billig, schnell, sicher und bequem reisen konnten wohin sie wollten, war in der Kombination mit ihrer praktischen Befähigung zur Durchführung dieser Vision eine geniale Tat. Robert Stephenson, der seine Ausbildung unter anderem an der Universität Edinburgh absolvierte, war ein besserer und besser ausgebildeter Ingenieur als sein Vater. In den Jahren 1831–32 verbesserte und perfektionierte er systematisch die Komponenten der Dampflokomotive, so wie Smeaton die Newcomen-Maschine perfektioniert hatte. Die *Planet* (siehe Bild 10.1), 1831 für die Liverpool-Manchester-Railway fertiggestellt, wurde deshalb zum Prototyp für alle späteren Lokomotiven. Der Triumph der dampfbetriebenen Eisenbahn nach 1831 kam schnell und vollständig.

In Deutschland begann die Eisenbahnära mit dem „Adler", der auf einer ca. 15 km langen Strecke zwischen Nürnberg und Fürth am 7. Dezember 1835 erstmals verkehrte. In den Jahren 1837–39 wurde die 116 km lange Strecke zwischen Dresden und Leipzig erbaut. Seinen Höhepunkt im 19. Jahrhundert erreichte der Eisenbahnbau zwischen 1870 und 1880. Kurz nach der Jahrhundertwende kamen in Deutschland die ersten elektrischen Lokomotiven auf[1].

---

[1] Absatz vom Übers. eingefügt

Die Heraufkunft des Dampfschiffs erfolgte bei weitem zögerlicher, obwohl Testschiffe bereits vor Trevithicks Lokomotive von Pen y Darren gebaut worden waren. In Frankreich hatte es sogar schon vor der Revolution ein Experimentierdampfschiff gegeben. 1801 wurde die *Charlotte Dundas*, ein von William Symington gebauter, mit einem Schaufelrad ausgestatterer kleiner Dampfschlepper auf dem Clyde-Forth-Kanal ausprobiert. Die Wellen des Schaufelrads sollen aber die Seitenböschungen des Kanals ruiniert haben, so daß keine Weiterentwicklung stattfand. Allerdings nahm Robert Fulton (1765–1815), der die Versuche mit der *Charlotte Dundas* beobachtet hatte, die Idee mit in die Vereinigten Staaten und baute dort das Dampfschiff *Clermont*, das von einer Boulton-Watt-Maschine angetrieben wurde. Es verkehrte zwischen New York und der Landeshauptstadt Albany über eine Entfernung von rund 220 km und entwickelte sich zu einem wirtschaftlichen Erfolg, zu dem bald weitere hinzukamen. Das erste wirtschaftlich erfolgreiche Dampfschiff Europas war das von Henry Bell 1812 gebaute *Comet*, das den Fluß Clyde befuhr.

Da die Dampfmaschine einen ständigen Nachschub an Wasser – am besten Süßwasser – benötigt, ist es nicht verwunderlich, daß die ersten erfolgreichen Dampfschiffe auf großen Flüssen oder Süßwasserseen fuhren. Das wiederum bedeutet, daß Nordamerika mit seinen großen Flußsystemen und den riesigen Seen für die Entwicklung und den Einsatz der frühen Dampfschiffe die umfassendsten Möglichkeiten bot. Die Reise mit dem Dampfschiff war relativ schnell, sicher und bequem. Brennstoff war in Form von Holz an den Fluß- und Seeufern reichlich vorhanden. Bereits 1824 hatte ein Dampfschiff die St. Anthony-Fälle und die Stadt Minneapolis erreicht und war damit zum äußersten möglichen Punkt auf dem Mississippi gekommen.

Bei der Befahrung der Ozeane mit Dampfschiffen ergab sich das Problem des Süßwassernachschubs. Bei bedeutsamen Meerengen wie auf der Strecke Dover–Calais oder Holyhead–Dublin war das nicht gravierend. Erinnern wir uns, daß Watt ursprünglich einen Oberflächenkondensator für seine Dampfmaschine vorgesehen, ihn aber ebenso wie den Dampfmantel aufgegeben hatte, um die extra Kosten zu sparen. Auf einem Ozeandampfer ermöglichte es ein solcher vom Meerwasser gekühlter Kondensator, das Wasser im Dampfkessel immer wieder zu verwenden. Allerdings erwies sich die Entwicklung eines Kondensators für Ozeanschiffe als kompliziert. Abgesehen von der Beanspruchung, welche die Maschine bei stürmischer See ertragen mußte, stellten die Korrosion und die unterschiedliche Ausdehnung der für den Kondensator verwendeten Metalle schwierig zu lösende Probleme dar. Erst um die Mitte des Jahrhunderts gelang es, einen zuverlässigen Oberflächenkondensator für die Ozeanschiffe zu entwickeln. In der Zeit davor mußte der Dampfkessel mit Meerwasser beschickt werden, was regelmäßige Spülungen notwendig machte, um übermäßige Salzablagerungen zu vermeiden. Das war natürlich uneffektiv und verkürzte die Lebensdauer der Dampfkessel.

Neben der Personenschiffahrt war es auch verlockend, Dampfschiffe für den intensiven transatlantischen Handel einzusetzen. Selbst auf den Strecken nach Nord- und Südamerika waren Dampfschiffe kaum wirtschaftlich, und bei ihrer Einführung wurden Unterstützungszahlungen für den Posttransport geleistet. Die Vorteile des Segelschiffs waren dagegen offenkundig: Der Wind war kostenlos, und überall auf der Welt konnten die Häfen alles liefern, was ein Segelschiff benötigte, bis hin zu ausgebildeten Seeleuten, die auf eine gute Anstellung warteten. Aber wieviele Häfen konnten mit den Ingenieurleistungen aufwarten, die London, Glasgow, New York, Boston, Cherbourg oder Le Havre zu bieten hatten? Ein Segelschiff, das bei schwerem Sturm seine Masten verloren hatte, konnte mit einer Notbetakelung immer noch einen Hafen erreichen. Aber was passiert mit einem Dampfschiff, dessen Maschinen mitten im Ozean ausfallen? Es ist kein Wunder, daß bis zum Ende des Jahrhunderts alle Dampfschiffe Segel mitführten.

Neue Technologien, neue Wissenschaften

Die ersten drei Jahrzehnte des 19. Jahrhunderts war die Epoche, in der von Frankreich ausgehend die Wissenschaft so strukturiert wurde, wie wir sie heute kennen. Neben der Mechanik umfaßten die Physiklehrbücher nun das Licht, den Schall, die Elektrizität und den Magnetismus sowie die Wärme. Letztere kam von der Chemie zur Physik, nachdem Wege gefunden worden waren, die Wärmeerscheinungen auf mathematische Weise zu behandeln. Dazu haben der Schotte John Leslie und mehr noch der Franzose J.B.J. Fourier beigetragen. Die neue Physik war sowohl konzentrierter als auch tiefer als die alte nacharistotelische Physik, die sich mit der Untersuchung der Bewegung und der Veränderungen befaßt und somit die Biologie und verwandte Wissenschaften eingeschlossen hatte. In England wurden natürlich die Naturphilosophie, die experimentelle Philosophie und die Chemie weiterhin als die Hauptzweige der Naturwissenschaft betrachtet. Wissenschaftler wurden schlicht als Philosophen bezeichnet; das Wort „Scientist" wurde erst 1839 geprägt – man sagt, in Analogie zum Wort „Artist". Es mußten noch viele Jahrzehnte vergehen, ehe das Wort Scientist allgemein akzeptiert wurde.

Wie wir gesehen haben, hat die Entwicklung sehr von der fruchtbaren Zusammenarbeit zwischen James Watt, dem einstigen Instrumentenbauer, und Joseph Black profitiert. Nachdem zumindest in England die Untersuchung der Wärme eine Domäne der Chemie blieb, war eine weitere solche Partnerschaft effektiv ausgeschlossen. Im Land der Dampfmaschinen wurden die Dampfmaschinen als *Dampfdruck*maschinen betrachtet. Alle Überlegungen hinsichtlich einer Theorie dieser Maschine konzentrierten sich folglich auf die Aufrechterhaltung, die Optimierung und die Anwendungen des Dampfdrucks. Das Beispiel der Beziehung zwischen Black und Watt geriet in Vergessenheit. Erst 1828 entdeckte Captain Samuel Grose neu, wie wichtig es war, Wärmeverluste zu vermeiden. Er fand heraus, daß wärmeisolierte („bekleidete", wie er es nannte) Dampfröhren, Ventile und Zylinder bei der Maschine des Wheal-Towan-Bergwerks in Cornwall eine Erhöhung der mittleren Leistung pro Zyklus auf 80 000 „foot pounds" pro Kohlebündel bewirkte, dreimal mehr als die 26 000, die Watt als Maximum für möglich gehalten hatte. Die im *Monthly Engine Reporter* veröffentlichte Leistung wurde von anderen Ingenieuren registriert und die Vorteile der Wärmeisolierung wurden allgemein erkannt. Freilich war das theoretische Verständnis der Grundlagenprozesse über die Ansätze Watts hinaus damit noch kein bißchen weiter.

Als 1815 in Europa der Frieden wieder eingekehrt war, staunten französische Beobachter sehr über die bemerkenswerten Fortschritte der englischen Industrie. Zwar waren schon vor der Revolution einige Boulton-Watt-Maschinen nach Frankreich importiert worden, aber sie waren – fern von öffentlicher Aufmerksamkeit – nur in einigen Fabriken in Betrieb. Die langen Jahre der Revolution und der nachfolgenden Kriege hatten die rasche Entwicklung der Dampfmaschine der Aufmerksamkeit der französischen und überhaupt der kontinentaleuropäischen Ingenieure entzogen. Um so heftiger schlug dann die vollkommen neue Technologie nach 1815 ein. Ganz augenfällig zeigt sich das an dem Erfolg, den die Woolf-Maschine in Frankreich hatte. Wie Fox bemerkt hat, muß es dem Stolz der gut ausgebildeten und fähigen französischen Ingenieure einen gehörigen Schock versetzt haben, als sie feststellten, welcher Fortschritt von den wissenschaftlich nicht ausgebildeten englischen Handwerkern gemacht worden war. Sie ließen jedoch ihren Ärger nicht über ihre Neugier siegen; die Ingenieure Cornwalls beschwerten sich sogar nicht ganz zu Unrecht, daß ihre Maschinen in Paris besser verstanden wurden als in London.

Der bedeutendste französische Beobachter war N.L.S. Carnot (1794–1832), obwohl er lange nicht als solcher erkannt wurde. Sadi Carnot war der Sohn Lazare Carnots, hatte an der Ecole Polytechnique studiert und wurde zeitig Offizier an der „Génie". Die Chancen auf Beförderung waren in einer Zeit des Friedens und der Abrüstung gering, besonders für den Sohn eines exilierten Königsmörders. Der junge Carnot wurde also fern von Paris in Grenzgebieten stationiert, wo er keinen Ärger machen konnte, und wurde dort mit Routineaufgaben wie der Brückenüberwachung betraut. Bald hatte er solche Sackgassenposten satt. Er kehrte mit halber Bezahlung nach Paris zurück und widmete sich dem Studium der Wirtschaft und natürlich der Dampfmaschine. 1824 veröffentlichte er sein kurzes, gerade etwas über 100 Seiten umfassendes Buch „Überlegungen zur bewegenden Kraft des Feuers".

Aus französischer Perspektive betrachtet, hatte die Dampfmaschine einen plötzlichen Sprung hinichtlich ihrer Effizienz und Vielseitigkeit gemacht, und der erheischte, nach Sadi Carnots Auffassung, eine Erklärung. Es gab, so argumentierte er, eine vollständige Theorie der Wasserkraft, die es nicht nur ermöglichte, die aus jedem beliebigen Wasserfluß gewinnbare Leistung zu berechnen, sondern die auch Hinweise gab, wie diese Leistung optimal zu erreichen sei. Dagegen gab es für die Dampfkraft, wenn man von isolierten ad hoc-Untersuchungen wie der Messung der Zunahme des saturierten Dampfdrucks mit der Temperatur absah, keine vergleichbar umfassende und vollständige Theorie. Es war nicht einmal bekannt, ob die Dampfkraft begrenzt war (hier nahm er einfach Bezug auf die Hoffnungen, daß der rapide Anstieg des Drucks mit der Temperatur eine praktisch unbegrenzte Leistung für eine begrenzte Wärme- oder Brennstoffmenge zu versprechen schien).

Carnots Untersuchung wurde von einigen Dingen begünstigt. Wie der junge Watt, hatte er mit der Dampfindustrie nichts zu tun, war also frei von beruflichen Vorurteilen und dadurch in der Lage, aus dem unabhängigen Blickwinkel des Außenseiters zu urteilen. Als gut ausgebildeter Ingenieur war er mit der Theorie und den Verfahrensweisen der Wasserkrafttechnologie vertraut. Er hatte unmittelbaren Zugang zu den Arbeiten seiner Freunde Clément und Desormes über die Wärme und die Ausdehnung von Gasen. Schließlich wirkte es sich positiv aus (auch wenn das paradox erscheinen mag), daß er die konventionelle Theorie akzeptierte, derzufolge die Wärme eine feine Flüssigkeit mit dem Namen „Phlogiston" war. Zusammengenommen ermöglichten ihm diese Faktoren, im begrenzten Rahmen einer Analogie zur Wasserkraft eine Theorie der Wärmekraft zu entwerfen.

Wärme, sagte Carnot aus einer kosmischen Perspektive heraus, ist der große Beweger der Welt. Sie treibt die Windsysteme und die Ozeanströmungen der Erde an. Nach einer universellen Regel besteht überall dort, wo ein Temperaturgefälle existiert, die Möglichkeit, mechanische Arbeit zu erzeugen. Er gab großzügig zu, daß wir es den englischen Ingenieuren

Watt, Trevithick und Woolf verdanken, daß wir diese Kraft zu zähmen gelernt haben. Dann verglich er das Temperaturgefälle mit einer Wassersäule und schloß daraus, daß für eine gegebene Wärmemenge die gewinnbare Arbeit um so größer ist, je größer das Temperaturgefälle ist (deshalb das Wort Feuer im Titel seines Buches). Wasser, das aus 20 m Höhe herunterfällt, kann die doppelte Arbeit verrichten wie die gleiche Wassermenge, wenn sie nur 10 m herunterfällt. Die Analogie zwischen Wasser und Phlogiston ist hier deutlich zu erkennen (die Analogie wurde noch dadurch verstärkt, daß er das Expansionsprinzip auf Druckwassermaschinen anwendete, indem er einen Luftbehälter einfügte). Carnots Schlußweise wurde durch die Erfahrung unterstützt, daß Hochdruckdampfmaschinen effizienter waren als Niederdruckmaschinen, und Hochdruckdampf war nun einmal heißer als Niederdruckdampf.

Die Bedingungen für den maximalen Wirkungsgrad einer Wasserkraftmaschine (ein Wasserrad oder eine Wassersäulenmaschine) sind zum einen, daß das Wasser ohne Schock eintreten, zum anderen, daß es praktisch ohne Geschwindigkeit austreten soll. Es soll sozusagen erschöpft hinausfallen und seine ganze Kraft an die Maschine abgegeben haben. In analoger Weise soll bei einer Wärmekraftmaschine – ob sie nun Dampf, Luft oder eine andere Arbeitssubstanz benutzt – die Wärme (das Phlogiston) mit der Temperatur der Arbeitssubstanz ein- und mit der Kondensatortemperatur austreten. Wenn bei Ein- oder Austritt Temperaturdifferenzen auftreten, bedeutet das, daß eine Möglichkeit zu Erzeugung mechanischer Arbeit vertan worden ist. Hier zeigt sich, daß Carnot im Gegensatz zu seinen Zeitgenossen, welche die Dampfmaschinen als *Druck*maschinen betrachteten, von der Vorstellung einer *Wärme*maschine ausging, die als allgemeines Konzept für alle Maschinen geeignet war, die mit Wärme arbeiteten.

Eine perfekte Wärmekraftmaschine würde folgendermaßen arbeiten: Die Arbeitssubstanz im Zylinder – Dampf oder Luft – hat die Temperatur des Brennraums und ist voll komprimiert. Sie dehnt sich dann aus, bewegt den Kolben und nimmt gleichzeitig durch die Zylinderunterseite Wärme vom Brennraum auf, so daß sich ihre Temperatur dabei nicht ändert. In einer gewissen Entfernung vom Zylinderboden wird die Wärmezufuhr gestoppt. Von diesem Punkt an fällt bei der Ausdehnung der Arbeitssubstanz deren Temperatur[2]. Die Temperatur der Arbeitssubstanz fällt bis zur Kondensatortemperatur. An keiner Stelle findet eine Wärmeübertragung von der Arbeitssubstanz auf die Zylinderwände oder umgekehrt statt (was in der Praxis freilich ein ganz ungewöhnliches Zylindermaterial erfordern würde). Bei der niederen Temperatur wird die Arbeitssubstanz wieder komprimiert, die dabei abgegebene Wärme entweicht durch den Zylinderboden, so daß die Temperatur der Arbeitssubstanz niedrig bleibt, bis an einem vorherbestimmten Punkt der Zylinderboden thermisch isoliert wird. Danach wird die Kompression fortgesetzt, und die Temperatur der Arbeitssubstanz erhöht sich, bis sie und der Druck wieder die Ausgangswerte angenommen haben.

In einem solchen *Arbeitszyklus* ist also nichts weiter geschehen, als daß eine gewisse Wärmemenge von einem Reservoir hoher zu einem Reservoir niedriger Temperatur geflossen ist und dabei Arbeit verrichtet wurde. Es ist keine Wärme ungenutzt verloren gegangen, im Endeffekt ist nichts erhitzt oder abgekühlt worden, und nichts hat expandiert oder

---

[2] Am Ende des 18. Jahrhunderts war gezeigt worden, daß Luft oder ein anderes Gas sich beim Komprimieren aufheizt und beim Ausdehnen abkühlt. Man vergleiche die erstaunlichen Erscheinungen, die bei Hoells „Heronischer Maschine" auftreten.

kontrahiert. Am Ende ist alles innerhalb der Maschine so, wie es am Anfang war. Eine Maschine, die auf diese Weise arbeitet, hat den maximal möglichen Wirkungsgrad. Das kann man leicht beweisen, wenn man sich klarmacht, daß eine solche Maschine reversibel arbeitet. Sie kann ebenso gut rückwärts betrieben werden, gibt dann alle Wärme an die Quelle zurück und nimmt lediglich mechanische Arbeit auf. Eine Maschine mit höherem Wirkungsgrad kann es nicht geben, denn sie könnte benutzt werden, um die reversible Maschine rückwärts zu betreiben, so daß Wärme einfach in der Quelle angesammelt werden könnte ohne irgendeine andere Änderung. Auf diese Weise wäre ein Perpetuum Mobile möglich. Mit einer analogen Argumentation kann man zeigen, daß es keine bessere Wasserkraftmaschine als eine vollkommen reversible geben kann.

Aus diesen Überlegungen leitete Carnot ab, daß keine Arbeitssubstanz besser sein kann als eine andere, denn dann könnte man mit Hilfe der besseren ein Perpetuum Mobile, eine Maschine, die ohne irgendeinen Brennstoffverbrauch endlos Arbeit liefert, konstruieren. Außerdem zog er einige Schlüsse in bezug auf die Physik von Gasen, die uns hier aber nicht weiter interessieren. Insgesamt bot er brillante Einsichten in die Arbeitsweise von Wärmekraftmaschinen allgemein. Er betonte, daß der steile Anstieg des Dampfdrucks bei Temperaturerhöhungen praktisch gesehen ein Nachteil war, denn es bedeutete, daß man nicht mit Dampf arbeiten konnte, der die Temperatur des Brennraums (ca. 1000 °C) hatte. Er vermutete, daß eine mit Luft arbeitende Maschine bessere Chancen bot, die Wärmekraft wirklich effizient zu nutzen, denn der Druck von Luft bei 1000 °C ist nicht so katastrophal hoch. Interessanterweise kam er mit einem falschen Argument zu der richtigen Schlußfolgerung, daß die gleiche Wärmemenge, die in einer perfekten Maschine einen bestimmten Temperaturunterschied „durchfällt", um so weniger Arbeit liefert, je höher die tiefere der beiden Temperaturen ist: Z.B. würde sie zwischen den Temperaturen 100 °C und 90 °C weniger Arbeit liefern als zwischen 10 °C und 0 °C. Er deutete an, daß man die Tatsache, daß die von einer perfekten Wärmekraftmaschine geleistete Arbeit nicht von der Arbeitssubstanz, sondern nur von den Arbeitstemperaturen abhängt, möglicherweise zur Definition einer absoluten Temperaturskala benützen könne, die unabhängig ist von den speziellen Eigenschaften des Quecksilbers, des Alkohols oder der Luft.

Carnot stützte sich bei seinen Überlegungen zum idealen Arbeitszyklus auf die ausgereifte Praxis der expansiven Arbeitsweise und auf die Arbeiten seiner Freunde Clément und Desormes. Seine Folgerung, daß die Überlegenheit der Hochdruckarbeitsweise daran liegt, daß höherer Druck auch höhere Temperatur bedeutet, war eigentlich ein Zirkelschluß, weil sie nicht aus unabhängigen Überlegungen hergeleitet war. Faktisch hatte Carnot den praktischen Ingenieuren wenig zu sagen. Diese hatten bereits festgestellt, daß keine Arbeitssubstanz bessere Ergebnisse als der Dampf lieferte, und kannten die praktischen Nachteile der mit Luft betriebenen Maschine. Die besser Informierten unter ihnen waren sich der Überlegenheit der Hochdruckdampfmaschinen bewußt. Dafür gab es auch drei sehr vernünftige Gründe: Die Hochdruckmaschinen waren im allgemeinen jünger, sie waren kompakter und litten daher weniger unter Reibungsverlusten, und drittens wird die expansive Arbeitsweise mit zunehmendem Druck immer effektiver. Sogar Carnots Beiträge zur Physik der Gase hätten auf anderem Weg ebenfalls hergeleitet werden können (was auch tatsächlich geschah). Carnot scheint das Vertrauen in seine Arbeit kurz nach deren Veröffentlichung selbst verloren zu haben. Er gewann die Überzeugung, daß die Theorie des Phlogiston falsch und deshalb die ganze Basis seiner Arbeit widerlegt war. Wahrscheinlich hielt er sich selbst für einen völligen Versager, denn er veröffentlichte nichts mehr und starb tragisch in einer psychiatrischen Anstalt. Er muß ein trauriges Leben gehabt haben, und doch zeigte der Fortgang der Ereignisse, daß zwischen 1820 und 1830 – eine sehr schöpferische Dekade – nichts fruchtbareres veröffentlicht wurde als seine *Überlegungen zur bewegenden Kraft des Feuers*.

Ironischerweise hatte bereits 1816 ein kaum bekannter Schotte, der Rev. Robert Stirling, eine mit Luft betriebene Maschine patentieren lassen, die zweifellos reversibel war und wenigstens im Prinzip perfekt gemäß der carnotschen Kriterien gebaut werden konnte[3]. Ein langer, an einem Ende verschlossener Zylinder, war mit zwei Kolben versehen, von denen der äußere der Arbeitskolben war, während der innere und sehr dicke Kolben als „Verschiebekolben" diente. Die geschlossene Kolbenhälfte befand sich innerhalb des Feuerungsraums, die andere Hälfte wurde von der umgebenden Luft oder von Wasser gekühlt. Die erhitzte Luft trieb den Arbeitskolben nach draußen, wo dieser ein Schwungrad in Drehung versetzte. Eine mechanische Verbindung sorgte gleichzeitig dafür, daß sich der „Verschiebekolben" in die entgegengesetzte Richtung bewegte. Die heiße Luft im Zylinder wurde dadurch nach außen getrieben, und zwar durch schmale Schlitze zwischen Metallrippen, die im Inneren des Zylinders angebracht waren (der Verschiebekolben hatte einen etwas geringeren Durchmesser als der Zylinder). Die Luft gab ihre Wärme an die Metallrippen, die sogenannten Wärmetauscher oder Regeneratoren, ab und kühlte (wenigstens theoretisch) bis auf die Temperatur der Außenluft ab. In diesem Moment hatte der Verschiebekolben das geschlossene Ende des Zylinders erreicht, und es herrschte ein gleichmäßig niedriger Druck, so daß das Schwungrad den Verschiebekolben wieder nach außen bewegen konnte. Der Arbeitskolben bewegte sich wieder nach innen, die Luft strömte unter Wärmeaufnahme am Wärmetauscher in den Kolben zurück, und der nächste Zyklus konnte beginnen.

Die Stirling-Maschine war ihrer Zeit voraus. Die Metallurgie war noch nicht weit genug fortgeschritten, um mit den extremen Bedingungen zurechtzukommen, denen der Zylinder und andere Komponenten unterworfen waren, und es waren auch keine geeigneten Schmiermittel verfügbar. Dennoch arbeitete die Maschine für eine gewisse Zeit ganz erfolgreich. Gut 35 Jahre später betrieb William Thomson (Lord Kelvin) eine solche Maschine in umgekehrter Richtung als Kühlmaschine, um damit Wasser einzufrieren. Was Stirling anbelangt, so mußte er wie Carnot große Enttäuschungen hinnehmen. Daub hat darauf hingewiesen, daß sein aufopferungsvoller Dienst in seiner Gemeinde während einer Choleraepidemie ihn an der weiteren Entwicklung seiner Maschine gehindert hat. Doch wurde er durch den Triumph entschädigt, daß sein Sohn Patrick einer der bekanntesten englischen Lokomotivingenieure wurde.

Wir wissen nicht, auf welchem Weg Stirling zu seiner Erfindung kam. Wir haben auch keinerlei Hinweise auf irgendeine Verbindung zwischen Carnot und Stirling. Es muß betont werden, daß keiner der beiden zur Welt der Dampfingenieure gehörte. Beide, und insbesondere Carnot, befaßten sich mit der Arbeitsweise von *Wärmekraft*maschinen und nicht nur von *Dampf*maschinen. Schließlich haben beide ihr Leben im Abseits der Geschichte beendet.

---

[3] Nach Fox gibt es keine Hinweise darauf, daß Carnot von der Stirling-Maschine gewußt hat.

Einen anderen Weg wählte F.M.G. de Pambour. Außer zahlreichen Aufsätzen veröffentlichte er zwei Bücher, eines über die Dampfmaschine und eines über die Dampfeisenbahn. Beide wurden in England achtungsvoll aufgenommen und sogar ins Englische übersetzt. De Pambour hatte Experimente mit den Lokomotiven vom Typ der bei der Liverpool-Manchester-Railway verwendeten gemacht und behauptete, daß der Dampfdruck im Kessel keinen Hinweis auf die von der Lokomotive verrichtete Arbeit gab. Wenn sich die Lokomotive mit gleichmäßiger Geschwindigkeit bewegt, dann muß der Dampfdruck im Zylinder genau der zu bewegenden Last entprechen. Bei größerem Druck beschleunigt die Lokomotive, bei kleinerem verlangsamt sie. Die Argumente sind dabei genau diejenigen, welche den Ingenieuren seit Parents Zeit geläufig waren. Für de Pambour stellte sich das Problem, den Druck unter verschiedenen Bedingungen zu berechnen. Fairerweise muß man dazu sagen, daß eine vollständige Theorie der Dampfmaschine seiner Ansicht nach darin bestand, für jeden Zeitpunkt des Arbeitszyklus den Druck berechnen zu können. So stellten sich die Ingenieure seiner Zeit wohl die richtige Mischung aus Theorie und Praxis, d.h. den korrekten Zugang zu den Problemen der Dampfmaschine, vor. So gesehen, kann man sich leicht vorstellen, wie unplausibel dem Bewußtsein der Zeitgenossen die Idee Carnots von einer perfekten Maschine, die in einem platonischen Himmel einen unrealistischen Arbeitszyklus ausführt, erschienen sein muß.

Desungeachtet hat – wie später erkannt wurde – Carnots aus der Energietechnologie abgeleitete Theorie der Wärmekraftmaschine der wissenschaftlichen Untersuchung der Wärme zu einer Zeit einen frischen und kraftvollen Impuls gegeben, als die Wissenschaft innerhalb der Begrenzungen der Fourierschen analytischen Theorie statisch und perfekt geworden war. Die Energietechnologie hat also, mit anderen Worten, die Tür zur Entstehung einer bedeutenden neuen Wissenschaft, der Thermodynamik, aufgestoßen.

Die Vervollkommnung der Wasserkraft

Eine senkrechte Wassersäule beinhaltet eine Menge Energie, die auf zweierlei Weise in nutzbringende Arbeit umgewandelt werden kann. Entweder treibt man damit eine Maschine wie die Wassersäulenmaschine an (die in England normalerweise Druckwassermaschine genannt wurde), oder man nutzt die *vis viva* – die kinetische Energie – eines ausströmenden Wasserstrahls zum Antrieb eines Stoß- oder Impulswasserrads. Zu Beginn des 19. Jahrhunderts war allgemein bekannt, daß die zweite Methode uneffizient war, da durch die entstehende Turbulenz Energie verschwendet wurde. Andererseits bot diese Methode, sofern man solche Verluste klein halten konnte, die Möglichkeit, ohne weiteres eine Hochgeschwindigkeitsmaschinerie anzutreiben, ohne daß man auf teuere und energieverschwendende Getriebe zurückgreifen mußte.

1824, im Jahr von Carnots *Reflexions sur la puissance motrice du feu*, lieferten Prony und Girard der Académie Royale des Sciences einen sehr positiven Bericht über ein Memorandum C. Burdins, das den Titel trug „Hydraulische Turbinen oder rotierende Hochgeschwindigkeitsmaschinen". Burdin war Professor für Mechanik an der Bergbauschule von St. Etienne. In seinem Aufsatz analysierte er die Bedingungen, unter denen von einem Wasserstrom, der mit hoher Geschwindigkeit parallel zur Achse einer Maschine mit geeignet gebogenen Schaufeln fließt, die maximale Arbeit gewonnen werden kann. Der

Gedanke, gebogene Schaufeln zu verwenden, damit das Wasser mit minimalem Schock auftreffen kann, stammte von de Borda; Burdin entwickelte ihn weiter und erfand den Namen Turbine für diese Art von Maschinen. Er hatte in St. Etienne einen Prototyp gebaut und behauptet, vielversprechende Ergebnisse erzielt zu haben, aber noch nicht über ausreichend viele Daten zu verfügen. Wenn die Schaufeln in Burdins Maschine so gebogen waren, daß das auftreffende Wasser in der zur Rotation entgegengesetzten Richtung wegfloß, dann mußte das abfließende Wasser auf die Vorderseite der folgenden Schaufel treffen; waren sie so gebogen, daß das vermieden wurde, floß das Wasser mit beträchtlicher Geschwindigkeit davon, was mit einem schlechteren Wirkungsgrad verbunden war. 1827 löste Benoit Fourneyron (1802–67) dieses Dilemma, indem er die Maschine so baute, daß das Wasser nach außen strömte. Er war damit in der Lage, die erste wirklich funktionierende Turbine zu betreiben. Bis Ingenieurwerkstätten Hochgeschwindigkeitsturbinen für allgemeine Verwendung bauen konnten, sollte allerdings noch einige Zeit vergehen. Die Fourneyronturbine arbeitete zum Teil mit dem Druck des Wassers auf die geeignet gebogenen Schaufeln, zum Teil mit der Rückwirkung des auf den Schaufeln beschleunigten Wassers. Im Idealfall hätte die Geschwindigkeit des Wassers beim Verlassen des Laufrads gleiche Größe, aber entgegengesetzte Richtung wie die der rotierenden Schaufeln haben müssen. In der Praxis war das aber nie der Fall, die Geschwindigkeit war immer etwas größer, so daß etwas Energie verschwendet wurde. Prony und Girard waren aber dennoch so beeindruckt, daß sie bemerkten: „Geübte Ingenieure wie Burdin haben unter günstigen Umständen die Pflicht, die Prinzipien der rationalen Mechanik zur Verbesserung industrieller Prozesse einzusetzen und den Nutzen der Theorie durch sinnvolle Anwendungen, die in die Praxis umgesetzt werden können, zu beweisen". Etwa um die gleiche Zeit beschrieb J.V. Poncelet ein unterschlächtiges Wasserrad, bei dem die Schaufeln stromaufwärts gekrümmt waren. Er behauptete, 67% Wirkungsgrad zu erreichen.

1826, kurz bevor Fourneyron seine erste Turbine gebaut hatte, beschrieb Riche de Prony seine Reibungsbremse, auch Dynamometer genannt. Dieses außerordentlich einfache Gerät konnte die Leistung von Dampfmaschinen messen; dabei wurde die Arbeit, welche die Maschine beim Überwinden der Bremsreibung verrichtete, mit einem Gewicht am Ende eines langen Hebelarms verglichen. Man mußte nicht einmal die Größe der Bremskraft kennen, um bei vorgegebener Geschwindigkeit die Leistung auszurechnen. Pronys Dynamometer ließ sich zur Leistungsmessung bei Turbinen, Wasserrädern sowie allen anderen rotierenden hydraulischen Maschinen verwenden. Watts Indikator eignete sich dafür selbstverständlich nicht. Es ist höchst unwahrscheinlich, daß Prony von der Existenz des Indikators gewußt hat, da dieser, wie wir wissen, bis 1824 geheim gehalten wurde.

Damit waren in Frankreich fast gleichzeitig zwei grundlegende Fortschritte in der Kraftwerkstechnologie erzielt worden, der eine auf theoretischem, der andere auf praktischem Gebiet. Zur selben Zeit war ebenfalls in Frankreich ein einfaches und sehr wirkungsvolles Gerät zur Leistungsmessung entwickelt worden. Im Gegensatz zu den Gedanken von Guerickes und Papins wurde die hydraulische Turbine in England aber lange Zeit nicht aufgegriffen. Es war einfach mehr billige Kohle da und gab kaum kräftige Wasserfälle. In Amerika war da die Lage ganz anders.

Die Anfänge der Elektrotechnologie

Oersteds Entdeckung wurde besonders in Frankreich ebenso rasch weiterverfolgt, wie das bei der Erfindung der Batterie der Fall war. Zu den vielen Folgeentdeckungen gehört die von D.F.J. Arago (1786–1853), der noch im gleichen Jahr 1820 zeigte, daß Weicheisenfeilspäne vorübergehend magnetisiert werden, wenn man sie nahe an einen stromführenden Draht bringt, und daß eine Stahlnadel dauerhaft magnetisiert wird, wenn man sie in eine stromführende, lange Spule legt. Das ließ vermuten, daß der Magnetismus mit der Elektrizität der Atome in der Stahlnadel zu tun haben könnte. Auf der Grundlage von Aragos Versuchen erfand 1825 William Sturgeon (1783–1850), ein ausgedienter Soldat, der sich während seiner Dienste in Wellingtons Armee selbst weitergebildet hatte, den Weicheisenmagneten. Eine außerordentlich fruchtbare und originelle Entdeckung war die Erkenntnis, daß eine Spule mit einem Weicheisenkern nicht nur eine viel stärkere magnetische Anziehungskraft besitzt als jeder natürliche Magnetstein oder Permanentmagnet, sondern daß die Magnetisierung auch ohne Verzögerung dem erregenden Strom folgt, also die Richtung umkehrt, wenn man die Pole der Batterie vertauscht, und erlischt, sobald der Strom abgeschaltet wird.

Sturgeon erfand den Elektromagnet als Lehrmittel, das er in den Vorlesungen benutzte, die er über die von Oersted, Arago, Faraday und anderen entdeckten elektromagnetischen Erscheinungen hielt. Die Entwicklung des Elektromagneten wurde von dem Holländer Gerard Moll und dem Amerikaner Joseph Henry weitergeführt. Sie verbesserten die Ausführung, und Henry führte die heute allgemein übliche Praxis ein, die Drähte selbst zu isolieren. Sie erhöhten die Tragkraft des Elektromagneten, zuerst auf 370 kg und dann auf 1000 kg. Ein kleines didaktisches Hilfsgerät war damit in den Bereich der ingenieurmäßigen und industriellen Anwendung gerückt. Obwohl weder Henry noch Moll besondere Behauptungen aufstellten, erinnert man sich unausweichlich an Otto von Guerickes enorm fruchtbare Anregungen in bezug auf die Nutzbarmachung des Atmosphärendrucks (siehe Kapitel 5). Als unmittelbare Folge ergab sich aus dem Elektromagnet der Elektromotor, oder die elektromagnetische Maschine, wie er auch genannt wurde. Bei dieser Maschine versetzt die magnetische Anziehung zwischen einem festen und einem auf einer Spindel drehbaren Elektromagneten die Spindel in Drehung. Nach jeweils einer halben Umdrehung muß die Richtung des Stroms in einem der beiden Elektromagneten mittels eines Kommutators umgekehrt werden, sonst würde die Drehung wieder gestoppt. Ohne Übertreibung kann man sagen, daß alle spätere Elektrotechnik wenigstens zum Teil auf der Grundlage des Elektromagneten von Sturgeon, Henry und Moll aufbaut.

Die engen Analogien zwischen der Elektrizität und dem Magnetismus brachten einige Forscher auf den Gedanken, daß die voltaische Elektrizität auf irgendeine Weise in einer benachbarten Leiterschleife Elektrizität induzieren könnte. 1831 entdeckte Michael Faraday (1791–1867)[4] an der Royal Institution in London die elektromagnetische Induktion.

---

[4] Faradays 200jähriges Geburtsjubiläum gab Anlaß zu einer Reihe außergewöhnlicher Behauptungen über ihn in der englischen nationalen Presse, dem BBC und der Institution of Electrical Engineers. Es wurde wiederholt gesagt, er habe den Elektromotor erfunden, was völlig unwahr ist; er habe den Dynamo erfunden, was nur zum Teil stimmt; und daß die ganze moderne elektrische Technologie auf ihn zurückgeführt werden kann, was handgreiflicher Unsinn ist. Für uns genügt es, festzustellen, daß er ein großer Mann und Experimentalwissenschaftler, aber kein Erfinder war.

Mit einer brillant konzipierten Versuchsreihe fand er heraus, daß ein voltaischer Strom, der in einem Draht zu fließen beginnt, in einem daneben befindlichen Leiterkreis einen vorübergehenden Strom induziert; wenn der voltaische Strom zu fließen aufhört, induziert er einen kurzen vorübergehenden Strom in der umgekehrten Richtung. Faraday erforschte sehr systematisch diese schwer faßbare Erscheinung, die im Prinzip durch eine ganze Reihe zufälliger Faktoren hervorgerufen hätte sein können, die allen damaligen Experimentatoren ebenso bekannt waren, wie sie es den heutigen sind. Dabei bestimmte er das wahre Induktionsprinzip: Daß nämlich ein veränderlicher Strom einen weiteren veränderlichen Strom induziert, während ein konstanter Strom ohne induktive Wirkung bleibt. Danach zeigte er, daß ein in der Nähe einer Leiterschleife rasch bewegter Magnet genau denselben Effekt bewirkt. Folglich hatte bei seinem ersten Versuch nicht der Strom an sich den Induktionsstrom hervorgerufen, sondern das aufgrund der veränderlichen voltaischen Stromstärke veränderte Magnetfeld. Nach Oersted kennzeichnet dies den Beginn der „Feldtheorie". All das war völlig gegen Newtons Vorstellungen.

Fast unmittelbar nach Faradays Entdeckung der elektromagnetischen Induktion erfand Hippolyte Pixii eine magnetoelektrische Maschine, den Magnetzünder. Bei ihm wird ein elektrischer Strom mechanisch erzeugt. In seiner ursprünglichen Form drehte sich ein Hufeisenmagnet mit großer Geschwindigkeit neben einer Leiterschleife. Zwei kurz darauf angebrachte Verbesserungen beinhalteten zum einen, daß sich die Schleife statt des Magneten bewegte; zum anderen den Einbau eines Gleichrichters, um den Wechselstrom aus der Maschine in einen Gleichstrom umzuwandeln.

Die Erfindung des Magnetzünders und des Elektromotors legte den Grundstein für die Entwicklung der elektrischen Energietechnologie und vieles weitere. Es dauerte allerdings 60 Jahre, ehe die elektrische Energie gesellschaftliche und wirtschaftliche Bedeutung gewann. Die Gründe für diese lange Verzögerung werden wir später diskutieren. Jetzt genügt die Bemerkung, daß der Magnetzünder eine schwächliche Angelegenheit war. Man nahm plausiblerweise an, daß er funktionierte, indem er Magnetismus in Elektrizität umwandelte. Die Kraft der besten Permanentmagneten war aber nur klein. Dagegen schien es für die Leistung der voltaischen Batterien keine Begrenzung zu geben, und auch hinsichtlich ihrer Verbesserungsfähigkeit war keine Grenze erkennbar. Der Elektromotor und die voltaische Batterie zusammen schienen eine Leistungsfähigkeit zu versprechen, die der Dampfmaschine zumindest ebenbürtig, vielleicht sogar überlegen war. Tatsächlich nahm die Entwicklung der Elektrizitätstechnologie aber einen Verlauf, den wohl kaum jemand vorhergesagt hätte.

Oersteds einfacher Apparat ließ sich als Instrument zum Auffinden elektrischer Ströme benutzen. Die Empfindlichkeit dieses Instruments wurde durch S.C. Schweigger 1822 wesentlich erhöht, der den ursprünglichen einfachen Draht durch eine Drahtspule mit vielen Windungen ersetzte. Schweiggers „Multiplier" wurde bald Galvanometer genannt. Der elektrische Telegraf, der so lange nur als Möglichkeit bestanden hatte, war damit (und mit dem Elektromotor) in greifbare Nähe gerückt. 1832 verwendete Baron Schilling ein Telegrafensystem mit Galvanometern, und im darauffolgenden Jahr verbanden C.F. Gauß (1777–1855) und W.E. Weber (1804–91) mit einem sehr ähnlichen System die Universität und das magnetische Observatorium von Göttingen, das als Knoten in einem großen internationalen Netz ähnlicher Observatorien fungierte. Die Entfernung betrug etwa 1 km, und die Kommunikation erfolgte mit Hilfe eines Signalcodes. Das System bildete den ersten funktionsfähigen elektrischen Telegrafen. Ein weiterer Fortschritt erfolgte 1838, als C.A. Steinheil das Prinzip des Erdschlusses beschrieb. Praktisch bedeutete das, daß nur ein Draht benötigt wurde, um einen entfernten Empfänger zu bedienen. Steinheil betrieb sein eigenes Telegrafensystem von seinem Haus in München zum etwa 10 km entfernten Observatorium in Bogenhausen.

Die Entwicklung eines ausgedehnten Telegrafennetzes konnte kaum die Sache von Universitäten und Observatorien sein. Es gab nur zwei Organisationen, die ein ganzes Land mit Telegrafenlinien überziehen konnten: Das Militär und das wachsende Eisenbahnnetz. Nur für diese beiden war die direkte Kommunikation von unmittelbarem Wert, und nur diese beiden konnten die Finanzierung tragen. Wie im 18. Jahrhundert beim englischen Kanalnetz, so wurde auch der große Erfolg der Liverpool-Manchester-Railway ohne Verzug vom Bau weiterer Eisenbahnen gefolgt: Es kamen Eisenbahnstrecken zwischen London und Birmingham, zwischen Birmingham und Manchester, und die Große Westlinie nach Bath und Bristol hinzu, die von Isambard Kingdom Brunel (1806–59) konzipiert wurden. Die rasche Ausbreitung der Schienen erhöhte den Bedarf nach der schnellsten Kommunikationsverbindung entlang der Bahnstrecken. 1836 reiste W.F. Cooke (1806–79) durch Deutschland, lernte Schillings Telegraf kennen und brachte die Idee mit nach London. In Zusammenarbeit mit Charles Wheatstone (1802–75), der Professor für Naturphilosophie am King's College in London war, entwarf er einen neuen Telegrafentyp für die Eisenbahn. Ihr erster Demonstrationstelegraf aktivierte mit Hilfe von fünf Drähten ebensoviele Elektromagneten derart, daß jeweils ein Paar von fünf über den Elektromagneten angebrachten Kompaßnadeln dazu gebracht werden konnte, auf einen von 20 Buchstaben zu zeigen. Diese waren auf einem senkrechten Brett befestigt, und zwar in der Form zweier Dreiecke, von denen eines mit der Spitze nach oben und eines nach unten zeigte. Die Kompaßnadeln waren entlang der gemeinsamen Basislinie angereiht. Das System wurde auf der Großen Westlinie 1838 erfolgreich erprobt. 1842 wurde es nach Slough erweitert und erreichte damit eine Länge von fast 30 km. Einige Jahre später weckte folgender Vorgang ein enormes öffentliches Interesse: Ein junger Mann reiste nach Slough, ermordete dort seine Freundin und fuhr mit seiner Rückfahrkarte die gleiche Strecke zurück. Nun war er allerdings gesehen worden, seine Beschreibung wurde nach London telegrafiert und er konnte auf diese Weise bei seiner Ankunft am Londoner Endbahnhof Paddington sofort verhaftet werden.

Das Telegrafensystem wurde stetig weiter verbessert, und der von Samuel Morse (1791–1872) entwickelte Signalcode ersetzte die langsameren und schwerfälligeren Methoden von früher. Der Telegraf fand viel weitere Anwendungsmöglichkeiten als die Unterstützung von Eisenbahnen und Polizei. Die Ausbreitung der Eisenbahnen und ihrer Telegrafenlinien ermöglichte z.B. ein einheitliches Zeitsystem. Vor der Eisenbahnepoche mußte die Zeit lokal festgelegt werden, und Unterschiede von einigen Minuten zur Greenwich-Zeit mußten hingenommen werden und spielten auch keine Rolle. Durch den Telegrafen wurde die „Eisenbahnzeit" in England und in allen anderen Ländern zum Standard. Ein Unterschied von einigen Minuten konnte jetzt entscheiden, ob man den Zug erreichte oder verpaßte.

11 Die öffentliche Seite der Technologie: Kunstfertigkeit und Intelligenz

Die Bildung des Zollvereins 1833 war ein großer Schritt zur Vereinigung der deutschen Länder. Ein weiterer, aber weniger sichtbarer Schritt auf dem Weg Deutschlands nach vorne war acht Jahre vorher von Wilhelm von Humboldt, dem preußischen Bildungsminister und Zwillingsbruder des berühmten Naturforschers Alexander von Humboldt, getan worden. Er hatte der Berufung Justus von Liebigs (1803–73) auf den Chemielehrstuhl der kleinen Universität von Gießen zugestimmt. Liebig war nicht nur ein brillanter Chemiker, sondern auch ein begeisternder Lehrer, und zwar weniger im didaktischen Sinn als in seiner Fähigkeit, in den Studenten die Liebe und das Verständnis für die wissenschaftliche Forschung zu wecken. Sein Ruf verbreitete sich so weit, daß bald Studenten aus ganz Europa und sogar aus den USA in sein Laboratorium strömten. Wenn auch anderes mitbeteiligt gewesen sein mag, so markiert doch diese glückliche Berufung den Beginn einer Neubelebung der deutschen Wissenschaft, die am Ende des Jahrhunderts führend in der Welt sein sollte. Die deutschen Beiträge zur frühen Entwicklung des Telegrafen zeigten an, daß eine lange Ruhepause zu Ende ging. Liebigs internationaler Ruf als Chemiker und Chemielehrer konnte das nur bestätigen. Seit der Renaissancezeit hatten berühmte Lehrer Schüler an die medizinischen Schulen Europas gelockt, die bekanntesten sind Fabricius, Boerhaave und Black. In Gießen schuf Liebig eine Schule der organischen Chemie, welche die erste moderne, internationale Forschungsschule war.

Wie wir gesehen haben, hatten die mittelalterlichen Universitäten nie die Möglichkeit ins Auge gefaßt, neues Wissen zu entdecken. Im 17. Jahrhundert verfügten einige wenige Universitäten für kurze Zeit über wirklich originelle Gelehrte. Die große industrielle Bewegung des 18. Jahrhunderts ging, wenn man von Schottland absieht, an den Universitäten vorbei. Die englischen Universitäten trugen nichts bei, sie waren weithin zu Schulen verkommen, die reichen, den Lehren der englischen Staatskirche verpflichteten jungen Männern den letzten Schliff verpaßten. Die französischen Universitäten lagen im Sterben, ebenso wie die deutschen – mit Ausnahme der neugegründeten Göttinger Universität. Durch Humboldts Gedanken und besonders durch Liebigs Lehre und Forschung wurde die Universität, wie wir sie heute verstehen, geboren.

In der Zwischenzeit brachte die Erweiterung der Eisenbahnnetze und die rasche Entwicklung eines öffentlichen Telegrafensystems die Technologie einer weit größeren Öffentlichkeit ins Bewußtsein als nur der Bevölkerung der Industriegebiete Mittel- und Nordenglands, Südschottlands und Südwales'. Dabei ging es nicht nur um die wachsende Anzahl. Sicher hat ein Matthew Boulton das weltweite Potential der Wattschen Dampfmaschine verstehen und einschätzen können, doch war er damit eine Ausnahme. Generell wurden im 18. Jahrhundert von gebildeten und philosophisch interessierten Leuten Fortschritte im Handwerk ebenso wie in den schönen Künsten begrüßt und als Begleiter des menschlichen Fortschritts gesehen. Aber gleich wichtig waren Fortschritte in der Politik, im

Recht, in den Sitten, in der Bequemlichkeit des Lebens und, nicht zuletzt, in der religiösen Toleranz. Der schließlich erfolgreiche Kampf um die Abschaffung der Sklaverei war ein zuverlässigerer und für die meisten Menschen überzeugenderer Indikator des Fortschritts als die neueste Maschine von Watt oder Trevithick.

Dagegen waren die Ballons der Brüder Montgolfier oder die Liverpool-Manchester-Railway selbst für die Uninteressiertesten nicht zu übersehen. Der engstirnigste Konservative konnte nicht abstreiten, daß dies Errungenschaften waren, mit denen kein früheres Zeitalter mithalten konnte. Die Griechen und Römer auf dem Höhepunkt ihrer Macht und Zivilisation hatten nichts Vergleichbares vorzuweisen. Mit dem Aufstieg der Technologie wurde dem Ingenieur weitaus mehr öffentliches Interesse zuteil als früher, und seine greifbaren Leistungen erfuhren viel mehr öffentliche Anerkennung. Wie immer neigten modische Intellektuelle dazu, die jüngsten Ingenieurleistungen zu ignorieren. Aber es war unausweichlich, daß ein paar Generationen später niemand mehr daran zweifelte, daß eben diese Leistungen unabdingbar waren für einen zivilisierten Lebensstil und für das richtige Funktionieren der Gesellschaft.

In dem Maß, wie den Ingenieuren eine größere Rolle in der Öffentlichkeit zuwuchs, zeigten die weniger Introvertierten von ihnen ein gestiegenes Bewußtsein für eine gesunde Werbung. Dies begann, wie wir gesehen haben, schon im 18. Jahrhundert, doch das zunehmende Tempo der Neuerungen, die radikalen Verbesserungen im Kommunikationswesen sowie Erfindungen wie die Fotografie erweiterten den Rahmen der Werbung beträchtlich, sowohl in persönlicher wie in technischer Hinsicht. Der große Meister der Ingenieurreklame in England war der Franko-Engländer Isambard Kingdom Brunel. Er war nicht nur der Schöpfer der Großen Westlinienbahn, sondern auch Brückenbauer, revolutionärer Schiffsarchitekt und vielseitiger, allerdings manchmal fehlgeleiteter Erfinder. Seine positiven Leistungen und seine erfolgreiche Propaganda für kühne Ingenieurunternehmungen wogen seine weniger glücklichen Unternehmen wie die atmosphärische Eisenbahn oder die Spurweite von über 2 m auf. Er ist auf einer schönen Fotografie, die ihn vor den massiven Ketten eines riesigen Schiffes (der *Great Eastern*) zeigt, verewigt; ferner in der selbstbewußten, fast arroganten Inschrift auf der Royal-Albert-Brücke über den Fluß Tamar, seinem letzten großen Werk: „I.K. Brunel, Ingenieur".

Eine ebenso beeindruckende, aber ungleich wichtigere Brücke wurde über die Menai-Meerenge für die Eisenbahn von London nach Holyhead gebaut. Die politische, verwaltungstechnische und wirtschaftliche Bedeutung dieser Route war durch die Existenz von Telfords beeindruckender Hängebrücke voll erkannt worden. Es bestanden allerdings Zweifel, ob eine Hängebrücke eine Eisenbahn würde tragen können, denn die vom Zug verursachten Vibrationen konnten leicht die Brücke und den Zug zerstören. Dafür hatte es schon beunruhigende Präzedenzfälle gegeben. Beispielsweise war eine kurze Hängebrücke bei Manchester zusammengebrochen, weil eine kleine Soldatengruppe mit ihrem Gleichschritt zu große Vibrationen verursacht hatte. Obwohl die Verbindungsglieder aus Schmiedeeisen waren, hatte eines davon vollständig versagt.

Die Konstrukteure der neuen Menaibrücke sahen sich vor das Problem gestellt, daß die britische Admiralität verlangte, jede derartige Brücke müsse so hoch sein, daß der höchste Mast des größten Kriegsschiffes bei höchster Flut noch durchkäme; außerdem müsse die Spannweite der Bögen so groß sein, daß Schiffe mit dem weitesten Rahnock ungehindert passieren könnten. Telford hatte dieses Problem mit seiner schönen Hängebrücke gelöst, aber der jetzt beauftragte Robert Stephenson hatte Zweifel, ob eine echte Hängebrücke so ausgelegt werden könne, daß Züge, die viel schwerer und schneller waren als die größten Straßenfahrzeuge, darüberfahren könnten. 1830 hatte Samuel Brown (1776–1852) eine Eisenbahnhängebrücke über den Tees im Norden Englands gebaut, aber das Projekt scheiterte. Es wurde behauptet, daß ein mit Kohlen beladener Zug eine halbmeterhohe Welle wie auf einem Teppich vor sich herschieben würde. Danach wurden in England keine Hängebrücken für Eisenbahnen mehr gebaut.

Für Stephenson schien die einzige akzeptable Lösung ein riesiges Eisenrohr, das, wenn nötig, noch von Ketten als eine Art Halbhängebrücke gehalten werden konnte. Eine Röhre ist pro Gewichtseinheit steifer als eine Vollstange, wie Galilei schon erkannt hatte. Eine solch ungewöhnliche Brücke stellte aber eine extreme Ausweitung alles bisher Bekannten und Getesteten dar. Sie bedeutete intensive praktische Forschungsarbeit in größtem Maßstab, und dazu anspruchsvolle mathematische Untersuchungen der in so einer neuen Konstruktion zu erwartenden Spannungen.

Glücklicherweise waren die menschlichen und industriellen Hilfsmittel vorhanden. Einer von Stephensons beiden Mitarbeitern war William Fairbairn (1789–1877), der in Manchester und Millwall bei London Ingenieurbüros besaß. Neben großen Ingenieurfähigkeiten hatte er ein beträchtliches wissenschaftliches Talent und arbeitete in Hinblick auf Festigkeitsuntersuchungen der Erde mit William Hopkins von der Universität Cambridge zusammen. Das dritte Mitglied des Triumvirats war Eaton Hodgkinson (1789–1861), ein fähiger Mathematiker und Schüler von John Dalton. Hodgkinson hatte sich mit dem Versagen der Hängebrücke von Manchester beschäftigt und 1830 einen wegweisenden Aufsatz über die Ausführung gußeiserner Balken geschrieben, mit Kommentaren zum Gebrauch von Schmiedeeisen. Fairbairn befaßte sich mit dem Bau von Eisenträgerrahmen für Fabriken. Nach R.S. Fitzgerald war er der bekannteste Fabrikbauer des Landes. Unter Anwendung von Hodgkinsons Theorie hatte er Eisenrahmenbauwerke bis an die Grenzen eines wirtschaftlichen und sicheren Gebrauchs geführt, die wiederum von den Unvollkommenheiten in der Schmelz- und Gießtechnik vorgegeben waren.

Auf jeden Fall wäre Gußeisen für die röhrenförmige Brücke über die Menaistraße völlig ungeeignet gewesen. Die von französischen Ingenieuren in der ersten Jahrhunderthälfte ausgearbeiteten Theorien waren in England bekannt, aber durch die Ausmaße der fraglichen Brücke war eine direkte Anwendung solcher Theorien sehr riskant. Außerdem waren sie nur bei Gußeisenbauwerken getestet worden. Nach der noch ziemlich leichten Entscheidung, daß Schmiedeeisen das einzige in Frage kommende Material sei, mußte als nächster Schritt der Röhrenquerschnitt bestimmt werden. Dafür gab es drei Möglichkeiten: Der Querschnitt konnte kreisförmig, elliptisch oder rechtwinklig sein. Es wurden Experimentierröhren mit allen drei Querschnitten hergestellt und mit Hilfe von Fairbairns Balkentestgerät ausgiebig geprüft. Variiert wurden die Querschnittsflächen, die Wandstärke und die Spannweite. Jedesmal wurde die Röhre an ihren Enden gestützt und in der Mitte zunehmend belastet, bis sie schließlich brach. Diese Vorgehensweise der Parametervariation war der Smeatons vergleichbar, doch war die Zielrichtung etwas anders. Nach Rosenberg und Vincenti hatten die Tests Erkundungscharakter; das Ziel war, die Schlüsselprobleme zu identifizieren. Fairbairn und Hodgkinson fanden heraus, daß die Bruchursache darin lag, daß sich die

Platten auf der Röhrenoberseite warfen. Dies war eine neue und überraschende Entdeckung. Die Platten auf der Oberseite wurden komprimiert, die auf der Unterseite standen unter entsprechendem Zug (es handelte sich also um das Gegenteil zu Galileis Balken, der am freien Ende belastet wurde).

Obwohl das Material stark genug war, die Spannung auszuhalten, konnte die Konstruktion den gleich großen Kompressionsdruck nicht aushalten. Man mußte somit eine Bauweise finden, die den Biegungen der oberen Platten standhalten konnte. Der Einfachheit halber wurde beschlossen, sich auf eine Röhre mit rechtwinkligem Querschnitt zu konzentrieren. Die anderen beiden Querschnitte boten zwar gewisse theoretische Vorteile, machten aber praktische Schwierigkeiten. Außerdem wurden bei rechteckigem Querschnitt durch die flachen Platten auf der Oberseite die Verwerfungszonen gebündelt. Um die Kompressionsverwerfungen zu vermeiden, ersetzte Fairbairn die flachen Platten durch zwei kleine parallele Rohre. Er stellte fest, daß durch eine zelluläre Struktur der Oberseite die Belastbarkeit der Brücke beinahe verdoppelt wurde. Er baute eine neue, fast 24 m lange Modellröhre auf dem Gelände seiner Fabrik in Millwall und führte damit ausgiebige Tests durch. Nach jedem Bruch wurde die Brücke wieder repariert. Die Versuche zeigten, daß acht parallele Rohre anstelle der flachen Platten die beste Bauweise ergaben. Im Idealfall sollte die Konstruktion so sein, daß die Oberseite und die Unterseite gleich belastbar waren (die beiden anderen Möglichkeiten würden zeigen, daß entweder auf einer Seite zuviel Material verwendet worden war oder auf der anderen Seite die Stärke nicht ausreichte). Nachdem die unteren Platten massiv hätten sein müssen, um die Stärke der Oberseite zu erreichen, wurden sie durch sechs parallele Rohre ersetzt.

Hodgkinson hatte die Zeit dieser Versuche genutzt, um herauszufinden, wie die Seitenplatten zur Vermeidung vorzeitiger Verbiegungen befestigt werden mußten. Damit waren die Daten für die Röhrenbrücke beieinander. Für die Eisenbahn über den Fluß Conwy in Wales wurde ein kleinerer Prototyp gebaut. Er bestand aus zwei Röhren, für jedes Gleis eine, und war immerhin auch schon 130 m lang.

Für die Menaibrücke wurden drei Pfeiler gemauert. Der mittlere stand auf dem Britannia Rock und war 70 m hoch, die beiden anderen waren etwas kleiner und wurden nahe bei den beiden Küsten errichtet. Vier Eisenrohre mit je 150 m Länge wurden mit Pontons zu den Pfeilern gebracht, auf denen mächtige hydraulische Pressen standen, mit denen die Rohre angehoben wurden. Es war ein langwieriges Geschäft, da die Pfeiler Zug um Zug unter den Rohren hochgemauert werden mußten. Die Lücken zwischen den äußeren Pfeilern und dem Festland wurden von vier Rohren mit 70 m Länge überspannt. Zum Schluß wurden die einzelnen Rohre zu einer 500 m langen Röhre zusammengefügt. Die Spannungen über die ganze Länge wurden dadurch verringert und ausgeglichen. Im März 1850 wurde die Brücke für den Eisenbahnverkehr geöffnet.

Die Ingenieure hatten die optimale Auslegung der Röhrenbrücke durch eine Kombination von systematischen Untersuchungen, Versuch und Irrtum, mathematischer Theorie, praktischen Detailanpassungen und der Anwendung von bestehendem Wissen erreicht. Trageketten hatten sich als unnötig erwiesen. Das kühne Unternehmen, etwas zu bauen, das weit über den Erfahrungsschatz der Zeit hinausreichte, war von Erfolg gekrönt worden. Die Brücke war so stabil, daß sie sogar die letzten und schwersten Dampflokomotiven tragen konnten, die auf den englischen Strecken fuhren und die viel schwerer waren als die winzigen Maschinen von 1850. Die Brücke entwickelte sich in kürzester Zeit zu einem Anziehungspunkt für Touristen. 1852 machte sogar Queen Victoria extra einen Umweg, um die Brücke zu sehen, die ihr von Stephenson persönlich gezeigt und erklärt wurde. Zwei Jahre später wurde sie von einem weniger begeisterten Besucher, dem ewigen Reisenden George Barrow, gönnerhaft abgetan nach der Art des sprichwörtlichen Gentlemens: „. . . oh, eine wundervolle Konstruktion, ohne Zweifel, aber bar jeder Anmut . . ." (später schrieb er „ich verachte Eisenbahnen, und ebenso diejenigen, die damit reisen"). Samuel Smiles urteilte wesentlich vernünftiger, als er sagte: „Die Britanniabrücke zählt zu den bemerkenswertesten Monumenten des Unternehmergeists und der Fähigkeiten des gegenwärtigen Jahrhunderts". Man kann die Brücke auch als praktische Erfüllung von Galileis Theorie der Stärke von Röhren und Zylindern betrachten.

Die Röhrenbrücke über die Menaistraße war der letzte bedeutende Beitrag zum allgemeinen Wissensschatz, den die strategische Technologie des Eisenbahnbaus leistete. Sie gewährte sehr viele neue Erkenntnisse über die Eigenschaften dünner Metallzylinder und über die Techniken des Nietens, die einen weiten Anwendungsbereich fanden. Z.B. verwendete Joseph Whitworth die neue Technik der zellulären Bauweise dazu, die schweren und häufig unnötig verzierten Rahmen maschineller Werkzeuge durch leichte, aber starke Hohlbauteile zu ersetzen. Dünne starke Metallröhren werden bis heute im Bauingenieurwesen verwendet. Obwohl die Britanniabrücke aus Schmiedeeisen bestand, ermöglichte der durch ihren Bau gewonnene Wissenszuwachs schließlich auch die bestmögliche Verwendung des Stahls, der in wachsenden Mengen nach dem Bessemer- und später dem Siemens-Martin-Verfahren hergestellt wurde.

Die beiden Lochmaschinen mit Jacquard-Steuerung, die Richard Roberts zum Ausstanzen der 2 Millionen Nietlöcher der Menaibrücke konstruierte und baute, war aber eine Sackgasse. Die digital kontrollierte Maschine mußte warten bis zur Entwicklung der Elektronik. Die großen hydraulischen Pressen, die zum Anheben der Röhren gebaut worden waren, fanden eine weitere Verwendung, als sie dem größten Schiff der Welt Starthilfe gaben.

Fortschritte im Schiffsbau

Die ursprüngliche Spezifikation der *Great Eastern* (oder *Leviathan*, wie sie anfangs genannt wurde) hatte ein Schiff zum Ziel, das ohne Nachtanken bis Australien und zurück fahren konnte. Dabei ist zu bedenken, daß der Suezkanal erst 1869 gebaut wurde und zuerst auch zu seicht war, um Schiffe mit dem Tiefgang der *Great Eastern* passieren zu lassen. Die Konzeption dieses riesigen Schiffes, das die sechsfache Verdrängung des größten Schiffs dieser Zeit erreichte, lag in den Händen Brunels. Es sollte rund 230 m lang und 26 m breit sein und über zwei Maschinen verfügen, von denen die eine eine Schraube, die andere Schaufelräder antrieb. Dazu war sie mit fünf Masten und Segeln ausgestattet. Wir wissen nicht, ob die Idee zu diesem Schiff ganz Brunels eigener kühner Vorstellung und Bereitschaft, gewaltige neue Dinge in Angriff zu nehmen, entsprang, oder ob sie durch die Erkenntnis inspiriert war, daß die Technologie nach dem Erfolg der Britanniabrücke mehrere Stadien im Eilmarsch durchlaufen konnte. Brunels Mitarbeiter John Scott Russell (1808–82) war ein begabter Schiffsarchitekt, der ab 1835 die Theorie einer wellenförmigen

Rumpfkonstruktion ausgearbeitet hatte. Er war der erste, der erkannte, daß die von Schiffen erzeugten Wellen und Turbulenzen einen Leistungsverlust bedeuteten. Zweifellos erweiterte er die anerkannten Erkenntnisse der Wasserkraftingenieure auf den Schiffsbau. Vor der Entwicklung des Dampfschiffes wäre es freilich kaum möglich gewesen, diese spezielle Form von Verlusten wahrzunehmen. Russell behauptete, daß ein nach den Erkenntnissen der Wellentheorie konstruierter Rumpf erlauben würde, die bei gegebener Länge höchstmögliche Geschwindigkeit zu erreichen, ohne unnötig Leistung in die Erzeugung von Wellen zu stecken. Nebenbei bemerkt, wurde der Unterschied zwischen der Gruppen- und der Phasengeschwindigkeit erstmals von Schiffsarchitekten beim Studium der Wellenerzeugung durch Schiffe erkannt.

Nachdem Russell in einer schottischen Schiffswerft gearbeitet hatte, zog er in den Süden nach Millwall an der Themse, wo er einen Hof kaufte, der früher Fairbairn gehört hatte. Es erscheint also natürlich, daß Brunel ihm einen Vertrag für den Bau eines großen Eisenschiffes gab. Dort baute Russell den Rumpf (natürlich in Wellenform), die Schaufelradmaschine, die Schraubenwelle und die Takelage des riesigen Schiffes. Die Propellermaschine wurde von James Watt & Co. in Soho bei Birmingham gebaut. Wegen seiner großen Länge wurde das Schiff, mit großen Schwierigkeiten, seitlich in die Themse gelassen. Russell war für den Stapellauf verantwortlich. Der Einfluß der Britanniabrücke war in der Ausführung des doppelten Rumpfes am offensichtlichsten. Bis zur Wasserlinie besaß das Schiff einen inneren und einen äußeren Rumpf mit einem zellulär aufgebauten Zwischenraum. Ein Schiff von der Länge der *Great Eastern* würde in der Dünung des Ozeans häufig nur von zwei aufeinanderfolgenden Wellenbergen an Bug und Heck getragen werden, so daß der Rumpf einen großen Teil des Gewichts würde tragen müssen. Er mußte also schwere Belastungen aushalten, und daraufhin war die zelluläre Doppelkonstruktion ausgerichtet.

Die Tragikomödie der *Great Eastern* ist oft erzählt worden. Ihr Bau begann 1852, sie konnte aber erst 1858 sicher zu Wasser gelassen werden. Danach absolvierte sie einige erfolgreiche Atlantiküberquerungen, rollte aber bei schlechtem Wetter außerordentlich stark. Auch sonst war sie ein wenig glückliches Schiff, das viele Pannen und Unfälle hatte. Die nützlichste Arbeit, die sie erledigte, war vom ursprünglich vorgesehenen Zweck völlig verschieden. Sie beendete ihre Tage erst als Werbeträger für ein Warenhaus in Liverpool, dann als Bühne für Varieté- und Zirkusvorstellungen. Dennoch gilt, was Emmerson festgestellt hat: „Die *Great Eastern* hat die Aufmerksamkeit gefesselt wie kein anderes großes Schiff jemals zuvor oder danach. Sie war der in Eisen gegossene Geist der Industrie und des Unternehmertums ihrer Zeit". Darüberhinaus wies sie voraus auf die schnellen Stahlschiffe, die ab 1890 bis in die Zeit billigen Lufttransports den Fahrgastverkehr über den Atlantischen und den Pazifischen Ozean beherrschten. Diese „Greyhounds der Ozeane" wurden für den Gipfelpunkt luxuriösen, schnellen und sicheren Reisens gehalten, bis die Katastrophe der *Titanic* 1912 das öffentliche Vertrauen in die Allmacht der modernen Technologie erschütterte.

Es ist leicht, die Mängel dieses Schiffs ausfindig zu machen. Über das Verhalten eines sehr großen Dampfschiffes auf hoher See war einfach nicht genug bekannt, als daß die Erbauer die enorme Rollneigung hätten vorhersehen können. Die *Great Eastern* war nicht mit Schlingerkielen ausgestattet und besaß natürlich auch keine Stabilisatoren. Außerdem war sie untermotorisiert. Die riesigen Niederdruckdampfmaschinen mögen wohl Meisterleistungen der Ingenieurkunst gewesen sein, dennoch handelte es sich um eine bereits veraltete Technik. In den Dampfkesseln wurde Meerwasser verwendet, und der Druck in den Kesseln war niedriger als der Wasserdruck am Boden des Rumpfes. Zur Zeit ihrer Jungfernfahrt waren schon andere Schiffe unterwegs, die über leistungsfähige Verbund-Hochdruckdampfmaschinen mit expansiver Arbeitsweise und über Oberflächenkondensatoren verfügten, die das verdampfte Wasser zu den Kesseln zurückführten. Es gab jedoch ein Konstruktionsdetail, das nicht vergessen werden sollte. Das riesige Steuerruder wäre bei schwerer See außerordentlich schwierig zu handhaben gewesen. Deshalb erfand Macfarlane Gray, ein befähigter Schiffsarchitekt und Ingenieur, die erste Dampfsteuerung und baute sie 1867 in die *Great Eastern* ein. Sie war so wirksam, daß noch beim schlechtesten Wetter ein einzelner Mann das Schiff lenken konnte. Grays Erfindung bildete den Anfang einer Serie, die sich fortsetzte bis zur Motorsteuerung in großen Flugzeugen und der Servolenkung in Pkw.

William Froude (1810–1879) war der vierte Sohn eines reichen Klerikers der englischen Staatskirche. An der Universität Oxford wurde er von seinem älteren Bruder Hurrell in Mathematik unterrichtet. Hurrell Froude war führendes Mitglied in der Oxford-Gruppe, zu der auch Rev. J.H. Newman, der spätere Kardinal, gehörte. Nach dem Studium in Oxford, das er mit einem hervorragenden Zeugnis in Mathematik verließ, arbeitete William einige Zeit mit Brunel bei Eisenbahnkonstruktionen zusammen, ehe er sich nach Devonshire zurückzog, um das Leben eines Gentleman zu führen. Seine Mußestunden widmete er seinem Interesse an den Problemen der Schiffsrumpfkonstruktion. Er wurde von Brunel zum Bau der *Great Eastern* befragt und erforschte die Faktoren, die zum Rollen eines Schiffes führten.

Um 1865 begann er eine Reihe von klassischen Experimenten zur Rumpfform, für die er aus Wachs sechs Modellrümpfe baute, jeweils ein Paar mit 1 m, 2 m und 6 m Länge. Bei jedem Paar gab es einen „Raben" und einen „Schwan", wobei die drei Raben wellenförmige Rümpfe, die drei Schwäne konventionellere Rümpfe hatten. Bei jedem Versuch wurde ein Rabe und ein Schwan an den Enden langer Ausleger gezogen, die waagrecht von einem [steam launch] ausgingen; auf diese Weise wurde das Gleiten der Modelle im Wasser nicht durch die Wellen des Starts beeinträchtigt. Aus diesen Experimenten leitete Froude Gesetze zum Wasserwiderstand ab, die von der Verdrängung und der Geschwindigkeit der Modelle abhingen. Die Versuche waren gleichzeitig ein Test der Wellenform-Theorie, der für diese allerdings ungünstig ausfiel.

1871 wurde sein großes Testbassin fertiggestellt, das er bei seinem Haus in Paignton in Devonshire errichten ließ. Es war mit einem Dynamometer ausgerüstet und besaß Schienen zum Ziehen der Modelle. Für dieses Projekt verfügte er über eine kleine Stiftung der britischen Admiralität, seine eigene Arbeitsleistung stellte er kostenlos zur Verfügung. Schon um die Jahrhundertwende hatte es einige Bassinversuche mit Modellrümpfen in Frankreich, England und Dänemark gegeben, aber wegen der komplizierten Bewegungen eines Segelschiffes durch das Wasser hatten die Ergebnisse wenig praktischen Wert gehabt. Froudes Testbassin in der Zeit des Dampfschiffes war der Vorläufer ähnlicher, von der Regierung oder der Industrie gesponsorter Bassins zum systematischen Entwurf von Schiffsrümpfen.

Der Bau großer Schiffsmaschinen erforderte neue und größere maschinelle Werkzeuge. Die Maschinen waren wesentlich größer als die in Fabriken oder Eisenbahnlokomotiven, und man benötigte insbesondere größere Drehbänke und Bohrmaschinen. Auch eine völlig neue Metallformmaschine, der Dampfhammer, wurde in diesem Zusammenhang erfunden. Bis dahin war die Größe der formbaren Schaufelräder und Schraubenwellen durch die Leistungsfähigkeit und Anpaßbarkeit der herkömmlichen Kipphämmer begrenzt gewesen. James Nasmyth (1808–90), ein Hersteller maschineller Werkzeuge aus Manchester und Schüler von Maudslay, erfand 1839 seinen Dampfhammer, um speziell die Schraubenwelle für Brunels Dampfschiff *Britannia* zu schmieden. Bei diesem Gerät war der Hammerkopf an einem Kolben befestigt, der sich in einem senkrecht stehenden Zylinder bewegte. Der Dampfdruck hob den Hammerkopf, der dann unter seinem eigenen Gewicht frei auf das Werkstück fallen konnte. Alternativ dazu konnte auch Dampfdruck von oben angewendet werden, so daß der Hammer das Werkstück mit zusätzlicher Kraft traf. Nasmyths Dampfhammer war nicht nur wuchtig und kraftvoll, er ließ sich auch sehr fein steuern. Bei einer berühmten Demonstration wurde der Hammerkopf so weit fallengelassen, daß er ein auf den Amboß gelegtes Hühnerei berührte, aber nicht zerbrach. Die Victorianer waren entsprechend beeindruckt.

Bauingenieurwesen und Landwirtschaft

Das hohe Niveau des französischen Bauingenieurwesens im 18. Jahrhundert und die nachfolgenden Eroberungen Napoleons verbreiteten die französischen Techniken über ganz Europa. Dies wird z.B. daran deutlich, daß überall auf der rechten Straßenseite gefahren wird. Österreich war zwar der französischen Besetzung entgangen, aber durch Hitler wurde diese Regel 1938 auch dorthin ausgedehnt. Schweden schloß sich dem erst 1967 an. Die Eisenbahnsysteme des europäischen Kontinents orientieren sich an der französischen, nicht der englischen Praxis. Dafür mag die enorme strategische Bedeutung, welche die Eisenbahnen auf dem Kontinent hatten, maßgeblich gewesen sein; aus offenkundigen Gründen konnten sie in England diese Bedeutung nie erreichen.

Auch die Vereinigten Staaten lehnten sich an Frankreich an, das ihnen im Unabhängigkeitskrieg ein starker Verbündeter gewesen war. An diese Verbindung erinnern z.B. das seit langem eingeführte dezimale Münzwesen und die Gründung der West Point Military Academy, die von der Ecole Polytechnique inspiriert war. Die amerikanischen Probleme waren allerdings andere als die eines traditionsreichen Landes wie Frankreich oder im Grund jedes anderen europäischen Landes (Rußland vielleicht ausgenommen, das aber ein radikal anderes politisches und gesellschaftliches System hatte).

Kurz nach der Eröffnung der Britannia-Röhrenbrücke wurde in den Vereinigten Staaten eine erfolgreiche Hängebrücke für die Eisenbahn gebaut. Der verantwortliche Ingenieur John A. Röbling (1806–69) war in Mühlhausen in Thüringen zur Welt gekommen. Nach seiner Ausbildung an der Bauakademie in Berlin war er einige Zeit von der Regierung angestellt, ehe er sich entschloß, nach Amerika auszuwandern. Sein erster Ingenieurvertrag beinhaltete den Bau eines hölzernen Hänge-Aquädukts, das einen Kanal über einen Fluß tragen sollte. Anstelle der Ketten benutzte er bronzene Drahtseile. D.B. Steinmann und S.R. Watson behaupten, er habe sich erinnert, daß Drahtseile in den Bergwerken von Freiberg in Sachsen verwendet wurden. Séguins Arbeiten scheint er nicht gekannt zu haben. Nach seinem Erfolg mit dem Hängeaquädukt nahm er eine große Herausforderung an, nämlich eine Eisenbahnbrücke über den Niagara. Dafür hatte schon Charles Ellet eine Hängebrücke vorgeschlagen und eine Brücke für den Fußgängerverkehr gebaut. Er hatte sich dann aber anderen Projekten zugewandt, so daß das Feld für Röbling frei war. Er begann 1851 mit dem Bau der Brücke, vier Jahre später war sie fertig. Sie trug oben eine Eisenbahnspur und darunter eine Straße. Die beiden Ebenen waren fest zusammengeklammert. Um gefährlichen Schwingungen vorzubeugen, sollte die Konstruktion so steif wie möglich sein.

Auch diese Brücke war ein Erfolg. Dazu beigetragen hatten – außer seinen hervorragenden konstruktiven Fähigkeiten – die von Röbling verwendeten Drahtseile. Diese bestanden aus Schmiedeeisen, wobei die einzelnen Drähte nicht, wie üblich, miteinander verdrillt, sondern mit Weicheisendrähten zusammengebunden waren. Die Brücke ist heute noch in Betrieb, allerdings wurde sie verstärkt und durch Bögen gestützt. Röbling schlug daraufhin den Bau einer Hängebrücke über den East River in New York vor. Unglücklicherweise wurde der Baubeginn nicht nur durch finanzielle Krisen, sondern auch durch den Beginn des großen Bürgerkrieges verzögert. Röbling konnte die Fertigstellung der Brücke nicht mehr erleben, er starb an den Folgen eines Unfalls auf der Baustelle. Sie wurde 1883 unter der Leitung seines Sohnes Colonel Washington A. Röbling, der wegen eines Industrieunfalls Invalide war, fertiggestellt. Diese Brooklynbrücke besaß ein bedeutsames neues Merkmal: Sie bestand aus Stahl.

Nach der Zeit Röblings wurden viele, vielleicht sogar die meisten großen Brücken der Welt in den Vereinigten Staaten gebaut. Die amerikanischen Ingenieure sahen sich Herausforderungen von ganz anderem Maßstab gegenüber als ihre Kollegen in Europa: Die Entfernungen waren größer, die Flüsse breiter, das Terrain vielfältiger, die Berge zwar nicht höher, aber viel ausgedehnter als in Europa. Außerdem war das Klima extremer. Die Fähigkeiten und das Wissen der amerikanischen Ingenieure und der Lokomotivkonstrukteure ermöglichten ein Eisenbahnnetz, das die einzelnen Regionen so zu Staaten zusammenband, daß sie eine gemeinsame Nation bilden konnten.

Die Topografie, die Geologie und die Rohstoffvorkommen haben in einem erheblichen Ausmaß den Weg der amerikanischen Technologie in der ersten Hälfte des 19. Jahrhunderts bestimmt. Der Unternehmergeist und die Erfindungskraft der Menschen bewirkten zusammen mit der gesellschaftlichen Ordnung ein übriges. Die Probleme Amerikas waren die eines freien Volkes, das sich auf einem riesigen Territorium in rascher Entwicklung befindet. Das bedeutete, daß die Landwirtschaft und ihre Erfordernisse bestimmend waren. Ausgebildete landwirtschaftliche Arbeitskräfte waren rar, so daß ein großer Bedarf an arbeitsparender Ausrüstung bestand. Der Stacheldraht ist ein gutes Beispiel für eine typisch amerikanische Antwort auf einen akuten Mangel. Er lieferte eine billige künstliche Hecke, die auch von ungelernten Arbeitern um das größte Feld schnell aufgebaut werden konnte. Riesige Wälder ermöglichten einen im Vergleich zu Europa noch viel großzügigeren Gebrauch von Bauholz. Besucher aus Europa mögen schon gestaunt haben über die weitverbreitete Verwendung von Holz zum Hausbau, wo doch Amerika das Land der emporstrebenden Wolkenkratzer war. Holzbearbeitungsmaschinen waren dementsprechend hoch entwickelt; ein besonderes Glanzlicht bildete eine Profildrehbank, mit der Gewehrkolben gemacht werden konnten. Das Gewehr selbst war auch ein wichtiger Ausrüstungsgegenstand in der Landwirtschaft. In einem neubesiedelten Land mußten die Farmen gegen streunende Tiere und gegen menschliche Feinde verteidigt werden. Die Benutzer, die oft weit weg von Waffenschmieden und Werkstätten wohnten, verlangten Gewehre, die zuverlässig, genau und leicht zu handhaben waren. Obwohl die beginnende Industrie für maschinelle Werkzeuge wie in England stark von den Textilfabriken beeinflußt wurde (in Neuengland vor allem), gingen in den Vereinigten Staaten von der Herstellung der Handfeuerwaffen noch stärkere und beständigere Impulse auf die Herstellung maschineller Werkzeuge aus, mit dem Ziel, Gewehre mit auswechselbaren Teilen herzustellen. In den ersten Jahrzehnten des 19. Jahrhunderts wurde das Zündhütchen erfunden, welches das Flintsteinschloß überflüssig machte und zusammen mit dem Patronenfach den Weg zu wesentlich verbesserten Handfeuerwaffen eröffnete. Simeon North (1765–1852) wird die Erfindung der Fräsmaschine zugeschrieben, bei der ein Rad, das mit gehärteten Stahlzähnchen versehen ist, die gleiche Aufgabe wie eine Handfeile versieht, aber mit wesentlich größerer Genauigkeit und Geschwindigkeit. John H. Hall entwickelte die Fräsmaschine weiter, so daß sie auch von einem ungelernten Arbeiter oder einem Kind bedient werden konnte. Nach Merrit Roe Smith spielte Hall bei der Entwicklung von maschinell hergestellten, auswechselbaren Teilen eine wichtige Rolle, wenn nicht sogar die Hauptrolle. Umfangreiche Bestellungen der US-Armee – ein Kunde, der nicht nur für Quantität, sondern auch für Qualität bereitwillig zahlte – machten es möglich, daß an den Waffenschmieden der Regierung in Harper's Ferry und in Springfield hochpräzise, arbeitssparende maschinelle Werkzeuge entwickelt wurden. Für die Armee war die Austauschbarkeit selbstverständlich eine sehr wünschenswerte Eigenschaft, während sie für den Privatverbraucher, der normalerweise ein oder höchstens zwei Gewehre kaufte, ein unnötiger Luxus war.

1836 ließ Samuel Colt (1814–62) seinen Sechskammer-Revolver patentieren. Wie Watts erste Dampfmaschine erforderte dieser neue Maßstäbe hinsichtlich der Herstellungspräzision. Der Revolver funktionierte so, daß der Mechanismus die gleiche Serie von Bewegungen ausführen mußte, die normalerweise die Finger des Schützen, der eine Patrone einlegt, ausführen. Wesentlich war ein präzise Ausrichtung, die einzelnen Bauteile mußten sich also sehr akkurat bewegen. Colts Revolver war keineswegs die erste repetierende Handfeuerwaffe, war aber zweifellos die erfolgreichste. Ihr Grundmuster ist auch heute noch aktuell. Um die große Nachfrage nach dem Colt-Revolver und ähnlichen Waffen zu befriedigen, wurde in den USA um 1845 die Revolverdrehbank erfunden. Bei diesem Werkzeug war anstelle des Werkzeugschlittens ein drehbares, achteckiges Türmchen auf dem Drehbankbett senkrecht befestigt. An dessen Seiten waren acht Schneidewerkzeuge festgenietet. Damit ließen sich Arbeitsgänge wie Schneiden oder verschiedene Arten des Bohrens rasch und in der richtigen Reihenfolge ausführen. Wenn die Maschine mit den richtigen Einsätzen und Haltepunkten versehen worden war, konnte jeder ungelernte Arbeiter die vorgeschriebenen Arbeitsgänge problemlos wiederholen. Der durch die Revolverdrehbank und die größere Capstan-Drehbank bewirkte Produktivitätszuwachs war enorm. Trotz dieser Fortschritte hatte Colt die echte Austauschbarkeit 1851 noch nicht erreicht.

Weniger bekannt, aber keineswegs weniger wichtig als der Colt-Revolver war die von Cyrus McCormick (1809–84) um 1840 erfundene Mähmaschine. Es hatte schon vorher in England und in anderen europäischen Ländern Versuche gegeben, eine Mähmaschine zu bauen, jedoch ohne Erfolg. Die dort eher kleinen Felder und die freie Verfügbarkeit ausgebildeter Erntearbeiter ließen dafür keine rechte Notwendigkeit aufkommen. Die hohen

Flächenerträge der englischen Farmen reduzierten den Bedarf noch zusätzlich. Dagegen wurde in Südaustralien, wo die Bedingungen ähnlich waren wie in den USA (wenig ausgebildete Arbeitskräfte, geringe Flächenerträge und große Felder), eine funktionsfähige Erntemaschine entwickelt. John Ridley (1806– 87) baute 1843 seinen ersten „Stripper", eine einfache, aber sehr wirkungsvolle Maschine, die von einem Paar Pferde gezogen wurde. Ein langer, waagrechter Kamm, der in einer Höhe knapp unter dem reifen Korn gehalten wurde, fing zwischen seinen Zähnen die Ähren ein, während der „Schläger", ein schnell rotierendes Paddelrad, das über einen Riemen von den Rädern angetrieben wurde, die Körner herausschlug und in eine Vorratskammer beförderte. Die Spreu und der Staub wurden wegen ihres geringeren Gewichts nach oben getrieben und durch eine Art Kamin abgeblasen. Ridleys Stripper sammelte und drosch also die Körner, ließ aber die Halme ungeschnitten stehen. Wie Jones hervorgehoben hat, war der Stripper sehr wirtschaftlich, weil wenig Korn verloren ging und viel Arbeit gespart wurde. Außerdem war er für das überaus trockene Klima Südaustraliens besonders geeignet, so daß viele tausend davon gebaut wurden.

McCormicks Mähmaschine wurde ebenfalls von Pferden gezogen. Sie besaß auf einer Seite eine Reihe waagrechter Messer. Die Halme wurden von einem durch die Räder angetriebenen Paddel über die Messer gebogen, abgeschnitten und anschließend von einem Förderband nach hinten transportiert. Die Grundideen von McCormicks Mähmaschine wurden für den modernen Mähdrescher übernommen, doch die Anordnung des Paddels auf der Vorderseite der Maschine und das gleichzeitige Dreschen des Getreides stammen von Ridleys Stripper.

Die englische Landwirtschaft machte ebenfalls Fortschritte, wenn auch weniger revolutionäre. Die Gerätschaften wurden in zunehmendem Maß aus reinem Eisen hergestellt. Eine dampfbetriebene Zugmaschine wurde eingeführt und zum Pflügen der großen, flachen Felder im Osten des Landes eingesetzt. Die Maschine war dabei an einem Ende des Feldes aufgestellt und zog mittels eines Systems von Seilen, Pfählen und Rollen einen Pflug über das Feld. Auch die Dreschmaschine kam um diese Zeit in Gebrauch. Es handelte sich um eine sehr effektive Maschine, die von der gleichen Dampfmaschine betrieben wurde, die sie auch von Farm zu Farm zog. Die englische Landwirtschaft erreichte damit tatsächlich einen Höhepunkt ihrer Effizienz. Es gab jedoch auch einen unübersehbaren Rückschlag. 1845 fiel in Irland die Kartoffelernte wegen der Kartoffelfäule aus. Die Kartoffel („Irlands schwachmachende Wurzel", wie der politische Journalist William Cobbett sie vorausahnend, aber ungenau beschrieb), war das landwirtschaftliche Grundprodukt, und die Folge der Mißernte war eine Hungerkatastrophe, die sehr viele Menschenleben forderte. Gelegentliche Mißernten und nachfolgende Hungersnöte waren seit undenklichen Zeiten das Los aller ländlichen Gemeinschaften gewesen. Es ist für den modernen Beobachter aber schwer zu verstehen, wie das alte Muster der ländlichen Hungersnöte in einem Teil eines der reichsten Länder der Erde, im Zeitalter des Dampfschiffs und der Eisenbahn, noch einmal auftreten konnte. Die Erklärung muß in administrativem Versagen liegen, in einer rigorosen Anwendung des *laisser-faire*-Prinzips: Auf keinen Fall durften öffentliche Behörden oder der Staat die Bevölkerung ernähren, denn das würde die gesunde Unabhängigkeit schwächen. Immerhin erwartete der Staat von den Toten nicht, daß sie sich selbst begruben.

Einige gesellschaftliche Betrachtungen

Wie zum Ausgleich legte Friedrich Engels in seinem berühmten Buch *Die Lage der arbeitenden Klasse in England 1844* das Elend in den neuen Industrieorten offen. Er lebte zu dieser Zeit in Manchester, wo er in einer Filiale des elterlichen Geschäfts arbeitete. Er verfügte somit über hervorragende Möglichkeiten, die Lebensbedingungen in einer Stadt zu studieren, die zu Recht als die geistige und technologische Hauptstadt der industriellen Revolution bezeichnet werden kann. Die Zustände, die er beschrieb, waren in der Tat schauerlich. Freilich muß man dagegen halten, daß die von ihm untersuchten Bezirke sehr klein waren und daß Manchester selbst noch eine kleine Stadt war, die kaum ein paar Kilometer Durchmesser hatte. Zudem waren die Ursachen des Elends nicht unbedingt die natürliche Folge der Industrialisierung, sondern hingen eher mit dem überstürzten Wachstum und ungeeigneten Verwaltungsmaßnahmen zusammen. Große Mengen hoffnungsvoller Zuzügler strömten herein und suchten nach Arbeit und einem Lebensstandard, der in den ländlichen Gebieten von England, Schottland, Wales und Irland unerreichbar war. Diesen Zustrom konnte Manchester nicht verkraften, denn es verfügte in dieser rapiden Wachstumsphase politisch und verwaltungsmäßig lediglich über die Kräfte eines Dorfes.

Es wird häufig mit Überraschung zur Kenntnis genommen, mit welcher vergleichsweisen Leichtigkeit die Menschen aus dem ländlichen Raum die Arbeitsdisziplin der großen Textilfabriken übernahmen. Sicher wird einem Bauern auch durch die Jahreszeiten eine gewisse Arbeitsdisziplin auferlegt, doch die genaue Einteilung der Arbeit nach der Uhr war ungewohnt und – wie man vermuten kann – dem Landbewohner auch höchst unangenehm. Er konnte sich frei nehmen, wenn ihm der Sinn danach stand, da er ja wußte, daß die Arbeit auf ihn wartete, bis er Lust hatte, sich darum zu kümmern. Aber die Gewöhnung an das Lustprinzip war zweifellos eine männliche Eigenschaft. Die Frauen hatten nie die Möglichkeit, eine so entspannte Einstellung zur Arbeit anzunehmen. Die Disziplin des Familienlebens war kaum weniger streng und vielleicht sogar strenger als die Disziplin in der Fabrik. Es überrascht daher nicht, daß viele Fabrikarbeiter Frauen waren, viele andere waren Kinder, die man ebenfalls leicht an regelmäßige Arbeitszeiten gewöhnen konnte.

Während Engels als beredter Kritiker der Nebenwirkungen der Industrialisierung auf die Lebensbedingungen der Menschen schrieb, versuchten eine Reihe anderer Autoren, die Industrialisierung als Ganzes zu verstehen und zu erklären. 1832 richtete Charles Babbage (1792–1871) seinen vielseitigen und forschenden Geist auf eine Untersuchung der neuen technologischen Gesellschaft, die in England entstanden war. Er veröffentlichte das Buch *On the Economy of Machines and Manufactures,* das bereits seine zweite Auseinandersetzung mit dem Themenbereich Wissenschaft, Technologie und Gesellschaft darstellte. Die erste war das 1830 erschienene Buch *Reflections on the Decline of Science in England,* eine Arbeit, welche die Gründung der „British Association" beeinflußt hatte, die eine Nachbildung der 1822 entstandenen Deutschen Naturforscherversammlung darstellte. Babbage zeigte in *Economy of Machines* einen bemerkenswert hohen Grad an technologischen Verständnis. Er sah die Arbeitsteilung in der Wissenschaft und das Entstehen einer systematischen angewandten Wissenschaft voraus. Er hatte Leans *Monthly Engine Reporter* gelesen und sah klar die Vorzüge allgemein zugänglicher technologischer Information. Er verfaßte sogar einen sehr modernen Fragebogen, mit dem die technologische Effizienz einer beliebigen Fabrik festgestellt werden konnte. Seine wohl interessanteste Beobachtung bezieht sich aber auf die Überalterung von Maschinen:

> Eine Maschine zur Massenproduktion beliebiger Dinge nutzt sich selten gänzlich ab. Verbesserungen, durch welche die gleichen Arbeitsschritte entweder schneller oder besser ausgeführt werden können, führen in der Regel dazu, daß die Maschine ersetzt wird, lange bevor sie ihre eigentliche Lebensdauer erreicht hat. Um die verbesserte Maschine profitabel zu machen, rechnet man sogar, daß sie sich in fünf Jahren bezahlt gemacht haben muß und daß sie in zehn Jahren bereits wieder ersetzt wird.

> Vor einem Komitee des Unterhauses sagte einer der Befragten aus, „ein Fabrikant, der Manchester vor sieben Jahren verlassen hätte, würde heute von seinen Konkurrenten, die von den laufenden Verbesserungen während dieser Zeit profitiert haben, aus dem Markt geworfen – es sei denn, er hätte sein Wissen stets mit dem ihrigen auf dem Laufenden gehalten.

Das Innovationstempo in den industrialisierten Gebieten Englands war offenbar ungeheuer schnell. Es ist auch klar, daß eine Generation von Maschinenherstellern entstanden war, die für die laufenden Neuerungen verantwortlich war und dadurch Druck auf die Benutzer der Maschinen ausübte. Sie warteten nicht auf die Bedürfnisse des Marktes, sondern erfanden, entwickelten und bauten Maschinen, auf die zu verzichten ihre Kunden sich nicht leisten konnten. Andrew Ure (1778–1857) hat in seinem 1835 erschienenen Buch *The Philosophy of Manufactures* etwas Licht auf diese Zusammenhänge geworfen. Ures Buch war nicht so weitschweifig wie das von Babbage, und sein Augenmerk richtete sich fast ausschließlich auf die Textilindustrie (was keine so starke Spezialisierung bedeutet wie es scheint, denn die Textilindustrie hing mit vielen anderen Industriezweigen und Technologien zusammen). Das Umschlagbild seines Buches zeigt den Webschuppen einer Baumwollfabrik in Stockton. Der Künstler hat seinen Auftrag offenbar bis ins Extrem interpretiert und die Ausmaße des Gebäudes gewaltig übertrieben. Ungeachtet dessen stellen die Reihen identischer Webstühle, die sich wie die Parade einer riesigen mechanischen Armee schier ins Unendliche erstrecken, unübersehbar etwas Neues in der Herstellungsweise dar: Die Massenproduktion durch komplexe Maschinen, vergleichbar den Spinnereimaschinen in Strutts Belper North Mill. Ure stellt den Punkt klar heraus:

> Die Anhäufung von mechanischen Fähigkeiten und Tätigkeiten in den Bezirken von Manchester und Leeds läßt sich in der Tat mit Tinte und Feder kaum beschreiben und muß hinter den Kulissen sorgfältig untersucht werden, wenn man sie richtig verstehen oder bewerten will. Die folgende Anekdote mag das verdeutlichen. Ein Fabrikant in Stockport, der in seiner Fabrik 200 mechanische Webstühle aufstellen möchte, stellt sich vor, daß er bei jeder ein Pfund Sterling sparen könnte, wenn er sie von einem benachbarten Maschinenhersteller bauen ließe anstatt sie bei Sharp & Roberts in Manchester, dem Hauptsteller von Webstühlen, zu kaufen. Er besorgt sich also heimlich Eisenschablonen von einem der Webstühle dieser Gesellschaft, die standardmäßig nicht mehr als 9 Pfund 15 Shilling kosten. Danach werden seine 200 Exemplare in Stockport gebaut. In der Meinung, ununterscheidbare Kopien der in Manchester gebauten Maschinen zu haben, stellt er sie auf und beginnt, mit ihnen zu arbeiten. Nun vergeht aber kein Tag, an dem nicht das eine oder andere Teil bricht, und nach Jahresfrist hat er beinahe jede Kurbel oder Nockenwelle dreimal ersetzt . . .

Am Ende muß der dumme und habgierige Fabrikant doch zu Sharp & Roberts gehen und dort die Webstühle bestellen, die er selbst nicht bauen konnte. Die spezialisierten Hersteller, die in großen Stückzahlen produzieren können, haben den Einzelnen, der seine eigenen Maschinen machen möchte, durch ihre spezialisierten und hochpräzisen maschinellen Werkzeuge überholt. Über Sharp & Roberts sagt Ure:

> Viele Einzelteile fügen sich zu einer Spinnereimaschine zusammen, und alle sind von den maschinellen Werkzeugen wie der Hobelmaschine oder der Nutschneidemaschine so identisch in Form und Größe produziert, daß jedes davon sofort an seine Stelle im Rahmen paßt.

Das könnte bedeuten, daß in Manchester bereits in den ersten vier Jahrzehnten des 19. Jahrhunderts spezialisierte maschinelle Werkzeuge entwickelt worden waren, mit denen die Herstellung auswechselbarer Teile für Textilmaschinen möglich war.

Ure hatte einen schlechten Ruf. Er war bekannt dafür, daß er mürrisch und streitsüchtig war. Seine Lobrede auf die Freuden des Fabriklebens, besonders für Kinder, und seine Attacken auf die Gewerkschaften machten ihn zur Zielscheibe bitterer Angriffe von Marx und Engels. Während seine sozialen Ansichten zur Kritik förmlich auffordern, trafen seine technischen Einsichten genau den Punkt. Babbage hingegen ist heute wohlangesehen. Man sagt, daß er mit *Economy of Machines* zum Pionier einer zielgerichteten Forschung wurde; zweifellos war sein Verständnis des Computers der Zeit weit voraus; verwirklicht werden konnten diese erst durch die rasche Entwicklung der Elektronik in den letzten 50 Jahren.

Eine realisierbare, aber schlichtere Form des Computers wurde bei der Suche nach Wegen vorgeschlagen, das Prinzip von Watts Indikator auf Eisenbahnlokomotiven zu übertragen. Dieser war absolut zufriedenstellend, wenn man ihn bei Maschinen anwandte, die immer mit mehr oder weniger der gleichen Geschwindigkeit liefen und deshalb mehr oder weniger genau das gleiche Diagramm, das die mehr oder weniger gleichbleibende Arbeit repräsentierte, malte. Wenn aber der Dampfdruck und die Geschwindigkeit sich ständig veränderten, wie das bei Lokomotiven sicherlich der Fall ist, würde sich eine Vielzahl von Diagrammen ergeben, und die Messung der Arbeitsleistung wäre vereitelt. 1822 beschrieb James White, ein Ingenieur aus Manchester, ein wirkungsvolles differentielles Dynamometer, das in einigen Punkten der Zaumbremse Pronys überlegen war und leicht auf Fabrikmaschinen angewendet werden konnte. Es konnte aber wie Watts Indikator nicht automatisch integrieren, d.h. es konnte die geleistete Arbeit nicht aufsummieren, wenn die Geschwindigkeit und die Belastung schwankten. 1841 bestellte die British Association im Bewußtsein des Problems ein aus drei Männern – Rev. Henry Moseley, Eaton Hodgkinson und J. Enys – ein Komitee, das die beste Form eines Indikators für Lokomotiven herausfinden sollte.

Tatsächlich war das Problem bereits 1838 von General Morin und Captain Poncelet gelöst worden, wenigstens im Prinzip. Sie hatten ein Gerät erfunden, das die von Pferden verrichtete Arbeit messen konnte, wenn sie schwere Lasten wie z.B. Kanonen auf Straßen ziehen sollten, die alles andere als eben waren. Die von den Pferden dabei erbrachte Leistung schwankte von Augenblick zu Augenblick. Erforderlich war also ein Gerät, das in jedem Moment und sofort die laufend wechselnde Kraft und die zurückgelegte Entfernung messen konnte. Ihr Dynamometer, *Compteur* genannt, ist in Bild 11.1 gezeigt.

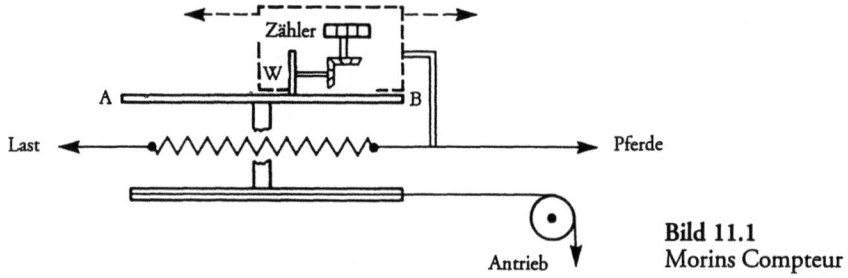

Bild 11.1
Morins Compteur

Wenn die Pferde ziehen und damit Arbeit verrichten, wird die Feder gedehnt und das kleine Rad W wird von seiner neutralen Ruhelage in der Mitte der waagrechten Scheibe AB ausgelenkt. Die Scheibe wird von den Rädern des Fahrgestells angetrieben. Bei ihrer Drehung versetzt sie das kleine Rad ebenfalls in Rotation, das wiederum den Zähler bewegt. Je stärker der Zug oder je höher die Geschwindigkeit des Wagens, um so schneller rotiert das kleine Rad W[1]. Kurz, die Anzahl der Umdrehungen des kleinen Rades, die der Zähler anzeigt, ist proportional zum Produkt aus aufgewendeter Kraft und zurückgelegter Entfernung, d.h. zur geleisteten Arbeit. Dieses Gerät hat den offenkundigen mechanischen Mangel, daß die Feder das kleine Rad senkrecht zur Drehrichtung der Scheibe über diese zieht.

Moseley, Hodgkinson und Enys dachten sich ein komplizierteres Instrument aus. Bei ihm verschiebt der Dampfdruck eines Zylinders als treibende Kraft das „Integrierrad", wie sie es nannten, längs eines Kegels, der durch eine am Kolben befestigte Schnur bewegt wird. Der Konus rotiert hin und her, und seine Geschwindigkeit in diesen einander entgegengesetzten Richtungen ist zwangsläufig zur Geschwindigkeit der Lokomotive proportional. Wie bei Morins Gerät ist das Integrierrad mit einem Zähler verbunden. Aus verschiedenen Gründen wurde dieses komplexe Gerät von den Eisenbahngesellschaften aber nicht übernommen.

Auch Babbage interessierte sich für das Problem, die von Lokomotiven verrichtete Arbeit zu messen, und behauptete, einen Dynamometerwagen erfunden zu haben (der praktisch eine Abwandlung von Morins Gerät gewesen sein muß). Alle diese Bemühungen bewegten sich am Rand der zeitgenössischen Wissenschaft und Technologie, erschienen damals zweifellos unwichtig, und stellten dennoch etwas höchst Ungewöhnliches dar. Es handelte sich in der Tat um etwas noch nie Dagewesenes: Zum erstenmal ersannen Erfinder Maschinen, die geistige Arbeit übernehmen konnten! Babbage war sich darüber natürlich vollkommen im klaren. In seinem 1851 in London erschienenen Buch *The Exposition of 1851* schrieb er:

> Es ist keine schlechte Definition des Menschen, ihn als werkzeugmachendes Tier zu beschreiben. Seine ersten Kniffe, um das unzivilisierte Leben zu ertragen, bestanden in Werkzeugen der einfachsten und gröbsten Machart. Seine jüngsten Leistungen, mit Maschinen nicht nur Handfertigkeiten zu ersetzen, sondern auch den menschlichen Intellekt zu entlasten, beruhen auf dem Gebrauch von Werkzeugen höherer Ordnung.

---

[1] Die vom kleinen Rad auf der Scheibe pro Zeiteinheit zurückgelegte Strecke ist das Produkt aus der Winkelgeschwindigkeit der Scheibe und dem Abstand zwischen dem kleinen Rad und dem Scheibenmittelpunkt.

12 Die Fortschrittsflut

Obwohl sich der Glaube an den menschlichen Fortschritt in der Mitte des 19. Jahrhunderts auf seinem Höhepunkt befand, waren einig scheinbar wohlbegründete Hoffnungen bereits enttäuscht worden. Die Elektrizität stand auf der Schuldseite der Technik, denn sie hatte (vom Telegrafen abgesehen) den dramatischen Fortschritt nicht gebracht, den man nach den Entdeckungen von Faraday und den Erfindungen des Elektromagneten, des Magnetzünders und des Elektromotors hatte erwarten können. Dies um so mehr, als 1835 M.H. Jacobi betont hatte, daß es keinen Grund gab, weshalb ein gut konstruierter Elektromotor nicht nach dem Start bis zu unendlicher Geschwindigkeit beschleunigen sollte, sobald Unvollkommenheiten wie die Reibung, der Luftwiderstand und das, was wir heute „elektromotorische Gegenkraft" nennen, ausgeschaltet waren. Unendliche Geschwindigkeit läßt aber an unendliche Leistung denken[1]. Jacobi war ein Professor mit einem untadeligen akademischen Ruf, und sein Aufsatz wurde in Europa und in den USA mit großem Interesse gelesen.

Nun konnte nur ein wissenschaftlicher Analphabet erwarten, Unvollkommenheiten wie die Reibung könnten vollständig ausgemerzt werden. Man konnte aber vernünftigerweise erwarten, daß, wenn sie soweit als möglich reduziert wären, ein Motor gebaut werden könnte, der eine immense Leistung zu ganz geringen Kosten erbringen würde. Die Vision, mittels eines einfachen, sauberen und kompakten, der schwerfälligen, schmutzigen und unhandlichen Dampfmaschine weit überlegenen Motors, enorme Leistung aus einer endlichen Quelle – einer voltaischen Batterie – entnehmen zu können, löste unter den experimentierenden Ingenieuren eine wahre Euphorie aus. Elektromotoren wurden zum Antrieb von Booten auf der Neva und auf dem Hudsonfluß sowie zum Antrieb von Maschinen gebaut. 1841 fuhr auf einer Normalspurschiene die erste elektrische, mit Batterien versehene Lokomotive. Unglücklicherweise gelang es niemandem, auch nicht dem einfallsreichsten und gewandtesten Ingenieur, einen batteriegetriebenen Elektromotor zu entwickeln, der mit der ständig verbesserten und noch vielseitigeren Dampfmaschine hätte konkurrieren können.

Die durch die Erfindung des Elektromotors ausgelöste, weitverbreitete Euphorie über die in Kürze verfügbare billige Energie war der zweite derartige Begeisterungsausbruch, den das 19. Jahrhundert erlebte. Der erste kam, wie wir gesehen haben, als die Hochdruckdampfmaschine eingeführt wurde. Ein dritter folgte auf die Erfindung von Ericssons „Kalorischer Maschine". John Ericsson (1803–89) war ein schwedischamerikanischer Erfinder und befähigter Ingenieur, dessen elegante kleine Lokomotive *Novelty* bei dem Rainhill-Auswahlverfahren (siehe Kapitel 10) der ernsthafteste Konkurrent für Stephensons *Rocket* war. Der Grundgedanke dieser Maschine ist leicht zu verstehen und

---

[1] Die Leistung einer Dampfmaschine ist durch die Geschwindigkeit, mit der der Dampfkessel Dampf erzeugen kann, begrenzt; die Leistung einer hydraulischen Maschine wird von der pro Minute fließenden Wassermenge bestimmt. Aber die von einem bewegten Elektromagneten ausgeübte Kraft wurde für unabhängig von der Geschwindigkeit gehalten.

sehr einleuchtend, aber völlig irrig. Die in einem Zylinder mit Kolben befindliche Luft wird erhitzt, so daß sie sich ausdehnt, den Kolben nach außen treibt und dabei Arbeit verrichtet. Dann wird der Luft die Wärme entzogen und in einem Regenerator aus Metallstreifen gespeichert (insoweit glich die Kalorische Maschine der Stirling-Maschine, der sie aber im übrigen unterlegen war). Die abgekühlte Luft zieht sich wieder zusammen, und der Kolben kehrt zum Ausgangspunkt zurück. Der nächste Zyklus beginnt damit, daß die Wärme aus dem Regenerator entnommen und der Luft im Kolben wieder zugeführt wird, die sich daraufhin wieder ausdehnt und Arbeit verrichtet. Kurz gesagt, schien hier nicht mehr erforderlich als eine bestimmte Wärmemenge, die zwischen einem Wärmespeicher und einer Arbeitssubstanz wie der Luft hin- und herbewegt wird.

Es wurde ein „Ericsson" genanntes, mit Kalorischen Maschinen ausgestattetes Schiff gebaut, in der Hoffnung, es könnte den Atlantik überqueren und dabei nicht mehr Wärmeenergie verbrauchen, als für den Ersatz der unvermeidlichen Verluste durch Konvektion, Wärmeleitung und -strahlung notwendig war. Eine solche Bilanz hart am Rand des Perpetuum Mobile wurde natürlich nicht erreicht. Die Kalorischen Maschinen erwiesen sich einfach als Fehlschlag. Sie wurden wieder ausgebaut und durch eine gewöhnliche Dampfmaschine ersetzt. Die Bedeutung dieser gut publizierten Unternehmung lag darin, daß sie den Abstand oder die kulturelle Kluft zwischen einigen führenden Ingenieuren und der wissenschaftlichen Erforschung der Wärme offenbarte – eine Kluft, die auch auf einigen Treffen der Institution of Civil Engineers in London in den Jahren 1850–53 deutlich sichtbar wurde.

Internationale Ausstellungen und Vergleiche

Es ist (oder war zumindest) eine weitverbreitete Ansicht, daß die Architekten des 19. Jahrhunderts die Möglichkeiten der neuen Materialien nicht erkannt und das von der Technologie erbrachte tiefere Verständnis ignoriert hätten. Man behauptet (oder behauptete), daß sie stattdessen zu den Bauweisen einer fernen Vergangenheit zurückkehrten und sich hauptsächlich auf traditionelle Baustoffe wie Steine, Ziegel und Holz verließen. Der Geschmack der Öffentlichkeit hatte sich zu Beginn unseres Jahrhunderts einfach verändert: Man betrachtete die Vorlieben des 19. Jahrhunderts mit Verachtung und glaubte an neue Materialien und Stilrichtungen. Nur in einem Bereich gestand man den Baumeistern des 19. Jahrhunderts zu, im richtigen Geist gehandelt zu haben: Der Bereich nämlich, wo zwangsläufig die Ingenieure eine führende Rolle gespielt hatten. Die bedeutenden Bahnhöfe Europas und der Vereinigten Staaten konnten auf ihre Art als bewundernswert gelten, denn immerhin hatten die Eigenschaften von Eisen und, später, von Stahl ihre bauliche Struktur wesentlich bestimmt. Ein weiteres Bauwerk revolutionärer Art, das den ästhetischen Traditionen sehr wenig verpflichtet war, stellte der große „Kristallpalast" dar, der 1851 im Londoner Hydepark von dem Landschaftsgärtner Joseph Paxton errichtet worden war. Er demonstrierte, was mit einer durchdachten Verwendung von Eisen und Glas möglich war. Wiederum war ein Außenseiter notwendig gewesen, um zu zeigen, wie neue Materialien und Techniken in einem alten, ja sogar antiken Handwerk verwendet werden konnten. Obwohl der Kristallpalast zunächst nur vorübergehend stehen sollte, um eine Ausstellung zu beherbergen, fand er soviel öffentliches Gefallen, daß er später etwa 12 km südlich von London neu aufgebaut wurde; dort stand er, bis er 1936 durch Feuer(!) zerstört wurde. Es ist interessant, daß sich als geeignetste äußere Form für den Palast die einer mittelalterlichen Kathedrale erwies, mit Schiff und Querschiff, obwohl es keineswegs beabsichtigt gewesen war, ihn als Kathedrale erscheinen zu lassen. Es gab keine Spitzen, Strebepfeiler oder Wasserspeier aus Gußeisen.

Die Große Ausstellung von 1851, für die der Kristallpalast gebaut wurde, war ein Projekt der Society of Arts. Deren Präsident war Prinz Albert, der aufgeklärte Gemahl der Königin Victoria. Obwohl der Gedanke einer internationalen Ausstellung 1848 in Frankreich geboren wurde, war die Ausstellung im Kristallpalast 1851 die erste, zu der beizutragen alle zivilisierten und auch einige unzivilisierte Nationen eingeladen waren. Der für moderne Augen auffälligste Teil der Ausstellung war die Schmuck- und Gebrauchskunst. Wie die illustrierten Kataloge zeigen, befand sich der öffentliche Geschmack auf einem Tiefpunkt. Die architektonische Ornamentierung war ins Extrem getrieben worden, Dampf- und andere Maschinen hatten ionische oder korinthische Säulen aus Gußeisen oder waren sonstwie mit nutzlosem dekorativem Eisenzeug geschmückt. Es gab überbordend verzierte Möbelstücke wie z.B. ein großes Sofa, dessen Arm- und Beinteile aus echtem Rhinozerushorn gemacht waren, oder Stühle aus Hirschgeweihen, deren Spitzen in Schienbeinhöhe hervorstanden. Solche Prachtstücke waren zudem verziert mit so merkwürdigen Ornamenten wie einem Orchester aus ausgestopften Kätzchen, die Miniaturinstrumente spielten und Reifröckchen trugen. Solche und ähnliche Objekte gewannen Preise oder wurden empfohlen. Es dauerte vierzig Jahre und länger, bis sich der öffentliche Geschmack vom Tiefpunkt des Jahres 1851 erholt hatte. Es scheint, daß keine Nation dem Geschmackskollaps im dekorativen Kunsthandwerk entkommen war. Wenn man allein nach der Großen Ausstellung geht, kann man sich nur schwer vorstellen, daß in dieser Jahrhundertmitte auch große Literatur und Musik entstanden ist. Doch sollten sich die Kritiker des in dieser Zeit herrschenden Geschmacks immer vor Augen halten, daß ihre Urteile eben auf die Beweisstücke aus dieser Epoche, und dabei insbesondere auf die Große Ausstellung, gegründet sind.

Der Hauptzweck der Ausstellung war aber, industrielle Errungenschaften zu zeigen. Die Ausstellungsstücke gaben in ihrer Gesamtheit einen Eindruck des erreichten Stands – des „state of the art" – in den verschiedenen Technologiezweigen. So wurde beispielsweise der Magnetzünder als kaum mehr als ein Spielzeug eingestuft. In anderer Hinsicht gaben die Exponate eine grobe Vorstellung von dem Fortschritt, der in den verschiedenen Ländern erreicht worden war. Insbesondere feierten sie den industriellen Erfolg Großbritanniens und markierten gleichzeitig den Gipfelpunkt der technologischen Führerschaft Englands. Danach wurde die Führung von anderen Nationen übernommen, wenn auch nie eine einzelne Nation klar dominierte. Die weitsichtigeren unter den englischen Beobachtern sahen mit Unbehagen die wachsende ausländische Konkurrenz; es war freilich sehr schwierig, sich zu einigen, welche Nation in welcher Sparte der schärfste Wettbewerber war. Eine Meinungsumfrage unter informierten Leuten hätte wahrscheinlich ergeben, daß die Konkurrenz des alten Rivalen Frankreich am meisten zu fürchten war. Zweifellos war der französische Ausstellungsteil groß und umfassend. Hinsichtlich der Anzahl der zuerkannten Medaillen befand sich Frankreich mit 52:78 klar auf dem zweiten Platz nach England; in der allgemeinen Klasse „Manufakturwaren" gewann Frankreich 20 Medaillen gegenüber 18 englischen.

Deutschland ließ zwar mit einigen Ausstellungsstücken interessante Entwicklungen erkennen, vor allem bei chemischen und metallurgischen Erzeugnissen, war aber immer noch eine Ansammlung von drei Königreichen und einer Reihe von Kleinstaaten. Belgien war einfach hochindustrialisiert. Auf der anderen Seite erweckten die Vereinigten Staaten den Eindruck, vor allem ein Agrarstaat zu sein. Der Kornernter Virginia von McCormick war ein ebenso bewundertes und preisgekröntes Ausstellungsstück wie Colts Revolver. Robbins und Lawrence stellten Gewehre mit austauschbaren Teilen aus. Charles Goodyear aus New Haven in Connectitut stellte einige neue Gummierzeugnisse aus, darunter Leichtgewichtsboote. Ericsson zeigte einige seiner Maschinen; die Kalorische Maschine fand beträchtliches Interesse. Weniger bekannte, aber mit sehr bekannten Produkten verbundene Namen, waren z.B. S.C. Blodget aus New York, der seine Nähmaschine in Aktion vorführte, und C. Morey aus Boston, der von einer seiner Nähmaschinen behauptete, sie könne die Arbeit von vier Näherinnen ausführen und sei in Fertigkleidungsfabriken (ebenfalls eine sehr bedeutsame Neuerung) weit verbreitet. Im übrigen bestanden die Ausstellungsbeiträge der USA zum größten Teil aus Sätteln, mineralischen und pflanzlichen Erzeugnissen, Holzbearbeitungsmaschinen und kleinstädtischen Handwerksmanufakturen wie z.B. Buchbinder- und -druckerprodukten. Zu den Neuigkeiten zählten weiterhin Denningtons schwimmende Kirche, die dem besonderen Wohlergehen der Seeleute gewidmet war, sowie die heute vergessenen Erfindungen Henry Pinkus'. Kurz gesagt, wäre ein bemerkenswerter Tiefblick oder ein gewisser Grad an Hellseherfähigkeiten nötig gewesen, um auf der Grundlage von 1851 die ungeheure technologische und industrielle Macht vorherzusagen, die sich in den folgenden 100 Jahren in den USA entwickeln sollte. Was Australien anbelangt, so hatte diese junge Kolonie wenig auszustellen außer Mineralien und exotischen Bäumen und Pflanzen. Ridleys Stripper wurde nicht ausgestellt. Wie er auf englische und andere Bauern gewirkt hätte, bleibt daher unbekannt. Die Tatsache, daß er keine Messer hatte, die nachgeschärft werden mußten, war sicherlich ein Vorteil, daß er aber die Halme nicht ernten konnte, war für europäische Bauern ebensosehr ein Nachteil.

Unmittelbar nach Ausstellungsschluß eröffnete die Society of Arts eine Vorlesungsreihe über das, was man von der Ausstellung lernen konnte. Reverend Dr. Whewell vom Trinity College in Cambridge hielt die erste Vorlesung. Sie war zwangsläufig sehr allgemein gehalten, enthielt aber zwei interessante Beobachtungen. „Das Handwerk", so bemerkte er zum einen, „ist die Mutter der Wissenschaft, eine anmutige und lebhafte Mutter, deren Tochter eine bei weitem erhabenere und ernstere Schönheit besitzt". Weniger pompös und mit beträchtlicher Einsicht wies er darauf hin, daß in der chemischen Industrie die Wissenschaft die Führung übernommen habe, während das Handwerk, d.h. die Technologie, von der Wissenschaft abhängig sei und von ihr lerne. Der Chemiker Lyon Playfair – ein ehemaliger Schüler Liebigs – warb dafür, die Wichtigkeit der technologichen und wissenschaftlichen Ausbildung anzuerkennen. Im Blick auf eine andere Technologie wurde er dabei von Captain Washington unterstützt, der die amerikanischen Konstrukteure von Schnellseglern, Linienschiffen (sic!) und Yachten rühmte. Er empfahl die berühmte Yacht *America*, die als erste den nach ihr benannten weltberühmten Pokal gewann. Sie habe einen wellenförmigen Rumpf, berichtete er, und sei nach wissenschaftlichen Kriterien speziell für Rennen konstruiert. In der Vorlesung über die Landwirtschaft wurde McCormicks Erntemaschine beschrieben und hoch gelobt; Ridleys Stripper wurde aber nicht erwähnt. Ein einziger mechanischer Elektrizitätsgenerator wurde erwähnt (unter der Überschrift „Philosophische Instrumente"), und zwar ein merkwürdiges, längst vergessenes

Gerät eines Erfinders aus Westmoreland. Der Redner drückte eine gewisse Hoffnung aus, es könne sich zu einer neuen Energiequelle entwickeln. Elektromotoren wurden nicht erwähnt, ebensowenig der Colt-Revolver oder die Gewehre von Robbins und Lawrence.

Was auch immer die Eindrücke gewesen sein mögen, die das allgemeine Publikum von der Großen Ausstellung mit nach Hause nahm – englische Ingenieure wie Joseph Whitworth, die sich mit maschinellen Werkzeugen und Gewehren befaßten, waren vom Colt-Revolver und den Gewehren Robbins' und Lawrences mit ihren austauschbaren Teilen sehr beeindruckt. Der Vergleich mit den kleinen Waffen, die von der englischen Armee benutzt wurden, drängte sich auf. Die englische Armee des 19. Jahrhunderts hatte zu lange einen schlechten Ruf gehabt. Seit 1918 haben unzählige Schreiber die Offiziere als aristokratische Schwachköpfe und die gewöhnlichen Soldaten als brutal unterdrücktes Kanonenfutter verunglimpft. Aber das ist eine Karikatur. Eine kleine Körperschaft aus freiwilligen Mitgliedern hätte nicht mit minimaler Gewaltanwendung ein Viertel der Weltbevölkerung kontrollieren können, wenn sie nicht effektiv gewesen wäre. Besonders die Offiziere der technischen Waffengattungen – Artilleristen und Ingenieure – waren intelligent und vorausschauend. Die Beiträge, die sie im Lauf des 19. Jahrhunderts zu Wissenschaft und Technologie lieferten, würden einer heutigen Universität zur Ehre gereichen. Die englische Armee führte, wie die US-Armee, im Lauf des 19. Jahrhunderts viele kleine Kriege in der Art der Kolonialkriege. Wenn also bei Gleichheit der übrigen Gegebenheiten die US-Armee mit modernen und wirkungsvollen kleinen Waffen ausgerüstet war, während die britischen Infanteristen sich auf die „Brown Bess", die bereits in Waterloo und früher verwendete Muskete, verlassen mußten, so muß die Verantwortung dafür in erster Linie bei den britischen Politikern gelegen haben, die zu sehr darauf bedacht waren, die öffentlichen Ausgaben so niedrig wie möglich zu halten.

England war das letzte größere Land, das eine Wehrpflicht eingeführt hat (1916). Es gab nie eine große nationale Armee, und der Bedarf an standardisierten kleinen Waffen war daher begrenzt. Die Fertigung von Musketen und Gewehren lag in der Hand von Handwerksbetrieben in Birmingham, der „Stadt der tausend Handelsbetriebe". Die individualistischen Handwerker Birminghams verließen sich zur Sicherung ihres Lebensunterhalts auf die Herstellung von Jagdgewehren. Manuelle Kunstfertigkeit, nicht fortgeschrittene maschinelle Werkzeuge, entsprachen der Praxis und waren vielleicht auch der Stolz des Gewehrhandwerks in Birmingham, das deshalb aber völlig unfähig war, billig und schnell auf eine Bestellung zu reagieren, die von der Regierung in einer nationalen Notsituation etwa angefordert wurde. Wenn nicht irgendetwas anderes, so muß die Große Ausstellung die englische Armee davon überzeugt haben, daß es Methoden gab, bessere Gewehre billiger und schneller herzustellen. Der Ort, um mehr darüber herauszufinden, waren offenbar die USA. 1853 wurden zwei Artillerieoffiziere sowie der Superintendent des Woolwich Arsenals – das war die regierungseigene Fabrik für die Herstellung von Feld- und Belagerungswaffen – in die USA geschickt, um die US-amerikanischen Methoden zu studieren und amerikanische Maschinen zu kaufen.

Die kleine Gruppe wurde sehr gut aufgenommen. Es wurden ihr die bedeutenderen privaten und regierungseigenen Waffenschmieden gezeigt, und sie konnte auch eine Reihe anderer Fabrikationsstätten besichtigen. Sie äußerte sich positiv über den Unternehmergeist und die Intelligenz der amerikanischen Mechaniker und stellte fest, daß die immerwährende

Knappheit an gelernten Arbeitskräften arbeitssparende Maschinen zu einer Forderung von hohem Rang machte. Die Arbeitskräfte stellten arbeitsparenden Maschinen keinen Widerstand entgegen, eher im Gegenteil. Im Gegensatz dazu gab es in England gelernte und ungelernte Arbeiter im Überfluß, nur wenig Initiative seitens der Arbeitgeber für, aber umso mehr Widerstand der Arbeitnehmer gegen die Einführung solcher Maschinen. Das Kernstück des amerikanischen Wegs war, wenn man einmal von diesen wirtschaftlichen und gesellschaftlichen Faktoren absieht, der Gebrauch hochspezialisierter maschineller Werkzeuge. Der Herstellungsprozeß eines bestimmten Produkts wurde aufgespalten in eine Reihe von Einzelvorgängen, von denen jeder mit einem besonderen maschinellen Werkzeug erledigt werden konnte. Viele, oft sogar alle diese Werkzeuge ließen sich von ungelernten Arbeitskräften bedienen. Hounshell hat freilich bemerkt, daß den englischen Besuchern nicht klar wurde, daß der Weg zur Produktion austauschbarer Teile mit großen Kosten verbunden gewesen war, die nur der Staat hatte tragen können. Die Besucher hätten sich hier an den Fall erinnern können, wo die Erfordernisse des Krieges und die Möglichkeiten des Staates zusammen zur Konstruktion der Blockherstellungsmaschinerie in Portsmouth geführt hatten. Mit Fug und Recht kann man behaupten, daß der Anstoß zu dieser ganzen Entwicklung von der Erkenntnis Arkwrights ausgegangen war, wie vorteilhaft die Aufteilung komplexer Operationen in eine Reihe einfacher, mechanisierbarer Arbeitsschritte war. Die umfangreichen Ansammlungen fortgeschrittener Textilmaschinen in den frühen Fabriken Cheshires, Derbyshires und Lancashires weisen auf eine ebenso fortschrittliche Produktionstechnologie hin, deren Details aber heute verloren sind.

Bei einer triumphalen Demonstration für die englischen Besucher wurden die Einzelteile von zehn Musketen, die zwischen 1843 und 1853 hergestellt worden waren, durcheinandergemischt und nach einer zufälligen Auswahl wieder zu funktionsfähigen Gewehren zusammengesetzt. Allerdings sollte man nicht vergessen, worauf Rae hingewiesen hat: Daß nämlich der deutsche Goldschmied Johann Gutenberg mit seiner Letterngußform die praktisch perfekte Austauschbarkeit schon 400 Jahre vor der Einführung des „amerikanischen Wegs" erreicht hatte. Diese Gußform, und nicht die Druckerpresse war das Kernstück der verfahrenstechnischen Revolution des 15. Jahrhunderts, die mit der Buchherstellung verbunden war.

Die englische Regierung entschloß sich zum Bau einer vollkommen neuen Fabrik zur Herstellung kleiner Waffen für die Armee. Die amerikanischen Produktionsweisen und die von den drei Besuchern gekauften Qualitätsmaschinen mußten eine Anwendung finden. Als Standort wurde Enfield nordöstlich von London ausgewählt, wo es bereits eine kleine Rüstungsfabrik der Regierung gab. Der Bau begann 1855, also zu spät, um der Armee für den 1854 ausgebrochenen Krieg mit Rußland die neuen Waffen zur Verfügung zu stellen. Die englischen Truppen zogen deshalb mit den antiken Musketen in den Krieg, ganz im Gegensatz zu der verbündeten französischen Armee. Enfield erwies sich aber als runder Erfolg, sogar noch die in den beiden Weltkriegen unseres Jahrhunderts von den englischen Soldaten verwendeten Gewehre trugen den Namen „Enfield". Als Antwort auf diese Herausforderung fanden sich einige Waffenschmiede aus Birmingham zusammen und bildeten eine private Gesellschaft mit der Firmenbezeichnung BSA (Birmingham Small Arms), um mit der Regierungsfabrik zu konkurrieren. Der Anfang der Herstellung von maschinellen Werkzeugen in der Region Birmingham kann auf diese Geschichte zurückgeführt werden.

Der Ausbruch des sogenannten Krimkriegs mit Rußland, in dem Frankreich und die Türkei die Verbündeten Englands waren, führte zu einer gewissen Erschütterung des Vertrauens in den Fortschritt, das zur Zeit der Großen Ausstellung einen Höhepunkt erreicht hatte. Der Krieg ist in England vor allem durch „Die Aufgabe der leichten Brigade", einem volkstümlichen Gedicht zum Thema, und durch die Geschichte von der „Dünnen roten Linie" in Erinnerung. Außerdem haftet er nicht nur England, sondern der ganzen Welt durch die erstaunlichen Leistungen Florence Nightingales (1820–1910) im Gedächtnis. Nightingale war offensichtlich eine Außenseiterin, was die medizinische Versorgung des Militärs anbelangt, doch hat sie die militärische und zivile Krankenpflege so reformiert, daß sie zu einem überaus geachteten Beruf geworden ist. Über sie wurde allerdings kein bleibendes Gedicht geschaffen.

Im Krimkrieg spielte eine weitere neue Technologie eine Rolle: Zum erstenmal in einem größeren Krieg hielten Zeitungskorrespondenten und der Telegraf eine kritische Öffentlichkeit über die Umstände des Kriegsgeschehens und seiner Katastrophen auf dem Laufenden. Auch die Kamera unterstützte bereits die Berichterstattung und hielt Kampfszenen und Kriegstote genau fest, ohne poetische Übertreibungen und ohne den aufgepfropften Heroismus künstlerischer Darstellungen.

Die technologischen und gesellschaftlichen Konsequenzen sind damit noch nicht erschöpft. Lyon Playfair, der so stark für eine Unterstützung der Wissenschaft durch die Regierung warb, machte den interessanten Vorschlag, mit Giftgas gefüllte Granaten auf die russischen Schiffe abzufeuern. Der Vorschlag wurde abgelehnt. Die von der Krim zurückgekehrten Soldaten brachten die Angewohnheit des Zigarettenrauchens mit, die sie von ihren türkischen Verbündeten gelernt hatten. Daraus entstand eine ganz neue Industrie. Sie hatten auch gelernt, sich Bärte zum Schutz gegen den russischen Winter wachsen zu lassen; diese Mode wurde zuhause übernommen – zum Schaden der Stahlindustrie von Sheffield.

Ein wesentlicher technischer Fortschritt, der sich (wenn auch nur indirekt) dem Krimkrieg verdankte, bestand in der Erfindung des Stahlherstellungsverfahrens nach Bessemer. Henry Bessemer (1813–98) verfügte zwar über keine formale Ausbildung, war aber ein emsiger und vielseitiger Erfinder. Mit dem Ausbruch des Krimkrieges entwickelte er ein Interesse an der Konstruktion schwerer Geschütze. Stahl schien dafür das ideale Metall zu sein, da er die gleiche Festigkeit wie Schmiedeeisen aufwies, aber leichter war als dieses. Leider waren die damals für die Stahlherstellung gebräuchlichen Handwerkstechniken für ein solches Projekt bei weitem zu teuer. Bessemer suchte also nach einer Methode, Stahl billig und in großen Mengen herzustellen. Das Puddelverfahren trennte die Kohle vom Eisen, konnte aber kaum zur Stahlerzeugung verwendet werden, weil der Kohlegehalt – zwischen 0,1% und 1% – das Metall im Hochofen flüssig gehalten hätte. Nach vielen Versuchen fand Bessemer die Lösung. Er beschrieb sie 1856 einer Versammlung der British Association und stellte die absurd erscheinende Behauptung auf, daß er Stahl ohne Brennstoff herstellen könne. Der Bessemer-Konverter besteht aus einem großen, trommelförmigen Kessel, der oben offen ist und unten ein Lüftungsrohr aufweist. Er ist mit einem geeigneten feuerfesten Material ausgekleidet und kann zur Befüllung mit flüssigem Roheisen um 90 Grad gedreht werden. Nach der Befüllung wird der Konverter senkrecht gestellt und ein Luftstrom durch das geschmolzene Metall geblasen. Der Kohlenstoff brennt dabei schneller weg als beim Puddelverfahren, und die erzeugte Hitze hält das Metall flüssig. Wenn das spektakuläre Feuerwerk aus Flammen und Funken soweit zurückgeht, wie es dem optimalen Kohlegehalt entspricht, kann der geschmolzene Stahl aus dem Kessel gegossen werden.

Einige Jahre, bevor Bessemer seinen Konverter erfand, hatte William Kelly, ein Handwerker aus Kentucky, entdeckt, daß ein durch geschmolzenes Eisen geleiteter Luftstrom bei der Verbrennung des Kohleanteils genug Hitze entstehen ließ, um das Metall flüssig zu halten. Er praktizierte dieses Verfahren, noch ehe Bessemer 1856 seinen Artikel einreichte, und erhielt 1857 ein Patent darauf. Er war aber nicht in der Lage, die Erfindung weiterzuführen, so daß der Ruhm und der Reichtum Bessemer zufielen.

Der Bessemer-Konverter steigerte die Weltproduktion an Stahl ganz enorm und verwandelte die Industrien, die vorher auf schwerem Schmiedeeisen beruht hatten. Es gab jedoch Startprobleme. Bessemer hatte schwedisches Eisen benutzt, das keinen Phosphor enthält. Als er das englische phosphorhaltige Roheisen benutzten wollte, funktionierte der Prozeß nicht mehr. Ein anderes Problem wurde von Luftblasen im Stahl verursacht. Dies ließ sich durch Beigabe von Mangan beheben. Doch erst 1875 entdeckten die Vettern Percy Gilchrist und Sidney Gilchrist Thomas (von denen keiner mit der Eisen- und Stahlindustrie zu tun hatte), daß durch den Zusatz von Kalkstein zu dem feuerfesten Auskleidematerial die Verwendung von phosphorhaltigem Roheisen möglich wurde.

Bessemers Entdeckung beruhte auf keiner Theorie, außer daß er über die Rolle des Kohlenstoffs bei der Stahlherstellung Bescheid wußte. Dennoch hatte sie weitreichende technologische und wirtschaftliche Folgen und führte zur Entstehung der Metallurgie als einem Fach, das auf der Grenze zwischen Wissenschaft und Technologie angesiedelt ist. Durch Veränderung des Kohlegehalts und Hinzufügen verschiedener Zuschläge wie Mangan, Wolfram, Chrom, Vanadium u.a. konnten unterschiedliche Arten und Qualitäten von Stahl erzeugt werden. Das altehrwürdige Handwerk gewann so eine systematische, wissenschaftliche Basis. Im weiteren Verlauf des Jahrhunderts wurde der Bessemerprozeß allmählich durch das Siemens-Martin-Verfahren überholt. Dieses beruhte auf der Erfindung des Regenerativofens durch Friedrich Siemens und seinem Bruder Wilhelm Siemens. Dem Regenerativofen lag die Idee zugrunde, daß die Abwärme den gasförmigen Brennstoff und die Luft beim Eintritt in den Hochofen vorwärmen sollte, ähnlich wie beim Regenerator der Stirling-Maschine. Das ermöglichte – bei größerer Sparsamkeit – weit höhere Hochofentemperaturen. Die ersten, die den Regenerativofen speziell zur Stahlerzeugung verwendeten, waren die Brüder Pierre und Emile Martin in Frankreich. Bei ihrem Prozeß wird in einem sehr großen Hochofen eine passende Mischung aus Roheisen (hoher Kohlenstoffgehalt), Stahl oder Schmiedeeisen (niedriger Kohlenstoffgehalt) und Eisenerz als Oxidationsmittel erhitzt. Dieses Verfahren erlaubt es, wesentlich größere Mengen an Stahl zu schmelzen als beim Bessemerprozeß, außerdem ermöglicht es eine direktere Qualitätskontrolle. Eine letzte Stufe in der Stahlherstellung wurde viel später mit dem elektrischen Hochofen erreicht. Dabei wird das Metall durch sehr starke elektrische Ströme zum Schmelzen gebracht. Allerdings handelt es sich hier um ein Sekundärverfahren, das zur Veredelung von Bessemerstahl eingesetzt wird.

Wasserkraft in den Vereinigten Staaten

Ein anderes altes Handwerk, das um die Mitte des 19. Jahrhunderts zu annähernder technischer Vollkommenheit entwickelt wurde, war die Gewinnung von Wasserkraft. Für die amerikanischen Fabriken, Schmieden und Mühlen war immer noch das fließende Wasser die Hauptenergiequelle. Dampfmaschinen wurden – ob in Dampfschiffen oder in Eisenbahnen – im wesentlichen zu Transportzwecken benutzt. Die amerikanischen Mühlenbauer waren Handwerker, die es mit kleinen Wasserradeinrichtungen in relativ isolierten Gehöften oder Ansiedlungen zu tun hatten. Es gab aber auch große Textilfabriken wie in England. In den neuenglischen Staaten gab es zwar genügend Flüsse und Ströme, doch machte sich in dem Maß, wie die Fabriken wuchsen, ein Bedarf nach mehr Energie und effizienteren Maschinen bemerkbar.

Es war nicht schwer, ein Wasserrad zu entwerfen, das grob die Bedingungen erfüllte, daß das Wasser ohne Schock eintreten und ohne Geschwindigkeit austreten sollte. Die Eimer mußten groß genug sein, um das gesamte einströmende Wasser aufzunehmen, und das Rad durfte sich nur langsam drehen, so daß das Wasser ohne nennenswerte Geschwindigkeit davonfloß. Die Wassersäulenmaschine entsprach dem Ideal noch besser und konnte zudem eine wesentlich größere Säulenhöhe als jedes Wasserrad ausnutzen, hatte aber natürlich, wie auch das Wasserrad, ihre Grenzen. Die Hochgeschwindigkeitsturbine war die Antwort des 19. Jahrhunderts auf praktisch alle diese Probleme. Daß sie mit Erfolg entwickelt werden konnte, hing aber noch von zusätzlichen Faktoren ab. Erforderlich war die Produktionskapazität für große Eisenmaschinen mit höherer Genauigkeit, als sie das 18. Jahrhundert hatte erreichen können, sowie eine bessere Ausrüstung und bessere Theorien, als sie den Mühlenbauern und Ingenieuren des 18. Jahrhunderts zur Verfügung standen. Das Problem war vor allem, sicherzustellen, daß das Wasser tangential mit minimaler Turbulenz in die Eimer strömte. Dazu mußten die Geschwindigkeit und die Richtung des einströmenden Wassers an das Wasserrad und dessen Geschwindigkeit angepaßt werden, außerdem mußte das überaus komplizierte Problem der optimalen Eimerform gelöst werden. Turbulenzverluste waren zwar bei oberschlächtigen Wasserrädern ein vernachlässigbarer Faktor, keinesfalls aber bei Hochgeschwindigkeitsturbinen. Die Probleme, welche die Turbine aufwarf, waren also sowohl experimenteller als auch theoretischer Natur.

Layton hat die Aufmerksamkeit auf die Arbeiten der beiden neuenglischen Mühlenbauer Arthur und Zebulon Parker im dritten und vierten Jahrzehnt des 19. Jahrhunderts gelenkt. Die Tradition des erfinderischen Mühlenbauers hatte Amerika mit England gemeinsam. Die Brüder Parker waren Schüler Oliver Evans, der wiederum ein Schüler John Smeatons gewesen war. Die Kriterien, nach denen aus einem Fluß die größtmögliche Leistung entnommen werden konnte, waren ihnen also geläufig. Ihre Wissenschaft war vielleicht elementar und auf Anfängerniveau (gemessen an Pariser Standards), für ihre Zwecke reichte das jedoch aus. Sie entwarfen und bauten eine schnell laufende Reaktionsturbine und konnten durch einen glücklichen Zufall deren Wirksamkeit noch deutlich steigern (das erinnert an Triewalds Bericht über die Entdeckung der Wasserstrahlkondensation). Allgemeiner ausgedrückt, erinnern die Leistungen der Mühlenbau-Erfinder an die der Maschinenbau-Erfinder aus Cornwall, die, geleitet von Erfahrung, Intuition und einem kleinen Schuß Wissenschaft, den Austausch mit ihren Kollegen nutzten, um die Pumpmaschine an die praktischen Grenzen ihrer thermodynamischen Möglichkeiten heranzuführen.

Im Jahr 1843 brachte Elwood Morris, der am Franklininstitut beschäftigt war, die Fourneyron-Turbine und das Pronysche Dynamometer mit in die USA. Wie bereits betont, war diese Turbine eine sogenannte Ausfluß-Überdruckturbine[2] (die beiden anderen existierenden Typen waren die Axialflußturbine und die Einflußturbine). Im Normalbetrieb war sie mit Wasser gefüllt und tauchte mit dem Ende in die auslaufende Strömung. Die Restgeschwindigkeit des Wassers, das die Turbine verließ, bedeutete einen Verlust an nutzbarer Energie. Dieser Mangel konnte durch den „Diffusor" behoben werden, der um 1844 von Uriah Boyden, einem beratenden Ingenieur, erfunden wurde. Wenn man den Durchmesser eines Wasserrohres erhöht, nehmen der Druck und die Geschwindigkeit im Rohr ab; die *vis viva*, d.h. die kinetische Energie im Rohr wird vermindert, wenn man den Durchmesser vergrößert. Boyden erweiterte also den unter Wasser befindlichen Turbinenauslaß so weit, daß der Druck des ausströmenden Wassers praktisch gleich dem umgebenden Wasserdruck war. Die Energie, die vorher mit dem ausströmenden Wasser verloren gegangen war, wurde auf diese Weise der Turbine zurückgegeben, und von der vorhandenen Wassersäule wurde wenig verschwendet.

1838 hatte Samuel Howd in New York die erste Einflußturbine patentieren lassen. Bei diesem Typ leiteten Propeller das antreibende Wasser nach innen zu den Schaufeln oder zum Laufrad. In der Turbine ging nur wenig Energie durch Turbulenzen verloren. Später entwarfen William Thomson und sein jüngerer Bruder James eine Form für eine Einflußturbine, bei der die Führungspropeller einstellbar waren, so daß der Winkel, unter dem das Wasser anströmte, je nach Belastung und Geschwindigkeit der Turbine angepaßt werden konnte. Thomsons Maschine wird oft Vortex-Maschine genannt. Ein oder zwei Jahre nach der Einführung der Fourneyron-Turbine entwarf Boyden eine verbesserte Version, die er in einer der Textilfabriken von Lowell am Merrimack-Fluß installierte. Boydens Turbine erwies sich als bemerkenswert effizient, aber sie war sehr teuer. Ihre besondere Bedeutung scheint darin bestanden zu haben, daß sie am Beginn einer Reihe von Experimenten stand, die von James B. Francis (1815–92) sowohl mit Einfluß- wie mit Ausflußturbinen gemacht wurden. Francis war als beratender Ingenieur bei fast allen Mühlen in Lowell tätig. Bei seinen Experimenten, die er 1855 unter dem Titel *Lowell Hydraulic Experiments* veröffentlichte, machte er ausgiebig Gebrauch von Pronys Dynamometer. Er war sich darüber im klaren, daß die komplexen Wirkungszusammenhänge die simple Struktur der überkommenen Turbinentheorie zerstörten. Er akzeptierte deshalb, daß systematische Experimente der einzige Weg waren, die geeignetste Form herauszufinden. Layton weist auf die wichtige Tatsache hin, daß Francis wie Boyden eine gewisse Nähe zu der angelsächsischen empirischen Tradition hatte; ihre Einstellungen konnten also mit nationalen Unterschieden in der Auffassung von Wissenschaft begründet sein. Nichtsdestoweniger entnahmen sie der Theorie, was sie brauchten, so daß ihre Arbeit eine Synthese der besten Verfahren der Ingenieure und Mühlenbauer war. Die Impulsturbine arbeitet mit einer Düse, um die potentielle Energie einer relativ statischen Wassersäule in nutzbare kinetische Energie umzuwandeln. Ein mit hoher Geschwindigkeit strömender Wasserstrahl wird so auf die

---

[2] Der bekannte rotierende Rasensprenger ist ein einfaches Beispiel für eine solche Turbine.

Turbine gerichtet, daß er die Schaufeln fast tangential trifft, um den Schock so gering wie möglich zu halten. Die einfachste Form einer Impulsturbine ist das Pelton-Rad, das von Lester Pelton bei seiner Arbeit auf den kalifornischen Goldfeldern erfunden wurde. Das Rad ist bei dieser Maschine mit einer größeren Anzahl halbkugelförmiger Becher ausgestattet. Ein glatter Wasserstrahl wird auf einen Rand des Bechers gerichtet, dessen Krümmung das Wasser dann umlenkt bis es am anderen Rand des Bechers mit einer Geschwindigkeit wieder austritt, die der des Rades fast gleich, aber entgegengesetzt gerichtet ist. Auf diese Weise wird die Energie des Wasserstrahls auf das Rad übertragen. Der glatte Wasserstrahl wird genauso erzeugt wie bei einem Gartenschlauch, der ja auch statt dem normalerweise gebrauchten Duschregen einen glatten Strahl entlassen kann.

Ausgehend von Parents irrigem, aber dennoch sehr fruchtbaren Aufsatz aus dem Jahr 1704, hat eine lange Kette von Mühlenbauern und Ingenieuren, vor allem aus Frankreich und Amerika, die Technologie der Wasserkraft bis zur Mitte des 19. Jahrhunderts zu einem hohen Grad an Effizienz geführt. Um diese Zeit konnte die potentielle Energie eines jeden Höhenunterschiedes voll ausgenutzt werden. Die beste Maschine ließ sich für jeden Zweck spezifizieren und entwickelte ihre Leistung bei hoher oder niedriger Drehzahl, wie es eben verlangt wurde.

Eine neue Form der chemischen Industrie

Für die dritte antike Handwerkskunst begann ab 1850 ein noch radikalerer Wandel als der, der die Stahlherstellung und die Wasserenergie veränderte. Die Farbstoffindustrie war eine lebenswichtige Hilfsindustrie für die mechanisierte und revolutionäre Textilherstellung. Um 1851 war sie zwar ein hocheffizientes, aber immer noch handwerklich betriebenes Geschäft. Die hauptsächlichen Farben waren Rot, das aus der Krappwurzel gewonnen, und Blau, das aus Indigo hergestellt wurde. Zusätzlich gab es eine ganze Reihe weiterer natürlicher Farbstoffquellen wie z.B. Waid, Fustikholz, Koschenille, Kampescheholz und andere, die aus der ganzen Welt importiert wurden. Der Farbstoffhandel war auf der Grundlage des Debitorenverkaufs organisiert, so wie heute weithin der Kaffee-, Tee- oder Tabakhandel. Unter Verwendung von Rezepten, die von Meister zu Lehrling weitergegeben und innerhalb des Betriebes geheimgehalten wurden, konnten die Färbemeister eine breite Palette von hervorragenden und ziemlich haltbaren Färbestoffen herstellen. Nun brachte das Jahr 1856 eine Entdeckung, welche die Farbindustrie völlig verändern und die Vorherrschaft der Debitoren und gelernten Färber beenden sollte.

Diese Entdeckung ging aus vom Royal College of Chemistry, einer Institution, die 1845 unter der Schirmherrschaft des Prinzgemahls sowie des königlichen Arztes Sir James Clark in London gegründet worden war. Ihr Ziel war, eine auf die Forschung ausgerichtete Chemieausbildung nach deutschem Muster zu ermöglichen (die englische Universitätsausbildung dieser Zeit war immer noch ausschließlich didaktisch orientiert, die Forschung hatte keinen Platz in den Lehrplänen). An der Spitze des kleinen Instituts stand A.W. Hofmann, der von Liebig benannt worden war, und der Unterricht orientierte sich am Gießener Modell. 1856 erhielt der Student W.H. Perkin (1838–1907) von Hofmann die Aufgabe, die Chininsynthese zu versuchen. Das Verfahren konnte nicht funktionieren, doch stieß Perkin, der bei seinen Forschungen aus Kohleteer extrahiertes Anilin verwendete, auf einen schwarzen Rückstand, aus dem er eine vielversprechende purpurrote Substanz mit den Eigenschaften eines Färbestoffes extrahierte. Perkin erkannte die Bedeutung dieser Entdeckung. Mit der Unterstützung seines Vaters und seines Bruders und gestützt auf einen günstigen Bericht eines Farbherstellungsbetriebes, gründete der junge Perkin ein Unternehmen zur Herstellung des neuen Färbestoffes. Der Zeitpunkt dafür war günstig. Mansfield, ein anderer Student Hofmanns, hatte soeben ein Verfahren zur Abtrennung des Benzols vom Kohleteer entdeckt, während Zinin, ein Student von Liebig, herausgefunden hatte, wie Nitrobenzol zu Anilin reduziert werden konnte. Der letztgenannte Prozeß war von Béchamp weiter verbessert worden. Dank der blühenden Gasindustrie war Kohleteer frei verfügbar, und durch die Gasbeleuchtung waren helle, leuchtende Farben sehr beliebt geworden. Schließlich war durch einen glücklichen Zufall Purpurrot gerade in Mode.

Es waren freilich schon vor 1856 verschiedene, auf wissenschaftlicher Grundlage zusammengesetzte Färbestoffe entdeckt und erfolgreich vermarktet worden. So hatte 1822 Hartmann aus Münster einen vielverwendeten bronzenen Färbestoff eingeführt, der auf der Basis von Mangan hergestellt wurde; ab 1840 wurde eine Chromdioxidfarbe vermarktet, die ebenfalls sehr beliebt wurde. Der interessanteste dieser Färbestoffe war vielleicht Murexid, ein Abkömmling der Purpursäure, das von Liebig und Wöhler als rosa Färbestoff für Seide vorgeschlagen wurde. Der Vorschlag wurde allerdings erst 1851 aufgegriffen, als Saac in Frankreich die verwandte Verbindung Alloxan zum Färben von Seide und Wolle und zum Bedrucken von Kattun verwendete. Um die gleiche Zeit wurde in Manchester ein Produktionsbetrieb für Murexid eröffnet.

Alle diese Färbestoffe waren aber individuelle Substanzen, die zu keinen weiteren Entwicklungen geführt hatten. Dagegen war Perkins „Mauveine" die erste einer langen Reihe von Anilinfarben. Bereits drei Jahre später entdeckte Emile Verguin eine weitere Anilinfarbe, die er nach dem Schauplatz eines der Siege Napoleons III. Magenta nannte. Danach stießen die organischen Chemiker auf immer neue synthetische Färbestoffe. Insbesondere entdeckte Peter Grieß 1862 die erste Azo-Farbe, die weite Perspektiven für neue Farben eröffnete. 1868 teilten Gräbe und Liebermann einen Tag vor Perkin mit, daß sie Alizarin aus Antrazen synthetisiert hatten. Alizarin war die farbgebende Verbindung in der Krappwurzel - – die Entdeckung bedeutete das Ende der französischen Krappanbau-Industrie. Perkin kam zu großem Reichtum; in dem vorgerückten Alter von 38 Jahren zog er sich zu einem Leben als Freizeitforscher zurück.

Perkins Entdeckung und ihre Vermarktung wird von einigen interessanten Umständen begleitet. Er hatte insoweit Glück, daß der Markt für sein Mauveine, also die riesige englische Textilindustrie, eine beeindruckende Innovationsbereitschaft besaß und schon gezeigt hatte, daß sie neue Färbestoffe bereitwillig akzeptierte, wenn sie nur die technischen Voraussetzungen erfüllten und bei den Kunden ankamen. Außerdem hatte er das Glück, daß seine offenkundige unternehmerische Begabung von einem Talent als Chemieingenieur unterstützt wurde. Er mußte ja mit seinen Partnern die Fabrik für die Herstellung der neuen Farbe entwerfen und bauen. Schließlich hatte er mit seinen 18 Jahren das Glück, daß Vater und Bruder sein Unternehmen unterstützten. Mit der Technologie bzw. Industrie, die Perkin revolutionierte, hatte er vorher nichts zu tun gehabt (sein Vater war Bootsbauer).

Doch geht die Bedeutung von Perkins Entdeckung und ihrer Verwertung über eine bloße Erfolgsgeschichte eines viktorianischen Unternehmers noch hinaus. Dazu gehört in erster Linie, daß der wissenschaftliche Hintergrund ein deutscher ist, wenn auch die Geschichte selbst in England gespielt hat. Das Royal College of Chemistry war im Grund eine Auslandsfiliale von Liebigs Labor in Gießen. Der Stil und der Inhalt von Lehre und Forschung waren deutsch; daß diese spezielle Entdeckung in London gemacht wurde, war Zufall. Zweitens ist die Entdeckung des Mauveines eindeutig ein Resultat wissenschaftlicher Forschung sowohl im methodologischen wie auch im institutionellen Sinn. Schließlich führte die unmittelbare Verbindung zwischen der Anilinfarbstoffindustrie und der ihr zugrundeliegenden wissenschaftlichen Forschung in den folgenden Jahrzehnten zu den ersten industriellen Forschungslaboratorien – verständlicherweise in Deutschland. Die Namen einiger moderner Industriekonzerne wie Badische Anilin und Soda Fabrik (BASF), Agfa und der schweizerische CIBA-Geigy sind Zeugnis für die Bedeutung der Entdeckung von 1856. Kurz gesagt, ist mit Perkin eine neue Art der technologischen Erneuerung aufgekommen.

Auf den ersten Blick ist es überraschend, daß die Medizin, die zu den ältesten Handwerkskünsten zählt und historisch eng mit der Chemie verwandt ist, kaum Zeichen von Fortschritt in Richtung einer Systematisierung oder einer Beeinflussung durch die Naturwissenschaft zeigt. Die biologischen Wissenschaften, zu denen man die Medizin ja rechnen kann, sind komplexer, um nicht zu sagen dunkler, als die Physik und die Chemie. Außerdem kann der Prototyp einer Maschine zwar versagen, aber die Folgen dieses Versagens gefährden normalerweise nicht den verantwortlichen Ingenieur oder seine Geldgeber. Medizinische Pioniere dagegen sind fast immer in Gefahr, oft sogar in akuter Lebensgefahr.

Edward Jenner ließ sich weder von den körperlichen Risiken noch vom Fehlen naturwissenschaftlichen Wissens entmutigen, als er am Ende des 18. Jahrhunderts die Pockenimpfung gegen den starken Widerstand seiner Fachkollegen einführte. Wie er selbst sagte, beruhte seine Neuerung auf der Volksweisheit der ländlichen Bevölkerung.

Bereits 1799 hatte Humphrey Davy vorgeschlagen, Stickoxide als Betäubungsmittel bei kleineren Operationen einzusetzen. Doch erst ab 1844 begann William T.G. Morton (1819–68) in Neuengland mit Schwefeläther als Anästhetikum (das Wort war damals noch nicht geprägt) beim Ziehen von Zähnen zu experimentieren. Er wurde dabei von seinem Zahnarztkollegen Horace Wells unterstützt, ferner von dem Bostoner Chirurgen John C. Warren, der als erster eine Operation (die Entfernung eines Tumors) unter Betäubung ausführte. Wie zuvor Jenner so mußte auch Morton mit einer großen Opposition kämpfen und beträchtliche finanzielle Opfer bringen, um sein Projekt durchzuführen. Die zu lösenden Probleme waren beispielsweise die Ermittlung der wirksamsten Substanz, die beste Anwendungsform und die richtige Dosierung.

Ehe die Theorie der Krankheitskeime aufkam, war die Übertragung von Krankheiten ein großes Rätsel gewesen. Man konnte das Problem einfach leugnen und behaupten, jede Krankheit entstehe *sui generis*, aber das war nicht überzeugend und stellte letztendlich nichts anderes dar als die Zugabe einer Niederlage. Häufiger war die Meinung, Krankheiten würden durch ein mysteriöses *Miasma* übertragen, doch auch hier diente das Wort lediglich zur Verschleierung der Unwissenheit. Mit dem Aufstieg der wissenschaftlichen Chemie und der Atomtheorie begann man das Miasma auf winzige chemische Teilchen in der Luft zurückzuführen. Diese Deutung war in den ersten Jahren des 19. Jahrhunderts sehr beliebt. Es gab jedoch einige Fälle, in denen das Problem der Krankheitsübertragung noch vor dem Entstehen und der Annahme der Keimtheorie gelöst werden konnte. 1843 bewies Oliver Wendell Holmes (1809–94) auf der Grundlage einer großen Zahl von Fallstudien, daß das Kindbettfieber „so ansteckend ist, daß häufig die Ärzte und Krankenschwestern es von Patient zu Patient übertragen". Vier Jahre später kam der österreichisch-ungarische Geburtshelfer Ignaz P. Semmelweis (1818–65) aufgrund seiner Erfahrungen in der Wiener Entbindungsklinik zum gleichen Schluß. Er stellte fest, daß die Fälle von Kindbettfieber auf den Stationen, wo Studenten arbeiteten, wesentlich häufiger waren als auf den Stationen, wo Krankenschwestern arbeiteten. Der Unterschied war, daß die Studenten auch die Leichenräume betraten, was die Krankenschwestern niemals taten. Semmelweis ordnete an, daß die Studenten ihre Hände und ihre Instrumente in einer desinfizierenden Lösung zu waschen hatten. Als Ergebnis wurde das Kindbettfieber in den Stationen, wo es vorher gewütet hatte, nahezu ausgerottet. 1830 brach in Europa eine Choleraepidemie aus. Im Verlauf des restlichen Jahrhunderts verbreitete sie sich über den ganzen Kontinent und bis in die USA. Die zu dieser Zeit moderne chemische Teilchentheorie besagte, daß ihre Ausbreitung in den Krankenhäusern durch eine Hitzebehandlung aller Dinge, mit denen ein Cholerapatient Kontakt gehabt hatte, in Schach gehalten werden konnte. Der tatsächliche Verbreitungsweg wurde nach dem Ausbruch der Epidemie in London 1854 entdeckt. John Snow (1813–58), der Pionier der Anästhesie in England und ein praktischer Arzt, markierte auf eine großmaßstäblichen Karte alle Häuser, in denen Cholerapatienten wohnten. Er fand in den von ihm untersuchten Gebiet eine Häufung solcher Häuser um die Wasserstation der Broad Street herum. Er schloß daraus, daß die Cholera vom Wasser übertragen wird, und daß die Lösung des Problems in der Versorgung mit sauberem Wasser liegt. Obwohl noch 30 Jahre vergehen sollten, bis Robert Koch den Cholerabazillus identifizieren konnte, gab Snows Entdeckung den Ingenieuren einen kräftigen Impuls, die Entwicklung öffentlicher Wasserwerke und einer geordneten Kanalisation zu beschleunigen.

Das Beispiel des Kindbettfiebers und der Cholera bestätigen, was wir bereits festgestellt haben: Daß nämlich ein Handwerk oder eine Technologie wesentliche Fortschritte machen kann, schon ehe eine befriedigende wissenschaftliche Theorie dazu vorliegt. Die Erfolge von Semmelweis und Snow kann man mit Fug und Recht als Beispiele einer frühreifen Technologie sehen. Sie sind auch Beispiele für die Wahrheit des viktorianischen Sprichworts: Reinlichkeit und Frömmigkeit gehören zusammen.

Für viele Gelehrte und auch für viele gewöhnliche Leser scheint der Fortschritt der Wissenschaft und Technik aus einer Reihe dramatischer Sprünge, durchsetzt mit Perioden eher langsamer, evolutionärer Verbesserungen, zu bestehen. Diese Ansicht ist im Prinzip in Ordnung, aber ihre Deutung kann etwas gefährlich sein. Es wäre auch bei evolutionären Veränderungen ganz falsch, anzunehmen, daß zu jedem beliebigen Zeitpunkt die Zukunft vorhersehbar sei und der Lauf der Entwicklung allgemein abgeschätzt werden kann. Noch viel weniger kann der nächste dramatische Schritt nach vorn vorhergesagt werden. Was man ganz sicher sagen kann, ist nur, daß beim Vorrücken der zerklüfteten Frontlinie der Wissenschaft und der Technologie die Armeen der Techniker und Handwerker mehr oder weniger gleichmäßig nachfolgen, um das erreichte Terrain zu sichern und zu befestigen.

Wenn auch die Mehrzahl der Techniker und Handwerker wenig oder keinen Kontakt mit den Frontlinien der Wissenschaft und der Technologie hat, so steht ihnen doch ein höheres Maß an wissenschaftlichen und technologischen Kenntnissen zur Verfügung als der Generation vor ihnen. Diese Kenntnisse werden ihnen in gefilterter, verdauter und interpretierter Form von ihren Lehrmeistern übergeben. Das bedeutet, daß der Bereich der empirischen Erfindungen – damit meinen wir etwas, dessen Prinzipien Archimedes sofort hätte verstehen können – begrenzt sein muß. Archimedes hätte sicher die Natur und das Verfahren der Mauveine-Herstellung nicht verstanden, aber vielleicht doch Parkers Turbine? Die Antwort muß lauten: Nur zu einem Teil. Das *Wie* einer wasserbetriebenen Maschine hätte er wohl verstanden, aber das *Weshalb* hätte er nicht zu fassen vermocht. Er konnte nichts wissen von den Errungenschaften der Theorie des 18. Jahrhunderts plus den experimentellen Erfahrungen, die in der Konstruktion einer solchen Maschine steckten. „Elementare" Lehrbücher wie die von John Banks und Oliver Evans haben ihren Platz in der Geschichte der Technologie.

Die neue Produktionstechnologie, die sich beispielhaft in der Gewehrherstellung der Vereinigten Staaten und ihren Vorläufern, den Blockherstellungsmaschinen in Portsmouth und in Arkwrights Textilerzeugungsverfahren zeigt, muß als ein Aspekt der Arbeitsteilung betrachtet werden. Adam Smiths Vorstellung von der Arbeitsteilung bezog sich ausschließlich auf manuelle Arbeiten und ließ deshalb so keine weitere Entwicklung zu. Ohne genetische und chirurgische Ingenieurmaßnahmen am Menschen – ohne die Erschaffung maßgeschneiderter Homunkuli – wäre auf dieser Linie kein Fortschritt möglich gewesen. Dagegen sind hinsichtlich der Verbesserungsfähigkeit von Maschinen, wie Marx bemerkt hat, keine Begrenzungen bekannt; Einschränkungen können einzig von den Eigenschaften der verwendeten Rohmaterialien herrühren. Wenn also der vielverlachte Andrew Ure von der automatischen Fabrik sprach, die Smiths Doktrin unhaltbar machen würde, hatte er etwas Richtiges erkannt, und die Fortschritte in der Konstruktion hochspezialisierter Maschinen um die Mitte des 19. Jahrhunderts waren ein wesentlicher Schritt in diese Richtung. Angefangen von Arkwrights Fabrik, wurden die Fertigkeiten individueller Handwerker, die selbständig und in eigener Regie arbeiteten, zunehmend durch Produktionssysteme ersetzt, die ihre eigene Logik hatten.

Die Mitte des 19. Jahrhunderts, die Zeit der Großen Ausstellung, eines Meilensteins in der Geschichte der Technologie, war eine ungemein fruchtbare Ära, in der die antiken Handwerkskünste des Färbens und der Eisenverarbeitung auf eine wissenschaftliche und systematische Basis gestellt wurden. Es gab auch etliche Einzelneuerungen im altehrwürdigen medizinischen Handwerk. Schließlich fallen in diese Zeit klare Zeichen einer wissenschaftlichen und technologischen Neubelebung in Deutschland und der Beginn des rapiden technologischen Wachstums in den Vereinigten Staaten. Die Ausstellung war fast symbolisch dafür, daß England im Stafettenlauf um den technologischen Fortschritt die Fackel an andere Länder übergab. Sie bedeutete ganz gewiß, daß die industrielle Revolution in England zu einem Abschluß gekommen war. Es gibt Wirtschaftshistoriker, die sich darüber gestritten haben, ob es wirklich eine industrielle „Revolution" gegeben habe, oder ob das, was geschehen war, nur die Beschleunigung eines Trends war, der sich in der englischen Gesellschaft schon viele Jahre vor der Mitte des 18. Jahrhunderts herausgebildet hatte. Wenn wir einmal die pedantischen Spitzfindigkeiten, ob das Wort „Revolution" in diesem

Zusammenhang vielleicht nur die Rückkehr zu einem Anfangszustand meint, beiseite lassen, so ist es zweifellos anwendbar auf tiefgreifende und unumkehrbare Veränderungen. Eine überkritische, um nicht zu sagen kleinkarierte Interpretation würde sämtliche Veränderungen (sogar die Französische Revolution) auflösen in die Beschleunigung bestehender Entwicklungen. Wir unterstellen, daß das für die meisten Gelehrten kein annehmbarer Standpunkt ist. Gibbon konnte von der „langen Revolution" des Römischen Rechts in der Zeit zwischen den Zwölf Tafeln und dem Justinianischen Kodex sprechen. Für einen Historiker der Technik kann es keinen Zweifel geben. Die greifbaren Hinterlassenschaften der Industrie des 18. Jahrhunderts – in Cromford, Coalbrookdale und anderswo – sind Zeugnis eines ganz bemerkenswerten qualitativen und quantitativen Wandels. Die beispiellose Entwicklung der Energietechnologie, die Umwandlung der Textilindustrie, die Erfindung und Entwicklung der Dampfeisenbahn, des Dampfschiffs, des elektrischen Telegrafen, schließlich das Entstehen einer chemischen Industrie zwischen 1751 und 1851: All das läßt sich nur als technologische Revolution beschreiben, die der wissenschaftlichen Revolution des 17. Jahrhunderts vergleichbar ist und sie an Bedeutung sogar übersteigt – wenigstens, soweit es die große Mehrheit der Menschen betrifft.

13 Drei innovative Jahrzehnte

Sowohl in der öffentlichen Meinung als auch den wirtschaftlichen Tatsachen nach war der herausragende technologische Faktor während des größeren Teils des 19. Jahrhunderts die über alles triumphierende Dampfmaschine. Wenn man nach den populären Biografien Samuel Smiles und den Science-Fiction-Romanen Jules Vernes gehen darf, dann war sogar das Interesse an und die Zustimmung zu der Technik um die Mitte des 19. Jahrhunderts größer als jemals davor oder danach.

Von den Wissenschaften war, nach der Botanik, die Geologie die beliebteste und auch die nützlichste. Sie war hoch angesehen und mit einer gesunden Freiluftbetätigung verbunden. Jedermann konnte sie betreiben und aufregende Fossilien als Belohnung mit nach Hause nehmen. Bei den öffentlichen Debatten in der Mitte des letzten Jahrhunderts über Themen, deren tiefschürfende Bedeutung jedem klar war – das Wesen des Menschen und die Beweise, so es denn welche gibt, für zweckvolle Konstruktion in der Welt – stand die Geologie im besten Rampenlicht.

Der Lebenslauf Charles Darwins (1809–82) ist sicherlich bekannter als der jedes anderen Naturwissenschaftlers, und sein 1859 erschienenes Buch *Vom Ursprung der Arten* hatte breitere und unmittelbarere Auswirkungen als jedes andere wissenschaftliche Werk. Man mag darüber streiten, bis zu welchem Grad dies der gekonnten Werbekampagne des T.H. Huxley zu verdanken ist. Nicht abzustreiten ist, daß Darwin wissenschaftliche Reife gerade in einer Zeit erlangte, als die Bedingungen für eine große wissenschaftliche Synthese günstig waren.

Die „neptunische" Theorie A.G. Werners über die Entstehung aller Felsformationen hatte sich als unhaltbar erwiesen. Die öde Gleichförmigkeitsgeologie James Huttons, derzufolge wir für die Gestaltung der Erdoberfläche in keiner Epoche der Erdgeschichte andere Wirkkräfte annehmen dürfen als die, die wir heute am Werk sehen, bewies wissenschaftliche Vorsicht, führte aber zu Konsequenzen, die für religiöse Menschen problematisch waren. Die Arbeiten Georges Cuviers und des Kanalbau-Ingenieurs William Smith hatten nicht nur den Zusammenhang zwischen bestimmten Formen der Fossilien und den geologischen Schichten, sondern auch die Tatsache nachgewiesen, daß große Arten entstanden waren, sich entwickelten und dann wieder ausstarben. Diese Gedanken wurden in den zwischen 1830 und 1833 erschienenen drei Bänden von Charles Lyells *Prinzipien der Geologie* dargelegt. Man kann sagen, daß diese Bücher für die Geologie das leisteten, was Hermann Boerhaaves *Elementa chemiae* für die Chemie geleistet hatte. Den ersten Band der *Prinzipien* hatte Darwin in seinem Reisegepäck, als er mit der HMS *Beagle* die denkwürdige Reise unternahm, die (was ihre öffentliche Bedeutung anbelangt) auf den Galapagosinseln endete. Den zweiten Band nahm er an Bord, als in Montevideo Zwischenstation gemacht wurde. Das Problem der Evolution wurde in diesen Büchern ganz klar angesprochen, während die Reise nach Südamerika dem eifrigen Naturforscher eine herausfordernde Vielfalt an Lebensformen und ihren Abwandlungen vor Augen führte.

Bei der Ausarbeitung seiner Gedanken zur Entwicklung der Arten durch natürliche Auswahl wurde Darwin von zwei Schlüsselprinzipien geleitet. Die erste kam von T.R. Malthus' Theorie des Populationswachstums. Der Mathematiker Malthus hatte argumentiert, daß die menschliche Bevölkerung mehr oder weniger exponentiell wächst, die Nahrungsmittelproduktion aber anscheinend nur linear zunimmt, so daß sich ein unbarmherziger Druck auf die Nahrungsquellen ergibt und stets ein Großteil der Menschen vom Hungertod bedroht ist. Was nun für die Menschen gilt, muß für alle Tiere ebenso gelten. Das zweite Schlüsselprinzip hatte Darwin von den bewährten Verfahren der Tierzüchter, insbesondere von Robert Bakewell, übernommen. Er behauptete nun, daß die Natur[1] in Gestalt der Umweltbedingungen über lange Zeitspannen hinweg als Tierzüchter arbeiten kann. Merkmale, die das Überleben in einer bestimmten Umwelt begünstigen, werden in den Tieren allmählich vorherrschen, da sie einem ständigen Populationsdruck ausgesetzt sind. Da die Vielfalt der Umgebungsbedingungen praktisch unbegrenzt ist, findet man auch eine enorme Vielfalt von Arten. Freilich hatte Darwins Synthese ihre Probleme. Zum Beispiel betrifft eines davon die Entwicklung des Auges. In fortgeschrittener Form ist seine Nützlichkeit offenkundig. Dagegen ist diese in den Anfangsstadien der Entwicklung eines schwach lichtempfindlichen Organs keineswegs klar. Ein weiteres Problem stellten die Übertragungsmechanismen dar, mit deren Hilfe günstige Veränderungen von den Eltern auf die Kinder übertragen werden. Dieses Problem wurde gelöst, als Gregor Mendel die Wissenschaft der Genetik begründete.

Die umfassende und ungemein einflußreiche Synthese Darwins machte, wie wir gesehen haben, Anleihen sowohl bei technologischen als auch bei streng wissenschaftlichen Quellen. Die Bergbauindustrie und der Kanalbau trugen zu den Grundlagen der Geologie bei, während die Erkenntnisse der Tierzüchter Hinweise darauf gaben, wie die Natur[2] arbeitete. Zweifellos kennzeichnen die Veröffentlichung des Buches *Vom Ursprung der Arten* und die darauffolgende öffentliche Debatte einen der drei Höhepunkte des allgemeinen Interesses an der Wissenschaft (die beiden anderen hängen mit der Veröffentlichung von Newtons *Principia* und den allgemeinverständlichen Darstellungen von Albert Einsteins Relativitätstheorie zwischen 1920 und 1940 zusammen; der Abwurf zweier Atombomben 1945 war möglicherweise ein vierter Fall).

Ob Darwins Theorie wissenschaftlich und praktisch ebenso nützlich war wie die beiden Hauptneuerungen der Physik um die gleiche Zeit, mag diskutiert werden. Die in die Physik neu eingeführten Schlüsselideen, von denen hier die Rede ist, waren die Feldtheorie und der Energiebegriff (den wir bisher der Einfachheit halber immer schon benutzt haben). Beide stellten eine radikale Abweichung vom orthodoxen newtonschen Standpunkt dar, was allerdings damals nicht erkannt worden zu sein scheint. Faradays Idee eines Feldes ging zwar dem Energiebegriff voraus, der letztere wurde aber viel schneller weiterentwickelt. Der Forscher, dem das Verdienst zukommt, den Energiebegriff ins Zentrum der Physik gestellt zu haben, ist James Prescott Joule (1818–89), der zweite Sohn eines Brauereibesitzers, der reich genug war, um seinen Söhnen und seiner Tochter ein unabhängiges, bequemes Leben zu ermöglichen, ohne die unangenehme Notwendigkeit, einen Lebensunterhalt verdienen zu müssen. Joule war zudem ein ausgesprochener Wissenschaftler, der seine ganze Freizeit

---

[1] im englischen Original *Nature*, also ebenfalls mit großem Anfangsbuchstaben geschrieben. Anm. d. Übers.
[2] engl. *Nature*

der Forschung widmete (während seine Geschwister kein Interesse am Braugeschäft zeigten, arbeitete Joule dort bis zum Tod seines Vaters, danach verkaufte er es).

Joule gehörte zu denen, die von der „Elektroeuphorie", der Begeisterung für die elektrische Energie, erfaßt waren, die nach der Veröffentlichung von Jacobis Artikel im Jahr 1835 aufgekommen war. Im Vergleich zu den meisten anderen, die von dieser Euphorie ergriffen waren, zeichnete er sich allerdings durch tiefe wissenschaftliche Einsicht, vernünftige wissenschaftliche Methoden (er hatte bei John Dalton einen guten Unterricht genossen) und seine hochentwickelten experimentellen Fähigkeiten aus. Bei seiner systematischen Suche nach dem bestmöglichen Elektromotor studierte er die Gesetze der Anziehung zwischen Elektromagneten, prüfte die Eignung verschiedener Eisentypen zur Herstellung von Elektromagneten und entdeckte das Gesetz, nach dem ein elektrischer Strom im Leiter Wärme erzeugt, die dem Quadrat der Stromstärke I und dem Widerstand des Leiters R proportional ist (also $\sim I^2 R$). Faraday hatte gezeigt, daß die von einer Batterie erzeugte Elektrizitätsmenge proportional zu dem in der Batterie verbrauchten Metall (normalerweise Zink) ist. Joule bewies, daß die vom Batteriestrom erzeugte Wärmemenge genauso groß ist, wie wenn eine entsprechende Gewichtsmenge an Batteriemetall in einer Sauerstoffatmosphäre verbrannt worden wäre. Dieses Experiment setzte ganz außerordentliche Fähigkeiten und gleichzeitig ein klares Verständnis voraus.

Joule war sehr enttäuscht, als er nach dem Bau des bestmöglichen Elektromotors herausfand, daß der erreichbare Wirkungsgrad – nach Watts Maßstab die Arbeit, die der Motor bei der „Verbrennung" oder Oxidation einer bestimmten Gewichtsmenge des „Brennstoffs" Zink verrichtete – nur ein Fünftel des Wirkungsgrads der besten, mit Kohle befeuerten Dampfmaschine (damals in Fowey Consols, Cornwall) betrug. Dazu war das in der Batterie verbrauchte Zink um ein Vielfaches teurer als die in der Dampfmaschine verbrannte Kohle. Joule äußerte, daß er damals die Hoffnung auf einen Elektromotor beinahe aufgegeben hätte.

Die elektromotorische Gegenkraft, die bei der Rotation des Ankers durch die elektromagnetische Induktion (Faraday!) hervorgerufen wurde, war dem antreibenden Strom entgegengerichtet, so daß dieser um so kleiner wurde, je schneller sich der Motor drehte. Joule fand heraus, daß die Motorleistung mit wachsender Drehgeschwindigkeit solange anstieg, bis der antreibende Strom auf die Hälfte seiner Maximalstärke (die natürlich bei stillstehendem Motor vorlag) abgesunken war. Darüber hinaus nahm die Leistung wieder ab. Er stellte aber weiter fest, daß der Wirkungsgrad auch jenseits dieses Punkts stetig zunahm, und es war klar, daß er am größten war bei minimalem Strom, da dann am wenigsten Batteriemetall aufgezehrt wurde. Für Ingenieure ist der Wirkungsgrad das anerkannte Maß der Wirtschaftlichkeit, und die Dampfmaschinen aus Cornwall waren für ihre sehr hohen Wirkungsgrade bei den Ingenieuren bestens bekannt.

Durch die Entdeckungen Joules stellte sich eine fundamentale Frage. Es hatte sich herausgestellt, daß die vom elektrischen Strom erzeugte Wärme exakt dem chemischen Vorgang in der Batterie, der Verbrennung, entsprach. „Die Elektrizität", schrieb Joule, „kann hervorragend chemische Wärme übertragen und umwandeln". Aber wo konnte die Wärme herkommen, wenn der Strom durch einen Magnetzünder erzeugt wurde? In der Wirkungsweise eines Magnetzünders gibt es keinen chemischen Vorgang und keine Verbrennung. Nach der damals allgemein anerkannten Theorie blieb die Wärme immer erhalten, d.h. man dachte, daß sie weder erzeugt noch vernichtet noch in etwas anderes umgewandelt werden kann. Wenn es sich nicht um greifbare, manifeste Wärme handelte, dann war es latente oder kombinierte Wärme wie z.B. in einem Brennstoff. Zwar hatten von Rumford und Davy darauf beharrt, daß Wärme nicht materiell sein konnte, sondern etwas mit Bewegung zu tun haben mußte, doch waren ihre Argumente und Experimente nicht schlüssig gewesen und von der wissenschaftlichen Gemeinschaft nicht anerkannt worden. Auf der Grundlage der anerkannten Theorie mußte also jede durch einen Strom erzeugte Wärme entweder das Ergebnis einer Verbrennung in einer Batterie und damit freigesetzte kombinierte Wärme sein, oder aus der Abkühlung irgendwelcher Teile des Magnetzünders stammen. Durch eine Reihe gekonnter und erfinderischer Experimente bewies Joule, daß sich im Magnetzünder nichts abkühlte, er heizte sich ganz im Gegenteil gemäß Joules Erwärmungsgesetz auf. Nachdem es nirgends eine Abkühlung oder einen chemischen Vorgang gab, schloß Joule, daß die auftretende Wärme die mechanische Arbeit, die zum Antrieb des Magnetzünders aufgewendete *vis viva* in anderer Form sein müsse. Man beachte, daß er nicht einfach von Bewegung spricht, sondern von der *vis viva*, die ingenieurmäßig als „Arbeit" gemessen wird. Joule ermittelte die Umwandlungsrate zwischen mechanischer *vis viva* und der Wärme, indem er die beim Antrieb des Magnetzünders verrichtete Arbeit und die vom erzeugten Strom bewirkte Wärme maß. Er blieb dabei jedoch nicht stehen. Er erkannte, daß die Umwandlungsrate zwischen (modern gesprochen) Wärmeenergie und mechanischer Energie eine Konstante sein mußte, unabhängig davon, um welche Vorgänge es sich handelte und welche Materialien beteiligt waren. Folgerichtig führte er in den folgenden Jahren 1843–47 Experimente aus, die zeigen sollten, daß eine bestimmte Menge an Arbeit bzw. *vis viva* immer die gleiche Wärme lieferte, egal, ob sie zur Kompression von Luft, zur Überwindung von Reibung zwischen Eisenscheiben oder auch zwischen verschiedenen Flüssigkeiten aufgewendet wird. Die Umwandlungsrate zwischen diesen beiden Energieformen lag unabänderlich fest. Er schloß daraus, daß die Wärme in jedem Körper eine Folge der mechanischen Bewegung seiner Atome sein muß, die offenbar vibrieren oder, im Fall von Gas, wie winzige Geschosse hin- und herflitzen.

Im Vorwort der ersten Ausgabe der *Principia* hatte Newton die Hoffnung ausgedrückt, daß sein System der Mechanik fähig sein würde, alle physikalischen Probleme zu lösen. Daraufhin stellte die Suche nach einer universellen Mechanik eines der öffentlich anerkannten Ziele der Naturwissenschaft oder „Naturphilosophie" dar. Allerdings war Newton nicht der alleinige Urheber des mechanischen Systems, auf dem diese Synthese aufgebaut werden sollte, auch Leibniz und besonders Ingenieure waren daran beteiligt. Es gab eine Reihe weiterer Forscher, die beanspruchten, Entdecker der dynamischen Theorie der Wärme zu sein und damit den Energiebegriff eingeführt zu haben. J.R. Mayer hat dabei den klarsten Anspruch darauf. Alle gewannen ihre Erkenntnis aus *einer* bestimmten Beobachtung und verallgemeinerten diese ohne stützende weitere Befunde. Noch weniger zeigten sie, wie sich der Energiebegriff in anderen Bereichen wie der Elektrizität oder der Elektrochemie anwenden ließ. Interessanterweise kamen alle diese Ansprüche von außerhalb des akademischen Establishments und der Welt der offiziellen Wissenschaft. Die meisten hatten einen ingenieurmäßigen Hintergrund. Nur Joule allein, der den gleichen Hintergrund hat, erkannte, daß die Gültigkeit des Begriffs klar und deutlich in möglichst weiten Bereichen nachgewiesen werden mußte. Daß heute die internationale Energieeinheit „Joule" genannt wird, beruht darauf, daß er diesen Nachweis führte.

Joule hatte die volle Reichweite des Energieprinzips aufgezeigt, was kein anderer getan hatte. Es genügte nicht, die richtige Idee zu haben; Joule zeigte, weshalb die Idee richtig war und wie sie unter den verschiedensten Umständen angewendet werden konnte. Es war sehr wohl möglich (obwohl diese Tatsache im Rückblick möglicherweise leicht aus dem Blick gerät), die richtige Einsicht zu haben, aber nicht das Verständnis für ihre Anwendung. Joule erkannte die volle Anwendungsbreite; durch seine Arbeiten wurde die wissenschaftliche Diskussion von Spekulationen über eine Elektrizitätsflüssigkeit und ähnlichen Sackgassen befreit.

Die Vorstellungen Joules und Carnots wurden auf einfache und durchschlagende Weise von R.J.E. Clausius (1822–88) vereint. Clausius betrachtete ebenfalls den Carnotzyklus als die maximal erreichbare Grenze des Wirkungsgrades, fügte aber hinzu, daß ein Teil der aufgenommenen Wärme verschwindet und als geleistete Arbeit in exakt gleicher Menge wieder erscheint. Die Wärme bleibt also nicht erhalten, sondern wird teilweise in eine andere Energieform umgewandelt (im Gegensatz zum Wasser, dessen Menge bei jeder hydraulischen Maschine immer erhalten bleibt). Daraus folgte, daß das Argument Carnots, keine Maschine könne einen höheren Wirkungsgrad haben als eine reversibel arbeitende, umformuliert werden mußte. Ein höherer Wirkungsgrad war durchaus vorstellbar: Nämlich dann, wenn die Maschine aus dem kalten Körper oder Kondensator Wärmeenergie aufnahm und in Arbeit umwandelte. In der Tat stellen z.B. die Ozeane riesige Reservoirs an allerdings minderwertiger (weil bei niedriger Temperatur vorliegender) Wärmeenergie dar. Eine Maschine, die diese Wärme ausnutzen könnte, ohne einen noch kälteren Körper zu benötigen, würde das neue Axiom der Energieerhaltung nicht verletzen und mit einem höheren Wirkungsgrad arbeiten als die reversible Carnotmaschine. Clausius betonte, daß, wenn mit einer solchen Maschine eine Carnotmaschine rückwärts betrieben werden würde, im Endeffekt einfach Wärmeenergie von einem kalten Körper zu einem warmen Körper fließen würde, ohne daß sonst irgendeine kompensierende Veränderung einträte. Ein solcher Vorgang wäre aber gegen alle Erfahrung. Die Wärme fließt niemals von kalt nach warm, ohne daß irgendwo irgendwann eine gleichwertige Kompensation stattfindet. Deshalb bleibt die Carnotmaschine das Kriterium für die letztmögliche Effizienz.

Die Thermodynamik, wie die neue Wissenschaft und Technologie von William Thomson 1849 genannt wurde, führte ein vollkommen neues Element in die Wissenschaft ein. Die Beziehung zwischen Wärmeenergie und Energie in anderen Formen ist nicht symmetrisch. Es gibt für die Umwandelbarkeit von mechanischer Energie in Wärmeenergie keine Begrenzung, doch der umgekehrte Vorgang wird vom Wirkungsgrad des jeweiligen Prozesses begrenzt. Wärme kann von heiß nach kalt fließen und dabei ein Maximum an Arbeit verrichten, das durch den Carnotprozeß definiert ist; oder sie kann direkt, ohne Arbeit zu verrichten, vermittels Wärmeleitung fließen. Der zweite Fall könnte eine Maschine mit dem Wirkungsgrad Null genannt werden.

In allen Prozessen der Natur[3] und der Technik spielt Energie eine Rolle. Bei jedem Einzelvorgang, sei er physikalischer, chemischer oder biologischer Art, wird etwas Energie

---

[3] engl. Nature

in Wärme umgewandelt und fließt ihrem natürlichen Gefälle folgend zum Körper oder Bereich der niedrigsten Temperatur, wo sie dann keine weitere Arbeit mehr verrichten oder nicht mehr weiter umgewandelt werden kann – es sei denn, es findet sich ein Körper von noch niedrigerer Temperatur. Nach vielem Nachdenken fand Clausius einen Weg, diese natürliche Tendenz der Energie, zu verfallen, auszudrücken; er nannte sein Maß dafür Entropie. Wenn man für einen bestimmten Vorgang die dabei auftretende Entropieänderung mit der niedrigsten auftretenden Temperatur multipliziert, so erhält man den Energiebetrag, der bei diesem Vorgang verloren ging. Die Verluste sind also um so geringer, je niedriger die niedrigste verfügbare Temperatur ist. Wenn man einen Körper am absoluten Temperaturnullpunkt hätte (0 K oder -273 °C), so würden überhaupt keine Verluste auftreten.

Die Dampfmaschine und die Wissenschaft

Die Prinzipien der Thermodynamik wurden in der Mitte des letzten Jahrhunderts erkannt, gerade zu einer Zeit, als die Dampfmaschine eine breitere und raschere Verbreitung fand als jemals zuvor. Der Eisenbahnbau auf allen Kontinenten hatte seinen Höhepunkt fast oder ganz erreicht; die Industrie wurde in allen wirtschaftlich entwickelten Ländern innerhalb kurzer Zeit von der Dampfmaschine in ihren verschiedenen Formen abhängig. John Elder, der selbst ein Pionier der Thermodynamik und Schüler W.J.M. Rankines (1820–72) war, führte 1855 einen erfolgreichen Oberflächenkondensator ein und gab Anstoß zur Entwicklung der zweizylindrigen Verbund-Schiffsmaschine. Durch diese wurde das Dampfschiff viel wirtschaftlicher und erstmals mit den Segelschiffen auf den lohnenden Handelslinien konkurrenzfähig. Die Vielfalt der für eine breite Palette von Zwecken konstruierten Maschinen war nun so groß, daß Gustav Adolphe Hirn (1815–90) schreiben konnte, eine umfassende Theorie der Dampfmaschine sei unmöglich geworden. Jede Dampfmaschine war, wie er bemerkte, eine Ansammlung notwendiger Kompromisse, weil sehr viele Konstruktionseigenheiten von den speziellen Zwecken, für welche die Maschine gebaut wurde, abhingen. Die von Jahr zu Jahr stattfindenden Verbesserungen der Dampfmaschine wurden in einem bedeutenden, aber nicht genau bestimmbaren Ausmaß durch eine Vielzahl von Faktoren ermöglicht: Durch die fortlaufende Übernahme neuer und besserer Materialien (Dichtungen für die Kolben, verbesserte Schmiermittel, Eisen und Stahl von überlegener Qualität); durch neue und bessere maschinelle Werkzeuge; nicht zuletzt auch durch ein wachsendes Selbstvertrauen der Ingenieure, als sie die Entwürfe im Licht ihrer eigenen Erfahrungen und der ihrer Kollegen immer weiter vorantrieben in Richtung auf größere, leistungsfähigere und schnellere Maschinen. Man kann kurz sagen, daß der Fortschritt evolutionär und weitgehend nach demselben Muster erfolgte, wie es bei der Newcomen-Maschine im 18. Jahrhundert und den Pumpmaschinen in Cornwall im frühen 19. Jahrhundert der Fall war. Der Fortschritt geschah zwar sehr schnell, aber weitgehend auf empirischem Weg.

Die Beurteilung des Wirkungsgrades anhand der pro Zyklus geleisteten Arbeit hatte den Ingenieuren von Watt bis zu der Zeit, als Leans *Monthly Reporter* am einflußreichsten waren, gute Dienste geleistet. Doch schon 1839 reichte ein Mr. Parkes bei der Institution of Civil Engineers in London Protest ein, dieses Maß sei ungenau und möglicherweise irreführend. Eine an sich gute Maschine, aber schlecht gehandhabt oder mit Dampf aus einem unzureichenden Kessel versorgt, würde nach diesem Maßstab einen schlechten Wirkungsgrad vortäuschen. Parkes schlug deshalb die Verwendung eines anderen Maßstabs vor. Am Ende des Jahrhunderts war der üblicherweise benutzte Maßstab das Gewicht des zugeführten Wassers (von dem angenommen wurde, daß es genau der erzeugten Dampfmenge entspreche) im Verhältnis zur geleisteten Arbeit. Übrigens betraf Parkes' Kritik nicht die Schlüsse, die Joule in bezug auf den Elektromotor gezogen hatte, denn den Wirkungsgrad der zum Vergleich herangezogenen Dampfmaschine hatte Joule unter strengen Bedingungen bestimmt, und sein Maß für den Wirkungsgrad des Elektromotors war offensichtlich exakt. Es war vielmehr so, daß die Arbeiten Joules die Mittel bereitstellten, mit denen Parkes' Anforderungen erfüllt werden konnten.

Bis die Thermodynamik auf das Entwerfen und Entwickeln von Wärmekraftmaschinen in systematischer Weise angewendet werden konnte, verging noch einige Zeit. Die Fortschritte, die Joule, Clausius, Lord Kelvin, Regnault, Rankine und andere in den beiden mittleren Jahrzehnten des 19. Jahrhunderts erzielt hatten, konnten von den praktischen Ingenieuren nur allmählich verarbeitet und umgesetzt werden. Rankine hatte den größten Anteil daran, daß Carnots grundlegendes Gesetz (der Wirkungsgrad ist proportional zur Temperaturspanne, mit der die Maschine arbeitet) bald von den schottischen Ingenieuren in die Arbeit einbezogen wurde, und zwar besonders von denjenigen, die mit dem Entwurf und dem Bau von Schiffsmaschinen zu tun hatten, wo die schottischen Ingenieure in der Welt führend waren. Joules dynamische Theorie der Wärme ließ erkennen, daß die zu Beginn des Jahrhunderts unternommenen Versuche, Wärme durch Verwendung einer Arbeitssubstanz mit geringer latenter Wärme zu sparen, völlig irrig waren. Die große latente Wärme des Wasserdampfes war ein Vorteil, denn sie bedeutete, daß der Dampf mehr Wärme, d.h. Energie, vom Brenner aufnehmen und zur Maschine übertragen konnte, wo sie dann in mechanische Arbeit umgewandelt wurde[4]. Schließlich sagte die Thermodynamik eine bemerkenswerte Eigenschaft des gesättigten Dampfes voraus, die dann im Experiment bestätigt wurde, und erklärte damit einen überraschenden Aspekt im Verhalten dieses Dampfes im Zylinder (siehe die Anmerkung zum gesättigten Dampf am Ende des Kapitels).

Ein besonderes Problem in dieser Zeit war, daß der verbrauchte Dampf beim Verlassen der Maschine sehr feucht war. Vor der Entwicklung der Thermodynamik hatte man das darauf zurückgeführt, daß Wasser unter Dampfabgabe überkocht, so wie Wasser aus der Ausgußöffnung eines Wasserkochers läuft. Die Thermodynamik lieferte eine andere und einleuchtendere Begründung. Wenn der trockene, gesättigte Dampf im Zylinder expandiert und dabei Arbeit gegen den Kolbendruck verrichtet, dann kondensiert ein Teil dieses Dampfes, da sowohl seine „greifbare" als auch seine latente Wärmeenergie in mechanische Energie umgewandelt wird und der Dampf dabei abkühlt. Der gleiche Vorgang erklärt übrigens die Bildung von Wolken, wenn warme Luft mit hohem Wasserdampfgehalt aufsteigt und dabei expandiert und abkühlt. Eine andere und mit Verlusten verbundene Ursache für Nässe im Zylinder bestand in der Kühlung der Bereiche um die Auslaufrohre, wo der heiße Zylinder mit dem kalten Kondensator verbunden war. Ein Teil des in den

---

[4] Es erscheint sehr angemessen, daß Joule von der Institution of Engineers and Shipbuilders in Schottland zu einem der ersten Ehrenmitglieder gewählt wurde.

Zylinder einströmenden Dampfes kondensierte dort, nur um wieder zu verdampfen, wenn bei der Ausdehnung der Druck fiel und die Auspuffrohre geöffnet wurden. Die mit der erneuten Verdunstung verbundene Wärme war verloren, da der Dampf dann sofort in den Kondensator strömte.

Für dieses Problem boten sich vier Lösungen an, die heftig diskutiert wurden. Die erste und älteste Lösung war, Watts Dampfmantel wiederzubeleben. Der hier eingesetzte zusätzliche Dampf konnte freilich den Zylinder heiß halten, aber es wurde eingewendet, daß jede eingesparte Wärme besser zur Erzeugung von mehr und heißerem Dampf für den Antrieb des Kolbens verwendet werden sollte. Eine andere, modernere Lösung bestand darin, den Dampf zusätzlich aufzuheizen, indem man ihn durch Metallröhren leitete, die den heißen Feuerungsabgasen ausgesetzt waren. Ein solcher überhitzter Dampf verhält sich dann einfach als Gas. Wer als erster die Verwendung überhitzten Dampfes vorschlug, ist nicht bekannt. Rankine schrieb 1861, daß die Maschinen des amerikanischen Dampfschiffs *Arctic* „vor vielen Jahren mit gutem Effekt" mit überhitztem Dampf betrieben worden waren. Der überhitzte Dampf war für die Ingenieure in doppelter Hinsicht attraktiv: Er verringerte die Kondensation im Zylinder und ermöglichte aufgrund Carnots Gesetz eine bessere Ausnutzung des Dampfes, da die Spanne zwischen den Arbeitstemperaturen größer wurde. 1859 bewies Hirn, daß überhitzter Dampf – bei Gleichheit der übrigen Verhältnisse – mehr Arbeit verrichtete als gesättigter Dampf. Doch konnte auch hier eingewendet werden, daß die zusätzliche Wärme besser zur Erzeugung von mehr Dampf eingesetzt werden sollte; außerdem verursachte das Überheizen gravierende mechanische und metallurgische Probleme. Die Röhren, die den Feuerungsabgasen ausgesetzt waren, korrodierten sehr schnell, und die tierischen und pflanzlichen Öle, die damals als Schmiermittel eingesetzt wurden, zersetzten sich bei hohen Temperaturen.

Es war ein glücklicher Umstand, daß sich just um diese Zeit die Mineralölindustrie zu entwickeln begann. Begrenzte Mengen an Mineralöl waren bereits seit einiger Zeit in Gebrauch; es sickerte aus manchen Felsformationen hervor oder konnte durch Destillation von Schieferöl gewonnen werden. Man konnte Schmiermittel daraus herstellen, oder auch eine bequeme, leichtere Komponente, die Kerosin oder Petroleum genannt wurde und als Brennstoff für Lampen oder Öfen einen aufnahmebereiten Markt fand. Hirn behauptete später, 1856 die erste Raffinerie der Welt gebaut zu haben. Etwa um die gleiche Zeit eröffnete in Schottland eine Raffinerie für Schieferöl. 1859 entdeckte Colonel E.L. Drake Öl im Boden von Pennsylvania. Damit nahm das schnelle Wachstum der großen Ölindustrie ihren Anfang. Schmieröle, die aus den neuen und nunmehr reichlich vorhandenen Mineralölen hergestellt wurden, ermöglichten den Betrieb der Maschinen bei sehr hohen Temperaturen, sei es durch überhitzten Dampf oder auf andere Weise. Auch neue, revolutionäre Wärmekraftmaschinen konnten auf der Grundlage der neuen Öle konstruiert werden.

Zunächst müssen wir aber zum Problem der Zylinderkondensation bei Dampfmaschinen zurückkehren. Die dritte Lösung bestand darin, mehr als einen Zylinder zu verwenden. Es ist betont worden, daß Verbund- und Dreifachexpansionsmaschinen, wie sie ab 1870 gebaut wurden, weniger anfällig für Verluste durch Zylinderfeuchtigkeit waren, da bei ihnen der Druck und die Temperatur in jedem einzelnen Zylinder langsamer fielen als in einer äquivalenten Einzylindermaschine. Schließlich war nur der letzte Zylinder mit dem kalten Kondensator verbunden. Dabei stellte sich die Frage, bei welchem Grad der

Expansion Verbundbauweise wünschenswert war, und wann Dreifachexpansion anstelle der Doppelexpansion oder der Verbundbauweise verwendet werden sollte. Die vierte Lösung bestand einfach in einer Neukonstruktion des Ventilsystems.

All das waren schwierige Fragen, welche die Fähigkeiten des weitaus größten Teils der Maschinenbauer überstiegen. Schon bald wurde klar ausgesprochen, daß ein neuer Zugang nötig war, nämlich eine Ingenieurwissenschaft, die ein ausgewogenes Verhältnis zwischen Theorie und Experiment herstellte, die Dampfmaschine als Objekt systematischer Untersuchungen begriff und gleichzeitig die oft widersprüchlichen Anforderungen berücksichtigte, die zusammen bestimmten, welches der beste Entwurf für einen vorgegebenen Zweck war. Die Zentren der Entwicklung dieses neuen Zugangs lagen zunächst in Schottland, wo insbesondere die von Rankine gegründete, aber auch Joule und Kelvin verpflichtete Schule genannt werden muß. Weitere Zentren waren die amerikanische Gruppen um B.F. Isherwood von der US Marine und um Professor Thurston; dann die von Clausius und Zeuner ins Leben gerufene deutsche Schule; schließlich die belgische Schule mit Sitz in Liège und Gent. Am bedeutendsten von allen war aber vielleicht die französische Schule, die von Hirn und seinen beiden Mitarbeitern Hallauer und Leloutre in Mülhausen begründet wurde. Es war Hirn, der die klassischen und sehr schwierigen Experimente ausführte, mit denen gezeigt wurde, daß beim Betrieb der Dampfmaschine tatsächlich Wärme verschwindet und in einen äquivalenten Betrag mechanischer Energie umgewandelt wird. Am Ende des Jahrhunderts räumte der englische Ingenieur D.K. Clark ein, daß das Expertentum und das Zentrum für die Dampfmaschinenforschung in Mülhausen sei.

Die Erfindung des Dynamos

Die Erfindung des Dynamos – oder der dynamo-elektrischen Maschine, wie ihr voller Name im Unterschied zur magneto-elektrischen Maschine heißt – war eine ganz andere praktische Anwendung von Joules Ideen.

Zu den wichtigen Einsichten Joules gehört seine frühe und zu lange übersehene Erkenntnis, daß der Magnetzünder mechanische Energie in elektrische Energie umwandelt[5] und nicht, wie man seinerzeit dachte, Magnetismus in Elektrizität. Das hätte zwangsläufig die Existenz einer oberen Grenze für die Stromerzeugungskapazität des Magnetzünders bedeutet. 1845 ließen sich Wheatstone und Cooke die Anwendung eines Elektromagneten anstelle eines Permanentmagneten in einem Magnetzünder patentieren, der für den Gebrauch in der Telegrafie gedacht war. Sie legten fest, daß der Strom für den Elektromagneten von einer Batterie geliefert werden sollte (sie nannten das dementsprechend „voltaischer Magnet"). Das Ergebnis war sehr zufriedenstellend, denn „es wird ein wesentlich größerer Effekt erzielt, als wenn die Batterie ohne die Erfindung so einer Maschine in elektrischen Telegrafen eingesetzt würde". Sie fragten nicht, warum das so war. Joule hätte es ihnen sagen können: Die mechanische Energie, mit welcher der Generator angetrieben wurde, verwandelte sich in elektrische Energie. Das Prinzip des Dynamos besteht – wie schon

---

[5] Die Entdeckung des Ursprungs eines vom Magnetzünder erzeugten Stroms führte Joule unter anderem zu dem Vorschlag, daß ein hinreichend leistungsstarker, von einer Dampfmaschine angetriebener Magnetzünder dazu verwendet werden könne, den Strom für elektrisches Widerstandsschweißen von Metallen zu erzeugen.

die Etymologie des Wortes sagt – darin, daß mechanische Energie direkt in elektrische Energie umgewandelt wird, ohne irgendeine von einem Magneten auferlegte Beschränkung. Die Dampfmaschinen dieser Zeit konnten billig und wirkungsvoll enorme Mengen an mechanischer Energie bereitstellen. Diese Energie konnte im Prinzip vollständig, in der Praxis fast vollständig in elektrische Energie umgewandelt werden. Joules Erkenntnisse wiesen den Weg, wie das geschehen könnte.

Henry Wilde, ein reicher Erfinder aus Manchester und wie Joule Mitglied der Manchester Literary and Philosophical Society, beschrieb 1866 einen von ihm modifizierten Magnetzünder. Bei dieser Ausführung war der Permanentmagnet durch einen Elektromagneten ersetzt, dessen Strom ein von der gleichen Welle angetriebener Magnetzünder lieferte. Das war viel mehr, als nur der Ersatz von Wheatstones und Cookes Batterie durch einen Magnetzünder – es war, wie Wilde sehr klar zum Ausdruck brachte, eine Umsetzung der Erkenntnis, daß im Prinzip mechanische Energie unbegrenzt in elektrische Energie umgewandelt werden kann. Er betonte, daß das Gerät dazu verwendet werden könne, den festen Elektromagneten einer noch größeren Maschine mit Energie zu versorgen, und so weiter. Die Idee wurde sehr schnell weiterentwickelt. Schon sechs Monate später, im Januar 1867, machten Werner von Siemens und Charles Wheatstone fast gleichzeitig und sicherlich unabhängig voneinander bekannt, daß sie einen sich selbst erregenden Dynamo erfunden hatten. In ihrer Maschine wird auf den erregenden Magnetzünder völlig verzichtet, da der winzige Restmagnetismus des festen Elektromagneten beim Start ausreichend Strom produziert, um die magnetische Wirkung des festen Elektromagneten aufzubauen und zu verstärken. Der Vorgang setzt sich kumulativ solange fort, bis die zugeführte mechanische Energie zum größten Teil in elektrische umgewandelt wird. Alle Arten von Dynamos und Wechselstrommaschinen arbeiten auf der Grundlage von Joules Prinzip der Umwandlung mechanischer in elektrische Energie. Natürlich tut das auch der Magnetzünder, aber bei ihm ist die Stärke des Permanentmagneten ein begrenzender Faktor, über die normalen Einschränkungen wie die Dicke und die Leitfähigkeit der verwendeten Drähte hinaus.

Daß Wheatstone bereits 1845 so nahe an die Erfindung des Dynamos herangekommen war, und doch trotz seiner unbetrittenen Fähigkeiten den letzten, entscheidenden Schritt nicht tun konnte, bestätigt die Schlüsselrolle, die der Energiebegriff für diesen letzten Schritt spielte. Doch machte er sein früheres Versagen wieder gut, indem er 1867 zur Erfindung des Dynamos beitrug.

Die Energiefrage

Bald erkannte man, daß die Energielehre auch wirtschaftliche und soziale Bedeutung hatte. Der Manchester Wirtschaftswissenschaftler W.S. Jevons (1835–82) stellte in seinem 1865 erschienenen Buch *Die Kohlefrage* mit Blick auf England einige beunruhigenden Konsequenzen dar. Er konnte leicht zeigen, daß Englands Reichtum auf der Dampfmaschine beruhte, und jedermann wußte, daß der Nutzen der Dampfmaschine wiederum von der Verfügbarkeit billiger Kohle abhing. Der kurz zuvor eingerichtete Geological Survey hatte eine grobe Abschätzung der wirtschaftlich gewinnbaren Kohlereserven des Landes ermöglicht, und in den Übersichten des ebenfalls kurz vorher gegründeten Mining Records

Office stand, wieviele Tonnen Kohle pro Jahr gefördert wurden. Daraus war ersichtlich, daß die Förderrate jährlich um 3% wuchs. Jevons benötigte keine fortgeschrittene Mathematik um zu beweisen, daß England auf dieser Grundlage 1965 jedes Jahr mehr Kohle fördern würde als tatsächlich im Boden war – ein offenkundiger Unsinn. Folglich würde schon lange vorher, wenn die besten Flöze ausgebeutet sein würden, der Preis für die Kohle in die Höhe schnellen und so lange weiter wachsen, bis die Wettbewerbsfähigkeit der englischen Fabrikation völlig ausgehöhlt sein würde. Die industrielle Vorrangstellung würde dann an Länder wie Amerika übergehen, die immer noch über reichliche Vorräte an billiger Kohle verfügten. Was konnte getan werden? Jevons konnte problemlos nachweisen, daß keine der Quellen verdünnter Energie – die „alternativen" Energien des Windes, der Gezeiten oder der Sonne – die teuer gewordene Kohle würde ersetzen können; weiterhin argumentierte er, daß es unwirtschaftlich sei, die Kohle aus Amerika zu importieren, es sei weit besser, sie dort zu verbrauchen, wo sie lag, nämlich in den Vereinigten Staaten, denn die Amerikaner seien ebenso erfinderisch und geschäftstüchig und arbeiteten ebenso hart wie die Engländer. Mit dem Behagen, das die viktorianischen Wirtschaftler ihren düstersten Vorhersagen vorbehielten, schloß Jevons, daß die einzige Wahl für England in einem kurzen, aber glücklichen Leben, oder einem in die Länge gezogenen Abstieg in die Mittelmäßigkeit und die Armut liege.

Es handelt sich hier um die erste zuverlässige Vorhersage einer Energiekrise. Man sieht leicht, daß Jevons in seinen Schlußfolgerungen bemerkenswert weitsichtig war. Seine Einstellung und die vieler seiner Zeitgenossen, die durch seine Vorhersagen alarmiert waren, bewiesen wesentlich mehr Verantwortungsbewußtsein als in den extravaganten Jahren vor (und auch nach?) der Ölkrise von 1973 erkennbar war. Doch möchte man fragen, wie Jevons den gegenwärtigen Wohlstand Japans, Südkoreas, Taiwans, Singapurs und Hongkongs erklären würde. Das alles sind Länder mit wenig oder gar keinem heimischen Öl oder Kohle. Noch viel mehr gilt das für Holland, einem Land mit negativen Energie„quellen". Vielleicht ist der Mangel an billigem Brennstoff ein Anreiz für Erfindungen und daraus folgendem wirtschaftlichem Fortschritt.

Die praktische Entwicklung des Energiekonzepts mag im Fall der Dampfmaschinen durch eine Kombination technischer Schwierigkeiten und gesellschaftlicher Faktoren, im Fall des Dynamos durch technische und wirtschaftliche Faktoren gebremst worden sein. Es gibt jedoch ein Feld, auf dem keine dieser Schwierigkeiten relevant war. Das ist die Telegrafie. Die neue Spezies der Telegrafeningenieure, zunächst frei von überkommenen Vorurteilen, war sich der Notwendigkeit eines international anerkannten Standards für den elektrischen Widerstand bewußt, der so grundlegend und exakt reproduzierbar wie möglich sein mußte. Auf der Sitzung des Jahres 1861 der British Association schlugen die Telegrafeningenieure Sir Charles Bright und Mr. Latimer Clark vor, daß eine solche Widerstandseinheit „Ohm" genannt werden sollte, zu Ehren des Entdeckers des elektrischen Widerstandsgesetzes, Georg Simon Ohm. Die Gesellschaft richtete sofort ein Komitee ein, zu dem unter anderem William Thomson (Lord Kelvin), Charles Wheatstone und Fleeming Jenkin gehörten, das den besten Weg, eine solche internationale Einheit zu definieren, finden sollte. Das Komitee wiederum kam sehr bald zu dem Schluß, daß akzeptierte Einheiten auch für den elektrischen Strom und die elektromotorische Kraft gefunden, und daß alle Einheiten in den „französischen", d.h. metrischen Maßen der Masse und der Länge ausgedrückt werden sollten. Den Musterfall dafür lieferten die von Wilhelm Weber 10 Jahre früher vorgeschlagenen „absoluten Einheiten", mit denen Weber ebenfalls die elektrischen Einheiten auf mechanischer Basis hatte definieren oder sie auf diese Basis zurückführen wollen. Er hatte bewiesen, daß elektrische Messungen in mechanischen Einheiten ausdrückbar sind, und das Komitee akzeptierte seine Vorstellungen. Auf diese Weise wurde eine elektrische Ladungseinheit erklärt als diejenige Ladung, die auf eine identische, 1 cm entfernte Ladung eine Kraft von 1 mechanischen Krafteinheit ausübte. Ein magnetischer Einheitspol wurde entsprechend definiert. Eine elektrische Stromeinheit war gegeben, wenn der Strom, der in einem 1 cm langen Draht, der zu einem Kreisausschnitt mit 1 cm Radius gebogen war, auf einen magnetischen Einheitspol im Zentrum des Kreises eine Einheitskraft ausübte. Auf diesem Weg konnten dann alle anderen elektrischen Messungen – die elektromotorische Kraft, der Widerstand, die Kapazität usw. – standardisiert werden.

Das daraus resultierende Einheitensystem sollte nach Auffassung des Komitees in einer wohldefinierten Beziehung zur Einheit der Arbeit stehen, die „das große Verbindungsglied zwischen allen physikalischen Messungen" darstellte. Diese Empfehlung brachte Joule ins Spiel. Das Gesetz der elektrischen Heizung, das sowohl mit dem elektrischen Widerstand als auch mit dem Strom zu tun hatte, stellte das Bindeglied zwischen der Elektrizität und der Energie in ihrer allgemeinen Form dar. Nachdem die von einem Strom erzeugte Wärme in mechanischen Einheiten ausgedrückt werden konnte, ermöglichte das Gesetz außerdem eine unabhängige Prüfung eines Widerstandswertes, der mit Webers Methode bestimmt worden war.

Das Komitee der British Association arbeitete bis zum Ausbruch des 1. Weltkriegs an einer fortgesetzten Verfeinerung der absoluten Maße für die elektrischen Einheiten. Die praktische Bedeutung des Ampère, des Volt und des Ohm für die Wissenschaft muß kaum betont werden. Für unsere Zwecke genügt es, hervorzuheben, daß die exakte Beziehung zwischen diesen Einheiten und der Energie, vom Komitee nach dem Hinzustoßen von Joule und James Clark Maxwell bekräftigt und eingeführt, *den Handel mit elektrischer Energie für beliebige von Konsumenten gewünschte Zwecke ermöglicht hat.* Mit anderen Worten, *die Elektrizitätsversorgungsindustrien konnten in allen Ländern erst entstehen, nachdem diese Energiebeziehung quantitativ definiert worden war.* Dafür schuldet die Welt Thomson, Joule, Maxwell, Wheatstone, Jenkin und den anderen frühen Mitgliedern des Komitees ihren Dank.

Die Jahre um die Mitte des 19. Jahrhunderts waren von wissenschaftlichen Synthesen sowohl in der Physik als auch in der Biologie charakterisiert. Joule hatte gezeigt, wie die Wärme in mechanischen Begriffen ausgedrückt oder auf die Mechanik zurückgeführt werden konnte. Nun erlebte die Elektrizität eine ähnliche Transformation. Der Prozeß begann, als Michael Faraday seine Konzepte vom elektrischen und magnetischen Feld und dessen Beziehung zum „Äther" entwickelte. Die Wellentheorie des Lichts und der Strahlungswärme war aufgrund überreichlicher experimenteller Nachweise um 1850 unabweisbar geworden. Wenn Licht, das sich von einer Lichtquelle zum Auge des Beobachters ausbreitet, aus sehr schnellen Schwingungen oder Hochfrequenzwellen bestehen soll, so entspricht es einfach dem gesunden Menschenverstand zu fragen, was denn da eigentlich schwingt und vibriert. Bei Brechern an der Küste ist es das Meerwasser, das sich auf und ab bewegt; Schallwellen sind schnelle Luftschwingungen, denn wir wissen, daß der Schall sich nicht durch einen luftleeren Raum, ein Vakuum hindurch ausbreiten kann. Die Schwingungen welcher Substanz erscheinen uns nun als Licht? Das 19. Jahrhundert gab mit zunehmender Überzeugung die Antwort, daß die Lichtschwingungen in einem elastischen Äther stattfinden, einem Medium, das alle Materie und den leeren Raum erfüllt und dessen einzige bekannte Funktion darin besteht, die Wellen des Lichts und der Wärmestrahlung zu tragen. Man stellte sich den Äther als sehr fest, gleichzeitig aber als sehr elastisch vor, da er sonst so schnelle Schwingungen nicht würde ausführen können. Der Ätherbegriff hatte von seinen Ursprüngen her schon ein respektables Alter: Wir haben gesehen, daß Descartes ihn im 17. Jahrhundert benutzt hatte, er läßt sich aber zurückverfolgen bis in die klassische Antike.

Um die Mitte des 19. Jahrhunderts hatte man nun Hinweise dafür entdeckt, daß es eine enge Beziehung zwischen dem Licht und dem Elektromagnetismus geben muß. Faraday hatte gezeigt, daß ein starker Elektromagnet auf einen Lichtstrahl eine spürbare Wirkung ausübte: In einem starken magnetischen Feld wird die Polarisationsebene eines geeignet polarisierten Lichtstrahls gedreht. Faraday erkannte daraus, daß das Licht in irgendeiner Weise elektromagnetischer Natur war. Von dieser Erkenntnis bis zur Erklärung, in welcher Weise das Licht mit dem Elektromagnetismus zusammenhing, war es allerdings ein Riesenschritt, den nicht einmal Faraday zu tun imstande war.

Ein anderer Befund war nicht weniger quälend und sogar noch unerwarteter. Webers mechanische Festlegung der elektrischen Einheiten führte zu zwei unterschiedlichen und anscheinend getrennten Systemen. Ein Einheitsstrom, der eine Krafteinheit auf einen Einheitsmagnetpol ausübt, sollte eine elektrische Ladungseinheit pro Zeiteinheit transportieren. Andererseits ist die Ladungseinheit dadurch definiert, daß sie auf eine identische Ladung in 1 cm Abstand eine Krafteinheit ausübt. Es zeigte sich nun, daß die erste „elektromagnetische" Ladungseinheit viel größer war als die zweite, „elektrostatische". Das heißt, daß eine bestimmte Ladung aus sehr viel mehr elektrostatischen als elektromagnetischen Einheiten besteht. 1856–57 maßen Weber und R.H.A. Kohlrausch sehr sorgfältig eine bestimmte Ladung zuerst in der einen Gruppe von Einheiten und dann in der anderen. Sie stellten fest, daß das Verhältnis von elektromagnetischer zu elektrostatischer Ladungseinheit – das die Dimension einer Geschwindigkeit hat – fast genau der Lichtgeschwindigkeit entspricht, die erst kurz zuvor von Hippolyte Fizeau gemessen worden war.

Es war James Clark Maxwell vorbehalten, dieses Puzzle der Natur zusammenzusetzen. Maxwell (1831–79) stammte aus einer Landbesitzerfamilie in Dumfriesshire im südlichen Schottland. Er hatte seine Ausbildung an den Universitäten von Edinburgh und Cambridge absolviert und war einer der fruchtbarsten Denker des 19. Jahrhunderts. Seine Arbeit für das Einheitenkomitee bezeugte sein Interesse an technologischen Fragen und beeinflußte sehr wahrscheinlich die Ausarbeitung seiner wegweisenden Feldtheorie. Sein Ausgangspunkt war die Vermutung, daß das Magnetfeld um einen stromdurchflossenen Draht dynamischer Natur ist, denn die magnetischen Kraftlinien verschwinden in dem Moment, in dem der Strom abgeschaltet wird. Er schlug als Erklärung vor, daß der Strom, der ja aus einzelnen Ladungen besteht, im umgebenden Äther eine Reihe von Wirbeln ähnlich den Rauchringen erzeugt, sobald er in einem Draht zu fließen beginnt (siehe Bild 13.1). Die Achsen dieser Ätherringe oder -wirbel entsprechen den Kraftlinien, und ihre Rotationsrichtung (im oder gegen den Uhrzeigersinn) bestimmt die Richtung der Kraft. Die Ätherringe erfahren bei ihrer

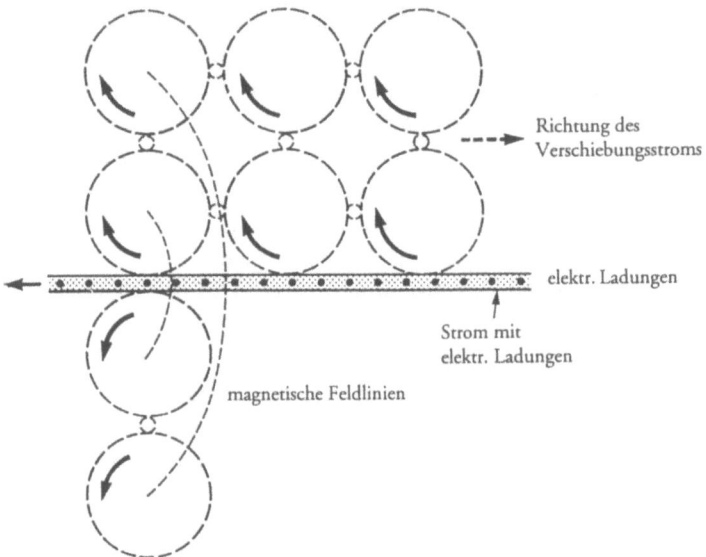

Bild 13.1 Das mechanische Strahlungsmodell Maxwells

Rotation zentrifugale Kräfte und drücken sich deshalb gegenseitig nach außen. Gleichzeitig haben sie eine Tendenz, sich zusammenzuziehen, so daß stets eine Spannung in Richtung ihrer Achsen und damit der Kraftlinien besteht[6].

Sobald die dem Draht am nächsten gelegenen Ätherringe in Rotation versetzt sind, muß ihre Bewegung auf die nächste Reihe übertragen werden, usw., und zwar so, daß alle Ringe in die gleiche Richtung rotieren. Um dies sicherzustellen, vermutete Maxwell, daß jeder Ring von seinen Nachbarn durch kleine Teilchen getrennt ist, die wie Zwischenräder wirken, d.h. sie übertragen die Bewegung von Ring zu Ring auf so eine Weise, daß alle Ringe gleichsinnig rotieren.

Nun muß aber der Äther elastisch sein. Die Zwischenräder müssen deshalb ein gewisses Maß an Bewegungsfreiheit haben. Wenn ein Strom zu fließen beginnt und die dem Draht am nächsten gelegenen Ringe zu rotieren anfangen, beginnen die an ihren Rändern befindlichen Teilchen wie bei einem epizyklischen Getriebe umzulaufen. Die vom Draht am weitesten entfernten bewegen sich momentan in die dem Strom entgegengesetzte Richtung, aber die elastischen Kräfte des Äthers halten sie bald zurück, und sie beginnen zu rotieren und dadurch die Drehbewegung auf die nächsten Ringe zu übertragen.

Dieses einfache Modell bot auch eine mechanische Erklärung für die von Faraday entdeckte elektromagnetische Induktion an. Die äußersten Teilchen führen zu einem vorübergehenden sekundären Strom, der in die dem primären Strom entgegengesetzte Richtung fließt. Wenn der primäre Strom und die innersten Ringe stoppen, verursacht die

---

[6] Der schottische Ingenieur W.J.M. Rankine hatte bereits bei seinen Versuchen, eine mechanische Theorie der Wärme aufzustellen, mit großer Erfindungskraft die Möglichkeiten erforscht, die Atome als Ätherwirbel zu deuten.

momentan noch fortdauernde Bewegung der äußeren Ringe einen kurzzeitigen Strom, der in die gleiche Richtung wie der ursprüngliche fließt. Maxwell erklärte:

> Es scheint also, daß die Phänomene des induzierten Stromes durch die Vorgänge hervorgerufen werden, welche die Drehbewegung der Wirbel von einem Teil des Feldes auf den anderen übertragen.

Auf diese Weise konstruierte Maxwell ein Modell des elektromagnetischen Felds, das die Induktionsphänomene erklären konnte. Es glich einer fleißigen viktorianischen Werkstatt mit ihren Rollen, Getrieben und Transmissionen, die sich alle eifrig drehten. Das Modell war auch sehr englisch und schockierte, weil es so grob wirkte, die eher philosophisch orientierten Wissenschaftler des Kontinents. Aber Maxwell war kein viktorianischer Philister, sondern war dabei, seine tiefschürfenden Einsichten über das Wesen des elektromagnetischen Felds zu entwickeln:

> Die Vorstellung von Teilchen, deren Bewegung durch einen perfekten Rollkontakt mit der eines Wirbels verbunden ist, mag etwas unbeholfen erscheinen. Ich meine sie aber nicht als eine Verbindung, die so in der Natur tatsächlich existiert; und nicht einmal als Hypothese über die Elektrizität, die ich bereitwillig unterschreiben würde. Doch kann man sich eine solche Verbindung mechanisch vorstellen und leicht untersuchen... Ich wage zu sagen, daß jeder, der den vorübergehenden und provisorischen Charakter dieser Hypothese versteht, sie eher als hilfreich denn als hinderlich bei seiner Suche nach der wahren Deutung dieser Phänomene empfinden wird.

Maxwell verwendete also, kurz gesagt, im wesentlichen das gleiche Verfahren, das Rankine in seinem von Pierre Duhem so bewunderten Artikel über hypothetische und abstrakte Theorien beschrieben hatte. Er betrachtete als nächstes den analogen Fall, die elektrischen Kräfte auf den Äther oder einen beliebigen anderen Nichtleiter anzuwenden. Die kleinen Teilchen der „Zwischenräder" werden sich aus ihrer Ruhelage entfernen, bis sie von der begrenzten Elastizität des Mediums gebremst werden. Bei ihrer Bewegung von der Ruhelage weg, wenn die elektrische Spannkraft anliegt, stellt die Teilchenbewegung einen kurzen, vorübergehenden elektrischen Strom dar. Dieser kurzlebige „displacement current" (Verschiebungsstrom), wie Maxwell ihn nannte, erzeugt ein vorübergehendes magnetisches Feld, das wiederum, wie Faraday gezeigt hatte, eine vorübergehende elektrischen Spannung oder elektromotorische Kraft erzeugt. Und so setzt sich der Vorgang von der ursprünglichen Quelle der Störung nach außen fort, indem das elektrische Feld ein magnetisches Feld erzeugt und umgekehrt.

1865 veröffentlichte Maxwell den Artikel „A Dynamical Theory of the Electromagnetic Field" (Eine dynamische Theorie des elektromagnetischen Feldes). Darin löste er sich völlig von Ätherringen und Kugellagern, behielt aber den Gedanken der Verschiebungsströme bei. Er führte die einfachen Gleichungen an, die ausdrückten, wie ein elektrischer Strom (der nur ein Verschiebungsstrom sein konnte) ein magnetisches Feld erzeugt, und wie ein sich änderndes magnetisches Feld eine elektrische Spannung hervorruft. Einen vereinfachten Fall beschreiben diese untereinander zusammenhängenden Gleichungen, wenn man den primären erzeugenden Strom gleich Null setzt. Maxwell stellte fest, daß die in diesem Fall mögliche elektromagnetische Erregung sich mit derselben Geschwindigkeit ausbreitet, die sich aus dem Verhältnis der beiden Ladungseinheiten errechnet: Der Lichtgeschwindigkeit.

Licht mußte also eine elektromagnetische Erregung des Raumes sein, wobei die elektrischen und die magnetischen Kraftlinien zueinander senkrecht und außerdem senkrecht zur Ausbreitungsrichtung verliefen. Für die physikalischen Vorgänge in den Licht oder Wärmestrahlung aussendenden Körpern gab Maxwell keine Erklärung.

Die Ansichten Maxwells lassen sich sehr kurz zusammenfassen: Ohne ein elektrisches Feld zu erzeugen, kann ein magnetisches Feld nur in einem statischen Zustand bestehen; umgekehrt gilt das gleiche. Wenn sich eines der beiden Felder ändert, erzeugt es automatisch für die Zeitdauer der Veränderung auch das andere. Diese sich wechselseitig erzeugenden Felder stehen immer in rechtem Winkel zueinander (wie es ja auch in seinem anfänglichen Modell der Fall war), und sie bewegen sich gemeinsam mit derselben Geschwindigkeit, nämlich der Lichtgeschwindigkeit, fort.

Nur wenige waren damals in der Lage, die scheinbar abstruse Theorie eines schüchternen schottischen Akademikers zu verstehen, und noch weniger konnten deren fundamentale Bedeutung einschätzen. Maxwell war keine öffentliche Figur wie etwa Faraday. Er war kein brillanter Vortragsredner, der ein geneigtes Publikum einschließlich vielleicht der königlichen Familie hätte fesseln können, oder der Kinder fasziniert hätte. Das aufregendste Ereignis aus der Welt der Naturwissenschaft und Technik war zu dieser Zeit für die große Mehrheit zweifellos das große transatlantische Kabel, das 1866 erfolgreich vollendet wurde. Dieses Projekt verdankt sehr viel der Rührigkeit des amerikanischen Geschäftsmanns Cyrus Field sowie der wissenschaftlichen Kompetenz William Thomsons, der für seinen Anteil an dem Projekt geadelt wurde. Bei diesem herausragenden Unternehmen bekam schließlich auch die *Great Eastern* eine nützliche und erfolgreiche Rolle als Kabelverlegungsschiff. In den folgenden Jahren wurden Kabel über alle großen Meere verlegt, so daß die Zeit, die für die weltweite Kommunikation erforderlich war, von Wochen oder Monaten auf wenige Sekunden zusammenschrumpfte. Vernünftige Leute konnten hoffen, daß mit dem Fortschritt der Wissenschaft und der Technik und mit den immensen Verbesserungen im Kommunikationswesen die internationalen Mißverständnisse der Vergangenheit angehören würden und große Kriege nicht mehr möglich wären. Das Kabel kam in Gebrauch, als gerade ein schrecklicher Krieg endete.

Der amerikanische Bürgerkrieg von 1861–65 zwischen den Nord- und den Südstaaten hatte einen erschreckenden Blutzoll gekostet. Er war der erste totale Krieg. Seine materielle Folge war, daß die industrielle Basis der Nordstaaten gestärkt wurde. Erstmals in einem Krieg war die Eisenbahn ein wesentlicher Faktor; die Kavallerie spielte ebenfalls eine Rolle, aber beinahe zum letzten Mal. Technologisch gesehen, gab es nur wenige Erfindungen, die vom Krieg inspiriert worden wären. Die berühmteste Waffe dieser Zeit, die Gatlingkanone, war gerade zu Kriegsbeginn erfunden worden, wurde aber von der US Armee erst nach Beendigung des Krieges übernommen. Die bekanntesten der im Krieg verwendeten Kanonen waren die äußerlich identischen Kanonen, die unabhängig voneinander von Admiral John A. Dahlgren für die US Marine und von Major T.J. Rodman für die US Armee entworfen worden waren (die letztere trug den Namen „Columbiad"). Es ist überraschend, daß diese Kanonen ohne irgendeine erkennbare Zusammenarbeit zwischen den beiden betroffenen Verteidigungsministerien entwickelt wurden.

Zu den berühmtesten Geschichten des Krieges gehört die unentschiedene Schlacht zwischen der USS *Monitor* und dem gepanzerten Schlachtschiff der Konföderation *Virginia*, das ursprünglich USS *Merrimack* hieß. Die *Monitor* – die ihren Namen einer ganzen Klasse hochspezialisierter Kriegsschiffe geben sollte – war von John Ericsson entworfen worden. Sie wurde speziell dafür gebaut, die *Virginia* herauszufordern. Sie besaß zwei Vorderlader-Dahlgrenkanonen mit 11-Zoll-Rohren, die auf drehbaren Panzertürmen montiert waren. Die Panzerung der Schiffe war so dick und die Mündungsgeschwindigkeiten der Kanonen auf beiden Seiten so gering, daß kein Schiff die Panzerung seines Gegners durchdringen konnte. Da beide Schiffe nur eine knappe Wasserlinie besaßen und nur in ruhigem Wasser operieren konnten, waren die unmittelbaren Lehren aus dem Zusammentreffen nicht sehr ergiebig[7]. Auf längere Sicht zeigte die Schlacht die frühen Schwierigkeiten bei der Entwicklung dampfgetriebener Kriegsschiffe aus Eisen oder Stahl auf. Die Fortschritte der Eisen- und Stahlindustrie ermöglichten größere Kanonen und stärkere Panzerungen, der Dampf bedeutete größere Geschwindigkeit und erlaubte den Einsatz von Hilfsgeräten. Dazu kamen die Erfindung der Explosionsbombe und des von komprimierter Luft angetriebenen Torpedos (1864). All das warf schwierige Probleme für die Marinetaktiker und die Kriegsschiffarchitekten auf. Ein Hinweis auf die verbleibenden Unsicherheiten war der Glaube, daß diese Veränderungen die taktische Möglichkeit, andere Schiffe zu rammen, wieder aufleben lassen würde; bis 1910 wurden Schiffe auch unter diesem Gesichtspunkt konstruiert. Um 1914 waren die meisten dieser Probleme und Zweifel beseitigt, und die Kriegsschiffe mit großen Kanonen hatten annähernd Perfektion erreicht – gerade zu der Zeit, als die Unterseeboote und mehr noch die Luftwaffe begannen, solchen Schiffen den Sinn zu nehmen.

Trotz der menschlichen Verluste, die sowohl nach den Fotografien Matthew Bradys als auch der schieren Zahl nach auf beiden Bürgerkriegsseiten schrecklich waren, gab es kaum Neuerungen in der Kriegsmedizin. Vielleicht hatte Miss Nightingale bereits alle Möglichkeiten ausgeschöpft, die nach dem damaligen technologischen und wissenschaftlichen Kenntnisstand auf diesem Feld erreichbar waren. Die wesentlichen medizinischen Fortschritte aus der Bürgerkriegszeit wurden in Europa gemacht und waren hauptsächlich das Ergebnis der Arbeiten Louis Pasteurs (1822-95). Eine für die Zukunft bedeutsame Neuerung dieser verheerenden Jahre war aber das am Höhepunkt des Krieges 1863 vom Kongress erlassene Gesetz, das die National Academy of Sciences begründete. Die Aufgabe der Akademie, deren Mitgliederschaft beschränkt war, bestand in der Unterstützung der US-Regierung.

---

[7] Das erste seetaugliche gepanzerte Kriegsschiff war Frankreichs *La Gloire*; kurz darauf folgte 1861 England mit der HMS *Warrior*, die heute restauriert und konserviert ist. Noch vor dem Bau der *Monitor* hatte eine englische Schiffswerft ein gepanzertes Kriegsschiff für die dänische Marine gebaut. Der Konstrukteur Captain Cowper Coles stattete das Schiff mit zwei drehbaren Türmen aus, von denen jedes zwei Kanonen trug (dies wurde für die nächsten 40 Jahre Standard). Der Nachteil der seegängigen Turmschiffe war, daß das Schiff mit den schweren Türmen im Seegang ungemein rollte, sofern nicht das Turmdeck ganz unten war – dann aber handelte es sich um ein sehr nasses Schiff. Das Problem wurde auf tragische Weise deutlich, als 1870 das Turmschiff HMS *Captain* in einem Sturm in der Bucht von Biskaya kenterte. Die gesamte Mannschaft einschließlich des Konstrukteurs Captain Coles fand den Tod.

Wissenschaft, Technologie und Medizin

Der Chemiker Louis Pasteur forschte zunächst im Bereich der organischen Chemie, wo er sich besonders mit der optischen Wirkung organischer Kristalle und mit Isomerie beschäftigte. Er beobachtete, daß die gleiche Substanz unterschiedliche Eigenschaften haben konnte, je nachdem, ob sie aus Naturprodukten entstanden oder chemisch synthetisiert worden war. Das veranlaßte ihn, den Vorgang der Alkoholfermentation zu untersuchen, von der er annahm, daß sie auf die Tätigkeit der Hefe als lebender Pflanze zurückzuführen sei. Auch Cagniard de la Tour und Theodor Schwann hatten so gedacht, aber ihre Meinung war von dem einflußreichen Liebig abgelehnt worden, der die Meinung vertrat, der Vorgang sei rein chemisch zu erklären. Pasteur konnte aber durch seine Experimente dieser Theorie wieder Geltung verschaffen und sie sogar verallgemeinern. Er zeigte, daß der Fäulnisprozeß, von dem man lange angenommen hatte, daß er im Prinzip der Gärung sehr ähnlich sei, auch auf die Wirkung von lebenden Organismen – „Keimen" oder Mikroben – zurückzuführen war. Auf diese Weise begründete er die Keimtheorie der Krankheiten und die Wissenschaft der Mikrobiologie.

Eine neue und umfassende Theorie der Krankheiten geschaffen zu haben, war eine Sache; eine andere war es, sie dann in der praktischen Medizin erfolgreich anzuwenden. Das Verdienst für letzteres kommte dem englischen Chirurgen Joseph Lister (1827–1912, später Lord Lister) zu, der damals Professor für Chirurgie an der Universität Glasgow war. Aufgrund seiner menschlichen Einstellung (nicht allen Chirurgen dieser Zeit kann man Menschlichkeit nachsagen) war er erschreckt über das Leiden und die hohe Sterblichkeitsrate aus der chirurgischen Station des königlichen Glasgower Krankenhauses. Er untersuchte das Eitern von Wunden, das eng mit erfolgloser Chirurgie verknüpft war, als er von dem Chemieprofessor Thomas Anderson auf Pasteurs Veröffentlichungen aus den Jahren 1861 und 1864 aufmerksam gemacht wurde. 1864 hörte Lister auch, daß in Carlisle offenbar das Abwasser erfolgreich mit Karbolsäure behandelt wurde.

Karbolsäure oder Phenol war ein Abkömmling des Benzols. Sie war in Manchester von den Chemikern W. Crace Calvert, Alexander McDougall und Angus Smith als Desinfektionsmittel entdeckt worden, das den Gestank und die Ansteckungsgefahr, die vom Eiter ausgingen, unterdrücken konnte. Lister setzte es sofort zur Abtötung von Krankheitskeimen ein: Wunden wurden sorgfältig mit Karbolsäure gewaschen und chirurgische Instrumente damit sterilisiert. Die Ergebnisse, die sich damit bei der Behandlung von Mehrfachbrüchen (in der Industriestadt Glasgow keine Seltenheit) erzielen ließen, waren außerordentlich vielversprechend, denn die Sterblichkeitsrate sank drastisch. In den Jahren nach 1865 erfand und verfeinerte Lister die Techniken der antiseptischen Chirurgie, wozu auch die berühmte Sprühmethode gehört. Damit war die moderne Chirurgie geboren, und das alte Handwerk der Medizin begann, eine wissenschaftliche Grundlage zu gewinnen. Die entscheidenden Merkmale sind dabei, daß zum einen die rein empirische Basis – Semmelweis verfügte über keine Wissenschaft, die seine Intuition gestützt hätte – durch eine wissenschaftliche ersetzt wurde; und zum anderen (wie wir bereit in anderen Zusammenhängen betont haben) die bedeutende Rolle der systematischen Weiterentwicklung von Entdeckungen.

Das Jahrzehnt nach 1860 war also technologisch und wissenschaftlich überaus fruchtbar; es zählt zu den schöpferischsten Dekaden der Menschheitsgeschichte. Der gleichzeitige amerikanische Bürgerkrieg warf allerdings schon die Schatten des totalen Krieges, die das nächste Jahrhundert verunstalten sollten, voraus.

Anmerkung zur spezifischen Wärme des gesättigten Dampfes

Dampf, der über kochendem Wasser aufsteigt, heißt gesättigt. Das bedeutet nicht, daß er sich naß anfühlt – gesättigter Dampf ist normalerweise ganz trocken und völlig durchsichtig (naß wird er, wenn winzige Wassertröpfchen auskondensieren und der Dampf zu Nebel wird). Gesättigter Dampf hat eine paradoxe Eigenschaft: Seine spezifische Wärmekapazität ist negativ. Das erscheint widersprüchlich, aber das entscheidende Wort hier ist „gesättigt". Um sich auszudehnen, muß der gesättigte Dampf Arbeit verrichten, entweder gegen einen Kolben bzw. eine ähnliche mechanische Vorrichtung, oder gegen den Luftdruck. Die hierfür notwendige Energie kann nur aus dem Wärmeinhalt des Dampfes, sei er latent oder greifbar, gewonnen werden. Ein Teil des gesättigten Dampfes wird dadurch zwangsläufig kondensieren. Die Temperatur des nassen Dampfes ist gegenüber vorher gesunken. Um aber den Dampf und das auskondensierte Wasser wieder in den Zustand des gesättigten Dampfes zurückzuführen, muß zum Verdampfen der Feuchtigkeit Wärme *zugeführt* werden. Wenn umgekehrt die Temperatur einer bestimmten Menge gesättigten Dampfes erhöht werden soll, so muß dieser komprimiert werden, bis er wieder den Druck hat, den er beim Ausdampfen aus dem kochenden Wasser hatte. Durch diese Kompression erhöht sich die Temperatur über die des kochenden Wassers hinaus. Der Dampf ist also zunächst überhitzt, und Wärme muß abgeführt werden, damit er den richtigen Druck und die richtige Temperatur für den Zustand der Sättigung hat.

14 Eine zweite industrielle Revolution

Werner von Siemens, der mit seinen Brüdern Carl und Wilhelm die Elektrizitätsversorgungsindustrie in Deutschland, England und Rußland wesentlich voranbrachte, hatte auch mit der Verlegung der Telefonkabel für die Verbindung von England nach Indien zu tun. In seinen späteren Erinnerungen schrieb er darüber: „Als wir in den sechziger Jahren die Kabel verlegten, hatte ich bei meiner Zusammenarbeit mit den Engländern und Franzosen oft die schmerzliche Gelegenheit, mich von der geringen Wertschätzung zu überzeugen, welche die deutsche Nation bei anderen Völkern genoß". Die erfolgreichen Kriege, die von Preußen im Zuge der nationalen Einigung gegen Dänemark, Österreich und schließlich Frankreich geführt wurden, verwandelten den internationalen Status Deutschlands: Aus einer lockeren Ansammlung kleiner Staaten, bewohnt von Professoren, Dichtern und Musikern, wurde eine ernstzunehmende und schlagkräftige Militärgroßmacht. Ein Wandel – oder besser noch eine Beschleunigung des Wandels – fand auch in Technik und Wissenschaft statt. Die gesellschaftlichen Institutionen für das, was wir heute „High Tech" nennen, wurden in Deutschland geschaffen und arbeiteten mit konkurrenzloser Effizienz. Dabei wurden von Humboldts Universitäten stark erweitert und um staatliche Technikschulen, Polytechnikum genannt, ergänzt; die acht größten wurden 1899 in den Status technischer Universitäten erhoben und konnten dadurch akademische Grade vergeben. Aufmerksamere Beobachter als die Engländer und Franzosen, mit denen Siemens zu tun hatte, waren sich des Wandels in Deutschland bereits seit langem bewußt. So hatten die USA das deutsche Promotionssystem und den damit verbundenen Doktorgrad weit vor dem Ende des Jahrhunderts an ihren Universitäten eingeführt.

1862 unterzeichnete Präsident Lincoln das Justin-Morrill-Gesetz, das die Unionsstaaten ermächtigte, große Landflächen für staatliche Colleges bereitzustellen. Sie sollten hauptsächlich für die Ausbildung in Landwirtschaft und Mechanik eingerichtet werden. Ein weiteres Gesetz aus dem Jahr 1890 sicherte diesen Colleges einen garantierten Jahresetat. Sie entwickelten sich schließlich zu den großen staatlichen Universitäten und damit zum Rückgrat der wissenschaftlichen und technischen Hochschulausbildung in Amerika. 1865 entstand als private Gründung das Massachusetts Institute of Technology (MIT). Ihm folgte 1876 die John-Hopkins-Universität in Baltimore, an der besonderer Wert auf die Forschung und ein überragendes wissenschaftliches Niveau gelegt wurde. Solche Institutionen waren das Fundament für die spätere industrielle Führungsrolle Amerikas.

In England verlief die Entwicklung langsamer. Matthew Arnolds stellte 1868 in der beredten Schrift „Hochschulen und Universitäten in Deutschland" die gehobenen britischen Institutionen einschließlich der technischen Schulen den deutschen negativ gegenüber. Diese Schrift löste einen langen Kampf um die Reform des britischen Universitätswesens aus.

Der Wandel beschränkte sich aber nicht auf westliche Nationen. Japan hatte über viele Jahrhunderte hinweg den Weg der Isolation vom Rest der Welt gewählt, bis schließlich in den Jahren 1853–54 Matthew Perry, ein amerikanischer Marineoffizier und Kommandant einer kleinen Einheit, Japan auf friedlichem Wege überzeugen konnte, sich der Weltgemeinschaft zu öffnen. Die Japaner modernisierten daraufhin ihr Land mit erstaunlicher Geschwindigkeit. Schon 1890 hatten sie die weltgrößte Schule für Elektroingenieure eingerichtet und Lehrer aus England für den Unterricht rekrutiert. Der Aufstieg des Berufs Elektroingenieur und des Studiums der Elektrotechnik erfolgte als Konsequenz des Erfolgs, den die Elektrizitätsversorgungsindustrie seit 1881 verzeichnete. Die Beiträge der akademischen Welt zu den älteren Berufen des mechanischen und zivilen Ingenieurs beruhten zumindest in der englischsprachigen Welt weithin auf den Lehrbüchern Rankines. Rankine schrieb in seinem kurzen Arbeitsleben neben seiner Tätigkeit als Wissenschaftler und Ingenieur vier große Lehrbücher. Das erste davon, das „Handbuch der angewandten Mechanik" aus dem Jahr 1858, erlebte bis 1921 insgesamt 21 Auflagen. Die anderen Lehrbücher behandelten die Dampfmaschine, zivile Ingenieurwissenschaft sowie Maschinen- und Mühlenbau. In Hinblick auf die technische Ausbildung hatte der offenkundige Erfolg der amerikanischen Industrie sowie der amerikanischen Colleges und Universitäten einen beträchtlichen Einfluß auf Deutschland und die Länder, welche die deutsche Ausbildungspraxis übernahmen. Der Aufstieg neuer oder reformierter akademischer Disziplinen beschränkte sich allerdings nicht auf die Technik. Die altehrwürdige Physik wurde auf der Grundlage der modernen Konzepte von Energie und Feldern erneuert (um nicht zu sagen neu begründet) und bald durch die Atomphysik ergänzt. Von der alten Naturphilosophie hatte sie sich damit weit entfernt, erst recht von der antiken aristotelischen Physik.

Deutschlands führende Rolle im Bereich der synthetischen Farbstoffe kristallisierte sich zu Beginn der siebziger Jahre des vorigen Jahrhunderts heraus, und bis zum Ende des Jahrhunderts konnten die deutschen Farbstoffhersteller diese Rolle ausbauen und festigen. 1880 gelang es A. von Baeyer, Indol, den farbgebenden Bestandteil von Indigo, synthetisch darzustellen. Es erwies sich allerdings als außerordentlich schwierig, die Entdeckung in einen wirtschaftlich lohnenden Herstellungsprozeß umzuwandeln. 17 Jahre Forschungs- und Entwicklungsarbeit sowie ein enormer finanzieller Aufwand waren notwendig, bevor die Badische Anilin und Soda Fabrik (BASF) das synthetische Indigo 1897 endlich vermarkten konnte. Eine der Folgen dieser Errungenschaft war, daß der Indigoanbau in Indien und in anderen tropischen Ländern praktisch zum Erliegen kam. Von dieser Zeit an beherrschten die deutschen synthetischen Farbstoffe den Weltmarkt. Eine andere Folge dieses enormen deutschen Triumphes war, daß die britischen und die französischen Truppen 1914 mit Uniformen in den Krieg zogen, die mittels deutscher Farbstoffe khaki, blau und rot gefärbt waren. Vor allem die rote Farbe bot den deutschen Schützen ein gutes Ziel.

Eine weiteres, indirektes Ergebnis des Aufstiegs der organisch-chemischen Industrie in Deutschland war Paul Ehrlichs (1854–1915) Entdeckung, daß die Anilinfarben, die zum Anfärben von Gewebeschnitten unter dem Mikroskop verwendet wurden, eine ganze Palette unterschiedlicher biologischer Effekte aufwiesen. Ehrlich untersuchte daraufhin die therapeutischen Wirkungen solcher und verwandter Farbstoffe näher. Das bekannteste Resultat dieser Untersuchungen war die Entdeckung einer Verbindung, die Ehrlich Salvarsan nannte und die sich als das erste wirksame Heilmittel für Syphilis erwies. Ehrlich hatte damit die Chemotherapie erfunden, und er war es auch, der diesen Begriff prägte. Eine andere, wenn auch nicht ganz so bedeutsame Entdeckung der deutschen Chemieindustrie war das Schmerzmittel Aspirin.

Die Fotografie war eine französische Erfindung, doch übernahm in den fünfziger und sechziger Jahren des 19. Jahrhunderts Manchester kurzzeitig die Führung. Dort wurden die ersten Blitzlichtaufnahmen gemacht, und John Benjamin Dancer, ein Hersteller wissenschaftlicher Instrumente, erfand die Mikrofotografie. 1876 fand in London eine Ausstellung wissenschaftlicher Instrumente statt, die auch Ernst Abbé von der Universität Jena besuchte. Als er heimfuhr, war ihm der Bedarf nach besseren optischen Gläsern klargeworden – ein Bedarf, den freilich damals niemand befriedigen konnte. 1881 begann Abbé, zusammen mit Schott und Carl Zeiss, in Jena zu forschen. Nach einem harten Brocken Forschungsarbeit hatten sie schließlich Erfolg und verhalfen der Präzisionsmikroskopie zu einem großen Schritt vorwärts. Vor 1880 hatte Deutschland optische Gläser importiert, nach dieser Erfindung wurde es mehr und mehr zu einem Nettoexporteur. In der Zeit bis 1914 dominierte Deutschland den Handel mit wissenschaftlichen Instrumenten in Europa. Der Name Zeiss wurde für Kameras weltberühmt, der Name Leitz für Mikroskope.

Begleitet und ohne Zweifel vorangetrieben wurde der industrielle Fortschritt in Deutschland vom Wachstum der Universitäten und technischen Hochschulen; zudem wurden noch spezielle Institutionen gegründet. 1885 wurde auf Anregung von Helmholtz die Reichsanstalt eingerichtet, deren erster Direktor Kohlrausch war. Sie war das Vorbild für das 1902 gegründete British National Physical Laboratory und das Bureau of Standards in den Vereinigten Staaten. Frankreich zögerte ungewöhnlicherweise mit der Einrichtung einer solchen Institution. Weitere Forschungsorganisationen des Staates und der Industrie waren in Deutschland die Zentralstelle für Explosionsforschung, die Königliche mechanisch-technische Versuchsanstalt in Großlichterfelde, die chemisch-technische Versuchsanstalt, die Laboratorien des Brauerbundes und natürlich die Laboratorien der Farbstoffindustrie, die sich gegen Ende des 1. Weltkriegs zur Interessengemeinschaft Farbenindustrie, IG Farben, zusammenschlossen.

In einem Artikel über die Reichsanstalt vermerkte ein Autor in dem amerikanischen Magazin Science: „Deutschland steuert rasch auf die industrielle Vorherrschaft in Europa zu. Wenn, wie viele behaupten, England seine beherrschende Stellung in Herstellung und Handel verlieren sollte, so liegt das am englischen Konservativismus und daran, daß versäumt wurde, die von der Wissenschaft erteilten Lektionen bis an ihre Grenzen nutzbar zu machen".

Man kann schlicht und einfach sagen: Ein deutsches Wirtschaftswunder ist kein neues Phänomen!

Neue Energiequellen

Der Erfinder Charles Babbage schrieb 1851 über eine große Marktlücke, die von der Dampfmaschine nicht ausgefüllt werden konnte. Um die Bedürfnisse vieler kleiner Handwerksbetriebe zu befriedigen, war eine kleine Antriebskraft mit Leistungen von Bruchteilen einer Pferdestärke bis zu etwa 2 PS erforderlich. Sie sollte „ ... in Sekundenschnelle verfügbar und ebenso schnell abschaltbar sein, wenig Zeitaufwand für ihren Betrieb benötigen und sowohl von den Investitions- als auch von den Betriebskosten her billig sein. Eine kleine Dampfmaschine erfüllt diese Bedingungen nicht". Nachdem er die gewünschten Eigenschaften beschrieben hatte, bot Babbage auch eine Lösung an: Die „Wassersäulenmaschine". Eine Dampfmaschine, die gleichmäßig 24 Stunden am Tag, 7 Tage in der Woche arbeiten würde, sollte Wasser in ein Reservoir hinaufpumpen. Von dort könnte das Wasser mit hohem Druck in unterirdischen Rohren zu den Verbrauchern fließen und durch deren Druckwassermotoren alle möglichen Maschinen antreiben – Aufzüge, Kräne, Pressen und vieles mehr. Die Druckwassermotoren würden wenig Platz benötigen, wie gefordert sofort verfügbar sein, wenig Betreuung oder Überwachung brauchen und sauber zu betreiben sein. Die gleichmäßig und kontinuierlich arbeitende Dampfmaschine wiederum würde einen wirtschaftlichen Betrieb ermöglichen. Das Reservoir schließlich würde es erlauben, kurzzeitige Bedarfsspitzen zu decken, die weit über dem Leistungsvermögen einer einzelnen Dampfmaschine liegen.

Solche Ideen entwickelte unabhängig von Babbage auch W.G. Armstrong (1810–1900), der allerdings hydraulische „Akkumulatoren" an die Stelle der Reservoire setzte. Diese Akkumulatoren bestanden aus riesigen senkrechten Stahlzylindern mit schweren Eisenkolben. Eine Dampfmaschine sollte Wasser in die Zylinder pumpen bis der Kolben ganz oben war. Die Akkumulatoren waren ebenfalls an Hochdruckrohre angeschlossen, die unter den Straßen das Wasser zu den verschiedenen Verbrauchern leiten sollten. Dieses Konzept scheint auf den ersten Blick weniger wirtschaftlich als das mit den Reservoiren, es hatte aber den großen Vorteil, daß die Hydraulikkraftwerke an den günstigsten Stellen, nämlich in den Stadtzentren, errichtet werden konnten. Hydraulische Energie war billig, zuverlässig und einfach. Nachteilig waren lediglich die hohen Kosten der Hochdruckrohre, sowie die Tatsache, daß aufgrund der Reibungsverluste der Transport nur innerhalb weniger Kilometer wirtschaftlich sein konnte. Nichtsdestoweniger erwies sich die hydraulische Energie als sehr langlebig: Ihren Höhepunkt erreichte sie zwischen 1890 und 1910, und erst nach 1970 verschwand sie endgültig. Ein wichtiger Abkömmling war das hydraulische Kontrollsystem, das Armstrong für die großen Kanonen auf den gepanzerten Kriegsschiffen des ausgehenden 19. Jahrhunderts entwickelte. Für dieses System haben sich viele industrielle Anwendungen ergeben, vor allem bei den großen Maschinen zur Erdbewegung.

Als Babbage seine Ideen niederschrieb, waren Gasleitungen bereits ziemlich verbreitet; nur wenig später fand man sie überall unter den Straßen der Städte in Europa und Amerika. Damit war für alle Läden, Werkstätten und öffentlichen Gebäude eine Alternative zu der hydraulischen Energie verfügbar, sowohl hinsichtlich der mechanischen Anwendungen als auch für die Beleuchtung. Wie schon bemerkt, gab es viele Versuche, ein anderes Medium als Wasserdampf zur Umwandlung von Wärme in mechanische Energie zu verwenden. Erfolgreich war allerdings erst die Gasmaschine, die der Belgier und Wahlfranzose J.J.E. Lenoir (1822–1900) – der einer Vielzahl von Beschäftigungen nachging – 1860 erfand. Diese Maschine wurde auf der Weltausstellung 1862 vorgeführt. Es handelte sich um eine waagrechte Zweitakt-Einzylindermaschine, die von einem erfahrenen Dampfmaschinenhersteller gebaut worden war. Durch die Kolbenbewegung wurde eine Mischung aus Luft und Kohlegasen in den Zylinder gesaugt, die dort von einem elektrischen Funken gezündet wurde. Beim zweiten Arbeitstakt wurden die Auspuffgase aus dem Zylinder getrieben. Die Maschine arbeitete ohne Verdichtung und war unter thermodynamischen Gesichtspunkten ineffizient, da sie ohne Rückgriff auf die vorhandenen naturwissenschaftlichen Kenntnisse konstruiert worden war. Außerdem gab es wie bei jeder Neuentwicklung eine Reihe praktischer Probleme. Schwierigkeiten bereiteten vor allem die Neigung zur Überhitzung, die ungleichmäßige Zündung sowie der Schock, der auf die Explosion des Luft-Gas-Gemisches folgte.

Die Probleme, die mit einer Kohlegasmaschine – d.h. einer Maschine mit interner Verbrennung – verbunden sind, unterscheiden sich erheblich von denen einer Dampfmaschine mit externer Verbrennung. Die offenkundigsten Unterschiede bestehen beim Hitzeproblem. In einer Maschine mit interner Verbrennung muß die Überschußwärme, die zu einer Überhitzung führen würde, vom Zylinder abgeleitet werden. Beim Auto dient dazu der Kühler. In den Dampfmaschinen muß die Wärme, die bei vergleichsweise geringer Temperatur vorliegt, am Entweichen gehindert werden, damit im Zylinder keine mit Verlusten verbundene Kondensation auftritt. Dazu dienen die vielfältigen Isolierungen bei der Dampfmaschine. Trotz ihrer Unvollkommenheiten wurde Lenoirs Maschine bereits ein bescheidener wirtschaftlicher Erfolg. Zwischen 300 und 400 Stück wurden in Frankreich gebaut und verkauft. Reading Ironworks in England und die United States Messrs Coryell in New York fertigten und verkauften jeweils etwa 50 Stück, so daß insgesamt rund 500 Lenoir-Maschinen gebaut wurden. Dieser Achtungserfolg weckte das Interesse anderer Erfinder, unter ihnen F. Million und P.C. Hugon. Deren Einfluß auf den nächsten wirklichen Neuerer in der Geschichte der Verbrennungsmaschinen, Beau de Rochas, ist allerdings unbekannt, denn dieser bleibt etwas im Schatten.

Alphonse Beau de Rochas veröffentlichte 1862 eine kurze Abhandlung, in welcher die grundlegenden Lehrsätze der Thermodynamik auf die Probleme aller Wärmekraftmaschinen angewandt wurden. Sie war ohne gelehrte Fachsprache und Mathematik abgefaßt, formulierte aber in Kürze und Klarheit die hauptsächlichen Punkte. Er stellte fest, daß die Verbrennungseinrichtungen selbst der besten Dampfmaschinen nicht effektiv arbeiteten, da sie zuviel Luft benötigten, und wies darauf hin, daß eine Vergasung des Brennstoffs vor der Verbrennung einen wesentlich höheren Wirkungsgrad ermöglichen würde. Das führte ihn zu Überlegungen hinsichtlich einer kombinierten Verbrennungs- und Dampfmaschine, in welcher die Überschußwärme der ersteren den Dampf für die zweite erzeugen würde[1]. Schließlich erörterte er die Prinzipien der Verbrennungsmaschine. Er bezog sich dabei auf einen Aufsatz, den Victor Regnault in den *Comptes Rendus* über den Wirkungsgrad von Wärmekraftmaschinen und die Carnotschen Prinzipien veröffentlicht hatte. Es war dies der einzige Literaturverweis in de Rochas' Abhandlung, und man kann annehmen, daß Carnots Argumente die nachfolgende Diskussion leiteten. Wärmekraftmaschinen ohne anfängliche Kompression der Luft können nur eine mäßige Leistung erreichen, und Beau de Rochas erwartete deshalb für Lenoirs Maschine keine große Zukunft. Solche Maschinen verletzen die grundlegenden Bedingungen für die effektivste Ausnutzung der Ausdehnungskräfte des Gases, die er folgendermaßen beschrieb:

„Es gibt effektiv vier solcher Bedingungen:

1. ein möglichst großes Zylindervolumen zusammen mit einer minimalen Oberfläche;

2. eine möglichst große Expansionsgeschwindigkeit;

---

[1] Diese Möglichkeit wurde auch von Lord Kelvin diskutiert, der jedoch zu der Schlußfolgerung kam, daß die beste Lösung darin besteht, sowohl die Temperatur als auch den Druck des Dampfes zu erhöhen. Er sprach sich für eine Überhitzung des Dampfes aus.

3. eine möglichst vollständige Expansion, d.h. Entspannung;

4. ein möglichst großer Druck zu Beginn der Expansion."

Der einzige praktikable Weg, sich diesen Grundbedingungen anzunähern, besteht in einem vierstufigen Betriebsablauf: „

1. im ersten Arbeitstakt werden Luft und Kohlegas mit einem vollständigen Kolbenhub in den Zylinder gezogen;

2. bei der folgenden Rückwärtsbewegung wird der Zylinderinhalt komprimiert;

3. Zündung am Totpunkt der Kolbenbewegung und Expansion der Verbrennungsgase im dritten, leistungerzeugenden Arbeitstakt;

4. Ausstoß der Verbrennungsgase aus dem Zylinder im vierten und letzten Arbeitstakt."

Damit hatte Beau de Rochas die allgemeine Viertaktmaschine beschrieben.

Wir haben schon erwähnt, daß Intuition einen Ingenieur zu einer leistungsfähigen Konstruktion führen kann, selbst wenn er kaum über theoretische Grundlagen verfügt, die ihn anleiten. Die Karriere von Nikolaus August Otto (1832–1891) ist dafür ein Beispiel; sie bestätigt ferner, daß radikale Neuerungen gewöhnlich von Außenseitern herbeigeführt werden. Weder Lenoir noch Otto hatten vor ihren Neuerungen irgendwelche Beziehungen zur Kraftmaschinenindustrie (d.h. zur Dampfmaschinenindustrie). Otto war ein Handelsreisender im Lebensmittelsektor und begann erst mit 29 Jahren, sich für die Möglichkeiten der Verbrennungsmaschine zu interessieren.

Der Hauptnachteil der Lenoir-Maschine war, daß sie wegen des Explosionsstoßes ungleichmäßig lief. Um das zu vermeiden, griff Otto eine frühere Konstruktion wieder auf, die von zwei Italienern, Felice Mateucci (1808–1887) und dem Physiker Eugenio Barsanti (1821–1864), 1857 patentiert worden war. Unglücklicherweise waren beide nicht in der Lage, ihre vielversprechende Konstruktion zu vervollkommnen, da Mateucci in einer kritischen Phase erkrankte und Barsanti wenig später an Typhus starb. Ihre und dann auch Ottos Maschine bestand aus einem großen senkrechten Zylinder mit einem „freien" Kolben, der eine lange Zahnstange anstelle der gewöhnlichen Kolbenstange besaß. Ein komprimiertes Luft-Gas-Gemisch unter dem Kolben wurde elektrisch gezündet, und die Explosion trieb den Kolben mit soviel kinetischer Energie nach oben, daß er fast das obere Ende des Zylinders erreichte und ein weitgehendes Vakuum unter sich ließ. Die aufsteigende Zahnstange drehte ein frei bewegliches Antriebsrad. Mit Beginn der Abwärtsbewegung des Kolbens (verursacht teils durch das Eigengewicht, hauptsächlich aber durch den Luftdruck) betätigte das Antriebsrad eine Reibungskupplung, so daß die Zahnstange zwei Schwungräder in Bewegung versetzte. Sobald der Kolben das untere Ende erreichte, wurde erneut ein Luft-Gas-Gemisch eingeblasen und der Zyklus wiederholte sich.

Diese Grundsatzbeschreibung gilt sowohl für das Konzept, das Barsanti und Mateucci 1857 eingereicht hatten, als auch für die Ottomaschine selbst. Das Patent, das Otto 1866 beantragte, wurde allerdings für seine bedeutenden mechanischen Verbesserungen vor allem an der Reibungskupplung und am Ventilmechanismus gewährt. Otto hatte im Verlauf seiner Arbeiten bedeutende persönliche Opfer gebracht, fand aber dann glücklicherweise in

Eugen Langen (1835–1895) einen fähigen Mitarbeiter, der an der Technischen Hochschule in Karlsruhe eine Ingenieursausbildung absolviert hatte. Zusammen gründeten sie 1864 eine Firma, die N.A. Otto & Co., in die Langen etwas Geld investieren konnte. Auf der Pariser Ausstellung 1867 stellten sie eine verbesserte Version der Maschine vor, bei der eine kleine Hilfsflamme zur Zündung des Luft-Gas-Gemisches benutzt wurde. Dieser Maschine wurde die Goldmedaille zuerkannt – zu Recht, denn ihre Leistungsabgabe war gegenüber der Lenoir-Maschine um mehr als das Doppelte gesteigert. Sie war für ihre Leistung von rund 2 PS relativ laut und schwer (sie wog über eine Tonne), benötigte wegen des senkrechten Zylinders und der oben montierten Schwungräder aber nur 1 m^2 Platz für ihre Aufstellung, was in einer kleinen Werkstatt ein gewichtiger Faktor ist. Sie hatte ferner einen günstigen Wirkungsgrad, da praktisch die gesamte bei der Aufwärtsbewegung des Kolbens verbrauchte Energie bei der Abwärtsbewegung – dem eigentlichen Arbeitstakt – wiedergewonnen werden konnte. Schließlich erfolgte die Expansion mit hoher Geschwindigkeit und so vollständig wie möglich, so daß sie de Rochas' Bedingungen erfüllte. Auf den Erfolg in Paris folgte eine Auftragsflut, die das kleine Unternehmen kaum bewältigen konnte.

1869 schloß sich L.A. Roosen-Runge, ein Geschäftsmann mit Verbindungen nach Manchester, der Partnerschaft an und die Firma wurde in Langen, Otto & Roosen abgeändert. Im gleichen Jahr erfolgte der Umzug nach Deutz in der Nähe von Köln, und ausländische Lizenznehmer begannen mit der Produktion der Maschine. Der erste war Crossleys in Manchester, wenig später folgten Sarazin in Paris und die Gebrüder Schleicher in Philadelphia. 1872 wurde die Firma zum drittenmal geändert und hieß von da ab Gasmotorenfabrik Deutz (GFD). Zwei talentierte junge Ingenieure stießen hinzu: Gottlieb Daimler (1834–1900) als Produktionsleiter und Wilhelm Maybach (1846–1929) als Konstruktionsingenieur. Alles in allem fertigten die kleine Firma und ihre Lizenznehmer etwa 6000 dieser kleinen Maschinen mit Leistungen zwischen 1 und 3 PS. Zum erstenmal war damit eine Wärmekraftmaschine, die eine echte Alternative zur klassischen Dampfmaschine darstellte, erfolgreich auf dem Markt plaziert worden. 150 Jahre lang hatten englische Ingenieure mit der englischen Dampfmaschine die Welt der Wärmekraftmaschinen beherrscht; dieses Monopol war nun gebrochen. Übrigens hatte dieses Monopol mit einem Gasmotor begonnen und endete nun mit einem anderen solchen.

Der Erfolg des Gasmotors ermöglichte Otto den nächsten Schritt, in dem er einen gänzlich anderen Maschinentyp entwickelte. Es handelte sich um den „leisen Otto", eine Maschine mit einem waagrechten Zylinder, einem Kolben mit einer herkömmlichen Kolbenstange und einem Schwungrad. Im Unterschied zur Lenoir-Maschine arbeitete sie eintaktig mit einem Zyklus von 4 Kolbenhüben. Otto stritt immer ab, daß er von Beau de Rochas' Abhandlung Kenntnis gehabt hatte (von der ohnehin nur wenige Kopien angefertigt worden waren). Es ist sogar vermutet worden, daß de Rochas seinen Aufsatz erst schrieb, nachdem Otto seine Viertaktmaschine angekündigt hatte, um damit Ottos Patent zu verhindern. Otto beharrte aber darauf, daß seine Erfindung vollkommen unabhängig erfolgt war. Jedenfalls war seine ruhige, gleichmäßig laufende und effiziente Maschine ein enormer Erfolg. Die verschiedenen Lizenznehmer griffen sie sofort auf, und es wurden große Stückzahlen produziert; allein Crossleys stellte zwischen 1877 und 1900 rund 4000 davon her. Der „leise Otto" wurde in seinen verschiedenen Varianten – von Bruchteilen einer Pferdestärke, wie sie in kleinen Einzelhandelsgeschäften gebraucht wurden, bis zu Riesenmaschinen mit vielen tausend PS – in zahllosen Betrieben verwendet. Die Forderungen von Babbage waren damit voll erfüllt, und die Zukunft schien den Gasmotoren zu gehören – was in einem gewissen Sinn auch zutraf.

Im letzten Drittel des 19. Jahrhunderts war Mineralöl als wirksames Schmiermittel sowohl für Gasmotoren als auch für Hochdruckdampfmaschinen im Überfluß verfügbar geworden. Es ermöglichte aber auch die Entwicklung des Ölmotors. Der Gasmotor war bei aller Vielseitigkeit an das Vorhandensein von Gasleitungen gebunden. Es gab aber für solche Maschinen auch auf Bauernhöfen, in kleinen Dörfern sowie auf Booten einen riesigen Markt. Nun bilden die leichteren Fraktionen des Mineralöls, wenn sie durch Wärme und einen Luftstrahl zerstäubt werden, ein hochbrennbares Gas, das als Brennstoff für einen Motor benutzt werden kann. Dementsprechend wurden im letzten Viertel des Jahrhunderts etliche erfolgreiche Ölmotoren erfunden und entwickelt; führend waren der „Brayton", der „Priestman", der „Hornsby" und der „Ackroyd Stuart". Ungenutzt blieb der Rückstand der Mineralölraffinierung, nämlich die leichteste Fraktion, die nach der Extraktion des Schmieröls und des brennbaren Öls zurückblieb: Das flüchtige und sehr gefährliche Benzin.

Im Jahr 1882 verließ Daimler nach einem Streit die GFD – er scheint ein unbequemer Mitarbeiter gewesen zu sein. Er nahm Maybach mit und konstruierte mit Hilfe des bei Otto verdienten Geldes einen Hochgeschwindigkeitsmotor, der mit Benzin betrieben wurde. 1883 baute er zusammen mit Maybach einen Motor, der mit einem einfachen Vergaser zur Zerstäubung des Benzins und mit Glühzündung ausgerüstet war; die Zündung erfolgte durch einen rotglühenden Metallstift. Zwei Jahre später bauten sie das erste Motorrad der Welt und im darauffolgenden Jahr 1886 das erste Automobil. 1890 wurde die Daimler Motorengesellschaft gegründet. Bereits wenig später stellte Peugeot in Frankreich Autos mit Daimlermotoren her.

Ein anderer Ingenieur, der sich mit der Entwicklung und Herstellung des neuen Motors beschäftigte, war Karl Benz. Er begann 1883 mit Gasmotoren, die nach dem vom schottischen Ingenieur Dugald Clerk erfundenen Zweitaktprinzip arbeiteten. Benz verwendete eine elektrische Zündung, wie sie in der Folgezeit für Automotoren mit flüssigem Treibstoff allgemein üblich wurde. Aus dieser Erfindung ging mehr als nur das Automobil hervor: 20 Jahre, nachdem das erste Motorrad das Licht der Welt erblickt hatte, arbeitete der schnelle und leichtgewichtige Benzinmotor in der ersten Flugmaschine. Merkwürdig ist, daß heute die Namen Daimler, Benz und Peugeot jedem bekannt sind, der Name Otto[2] aber nur wenigen – so ähnlich wie bei Thomas Newcomen und James Watt.

Der Strahlmotor blieb bis weit in die Mitte des Jahrhunderts eine weitverbreitete Form der ortsfesten Dampfmaschine. Später setzten sich zusammengesetzte Motoren durch, die mit höherem Druck arbeiteten. Diese lassen sich in zwei Haupttypen einteilen: Den horizontalen und den vertikalen. Im horizontalen Typ konnten der Hoch- und der Niedrigdruckzylinder entweder als Tandem gebaut werden, bei dem die hintereinander angeordneten Kolben eine gemeinsame Kolbenstange hatten, oder in paralleler Bauweise, bei der die Kolbenstangen in zwei Kurbelwellen endeten, die beidseitig an einem Schwungrad befestigt waren. Der vertikale Typ wurde verschränkt genannt. Eine Mischform stellte der

---

[2] Hier muß wohl ergänzt werden: in Großbritannien. Anm. d. Übers.

tandemverschränkte Motor dar, der auf jeder Seite des Schwungrads ein Zylinderpaar hatte. In diesen fortgeschrittenen Konstruktionen gab es einen kleinen Hochdruckzylinder, zwei Zylinder mittlerer Größe für mittleren Druck und einen großen Zylinder für Niedrigdruck.

Große horizontale Maschinen wurden am häufigsten in mehrstöckigen Textilfabriken eingesetzt. Der Antrieb erfolgte bis zum letzten Viertel des Jahrhunderts über vertikale und horizontale Wellen; der Riemenantrieb kam erstmals in Amerika auf. Eine weitere Neuerung aus Amerika war der leistungsfähige Ventilmechanismus, den George H. Corliss (1817–88) erfand. Die Zylinder des Vertikalmotors waren in einer Reihe angeordnet und über dem Kurbelwellenschaft umgedreht. Er fand seine häufigste Verwendung in Fabriken, Gießereien und Walzwerken, wo sparsamer Platzverbrauch wichtig war. Besonders geeignet war er offensichtlich für die Handels- und Kriegmarine. Der Dreifachexpansions-Schiffsmotor mit 3 oder 4 Zylindern war um 1870 ein sofortiger Erfolg und bis in den 2. Weltkrieg hinein überall in Gebrauch. Für sehr große Schiffe wurden Vierfachexpansions-Motoren gebaut; die unglückliche Titanic besaß ein Paar solcher Motoren.

Die Leistung, die Wirtschaftlichkeit und die Zuverlässigkeit der in der Seefahrt verwendeten Dampfmaschinen nahmen als Folge der Einführung der zusammengesetzten Hochdruckarbeitsweise mit Überhitzung rasch zu; dies, sowie die Verwendung von Bessemer-Stahl zum Schiffsbau, bewirkte eine andauernde und bedeutende Kostensenkung des Schiffstransports. Nichts hätte Jevons' Vorhersage wirkungsvoller widerlegen können. Hier liegt der Grund dafür, daß das importierte Getreide, mit dem die englischen Pferde gefüttert wurden, so billig war (um 1880 wurde der größte Teil des Futters der englischen Pferde aus Nordamerika importiert). Letztlich ist das die Ursache für den traurigen Niedergang des einstmals stolzen englischen Bauernstandes, der etwa von 1870 bis 1939 andauerte. Der Dampfschifftransport war so effizient, daß es billiger war, Weizen aus dem mittleren Westen der USA und den Prärieregionen Kanadas zu importieren, als ihn in England in großem Stil selbst anzubauen. Das Aufkommen von Kühlschiffen nach 1870 ermöglichte schließlich den Import von billigem Rind- und Schaffleisch aus Argentinien und Südostasien. Schließlich war England so abhängig von auf dem Seeweg importierten Nahrungsmitteln geworden, daß sowohl im 1. als auch im 2. Weltkrieg deutsche U-Boote das Land bis fast zur Niederlage hungern lassen konnten.

Der Schrittmacher für viele Entwicklungen der Dampfmaschine – wie übrigens auch für viele andere Dinge – war die Eisenbahn. Sie stellte die Schlüsselindustrie des 19. Jahrhunderts dar, die Erneuerungen, Erfindungen und Wachstum in unterstützenden und verwandten Industriezweigen stimulierte – so, wie der Bergbau und das Textilhandwerk dies in der Zeit davor getan hatten. Daß waagrechte Zylinder realisierbar waren, folgte schlüssig aus den Erfahrungen mit Lokomotiven, vor allem mit der *Planet*. Die komplexen Probleme, die mit der Entwicklung eines zuverlässigen und effizienten Dampfkessels verbunden waren, wurden von Séguin und Stephenson gelöst. Nach 1830 wurden Lokomotiven in großen Stückzahlen benötigt, daraus ergaben sich Weiterentwicklungen in der Werkzeugtechnologie großer Maschinen. Zwar fungierte die Seefahrt um die Mitte des 19. Jahrhunderts ebenfalls eine Zeitlang als Schrittmacher für die Entwicklung der Dampfmaschine, aber der Einfluß der Eisenbahn war allgemeiner. So haben wir bereits gesehen, daß die Eisenbahn der größte Einzelfaktor beim Entstehen der Telegrafischen Verbindungen war und den Nebeneffekt hatte, daß die mittlere Greenwich-Zeit zum anerkannten Standard anstelle der Ortzeit wurde. Die ersten Versuche mit Kontrollsystemen wurden bei der Erarbeitung von Signalnetzwerken gemacht, dabei wurde auch das „fail-safe"-Prinzip erkannt. Aus der Notwendigkeit, eine Vielzahl von Frachtwaggons bei den Verrechnungsstellen der Bahn zu organisieren, ergaben sich Rückwirkungen auf Handelsunternehmen auch außerhalb der Transportbranche. Schließlich hatte die Errichtung von flächendeckenden Eisenbahnverbindungen enorme und unumkehrbare gesellschaftliche Folgen. Nach Stephenson konnte die Welt einfach nicht mehr dieselbe sein wie vorher, und große, kontinentüberspannende Nationen wie Australien, Kanada, die USA und Rußland wurden erst durch die Eisenbahn möglich.

Am Ende des 19. Jahrhunderts war die Entwicklung der Dampfmaschine zur Perfektion herangereift. Über den erreichten Stand hinaus waren nur noch gelegentliche Detailverbesserungen vorstellbar. Auch kamen die bedeutenderen Entwicklungen zu dieser Zeit schon nicht mehr von englischen Ingenieuren: Aus Amerika kamen der Drehschemelwagen, die Vakuumbremse von Westinghouse, der Pullmanwagen der Eisenbahnen und der begehbare Korridor zwischen zwei Eisenbahnwaggons; der Franzose Henri Giffard erreichte mit seinem Dampfinjektor einen sehr günstigen Wirkungsgrad; der Belgier Mallet konstruierte die erste gegliederte Lokomotive und sein Landsmann Belpaire einen wirkungsvollen Dampfkessel. Frankreich hatte später in André Chapelon einen der hervorragendsten Lokomotivingenieure überhaupt. In England dagegen war die Eisenbahn so selbstverständlich geworden, daß ihre Ingenieurskunst bereits die Züge eines alten Handwerks angenommen hatte, mit Meistern und Päpsten und möglicherweise einer Abneigung gegen radikale Neuerungen.

Die Energiequellen waren damit so vielfältig, so anpassungsfähig und wirkungsvoll und deckten so große Bereiche der menschlichen Erfordernisse ab, daß man durchaus fragen kann, welche Zwecke der Elektromotor noch erfüllen sollte, auf den doch im frühen 19. Jahrhundert große Hoffnungen gesetzt worden waren.

Der Aufstieg der Elektrizitätswirtschaft

Die Hoffnung, eine extrem billige Energiequelle zu finden, lebte freilich unter den Erfindern, die sich mit der Elektrizität befaßten, weiter. Eine zweite, kurze und trügerische Morgenröte kam für sie 1881 mit der Einführung des Akkumulators. Bereits 1803 hatte der deutsche Chemiker J.W. Ritter die erste Sekundärzelle erfunden, aber er war arm und verfügte nicht über die Mittel, sie weiterzuentwickeln. Auf jeden Fall war ihre Nützlichkeit in der Zeit vor einem effizienten Elektrizitätsgenerator sehr eingeschränkt. 1859 erfand Gaston Planté eine wiederaufladbare Batterie aus zwei Bleiplatten, die in verdünnte Schwefelsäure getaucht waren. Sie wurde von Camille Fauré 1881 durch eine Beschichtung der Bleiplatten mit Bleidioxid PbO_2 wesentlich verbessert. Dieser neue Akkumulator wurde in England mit Begeisterung aufgenommen und löste die zweite Elektroeuphorie aus. Hier, so wurde behauptet, liegt die Antwort auf Jevons' „Kohlenfrage": Die Energiekrise braucht nie zu kommen! Jeder kleine Fluß und der Wind über jedem Hügel könnten tagaus, tagein Dynamos antreiben und dadurch Akkumulatoren aufladen. Sie würden als Energiespeicher dienen, aus denen nach Bedarf Leistung in Form von elektrischem Strom entnommen werden könnte. Unglücklicherweise kam es aber doch nicht zu der von den Elektrizitäts-Enthusiasten vorhergesagten Revolution, obwohl die Einführung von Faurés Akkumulator in eine Zeit wachsenden Marktes für Elektrizität fiel. Hier galt leider nicht „small is beautiful".

Im dritten Viertel des 19. Jahrhunderts kam zur Telegrafie und zum galvanischen Versilbern noch eine weitere praktische Anwendung der Elektrizität, nämlich ihr Einsatz für die Beleuchtung. Davys Lichtbogen war eine wissenschaftliche Kuriosität geblieben, solange keine starken Magnetzünder verfügbar waren. Aber 1844 ersetzte Leon Foucault die Holzkohle durch die widerstandsfähigere Kohle, und bereits wenig später beleuchtete der Lichtbogen den Place de la Concorde in Paris und die Nationalgalerie in London. 1858 wurden der South Foreland-Leuchtturm und 1862 der Leuchtturm von Dungeness mit Lichtbögen ausgestattet. Den Strom lieferten große Magnetzünder, die viele Permanentmagneten besaßen und von Dampfmaschinen angetrieben wurden. Bei der Verbesserung des Lichtbogens zeigten viele einen großen Erfindungsreichtum. Zu dieser Zeit wurde auch der Magnetzünder durch den ersten Dynamo ersetzt, zuerst durch die ursprüngliche Version von Siemens, 1871 dann durch die verbesserte Grammemaschine. Die Lichtbogenlampe fand jetzt immer weitere Verbreitung, in erster Linie zur Beleuchtung von Hauptstraßen und Plätzen in großen Städten sowie für wirtschaftlich wichtige Plätze wie Häfen und Verschiebebahnhöfe.

Als Quelle eines sehr hellen, aber auch grellen Lichts hatte der elektrische Lichtbogen freilich seine praktischen Grenzen. Es war einfach eine schwerfällige, komplizierte Angelegenheit. So wurde ein Paar elektrischer Relais benötigt, um die Spitzen der Kohlestifte auf dem für den Lichtbogen erforderlichen Abstand zu halten, die Kohlestifte mußten häufig erneuert werden, und schließlich gab die Lampe einen zischenden Lärm von sich. Für Privatwohnungen oder Büros war sie deshalb keine geeignete Lösung, und der Markt für diese Beleuchtungsart war dementsprechend begrenzt.

Die Kohlefadenglühlampe wurde gleichzeitig, aber voneinander unabhängig, von Thomas Alva Edison (1847– 1931) und Joseph Swan (1828–1914) in den Jahren 1878–80 erfunden[3]. Es war allgemein bekannt, daß ein Draht mit großem elektrischen Widerstand um so heller glühte, je stärker der Strom durch den Draht war. Es gab viele Versuche, das geeignetste Glühmaterial zu finden, aber man fand keines, das einerseits nicht zu teuer war und andererseits im glühenden Zustand nicht oxidierte. Eine offenkundige Lösungsmöglichkeit für das letzte Problem war, den Draht in eine luftleer gepumpte Glaskugel einzuschmelzen. Allerdings mußte das Vakuum hinreichend gut gemacht werden: Einen Luftbehälter soweit auszupumpen, daß eine Kerzenflamme darin erlöschen oder ein kleines Tier ersticken würde, war eine Sache; eine ganz andere war es aber, ein Hochvakuum mit so wenig Restsauerstoff zu erzeugen, daß der Glühdraht nicht nach verhältnismäßig kurzer Zeit zerstört würde. Glücklicherweise wurde 1865 die hochwirksame Sprengelpumpe erfunden und in der Folgezeit soweit verbessert, daß 1875 ein ausreichendes Hochvakuum erzeugt werden konnte.

---

[3] Hughes hat darauf hingewiesen, daß die von Joule entdeckte Umwandelbarkeit der elektrischen Energie in andere Energieformen, die um 1880 bereits weitgehend akzeptiert war, auf Edison einen fruchtbaren Einfluß hatte.

Die Kohlefadenlampe gab ein sanftes Licht ab, doch hatte sie keinen guten Wirkungsgrad, weil ein ziemlich hoher Energieanteil in Form von Wärmeabstrahlung verloren ging. Vorteilhaft war allerdings, daß der Faden eine außerordentlich lange Lebensdauer hatte und stoßfest war. Er hielt z.B. die Erschütterungen durch die schweren Geschütze auf Kriegsschiffen aus, und deshalb wurden Kohlefadenlampen viele Jahre lang bei der Marine benutzt. Diese Lampe bot eine Lichtquelle, die kompakt, sicher, geruchsfrei und gefahrlos hinsichtlich Feuer oder Explosionen war; mit ihr war der heimische Markt für die neue Elektrizitätswirtschaft erschlossen. Was als nächstes benötigt wurde, um mit der etablierten und leistungsfähigen Gasversorgung konkurrieren zu können, waren wesentlich stärkere Kraftwerke sowie Leitungsnetze. Die Eigenheiten und Begrenzungen der Lichtbogenlampe hatten mit sich gebracht, daß Beleuchtungssysteme als komplette Einheiten – mit Lampen, Dampfmaschine, Treibriemen, Dynamo, Schaltern, Drähten und Isolatoren – an Einzelkunden wie Behörden, Eisenbahngesellschaften, Fabrikbesitzer usw. verkauft wurden. Die Kaufentscheidung wurde einfach nach der Überlegung getroffen, ob die Elektrizität billiger war als die existierende Gas- oder sonstige Beleuchtung oder, falls nicht, ob die verbesserte Beleuchtung die Zusatzkosten rechtfertigte. Mit der Markterweiterung auf Privatkunden, die durch die Glühlampe möglich geworden war, kamen einige neue Fragestellungen auf. Das drängendste Problem war die Sicherheit, denn hohe Spannung weit über 100 V waren hier unannehmbar. Einfachheit in der Bedienung und – natürlich – ein effizientes Berechnungssystem waren weitere grundlegende Bedingungen. Glücklicherweise hatte das British Association Committee on Electrical Units in zwanzigjähriger Arbeit den Weg geebnet, indem es international akzeptierte Einheiten der Spannung, des Stroms, des Widerstands und (durch die Arbeiten von Joule) der Energie eingeführt hatte. Die elektrische Energie konnte, wie wir gesehen haben, in brauchbaren und gesetzlich definierten Portionen verkauft werden, die durch gewöhnliche Meßgeräte in jedem Haushalt erfaßt wurden.

Das erste Kraftwerk der Welt, das Elektrizität an die Öffentlichkeit verkaufte, wurde 1882 von Edison in der Pearl Street in New York in Betrieb genommen. Es lieferte Gleichstrom mit einer Spannung von 110 V. Edison war wie viele andere, darunter auch William Thomson (Lord Kelvin), der Ansicht, daß Gleichstrom besser sei als Wechselstrom. Für diese Meinung gab es gute Gründe. Gleichstrom konnte unmittelbar für elektrochemische Prozesse eingesetzt werden und ohne weiteres Elektromotoren antreiben. Schließlich war es ohne große Probleme möglich, ihn für die Übertragung über weite Strecken auf hohe Spannungen zu transformieren, um dadurch die Energieverluste durch Joulesche Wärme in den Übertragungsleitungen so klein wie möglich zu halten. Dazu wurden große Akkumulatoren parallel aufgeladen und dann für die Übertragung in Reihe geschaltet, so daß nach dem Ohmschen Gesetz der Strom in dem Maß abnahm, wie sich die Spannung erhöhte. Das System war nicht so einfach und bequem wie ein Wechselstromtransformator, dies wurde aber – in den Tagen, als Generatorzusammenbrüche noch häufig waren – durch den Vorteil wettgemacht, daß automatisch ein Energiereservoir zur Verfügung stand, auf das bei plötzlichen Bedarfsspitzen oder Versorgungszusammenbrüchen sofort zurückgegriffen werden konnte. Die Akkumulatoren arbeiteten also nicht nur als Transformatoren, sondern auch wie Gasbehälter.

Wie wenig selbstverständlich die Elektrizität damals aber noch war, zeigt die Tatsache, daß noch 1883 Osborne Reynolds, ein Freund und Kollege von Joule und dessen erster

Biograf, überhaupt nicht erkannte, daß die Elektrizität den Keim in sich trug, zur wirkungsvollsten Energieübertragungsweise zu werden. Ganz im Gegensatz dazu Friedrich Engels[4], der wußte (obwohl er kein Ingenieur war und, soweit bekannt, Joule oder Wilde niemals getroffen hat), daß Hochspannungselektrizität Energie über große Entfernungen weitgehend verlustfrei transportieren konnte und vorhersagte, daß dadurch die Industrie revolutioniert werden würde. Bereits 1876 hatte Wilhelm Siemens vorgeschlagen, die Niagarafälle zur Energiegewinnung zu bändigen und damit die Städte New York, Toronto, Philadelphia und Boston wirtschaftlich mit Energie zu versorgen.

Die Elektrizitätswirtschaft wuchs in den letzten Jahren des 19. Jahrhunderts so rapide, daß zwischen 1890 und 1900 in den USA drei große Unternehmen entstanden: Die Edison General Electric Company, die Thomson-Houston Company und die George Westinghouse Company. Edison war der bekannteste und wahrscheinlich fruchtbarste Erfinder Amerikas. Bemerkenswert war seine Begabung, Legenden über die eigene Person, wie sie Samuel Smiles begeistert hätten, in die Welt zu setzen. Elihu Thomson war ein ausgezeichneter Erfinder im Elektrizitätsbereich, während Westinghouse ein fähiger und vielseitiger Ingenieur war. 1894 verschmolzen die Edison Gesellschaft und Thomson-Houston zur General Electric Company; Westinghouse wurde dadurch zum einzigen Konkurrenzunternehmen. In Europa waren die führenden Firmen Siemens-Halske, das von dem ebenfalls sehr vielseitigen Erfinder S. Schuckert gegründete Unternehmen, sowie die österreichisch-ungarische Firma Ganz in Budapest. Die Gebrüder Siemens errichteten ferner in England und Rußland selbständige Unternehmen. Durch den Aufstieg dieser Industriegiganten, von denen einige bereits multinational arbeiteten, entwickelte sich die Elektrizität zu einer fortgeschrittenen Technologie. Kennzeichnend dafür war unter anderem, daß der empirische Erfinder oder „Elektriker", wie er in den Tagen Sturgeons, Henrys und Wheatstones genannt wurde, durch den Elektroingenieur ersetzt wurde.

Im Jahr 1881 hatte Kelvin, damals Präsident der englischen Akademie der Wissenschaften, in der Sitzung der Sektion für Mathematik und Physik die Vorteile der Energieübertragung durch Hochspannung hervorgehoben. 1883 wurde in Grenoble Elektrizität mit einer Spannung von 3000 V erfolgreich über eine Strecke von 14 km übertragen. Drei Jahre später setzte man in Paris bereits 6000 V über eine Strecke von 56 km ein, und nochmals drei Jahre später, 1889, nahm an der Themsemündung das Deptford-Kraftwerk seinen Betrieb auf. Dieses wurde in mehrerlei Hinsicht zum Prototyp für alle späteren Kraftwerke. Der Standort wurde nicht von der Marktnähe, sondern von der Bequemlichkeit hinsichtlich der Kohlebelieferung diktiert, die per Schiff aus Nordengland erfolgte. Es wurde Wechselstrom mit 86 Hz erzeugt und mittels eines Spezialkabels bei 10 000 V Spannung über rund 13 km zu Verteilerstationen im Herzen Londons geleitet. Dieses Kraftwerk war das Werk eines erstaunlich jungen Mannes, Sebastian Ziani de Ferranti, der bei der Inbetriebnahme 25 Jahre alt war. Der Trend zu immer größerer Hochspannung setzte sich danach fort und beschleunigte sogar noch. Im Rahmen der Weltausstellung in Frankfurt 1891 demonstrierte man 25 000 V Spannung bei einer Entfernung von 171 km und 114 PS Leistung, die mit 75% Wirkungsgrad übertragen wurde. 1897 waren in Kalifornien und

---

[4] Kann es sein, daß die große Begeisterung für die elektrische Energie am Anfang des Sowjetreichs („Sozialismus + Elektrizität = Kommunismus") mit der Prophezeihung Engels' zusammenhängt?

Indien Hochspannungen über 30 000 V in Gebrauch, und auch dieser Wert hatte sich, wiederum in Kalifornien, zur Jahrhundertwende praktisch verdoppelt.

Der rasch wachsenden Elektrizitätswirtschaft kam es sehr gelegen, daß 1886 das elektrolytische Verfahren zur Extraktion von Aluminium aus dem Erz Bauxit erfunden wurde. Die Erfindung gelang gleichzeitig, aber unabhängig voneinander dem Amerikaner Charles Martin Hall (1863–1914) und dem Franzosen P.L.T. Héroult (1863– 1914), die sich später zusammenschlossen und das vervollkommnete Hall-Héroult-Verfahren entwickelten[5]. Das Aluminium, das zuvor als Halbedelmetall gegolten hatte, wurde nun in großen Mengen verfügbar. Auf die Elektrizitätswirtschaft hatte dies zwei Auswirkungen. Einmal benötigte der Auslöseprozeß sehr starke Ströme und sorgte deshalb für gute Kundschaft. Zum anderen erwies sich das leichte, aber starke und korrosionsbeständige Aluminium mit seinen hervorragenden elektrischen Eigenschaften als ideal für die Übertragungsleitungen.

Nicola Tesla, einem jugoslawisch-amerikanischen Ingenieur, ist der letzte große Schritt nach vorne zu verdanken. Er zeigte, daß ein Wechselstrommotor realisierbar war, und erarbeitete das mehrphasige Verteilungssystem. Bereits lange vorher hatte Henry Wilde herausgefunden, daß zwei parallelgeschaltete Wechselstrommaschinen die Tendenz hatten, in gleiche Phase zu kommen (die theoretische Erklärung dieser Tatsache wurde freilich erst später durch das mathematische Geschick John Hopkinsons geliefert). Auf dieser Grundlage konnten nun umfassende Verteilersysteme errichtet werden, welche die elektrische Energie zu entfernten Städten und sogar Ländern lieferten.

Durch die Erfindung und Verbesserung einzelner Komponenten war die öffentliche Elektrizitätsversorgung insbesondere in Hinblick auf die Beleuchtung zunehmend wettbewerbsfähig geworden. Ebenso große Anstrengungen wurden aber unternommen, Hochgeschwindigkeitsdampfmaschinen für den Antrieb der Generatoren zu konstruieren. Allerdings erledigten sich diese mit der Dampfturbine, die 1884 in zwei hauptsächlichen Formen die Bühne betrat: Der Impuls- und der Reaktionsturbine. Darin, sowie in der allgemeinen Aufgabenstellung, Wärmeenergie für mechanische Arbeit nutzbar zu machen, war die Dampfturbine der Flüssigkeitsturbine sehr ähnlich. Im Gegensatz zu einer Flüssigkeit expandiert der Dampf jedoch, wenn der Druck sich erniedrigt. Der Durchmesser einer Dampfturbine nimmt deshalb von der Hochdruck- zur Niederdruckseite zu, so wie dies auch bei den Zylinderdurchmessern gewöhnlicher zusammengesetzter Dampfmaschinen der Fall ist. Bald wurden alle Generatoren von Turbinen angetrieben. Gleichzeitig erkannte man auch die Eignung der Dampfturbine für den Antrieb von Hochgeschwindigkeitsschiffen wie Torpedobooten und Linienschiffen über den Atlantik. Die Elektrizitätswirtschaft hatte sich damit zum wichtigsten strategischen Industriezweig entwickelt.

Die Möglichkeit, Elektromotoren zum Antrieb von Lokomotiven einzusetzen, war auf wenig Interesse gestoßen, nachdem man die Grenzen der Batterien als elektrische

---

[5] „Viel Gesprächsstoff ergab sich aus dem außerordentlich bemerkenswerten Zufall, daß zwei junge Erfinder, die tausende von Meilen voneinander entfernt lebten, unabhängig voneinander im gleichen Alter identische technologische Ziele formulierten, dann nach langem Experimentieren, jeder in seinem eigenen Labor, die gleiche technologische Lösung für ihr Problem fanden und schließlich mit einer zeitlichen Versetzung von kaum einem Monat um Patentschutz dafür ersuchten. Noch bemerkenswerter ist, daß sowohl Hall als auch Héroult im Jahr 1863 geboren wurden und 1914 starben." Zitiert vom Übersetzer aus An Encyclopaedia of the History of Technology, Ed. Ian McNeil, Routledge 1990. Von einer Zusammenarbeit der beiden erwähnt dieses Werk allerdings nichts.

Energiequelle voll erkannt hatte. Mit der Erfindung der Kraftwerke kamen erneut Spekulationen bezüglich der Elektrolok auf. 1879 führten Siemens und Halske auf der Berliner Weltausstellung eine Schmalspur-Passagiereisenbahn vor. 300 m Gleis waren in einem Oval verlegt, der Strom wurde über eine der Fahrschienen und über eine dritte Schiene geleitet. 1880 errichteten sie in Lichterfelde eine kurze Straßenbahn. Der eigentliche Beginn der elektrischen Eisenbahn kam aber erst 1881 in Richmond im Staat Virginia.

Damals gab Frank J. Sprague (1857–1934) seine Anstellung bei der US-Marine auf und wurde Assistent bei Edison, der um diese Zeit in Menlo Park gerade mit elektrischen Antrieben experimentierte. Sprague kam 1882 als Sekretär der Jury, welche bei der englischen Elektrizitätsausstellung dieses Jahres Dynamos und Gasmotoren bewertete, nach London. Dort genoß er das Vergnügen, mit der dampfgetriebenen Untergrundbahn zu fahren. Die Vermutung liegt nahe, daß dies seine Gedanken auf die Vorteile elektrischer Eisenbahnen gebracht hat. Sprague ging mit großer Energie zu Werk. Schon 1885 hatte er den Motor, die Halterung, die Steuerung und den Waggon für Straßenbahnen perfektioniert. Die erste Sprague-Straßenbahn ging 1888 in Richmond in Betrieb. Sie markiert den tatsächlichen Beginn der Straßenbahnära. Man könnte sagen, daß die elektrische Straßenbahn Spragues insofern die Schlüsselrolle der damaligen Elektrotechnik bekräftigt, als sie für die nachfolgende Elektrifizierung der Eisenbahn die gleiche Bedeutung hatte wie die Eisenbahn Stephensons in Liverpool und Manchester für die Dampfeisenbahn.

Die Vorteile eines gleichmäßigen elektrischen Antriebs lagen für viele Eisenbahningenieure klar auf der Hand, doch die exorbitanten Kosten für die nötigen Kraftwerke sowie den Aufbau der Stromnetze mit Masten, Kabeln und Oberleitungen verhinderten vorerst dessen Einsatz. Eine Möglichkeit der Kostensenkung schien eine Zeitlang der Einbau des Kraftwerks in die Lokomotive zu sein. J.J. Heilmann aus dem Elsaß trieb trotz mäßiger Erfolgsaussichten die Entwicklung einer kombinierten Dampf-Elektrolok voran. Ab 1893 wurden Prototypen solcher Lokomotiven in Frankreich, Deutschland, England und in den USA gebaut und getestet. Erfolgreich war keine – der Gewinn aus dem gleichmäßigen Lauf und den dadurch verringerten Schäden an den Schienen wurde zunichte gemacht von den wesentlich höheren Kosten der viel komplizierteren Lokomotive, die zudem unvermeidlich einen geringeren thermodynamischen Gesamtwirkungsgrad besaß. Eine solche „Billigelektrifizierung" hätte nur erfolgreich sein können, wenn wesentlich kompaktere und thermodynamisch effizientere Wärmekraftmaschinen hätten gebaut werden können.

Rudolf Christian Karl Diesel (1858–1913) wurde als Sohn deutscher Eltern in Paris geboren. Er verbrachte dort seine frühen Jahre, und in den Pariser Museen, wo er Maschinen wie die Dampfkutsche Cugnots sah, erwachte sein technisches Interesse. Später ging er für seine Ausbildung nach Deutschland. Am Münchner Polytechnikum hörte er Lindes Vorlesungen über Thermodynamik. Diese Vorlesungen, vor allem Lindes Darstellung des Carnotschen Kreisprozesses, inspirierten ihn zu dem Versuch, eine Wärmekraftmaschine zu konstruieren, deren Kreisprozeß dem Carnotschen nahekam (von der Stirlingmaschine wußte er offenbar nichts).

In der Geschichte der Wärmekraftmaschinen nimmt Diesel einen ganz besonderen Platz ein: Sein Name ist der einzige, der fest und unauslöschlich mit einer bestimmten Art Treibstoff und Motor verbunden ist. Wohl verwenden Historiker und Ingenieure Bezeichnungen wie „die Newcomen-Maschine", „die Watt-Maschine", „der Ottomotor",

„der Wankelmotor" oder „der Carnotsche Kreisproz̈eß", aber vom „Dieselmotor" hat jeder schon gehört. Darin liegt eine gewisse Ironie. Diesels Patent aus dem Jahr 1892 und das sein Konzept erläuternde Buch „Theorie und Konstruktion eines vernünftigen Wärmekraftmotors" (1894) beziehen sich nicht auf einen bestimmten Motor, sondern auf eine ganze Klasse von Motoren, die zwar nach den gleichen Prinzipien arbeiten, aber sehr unterschiedliche Treibstoffe benutzen: Gas, pulverisierte Kohle, einen anderen festen Brennstoff, oder Öl. Beim Dieselmotor saugt der erste Kolbenhub Luft in den Zylinder und die zweite, rückwärtsgerichtete Kolbenbewegung komprimiert die Luft „adiabatisch" so stark, daß sie sich dabei bis weit über den Zündpunkt des Brennstoffs erhitzt. Zu dieser Idee hatte möglicherweise der „Feuerkolben", den er im Pariser Museum gesehen hatte, den Anstoß gegeben. Wenn der Kolben am Totpunkt seiner Bewegung ankommt und Druck und Temperatur am höchsten sind, öffnet sich ein Ventil und unter Druck wird Brennstoff eingespritzt, der sich sofort entzündet. Wenn sich der Kolben jetzt wieder auswärts bewegt, würde sich die Luft normalerweise abkühlen, aber der brennende Treibstoff verhindert das. Die Temperatur des Zylinderinhalts bleibt gleich, und die Wärmeenergie des Brennstoffs wird in nutzbare mechanische Arbeit umgewandelt, die den Kolben antreibt. Das ist in Übereinstimmung mit Carnots Axiom, daß es keinen unnützen Wärme-, d.h. Energiefluß vom heißen Körper (dem Brennstoff) zum kalten Körper (der Luft) geben darf. Der wesentliche Unterschied zwischen dem Dieselmotor und allen anderen Motoren mit innerer Verbrennung ist der, daß bei seinem Motor der brennende Treibstoff die Luft *nicht* aufheizt, da sie durch die Kompression schon bis zur Temperatur des brennenden Treibstoffs erhitzt ist. Nach der Phase isothermer Ausdehnung der Luft wird die Treibstoffzufuhr gesperrt, so daß die weitere Expansion „adiabatisch" verläuft. Dabei fallen die Temperatur und der Druck in dem Maß, wie die Wärmeenergie der Luft in nutzbare mechanische Arbeit umgewandelt wird. Wenn die Temperatur und der Druck genügend weit abgefallen sind – im Idealfall bis zu den Umgebungswerten – öffnet sich ein Auslaßventil, und der Kolben stößt die Luft zusammen mit den Verbrennungsrückständen aus. Anschließend bewegt er sich wieder einwärts und zieht die nächste Ladung Luft in den Zylinder.

Obwohl wir uns damit bis zu einem gewissen Grad wiederholen, sei zusammenfassend Diesels eigene Beschreibung dieses Kreisprozesses wiedergegeben[6]:

„1. Herstellung der höchsten Temperatur des Processes (der Verbrennungstemperatur) nicht durch die Verbrennung und während derselben, sondern vor derselben und unabhängig von ihr, lediglich durch mechanische Kompression reiner Luft; 2. allmähliche Einführung fein vertheilten Brennstoffs in diese hoch komprimirte und dadurch hoch erhitzte Luft während eines Theiles des Kolbenrückgangs in der Weise, dass durch den eigentlichen Verbrennungsprocess keine Temperatursteigerung der Gasmasse eintrete, dass also als Verbrennungskurve möglichst nahe eine Isotherme entstehe. Die Verbrennung darf also nach der Zündung nicht sich selbst überlassen bleiben, sondern es muss während ihres ganzen Verlaufes ein steuernder Einfluss von aussen stattfinden, welcher das richtige Verhältniss zwischen Druck, Volumen und Temperatur herstellt; 3. richtige Wahl des Luftgewichtes G im Verhältniss zum Heizwerth des Brennstoffs nach Formel (144) unter vorheriger Feststellung der Kompressionstemperatur T_1 (welche

---

[6] aus Rudolf Diesel, Theorie und Konstruktion eines rationellen Wärmemotors zum Ersatz der Dampfmaschinen und der heute bekannten Verbrennungsmotoren, Springer 1893

gleichzeitig Verbrennungstemperatur ist) derart, dass der praktische Gang der Maschine, die Schmierung etc. ohne künstliche Kühlung der Cylinderwände möglich ist."

Was Diesel damit vorschlug, war die optimale Ausnutzung der aus dem brennenden Treibstoff freiwerdenden Energie. Der Prototyp dieses Motors, mit Öl als Treibstoff und nur einem Zylinder, wurde 1893 von der Maschinenfabrik Augsburg-Nürnberg (MAN) gebaut. Die Verwendung von pulverisierter Kohle und anderen Brennstoffen hatte sich als undurchführbar erwiesen. Die Erfahrungen mit diesem Prototyp zeigten ferner, daß der Kreisprozeß an manchen Stellen abgeändert werden mußte. So stellte es sich heraus, daß es besser war, in der Verbrennungsphase mit konstantem Druck statt mit konstanter Temperatur zu arbeiten. Es war auch nicht möglich, die Expansionsphase so weit auszudehnen, daß im Zylinder Umgebungsdruck und -temperatur erreicht wurden – dieser hätte dafür sehr, sehr lang sein müssen. Ungeachtet dessen erwies sich der Dieselmotor im Vergleich mit seinen Rivalen als wesentlich wirtschaftlicher. Darüber hinaus besaß er noch weitere Vorteile. So kam er ohne elektrische Zündung aus und war wesentlich weniger brand- und explosionsgefährdet als der Gas- oder Benzinmotor, die beide mit Brennstoffen hoher Oktanzahl arbeiten. Sein Nachteil war, daß er schwer, laut und in der Herstellung teurer war.

In seinem Buch sah Diesel voraus, daß sein Motor die Dampflok bei der Eisenbahn ersetzen und auch in Straßenbahnen sowie anderen Straßenfahrzeugen Verwendung finden würde. Er vermutete, daß der Motor zum Antrieb aller möglichen Schiffsgrößen eingesetzt werden würde und daß er die Erfordernisse von großen und kleinen Kraftwerken im ländlichen Raum würde erfüllen können.

Rückblickend wissen wir, daß diese Vorhersagen bemerkenswert genau waren. Der Historiker allerdings tut sich schwer, den speziellen Markt zu erkennen, auf dem der Dieselmotor allen denkbaren Konkurrenten überlegen war – was eigentlich eine wesentliche Voraussetzung für den Erfolg jeder Erfindung ist. Sein Motor kam zu einer Zeit, als der Elektromotor endlich zukunftsträchtig erschien, als der Gasmotor sich als wirtschaftlich, bequem und zuverlässig für eine Vielzahl von Anwendungen erwies, als Öl- und Benzinmotoren mit Flammen- oder Elektrozündung verfügbar waren und als die Dampfmaschine für die Seefahrt in ihren beiden Hauptformen voll etabliert war. Wenn der Dampf in ölgefeuerten Brennern erzeugt wurde, war die Dampfturbine ein fast idealer Antrieb für große und schnelle Schiffe, während der einfache, handfeste und billige Dreifachexpansionsmotor sich für kleinere Schiffe bis herab zu Fischerbooten und Schleppern sehr gut eignete.

Bevor sich seine Prophezeiungen erfüllten, kam Diesel 1913 auf tragische Weise ums Leben, als er auf der Dampffähre von Hoek van Holland nach Harwich über Bord fiel und verloren ging. Dies ist eine Parallele zu Sadi Carnots trauriger Karriere.

Der Wirkungsgrad von Wärmekraftmaschinen

Zum Ende des letzten Jahrhunderts kam eine lange Debatte zwischen englischen und amerikanischen Ingenieuren über die ideale Dampfmaschine zum Abschluß. Es gab so viele verschiedene Formen der Dampfmaschine, für so viele verschiedene Zwecke, daß man nicht hoffen konnte, ein Typ – groß oder klein, schnell oder langsam – würde sich als der beste für alle Anforderungen erweisen. Immerhin hatte man gelernt, was unter praktischen Gesichtspunkten und als Standard für alle Maschinen, der beste Kreisprozeß war. Der Carnotzyklus war dafür zu abstrakt. Am Ende des Jahrhunderts betrachteten die Ingenieure übereinstimmend den von Thurston so genannten „Rankinezyklus" als das praktische Ideal. Ursprünglich war dieser Zyklus nach Clausius benannt worden, aber die historische Forschung hatte gezeigt, daß Rankine ihn einige Monate vor Clausius beschrieben hatte. Wenige Jahre zuvor war das Entropie-Temperatur-Diagramm eingeführt worden, das zeigte, wie effizient oder uneffizient die Wärmeenergie von einer Maschine ausgenutzt wurde. Willard Gibbs hatte dieses Diagramm in seinen klassischen Artikeln des Jahres 1873 verwendet, und der belgische Ingenieur Th. Belpaire hatte es bereits ein Jahr zuvor erwähnt. Captain Riall Sankey RE, der bei den Bemühungen um die Definition einer praktisch idealen Maschine eine führende Rolle gespielt hatte, brachte 1889 das Energiefluß-Diagramm ins Spiel, das heute passenderweise Sankey-Diagramm genannt wird. Um die gleiche Zeit wurde auch das Problem der Kondenswasserbildung im Zylinder gelöst. Willans' Hochgeschwindigkeitsmotor erreichte das, indem der Dampf durch den Kolben hindurch ausgestoßen wurde. Die „Ein-Fluß"-Zweitaktmaschine von Stumpf (1908) besaß Einlaßöffnungen an beiden Enden des Zylinders und Auslaßöffnungen in der Mitte. Der Kolben war dabei halb so lang wie der Zylinder, und die Auslaßöffnungen wurden nur aktiviert, d.h. geöffnet, wenn der Kolben den Totpunkt seiner Bewegung in der Zylindermitte erreichte. Ebenso wie in der Willansmaschine bewegte sich der Dampf hier immer nur in eine Richtung, schädliche Bewegungsumkehr wurde vermieden und die Kondensation wesentlich verringert. Allerdings waren diese Maschinen schon bald überholt, denn die Dampfturbine vereinte die Vorteile beider und lieferte zudem die weiche, direkte Bewegungsübertragung, nach der James Watt bereits mehr als 100 Jahre vorher gesucht hatte.

Zwar waren die Erfindung und die erste Entwicklung der Dampfmaschine im 18. Jahrhundert fast gänzlich das Werk englischer Ingenieure, doch muß man zugeben, daß der weitere Fortschritt im 19. Jahrhundert durch französische, belgische, deutsche und amerikanische Ingenieure ebenso herbeigeführt wurde wie durch englische[7]. Die führenden Köpfe waren Sadi Carnot (wie jedes Lehrbuch über Wärmekraftmaschinen beweist), Victor Regnault (das hat Lord Kelvin bestätigt), sowie Hirn in Mülhausen und seine Mitarbeiter (das hat D.K. Clark 1898 zugegeben). Weiterhin dürfen W.J.M. Rankine, Sir Charles Parsons und Riall Sankey ebenso wenig vergessen werden wie G. Corliss, B.F. Isherwood, R.H. Thurston und der Konstrukteur der exemplarischen amerikanischen Lokomotive 50 000. Die graduellen Verbesserungen der Dampfturbine im 20. Jahrhundert waren multinational. Mit ihnen hat diese Maschine nun einen Stand erreicht, von dem man wohl sagen kann, daß keine wesentlichen Verbesserungen mehr möglich sind.

Die Erfindung und ersten Entwicklungen der Dampfmaschine waren von den Anforderungen der Bergbauindustrie bestimmt. Sie konnte erfolgreich sein, weil sie die am

---

[7] Am Ende des 19. Jahrhunderts traten Ängste auf wegen eines angeblichen Niedergangs der führenden Rolle, die das englische Ingenieurwesen bis dahin gespielt hatte: „Die Gefahr, die nach der Meinung vieler jetzt das englische Ingenieurwesen bedroht, liegt in der gründlicheren Ausbildung und dem überlegenen mathematischen Wissen vieler ausländischer Ingenieure"

Beginn des sechsten Kapitels skizzierten Forderungen erfüllte. Für ihre Anwendung in Mühlen und Fabriken ab dem Ende des 18. Jahrhunderts waren ihr neue Erfindungen hinzugefügt worden, um eine Drehbewegung zu erzielen. Die Erfindung der Dampflokomotive und die rasche Verbreitung der Eisenbahn in der ersten Hälfte des 19. Jahrhunderts mündeten in eine kompakte Hochdruckmaschine mit einem guten thermodynamischen Wirkungsgrad. Neue Entwicklungsimpulse gingen ab der Mitte des 19. Jahrhunderts von der Langstreckendampfschiffahrt aus. Anforderungen wie minimaler Brennstoffverbrauch, Zusammensetzung bis zu vierfacher Expansion sowie Oberflächenkondensation ließen sich von der Dampfmaschine mit Leichtigkeit erfüllen. Am Ende des Jahrhunderts benötigte die neu entstandene Elektrizitätswirtschaft eine extreme Hochgeschwindigkeitsmaschine mit sehr gutem Gleichlauf. Die Willansmaschine war eine Lösung, eine andere und erfolgreichere war die Dampfturbine. Die Dampfmaschine erwies sich damit als erstaunlich anpassungsfähig, die auf jede Herausforderung mit der Entwicklung unterschiedlicher, spezialisierter Formen antworten konnte, die sich noch untereinander befruchteten.

Das Verständnis und die effiziente Nutzung der Energie waren die wesentlichen Errungenschaften des 19. Jahrhunderts. Zu dessen Beginn staunten die Leute darüber, daß ein Kohlebrocken, den man ohne Schwierigkeiten in der Hand halten konnte, beim Verbrennen in einer guten Dampfmaschine von Cornwall eine sehr große Arbeit verrichten konnte – vergleichbar mit der eines Bergsteigers von etwa 170 Pfund, der von Meereshöhe zum Montblancgipfel emporsteigt. Wir haben gesehen, daß im Verlauf des Jahrhunderts mindestens viermal die Annahme gerechtfertigt schien, billige Energie würde bald für jedermann im Überfluß verfügbar sein. Man muß freilich nicht betonen, daß diese Erwartung jedesmal enttäuscht wurde. Es zeigte sich einfach, daß Energie nicht ohne weiteres zu haben ist. Jede bisher genutzte Energiequelle – Holz, Kohle, Öl, Erdgas, Uran, Wasserfälle (man denke an den Niagarafall) – enthält die Energie hochkonzentriert. Selbst in der Zeit vor der Wärmekraftmaschine und der hydraulischen Turbine nützte die Menschheit immer *konzentrierte* tierische Energie aus: Ochsen, die stärksten Pferde, oder Elefanten. Nur unter außergewöhnlichen Umständen, wie z.B. im Polarbereich, werden Hunde als Antriebskraft verwendet. Nach meinem Wissen hat niemals jemand versucht, die Stärke von Katzen ins Geschirr zu nehmen. Die seit langer Zeit schon praktizierte Ausrichtung auf konzentrierte Energie hat eine gewisse Bedeutung für die moderne Diskussion um erneuerbare, „alternative" Energiequellen[8]. Der Wind, die Gezeiten, die Wellen und die Sonnenwärme sind gewiß kostenlos, stellen aber „verdünnte", ausgedehnte Energie dar, die man etwa mit vielen sehr dünnen Kohlenflözen vergleichen könnte. Eine Ausnutzung verdünnter Energiequellen in großem Stil würde flächendeckende Gewinnungsanlagen erfordern. Wären diese unter Umweltgesichtspunkten annehmbar oder wirtschaftlich lebensfähig?

---

[8] Wir haben schon festgestellt, daß Energie immer erhalten bleibt und nicht erneuert werden kann. In *allen* natürlichen und künstlichen Vorgängen wird jedoch ein Teil der Energie weniger verfügbar und dadurch entwertet. Die Entropie ist, mit Swinburnes Worten, das Maß für diesen zunehmenden Abfall.

Anmerkung zum „Feuerkolben"

Der „Feuerkolben" wurde um 1804 von Joseph Mollet erfunden. Er bestand aus einem kurzen Messingrohr, das an einem Ende verschlossen und mit einem Kolben versehen war. Die Kolbenstange endete außen in einer flachen Scheibe. In den Zylinder wurde ein Stück Zunder gelegt, dann hielt man mit einer Hand den Zylinder und schlug mit der anderen kurz und kräftig auf die Scheibe. Die Luft im Zylinder wurde plötzlich komprimiert und erhitzte sich dadurch so stark, daß der Zunder entflammte. In Frankreich wurden Feuerkolben hergestellt, erlangten aber keine große Popularität. Joule erklärte später ihre Funktionsweise: Die mechanische Energie, die zur Kompression der Luft aufgebracht wird, wird in Wärme verwandelt. Umgekehrt wird bei der „Heronischen Maschine" die Energie der komprimierten Luft in mechanische Energie verwandelt, mit der Wasser unter Abkühlung der Luft angehoben wird.

Angeblich ist der Feuerkolben unabhängig von Europa auch in China erfunden worden; allerdings stellt Fox diese Behauptung in Frage. Weiterhin ist der Feuerkolben möglicherweise der Ausgangspunkt einer zu Beginn dieses Jahrhunderts weitverbreiteten Geschichte, derzufolge jemand ein ewiges Streichholz erfunden habe, daß aber die internationalen Kontrolleure der Streichholzindustrie die Entdeckung unterdrückt und den Entdecker zum Schweigen gebracht hätten.

15 Das Jahrhundert der Kriege

Auf die Ausdehnung der großen Industriestädte, die im frühen 19. Jahrhundert so erschreckende soziale Probleme hervorgerufen hatte, folgte eine beschleunigte Anwendung der Technologie durch reformierte und neue städtische Behörden[1]. Manchester, die Schreckensstadt der industriellen Revolution, hatte ein ausgedehntes und wirksames Wasserversorgungsnetz geschaffen, das sein Wasser von den Penninen und aus dem Lake District, etwa 100 km im Norden, erhielt. Liverpool griff auf Wasservorräte in Nordwales zurück. Die Maßstäbe für den sogenannten „Gemeindesozialismus" wurden jedoch, unter dem maßgeblichen Einfluß der Familie Chamberlain, von Birmingham gesetzt. Die örtlichen Geschäftsleute waren stolz darauf, daß ihre Stadt über einen effizienten Sanitätsdienst, Feuerwehr, Polizei, ein gut funktionierendes Transportwesen, über Schulen, Gaswerke, Wasser- und Elektrizitätsversorgung usw. verfügte. Glasgow erreichte zeitweise einen Rekord mit seinen Straßenbahnen: Man konnte für einen halben Penny 22 km weit fahren. Es soll der billigste öffentliche Nahverkehr gewesen sein, den es jemals gegeben hat – und trotzdem machten die Glasgower Straßenbahnen noch Gewinn!

Wenn auch das 20. Jahrhundert mit dem 17. insofern nicht wetteifern kann, als es zwischen 1901 und heute mehr kriegsfreie Jahre in Europa gegeben hat als zwischen 1601 und 1700, so würde doch kaum jemand leugnen, daß die Kriege unseres Jahrhunderts alle früheren an Grausamkeit, Barbarei und Zerstörung weit übertroffen haben. In ihnen wurden alle Möglichkeiten der Wissenschaft und der Technik genutzt, ohne daß diese selbst auf die Kriegführung irgendeinen Einfluß gehabt hätten; auch am Ausbruch der Kriege waren sie nicht beteiligt. Die Ursachen lagen hauptsächlich im Imperialismus, der am südafrikanischen Krieg von 1899–1902 schuld war, in politischen Fehlkalkulationen und in einfacher Bosheit, welche die Wurzeln für den 1. Weltkrieg und die pervertierten politischen Philosophien legten, die nicht nur zum 2. Weltkrieg, sondern auch zu den Scheußlichkeiten des Holocaust und der vorangehenden „Liquidation der Kulaken" führten. In gewisser Hinsicht hat die Wissenschaft sogar zur Rassenverfolgung beigetragen, wenn auch nur indirekt. Der Neodarwinismus hatte die Tendenz, die unterschiedlichen „rassischen Qualitäten" zu betonen. In einer Vorlesung, die der englische Biometriker Karl Pearson 1901 hielt, lehnte er verächtlich die Demokratie ab und hielt entgegen, daß der Existenzkampf den Fortschritt und das Überleben der angepaßtesten Rasse sichert. Ohne Kriege würde die Menschheit stagnieren. Aus dem heißesten Hochofen komme das feinste Metall. Die „Kaffern, Neger und Rothäute" stünden so tief, daß sie ausgemerzt werden müßten[2]. Ein guter Stamm darf nicht neben einem schlechten leben. Auf diese Weise wurden die Lehren Bakewells, die Gedanken Darwins und die Experimente Mendels mißbraucht und pervertiert. Zu

---

[1] Zu Beginn des 19. Jahrhunderts war Manchester das Zentrum der *laisser-faire*-Lehren. Am Ende des Jahrhunderts war Birmingham der Pionier behördlichen Unternehmertums.

[2] Die „eugenische" Bewegung der Jahrhundertwende kam den Rassenlehren, die später von den Nazis praktiziert wurden, gefährlich nahe. Francis Galton, einer ihrer führenden Exponenten, wurde von dem verstorbenen Professor Medawar ein „geistiger Faschist" genannt.

ihrer Ehre lehnten die wissenschaftlichen Kollegen Pearsons dessen Auslassungen voller Verachtung ab. Ob dieser in sich das Zeug zu einem Eichmann oder einem de Stogumber hatte, ist eine interessante, aber unbeantwortbare Frage. Ganz klar jedoch sind die Folgen, die solche Anschauungen bei anderen zeitigten, die tatsächlich die Macht hatten, sie in die Tat umzusetzen.

Auf den Fortschritt der Wissenschaft und der Technologie im 19. Jahrhundert hin ist es ganz verständlich, daß es Versuche gab, den weiteren Verlauf der Technologie im 20. Jahrhundert vorherzusagen. So hatte beispielsweise H.G. Wells einige interessante Spekulationen über die Zukunft des Transportwesens. Die Luftfahrt als mögliches Transportmittel betrachtete er mit Skepsis. Wahrscheinlich stellte er sich dabei Maschinen vor, die leichter als die Luft waren, und insofern hatte er 1901 auch recht, denn es dauerte noch zwei Jahre, bis die Gebrüder Wright ihren ersten Flug mit einem Flugzeug machten, das schwerer als Luft war. Er äußerte auch einige scharfsinnige Kommentare über ein Thema, das heute besonders in Mode ist. Der auf das Pferd gestützte Verkehr mit seinen Grausamkeiten und seinem Dreck, mit Tieren, die auf ihre Weise Abgase erzeugen und die Luft verpesten, müsse in wenigen Jahren motorgetriebenen Wagen weichen. Wells Buch enthielt eine Zeichnung mit den Unannehmlichkeiten, die eine gut angezogene junge Lady durchzustehen hatte. Die Dame trägt ein langes Kleid, wie es zu der Zeit Mode war, und muß einen mit Pferdeäpfeln übersäten Piccadilly-Platz überqueren. Fügen wir noch hinzu, daß Pferdedung ein fruchtbarer Brutplatz für Fliegen ist. In seiner 1902 erschienenen Veröffentlichung „Vorwegnahme der Auswirkungen des mechanischen und wissenschaftlichen Fortschritts auf das menschliche Leben und Denken", stellte Wells sich vor, daß „spezielle Motorstraßen und private motorisierte Wägen die Eisenbahn zu einem großen Teil ablösen werden". Er sah voraus, daß die rasche Entwicklung einen geschichtlichen Trend umkehren werde. Über Jahrhunderte hinweg waren die Leute vom Land in die Stadt gezogen, künftig würden die besseren Verkehrsmöglichkeiten die großen Städte in das Land hinaus ausufern lassen. Sein im großen und ganzen optimistischer Ausblick wurde nur von einer düsteren Vision überschattet: In einer Zeit des wachsenden Nationalismus stellte die Vorstellung eines mit modernen Waffen geführten Krieges, in dem die englischen Generäle, mit allen Tugenden und Fehlern ihrer Klasse, für große Armeen vertrauensvoller junger Männer die „polierten Viehtreiber zum Schlachtfeld" würden, eine Vision dar, die, wie er sagte, „meinen Geist heimsucht". Seine Vorhersagen waren erstaunlich genau, sollten aber seiner früher ausgedrückten Überzeugung gegenübergestellt werden, daß es dank der induktiven Soziologie möglich werden würde, die Zukunft vorherzuwissen. Er räumte ein, daß Naturkatastrophen, Luftverschmutzung, Drogen oder kollektiver Wahnsinn dem Leben auf der Erde ein Ende setzen könnten, glaubte aber dennoch an die Zukunft der Menschen: „ . . . es bewegt sich jetzt etwas in uns, das niemals sterben kann." In seinem 1905 veröffentlichten Buch *Ein modernes Utopia* skizzierte er seinen Plan einer modernisierten platonischen Republik, in der eine freiwillige Adelsklasse namens Samurai die Funktionen von Platons Wächtern übernehmen würde. Der Name Samurai steht für die Anerkennung des dramatischen Aufstiegs des modernen Japan.

Revolution des Transportwesens

Für viele Menschen waren die ersten Automobile nicht mehr als pferdelose Kutschen, Vehikel, die vermögende Leute von ihrem Haus zum nächsten Bahnhof und zurück bringen, oder die zu Freizeitausflügen durch die Stadt benutzt werden konnten. Bevor das Auto ein universales Hilfsmittel werden konnte, waren einige Veränderungen und Verbesserungen erforderlich. Seit dem Siegeszug der Eisenbahn waren die englischen Straßen verfallen, die amerikanischen Straßennetze waren noch gar nicht entwickelt. Einzig vielleicht in Frankreich waren die Straßen in einem zufriedenstellenden Zustand. Die Straßen mußten also repariert und erneuert werden, ehe Motorwagen sie benutzen konnten. In dieser Hinsicht wurde der Weg für die Autos durch ein bemerkenswertes technologisches und gesellschaftliches Ereignis geebnet: Die Fahrradmode. Es ist keineswegs erstaunlich, daß diese in Frankreich bereits einige Jahre vor 1870 begonnen zu haben scheint. 1870 war jedenfalls das „gewöhnliche Velociped" mit seinem riesigen, pedalgetriebenen Vorderrad und dem kleinen Hinterrad auf dem Markt. Bei athletischen und wagemutigen Gentlemen war es beliebt, übte aber auf die anderen nur wenig Reiz aus. 1885 baute J.K. Starley aus Coventry das Sicherheitsfahrrad. Mit Pedalen, Ketten, Getriebe und den meisten Merkmalen eines modernen Fahrrads ausgestattet, ließ es sich bequem mit einer vernünftigen Geschwindigkeit vorwärts bewegen. Es ermöglichte den Frauen, ebenso mobil wie die Männer zu werden, und ermunterte sie sogar dazu. Als Folge stellte sich bald ein Fahrradboom ein. Die sozialen und politischen Konsequenzen des Fahrrads, vor allem für den Prozeß der Frauenemanzipation, sind nie richtig untersucht und bewertet worden. Es gab aber auch wichtige technologische Folgen.

Als Resultat aus dem Fahrradboom wurden von vielen Leuten, darunter auch recht einflußreichen, Anstrengungen unternommen, die Straßen zu verbessern, vernünftige Raststellen für Radfahrer bereitzustellen, und natürlich den Preis eines Fahrrads zu senken. 1888 erfand J.B. Dunlop, ein irischer Tierchirurg, den aufblasbaren Reifen, der zwar nicht für diesen Zweck gedacht war, aber dennoch wesentlich zur Effektivität der Fahrräder beitrug. Für seine Herstellung wurden verschiedenartige Techniken entwickelt. Das Hängerad war mit seinen Anklängen an Cayley und Hewes bereits eingeführt und die leichte Stahlrohrkonstruktion standardisiert worden. Brems- und Beleuchtungsanlagen wurden perfektioniert. Auf einen wesentlichen Punkt hat Hiram Maxim hingewiesen, der von John Rae mit den Worten zitiert wird:

> Gewöhnlich hat man dem Benzinmotor das Verdienst zugesprochen, das Automobil ermöglicht zu haben. Nach meiner Meinung ist das aber die falsche Erklärung. Wir hatten die Dampfmaschine ja schon seit mehr als einem Jahrhundert und hätten 1880 oder sogar schon 1870 Dampfautos bauen können. Aber das taten wir nicht, sondern wir warteten bis 1895. Der Grund dafür, daß wir nicht schon früher Straßenfahrzeuge gebaut haben, ist meiner Meinung nach der, daß das Fahrrad noch nicht in großer Zahl da war und die Gedanken der Menschen noch nicht auf die Möglichkeit gelenkt hatte, daß man auch auf Straßen weite Reisen unternehmen könne. Wir hielten die Eisenbahn für gut genug. Das Fahrrad schuf neue Bedürfnisse, welche die Eisenbahn nicht befriedigen konnte. Dann stellte es sich heraus, daß auch das Fahrrad selbst dies nicht konnte. Es wurde anstelle des fußbetriebenen ein mechanisch angetriebenes Fahrzeug gewünscht, und wir wissen, daß das Auto die Antwort war.

Aufgrund der Beliebtheit des Fahrrads wurden Straßen erneuert, Wegweiser aufgestellt, Reparaturbetriebe geschaffen (die leicht für die Dienste der frühen Motoristen erweitert werden konnten) und Straßenkarten gedruckt. Nachdem das Fahrrad den Weg technologisch, verwaltungsmäßig und psychologisch geebnet hatte, konnte das Auto zu seinem Recht kommen, das in Europa und Amerika die geeigneten gesellschaftlichen und wirtschaftlichen Bedingungen vorfand, wie Rae betont hat. Drei denkbare Motorarten standen zur Verfügung: Die Dampfmaschine, die nach der Erfindung des Schnellverdampfers durch L. Serpollet 1899 ein starker Kandidat war; der Elektromotor, der durch die Einführung des aus dem Stromnetz wieder aufladbaren Akkumulators für begrenzte Strecken tauglich war; und schließlich der Benzinmotor von Daimler, Maybach und Benz. Daß sich der letzte durchgesetzt hat, obwohl er vergleichsweise kompliziert ist, verdankte er der hohen Leistung und Geschwindigkeit, die er bei geringem Gewicht ermöglicht.

Die ersten Benzinautos waren hölzerne Pferdekutschen ohne Deichsel, der Motor war diskret unter dem Aufbau versteckt, und anstelle der Zügel gab es eine Stange zum Steuern. Doch besaß die neue Fahrradindustrie mehr Nähe zum Automobilbau als das alte Kutschenhandwerk. Leichte Metallrohre, Bremsen, Druckluftreifen, Getrieberäder, Kugellager und andere Komponenten der Fahrräder konnten auch für die Herstellung von Autos verwendet werden, und die spezialisierten maschinellen Werkzeuge ließen sich leicht anpassen. Das bedeutete, daß in England Birmingham und Coventry, die seit langem mit der Kanonen- und dadurch mit der Rohrherstellung zu tun hatten, die Zentren der neuen Automobilindustrie und der damit verbundenen Herstellung maschineller Werkzeuge wurden.

Obwohl die Deutschen – begonnen bei den Schülern Nikolaus Ottos – die Pioniere des Automobils waren, wurde der leichte, volkstümliche Wagen zuerst von den Franzosen entwickelt. Die Steuerstange ersetzten sie durch das Steuerrad, sie bauten den Motor kühn und unverschämt ganz vorne ein – und sie erfanden den Motorsport. Kurz, sie ersetzten die motorgetriebene Pferdekutsche durch einen Motorwagen. Im ersten Jahrzehnt des 20. Jahrhunderts waren die in der Autowelt führenden Namen De Dion, Panhard, Peugeot, Levassor und Mors. Die bahnbrechende Rolle, welche die Franzosen gespielt hatten, ist in den von ihnen geprägten technischen Ausdrücken verewigt: Automobil, Chassis, Chauffeur und Garage sind französischen Ursprungs. Die Amerikaner hatten zwar anfangs Interesse am Dampfauto gehabt (Stanleys „Steamer" war schnell und ziemlich erfolgreich), doch ging die Führung im Bau von Autos mit Benzinmotoren bald an sie über. Amerika verfügte über einige Vorteile: Ein hoher Lebensstandard, eine große Bevölkerung, reichlich Mineralöl und eine innovative Einstellung, die hinter der keines europäischen Landes zurückstehen mußte.

Im ersten Jahrzehnt unseres Jahrhunderts waren in Amerika viele Automobilpioniere tätig, deren nach ihnen benannte Firmen heute noch im Geschäft sind. Henry Ford (1863–1947) ist der Name, der für sie alle repräsentativ ist. Er wurde auf einem Bauernhof in Michigan geboren, aber seine mechanische Begabung ließ ihn eine Arbeit in Detroit annehmen, wo er mit Automobilen zu experimentieren begann. Ford lag der Ingenieur im Blut, außerdem war er ein begeisterter Geschäftsmann. Er baute 1896 sein erstes Auto und gründete 1903 die Ford Motor Company. Ford schätzte die enorme Größe des Marktes, der auf seine Erschließung wartete, richtig ein. Er hatte begriffen, daß seine Aufgabe war, ein Auto für die große Masse zu entwerfen und es dann so billig wie möglich herzustellen. Das erste Problem löste er 1908 mit seinem berühmten „Modell T". Dieses war ein Grundgerät mit 20 PS, zwei Vorwärtsgängen und einem Rückwärtsgang. Es war solide gebaut und leicht zu fahren, zu bedienen und zu warten. Gestartet wurde es mit einer Kurbel; den Elektrostarter gab es nach seiner Einführung 1912 als wählbares Zubehör zur „Tin Lizzie", wie das Modell T mit Spitznamen genannt wurde. Das Modell T war ungemein erfolgreich, aber Ford glaubte, daß ein noch größerer Markt erschlossen werden könnte, wenn es gelänge, den Preis noch weiter zu senken. Die Antwort fand sich 1913 in dem bewegten Fließband. Wie Boulton und Watt war es auch Ford gelungen, talentierte Mitarbeiter für seine Firma zu gewinnen. Nach Raes Ansicht ist das Fließband vermutlich die Erfindung einer Gruppe, zu der Ford selbst sowie einige seiner begabten Mitarbeiter gehörten. Die Massenproduktion oder wenigstens die Produktion großer Stückzahlen mit auswechselbaren Bestandteilen war von der Textilmaschinenindustrie bereits im frühen 19. Jahrhundert praktiziert und danach von der Handwaffenindustrie weiter entwickelt worden. Bei großen Maschinen wie maschinell angetriebenen Webstühlen mit Eisenrahmen, Schemelschaftmaschinen, Kardiermaschinen etc. trugen die Arbeiter die einzelnen Teile an den Platz, wo die Maschine aufgebaut werden sollte, so wie Maurer Sand, Zement, Ziegelsteine, Holz usw. an die Baustelle schaffen. Bei Fords Fließband blieb jedoch jeder Arbeiter an seinem Platz, und das im Bau befindliche Auto bewegte sich langsam vorbei, so daß jeder Arbeiter eine vereinfachte Tätigkeit ausführen konnte; die austauschbaren Einzelteile, die er benötigte, hatte er auf Vorrat neben sich. Das Verfahren erforderte eine sehr präzise Planung, um die verschiedenen Arbeiten mit dem Teilenachschub und der Bewegung des Fließbands exakt synchronisieren zu können. Das für den Autobau erforderliche Können wurde auf diese Weise in den Geräteraum verbannt.

Das Modell T wurde bis 1927 gebaut. Sein Erfolg war um den zweifellos hinnehmbaren Preis erkauft, daß Flexibilität kaum mehr möglich war. Über viele Jahre hin hatte die Ford Motor Company nur *einen* Autotyp gebaut, ein robustes und zuverlässiges Gefährt, das sich die meisten Amerikaner leisten konnten. Nach dem letzten Exemplar schloß das Produktionsband für ein Jahr, während die Planungen für das nächste Modell liefen. Nur die größten Unternehmen konnten sich so etwas leisten. Wie die Textilindustrie, so stimulierte auch die große Automobilindustrie Entwicklungen in den Zulieferindustrien und in verwandten Industriezweigen. Es handelte sich vor allem um die Ölindustrie, den Straßen- und Brückenbau und um das Management großer Ingenieurkonzerne. Die Technologie, um die es ging, hatte strategischen Charakter. So hatte sie einen tiefgreifenden Einfluß auf die Militärtechnologie, aber darüber hinaus hat das Automobil ohne Zweifel den Lebensstil in allen entwickelten und in den meisten Entwicklungsländern radikal verändert. Wegen der Umweltverschmutzung und der vielen Verkehrstoten und -verwundeten wird es oft angegriffen. Was die Verschmutzung anbelangt, so haben wir schon festgestellt, daß auch mit dem intensiven Pferdeverkehr eine nicht hinnehmbare Verschmutzung verbunden war – in der Tat ist jede menschliche Betätigung unlösbar mit Umweltverschmutzung verbunden. Und was die Toten und Verwundeten auf den Straßen betrifft, so sollte man sich, ehe man das Auto verdammt, bewußt machen, daß jedes Jahr durch das Auto auch viele Menschenleben gerettet und viele Leiden gemildert oder verhütet werden. Auch in der autolosen Zeit gab es durch den Pferdeverkehr viele Tote und Verwundete und zudem viel Leid, das die Zugtiere erdulden mußten. Diese Tatsachen müssen ebenso berücksichtigt werden wie das Vergnügen, welches das Auto vielen Leuten verschafft, wenn man den Wert des motorisierten Transportwesens bemessen will.

Die Engländer als Pioniere der Eisenbahn spielten bei der Entwicklung des Autos nur eine untergeordnete Rolle. Im Gegensatz zu Stephenson, der die allumfassende Eisenbahn vorhergesehen hatte, machte kein Ingenieur oder Geschäftsmann auf die Möglichkeit eines umfassenden motorisierten Transports aufmerksam. Es ist aufschlußreich, daß der bekannteste englische Wagen dieser und späterer Jahre, der Rolls Royce, alles andere als volkstümlich war. War der innovative Geist der Briten verführt worden durch die schrillen Ansprüche, die ehrbaren (freilich auch gut belohnten) Lasten und die goldenen Versprechungen des Empires? Schließlich handelte es sich ebensosehr um das Zeitalter Cecil Rhodes', Jamesons und Barney Barnatos wie um das der außerordentlich konkurrenzbelasteten Prüfung der Verwaltung Indiens.

Die Anfänge der elektronischen Kommunikation

Zu den herausragenden Merkmalen des 20. Jahrhunderts gehören außer dem Auto auch das Radio und das Fernsehen, die aber einen völlig anderen Hintergrund haben. Angefangen hat es mit Maxwells Theorie, die aber für mehr als 20 Jahre unbewiesen und spekulativ geblieben war. So wurde argumentiert, daß die Theorie nicht zwangsläufig korrekt sein müsse, es könnten möglicherweise auch andere Theorien formuliert werden, die mit Newtons Doktrin einer Fernwirkung im Einklang wären. Schließlich hatten bereits die Versuche Faradays, Webers und Kohlrauschs die elektromagnetische Natur des Lichts plausibel gemacht, und die Theorie Maxwells wurde von manchen als Weisheit im Nachhinein, die auf zweifelhaften Annahmen und skurrilen Ideen über den Äther beruhte, abgelehnt. Maxwell selbst hatte sich über eine experimentelle Prüfung seiner Theorie keine Gedanken gemacht, noch weniger hatte er irgendwelche praktischen Anwendungen für seine elektromagnetischen Wellen vorgeschlagen. Einige mit der Theorie vertraute Wissenschaftler wie G.F. Fitzgerald, Oliver Lodge und H.A. Lorentz erwogen die Möglichkeit, Strahlung vom maxwellschen Typ zu erzeugen und nachzuweisen, aber die praktischen Schwierigkeiten erschienen ihnen unüberwindbar.

1879 setzte die Berliner Akademie der Wissenschaften einen Preis aus für den Nachweis, daß ein veränderliches, transientes elektrisches Feld ein transientes magnetisches Feld erzeugt und umgekehrt, denn dies wäre ein entscheidender Test der Theorie. Heinrich Hertz (1857–94), ein Schüler Hermann von Helmholtz', erkannte, daß das Problem gelöst und Maxwells Theorie bestätigt wäre, wenn er zeigen könnte, daß elektromagnetische Wellen, die von einem veränderlichen bzw. oszillierenden elektrischen Strom erzeugt werden, sich im Raum mit Lichtgeschwindigkeit ausbreiten. Nach der alten, vor Maxwell herrschenden Theorie, die auf newtonschen Prinzipien beruht, muß die Ausbreitung induktiver Effekte instantan erfolgen und die Ausbreitungsgeschwindigkeit folglich unendlich sein. Henri Poincaré, der hervorragende französische Mathematiker, erklärte diesen Punkt so:

> ... *nach der alten Theorie sollte die Ausbreitung induktiver Wirkungen instantan erfolgen.* Wenn es nämlich im Dielektrikum (d.h. letztendlich im leeren Raum), das den induzierenden Stromkreis von dem Stromkreis trennt, in dem induziert wird, keine Verschiebungsströme und, elektrisch gesprochen, einfach gar nichts gibt, dann muß man annehmen, daß die induzierte Wirkung im Sekundärkreis gleichzeitig mit der

induzierenden Ursache im Primärkreis eintritt. Denn gäbe es eine Zeitspanne, während der die Wirkung im Sekundärkreis noch nicht erzeugt ist, dann gäbe es während dieses Intervalls schlichtweg *nichts*, da ja im Raum zwischen den beiden Stromkreisen gemäß Annahme elektrisch nichts sein soll. Im Rahmen der alten Theorie ist die Folgerung der unendlich schnellen Ausbreitung der Induktion unausweichlich.

Diese Sachlage ließ ein entscheidendes Experiment, ein *experimentum crucis*, mit dessen Ausgang Maxwells Theorie stehen oder fallen würde, wünschenswert erscheinen. Die Anforderungen schienen ungeheuer, aber Hertz, der später zu den bedeutendsten Experimentalphysikern des 19. Jahrhunderts gezählt wurde, konnte sich auf einige bekannte Fakten stützen. Fizeau hatte 1850 und Werner von Siemens 1875 gezeigt, daß sich die elektrische Wirkung in einem Draht fast mit Lichtgeschwindigkeit ausbreitet. Kirchhoff hatte aus der alten Theorie abgeleitet, daß sich die elektrische Wirkung längs eines Drahtes mit einer Geschwindigkeit ausbreiten sollte, die um so größer war, je geringeren Widerstand der Draht hatte; wenn der Widerstand Null wäre, sollte die Geschwindigkeit gleich der Lichtgeschwindigkeit sein. Bei Wechselströmen sollte die Ausbreitungsgeschwindigkeit um so näher an der Lichtgeschwindigkeit liegen, je größer die Frequenz des Stromes bzw. je schneller seine Schwingungen sind. Beide Schlüsse lassen sich auch aus der Maxwellschen Theorie ziehen.

Das Problem bestand nun darin, einen Weg zur Erzeugung von Hochfrequenzschwingungen zu finden und dann deren Ausbreitungsgeschwindigkeit längs des Drahtes mit der der elektromagnetischen Wellen zu vergleichen, die nach Maxwell mit Lichtgeschwindigkeit in den Raum um den Draht abgestrahlt werden sollten. Schon 1842 hatte Joseph Henry darauf hingewiesen, daß die Entladung einer Leydener Flasche bzw. eines Kondensators oszillierend erfolgen kann. Ganz allgemein fließt die Ladung der einen Kondensatorplatte wie eine Woge durch den Verbindungsdraht zur anderen und staut sich dort an, bis sie zurückzufließen beginnt zur ersten Platte, sich dort erneut aufstaut, und so fort. Dieser Pendelvorgang dauert mit abnehmender Amplitude an, bis der Kondensator entladen ist; Stück um Stück wird dabei elektrische Energie durch den Drahtwiderstand in Wärme umgewandelt und zerstreut. William Thomson hatte 1853 solche oszillatorischen Entladungen mathematisch analysiert und gezeigt, wie die Frequenz mit der Kapazität des Kondensators und der Induktivität der Spule zusammenhängt. Schließlich hatte Fedderson 1858 oszillatorische Ströme entdeckt, indem er einen Funkenspalt, einen schnell rotierenden Spiegel und eine Kamera benützte. Hertz benötigte lediglich eine Induktionsspule zur Erzeugung sehr hoher Spannungen, zwei kleine Bronzeplatten als Kondensator, zwei kurze, mit den Platten verbundene Drahtstücke mit einem kleinen Spalt dazwischen, wo der Funke überspringen konnte, und einen geeigneten Empfänger, mit dem er die elektromagnetischen Wellen im Raum und die Schwingungen im Draht nachweisen konnte. Die Induktionsspule mußte mit den beiden kurzen Enden des Drahtes verbunden werden, so daß bei einem Funkenüberschlag ein Ladungspaket von einer Platte zur anderen schwappte, mit einer Frequenz, die durch die Kapazität der Platten und der Drahtstücke bestimmt war. Die Schwingungen mußten in einer dritten kleinen Bronzeplatte induziert bzw. von ihr aufgenommen werden, die mit dem langen Drahtende verbunden war. Die Kapazität und die Induktivität waren so klein, daß die Frequenz tatsächlich sehr hoch war.

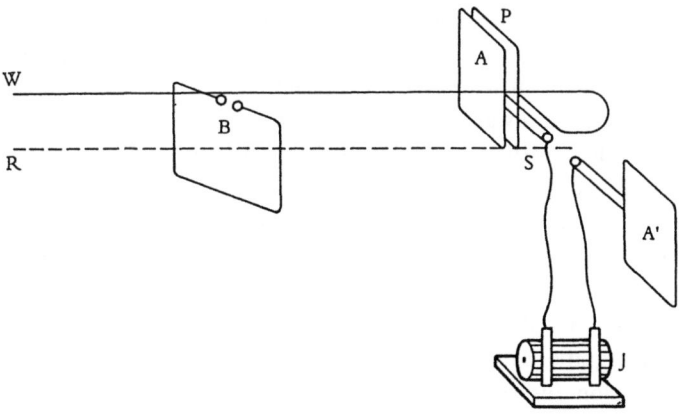

Bild 15.1 Der Hertzsche Kurzwellenempfänger. A und A': Bronzeplatten (Kondensator); P: mit dem Draht W verbundene Bronzeplatte; R–S: Mittellinie; B: Resonator; J: Induktionsspule. Wenn die Ebene des Resonators mit der senkrechten Ebene durch die Mittellinie zusammenfällt, kann in ihm von den Oszillationen zwischen A und A' kein Strom induziert werden; die Funken im Spalt rühren dann ausschließlich von den Wellen im Draht W her. Dadurch kann die Wellenlänge der stehenden Wellen in W gemessen werden. Wenn die Resonatorebene senkrecht zur Mittellinie orientiert ist, haben die Wellen in W keinen Einfluß. Bei Zwischenwinkeln treten Interferenzeffekte auf.

1886 erfand Hertz einen einfachen Empfänger für Hochfrequenz- bzw. Kurzwellenschwingungen. Er bestand aus einer verstellbaren Drahtschleife mit einer Lücke für die Funken (siehe Bild 15.1). Wenn man den Detektor in die Nähe eines Schwingkreises brachte und so ausrichtete, daß die bestmögliche induktive Kopplung erreicht wurde, sprangen in der Lücke Funken über. Der Detektor konnte durch Größenänderung an die Wellenlänge bzw. Frequenz des Schwingkreises angepaßt werden, so daß man die jeweils maximale Reaktion im „Resonator", wie der Empfänger genannt wurde, erhielt.

Mit diesem einfachen, nur aus einem Oszillator, einem langen Drahtstück und einem abgestimmten Resonator bestehenden Apparat führte Hertz 1888 und 1889 eine Reihe von entscheidenden Experimenten aus. Er maß die Wellenlänge der stehenden Wellen, die sich auf dem langen, offenen Draht ausbildeten, und zeigte, wie diese Wellen mit den Schwingungen interferierten, die sich von derselben Quelle in den Raum ausbreiteten. Mit der am Draht gemessenen Wellenlänge und der für den Schwingkreis berechneten Frequenz konnte er die Ausbreitungsgeschwindigkeit der Wellen auf dem Draht berechnen. Aus dem Interferenzmuster konnte er dann beweisen, daß die Raumschwingungen sich mit Lichtgeschwindigkeit ausbreiteten. Weiterhin wies er nach, daß die Wellen von den Wänden eines großen Raumes reflektiert werden konnten, so daß sich dann stehende Raumwellen ausbildeten. Damit hatte das *experimentum crucis* zugunsten der Maxwellschen Theorie entschieden, und die Realität von Maxwells elektromagnetischen Wellen im leeren Raum war bewiesen.

Hertz zeigte weiterhin, daß diese Wellen die gleichen Eigenschaften haben wie die Schwingungen, welche die Lichtempfindung und die mit dem Licht verbundenen Phänomene verursachen. Sie können reflektiert und gebrochen werden, sind senkrecht polarisiert und zeigen die charakteristischen Interferenzerscheinungen. Hertz hatte damit das Spektrum der elektromagnetischen Wellen enorm erweitert, vom sichtbaren Licht über die Wärmestrahlung bis hin zu den neuen Wellen, deren Wellenlänge von Wellenberg zu Wellenberg nicht mehr in winzigen Bruchteilen eines Millimeters, sondern in Metern gemessen wurde. Bedeutsam war auch der von ihm geführte Nachweis, daß die Feldstärke der elektromagnetischen Wellen mit der Entfernung wesentlich langsamer abnahm als die Stärke der Faradayschen Induktion.

Es gab keinen Ansturm auf eine praktische Verwendung der Hertzschen Wellen, wie sie genannt wurden. Warum auch? Die Länder und Kontinente waren von Telegrafenlinien überzogen, unter allen Meeren und Ozeanen verliefen Telegrafenkabel. Dazu hatte 1873 der erfinderische Graham Bell das Telefon erfunden, was anscheinend die letztmögliche Perfektion der Telegrafie darstellte. Es hatte ein paar planlose Versuche gegeben, die Faradaysche Induktion für spezielle Kommunikationszwecke einzusetzen, z.B. von der Küste zu Leuchtschiffen, aber die erforderlichen Antennen waren viel zu groß und die Reichweite begrenzt. Auch eine elektrostatische Kommunikation war erwogen und ebenso als unbefriedigend befunden worden.

Tragischerweise starb Hertz noch sehr jung am 1. Januar 1894. Fünf Monate später stellte Oliver Lodge in einer Vorlesung in London die Leistungen Hertz' dar und erörterte Techniken für den Nachweis und die Untersuchung Hertzscher Wellen. Von Eduard Branly war ein „Coherer", wie Lodge ihn nannte, erfunden worden. Er bestand aus einem Rohr mit pulverisiertem Metall, dessen Teilchen zusammenklumpten (engl. cohered), wenn sie Hertzschen Wellen ausgesetzt waren. Da der Widerstand dann drastisch abnahm, konnte ein Coherer in einem Stromkreis mit einer Batterie und einer elektrischen Klingel als effektiver Detektor für solche Wellen benutzt werden (die Vibrationen der Klingel bereiteten das Gerät auf das nächste Signal vor).

Über die Hertzschen Wellen wurde zwar sehr viel gearbeitet, aber in der Physik und nicht in der Technik. Es blieb einem reichen jungen Italiener, der kaum dem Jugendalter entwachsen war, vorbehalten, aus diesen wissenschaftlichen Entwicklungen eine revolutionäre Methode der Informationsübertragung zu machen. Guglielmo Marconi (1874–1937) hatte an der Universität von Bologna Augusto Righis Vorlesungen über die Maxwellsche Theorie und die Hertzschen Wellen besucht und die Londoner Vorlesung Lodges gelesen. Er konnte, wie er später sagte, kaum glauben, daß die großen Männer der Wissenschaft die praktischen Möglichkeiten der Hertzschen Wellen noch nicht gesehen hatten. Lodge bekannte später, diese tatsächlich nicht erkannt zu haben. Marconi war also der typische Außenseiter, der eine Handwerkskunst oder Technik revolutioniert, ohne vorher eine Verbindung zu dieser gehabt zu haben.

Marconi führte seine ersten Versuche auf dem väterlichen Gut aus. Systematisch verbesserte er den Coherer und entwickelte anstelle der von Hertz benutzten beiden langen Drähte eine Antenne. Er erkannte bald, daß für eine Verbindung über weite Strecken Wellen mit viel größerer Wellenlänge als die von Hertz erzeugten gebraucht wurden. Marconis Wellen hatten Wellenlängen von 100 m bis zu einigen km, nicht wie bei Hertz von vier oder fünf Metern. Er fand auch heraus, daß er die Empfangsreichweite wesentlich erhöhen konnte, wenn er die Antennen erdete und möglichst hoch anbrachte. Von den kommerziellen Möglichkeiten seiner Erfindungen überzeugt, verließ der junge Marconi Italien und ging nach England. Im Juni 1896 reichte er sein erstes Patent ein – das erste Radiopatent überhaupt – und gründete mit einem ausgeschriebenen Kapital von 100 000

Pfund die Marconi-Company. Die Emission wurde sofort gezeichnet, mit dem Ergebnis, daß die Kabel- und Telegrafenaktien an der Börse fielen – ganz ungerechtfertigterweise, denn Marconi war hinter einem ganz anderen Markt her.

Marconi hatte Glück, denn seine Mutter war eine wohlhabende britische Erbtochter, die ihm in London viele Türen der Bürokratie und der Wirtschaft öffnen konnte. Er hat die langen Zeiten des Versagens, der Frustration und der Armut nie gekannt, die das Los so vieler Erfinder und Erneuerer zu sein scheinen, sondern war von Anfang an erfolgreich. Wie Boulton und Watt hatte er sofort die Wichtigkeit erkannt, für seine Erfindung den richtigen Markt zu finden. Bei ihm war es der riesige Sektor, den der Telegraf und das Kabel nicht ausfüllen konnten: Die Schiffahrt. Nach England war er gekommen, weil dieses Land damals die führende Seefahrernation der Welt war. Über die Hälfte aller Schiffe waren in England registriert. Die englischen Schiffseigner sollten daher als erste die Vorteile der „drahtlosen Telegrafie" verstehen.

In den letzten Jahren des 19. Jahrhunderts war (vor allem dank Marconi) ein breites Interesse an den praktischen Möglichkeiten der Hertzschen Wellen festzustellen. 1899 hatten zwei Ingenieure angeregt, daß sie zur Steuerung eines Torpedos, das sich vermutlich an der Oberfläche bewegen sollte, dienen könnten. Um die Jahrhundertwende war es französischen Ingenieuren gelungen, eine Nachricht über eine Entfernung von 6 km zu einem 800 m hoch fliegenden Ballon zu senden. Weniger dramatisch war der Versuch, den Charles Nordmann im Montblanc-Gebiet durchführte, nämlich eine eventuelle Ausstrahlung Hertzscher Wellen von der Sonne zu entdecken. Er hatte keinen Erfolg, schloß aber, daß sie möglicherweise von Sonnenflecken und Flares ausgehen. Es war der erste Schritt in Richtung der heutigen Radioastronomie. Unterdessen erweiterte Marconi den Anwendungsbereich der drahtlosen Kommunikation. Es sandte drahtlos Mitteilungen an die USS *Philadelphia*, die auf dem Atlantik unterwegs war, und aus Poldhu in Cornwall an einen italienischen Kreuzer, der gerade in Cronstadt lag. 1901 behauptete er, von Poldhu über den Atlantik nach Neufundland gesendet zu haben. Die beiden Stationen waren nicht nur durch eine Entfernung von rund 4000 km, sondern auch durch die Erdkrümmung, also sozusagen durch einen 400 km hohen Berg aus Ozeanwasser, getrennt. Die Hertzschen Wellen hatten sich nicht wie Lichtwellen verhalten: Irgendwie hatten sie es geschafft, sich um die Erde zu biegen. Nach der üblichen Theorie hätten sie das nicht tun dürfen, ebensowenig wie sich Lichtwellen um den Montblanc biegen, um den Leuten in Chamonix zu zeigen, was in Courmayeur vor sich geht. Marconis großer Vorteil war, daß er zwar viel wußte, aber nicht zu viel. Die erfolgreiche Übertragung von Hertzschen Wellen entlang der Erdkrümmung veranlaßte O. Heaviside und A.E. Kennelly, die Existenz einer elektrisch leitfähigen Schicht in der oberen Atmosphäre zu postulieren, welche die Hertzschen Wellen irgendwie kanalisieren und um die Erde leiten würde. Diese aus geladenen Teilchen (Ionen) bestehende Schicht wurde später von R.A. Watson Watt „Ionosphäre" genannt.

1903 fand in Berlin eine internationale Konferenz statt, auf der Fragen der Prioritäten und der Rechte geregelt werden sollten. Die Sicherheit auf See war dort ebenfalls eine dringende Frage. So wurde der Vorschlag gemacht, daß eine weitere wertvolle Anwendung der Hertzschen Wellen in der Übermittlung von Zeitsignalen an die Schiffe bestehen sollte. 1904 wurde Marconis System eingesetzt, um der RMS *Campania* auf ihren Fahrten über den Atlantik regelmäßige Nachrichten zu senden.

Im russisch-japanischen Krieg 1904–05 wurde die drahtlose Telegrafie für militärische Zwecke eingesetzt. Der brillante japanische Admiral Togo entwickelte eine Strategie, um die überlebenden Schiffe der russischen Pazifikflotte aus der Sicherheit des Hafens in Port Arthur herauszulocken. Er schickte eine schwache japanische Flotte auf Manöver vor der Küste Port Arthurs, deren Fahrwasser vorher heimlich vermint worden war. Wenn die russischen Schiffe ausliefen, sollte die schwache Flotte eine viel stärkere herbeifunken, die weit außerhalb der Sichtweite wartete. Doch traf das russische Flaggschiff auf eine der Minen und sank, woraufhin die anderen russischen Schiffe wieder in den Hafen zurückkehrten. Die drahtlose Telegrafie konnte also bei diesem Anlaß nicht erprobt werden. Sie wurde aber im selben Krieg zum Sammeln von Nachrichten eingesetzt. Die Londoner *Times* mietete das Dampfschiff *Haimun* an und ließ es mit einer Sendestation ausrüsten, die das etwas anders konstruierte System des amerikanischen Radiopioniers Lee de Forest (1873–1961) nutzte. Die Idee dabei war, daß die *Haimun* die japanische Flotte beschatten und Nachrichten zu einer Empfangsstation auf dem chinesischen Festland senden sollte, von wo aus die Nachrichten nach London weitergekabelt werden sollten. Die Japaner erkannten bald, daß die Russen diese Nachrichten ebenfalls empfangen und interpretieren konnten. Natürlich unternahmen sie nun Schritte, um die Bewegungsfreiheit der *Haimun* einzugrenzen.

Zwei Ereignisse trugen maßgeblich dazu bei, die Nützlichkeit von „drahtlos" in den Köpfen der britischen Öffentlichkeit zu verankern. Das eine war die Rolle, welche die drahtlose Telegrafie 1911 bei der Verhaftung des berühmten Mörders Dr. Crippen und seiner Geliebten spielte, die bei dem Versuch, das Land zu verlassen, gefaßt wurden (man vergleiche mit dem Einsatz des Telegrafen bei der Ergreifung des Mörders von Slough, siehe Kapitel 10). Das zweite war ihr unschätzbarer Beitrag zur Rettung von Menschenleben beim Untergang der *Titanic* 1912. Dieses Ereignis hatte auch in den USA eine starke Werbewirkung für die drahtlose Telegrafie.

Der Vollständigkeit halber sei erwähnt, daß noch zwei weitere Kandidaten für den Titel „Erfinder des Radios" genannt wurden: Der Waliser D.E. Hughes und der Russe A.S. Popov. Hughes demonstrierte in den Jahren 1879 und 1880 über kurze Entfernung eine Form der drahtlosen Telegrafie, aber das war vor Hertz' Experimenten. Auf jeden Fall verstand er das Prinzip nicht richtig und konnte seine Erfindung nicht weiterentwickeln. Deshalb kann man ihn nicht als Radiopionier bezeichnen. In ähnlicher Weise erfand Popov, der Lodges Vorlesung gelesen hatte, einen Empfänger für Hertzsche Wellen, er benutzte ihn aber nur, um Strahlung von Gewitterblitzen nachzuweisen. Er kann deshalb als Begründer eines wichtigen Zweiges der Meteorologie angesehen werden. Er scheint aber keinen Sender erfunden und auch die mögliche Anwendung der Hertzschen Wellen für die Informationsübertragung nicht gesehen zu haben.

Die nächsten Fortschritte in der drahtlosen Telegrafie bestanden in der Verwendung der von William Thomson untersuchten resonanten Schwingkreise in Empfängern, sowie die Erfindung eines effizienten Generators für kontinierliche Oszillationen bei einer festen Frequenz, der den Funken ersetzte. Mit einem resonanten, auf die Sendefrequenz eingestimmten Schwingkreis war ein viel klarerer Empfang möglich, und die Sendeenergie konnte auf die gemeinsame Frequenz konzentriert werden. Kontinuierliche Oszillationen zu erzeugen war nicht so leicht. Zwei schnelle Lösungen bestanden in dem „singenden Bogen" Duddells, und in einem Hochgeschwindigkeits-Wechselstromgenerator, wie er z.B.

von Anderson erfunden worden war. Dieser konnte einen Wechselstrom mit 22 000 Hz erzeugen, eignete sich aber nur für große Küstenstationen.

Das Elektron wird wichtig

Die Begründung der Atomtheorie durch John Dalton veranlaßte einige Forscher zu der Vermutung, daß vielleicht nicht nur die Festkörper, Flüssigkeiten und Gase atomare Struktur haben, sondern auch die Elektrizität. Diese Vermutung wurde durch die von Faraday 1835 entdeckten Gesetze der Elektrolyse genährt, die Elektrizitätsmengen in Bezug zu chemischen Äquivalenten, d.h. letztlich zu Atomgewichten, setzten. Erst 1874 wurde jedoch das „Elektrizitätsatom" von dem Iren G.J. Stoney identifiziert; er nannte es „Elektrine" und gab eine plausible Abschätzung seiner Ladung an. Kurze Zeit später änderte er die Bezeichnung in „Elektron".

Parallel zu Stoneys Forschungen untersuchten andere die sogenannten Kathodenstrahlen. Dabei ist eine luftleere Glasröhre mit zwei Elektroden ausgestattet, einer positiven Anode und einer negativen Kathode. Wenn zwischen den Elektroden eine hohe Spannung von einigen tausend Volt anliegt, scheinen sich zwischen ihnen Strahlen auszubreiten, welche die Glaswände zum Fluoreszieren bringen. Über diese Strahlen gab es ausgedehnte Diskussionen: Handelte es sich um Wellen ähnlich den Hertzschen Wellen, oder vielleicht um einen Teilchenstrom? 1897 wies J.J. Thomson schlüssig nach, daß die Kathodenstrahlen ein Teilchenstrom waren. Er bestimmte die spezifischen Ladung e/m (d.h. die Ladung e pro Masse m) der Teilchen und fand heraus, daß sie immer dieselbe war, unabhängig davon, welches Metall man für die Kathode verwendete. Er stellte weiterhin fest, daß von verschiedenen heißen Drähten identische Teilchen ausgesandt wurden, die ebenfalls diese spezifische Ladung besaßen. Thomson konnte nachweisen, daß diese Teilchen erstens Bestandteile der Atome (die damit offensichtlich eine innere Struktur aufwiesen!) und zweitens mit Stoneys Elektronen identisch waren.

Im Verlauf dieser Untersuchungen entwickelte der Deutsche K.F. Braun 1897 ein wichtiges wissenschaftliches Gerät, die Kathodenstrahlröhre. Ein schmaler Elektronenstrahl wird durch eine etwas in der Mitte der Röhre befindliche positive Anode beschleunigt, schießt über diese hinaus und trifft auf einen mit Zinksulfid verkleideten Bildschirm, wo er einen weißlichen Lichtpunkt erzeugt. Dieser Punkt kann Muster von wechselnden Spannungen wiedergeben, die etwa ein Ingenieur gerade untersuchen möchte. Eine praktische Anwendung der Kathodenstrahlröhren lag zwar noch in ziemlich weiter Zukunft, aber für die thermoionische Emission von Elektronen gab es auch unmittelbarere Verwendung. Edison hatte 1880 bei seinen Forschungen über die elektrischen Glühbirnen entdeckt, daß durch den leeren Raum zwischen dem Heizdraht der Birne und einem weiteren darin befindlichen Testdraht ein schwacher Strom floß. 1904 benutzte J.A. Fleming in England diese Entdeckung zur Konstruktion eines einfachen Gleichrichters, den er später „Diode" nannte. In einem luftleer gepumpten Glaskolben wurde eine Kathode elektrisch erhitzt, so daß sie Elektronen emittierte. Diese wurden von einer kleinen zylindrischen Anode angezogen, welche die Kathode umgab und auf einem positiven Potential gehalten wurde. Fleming schrieb an Marconi einen Brief, in dem er erklärte, wie das Gerät für die drahtlose

Telegrafie verwendet werden könnte. Seine Diode ließ einen Strom nur in einer Richtung durch, da die negativ geladenen Elektronen sich nur von der negativen Kathode zur positiven Anode bewegen konnten, nicht jedoch umgekehrt.

Die Diode arbeitete nach einem anderen Prinzip als der Coherer, sie richtete die schnell oszillierenden Ströme gleich, die in der Antenne von den Hertzschen Wellen erzeugt wurden, und wandelte sie in Gleichströme um. Schallwellen mit der gleichen Frequenz wie die Hertzschen Wellen waren natürlich weit oberhalb der menschlichen Hörschwelle, aber wenn die eintreffenden Hertzschen Wellen und die resultierenden Gleichströme moduliert werden könnten, so wie die Ströme in einer Telefonleitung, dann könnten in einem Kopfhörer hörbare Töne erzeugt werden.

Flemings Diode wurde allerdings fast sofort durch den Detektordraht-Kristallempfänger abgelöst (1906). Man hatte herausgefunden, daß ein Kristall als Gleichrichter fungieren kann, und da Kristalle sehr billig und zuverlässig waren, ersetzten sie bald die Dioden. Die zweite Stufe in der Entwicklung der drahtlosen Telegrafie und, wenig später, des Telefons stellte also das „Kristallgerät" dar, das alten Leuten noch gut in Erinnerung ist.

Die thermoionische Röhre oder das thermoionische Ventil war aber nicht vergessen. Eine wesentliche Veränderung der Diode nahm Lee de Forest vor. Er entdeckte, daß die Flexibilität der Röhre durch eine zwischen Kathode und Anode eingefügte Metallspirale – ein sogenanntes Gitter – wesentlich verbessert werden konnte. Der Strom durch diese sogenannte Triode konnte durch eine wechselnde Gitterspannung kontrolliert werden, denn eine solche veränderte die Anzahl der durch das Gitter fliegenden Elektronen. Faktisch arbeitete die Triode wie ein Ventil, das einen Wasser- oder Gasstrom kontrolliert.

De Forest wußte, daß diese Triodenröhre zur Amplitudenverstärkung schwacher Schwingungen verwendet werden konnte. Die Entfernungen, über die drahtlose Telegrafie deutlich empfangen werden konnte, ließen sich damit wesentlich steigern. Ihre Fähigkeit zur Verstärkung schwacher Signale eröffnete noch eine weitere Möglichkeit. Ein Wechselstrom in einem abgestimmten, resonanten Schwingkreis konnte damit dauerhaft aufrechterhalten werden, da, wie de Forest erkannte, die Verstärkungsleistung einer zum Schwingkreis hinzugefügten Triode genau die elektrischen Energieverluste durch die joulesche Wärme kompensieren konnte, die der innere Widerstand des Schwingkreises bewirkte (auf eine sehr ähnliche Weise schwingt ein Uhrpendel beliebig lange, da der Hemmungsmechanismus die Reibung und den Luftwiderstand vollständig kompensiert). Damit war also eine wirkungsvolle Methode zur Erzeugung kontinuierlicher Wellenaussendung gefunden, die bald die Erzeugung durch einen Funken, einen Bogen oder einen Wechselstromgenerator ablöste.

Die von einer Triode und ihrem resonanten Schwingkreis erzeugten kontinuierlichen Hochfrequenzschwingungen konnten von einer weiteren Triode verstärkt und geeignet moduliert werden, so daß sie den auf ein Mikrofon treffenden Schallwellen entsprachen. Die modulierten Schwingungen konnten als Hertzsche Wellen übertragen, empfangen, verstärkt und von einer Diode gleichgerichtet werden. Der resultierende modulierte Gleichstrom ließ sich dann durch geeignete Lautsprecher wie bei einem Telefonhörer in Schallwellen zurückverwandeln. Dieses System der „Radiotelefonie" entwickelte Lee de Forest 1910. In den zwanziger Jahren unseres Jahrhunderts ersetzte das Radiogerät das Kristallgerät. Auf die Triode folgte eine ganze Reihe von Vielelektrodenröhren: Tetroden, Pentoden, Hexoden wurden später in großer Vielfalt für Spezialzwecke wie Fernsehen oder Radar entwickelt. Die Erkenntnis, daß all das auch zu Unterhaltungszwecken eingesetzt werden könnte, reifte erst allmählich. Das Telefon hat sich ja auch nicht zum Unterhaltungsgerät entwickelt. Man betrachtete die Hertzschen Wellen zuerst als Mittel zur Ergänzung des Telegrafensystems, vor allem zur Dienstleistung für Schiffe auf See, später auch als Ergänzung zum Telefondienst. Nicht einmal Propheten wie H.G. Wells sahen „drahtlos" als bedeutsames Medium zur Erziehung und Unterhaltung voraus.

Die ersten Flugzeuge

Obwohl Sir George Cayley (1773–1857) die notwendigen Spezifikationen für den Bau eines erfolgreichen Flugzeugs bereits zu Beginn des 19. Jahrhunderts festgelegt hatte, blieb die „Eroberung des Fliegens" für den Rest dieser außerordentlich schöpferischen Epoche der Tummelplatz für Betrüger, Verrückte, begeisterte Amateure und „Beflissene", die als einzige versuchten, das Problem objektiv zu betrachten und mit systematischen und wissenschaftlichen Methoden anzugehen. Der Hauptschwierigkeiten waren drei: Erstens fehlte ein geeignetes Leichtgewichtstriebwerk, die Grenzen der Dampfmaschine und des Gasmotors waren hier offenkundig; zweitens bot das Fliegen selbst inhärente Probleme; schließlich gab es auch keine wirtschaftlichen oder militärischen Anreize zu „Forschung und Entwicklung", weil die Mehrzahl der Ingenieure und Wissenschaftler ohnehin meinte, das Fliegen mit Geräten schwerer als die Luft sei unmöglich. Aus diesem Grund fühlten sich nur wenige Liebhaber von der Luftfahrt so angezogen, wie sich Joule und andere von den Möglichkeiten eines effizienten Elektromotors angezogen gefühlt hatten.

Das erste und ernsthafteste Hindernis wurde durch die Erfindung und Entwicklung des Benzinmotors aus dem Weg geräumt. Für die Flugamateure bestanden jetzt wesentlich attraktivere Aussichten, obwohl noch das zweite Hindernis blieb. Bereits viele Jahre lang war es kein Problem mehr gewesen, ein einfaches Fluggerät zu bauen, das von der Luft getragen werden, einige Meter aufsteigen, einige 100 m weit fliegen und dann landen konnte. Sir Hiram Maxim hatte 1894 eine solche Maschine gebaut; angetrieben wurde sie von einer Dampfmaschine mit einem Hochdruckboiler ohne den zugehörigen Brenner. Allerdings war das noch kein Flugzeug. Die notwendigen Bedingungen, die ein Flugzeug erfüllen mußte, waren: Das Gerät mußte aus eigener Kraft starten und am gleichen Ort wieder landen können; es mußte auf- und absteigen sowie links und rechts drehen können; und das alles unter der Kontrolle des Piloten. Das waren die eigentlichen Probleme des Fliegens.

Ohne Frage wurde das erste wirkliche Flugzeug, das nicht nur diese unverzichtbaren Bedingungen erfüllte, sondern auch praktisch unbegrenzte Entwicklungsmöglichkeiten bot, von den Brüdern Orville und Wilbur Wright (1871–1948 und 1867–1912) erfunden. Die Gebrüder Wright, deren Vater in Dayton, Ohio, ein Kleriker war, waren begabte Mechaniker, die eine gutgehende Fahrradfabrik gegründet und aufgebaut hatten. Ihr Interesse an der Fliegerei war durch die in breitem Rahmen veröffentlichten Leistungen Otto Lilienthals (1848–96) geweckt worden, der viele erfolgreiche Flüge mit den von ihm gebauten Hanggleitern absolviert und dabei über die Probleme des Fliegens viel gelernt hatte. Lilienthal stand an der Schwelle zum Einsatz von Motoren in seinen Gleitern, als er bei einer Bruchlandung ums Leben kam. Neben Lilienthal wurden die Gebrüder Wright von Samuel P. Langley und Octave Chanute, zwei anderen Amateuren, beeinflußt.

Wie Joule bei seinem Bemühen, einen möglichst effizienten Elektromotor zu bauen, damit begonnen hatte, die grundlegenden Komponenten zu vervollkommnen und die Prinzipien beherrschen zu lernen, so waren sich auch die Gebrüder Wright darüber im klaren, daß man nicht rennen kann, ehe man gehen kann. Sie bauten also 1899 eine kleine zweiflügelige Versuchsmaschine. Damit wollten sie Lilienthals Idee der „Flügelverwindung", wie es genannt wurde, testen. Wenn ein Pilot beispielsweise nach rechts drehen will, dann sollte er die Flügel so verdrehen, daß die linke Vorderkante nach oben und die rechte nach unten gedreht wird, so daß der linke Flügel steigt und der rechte sinkt. Es ist der gleiche Effekt, der heute mit Querrudern erreicht wird. Flügelverwindung sollte nach Lilienthal auch eingesetzt werden, um ungewolltes Rollen nach der einen oder anderen Seite zu korrigieren. Diese Technik erfüllte also eine grundlegende Anforderung an die Kontrollmöglichkeiten über das Flugzeug oder den Gleiter. Im Jahr 1900 stellten die Brüder den ersten von drei Gleitern her und unternahmen kurze Tiefflüge über den Sandstrand von Kitty Hawk und Kill Devil in Nord-Carolina. Schritt für Schritt erarbeiteten sie sich die Konstruktionsmerkmale und die Kontrollprinzipien des Fliegens. Sie konnten die Fehler korrigieren, die von anderen Möchtegernfliegern vor ihnen gemacht und veröffentlicht worden waren, und brachten sich selbst bei, wie sie zu den ersten Piloten der Welt werden konnten. Sie gingen dabei systematisch und wissenschaftlich vor. Sie bauten sogar ihren eigenen Windkanal, in dem sie das Verhalten von Flügelquerschnitten unter Flugbedingungen testeten. 1902 beantragten sie ein Patent (das später auch gewährt wurde) auf ihr Kontrollsystem mittels kombinierter Anwendung von Verwindung und Ruder.

Am 17. Dezember 1903 hob ein von ihnen gebautes zweiflügeliges Flugzeug in Kill Devil ab und flog in 12 Sekunden etwa 40 m weit. Es war mit zwei Propellern ausgestattet, die von einem 12-PS-Benzinmotor angetrieben wurden, den die Brüder Wright selbst entworfen und gebaut hatten. Orville steuerte diesen ersten wirklichen, wenn auch noch bescheidenen Flug. An diesem Tag wurden noch mehr Flüge unternommen, wobei die zurückgelegten Entfernungen auf über 250 m und die Flugzeiten auf fast eine Minute ausgedehnt werden konnten. In den folgenden Jahren wurden die Flugstrecken, -höhen und -zeiten ständig vergrößert. 1905 unternahmen die Brüder ihre ersten Passagierflüge. Im gleichen Jahr brachten sie ihr neues Flugzeug zu Vorführungen nach Frankreich.

Jeder, der ein Modellflugzeug gebaut und geflogen hat – und sei es nur aus Papier – hat eine gewisse Vorstellung von der Flugstabilität, die in der frühen Luftfahrt ein großes Problem darstellte. Die Flugzeuge der Brüder Wright waren tendenziell alle instabil. Sie hatten eine wohlüberlegte Wahl zu treffen: Je stabiler das Flugzeug ist, um so weniger sensibel reagiert es auf die Steuerbewegungen des Piloten. Die Wrights wollten ihre Flugzeuge *fliegen*, sie wollten nicht von ihnen geflogen werden. In diesen frühen Tagen, als noch so wenig über das Fliegen bekannt war, war das eine weise Entscheidung. In Europa hatte man die Betonung auf die Stabilität gelegt. Die Flugzeuge hatten dementsprechend Heckteile mit flachen waagrechten Oberflächen für die longitudinale Stabilität. In den zehn Jahren vor dem 1. Weltkrieg wurden große Anstrengungen darauf verwandt, Stabilität zu erreichen, ohne sensible Kontrollmöglichkeiten opfern zu müssen.

Einige Leute haben die Gebrüder Wright als ungebildete Mechaniker betrachtet, die einfach das Glück hatten, die ersten zu sein, die ein Flugzeug bauten und flogen. Der obige kurze Abriß sollte allen derartigen Vorstellungen den Abschied geben. Sie waren ihrem

Wesen nach bescheidene, unauffällige Männer. Fotografien von ihnen sind kaum bekannt und zeigen sie in der steifen, unbequemen Kleidung der Jahrhundertwende. Sie gehören in die Grauzone der Geschichte, in der auch andere schüchterne Menschen zu finden sind, die aber Großes erreicht haben. Was das Interesse und die Wertschätzung der Öffentlichkeit angeht, so wurden sie bald von den heroischen und glänzenden Weitstreckenfliegern und Ozeanüberquerern der zwanziger und dreißiger Jahre überholt. Auf lange Sicht gesehen ist ihr Ruf freilich stabiler.

Es ist eine erstaunliche Tatsache, daß nach den Gebrüdern Wright die Entwicklung der Luftfahrt in den Vereinigten Staaten für das Jahrzehnt vor Ausbruch des 1. Weltkriegs zum Erliegen kam. Die Führung wurde ohne Frage von Frankreich übernommen. Dafür sind, wie auch beim Automobil, technische Ausdrücke Zeuge, die ins Englische übernommen wurden: aileron, fuselage, empennage, monocoque, nacelle. Die auf die Wrights folgenden Pioniere der Luftfahrt waren Franzosen oder Wahlfranzosen, darunter Henri Farman, Ferdinand Ferber, Louis Blériot, Charles und Gabriel Voisin und Alberto Santos-Dumont. Die deutschen Anstrengungen bewegten sich anfangs in eine Richtung, die sich als Sackgasse herausstellte: Das steife, steuerbare Luftschiff. Immerhin hatte Deutschland vor 1914 fahrplanmäßige Handelsflüge mit dem Luftschiff zwischen den großen Städten eingerichtet und über 42 000 Passagiere unfallfrei befördert. Dieses Verdienst bleibt dem Grafen Zeppelin und seinen Helfern.

Zweifellos lassen sich viele Gründe finden, weshalb die Europäer in einer Technologie führend wurden, deren Pioniere Amerikaner waren und die auch an sich dem amerikanischen Pioniergeist so sehr entsprach. Der wichtigste Einzelgrund scheint gewesen zu sein, daß staatliche Unterstützung für das Entstehen einer Luftfahrtindustrie wesentlich war und ist, wie die spätere Erfahrung ja auch im Überfluß bewiesen hat. In Europa trafen mächtige und rivalisierende Nationen mit ihren Landesgrenzen eng aufeinander und die Entwicklung nahm immer eindeutiger die Züge der Kriegsvorbereitung an. Daraus ergaben sich starke Anreize für staatliche Unterstützung der Luftfahrt, obwohl niemand vorhersagen konnte, welche Rolle Flugzeuge in künftigen Kriegen würden spielen können. 1909 richtete England, das seinen kontinentalen Konkurrenten hinterherhinkte und seine imperialen Gewichte allein in der Waagschale der Königlichen Marine hatte, eine Luftfahrtkommission ein. Die Initiative ging von Lord Haldane aus, zu dessen weiterer Familie zwei ausgezeichnete Biologen gehörten und der selbst akademische Kenntnisse besaß. Die USA waren sogar noch weiter im Rückstand; das National Advisory Committee on Aeronautics (NACA) wurde dort erst 1915 gegründet.

Auswirkungen des Krieges

Ob der 1. Weltkrieg die Flugzeugentwicklung angeregt hat, ist fraglich. Für spezielle militärische Anliegen hat er es sicherlich getan. Zwei Beispiele für Entwicklungen aus Kriegszeiten sind die Methoden, Gewehre und sogar Kanonen auf Flugzeugen zu montieren, und Maschinengewehre so zu synchronisieren, daß sie zwischen den Propellern durchschießen konnten. Aber nach dem gut informierten, allerdings sehr polemischen Journalisten C.G. Grey, hat der Krieg wenig oder nichts für die Entwicklung des Flugzeugs selbst geleistet. Das mehrmotorige Flugzeug, der selbsttragende Röhrenrumpf und das einklappbare Fahrgestell – all das war bereits vor dem Krieg erfunden worden. Man muß aber auch sagen, daß die Bedingungen der Massenproduktion die Flexibilität sehr behinderten, und daß das zwangsläufige Fehlen von friedlichem Wettbewerb zusammen mit einem Maximum an kriegsbedingter Geheimniskrämerei auf ihre Weise den Fortschritt bremsten. Wenn man davon ausgeht, daß alle Nationen die militärische Fliegerei laufend weiterentwickelt haben (viele Jahre lang gab es so gut wie keine zivile Luftfahrt), dann hätte ohne den Krieg jede Nation ihre eigenen, unverwechselbaren Beiträge zum Vorteil aller geleistet. Wie dem auch sei – die gegnerischen Nationen Österreich-Ungarn, Serbien, Rußland, Deutschland, Belgien, Frankreich und Großbritannien mit seinem Commonwealth traten in den Krieg ein, in dessen Verlauf die ungeheuren Fortschritte, welche die Wissenschaft und Technologie in allen Bereichen des menschlichen Lebens, auch den schrecklichsten, gebracht hatte, klar zu Tage traten.

Mit dem Wachstum der Luftfahrt wurde öffentlich sichtbar, was schon einige Jahrzehnte lang stillschweigend zugenommen hatte: Die führende Rolle, die der Staat in der Technologie und, wenn auch weniger auffallend, in der Wissenschaft übernommen hatte. Dies hing zum großen Teil mit der Rüstungsindustrie und dem fortdauernden Wettrüsten aller größeren westlichen Nationen zusammen. Der Öffentlichkeit wurde das 1906 bewußt, als in England ein revolutionäres Kriegsschiff, die HMS *Dreadnought*, vom Stapel lief. Das Rückgrat der Marine waren in allen Ländern die gepanzerten Kriegsschiffe („Ironclads") gewesen, die bis zu 15 000 Tonnen verdrängten. Typisch dafür war Admiral Togos Flaggschiff, die *Mikasa*, deren Verdrängung 15 200 t betrug und die in der Seeschlacht von Japan am 27. Mai 1905 die entscheidende Rolle spielte. Die *Mikasa* besaß auf zwei Türmen vier 30 cm-Kanonen, von denen zwei nach vorne und zwei nach hinten feuerten, dazu vierzehn 15 cm-Kanonen und viele leichte Gewehre und Maschinengewehre. Mit maximal 18,5 Knoten war sie relativ schnell. Die *Dreadnought* wies ein Jahr später zwanzig 30 cm-Kanonen auf, von denen sechs nach vorne, sechs nach hinten und acht breitseits feuerten. Diese furchtbare Kampfmaschine deklassierte die Kriegsschiffe der übrigen Welt und sorgte im Kriegsschiffbereich für ein Wettrüsten, denn alle bedeutenden Mächte versuchten sich nun mit Kriegsschiffen von der Art der *Dreadnought* auszurüsten.

Die Argumente der Marinekritiker für oder gegen den Dreadnought-Typ spielen für die Diskussion der durch ihn dargestellten Technologie kaum eine Rolle. Dafür muß diese Diskussion eine Bewertung des Umfangs der neuesten Entwicklungen beinhalten. Dazu zählen die Einführung des Turbinenantriebs, hydraulische Kanonensteuerungen, neue Explosivstoffe, elektrisches Licht und elektrische Energie und die drahtlose Telegrafie. Der Kreiselkompaß war eine weitere wichtige Neuerung, die kurz vor 1914 aufkam. Diesem liegt das Prinzip zugrunde, daß die Achse eines schnell rotierenden Rades oder einer schnell rotierenden Kugel immer in die gleiche Richtung weist, wie auch immer man den rotierenden Körper bewegen mag. Das ist auch bei einem Kinderkreisel der springende Punkt, und ebenso bei der rotierenden Erde, deren nördliche Achse immer zum Polarstern zeigt (wenn man die Präzession vernachlässigt). Die Eigenschaften des Kreisels waren erstmals von J.B.L. Foucault studiert und erklärt worden. Zu Beginn unseres Jahrhunderts hatten dann die Fortschritte in der Präzisionsmechanik und die Entwicklung des Elektromotors die Erfindung des Kreiselkompasses möglich gemacht, der nicht nur ein Konkurrent, sondern auch eine Verbesserung der alten Magnetkompasses war. Der Pionier war hier Elmer Sperry (1860–1931), ein weiterer vielseitiger und fruchtbarer amerikanischer Erfinder. Mit Hilfe von Verstärkermotoren (dem elektrischen Analogon zu MacFarlane Grays Dampfsteuerung) konnte ein primärer Kreiselkompaß an passenden Stellen des Schiffes „Sklavenkompasse" bedienen. Besonders geeignet war der Kreiselkompaß für Unterseeboote, die ebenfalls eine radikale und bedrohliche Neuerung darstellten, deren Potential 1914 nicht absehbar war. Später erwies er sich als unschätzbar wertvoll in Flugzeugen und Raumschiffen.

Ein besonders gravierendes Problem im Zeitalter der *Dreadnought* wurde nur langsam erkannt, so stürmisch waren die Fortschritte in so vielen unterschiedlichen Bereichen. Die Theorie des Seekrieges bestand wie schon um 1800 immer noch darin, daß zwei Reihen von Schlachtschiffen so lange aufeinander loshämmerten, bis eine überwältigt war. Diese Theorie verschleierte ein ernsthaftes Kanonierproblem. In einer Schlacht konnten zwei Schiffe vom Dreadnoughttyp, die von Turbinen angetrieben wurden und gut 20 Knoten erreichten, sich mit einer relativen Geschwindigkeit von rund 80 km/h aufeinander zu oder voneinander weg bewegen und außerdem, aufgrund der Verbesserungen der Kanonen und der Explosivstoffe, einander aus einer Entfernung von 16 km oder mehr beschießen. Unter diesen neuen Bedingungen waren die Kanoniertechniken von 1800 offensichtlich unzureichend. Wenn man die Flugzeit miteinberechnete, so konnte eine Granate, die bei zwei stehenden Schiffen getroffen hätte, ohne weiteres 500 m hinter einer fahrenden Dreadnought einschlagen, wenn sie direkt auf das fahrende Schiff und nicht vor es gezielt war. Die Frage war nun: Wie weit vor das fahrende Schiff mußte man zielen? Und wie konnte man eine eventuelle Kursänderung des anderen Schiffes mitberücksichtigen? Nötig war also ein Rechner, der alle diese Variablen einbezog, so daß die Kanonen auf bewegliche Ziele richtig ausgerichtet werden konnten.

Die Antwort wurde mit der Entwicklung des Gezeitenrechners durch James Thomson, den jüngeren Bruder von William Thomson (Lord Kelvin), gefunden. Dieser bestand aus einem mechanischen Integrator oder Analogrechner, der eine Weiterentwicklung von Morins *Compteur* darstellte und dadurch an Vorfahren wie die mittelalterlichen Uhrmacher und an den Antikythera-Mechanismus anknüpfte. Die Argouhr, wie der Gezeitenrechner auch genannt wurde, wurde auf Betreiben Arthur Pollens hergestellt. Pollen war ein reicher englischer Geschäftsmann, der im industriellen Ingenieurwesen tätig war und über einflußreiche Beziehungen zu Regierungskreisen verfügte. Wieder einmal hatte ein Außenseiter eine Schlüsselrolle bei einer bedeutsamen Neuerung gespielt. Im direkten Vergleich mit seinem deutschen Konkurrenten wies der englische Gezeitenrechner aber einige Nachteile auf, denn der erstere erhielt seine Informationen von den überlegenen Entfernungsmessern, die von der fortschrittlichen optischen Industrie Deutschlands hergestellt wurden. Dieser besondere deutsche Vorsprung blieb bis zum 2. Weltkrieg erhalten.

Beim Ausbruch des 1. Weltkrieg im Sommer 1914 spiegelten die Marinen der kriegführenden Nationen die zeitgenössische Technologie sehr viel genauer wider als die Armeen oder die noch im Experimentierstadium befindlichen Flugzeuge. Die Marinen waren von den Dreadnought-Kriegsschiffen über Kreuzer, Zerstörer und die neuen Unterseeboote durch und durch modern. Die Anforderungen der Unterseeboote verschafften dem Dieselmotor einen Markt, auf dem er seinen drei Konkurrenten – der Dampfmaschine, dem Gasmotor und dem Benzinmotor – klar überlegen war. Im Gegensatz zur Dampfmaschine war der Dieselmotor sehr kompakt, und anders als der Benzinmotor war er nicht so explosionsgefährdet; außerdem erhöhte sein sparsamer Kraftstoffverbrauch die Reichweite der Unterseeboote erheblich.

Im Verlauf des Krieges wurden aber in den kriegführenden Nationen auch die technologischen und wissenschaftlichen Unzulänglichkeiten sichtbar. In England kam es durch den Ausfall der deutschen Farbstoffe zu einem akuten Mangel an Farben für die Uniformen der Soldaten und Matrosen. Bereits 1915 stellte die Regierung deshalb Kapital für eine britische Farbstofffabrik in Huddersfield zur Verfügung; danach gab es „britische Farben". Die in Gestalt der Handelskommission vertretene Regierung war offenbar nicht bereit, einen Chemiker in den Vorstand der neuen Fabrik aufzunehmen, weil dann die übrigen Vorstandsmitglieder, die alle gewöhnliche Geschäftsleute waren, völlig in seiner Hand gewesen wären. Die Zeitschrift *Nature* bemerkte dazu:

> Von seinem Parlamentssitz aus wird uns also vom Sekretär genau der Kommission, die mit der Sorge um die wirtschaftlichen und industriellen Interessen des Landes betraut ist, definitiv beschieden, daß die wichtigste Qualifikation des Direktors eines öffentlichen, von Regierungsgeldern unterstützten Betriebs die ist, daß er von dem Geschäft, das dieser Betrieb angeblich betreibt, keine Ahnung haben darf.

Neben den Farbstoffen wurden auch metallurgische, elektrische, optische und andere vorher aus Deutschland importierte, technologisch fortgeschrittene Produkte knapp. Es wurden große und auch erfolgreiche Anstrengungen unternommen, in Schlüsselbereichen der modernen Technologie aufzuholen. Ein wichtiger Schritt dazu war seitens der Regierung die Gründung eines Ressorts für wissenschaftliche und industrielle Forschung im Jahr 1916. Seine Aufgabe war es, die Forschung in der Industrie finanziell zu unterstützen, im Regierungsauftrag wissenschaftliche Forschungen ausführen zu lassen und die Bildung industrieller Forschungsvereinigungen zu fördern, die gemeinsam von der Industrie und der Regierung finanziert wurden. Der Krieg war zwar eine Tragödie und eine Katastrophe für England (wie für alle kriegführenden Nationen), gab aber dem Land doch die Chance, die Industrie und die Technologie zu modernisieren. Diese Chance wurde größtenteils auch genutzt. Ein offensichtlicher, aber gefährlich trügerischer Bonus für England war auch, daß nach dem Krieg die deutsche Konkurrenz für eine Weile so gut wie ausgeschaltet war.

Die Regierungsstellen USA hatten viel weniger Anlaß als das England der Kriegsjahre sich um Technologie und Industrie zu kümmern. Die USA verfügten ohnehin über eine dynamische Wirtschaft und sehr fortschrittliche elektrische und chemische Industrien; in der Automobilherstellung waren sie führend in der Welt, und die amerikanische Gesellschaft begrüßte und ermutigte alle Neuerungen (man denke z.B. an die frühe Filmindustrie). Dennoch beauftragte Präsident Wilson 1916 die National Academy of Sciences mit ihrer begrenzten Mitgliederschaft, einen nationalen Forschungsrat zu gründen, dessen Funktionen mit denen des obengenannten englischen Ressorts weithin übereinstimmten.

Als der Krieg 1918 zu Ende ging, waren die Regierungen der Führungsmächte der technologischen Entwicklung verpflichtet und gingen sogar mehr und mehr dazu über, diese direkt oder indirekt zu beherrschen. Es war erkannt worden, daß eine technologische Führungsrolle und industrielle Forschung nicht nur für den Sieg im Krieg, sondern auch für den Wohlstand im Frieden wesentlich waren.

16 Fallbeispiele

Am Anfang des 20. Jahrhunderts hatten in der Physik zwei bemerkenswerte Fortschritte stattgefunden, die zusammen einer wissenschaftlichen Revolution gleichkamen. 1901 hatte der deutsche Physiker Max Planck (1858–1947) seine Quantentheorie veröffentlicht. Ihr Ziel war es, die Energieverteilung, die man in der Wärmestrahlung eines heißen „schwarzen" Körpers[1] beobachtete, mit der anerkannten Theorie in Einklang zu bringen, derzufolge die Energie mit kürzer werdenden Wellenlängen unbegrenzt anwachsen sollte. Die Experimente zeigten, daß die abgestrahlte Energiemenge stark von der theoretisch vorhergesagten abwich: Die abgestrahlte Energie erreicht je nach Temperatur bei einer bestimmten Wellenlänge ein Maximum (beträgt die Temperatur z.B. 2500 K, so liegt das Maximum bei einer Wellenlänge von 2 μm) und fällt zu noch kürzeren Wellenlängen hin wieder ab. Planck entdeckte eine Formel, welche die experimentellen Ergebnisse wiedergeben konnte. Diese Formel beruhte auf der von ihm aufgestellten „Quantenhypothese", die besagt, daß Strahlungsenergie gewissermaßen nur in Paketen gestaffelt emittiert oder absorbiert werden kann, wobei die Größe der Pakete durch das Produkt aus der Frequenz und einer neuen Konstanten h – des Planckschen Wirkungsquantums – gegeben ist. Planck hielt diese Lösung des Problems zunächst nur für einen vorübergehenden Notbehelf, denn eine diskontinuierliche Energieaufnahme oder -abgabe widersprach dem bis dahin geltenden physikalischen Weltbild. Sie wurde aber in völligem Gegensatz zu Plancks Erwartung zu einem Hauptpfeiler der Physik des 20. Jahrhunderts, da sie auch viele andere wichtige Probleme zu lösen vermochte und in ihrer Vorhersagekraft zunehmend besser verstanden wurde.

Der Allgemeinheit besser bekannt war die spezielle Relativitätstheorie, die Albert Einstein (1879–1955) 1905 veröffentlicht hatte[2]. Seit Hertz die Gültigkeit von Maxwells Theorie des elektromagnetischen Feldes so überzeugend nachgewiesen und nebenbei die Grundlagen für das Radio und vieles andere gelegt hatte, war der grundlegende Konflikt zwischen Maxwell und der Feldtheorie einerseits und den Lehren Newtons andererseits offenkundig. Entweder das eine oder das andere mußte geändert werden.

Im Lauf der Zeit erwies sich die Newtonsche Mechanik als veränderungsbedürftig. Newtons Postulate eines absoluten Raums und einer absoluten Zeit erschienen damals absolut vernünftig. Seit der Antike waren die Fixsterne am Himmel identifiziert, katalogisiert und in Sternbilder zusammengefaßt. Daß sie und die Sonne eine „Eigenbewegung" aufwiesen, wurde erst nach Newton entdeckt. Man konnte also erwarten, daß, wo auch immer im Universum man sich befand und wohin auch immer man sich bewegte, 1 m Länge unveränderlich 1 m war. Ebenso war in dem Uhrwerksuniversum, das sich die Naturphilosophen des 17. Jahrhunderts vorstellten, zu erwarten, daß 1 Stunde immer 1 Stunde

---

[1] Ein schwarzer Körper ist einer, der sämtliche auf ihn auftreffende Strahlung unabhängig von der Wellenlänge vollständig absorbiert.
[2] Genaugenommen gab es mehrere Relativitätstheorien, aber die Einsteins war die erfolgreichste und wurde bald die bekannteste.

war, egal, wo man sich befand. Und schließlich sollte in nicht weniger universeller Weise eine Masse von 1 kg stets 1 kg sein – wo und wann auch immer.

Diese Grundannahmen wurden Stück um Stück unterhöhlt, bis sie durch die zunehmenden Bestätigungen für die Maxwellsche Theorie in eine manifeste Krise gerieten. Schließlich verwarf Einstein 1905 in seiner speziellen Relativitätstheorie Newtons Grundpostulate eines absoluten Raums und einer absoluten Zeit. Er stellte fest, daß es keinen privilegierten Standort gibt, von dem aus diese mit dem Anspruch objektiver Wahrheit gemessen werden könnten. Die gemessenen räumlichen und zeitlichen Abstände sowie die Meßwerte der Masse verändern sich vielmehr mit der relativen Bewegung des Messenden (oder „Beobachters") gegenüber dem Meßobjekt. Absolute Maßstäbe, an denen diese Größen gemessen werden könnten, gibt es nicht. Die einzige Konstante ist die Lichtgeschwindigkeit, die immer die gleiche ist, wie und von wo aus auch immer sie gemessen wird. Einstein behauptete also, daß ein Längenmaßstab, der sich gegenüber einem Beobachter bewegt, diesem um so kürzer erscheint, je schneller er sich bewegt. Allerdings wird diese Verkürzung erst bei sehr, sehr großen Geschwindigkeiten nahe der Lichtgeschwindigkeit merklich. Ebenso erscheint eine Masse um so größer, je schneller sie sich im Vergleich zum Beobachter bewegt, doch auch hier sind für einen spürbaren Effekt sehr große Geschwindigkeiten nötig. Bei Geschwindigkeiten innerhalb des menschlichen Erfahrungsbereichs bleiben die Gesetze der Newtonschen Mechanik praktisch gültig (siehe die Anmerkung am Ende des nächsten Kapitels).

Für die Quantentheorie und die Relativitätstheorie gab es zwar viele Jahre lang keine praktischen Anwendungen, sie erregten aber ein großes öffentliches Interesse. Es kam eine richtiggehende Industrie auf, die das allgemeine Bedürfnis nach einfachen Interpretationen befriedigen wollte. Dabei wurden wahllos volkstümliche Versionen der Theorien ins Feld geführt, um eine verbreitete Revolte gegen überkommene Anschauungen und Anstandsregeln, gegen das, was als die muffige Unterdrückung und heuchlerische Ehrerbietung des viktorianischen Zeitalters betrachtet wurde, mit Munition zu versorgen. Zu den bekanntesten Führern dieser Revolte schwangen sich bestimmte Literaten aus den ersten Jahrzehnten dieses Jahrhunderts auf, von denen Lytton Strachey und Aldous Huxley besonders prominent waren.

Im ersten Drittel des 20. Jahrhunderts war die bemerkenswerteste und wahrscheinlich wichtigste industrielle und technologische Entwicklung das schnelle Wachstum der Radioindustrie und der sie begleitenden elektronischen Technik. Um 1930 besaß in den industriell entwickelten Ländern so gut wie jeder Haushalt ein Radiogerät. Um dies zu ermöglichen, wurde eine große Fertigungsindustrie aufgebaut, die neuartige Fähigkeiten erforderte. Ausgedehnte Forschungen und Entwicklungsarbeiten sicherten eine stetige Verbesserung der Radiogeräte. Dafür brauchte man eine neue Klasse von Technologen, die zum Teil aus Physikern, die sonst Lehrer geworden wären, zum Teil aus Elektroingenieuren bestand. Die Detektordrahtgeräte wurden durch Geräte mit Vakuumröhren und mittlerer Verstärkungsleistung (Superheterodynempfänger) eingesetzt, die mit Lautsprecher ausgestattet waren. Stolz, aber etwas irreführend wurde für diese Geräte unter der Bezeichnung „Superhets" geworben. In Baueinheit mit Edisons Phonograph oder Grammophon verbunden, boten sie eine komplette Heimunterhaltungsanlage, die dem altmodischen Piano ernsthaften Abbruch tat.

Das Fernsehen war zwar bereits im 19. Jahrhundert vorhergesagt worden, doch erst nach 1920 kamen die ersten elektromechanischen Systeme in den USA und in Europa auf. Zu den interessantesten Fernsehpionieren zählt John Logie Baird, ein etwas exzentrischer Erfinder, der aber ein großes Vertrauen in seine Ideen besaß. Bairds System war sehr einfach. In eine feste Scheibe wurde vom Rand bis zur Mitte eine enge Spirale aus Löchern gebohrt. Die Scheibe wurde in schnelle Rotation versetzt, dadurch tastete die Abfolge der Löcher ein hell erleuchtetes Bild ab, so wie die Augen beim Lesen eine Druckseite von links oben nach rechts unten abtasten. Durch die Löcher fiel das Licht auf eine fotoelektrische Zelle, deren Stromabgabe mit dem auftreffenden Licht variierte. Diese Spannungsschwankungen wurden mit Hilfe eines Radiogerätes zu einem Empfänger gesendet, bei dem der ganze Vorgang umgekehrt ablief. Wegen der mechanischen Bauteile war das Entwicklungspotential dieses Systems zwar eng begrenzt, doch erwies Baird der Sache einen bleibenden Dienst, indem er das Fernsehen höchst effektiv in die Öffentlichkeit brachte. In dieser Hinsicht wirkte er ähnlich wie Thomas Savery bei der Entwicklung der Dampfmaschine.

In dem rein elektrischen System, welches das elektromechanische Fernsehsystem ablöste, verfügte der Empfänger über eines der modernsten wissenschaftlichen Instrumente. Gemeint ist das Kathodenstrahloszilloskop, das die praktische Form der braunschen Kathodenstrahlröhre darstellt (siehe vorhergehendes Kapitel). In dieser wird die Kathode durch einen Strom so weit geheizt, daß sie reichlich thermische Elektronen abgibt. Um den Elektronenstrahl herum werden zwischen der Kathode und der Anode zwei Paare von Metallplatten angebracht, eines senkrecht und eines waagrecht. Wenn am waagrechten Paar eine gleichmäßig anwachsende Spannung angelegt wird, so wandert der Lichtpunkt mit gleichmäßiger Geschwindigkeit von einer Seite zur anderen über den Bildschirm. Wird dann die Spannung am senkrechten Paar geringfügig erhöht, so zeichnet der Strahl beim nächsten Durchgang eine eng benachbarte Linie auf den Bildschirm, und so weiter. Der Bildschirm kann so wie eine Druckseite mit waagrechten Linien gefüllt werden. Dieses Abtastsystem erwies sich als ungemein wirkungsvoll. Indem man die Intensität des Elektronenstrahls kontrolliert, kann der Lichtpunkt dunkel oder hell gemacht werden und beim Abtasten des Schirms Bilder ezeugen. Für das Abtastverfahren können ebensogut Magnetfelder anstelle der durch die Metallplatten erzeugten elektrischen Felder herangezogen werden.

Die Erfahrung hatte gezeigt, daß der Empfang von Kurzwellenübertragungen mit wachsender Entfernung vom Sender sehr schnell schlechter wurde. Die Kurzwellenbänder wurden daher beinahe geringschätzig an eine völlig neue Art von Liebhabern vergeben: Die Radioamateure, oder „Hams", wie sie sich selbst nannten. Diese Radioamateure stellten wahrscheinlich die ersten wirklichen Amateurtechniker dar. Sie bildeten gesetzlich und international anerkannte Vereinigungen. Um 1925 gelang ihnen eine bemerkenswerte Entdeckung. Sie fanden heraus, daß die Kurzwellensendungen zwar in der näheren Umgebung eines Senders schnell schwächer wurden, aber über große Entfernungen, die sogar über den Bereich guten Mittel- und Langwellenempfangs hinausgingen, erstaunlich stark waren. Die Kurzwellen erwiesen sich sogar als ideal für transozeanische und transkontinentale Sendungen. Bald erkannte man, daß der Grund dafür ziemlich offenkundig war. Die Hochfrequenz- oder Kurzwellensignale wurden zwar bei der Ausbreitung entlang der Erdoberfläche sehr geschwächt, nicht aber, wenn sie sich nach oben ausbreiteten und an der von Heaviside und Kennelly vorhergesagten Ionosphäre reflektiert wurden. Auf die Einsicht, daß die

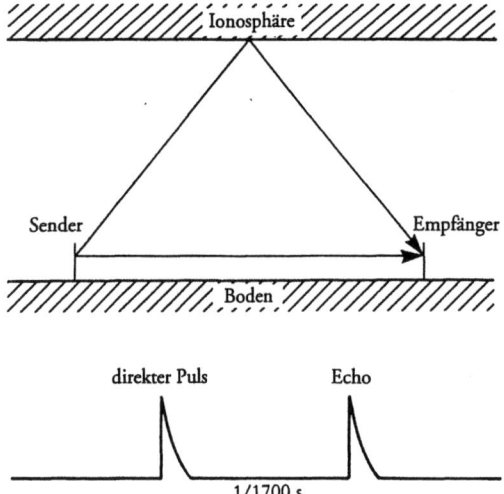

Bild 16.1
Reflexionen an der Ionosphäre

Ionosphäre wie ein Spiegel wirkt und die Radiowellen reflektiert und weiterleitet, folgten Experimente, mit denen ihre Höhe über der Erdoberfläche festgestellt werden sollte. 1925 fanden G. Breit und M.A. Tuve vom Carnegieinstitut in Washington DC einen neuen Weg, diese Frage zu klären. Ein Kurzwellensender (Wellenlänge 71,3 m) wurde mittels eines 500-Hz-Wechselstroms so gesteuert, daß er nur bei der positiven Halbwelle Radiosignale abstrahlte. Es wurden also pro Sekunde 500 Radioimpulse gesendet, die jeweils von einer kurzen Ruhepause gefolgt wurden. Eine 11 km entfernte Empfangsstation nahm die Pulse auf, die direkt vom Sender kamen, und ebenso diejenigen, welche von der Ionosphäre reflektiert wurden (siehe Bild 16.1). Die Impulse wurden verstärkt und auf einem Oszilloskop dargestellt, dessen Schirm vom Elektronenstrahl 500mal pro Sekunde überstrichen wurde. Direkter und reflektierter Impuls erschienen dadurch auf dem Schirm in horizontaler Richtung an der gleichen Stelle, aber etwas vertikal versetzt. Aus dem Abstand zwischen dem direkten und dem reflektierten Impuls konnten Breit und Tuve die vom reflektierten Strahl zusätzlich benötigte Zeit ableiten und daraus die Höhe der Ionosphäre berechnen. Es stellte sich heraus daß die Zeitverzögerung zwischen dem direkten und dem reflektierten Signal 1/1700 Sekunde betrug, und daraus folgt mit Hilfe der bekannten Lichtgeschwindigkeit, daß die Ionosphäre rund 80 km über der Erdoberfläche liegt. Breit und Tuve fanden auch Hinweise auf eine weitere reflektierende Schicht in etwa der doppelten Höhe.

Ihre Entdeckungen wurden durch die Forschungen unterstützt, die E.V. Appleton in England ausführte, der die Empfangsschwankungen von BBC-Sendungen in Cambridge tagsüber und während der Nacht untersuchte. Er erklärte sie durch Interferenzen zwischen den direkt empfangenen und den von der Ionosphäre reflektierten Radiowellen. Seine Berechnungen bestätigten, daß die Ionosphäre tagsüber in etwa 80 km Höhe lag. Später benutzte Appleton die Pulstechnik von Breit und Tuve zum Nachweis, daß es über der Ionosphäre tatsächlich noch eine weitere reflektierende Schicht gab.

Die Entwicklung der Pulstechnik im Radioingenieurwesen und die Untersuchungen der Ionosphäre waren nur für die neuen Berufszweige der Elektronikingenieure und der

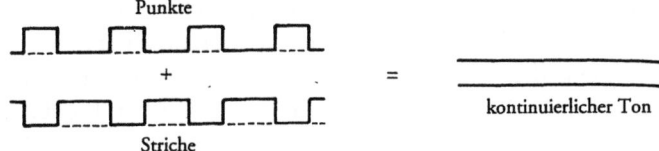

Bild 16.2 Prinzip des Flugzeugleitsystems mit zwei Radiostrahlen

Geophysiker interessant. Gerade für die Elektronikingenieure muß das rasch sich entwickelnde Radiogerät mit der Aussicht auf das Fernsehen noch weitere Herausforderungen und Gelegenheiten geboten haben. Ende der dreißiger Jahre entwickelten deutsche Ingenieure das „Lorenzsystem", ein Schlechtwetterleitsystem für Flugzeuge. Deutschland hatte ein weitaus größeres Netz an Linienflügen aufgebaut als jedes andere europäische Land und folgte in dieser Hinsicht unmittelbar auf die Vereinigten Staaten. Beim Lorenzsystem ist ein Radiowellengenerator an zwei Sendeantennen angeschlossen. Die von der einen Antenne ausgesandten Signale werden zu kurzen, regelmäßigen Pulsen mit langen Pausen umgeformt, die von der anderen Antenne zu den dazu komplementären, langen Pulsen mit jeweils kurzen Pausen. Die beiden Antennen besitzen eine starke Richtwirkung, so daß die Ausstrahlung in zwei nahe beieinanderliegenden Keulen geschieht. Wenn nun ein sich näherndes Flugzeug auf der einen Seite der Keulen war, hörte der Pilot eine Reihe von Punkten, war das Flugzeug auf der anderen Seite, so hörte er eine Reihe von Strichen. Befand sich das Flugzeug genau in der Mitte der beiden engen Keulen, so hörte er einen ununterbrochenen Ton, da die langen und die kurzen Pulse mit der gleichen Lautstärke gesendet und gemeinsam empfangen wurden (siehe Bild 16.2).

Die erste allgemeine Anwendung der Pulstechnik kam mit der Erfindung des Radars. Dies ist ein hervorragendes Beispiel für gleichzeitige und unabhängige Erfindungen, denn das Radar wurde fast parallel in England, Frankreich, Deutschland, Holland, Italien und den USA entwickelt. Alle diese Länder besaßen eine hochentwickelte Elektronikindustrie, die den heimischen Markt mit Radios und in einem sehr begrenzten Ausmaß auch mit Fernsehen versorgte. Außerdem gab es für die Entwicklung des Radars eine Reihe weiterer Anlässe. Wir können uns auf den englischen Weg beschränken, da hier die Motivation für die Erfindung des „RDF" (radio direction finding), wie die neue Technik anfangs genannt wurde, sehr klar und einfach war. RDF wurde bereits vor 1914 als ein System erfunden, das Schiffen weltweit die Navigation durch Peilung von Küstenstationen erleichterte. Der Ausdruck sollte in den Ohren feindlicher Agenten so harmlos klingen, daß er keine Neugier erregte (man vergleiche mit dem Wort „Tank" = Panzer im 1. Weltkrieg).

Während des 1. Weltkriegs hatten Luftüberfälle auf London und einige englische Provinzstädte durch Zeppelinluftschiffe und später durch Gothabomber kleinere Schäden und einige Verluste verursacht. Darüber hinaus hatten sie jedoch eine weitaus größere psychologische Wirkung. Wozu würde der Feind noch fähig sein? Stimmte es, daß riesige Luftflotten startfertig waren, um nach diesen ersten kleinen Zermürbungsangriffen zuzuschlagen? Die Gerüchteküche trug zu Übertreibungen das ihre bei. Der englischen Regierung stand keine unmittelbare Antwort zur Verfügung, sie stellte aber die Independent Air Force (später Royal Air Force, RAF, genannt) auf, deren spezieller Zweck es war, den

Luftkrieg in die deutschen Städte zu tragen. Der Bomber bildete nach dem Krieg die Hauptbeschäftigung der englischen Verteidigungsexperten; für die britische Öffentlichkeit war er ein stets lauernder Schrecken, der von Romanschreibern und sensationsgierigen Journalisten voll ausgeschlachtet wurde. Ein Bomber, äußerte ein englischer Politiker, kommt immer durch. London war ein riesiges Ziel, kaum ein paar Flugminuten von der Küste entfernt, und kaum zu verfehlen. Die Fähigkeiten der Flugzeuge machten nach dem Krieg so große Fortschritte, daß die Öffentlichkeit und anscheinend auch die Regierung glaubten, schon kurz nach einer Kriegserklärung – oder vielleicht gar schon vorher – würden riesige Bomberflotten London und andere größere Städte in Schutt und Asche legen und die Toten eines Luftkriegs würden nach Millionen gezählt, statt nach Hunderten wie im 1. Weltkrieg.

Um die feindlichen Bomber oder ihre Besatzungen außer Gefecht zu setzen, untersuchte man die Möglichkeit, sie durch induktive Heizung aufzuheizen, doch erwies sich das als völlig undurchführbar. Auch keine andere Art von „Todesstrahlen" war möglich. Die einzige sich bietende Möglichkeit bestand darin, die feindlichen Flugzeuge bereits in großer Entfernung zu entdecken und ihre Position zu bestimmen, so daß Abfangjäger aufsteigen und sie abschießen konnten, ehe sie ihre Zielstädte erreicht hatten. Mit kurzwelligen Radioimpulsen ließ sich das erreichen, wenn man die von den metallenen Flugzeugwänden reflektierten Echos auf einem Kathodenstrahloszillographen darstellte. Zwischen 1935 und 1939 errichtete das britische Luftfahrtministerium eine Kette von Radarstationen zur Verteidigung des Landes. Gleichzeitig wurde ein ausgeklügeltes Kontrollsystem für Jagdflugzeuge eingerichtet, mit dessen Hilfe die Radarinformationen sofort in Befehle an die Verteidigungsflieger übersetzt werden konnten. Es war das erste Mal, daß sich ein vollständiges Verteidigungssystem auf Elektronik stützte, aber der erfolgreiche Ausgang der Luftschlacht um England wurde dadurch ermöglicht.

Die englische Verteidigungsforschung hatte während des 2. Weltkriegs noch einen anderen bedeutenden Erfolg zu verzeichnen. Es handelt sich um die Erfindung des Hohlraummagnetrons. Der Hintergrund dafür ist, daß das Radargerät um so genauer arbeitet, je kürzer die verwendete Wellenlänge bzw. je größer die verwendete Frequenz ist. Jede Verkürzung der Wellenlänge führt zu einer besseren Unterscheidbarkeit über große Entfernungen hinweg, zusätzlich wird es auch immer schwieriger, die Sendung zu entdecken oder zu stören. Mit den mehr oder weniger konventionellen Trioden waren nur Wellenlängen größer als etwa 50 cm möglich. Es gab zwar eine Reihe von Spezialröhren, die sehr kurzwellige Schwingungen erzeugen konnten (z.B. Klystrons und Magnetrons), deren Sendeleistung aber leider sehr schwach und nur für sehr kurze Entfernungen geeignet war.

In dieser Lage schuf die britische Admiralität eine Arbeitsgruppe, die unter der Leitung von M.L.E. Oliphant von der Universität Birmingham prüfen sollte, ob es möglich sei, die Leistung einer dieser Ultrahochfrequenzröhren stark zu erhöhen. Dabei entdeckten J.T. Randall und H.A.H. Boot, daß sich die Leistungsabgabe des Magnetrons sehr stark erhöhen ließ, wenn man um die dickwandige Anode zylindrische Löcher bohrte (siehe die Anmerkung am Ende des Kapitels). Randall war auf diese Idee gekommen, als er sich daran erinnerte, daß Hertz eine Drahtschleife als Resonanzdetektor für elektromagnetische Wellen verwendet hatte. Der Durchmesser der Schleife war dabei zur Wellenlänge proportional. Aufgrund dieser Überlegung bohrten Randall und sein Mitarbeiter Löcher mit einem

Durchmesser von rund 10 cm. Sie wurden mit einer Röhre belohnt, die praktisch ihren eigenen abgestimmten Resonanzkreis enthielt und sehr starke Pulse von Ultrakurzwellenstrahlung aussandte. In der Folge wurden sehr viele Radargeräte mit einer Arbeitswellenlänge von 10 cm oder weniger gebaut. Diese kompakten und leistungsstarken Geräte spielten im U-Bootkrieg und bei den Massenbombardierungen eine wesentliche Rolle, vielleicht sogar die entscheidende Rolle. Es kann nur wenig Zweifel – im Fall Englands gar keinen Zweifel – daran geben, daß die Erfindung und Entwicklung des Radars eine Antwort auf die Bedrohung durch den Krieg war. Die bedeutsame Erfindung des Hohlraummagnetrons fiel in die Zeit des sogenannten „phoney war" (Scheinkrieg), als von den wissenschaftlichen und technologischen Hilfsmitteln des Landes noch nichts mobilisiert und auch noch keine größere Herausforderung wie etwa der U-Bootkrieg entstanden war.

Die wesentlichen Erfindungen der Radartechnik müssen also den Kriegs*erwartungen* und nicht dem Krieg selbst zugeschrieben werden. Verfeinerungen wie die Bombardierhilfen „Oboe", „Hü" und „H_2S" wurden allerdings unter dem Druck des und als Reaktion auf das Kriegsgeschehen vorgenommen. Somit bestätigt auch der Fall des Radars, daß die Zusammenhänge zwischen technologischen Entwicklungen und dem Krieg komplex sind. Kriegsaussichten regen Erfindungen an. Die Gelder mögen nur spärlich fließen, aber der Druck ist gewöhnlich nicht sehr groß, so daß die Erfindung reifen und vervollkommnet werden kann. Erfindungen, die unter dem unmittelbaren Kriegsdruck gemacht werden, sind meist *ad hoc* und liefern nur zeitweilig benutzte, zurechtgeschusterte Geräte wie Chappes Telegraf vor 200 Jahren oder die „Foxer" vor 50 Jahren. Eine Ausnahme von der Regel machte die Atombombe. Was das Magnetron betrifft, so ist es heute vielen Menschen als Schlüsselbauteil im Mikrowellenherd geläufig.

Das Magnetron war nicht die einzige wesentliche Neuerung in der Elektronik aus der Entwicklungszeit des Radars. Der Detektordraht-Kristallgleichrichter war zwar in den neuen Radiogeräten durch eine Diode ersetzt worden, doch blieb ein beträchtliches akademisches Interesse an den elektrischen Eigenschaften der Kristalle, und die diesbezügliche Forschung ging sowohl in Europa als auch in den USA weiter. Während des Krieges wurden Silizium- und Germaniumkristalle entwickelt, die in mit cm-Wellen arbeitenden Radargeräten eingesetzt werden konnten. Diese Forschungen dauerten auch nach dem Krieg noch an, vor allem in den Bell Telephone Laboratories, wo man sich schon lange für diesen Bereich interessiert hatte. Dort kam es im Verlauf eines von W. Shockley geleiteten Forschungsprogramms zur Erfindung des Transistors. Die Forschung hatte sich auf Silizium und Germanium konzentriert, weil diese einfacher zu verstehen waren als die meisten anderen Kristalle. Schließlich entdeckte man in einem Kristall ein Analogon zum Gitter der Triode. J. Bardeen und W.H. Brattain entwickelten daraus ebenfalls an den Bell Labs die Kristalltriode, die sie Transistor nannten. Diese Entdeckung beendete die Herrschaft der thermoionischen Röhre. Die Transistoren waren kompakt, einfach, konnten billig hergestellt werden und unterlagen keinem Verschleiß. Deshalb werden heute Radio- und Fernsehgeräte ebenso wie eine Menge anderer elektronischer Apparate mit Transistoren gebaut.

Die zivile Luftfahrt

In der Zeit zwischen den Kriegen wurde die Entwicklung der zivilen Luftfahrt in den verschiedenen Ländern von deren besonderen politischen, wirtschaftlichen und geographischen Faktoren bestimmt. Das private Fliegen blieb einigen wenigen Reichen vorbehalten, die wagemutig genug waren. Die Luftfahrtindustrie wurde in allen Ländern außer Deutschland auf stark reduziertem Niveau durch Aufträge für Militärflugzeuge aufrechterhalten, die aber meist nur unregelmäßig und abhängig vom politischen Klima kamen. Die zivile Luftbeförderung konnte nur durch Subventionen aufrechterhalten werden. Der vielleicht beste Weg dazu war eine vertraglich gesicherte Luftpost. 1919 transportierten umgerüstete Bomber Post zu den in Deutschland stationierten Soldaten. Gelegentlich wurde auch ein Passagier mitbefördert. In den USA wurde zwischen Washington und New York ein Luftpostservice eingerichtet.

Die wirtschaftlichen Zwänge galten für alle Länder. Deutschland, dem durch den Versailler Vertrag eine Luftwaffe verboten war, entwickelte ein ausgedehntes Netz von subventionierten Handelslinien – nur auf diese Weise war es möglich, eine Luftfahrtindustrie am Leben zu erhalten. Die deutschen Ingenieure waren in der Lage, sehr große Flugzeuge zu entwerfen, die von der Regierung dann auch bezahlt wurden. Beispiele dafür sind der zivile Nachkriegszeppelin und die riesigen Do X- Flugboote. Die Do X war auffallend erfolglos. Um den Atlantik zu überqueren, brauchte sie länger als seinerzeit Christoph Kolumbus und viel länger als die amerikanischen Flugboote 1919. Erfolgreicher waren die deutschen Flugzeuge mit Rümpfen aus dünnen, gerillten Stahlblechen, die auf einem Metallrahmen befestigt wurden, und noch erfolgreicher war die von A.K. Rohrbach verwendete, volltragende dünne Metallhaut. Frankreich, Holland und Italien mit ihren Überseekolonien mußten ebenfalls zivile Fluglinien aufbauen. 1920 wurde die KLM Hollands gegründet. Die Imperial Airways folgte am 1. April 1924 und die DLH gegen Ende 1925. Die europäischen Fluggesellschaften flogen mehr als doppelt so viele Streckenkilometer wie die amerikanischen. 1925 unterhielten die deutschen Binnenluftfahrtgesellschaften 39 nationale und internationale Flugstrecken; die Imperial Airways unterhielten sechs, mit einer Pionierlinie zwischen Ägypten und dem Irak. Die deutschen Linien, die hoch subventioniert wurden, beförderten fünfmal soviel Passagiere wie die Imperial Airways.

Hohe Erwartungen wurden in das Luftschiff gesetzt. Der Zeppelin war in Deutschland schon vor dem Krieg entwickelt worden. Sein Erfolg in der hauptsächlich gegen London gerichteten Bombenschlacht war nur vorübergehend, denn er war schon durch damalige Hochleistungsbomber zu verwundbar. Es schien aber, daß das Luftschiff in Friedenszeiten gegenüber dem Flugzeug bedeutsame Vorteile bot. Es war zwar langsamer, hatte aber eine wesentlich größere Reichweite von 6000–7000 km und eine weitaus größere Transportkapazität: 100 oder mehr Passagiere konnten in relativem Luxus reisen. Transatlantische Passagierflüge waren um 1930 durchaus machbar, und für die Verbindung innerhalb des britischen Empires bot das Luftschiff bedeutende politische und administrative Vorteile[3].

---

[3] Die Premierminister von Australien und Neuseeland mußten zwei Monate auf See zubringen, wenn sie an Konferenzen des Empires in London teilnehmen wollten. Ein Luftschiff, so wurde damals betont, würde die Reisedauer auf höchstens die Hälfte verringern.

Doch führte eine Reihe von Unglücksfällen, die zwischen 1930 und 1939 die amerikanischen Luftschiffe *Akron* und *Macon*, die englische R-101 und die deutsche *Hindenburg* ereilten, schließlich dazu, daß ein Transportmittel, auf das einst große Hoffnungen gesetzt worden waren, aufgegeben wurde. Die R-101 verunglückte am 5. November 1930 auf ihrem ersten Flug nach Indien und 48 der 54 an Bord befindlichen Menschen starben. Ihr Schwesterschiff, die R-100, wurde verschrottet und es wurden keine weiteren Luftschiffe mehr gebaut.

Die konstruktive Entwicklung solcher Luxusschiffe der Luft zwischen den Kriegen orientierte sich anfangs an den Bombern von 1918: Ein Zweiflügler mit zwei Motoren, der Rumpf aus lackiertem Stoff (später aus Sperrholz), der über einen Rahmen aus dünnen Metallrohren, den „longerons" (Längsträger), gespannt war. Nachdem drei Motoren eine viel größere Sicherheit boten für den Fall, daß ein Motor ausfiel, bevorzugte man ab Mitte der zwanziger Jahre die dreimotorigen Tiefdecker-Einflügler. Am bekanntesten war in Europa vielleicht die Junkers Ju 52 mit geriefem Metallrumpf der Deutschen Lufthansa und der Deruluft, deren Militärversion zu einem zuverlässigen Arbeitspferd im Krieg wurde.

In England wurden die Imperial Airways als staatliches Luftfrachtunternehmen gegründet. Ihr Zweck war hauptsächlich, die Verbindung unter den verschiedenen Teilen des Empires zu stärken, obwohl auch Linien nach Paris und einige andere europäische Städte bedient wurden. Der Transport von Luftpost war die Hauptaufgabe der Imperial Airways. Viele, wenn nicht die meisten englischen Familien hatten Verwandte, die in Australien, Neuseeland, Kanada, Südafrika oder Indien lebten und arbeiteten. In den englischen Straßen wurden die blaugestrichenen Briefkästen mit der Aufschrift „Air mail" ein vertrauter Anblick (spezielle Luftpostbriefmarken gab England jedoch nie heraus). Die wichtigsten Linien gingen also nach Zentral- und Südafrika, nach Indien und Australien. Eine Transatlantikroute sollte schließlich ebenfalls errichtet werden, aber das wurde nicht erreicht. Auf der Strecke nach Australien war Presseberichten zufolge der 650 km lange Abschnitt über die haifischverseuchte Timorsee das Schlimmste. Als Flugzeuge wurden hauptsächlich große und langsame Zweiflügler verwendet. Die Passagiere waren reich oder anderweitig privilegiert, und für die Kolonialgouverneure war eine hohe Geschwindigkeit nicht wichtig – wohl eher das Gegenteil. Das Luftschiff R-101 sollte seinen Jungfernflug nach Indien unternehmen, wo seine imposante Größe zweifellos großen Eindruck gemacht hätte. Die Flugzeuge der Imperial Airways trugen klassische Namen wie Herkules, Scylla, Aurora, Kleopatra, aber nicht, wie man vielleicht erwartet hätte, die Namen englischer Flieger oder Ingenieure. Die Vorliebe für klassische Namen mag der Bildung und dem Status des größten Teils der Passagiere entsprochen haben. Es überrascht kaum, daß diese Flugzeuge für die Royal Air Force im Krieg keinen Nutzen besaßen – mit einer bemerkenswerten Ausnahme, und das war das Flugboot „Empire". Dessen militärische Version „Sunderland" war im Kampf gegen die U-Boote sehr erfolgreich. In England selbst hatten die kurzen Entfernungen und ein gut ausgebautes Eisenbahnnetz zur Folge, daß sich kommerzielle Fluglinien nur langsam entwickelten. Eine Strecke, auf der Flugzeuge sinnvollerweise mithalten konnten, war die zu den Kanalinseln, die bei Urlaubern sehr beliebt waren, aber von England durch rund 50 km rauhe und unbeliebte See getrennt waren. Die hierfür eingerichtete Channel Islands Airways vereinigte sich kurz vor dem Krieg mit anderen privaten Fluglinien zu den „British Airways".

Wie in anderen Ländern, so wurde auch in den USA der Luftverkehr indirekt durch Militäraufträge unterstützt und durch Luftpostverträge aufrechterhalten. Die großen Entfernungen über den amerikanischen Kontinent verschafften dem Flugzeug einen Wettbewerbsvorteil gegenüber der Eisenbahn und dem Straßenverkehr, den die europäischen Fluglinien nicht hatten. Die große Vielfalt des Klimas und der Topographie stellten hingegen für die amerikanischen Ingenieure und deren wissenschaftlichen Scharfsinn eine große Herausforderung dar. Das erfolgreichste amerikanische Flugzeug der zwanziger Jahre war ein dreimotoriger Schulterdecker-Einflügler mit gerieftem Metallrumpf. Hersteller war die Ford Motor Company, weshalb es den Spitznamen „Tin Goose" (Blechgans) bekam. Es war ein derbes, aber leicht zu handhabendes und zuverlässiges Flugzeug. In der kleinen Passagierkabine war es allerdings extrem laut. Das Flugzeug bewies seine Qualitäten, als 1929 Admiral Richard E. Byrd von der US Marine damit zum Südpol und zurück flog. Drei Jahre vorher war er mit einer dreimotorigen Einflügler-Fokker über den Nordpol geflogen.

In den dreißiger Jahren lösten die seit dreißig Jahren gesammelten Erfahrungen und Ergebnisse aus intensiver Forschungs- und Entwicklungsarbeit in den USA eine Revolution des Luftverkehrs aus. Die amerikanischen Ingenieure hatten zunehmend leistungsfähigere Motoren entwickelt, bei denen die Zylinder radial wie die Speichen eines Rades angeordnet waren. Dadurch wurde eine sehr effektive Luftkühlung möglich, und auf ein kompliziertes und schweres Flüssigkühlsystem konnte verzichtet werden. Die leistungsstärkeren Motoren erlaubten höhere Geschwindigkeiten, und zusammen mit glatten, volltragenden Metallrümpfen wurde auch ein einklappbares Fahrgestell wirtschaftlich machbar. Die hochgelegenen Flughäfen so bedeutender Städte wie Denver, Albuquerque und Salt Lake City – alle in mehr als 1000 m Meereshöhe – regten die Erfindung und Entwicklung von Propellern mit veränderbaren Einstellwinkeln an. Schließlich ermöglichte die Einführung von auftriebserhöhenden Landeklappen auch großen, schweren und schnellen Flugzeugen eine ausreichend geringe Landegeschwindigkeit.

Beispielhaft für diese Revolution sind drei bemerkenswerte Flugzeuge: Die Boeing 247, die Lockheed Electra und, den anderen noch weit voraus, die Douglas DC 2 sowie die etwas größere DC 3. Letztere war, solange sie gebaut wurde, das am weitesten verbreitete Flugzeug, das es jemals gab. Am Gipfelpunkt ihrer Laufbahn beförderte die DC 3 rund 95% aller auf amerikanischen Linien fliegenden Passagiere. In Europa war die KLM, die Königliche Luftfahrtgesellschaft Hollands, die erste, die Douglasmaschinen einsetzte. Alle drei Flugzeuge waren aus Metall gebaute Tiefdecker-Einflügler mit selbsttragendem Rumpf, deren Bauprinzip auf die Röhrenbrücke über die Menai-Straße zurückging. Sie waren mit einklappbarem Fahrgestell, Zwillingsradialmotoren und verstellbaren Propellern ausgestattet. Die Radialmotoren mit ihren Propellern wurden später durch einen Düsenantrieb ersetzt, aber von solchen Details abgesehen, kann man mit Fug und Recht sagen, daß diese Flugzeuge und insbesondere die DC 3 (das C steht für „commercial") zu den späteren Flugzeugen im gleichen Verhältnis standen wie die *Planet* zu allen nachfolgenden Dampflokomotiven. Die vielleicht beste Werbung für die neuen Douglasflugzeuge war die Leistung einer DC 2 im Wettfliegen von England nach Australien 1934. Um dieses Wettfliegen zu gewinnen, entwarf de Havilland eine Spezialausführung, die „Comet", von der drei Exemplare gebaut wurden. Es handelte sich um einen Tiefdecker mit zwei Motoren, dessen Besatzung nur aus Pilot und Kopilot bestand. Es war unausweichlich, daß eine Comet das Wettfliegen gewann. Allerdings folgte eine Linien-DC 2 in Standardausführung, die von der KLM ins Rennen geschickt worden war, nur kurze Zeit später. Diese Leistung der DC 2 kann man ermessen, wenn man sich die Tatsache vor Augen hält, daß (wie wir heute wissen) die Comet im Grund der Prototyp für de Havillands bombentragenden Jäger war, der „Moskito" genannt wurde und im 2. Weltkrieg sehr erfolgreich operierte. Die evolutionäre Kontinuität zwischen den Flugzeugen der DC 3-Ära und der heutigen Zeit wird durch die Tatsache bestätigt, daß in Amerika das erste viermotorige Flugzeug mit einer Druckluftfahrgastkabine kurz vor Kriegseintritt in Liniendienst genommen wurde. Die großen Verbesserungen hinsichtlich der Leistungsfähigkeit und der Zuverlässigkeit der kommerziellen Flugzeuge, die zwischen den Kriegen und danach erreicht wurden, beruhten auf Fortschritten in allen Bereichen der Flugzeugkonstruktion und -handhabung. Es wurden leichte und starke Legierungen wie z.B. Duraluminium entwickelt, die Eigenschaften des Flugbenzins wurden verbessert, die Forschung lieferte wesentliche Erkenntnisse über die Luftströmung um die Tragflächen und den Rumpf, immer stärkere, effizientere und verläßlichere Triebwerke wurden entwickelt (rund 1000 PS hatte man schon vor dem Krieg erreicht), hochwertige Radiokommunikations- und Kontrollsysteme wurden eingebaut. Dazu gab es eine Menge von Detailerfindungen, deren wichtigste die Landeklappen, die verstellbaren Propeller und das bald weit verbreitete ausklappbare Fahrgestell waren. Es kann als symbolisch, prophetisch und tragisch betrachtet werden, daß Chamberlain auf dem Flug nach München zu seinem schicksalhaften Treffen mit Hitler eine Lockheed Electra der British Airways benützte: Die Fluggesellschaft und das Flugzeug kündigten die Zukunft an, Mr. Chamberlains berühmtes Papier – Frieden in unserer Zeit – dagegen nicht.

Die Postbeförderung war zum Ende des 18. Jahrhunderts die Ursache für die Einführung fahrplanmäßiger Kutschen gewesen und hatte dadurch eine Revolution im Transportwesen ausgelöst. Postverträge hatten auch eine Schlüsselrolle bei der Einführung der anfangs unwirtschaftlichen Dampfschiffahrt über den Atlantik in der Mitte des 19. Jahrhunderts gespielt. Nun gaben sie in den ersten Jahrzehnten des 20. Jahrhunderts der zivilen Luftfahrt in den USA und im britischen Empire den nötigen Anschub. Man könnte annehmen, daß, wenn nicht Fax und elektronische Kommunikation die herkömmliche Post völlig überflüssig machen, in einer fernen Zukunft die Postbeförderung vielleicht ein Faktor bei der Errichtung regelmäßiger interplanetarer Raumflüge wird.

Militärflugzeuge

Die Russen hatten bereits vor dem 1. Weltkrieg viermotorige Bomber gebaut und in der ersten Zeit des Krieges auch eingesetzt, ebenso hatten die Deutschen etwas später während des Krieges viermotorige Bomber gebaut und verwendet. Dennoch waren die von den westlichen Nationen in der Zwischenkriegszeit gebauten Bomber durchweg zweimotorig. Einflüglige Bomber kamen erst in den dreißiger Jahren in Gebrauch, und der Prototyp des ersten viermotorigen Bombers, die „Fliegende Festung" Boeing B 17, absolvierte ihren ersten Flug 1935. Für die Öffentlichkeit waren aber die Jäger interessanter. Sie waren notwendigerweise schneller, also auch eleganter und vielleicht weniger bedrohlich. Die unterschiedlichen Bezeichnungen für den amerikanischen Verfolgungsjäger und den britischen Abfangjäger weisen auf die unterschiedlichen Verwendungszwecke und die entsprechend verschiedenen Anforderungen an die Konstruktion hin. Zwar hatten beide die Aufgabe, feindliche Flugzeuge zu zerstören, aber der Abfangjäger mußte möglichst schnell aufsteigen können, um Bomber bei ihrem Anflug auf London und andere von der englischen Küste aus leicht erreichbaren Ziele zu stoppen. Diese Aufgabenstellung hatte gewichtige Konsequenzen für die Linienflugzeuge, die Luftwaffen und die Luftfahrtindustrien aller Länder.

Der berühmteste Abfangjäger des 2. Weltkriegs, der „Spitfire" und sein Motor, der „Merlin" von Rolls Royce, verdankten sehr viel den angesammelten Fähigkeiten der englischen Luftfahrtfirmen. Es stellt den deutschen Ingenieuren ein gutes Zeugnis aus, daß der ebenso berühmte Gegner des Spitfire, die Messerschmitt 109, so erfolgreich war, obwohl es doch der deutschen Luftfahrtindustrie nach dem Waffenstillstand verboten war, Militärflugzeuge zu bauen, und ihr deshalb eine vergleichbare Kontinuität in Entwurf und Entwicklung fehlte. Es gab allerdings zwischen den beiden Flugzeugen auch einen interessanten Unterschied. Der Konstruktionsentwurf der Spitfire beruhte viel mehr auf Intuition als der der Me 109, die bedeutend systematischer, wissenschaftlicher und optimaler konstruiert war. Der Spitfire bot daher auch viel mehr Spielraum für Weiterentwicklungen. Die Motoren des Spitfire, der Me 109 und des amerikanischen P 51 („Mustang", der Name war sicherlich eine Verherrlichung des traditionellen Einsitzkämpfers) waren allerdings schon veraltet, als diese Flugzeuge auf dem Gipfel ihrer Wirksamkeit waren.

Der Düsenantrieb

Wir haben bereits erörtert, daß sich die traditionellen deutschen Universitäten auf die reine Wissenschaft konzentriert und die Technologie den technischen Universitäten überlassen hatten. Doch war die ohnedies nie sehr klare Trennung zwischen reiner Wissenschaft und Technologie zu Beginn des 20. Jahrhunderts ganz unscharf geworden. Dies galt vor allem für die Chemie und die neue Wissenschaft der Elektrizität. Der brillante Mathematiker Felix Klein (1849–1924) erkannte, wie künstlich diese Einteilung war, und überredete die Universität Göttingen, eine technologische Fakultät einzugliedern. Göttingen – die Universität Gauß' und wahrscheinlich die weltbeste Universität in theoretischer Physik – errichtete also eine Abteilung für Luftfahrt. Während des 1. Weltkriegs wurde dort eine Menge Forschungsarbeit geleistet. Nach dem Krieg schrumpfte die Luftfahrtforschung allerdings überall, und die Abteilung suchte sich andere Entwicklungsfelder. Unter Ludwig Prandtl wurde die vielversprechende Idee Anton Flettners weiterverfolgt, der sich mit Rotorschiffen beschäftigt hatte. Es wurden drei dieser revolutionären Schiffe gebaut, und vorläufige Tests lieferten verheißungsvolle Ergebnisse. Unglücklicherweise führte die Rezession der späten zwanziger Jahre und der damit zusammenhängende niedrige Ölpreis zum Abbruch dieser Entwicklung.

Eine andere vielversprechende Neuerung war der Düsenmotor, den der in dieser Abteilung arbeitende junge, graduierte Ingenieur Hans P. von Ohain, ein Student Prandtls, entwickelte. Die deutschen Ingenieure waren anscheinend bereit, eine große Vielzahl von experimentellen Ideen auszuprobieren, und bekamen zweifellos auch die Mittel dazu. Im

August 1939 wurde Ohains Düsenmotor für einen kurzen Flug eines Experimentierflugzeugs als Antrieb benutzt. Die deutschen Behörden zeigten noch einige Jahre später kein großes Interesse am Düsenmotor, vielleicht, weil kein unmittelbarer Bedarf abzusehen war und Hitler keinen langen Krieg erwartete, vielleicht auch, weil Raketen und Lenkgeschosse in eine höhere Priorität eingestuft waren. Wahrscheinlich trugen beide Ursachen dazu bei. Wie so oft, begann in England die Entwicklung des Düsenmotors mit einem Außenseiter, der dann die Schlüsselrolle übernahm. Der 1907 in Coventry geborene Geschwaderführer Sir Frank Whittle hatte, nach eigener Aussage, die mechanischen Fertigkeiten und die Erfindergabe seines Vaters geerbt. Diesen offenkundigen Fähigkeiten fügte er ein akademisches Talent, Entschlußkraft und eine Liebe zum Fliegen hinzu, wo er ohnedies brillierte. Er war der RAF als Lehrling beigetreten und wurde nach einiger Zeit für die Offizierslaufbahn ausgewählt. Während seiner Ausbildung am RAF College in Cranwell mußte er einige Aufsätze oder Kurzabhandlungen schreiben. Im vierten Semester wählte er als Thema einer solchen Arbeit „Die zukünftige Entwicklung der Flugzeugkonstruktion". Der junge Whittle – er war zu dieser Zeit 22 Jahre alt – argumentierte, daß Langstreckenflüge mit großen Geschwindigkeiten in großer Höhe erfolgen müßten, da dort der Luftwiderstand wesentlich geringer ist. Er war der Ansicht, daß Kolbenmotoren dafür nicht geeignet seien und erwog die Möglichkeit eines Turbinenantriebs. Eine Turbine würde in großen Höhen wesentlich zufriedenstellendere Leistungen bringen und versprach darüber hinaus noch weitere Vorteile. An der Idee einer Gasturbine war nichts Neues. Er dachte damals daran, daß die Turbine einen Propeller antreiben sollte und stellte sich ihren ersten Einsatz in einem kleinen, schnellen Postflugzeug vor. 1930 reichte er für seinen Motor eine Patentbeschreibung ein; das Patent wurde dann wenige Monate später weltweit veröffentlicht. Nach vielen Anläufen, die oberen Behörden zu überzeugen, seine Ideen aufzugreifen, bekam er schließlich die kleine Gesellschaft „Power Jets Limited" zusammen, deren Zweck es war, den Düsenmotor zu entwickeln. Das war im März 1936. Der 28-jährige Fliegerleutnant wurde zum Chefingenieur ehrenhalber und zum technischen Berater der Firma ernannt.

Der Düsenmotor ist vom Prinzip her eine sehr einfache Maschine, einfacher sogar als Watts Dampfmaschine oder die Newcomen-Maschine. Sie besteht aus einer beidseitig offenen Metallröhre, an deren vorderem Ende ein rotierender Luftkompressor ist, der die Luft einsaugt und komprimiert. Die komprimierte Luft wird dann zu Brennkammern geleitet, wo brennender Treibstoff die Luft bei sehr hoher Temperatur und hohem Druck hält, so daß sie eine Turbine antreiben kann, die mit dem Kompressor über eine Welle verbunden ist (siehe Bild 16.3). Nach der Turbine tritt die heiße, komprimierte Luft in das Endstück der Röhre ein, das als Düse geformt ist. Die Funktion der Düse besteht darin, die große, aber ungerichtete Energiemenge der heißen Hochdruckluft umzuwandeln in Bewegungsenergie, d.h. kinetische Energie (siehe die hydraulische Turbine, Kapitel 10 und 12). Der Rückstoß dieses aus der Düse mit hoher Geschwindigkeit ausströmenden Luftstrahls treibt den Motor und das Flugzeug vorwärts, ebenso wie eine Rakete angetrieben wird.

Das Mantelstrom- oder By-Pass-Triebwerk (siehe Bild 16.4) hat einen höheren Wirkungsgrad als der direkte Düsenmotor, wenn es nicht auf die höchstmögliche Geschwindigkeit ankommt (was im Gegensatz zu Militärmaschinen bei kommerziellen Flugzeugen sicher zutrifft). Bei dieser Form des Motors wird nur ein Teil der eingesaugten Luft an

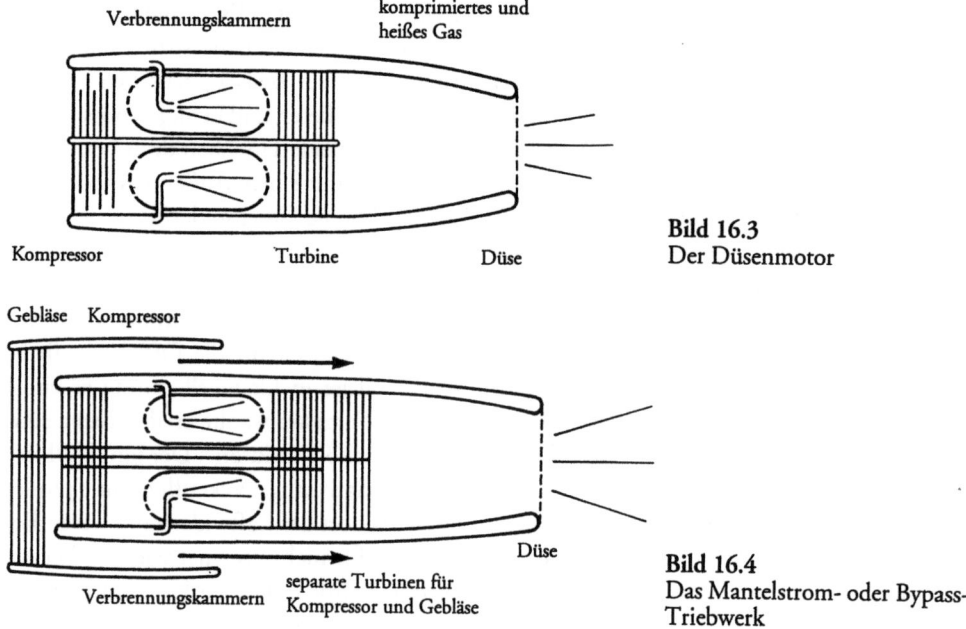

Bild 16.3
Der Düsenmotor

Bild 16.4
Das Mantelstrom- oder Bypass-Triebwerk

die Brennkammern weitergeleitet, während der Rest sofort wieder ausgestoßen wird und zum Düsenstrahl beiträgt. Der erste Abschnitt des Kompressors muß deshalb weiter sein als der Rest, und darum haben die großen Verkehrsmaschinen vorne auch so auffallend große Düsenöffnungen.

Wie bei Parents Wasserrad oder bei de Pambours Dampflokomotive muß bei einem Düsenmotor die Schubkraft bei gleichmäßigem, waagrechtem Flug den Luftwiderstand exakt ausgleichen, wobei der durch den Auftrieb an den Tragflächen erzeugte Luftwiderstand mitzuberücksichtigen ist. Im Fall eines großen kommerziellen Flugzeugs, das mit einer wirtschaftlichen Geschwindigkeit unterhalb der Schallgeschwindigkeit fliegt, besteht das konstruktive Problem darin, einen optimalen Schub mit einem Minimum an Treibstoffverbrauch zu verbinden. Das kann auf folgende Weise erreicht werden: Die Schubkraft eines Düsenmotors ist proportional zur Masse der pro Sekunde ausgestoßenen Luft und zu dem Geschwindigkeitszuwachs, den die Luft beim Durchgang durch den Motor erfährt. Die Menge des verbrauchten Brennstoffs bestimmt die Leistung des Motors, die wiederum proportional zur Masse der pro Sekunde ausgestoßenen Luft und zum Quadrat des Geschwindigkeitszuwachses ist. Der Brennstoffverbrauch ist also proportional zum Produkt aus Schubkraft und Geschwindigkeitszuwachs. Eine wirtschaftlich orientierte Leistungserhöhung wird also versuchen, die Schubkraft bei möglichst gleichbleibendem Geschwindigkeitszuwachs allein durch Vergrößerung der durch die Düse strömenden Masse zu erreichen. Das Mantelstromtriebwerk arbeitet wirtschaftlicher als der einfache Düsenmotor (der allerdings größere Geschwindigkeiten ermöglicht). Am wirtschaftlichsten ist der „Turbojet", bei dem eine Turbine den Propeller antreibt (siehe Bild 16.5). Bei diesem bleibt für den Düsenstrahl kaum Energie übrig, weil der größte Teil davon für den Antrieb

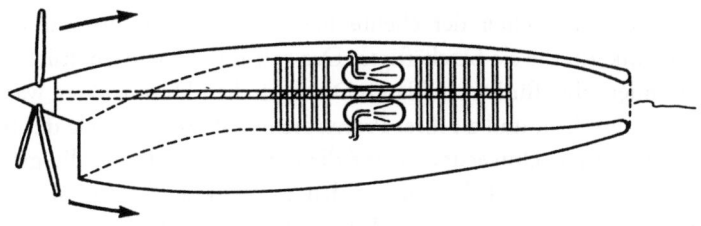

Bild 16.5 Das Turbojettriebwerk. Die Turbine wandelt den größten Teil der Wärme- und Druckenergie in Rotation zum Antrieb des Propellers um.

des Propellers verwendet wird; hier sollte also ein möglichst großer Anteil der Luft an der Brennkammer und der Turbine vorbeigeleitet werden.

Die Entwicklung des Düsenmotors erforderte Materialien, die bisher ungekannten mechanischen Belastungen und sehr hohen Temperaturen standhalten mußten. Außerdem erforderte er völlig neue Standards der Fertigungstechnik. Dem entspricht, daß die zeitliche Verzögerung zwischen dem ersten Entwurf und der ersten vernünftig arbeitenden Maschine für Whittle etwa ebenso lange dauerte (von 1930 bis 1941) wie früher für Watt (von 1755 bis 1772).

In Hinblick auf Whittle soll nochmals ein Punkt betont werden: Zur Zeit seiner Erfindung und auch während der ersten Entwicklungsjahre hing er in keiner Weise mit der Flugzeugmotorenindustrie zusammen. Wie Watt war er im Geschäft des Maschinenbaus ein Außenseiter.

Neue Materialien von der Chemie

Am Ende des 19. Jahrhunderts gliederte sich die chemische Industrie in zwei Hauptgebiete: Erstens die Produktion schwerer Chemikalien, in erster Linie Schwefelsäure und andere industriell benötigte Säuren, Soda, anorganischer Dünger usw., die in großen Mengen hergestellt wurden; zweitens die neue organische Chemie, die sich aus der synthetischen Farbstoffindustrie entwickelt und die darüberhinaus zur Herstellung verwandter „leichter" Chemikalien einschließlich Arzneimittel geführt hatte. Zumindest im Prinzip ersetzte in der chemischen Schwerindustrie systematisches oder wissenschaftliches Vorgehen bereits zu Beginn des 19. Jahrhunderts, als Daltons Atomtheorie allgemein akzeptiert wurde, die handwerklichen Verfahrensweisen. Gegen Ende des Jahrhunderts entwickelte sich die chemische Technologie einen Schritt weiter, als die auf Gibbs Arbeiten zurückgehende chemische Thermodynamik zur Produktionsoptimierung herangezogen wurde. Um diese Zeit gewann auch der Chemieingenieur an Bedeutung, und der neue Beruf des Chemieingenieurs wurde an den Universitäten und technischen Hochschulen der USA und des zaristischen Rußlands in das Ausbildungsprogramm aufgenommen. In beiden Ländern war der Bedarf nach einer Ölindustrie der Hauptgrund für wachsende Bedeutung dieses neuen Berufs.

Ein besonderes Kennzeichen der chemischen Industrie war die große Anzahl von promovierten Chemikern, die sie beschäftigte. Das galt für alle wirtschaftlich entwickelten Länder, ganz besonders aber für Deutschland. Die deutschen Universitäten waren mit Chemieabteilungen gut versehen, und zu ihrer Professorenschaft zählten viele der bekanntesten Chemiker. An den meisten Universitäten war die chemische Fakultät die größte, was die Personalstärke anbelangt. Dies blieb so bis in den 2. Weltkrieg hinein, als die Physik der Chemie Konkurrenz zu machen begann und sie in einigen Fällen überholte.

Die wohl vertrautesten Erzeugnisse der chemischen Industrie sind die, die als Plastik bekannt wurden. Diese Polymere genannten Substanzen setzen sich aus extrem langen Molekülen zusammen, die in Kettenform ein bestimmtes Muster aus Atomen wiederholen. Es gibt viele natürliche Polymere; das häufigste ist die Zellulose, ein Kohlenwasserstoff, der ein Grundbaustein der Pflanzen ist. Der Explosivstoff Nitrozellulose und Kampfer wurden schon vor mehr als hundert Jahren benutzt, um ein bekanntes und in weiten Bereichen erfolgreiches Plastik herzustellen: Das Zelluloid. Es folgten Kunstseiden, darunter das wohlbekannte Rayon, und etwas später Nylon und Terylen oder Dacron. Nylon war das Ergebnis der Arbeiten des amerikanischen Chemikers Wallace Hume Carothers (1896–1937). L.H. Baekeland (1863–1944), ein belgischer Chemiker, wurde der Namensgeber der „Bakelit" genannten Plastikstoffe, die unter anderem für die Elektrik und die Elektronik nützlich sind. Die neueren Stoffe Polythen und Perspex (Plexiglas) sind durchscheinendes bzw. durchsichtiges Plastik, für das es sowohl im häuslichen als auch im industriellen Bereich viele unterschiedliche Verwendungen gibt. Das Teflon mit seinen bekannten Anwendungen in der Küche (und, wie manche behaupten, in der Politik!) ist vielleicht die jüngste Neuentwicklung, die als Nebenprodukt der Weltraumtechnologie entstand.

Die Plastikstoffe stellen zwar eine ziemlich neue Technologie mit enorm weiten und zahlreichen Anwendungsmöglichkeiten dar, können aber kaum als strategische Technologie betrachtet werden. Sie werden fast ausnahmslos als bequemerer oder billigerer Ersatz für altgewohnte Materialien – Holz, Keramik, Glas und Metall – eingesetzt. Außerdem gingen von der Plastiktechnologie keine bedeutenden Veränderungen in anderen Technologien und Industrien aus. Dagegen kann die synthetische Farbstoffherstellung mit Fug und Recht als strategische Technologie bezeichnet werden. Wie wir gesehen haben, bewirkte sie eine breite Palette von Veränderungen in der leichten chemischen Industrie, bis hin zu den Arzneimitteln, und führte zur Errichtung der ersten dauerhaften Forschungslabors in der Industrie. In deutschen Farbstofffirmen geschah das schon vor rund 120 Jahren. Heute ist das industrielle Forschungslabor ein weit verbreitetes Kennzeichen großer Firmen, sei es in der chemischen Industrie oder in anderen Bereichen.

Die bekannteste Entwicklung der modernen chemischen und medizinischen Technologie waren die Antibiotika. Sir Alexander Fleming (1881–1955) vom St Mary's Hospital in London hatte schon lange nach etwas gesucht, das pathogene Mikroben zerstören könnte, ohne dem Körper zu schaden. 1928 untersuchte er eine Staphylococcus-Kolonie, als zufällig etwas Schimmel der Sorte Penicillium notatum darauf fiel und die Kolonie zerstörte. Fleming erkannte zwar die Bedeutung dieses Vorgangs, aber leider bereitete die Weiterentwicklung dieser Entdeckung große Schwierigkeiten, so daß nichts weiter geschah, bis 1938 Sir Howard Florey in Oxford über antibakterielle Stoffe, darunter Penicillium notatum, zu forschen begann. Florey und Sir Ernst Chain gelang es, das Penicillin zu isolieren. Nach erfolgreichen Tierversuchen wagten sie 1941 einen Versuch mit einem schwerkranken, an Blutvergiftung leidenden Patienten. Das Penicillin führte zu einer dramatischen Verbesserung seines Zustands; unglücklicherweise reichte die verfügbare Menge für eine Fortsetzung der Behandlung nicht aus, und der Patient starb. England hatte damals unter fortgesetzten Luftangriffen zu leiden, die chemische Industrie hatte zahlreiche andere dringende Aufgaben zu erfüllen, und Biochemiker gab es in der Industrie ohnehin nicht viele. Die großindustrielle Penicillinproduktion blieb deshalb den Vereinigten Staaten vorbehalten. Am D-Day 1944 verfügte sie über genügend Penicillin, um alle Verletzten der Invasion Europas zu behandeln. Auch hier war die Verfügbarkeit hochqualifizierter Wissenschaftler und Technologen ein entscheidender Faktor für die Weiterentwicklung einer Erfindung.

Computer

Obwohl Charles Babbage den Lucasianischen Lehrstuhl für Mathematik – Newtons Lehrstuhl – in Cambridge elf Jahre lang innehatte, war er im Grunde, aus Berufung, ein Ingenieur. Allerdings war er ein Ingenieur höchst ungewöhnlichen, sogar einzigartigen Typs, nämlich ein Ingenieur der geistigen oder vielleicht der intellektuellen Vorgänge. Sein Buch *On the Economy of Machines and Manufactures* war von seiner Thematik und Philosophie her vorbildlos. Wenn je ein Mensch außerhalb seiner Zeit geboren war, so war es Babbage, denn seine Überlegungen hinsichtlich des Computers konnten erst in der Mitte des 20 Jahrhunderts zur Geltung kommen. Um zu einer annähernden Vollkommenheit zu reifen, erforderten seine Gedanken ebenso wie die seines nahen Zeitgenossen Cayley Bausteine, die zu seiner Zeit einfach fehlten: Im Fall Cayleys war es ein leichtgewichtiger Motor mit interner Verbrennung, im Fall Babbages die Elektronik. In den ersten vier Jahrzehnten des 19. Jahrhunderts plante Babbage zwei höchst originelle mathematische Maschinen, die Differenzenmaschine (1823), eine Rechenmaschine zur Erstellung mathematischer Tafelwerke, und die analytische Maschine (1834), die bereits ein Computer im modernen Sinn war. Die analytische Maschine („analytisch" meint in diesem Zusammenhang mathematisch) war zwangsläufig völlig mechanisch konzipiert. Sie sollte aus komplexen Schaltzügen bestehen, die einen Speicher (ein „Gedächtnis") simulierten, und besaß eine Vorrichtung zur Realisierung dessen, was wir heute bedingte Verzweigung nennen. Die analytische Maschine unterschied sich also dadurch von der Differenzenmaschine, daß sie eine universelle Maschine war, die einen weiten Bereich unterschiedlichster Aufgaben abdecken konnte und in der Lage war, die kompliziertesten Berechnungen auszuführen. Die Schaltzüge beruhten zwar auf dezimaler Arithmetik, d.h. auf der Grundzahl 10, programmiert wurde die Maschine aber mittels Lochkarten vom Jacquardtyp in einem binären Code, und ebenso lieferte sie ihre Anworten.

Babbage war also zu dem Schluß gekommen, daß eine analytische Maschine oder ein universeller Computer sowohl mit Algebra als auch mit Arithmetik umgehen konnte; daß er in der Lage war, Voraussicht zu zeigen; und daß er über Funktionen verfügte, die einem Gedächtnis analog waren. Babbages Maschinen besaßen Säulen von drehbaren Rädern, die auf ihrem Umfang alle mit Markierungen für die Zahlen 0 bis 9 versehen waren. Wenn z.B. das unterste Rad auf 7 steht und um 5 Ziffern weitergedreht wird, so läuft es über die Zahl 0, dabei dreht ein am Rad befestigter Hebel das darüberbefindliche Rad um eine Zahl weiter, so daß dieses nun auf der 1 steht. Beide zusammen zeigen nun die Zahl 12 an. Das ist nichts weiter als der einfache Additionsvorgang: Wenn wir 5 zu 7 addieren, schreiben wir 2 an und merken uns, 1 (bzw. 10) vorzutragen, so daß sich insgesamt 12 ergibt. In analoger Weise merkt sich die Maschine die 1, indem sie sie auf das obere Rad überträgt. Für komplexere Rechnungen mit wesentlich mehr Ziffern ist eine viel größere Gedächtniskapazität vonnöten. Für einen universellen Computer braucht man folglich einen möglichst großen Speicher.

In ihrer ursprünglichen mechanischen Form wurde diese Maschine nie gebaut, obwohl die Regierung einigermaßen großzügige Unterstützung gewährte. Die Gründe dafür sind viel diskutiert worden und brauchen uns hier nicht abzulenken. Von Bedeutung und interessant festzuhalten ist allerdings, daß Babbage eine Assistentin namens Ada Augusta hatte, die Gräfin von Lovelace und die Tochter des Dichters Lord Byron war. Sie war eine hervorragende Mathematikerin und schrieb die beste Darstellung der Maschine und ihrer Fähigkeiten. Dennoch, und trotz Augustas gesellschaftlicher Stellung, ruhten die Maschinen Babbages und seine revolutionäre Konzeption für die nächsten 100 Jahre und länger. Welcher Bedarf soll denn für ein solches Gerät wie die analytische Maschine bestehen, mögen die Leute gefragt haben. Doch wäre es ein Fehler anzunehmen, daß das Wissen von dieser Maschine verloren gegangen sei. In Turin waren die Ideen von Babbage gut bekannt, da der befähigte italienische Militäringenieur L.F. Menabrea zu den ersten gehörte, die sie verstanden. Menabrea beschrieb die Maschine im *Journal de Genève* und sorgte so für breitgestreute Aufmerksamkeit sowohl in französischen als auch in italienischen Kreisen. Babbage selbst erwähnte, daß er mit F.W. Bessell und C.G. Jacobi über die analytische Maschine diskutiert habe, so daß auch hervorragende deutsche Mathematiker davon wußten. Weiterhin war sein Freund James MacCullagh vom Trinity College in Dublin mit seinen Vorschlägen vertraut. Ein Modell der Differenzenmaschine wurde 1862 auf der Internationalen Ausstellung in London gezeigt. Schließlich baute G. Scheutz, ein reicher schwedischer Verehrer von Babbage, mit etwas offizieller Unterstützung unter Mitwirkung seines Sohnes eine Differenzenmaschine, die er nach England brachte. Sie gewann auf der Ausstellung in Paris 1855 eine Medaille. Im Jahr darauf wurde sie an das Dudley Observatorium in Albany, der Hauptstadt von New York, verkauft. Selbst wenn man von Babbages meist polemischen Veröffentlichungen absieht, waren seine Gedanken wenigstens bis zu einem gewissen Grad in der internationalen wissenschaftlichen Welt bekannt. Wir dürfen annehmen, daß dieses Wissen in der Erinnerung der Mathematiker, Astronomen und Ingenieure weiterwirkte und auch in verschiedenen Enzyklopädien seinen Niederschlag fand.

Zunächst wurden computerähnliche Maschinen aber über viele Jahre hinweg repräsentiert durch Morins *Compteur*, den Gezeitenrechner von James Thomson, sowie mehr als 30 Jahre später durch die von Arthur Pollen geförderte Kanonensteuerung. In der Zeit zwischen den beiden Weltkriegen kam am MIT (Massachusetts Institute of Technology) der Differentialanalysator von Vannevar Bush; ähnliche Geräte wurden auch an anderen Universitäten gebaut. Alle diese Analogcomputer arbeiteten mechanisch oder elektromechanisch, waren hochspezialisiert und befanden sich an der Grenze von Technologie und Wissenschaft. Jeder konnte nur die eine Aufgabe erledigen, für die er gebaut war. Eine universelle Maschine war nicht darunter. Wenn eine andere Aufgabe damit hätte ausgeführt werden sollen, hätte man sie zerlegen und mit ausgetauschten oder veränderten Komponenten neu aufbauen müssen.

Zur Vereinfachung der Volkszählung, die 1890 in den USA stattfand, entwarf Hermann Hollerith eine Maschine, die mit gestanzten Karten arbeitete. Ob er von Jacquards Webstuhl und dessen Lochkarten wußte, ist nicht sicher. Die lange und in vielen Bereichen benutzte Hollerithmaschine war nicht der mechanische Computer, den Babbage sich vorgestellt hatte. Sie war aber der Vorgänger von etlichen für Routineaufgaben verwendeten Geschäftsmaschinen, die dazu beitrugen, die Kenntnis der Funktionsprinzipien bei allen Leuten zu verbreiten, die mit Rechnen und Rechengeräten zu tun hatten.

In der Epoche, die mit dem 2. Weltkrieg zu Ende ging, war eine ziemliche Vielfalt an Büro- und Geschäftsmaschinen so weit entwickelt worden, daß die Legion von sehr selbstbewußten Sekretären, die ein unentbehrliches, aber teures Merkmal des Handels und der Industrie im 19. Jahrhundert waren, größtenteils überflüssig wurde. Das hervorstechendste und verbreitetste dieser Tischgeräte war die Schreibmaschine, eine amerikanische Erfindung von Remington aus dem Jahr 1873, die durch eine gekonnte Feinmechanik möglich geworden war. Desweiteren wurden in dieser Zeit verschiedene Additionsmaschinen, Diktiergeräte, Zähler, Registrierkassen und Vervielfältigungsmaschinen erfunden (ein einfaches Vervielfältigungsgerät hatten schon Boulton und Watt benutzt). Im Vergleich zu den Erfindungen des Radars, des Fernsehens oder des Düsenmotors mangelt diesen einfachen und meist mechanischen Geräten offensichtlich der Glanz fortgeschrittener Wissenschaft und Hochtechnologie. Alle zusammen summierten sich aber doch zu einem radikalen Wandel, der im Verlauf nur weniger Jahre die Handels- und Büropraxis, die beinahe über Jahrhunderte unverändert gewesen war, revolutionierte. Wie bei allen größeren Neuerungen, gab es auch hier einen begleitenden und bedeutsamen sozialen Wandel. Die Sekretäre und ihre hübsche, gestochene Schrift verschwanden, dafür wurden junge Frauen zur Bedienung der Schreib- und anderen Büromaschinen eingestellt – so, wie junge Frauen (und Kinder!) die Textilmaschinen in den klassischen Textilfabriken der frühen industriellen Revolution bedient hatten. Zu beurteilen, ob dies die Unabhängigkeit und den Wohlstand der Frauen gefördert hat, muß feministischen Historikerinnen überlassen werden.

In einer Hinsicht aber war jeglicher Fortschritt praktisch inexistent: Die Verwirklichung der fortschrittlichen Ideen Babbages schien 1930 so weit entfernt wie eh und je; die weitere Diskussion dieses Themas sei aber auf Kapitel 18 verschoben.

Anmerkung zum Radar

Randall berichtete, daß er 1939 eines Tages während seiner Ferien in Aberystwyth in einem Universitätsbuchladen ein gebrauchtes Exemplar der englischen Übersetzung von Hertz' Originalaufsätzen gekauft hatte. Er fügte später hinzu, er sei glücklich, daß weder er noch Boot viele der ausufernden Theorien über das Magnetron gelesen hatten. Sie wären sonst so verwirrt gewesen, daß er nicht sicher sei, ob sie dann noch das Hohlraummagnetron erfunden hätten.

Nach dem Krieg baute Randall die biophysikalische Abteilung am King's College in London auf, wo später Maurice Wilkins mit seinen Kollegen ihren Teil zu den Forschungen beitrugen, die schließlich zur Entzifferung des genetischen Codes führten und Wilkins zusammen mit zwei Kollegen den Nobelpreis einbrachten.

17 Großtechnologie – die Zukunft im Visier

Im Rahmen des heutigen Wissens könnte man spekulieren, daß späteren Generationen die ersten Schritte zur Eroberung der interplanetaren Raumfahrt als die wichtigsten Ereignisse der gegenwärtigen Epoche erscheinen werden. Das sind Leistungen, die gleichrangig mit den Reisen da Gamas, Kolumbus', Magellans und den anderen Seefahrern des großen Zeitalters der Entdeckungen sind.

Ehe Galilei sein Teleskop zum Mond gerichtet und gezeigt hatte, daß der Mond Berge und – wie er meinte – Seen besitzt und deshalb der Erde sehr ähnlich ist, waren Reisen zum Mond und darüber hinaus kaum vorstellbar. Galilei vermutete, daß auch die Planeten ungefähr so seien wie der Mond. Später entdeckte man, daß der Mond ein trockener Körper ohne Wasser ist und auch keine Atmosphäre besitzt. Das ließ eine Reise zum Mond unmöglich erscheinen, selbst wenn man annahm, daß Transportmittel verfügbar seien. Ausnahmen bilden die Erzähler von Unterhaltungsgeschichten wie Cyrano de Bergerac (*Die Staaten und Imperien des Mondes* (1649)) und Erich Raspe (*Baron von Münchhausen* (1785)). Im 19. Jahrhundert hatte die Technologie einen Stand erreicht, der interplanetare Transportmittel wenigstens in Umrissen vorstellbar werden ließ. Es gab einen oder zwei Vorschläge für einen Raketenantrieb. Die Methode allerdings, die der berühmteste aller fantasievollen Science Fiction-Autoren, Jules Verne, in seinem Buch *Von der Erde zum Mond* (1865) vorschlug, bestand einfach in einer riesigen Kanone. Wie die Besatzung der Raumkapsel, die von der Kanone abgeschossen werden sollte, die momentane Beschleunigung auf die notwendige Fluchtgeschwindigkeit von 11 km/s hätte überleben können, hat er nicht deutlich erklärt. In einer Hinsicht freilich kann man Jules Verne kaum einen Fehler vorwerfen: Als Ort für die Abschußkanone wählte er einen Platz knapp südlich des Lake Okeechobee in Florida, nicht weit von Cape Canaveral entfernt (siehe Bild 17.1).

In dem 1898 erschienenen Buch *Der Krieg der Welten* beschreibt H.G. Wells, der zweite bedeutende Science-Fiction-Autor des 19. Jahrhunderts, wie die Erde von technologisch überlegenen, aber äußerst grausamen Kreaturen überfallen wird, die vom Planeten Mars kommen[1], und zwar ebenfalls mit Raumkapseln oder besser Bomben, die von einer Kanone abgeschossen wurden. In diesem Fall kann man dem Autor zugute halten, daß die Gravitationsanziehung auf dem Mars geringer ist als auf der Erde und daß seine Marsianer ohnehin völlig unmenschlich waren. Wells scheint seine Gedanken über die Raumfahrt nicht aktualisiert zu haben, denn in dem viel späteren Film *Die Gestalt der kommenden Dinge* (1934) stellte er sich vor, daß die erste Reise zum Mond mit Hilfe einer Weltraumkanone erfolgen würde. Allerdings muß man berücksichtigen, daß sich Wells von anderen Autoren dadurch unterschied, daß er die Science-Fiction als Vehikel für Gesellschaftskritik einsetzte. *Der Krieg der Welten* enthält viele Passagen, die das Verhalten gewöhnlicher Leute unter einer brutalen Besatzungsmacht vorausahnend skizzieren – eine Erfahrung, die in den großen Kriegen der folgenden Jahrzehnte viele machen mußten.

---

[1] Wells Roman wurde in einer Zeit geschrieben, als es noch glaubhaft erschien, daß die auf dem Mars sichtbaren „Kanäle" von einer überlegenen Zivilisation geschaffen seien.

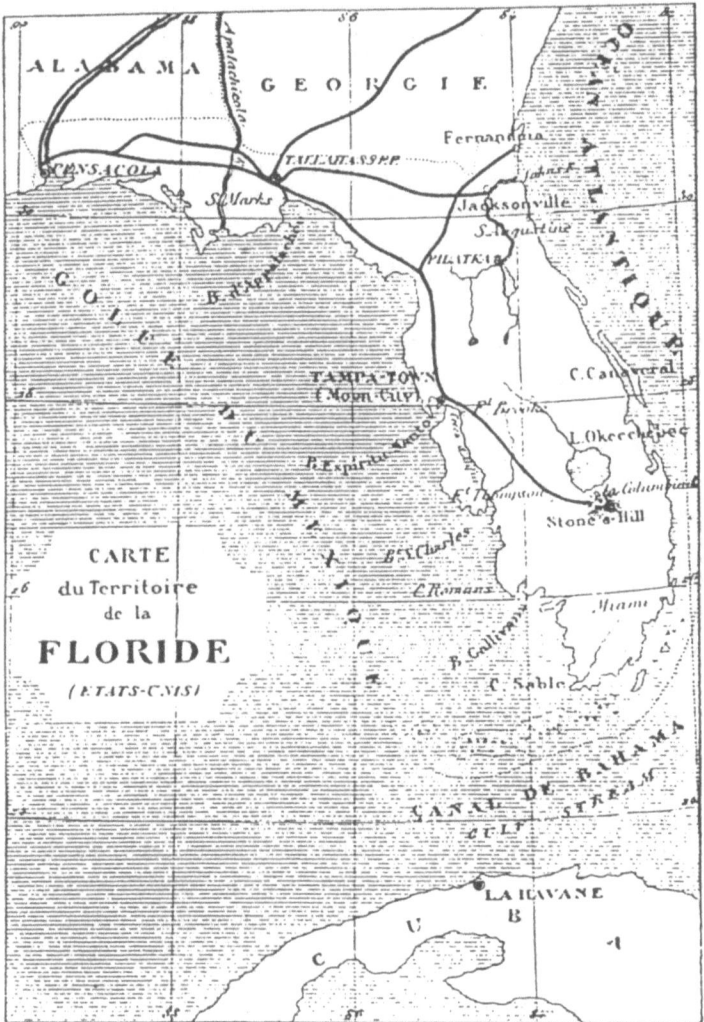

Bild 17.1 Der Aufstellungsort von Jules Vernes Raumkanone.

Obwohl ein oder zwei Autoren vermutet hatten, daß Raketen das Mittel zur Raumfahrt werden könnten und obwohl ein oder zwei sogar von Erdsatelliten gesprochen hatten, blieben Raketen definitiv abseits der Hauptlinien der technologischen Interessen. Zweifellos wurden sie lediglich als Spielzeuge betrachtet, die sich für Feuerwerke und zur Kinderunterhaltung eigneten, aber sonst zu nichts nütze waren. Die Chinesen hatten Feuerwerke erfunden und sollen sogar Raketen für Kriegszwecke eingesetzt haben. In den Kriegen zu Beginn des 19. Jahrhunderts war die Congreve-Rakete ganz erfolgreich gewesen, sie kam aber nach dem Friedensschluß von 1815 ebenso wie die visuellen Telegrafennetze außer Gebrauch. Sie stellte schließlich keine Präzisionswaffe dar, und es war völlig unklar, wie sie jemals zu einer solchen gemacht werden könnte.

Das Interesse an Raketen und den Möglichkeiten der Raumfahrt beschränkte sich in den ersten Jahrzehnten unseres Jahrhunderts fast ausschließlich auf Amateure. Dabei ragen in diesen ersten Jahren drei Gestalten besonders hervor: Der Russe K.E. Tsiolkowski (1857–1935), der amerikanische Professor Robert H. Goddard (1882–1945) und der Deutsche Hermann Oberth (1894–1989). Der Visionär Tsiolkowski schrieb um die Jahrhundertwende Aufsätze, in denen er die Rakete als Mittel zur Beförderung von Menschen in den Weltraum propagierte. Solche Raketen könnten auch als Erdsatelliten dienen oder den Mond erreichen, von dem aus dann weitere Erkundungen gestartet werden könnten. Sein Bestreben faßte er in den denkwürdigen Worten zusammen: „Die Erde ist die Wiege der Menschheit, aber man kann nicht ewig in einer Wiege leben".

Die Vorstellungen des Akademikers Goddard waren bescheidener, seine Leistungen aber dafür bedeutend wertvoller. 1914 begann er mit Raketen zu experimentieren und erwog als erster die Verwendung flüssiger Treibstoffe. Er überlegte, daß Raketen sich besonders für die geophysikalische Höhenforschung als nützlich erweisen könnten, was später auch tatsächlich der Fall war. 1920 veröffentlichte er mit dem Artikel *Eine Methode, extreme Höhen zu erreichen* die erste theoretische Untersuchung zu dem Thema. Einige Jahre später konnte er erfolgreich die erste flüssigkeitsgetriebene Rakete bauen und starten. Außerdem gelang es ihm, bei seinen Raketen eine Kreiselsteuerung einzusetzen, was für die Entwicklung der Weltraumrakete ein wichtiges Element darstellte.

Das Interesse Hermann Oberths an der Raumfahrt wurde geweckt, als er als Junge Jules Verne las. Nach einer beispielhaften wissenschaftlichen und technologischen Ausbildung widmete er sich nach dem 1. Weltkrieg der Entwicklung der Weltraumrakete, die, wie er erkannt hatte, nun in den Bereich der technischen Möglichkeiten gerückt war. Im Unterschied zu Goddard sah er, daß die Rakete nicht nur wissenschaftliche Instrumente, sondern auch Menschen in den Weltraum und schließlich auch zu den Planeten tragen konnte. 1917 entwarf er eine Rakete mit 25 m Länge und 5 m Durchmesser, die von Alkohol und Sauerstoff angetrieben werden sollte. 1923 veröffentlichte er sein Buch *Die Rakete zu den Planetenräumen*, in dem die wesentlichen Elemente der heutigen Großraketen beschrieben werden. Auch in dieser theoretischen Untersuchung wird klar für einen Flüssigtreibstoff und gegen feste Treibstoffe argumentiert. Oberths Arbeit und Schriften hatten beträchtlichen Einfluß, und es fanden in den zwanziger und dreißiger Jahren über die Versuche Goddards hinaus einige weitere vielversprechende Experimente mit Raketen statt. Dabei wurde über kurze Entfernungen erfolgreich Post (natürlich!) befördert. In einigen Ländern, allen voran Deutschland und Amerika, wurden bereits interplanetare Gesellschaften gegründet. Für eine wirkliche Entwicklung war freilich mehr erforderlich als die Anstrengungen begeisterter Amateure, so begabt sie auch sein mochten. Wie beim Telegrafen, so bedurfte es auch hier des Interesses und der Unterstützung einer größeren nationalen Institution oder einer sehr großen Körperschaft.

Unter den Bedingungen des Versailler Vertrags war Deutschland praktisch entwaffnet. Seine Armee, einst die größte Europas, wenn nicht der ganzen Welt, wurde auf eine gerade 100 000 Mann umfassende Reichswehr zurückgeschraubt, die sich zudem aus Freiwilligen zusammensetzen mußte. Panzer und schwere Artillerie waren verboten. Ebenso wurde Deutschland eine Luftwaffe versagt. Gleichzeitig wurde die deutsche Marine gravierend beschnitten: Die U-Boote mußten abgeschafft werden, und größere Kriegsschiffe oder

Zerstörer wurden auch nicht zugelassen (so entstand der Ausdruck „Taschenkriegsschiff"). Angesichts dieser Beschränkungen sowie der Tatsache, daß weder Frankreich noch die Sowjetunion abrüsteten, ist es kaum verwunderlich, daß die deutsche Armeeführung nach alternativen Waffen suchte, die von dem Vertrag nicht ausgeschlossen waren und die das Gleichgewicht wieder herstellen konnten. So entschloß sich Deutschland, zweifellos unter dem Einfluß von Oberths Schriften, die militärischen Möglichkeiten der Rakete zu untersuchen. 1930 gab die deutsche Armee den Anstoß zu Experimenten mit flüssigkeitsgetriebenen Raketen, die in Kummersdorf, südlich von Berlin, stattfanden. Zwei Jahre später erhielt der kommandierende Offizier Kapitän Walter Dornberger den neunzehnjährigen Wernher von Braun als Assistenten. Der spätere Generalmajor Dornberger beschrieb ihre damalige Arbeit so, daß ihr Hauptanliegen war, aus systematischen Experimenten zuverlässige Daten zu gewinnen und eine Bresche in das Gewirr aus wilder Fantasie und unbegründeten Behauptungen zu schlagen, das von vielen Amateuren erzeugt worden war. So weit wir wissen, war dies die erste Forschungs- und Entwicklungseinrichtung der Welt, die sich mit Raketenantrieben befaßte. Amerika, England und Frankreich zeigten an Raketen kein Interesse. Über russische Aktivitäten aus dieser Zeit ist kaum etwas bekannt.

Der Raketenmotor ist vom Prinzip her sehr einfach und dem Düsenmotor sehr ähnlich. In einer Brennkammer werden flüssiger Sauerstoff (oder eine Sauerstoffverbindung) und eine brennbare Flüssigkeit verdampft und die Mischung gezündet. Die in den Verbrennungsgasen enthaltene Wärme- und Druckenergie wird in kinetische Energie (Bewegungsenergie) umgewandelt, indem die Gase durch eine enge Düse entweichen. Nach Newtons drittem Bewegungsgesetz – Aktion und Reaktion sind betragsmäßig gleich, gehen aber in entgegengesetzte Richtungen – ist die Wirkung des aus der Düse strömenden Gases von einer gleich großen, aber entgegengesetzt gerichteten Rückwirkung auf den Motor begleitet, der dadurch in diese Gegenrichtung beschleunigt wird (das gleiche Grundgesetz bewirkt den Rückstoß an der Schulter eines Gewehrschützen oder das oft ärgerliche Verhalten eines Gartenschlauchs, wenn das Wasser plötzlich aufgedreht wird). Der einzigartige Vorteil eines Raketenmotors besteht darin, daß er unabhängig von äußerer Luftzufuhr ist und deshalb auch im Vakuum betrieben werden kann – in der Tat funktioniert er dort sogar am besten.

Mit dem ersten erfolgreichen Start einer A4-Rakete (der späteren V2) am 3. Oktober 1942 erreichte die langjährige, detaillierte Forschungs- und Entwicklungsarbeit der Gruppe um Dornberger und von Braun einen triumphalen Abschluß. Das Herz des Projekts war das riesige Forschungs- und Entwicklungsgelände in Peenemünde (auch Hermann Oberth, der „Vater der Raumfahrt", arbeitete in Peenemünde[2]), in den Kiefernwäldern an der nordwestlichen Spitze der Insel Usedom vor der deutschen Ostseeküste. Der erfolgreiche Start der V2-Rakete ist ein Zeugnis für die Fähigkeit der deutschen Ingenieure und ist um so bemerkenswerter, als er trotz des willkürlichen und gelegentlich brutalen Nazistaats erreicht wurde. Eine lange Reihe von Problemen war gelöst worden: Dornberger hatte mit seinen Kollegen die beste aerodynamische Form der Rakete bestimmt, ein ausgefeiltes und empfindliches Kontrollsystem entwickelt, Metalle für den Raketenrumpf gefunden, die den enormen Belastungen und den hohen Temperaturen bei hohen Geschwindigkeiten

---

[2] Ergänzung durch den Übers.

standhalten konnten, die wirkungsvollsten Brennstoffe identifiziert und eine zuverlässige Telemetrie entworfen. Die Kontrolle oder Steuerung der Rakete beim Abheben hatte ein besonders schwieriges Problem dargestellt. Die Rakete war in diesem Moment noch so langsam, daß die Flossen wirkungslos waren. Es ist wie bei einem Schiff, das ebenso eine Mindestgeschwindigkeit benötigt, damit das Steuerruder wirken kann (das Schiff muß „Steuerfahrt" haben). Allerdings driftet ein Boot mit ungenügender Steuerfahrt lediglich, während eine Rakete umkippen würde. Von Braun löste dieses Problem, indem er in den Antriebsstrahl des Raketenmotors Flossen aus Graphit einpaßte. Ein weiteres Schlüsselproblem bestand darin, daß ausreichend Brennstoff und flüssiger Sauerstoff in die Brennkammer gespritzt werden mußte, um die extrem hohe Verbrennungsrate aufrechtzuerhalten. Dies wurde mit einer Hochleistungsturbopumpe bewältigt, die durch einen Hilfsmotor betrieben wurde. Die Probleme, die überwunden werden mußten, waren in der Tat so erschreckend, daß hochqualifizierte Wissenschaftler und Ingenieure auf der alliierten Seite sogar angesichts eines stetigen Flusses von Geheimdienstberichten und Fotografien aus Aufklärungsflugzeugen die Möglichkeit einer solchen Rakete verneinten.

Die V2-Rakete war etwa 15 m lang und wog ohne Treibstoff und Sprengkopf rund 4,5 Tonnen. Sie konnte 320 km weit fliegen, erreichte eine Höhe von etwa 100 km und eine damals beispiellose Geschwindigkeit von rund 4800 km/h. Zwischen September 1944 und März 1945 wurden mehr als 500 V2 auf London abgeschossen. Sie töteten über 3000 Menschen; die auf Antwerpen abgeschossenen Raketen sogar noch mehr als doppelt so viel. Dennoch sind diese Zahlen gering im Vergleich zu den Opfern der massiven Luftangriffe des Krieges. In Hinblick auf die enormen technologischen und industriellen Anstrengungen, die für die Entwicklung und den Bau der V2 unternommen worden waren, bezeichnete Albert Speer das Raketen-Programm als „nichts als eine verfehlte Investition". Uns interessiert hier allerdings das militärisch-wirtschaftliche Erfolgsgleichgewicht nicht. Die Auswirkungen der V2 waren vor allem psychologischer Natur: Sie war eine Terrorwaffe, gegen die keine Verteidigung und keine Vorwarnung möglich war.

Verglichen mit den nach dem Krieg entwickelten Raketen war die V2 klein. Wie bei Trevithicks einfacher Dampflokomotive lag ihre Bedeutung darin, vorzuführen, was überhaupt möglich war. Zudem interessierten sich die westlichen Nationen und Rußland zehn Jahre lang für die neue Weltraumrakete nur unter dem Gesichtspunkt einer Kriegswaffe. Die Russen erkannten als erste, daß sie auch als Waffe anderer Art eingesetzt werden konnte. Am 4. Oktober 1957 starteten sie den *Sputnik*, einen kleinen Erdsatelliten von kaum Fußballgröße. Er umkreiste die Erde mehrere Male, und auf allen Kinoleinwänden und Fernsehschirmen war seine Botschaft zu sehen: Die Sowjetunion befindet sich an der Front der Technologie und der Wissenschaft. Kurz nach dem *Sputnik* erweiterte die Sowjetunion ihre Versuche, indem sie mit der Hündin Laika ein Lebewesen in eine Erdumlaufbahn brachten. Für eine sichere Rückkehr zur Erde sorgten sie nicht, und deshalb machte diese Aktion in der englischsprechenden Welt einen wesentlich schlechteren Eindruck. Den letzten Schritt in dieser Reihe unternahmen die Russen am 12. April 1961, als Major Juri Gagarin die Erde in einer Raumkapsel names Wostok 1 umrundete. Gagarin war dabei einfach ein Fluggast, mit der Kontrolle oder Steuerung der Kapsel hatte er nichts zu tun. Aber er bewies, daß Menschen die Belastungen des Starts, der Schwerelosigkeit und der Rückkehr zur Erde überstehen konnten. In der Zwischenzeit hatten sowohl die Sowjetunion als auch Amerika mit einer Reihe von „Raumsonden" begonnen. Automatische Raumfahrzeuge landeten auf dem Mond, andere auf dem Mars und der Venus (letztere erwies sich trotz ihres Namens als ausgesprochen lebensfeindlicher Planet). Die russischen Raumfahrtbehörden lösten eine Sensation aus, als sie die erste Fotografie von der Rückseite des Mondes präsentierten. Die Russin Valentina Tereschkowa war die erste Frau im Weltraum und auf einer Erdumlaufbahn. Die russischen Leistungen weckten den Wettkampfgeist der Amerikaner. Nach Gagarins kühner Unternehmung rief Präsident Kennedy auf, bis 1970 eine Mondlandung zu verwirklichen, und stellte der NASA üppige Mittel zur Verfügung.

Sputniks und Hunde können vielleicht zur Disposition gestellt werden, Menschen jedenfalls nicht. Wenn sie in den Orbit gebracht sind, muß man sie auch so sicher wie möglich zurückholen können. Dabei stellt der Wiedereintritt in die Erdatmosphäre das größte Problem dar. Um einen Astronauten oder Kosmonauten in ca. 240 km Höhe in einer Erdumlaufbahn zu halten, muß die Rakete eine Geschwindigkeit von rund 30 000 km/h erreichen. Aber schon 1848 hatte Joule gezeigt, daß die enorme kinetische Energie von Meteoriten beim Eintritt in die Erdatmosphäre als starke Wärme zerstreut wird und daß der Meteorit dabei verglüht. Die schockartige Kompression der Luft vor dem Meteoriten und die Reibung zwischen ihm und der dünnen, bitterkalten Luft führt zu gigantischen Temperaturen. Die gleiche intensive Erwärmung würde bei einer landenden Raumkapsel beim Wiedereintritt in die Erdatmosphäre auftreten. Die Art des Wiedereintritts und der „Hitzeschild", mit dem die Raumkapsel versehen werden mußte, erforderte viel Forschungsarbeit.

Das Grundprinzip des Raketenantriebs wie auch des Düsenmotors beruht auf Newtons drittem Gesetz. Es ist interessant, festzustellen, daß Newton Erdsatelliten bereits klar vorhersah und sogar bildlich darstellte. Die Abbildung 17.2 ist aus der 1727 erschienenen englischen Ausgabe von Newtons *Principia* entnommen. Dabei möge man sich auf einem fiktiven Planeten C einen hohen Berg V vorstellen. Punkt D sei der Landepunkt eines Geschosses, das vom Berg V abgefeuert wird. Wenn das Geschoß nun mit immer größerer Schubkraft abgefeuert wird, dann durchfliegt es nacheinander die Bahnen VE, VF, VG usw., bis schließlich, wenn die Schubkraft hinreichend groß geworden ist, die Bahn um den ganzen Planeten herum führt. Wenn der Planet keine Atmosphäre besitzt oder wenn der Berg V so hoch ist, daß er über die Atmosphäre hinausreicht, wird das Geschoß dann den Planeten als Satellit umrunden (sofern die Abschußvorrichtung auf dem Berg zwecks Vermeidung eines Zusammenstoßes rechtzeitig abgebaut wird!). Natürlich gab es zu Newtons Zeit keine Möglichkeit, ein Geschoß über die Erdatmosphäre zu schießen oder ihm eine für die Erdumrundung ausreichende Geschwindigkeit zu verleihen. Die Rakete heute vermag beides.

Angestachelt durch den sowjetischen Propagandaerfolg, den der Sputnik und die unglückliche Laika bewirkt hatten, entschloß sich Amerika, in den Wettlauf zum Mond einzutreten. Ein klarer Hinweis darauf war die Einrichtung der National Aeronautics and Space Administration NASA. Bereits weniger als einen Monat nach der Erdumkreisung durch Major Gagarin wurde der Offizier Alan B. Sheppard der erste amerikanische Weltraumreisende. Es handelte sich um einen „suborbitalen" Flug von Cape Canaveral aus, an dessen Ende Sheppard aus dem Atlantik gefischt wurde, wo seine Raumkapsel „gelandet" war. Das Projekt wurde schon im voraus publik gemacht, es wurde im Fernsehen übertragen, und

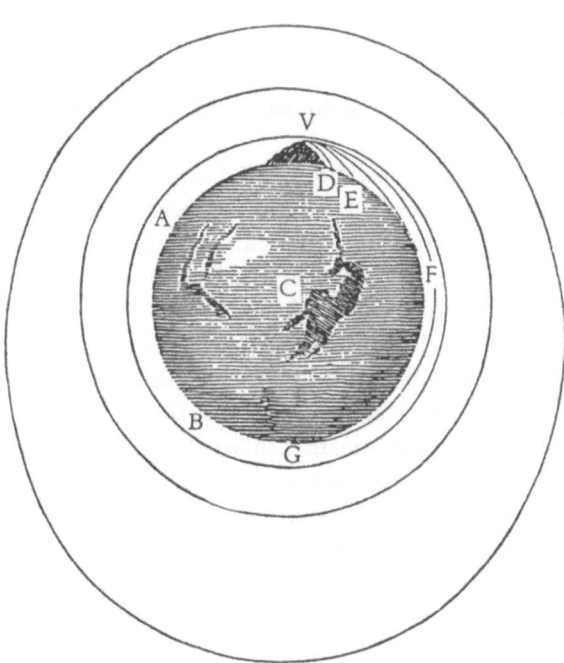

Bild 17.2
Newtons Darstellung eines Satelliten in den *Principia*

die Berichte wurden im Minutenabstand gesendet. Es gab eine lähmende Verzögerung, als Sheppard in der Raumkapsel wartete, weil Fehler behoben und Änderungen durchgeführt werden mußten. Diese Offenheit charakterisierte auch alle späteren Weltraumunternehmungen der Amerikaner. Die Russen teilten ihre Leistungen immer erst hinterher mit. Dadurch konnte man nur schwer sagen, wie effizient ihr Programm tatsächlich war.

Am 22. Februar 1962 umrundete J.H. Glenn die Erde in einer „Mercury"-Kapsel und leitete damit die Reihe von amerikanischen Erdumrundungen ein, die schließlich zu den ersten „Apollo"-Missionen führte. Diese wiederum erreichten am 20. Juli 1969 ihren Höhepunkt, als Neil Armstrong und „Buzz" Aldrin auf dem Mond landeten und sicher zur Erde zurückkehrten, wo ihre Kapsel im Pazifik wasserte. Die mit jeweils dreiköpfiger Besatzung fliegende Apollo-Serie wurde bei Apollo 13 dramatisch unterbrochen, als die Crew das defekte Raumschiff mit einer Kombination von kaltblütigem Mut und technischem Können heil zur Erde zurückbrachte. Die Worte des Missionskommandanten „Wir haben ein Problem" werden die Untertreibung des Jahrhunderts bleiben. Mit Apollo 17 endet die Serie. Die weltweite Ölkrise von 1973 führte zusammen mit der zunehmenden Finanzknappheit dazu, daß so ungeheuer teure Projekte gestrichen wurden. Fortan galt die Konzentration dem weniger dramatischen, aber finanziell und politisch lohnenderen Raumfährenprojekt (Space Shuttle). 1975 kam die internationale Zusammenarbeit einen bemerkenswerten Schritt voran, als die russische Sojus- und die amerikanische Apollokapsel im Orbit aneinander ankoppelten. Fraglos hatten die überaus wagemutigen und einsatzfreudigen Männer, welche die Eroberung des Weltraums von Amerika und von Rußland aus durchführten, sehr viel gemeinsam. Es hatte auch schon tragische Verluste an Menschenleben gegeben. Virgil Grissom und seine beiden Kollegen waren bei einem Sauerstoffbrand anläßlich eines Bodentests ihrer Raumkapsel umgekommen[3], und 1971 starb eine Dreiermannschaft auf dem Rückflug von der Saljut-1-Raumstation, als der Luftdruck in ihrer Kapsel dramatisch abfiel. Der Pionier Gagarin starb als Testpilot eines Militärflugzeugs bei einer Bruchlandung.

Die Anwesenheit eines Astronauten in der Raumkapsel bringt für deren Konstruktion erhebliche einschränkende Bedingungen mit sich. Manche haben deshalb behauptet, es sei viel effizienter, die Astronauten durch Computersysteme zu ersetzen. Es kann sehr wohl sein, daß die Astronauten unseres Jahrhunderts eines Tages im gleichen Licht gesehen und als ebenso bedeutend betrachtet werden wie die italienischen, portugiesischen und spanischen Seefahrer des 15. und 16. Jahrhunderts. Es gibt aber auch keinen Zweifel, daß die unbemannten Sonden, die zur Venus, zum Mars und zu den äußeren Planeten geflogen sind (Mariner, Voyager usw.) den Wissenschaftlern wertvollere Informationen geliefert haben. Es ist auch keine Frage, daß die verschiedenen automatischen Satelliten, welche die Erde umkreisen, einen großen wirtschaftlichen, gesellschaftlichen und auch militärischen Nutzen haben. Die Erdsatelliten dienen der Wettervorhersage, der geologischen und mineralogischen Erkundung und der Navigation auf der Erde.

Der Science Fiction-Autor Arthur C. Clarke beansprucht, der erste gewesen zu sein, der darauf hingewiesen hat, daß Erdsatelliten eine Revolution in der Nachrichtenübermittlung bewirken könnten. Tatsächlich ist dies auch die am weitesten verbreitete Anwendung, welche die Satelliten gefunden haben. Telstar, der erste Nachrichtensatellit, wurde 1962 in den Orbit gebracht. Er wurde von den Syncom-Satelliten gefolgt, die eine geostationäre Bahn über dem Äquator hatten und deshalb immer über einer Stelle der Erdoberfläche standen. Um mit der gleichen Geschwindigkeit wie die Erde umzulaufen – einmal in 24 Stunden – müssen sie 35 000 km von der Erdoberfläche entfernt sein und eine Geschwindigkeit von rund 9000 km/h haben. Solche Satelliten werden für Telefon- und Fernsehübertragungen zwischen den Kontinenten benutzt.

Die V2-Rakete mag also eine fehlgeleitete Militärentwicklung gewesen sein (die Nazis wären besser beraten gewesen, hätten sie ihre Mittel und Fähigkeiten in den Bau von Düsenjägern gesteckt), aber sie hat den Weg in den Weltraum gewiesen, wie Wernher von Braun und seine Mitarbeiter erkannten. Daß sie auch der Anlaß für eine Revolution des Kommunikationswesens werden könnte, daran haben sicherlich weder er noch seine Kollegen gedacht. Wir haben hier ein weiteres Beispiel für die Unvorhersagbarkeit des technologischen Wandels. Die V2 ist aber auch noch von einem anderen Blickwinkel aus interessant. Bei ihrer Entwicklung hat zum erstenmal ein Staat massiv Resourcen für ein einziges technologisches Projekt aufgewendet. Nie zuvor gab es etwas in der Größenordnung des Unternehmens von Peenemünde. Nur wenige Jahrzehnte zuvor wäre ein solches Unternehmen wohl noch gar nicht möglich gewesen, es hätte nicht genug berufsmäßige Mathematiker, Maschinenbauingenieure, Chemiker, Metallurgen oder Physiker gegeben. Was die V2 ermöglichte, waren organisierte Wissenschaft und Technologie – und diese ermöglichten auch ein anderes, nahezu zeitgleiches Projekt, das in einigen Aspekten dem V2-Projekt ähnelt, in anderen aber in aufschlußreichem Kontrast dazu steht.

---

[3] Viele Substanzen, die in einer normalen Atmosphäre nicht entflammbar sind, brennen in einer reinen Sauerstoffatmosphäre sehr rasch. Nach dieser Tragödie wurde die Sauerstoffatmosphäre durch Zugabe von inertem Helium verändert.

Atome und Kräfte

Der mit den Namen Planck und Einstein verbundenen Revolution in der Physik ging die Entdeckung der Röntgenstrahlen (Wilhelm Conrad Röntgen, 1895) und der von Uran ausgesandten radioaktiven Strahlen (Henri Becquerel, 1896) voraus. Der Wert der Röntgenstrahlung für die Chirurgie war sofort klar. Die radioaktive Strahlung wurde, nachdem Marie und Pierre Curie 1898 die sehr aktiven Elemente Radium und Polonium entdeckt hatten, in der Krebsbehandlung eingesetzt. Darüber hinaus waren diese Strahlen aber auch für das Verständnis der inneren Struktur der Atome sehr wichtig[4]. 1911 konnte der Neuseeländer Ernest Rutherford, der in Manchester arbeitete und ein meisterhafter Experimentator war, der Welt mitteilen, daß die Atome aus einem winzigen, konzentrierten, positiv geladenen Kern bestehen, um den in vergleichsweise großem Abstand fast masselose, negativ geladene Elektronen kreisen wie die Planeten um die Sonne. Es ist eine Ironie der Geschichte, daß Rutherford seine Entdeckung der gleichen Manchester Society bekannt gab, die mehr als hundert Jahre zuvor Daltons Atomtheorie entgegengenommen hatte. 1913 erklärte der junge dänische Theoretiker Niels Bohr (1885–1962), der mit Rutherford zusammenarbeitete, die Elektronen-„Bahnen" (der Ausdruck ist anschaulich, aber physikalisch nicht völlig korrekt; d. Übers.) mit Hilfe der neuen Quantentheorie Max Plancks. Damit war die Kernphysik geboren, die zum kennzeichnendsten Zweig der Physik des 20. Jahrhunderts wurde. Sechs Jahre später, kurz bevor er Manchester verließ, gab Rutherford bekannt, daß er mit sehr schnellen Alpha-Teilchen aus radioaktiven Atomen „die Atome geteilt" habe. Er hatte bewiesen, daß Alpha-Teilchen die Kerne von Heliumatomen waren, und hatte zudem durch Beschuß von Stickstoffkernen mit Alpha-Teilchen einige Stickstoffkerne in Sauerstoffkerne umgewandelt. Bereits wenig später kamen Spekulationen darüber auf, daß die ungeheuren Bindungsenergien, welche die Atomkerne zusammenhalten, eventuell als neue Energiequelle genutzt werden könnten.

In der Zwischenzeit hatte Frederick Soddy die Hypothese geäußert, daß jedes chemische Element aus einer großen Anzahl von Atomen aufgebaut ist, die bis auf kleine Abweichungen in ihrer Masse untereinander völlig gleich und chemisch nicht unterscheidbar sind. Mit der Annahme chemisch identischer, jedoch unterschiedlich schwerer Atome ließ sich die Tatsache erklären, daß die Atomgewichte im allgemeinen nicht einfach Vielfache des Atomgewichts von Wasserstoff, dem leichtesten Atom, sind. 1919 beschrieb F. W. Aston den von ihm erfundenen Massenspektrographen, der zwischen den verschiedenen Atommassen desselben Elements nicht nur unterscheiden, sondern diese auch messen konnte. Damit wurde zum Beispiel nachgewiesen, daß Chlor mit einem Atomgewicht von 35,46 (relativ zum Atomgewicht des Wasserstoffs) aus einer Mischung von Atomen mit den Gewichten 35 und 37 zusammengesetzt ist. Solche Atome, die sich nur in ihrer Masse unterscheiden,

---

[4] Das Wort „Atom" bedeutet eigentlich „das Unteilbare". Nun zeigte sich an diesen Strahlungen, daß die Atome keineswegs unteilbar sind, sondern offensichtlich eine innere Struktur besitzen. Nachdem es sich schon herausgestellt hatte, daß die chemischen Elemente in physikalischer Hinsicht keineswegs elementar sind, kam die Erforschung des Aufbaus der Materie also auch bei den Atomen nicht zu einem Ende. Rund 60 Jahre später wiederholte sich dieser Vorgang bei den Bausteinen der Atome, den sogenannten Elementarteilchen. Diese Entwicklung ist erkenntnistheoretisch sehr bemerkenswert. Anm. d. Übers.

nennt man Isotope. Die meisten Elemente des Periodensystems besitzen zwei oder mehr Isotope; Wasserstoff z.B. hat drei.

Die Kernphysik kam in den Jahren zwischen den beiden Weltkriegen mit Riesenschritten voran. Große elektrische Maschinen wurden gebaut, mit denen man Teilchen auf Geschwindigkeiten beschleunigen konnte, die denen der natürlichen Alpha-Teilchen vergleichbar waren und deshalb künstliche Elementumwandlungen herbeiführen konnten. Diese Maschinen arbeiteten nach den gleichen Prinzipien wie der Massenspektrograph: Die Atome eines Elements wurden positiv ionisiert, indem mit Hilfe von Alpha-Teilchen einige ihrer negativ geladenen Elektronen „weggeschossen" wurden. Die ionisierten Atome konnten dann auf die gleiche Weise wie Elektronen in einer Kathodenstrahlröhre beschleunigt werden. Die erste derartige Maschine war der 1932 von J.D. Cockcroft und E.T.S. Walton gebaute elektrostatische Generator. Mit einem Verfahren, das analog zu der in Kapitel 14 geschilderten Erzeugung von Hochspannungsgleichstrom funktioniert, erzeugt dieser Generator sehr hohe Spannungen. Anstelle von Batterien wurden elektrostatische Kondensatoren parallel aufgeladen und dann in Reihe geschaltet. Cockcroft und Walton benutzen ihr Gerät, um Protonen (die positiv geladenen Kerne der Wasserstoffatome) mit 700 000–800 000 V zu beschleunigen und auf Lithiumatome zu schießen. Die Lithiumatome wurden dadurch gespalten und setzten Alpha-Teilchen, d.h. Heliumkerne, frei. Später kam noch der elektrostatische Beschleuniger nach van de Graaff hinzu, der aber nach einem anderen Prinzip arbeitete als der Apparat von Cockcroft und Walton.

Besser bekannt ist das Zyklotron, das 1930 von Ernest O. Lawrence (1901–58) am Strahlungslabor der University of California erfunden wurde. Bei ihm werden die Protonen nicht wie bei dem Gerät von Cockcroft und Walton in gerader Linie beschleunigt, sondern auf einem Kreis, wodurch eine viel längere Beschleunigungstrecke möglich wird. Dies wurde durch ein starkes magnetisches Feld und ein sehr schnell veränderliches elektrisches Feld erreicht. Das magnetische Feld wird so eingerichtet, daß es den Protonenstrahl auf eine Kreisbahn ablenkt, und das elektrische Feld wird zwischen zwei halbkreisförmigen Metallplatten so gesteuert, daß die Protonen auf ihrem Umlauf stets beschleunigt werden. In jeder Runde erfahren die Protonen exakt die gleiche Beschleunigung, bis sie zum Schluß eine enorme Geschwindigkeit haben. Zur Zeit der „Elektroeuphorie" hatten viele in ihrer Begeisterung gemeint, daß ein Elektromotor auf die gleiche Weise eine fast unendliche Geschwindigkeit erreichen könne. Die elektrischen Wechselfelder mußten nicht wie beim Cockcroft-Waltonschen Gerät sehr hoch sein, es genügte, daß bei jedem Umlauf der Protonenstrahl unabhängig von seiner bereits erreichten Geschwindigkeit die gleiche Beschleunigung erfuhr. Das Zyklotron erwies sich bemerkenswerter und fortgesetzter Entwicklungen fähig. 1932 entdeckte James Chadwick das Neutron, das die gleiche Masse wie das Proton besitzt, aber ungeladen ist. Weil eine elektrische Ladung fehlt, ist es sehr schwierig nachzuweisen. Es kann einfach durch Atome hindurchfliegen, ohne Elektronen herauszuschlagen bzw. die Atome zu ionisieren, so daß es in einer „Nebelkammer" (dem üblichen Nachweisgerät der damaligen Zeit) keine Spuren hinterläßt. Das einzige, was ein Neutron stoppen oder ablenken kann, ist ein direkter Zusammenstoß mit einem Atomkern. Das wiederum bedeutet, daß Neutronen, die ja auf die starke positive Ladung des Atomkerns nicht ansprechen, Umwandlungen herbeiführen können, für die bei Verwendung der positiv geladenen Alpha-Teilchen oder Protonen leistungsstarke Beschleuniger wie das Cockcroft-

Walton-Gerät oder das Zyklotron notwendig sind. Weiterhin erkannte man, daß mit Ausnahme des leichtesten Wasserstoffisotops jeder Atomkern aus Protonen und Neutronen besteht. Ebenfalls 1932 entdeckten H.C. Urey und zwei seiner Kollegen das erste von zwei schweren Wasserstoffisotopen, das den Namen Deuterium erhielt. In Verbindung mit Sauerstoff bildet Deuterium das schwere Wasser. Später wurde das zweite schwere Isotop Tritium gefunden.

Die dritte bedeutende Entdeckung des Jahres 1932 wurde von D.C. Anderson am California Institute of Technology gemacht. Es handelt sich um das Positron, ein Teilchen mit der gleichen Masse wie das Elektron, aber mit einer positiven Ladung. Drei Jahre später sagte der japanische Physiker H. Yukawa ein schwer zu fassendes und kurzlebiges Teilchen, das „Meson", voraus, dessen Masse zwischen der des Elektrons und der des Protons liegen sollte. Es sollte noch einige Jahre dauern, bis seine Spuren in der Nebelkammer entdeckt wurden. Die Jahre nach 1930 waren also für die Kernphysik außerordentlich fruchtbar. Die neuen Männer, denen wir diese aufregenden Entdeckungen und neuen Theorien verdanken, waren professionelle Wissenschaftler aus Amerika, England, Deutschland, Frankreich und Italien, sowie auch aus Japan und Rußland. Diese Zeit der Entdeckungen wurde später die „Zeit der Unschuld" der Kernphysik genannt.

Das Element Uran war schon vor 200 Jahren identifiziert und benannt und schon vor über 150 Jahren isoliert worden, lange vor Radium und den anderen radioaktiven Elementen. Es ist das schwerste bekannte, natürlich vorkommende Element; sein Atomgewicht beträgt 237,98. Mit Hilfe des Massenspektrographen konnte gezeigt werden, daß das natürliche Uran aus einer Mischung von drei verschiedenen Isotopen besteht: 99,3% ^{235}U, 0,7% ^{238}U und eine winzige Spur von ^{234}U. Enrico Fermi (1901–54), ein Pionier in der Erzeugung künstlicher Radioaktivität in gewöhnlichen Elementen mit Hilfe der Neutronen, war auch der erste, der die Wirkung von Neutronen auf den schweren Urankern untersuchte.

Fermi hatte sich unter anderem dafür interessiert, ob Neutronen, die auf Uran treffen, transuranische Elemente (also Elemente, die noch schwerer sind als Uran) erzeugen können. Die beiden deutschen Chemophysiker Otto Hahn und Friedrich Strassmann forschten auf der gleichen Linie und fanden Belege nicht nur für transuranische Elemente, sondern auch für andere Elemente. Eines davon schien Barium zu sein, das etwa halb so schwer war wie Uran. Als sie ihre Entdeckung am 6. Januar 1939 veröffentlichten, brachte das die beiden in Kopenhagen arbeitenden österreichischen Exilwissenschaftler Lise Meitner und Otto Frisch sofort auf die Vermutung, daß der Urankern durch den Aufschlag des Neutrons in zwei ungefähr gleich schwere Teile gespalten worden war, von denen einer das instabile Bariumisotop war. Bei diesem Vorgang wurde eine erhebliche Energiemenge freigesetzt.

Das war eine spannende Sache. Die langsame Umwandlung eines radioaktiven Elements durch Aussendung von Alpha- und Beta-Teilchen war wohlbekannt, aber die Spaltung eines Atomkerns in zwei etwa gleich große Bruchstücke war etwas völlig Neues. Mitte Januar 1939 kam Niels Bohr zu Einstein nach Princeton, um mit ihm gewisse wissenschaftliche Fragen zu besprechen. Unmittelbar vor seiner Abreise von Kopenhagen hatte er von Meitners und Frischs Vermutung erfahren. In Princeton informierte er seinen früheren Studenten J.A. Wheeler darüber. Die Neuigkeit breitete sich unter den Physikern der Ostküste sehr schnell aus. Bei einem Treffen Ende Januar in Washington DC diskutierten Bohr und Fermi über das Problem der Kernspaltung. Fermi brachte den Gedanken auf, daß bei diesem

Vorgang Neutronen freigesetzt werden könnten, was enorme Konsequenzen hätte. Obwohl keineswegs alle der emittierten Sekundärneutronen zu neuen Kernspaltungen führen würden (ein Teil würde wohl einfach entweichen oder ohne Spaltvorgang eingefangen werden), könnte es doch sein, daß ausreichend viele der Sekundärneutronen weitere Urankerne spalten und damit weitere Neutronen freisetzen würden, so daß ein Kaskadenprozeß oder eine Kettenreaktion in Gang käme. Erste Berechnungen zeigten, daß bei einer solchen Kettenreaktion enorme Energiemengen freigesetzt würden. Die Argumentation war ganz direkt und beruhte auf Einsteins spezieller Relativitätstheorie aus dem Jahr 1905. Wenn ein Urankern gespalten wird, so wird ein Teil der Bindungsenergie, die den Kern zusammenhält, freigesetzt. Die entstehenden Bruchstücke haben dann zusammen geringfügig weniger Masse als der Ausgangskern. Der Massendifferenz m, genannt „Massendefekt"[5], entspricht nach Einstein eine Energie mc^2, die als kinetische Energie in Erscheinung tritt; dabei ist c die Lichtgeschwindigkeit (siehe die Anmerkung am Ende des Kapitels). Der Massendefekt m ist zwar sehr klein, aber der Zahlenwert von c^2 ist riesig groß, so daß bei der Spaltung einer vergleichsweise geringen Uranmenge eine enorme Energie freigesetzt wird.

Daß theoretisch aus dem Uran eine enorme Energie gewonnen werden kann, sei es als Sprengstoff ungekannter Zerstörungskraft, sei es für eine kontrollierte Leistungsgewinnung, ging nach dem Frühjahr 1939 ins öffentliche Bewußtsein über. In Erkenntnis der möglichen Folgen dieser Tatsache riefen amerikanische und britische Physiker mit der Unterstützung Niels Bohrs zu einer freiwilligen Zensur der Veröffentlichungen auf. Diese Zensur wurde später auf eine mehr formale Basis gestellt, obwohl sie bis zum Ende des 2. Weltkriegs im wesentlichen freiwillig blieb. Noch gehörte die Kernphysik zur Welt der „reinen" Wissenschaft, und noch 1944, also schon gegen Ende des Krieges, konnte Max Born in seinem Buch *Atomphysik* die Möglichkeiten des Spaltungsprozesses nur streifend erwähnen:

> Wenn es möglich wäre, eine solche Kettenreaktion herbeizuführen, so könnte auch die ungemein konzentrierte Kernenergie für praktische Zwecke ausgenützt werden, z.B. als Antriebskraft für Maschinen oder als Sprengstoff für Superbomben.

Aufgeschreckt von der Möglichkeit, daß Nazideutschland Forschungen in die Wege leiten könnte, die zur Entwicklung einer Atombombe führen würde, brachte die Wissenschaftlergemeinschaft unter Führung des lebenslangen Pazifisten Einstein die Angelegenheit bei Präsident Roosevelt vor. Dieser reagierte darauf, indem er das kleine „Advisory Committee on Uranium" einrichtete. Es gab tatsächlich einigen Anlaß zur Sorge: Trotz der Verfolgungen durch den Nazistaat verfügte Deutschland immer noch über eine beeindruckende Gruppe von „reinen" Wissenschaftlern, darunter Werner Heisenberg, der zu den führenden Kernphysikern auf der Welt zählte; es gab Hinweise darauf, daß Deutschland wirklich Forschungen begann, die zur Entwicklung einer atomaren Bombe führen konnten; und schließlich hatten die Deutschen die direkte oder indirekte Kontrolle über ausgedehnte Gebiete mit Uranerzen.

Im Juni 1940 wurde das Advisory Committee zu einem Unterkomitee des National Defence Research Committee, und die Untersuchung der Schlüsselprobleme wurde vertraglich ausgelagert an verschiedene Universitäten und Fertigungsbetriebe. Die Probleme waren

---

[5] Natürlich ist der Ausdruck Massendefekt schlecht gewählt, Massendefizit wäre besser, aber das läßt sich jetzt nicht mehr ändern.

gravierend genug. Es hatte sich gezeigt, daß die Spaltung durch langsame („thermische") Neutronen nur bei ^{235}U auftrat, das im natürlichen Uran lediglich mit 0,7% vertreten ist. Nun sind aber ^{235}U und ^{238}U chemisch ununterscheidbar. Sie zu trennen wäre so schwierig gewesen, daß es keine Analogien dafür gab. Die berühmte Nadel im Heuhaufen zu finden, wäre im Vergleich dazu ein Kinderspiel. Als Alternative kam die Verwendung des transuranischen und deshalb künstlichen Elements Plutonium Pu in Frage. Forschungen ergaben, daß das Hauptisotop ^{238}U ein Neutron aus der Spaltung von ^{235}U aufnimmt und zu ^{239}U wird, das sich sehr schnell in das spaltbare Material ^{239}Pu umwandelt. Und Plutonium, ein von Uran verschiedenes (und außerordentlich widerliches) Element, ließ sich theoretisch chemisch von Uran trennen. England hatte unter dem Codenamen „tube alloys" (Rohrlegierungen) mit der Entwicklung einer atomaren Bombe begonnen. Führende Wissenschaftler wie Chadwick, Cockcroft und G.P. Thomson (der Sohn von J.J. Thomson) waren von der Realisierbarkeit der Atombombe überzeugt und waren sich der Möglichkeit wohl bewußt, daß die Nazis auf das gleiche Ziel hinarbeiteten. Doch setzten der Zusammenbruch Frankreichs, der „Blitzkrieg" und die Notwendigkeit, wissenschaftliche Arbeitskraft anderen dringenden Verpflichtungen zu widmen, diesen Bemühungen bald ein Ende. Die menschlichen und materiellen nuklearen Ressourcen Englands wurden in die Vereinigten Staaten verlagert. England war einfach nicht in der Lage, ein Projekt zu verfolgen, das wissenschaftlich weit entfernt, technologisch und industriell sehr anspruchvoll und zu all dem noch ungemein teuer war. Die englischen Hilfsquellen mußten alle in die Verteidigung gegen die U-Boote und in die Entwicklung einer strategischen Luftwaffe fließen. In physikalischer Hinsicht bedeutete das die Konzentration auf das cm-Radar und auf Navigationshilfen. Ob Nazideutschland tatsächlich jemals eine ernsthafte Politik in Richtung der Atombombenentwicklung betrieben hat, ist immer noch ungewiß. Schließlich waren viele der besten deutschen Wissenschaftler nach Amerika oder England ins Exil gegangen. Die verbliebenen deutschen Kernphysiker dürften, soweit sie nicht überzeugte Nazis waren, ernsthafte Vorbehalte gehabt haben, sich einem solchen Projekt anzuschließen[6]. Selbst wenn sie dazu bereit gewesen wären, hätten sie bald erfahren, daß Hitler, wenn er davon hörte, verlangt hätte, daß die Bombe nächste Woche fertig sei. Und Hitler war nicht der Mann, dem man problemlos sagen konnte, daß er Unmögliches verlangte. Wie die Situation in Wirklichkeit auch gewesen sein mag, die potentielle Bedrohung konnte nicht ignoriert werden.

Ein Bericht der National Academy of Sciences vom November 1941 bestätigte, daß Uranspaltbomben den Ausgang des Krieges entscheiden konnten. Die für eine explosionsartige Spaltung erforderliche Menge Uran lag zwischen 2 und 100 kg; letztere versprachen unter vorsichtigen Annahmen die gleiche Wirkung wie 30 000 kg TNT. Uran ist ein sehr ungewöhnliches Element: Wenn ein Klumpen ^{235}U eine kritische Masse übersteigt, wird

---

[6] Die in Deutschland arbeitenden Kernphysiker wurden nach dem Krieg in England in Farm Hall interniert. Die Farm-Hall-Protokolle, die ihre abgehörten Gespräche dokumentieren, sind kürzlich für die Öffentlichkeit freigegeben worden. Aus ihnen geht hervor, daß eine zielstrebige Arbeit auf die Bombe hin nicht stattfand. Unter dem erschütternden Eindruck der Atombombenabwürfe und dem bald darauf einsetzenden atomaren Wettrüsten veröffentlichten einige von ihnen 1957 die „Göttinger Erklärung", in der sie sich gegen eine atomare Bewaffnung insbesondere der Bundeswehr aussprachen. Das „Zeitalter der wissenschaftlichen Unschuld" war damit definitiv vorbei. Anm. d. Übers.

er spontan spalten; die Kettenreaktion führt in diesem Fall aber nicht zu einer Explosion, sondern lediglich zu einer starken Strahlungs- und Wärmeentwicklung. Wenn aber zwei unterkritische Massen rasch genug zusammengebracht werden können, dann ist die Kettenreaktion viel stärker und eine enorme Explosion findet statt. Unter dem Druck sowohl der National Academy als auch einzelner amerikanischer, englischer und nicht zuletzt exilierter Wissenschaftler entschloß sich die US-Regierung im Dezember 1941, das Uranprogramm zu erweitern und neu zu organisieren. Vannevar Bush entschied, daß das Amt für wissenschaftliche Forschung und Entwicklung, dessen Direktor er selbst war, das Projekt übernehmen sollte. Nachdem die Vorverträge für die Pilotfabriken geklärt waren, riet Bush, daß die US Armee hinzugezogen werden und die Errichtung der wichtigsten Fabriken überwachen sowie die Leitung des Projekts übernehmen sollte. Im August 1942 wurde eine neue Abteilung des Ingenieurkorps (das Manhattankorps) eingerichtet, um alle in Verbindung mit dem Atombombenprojekt anfallenden Arbeiten zu erledigen. Das Projekt selbst wurde DSM genannt, d.h. „Development of Substitute Materials" (Entwicklung von Ersatzmaterialien) – ein Name, der kaum informativer ist als „Rohrlegierungen". Am 17. September 1942 wurde die Gesamtverantwortung für das DSM-Projekt (das schon bald „Manhattan-Projekt" genannt wurde) einem fähigen Militäringenieur namens Leslie R. Groves übertragen.

Die Dringlichkeit wurde so hoch eingestuft, daß beschlossen wurde, alle erfolgversprechenden Wege gleichzeitig zu beschreiten. Im Prinzip gab es mehrere Möglichkeiten, das ^{235}U vom ^{238}U zu trennen. Die wichtigsten waren thermische Diffusion und Gasdiffusion, die Zentrifuge und elektromagnetische Trennung durch einen riesigen Massenspektrographen. Eine weitere Alternative bestand darin, spaltbares ^{239}Pu von ^{238}U chemisch zu trennen, nachdem dieses durch Absorption eines Neutrons zu ^{239}U geworden war. Die überragende Frage, von der alles abhing, war die, ob eine Kettenreaktion möglich sein würde. Diese Frage wurde von Fermi gelöst; gleichzeitig führte er mit der Nuklearbatterie ein neues Verfahren ein, die gewonnene Leistung zu entnehmen. Die erste dieser Batterien wurde am 2. Dezember 1942 an der Universität von Chicago in Betrieb genommen. Dabei wird mit Uranstücken, die zum Abbremsen der Neutronen durch Graphitmoderatoren voneinander getrennt sind, eine Kettenreaktion in Gang gesetzt. Im Mittel wurde pro Spaltvorgang etwas mehr als ein Neutron freigesetzt, das nicht von ^{238}U oder irgendeiner Verunreinigung absorbiert wurde oder aus der Batterie entwich, und das somit für die Spaltung eines weiteren ^{235}U-Kerns zur Verfügung stand. Das bedeutete, daß erstmals eine Kettenreaktion ablief. Die Atomkraft und die Atombombe waren damit zu realistischen Möglichkeiten geworden. Diese erste Nuklearbatterie wandelte winzige Mengen von ^{238}U in Plutonium um. Am 12. Dezember lieferte die Batterie in Form von Wärme genügend Energie, um damit zwei Haushaltsglühbirnen mit je 100 Watt zu betreiben. Um die benötigten Mengen an Plutonium zu erzeugen, war aber eine Batterie mit 500 bis 1500 Kilowatt Leistung erforderlich.

Über einen solchen Leistungssprung ohne sorgfältig geplante Zwischenschritte „hochzuskalieren", ist etwa so, als wollte man unmittelbar nach dem Jungfernflug von Wrights Zweiflügler eine Überschallverkehrsmaschine bauen. Als Zwischenschritt wurde deshalb in Clinton, einer kleinen Stadt in Tennessee, eine Pilotbatterie mit 1000 kW Leistung gebaut. Am 4. November 1943 ging sie in Betrieb. Einer der Vorzüge Clintons war, daß dort dank der Tennessee Valley Authority Elektrizität billig zur Verfügung stand. In Oak Ridge, nur einige Meilen entfernt, wurde eine andere und weit größere Fabrik gebaut. Dort wurden die Diffusionsmethoden und die elektromagnetischen Trennverfahren getestet. Diese unterschiedlichen Verfahren wurden oft nacheinander angewendet, um schrittweise reineres ^{235}U zu erhalten. Der elektromagnetische Separator war an der Universität von Berkeley in Kalifornien entwickelt worden; er wurde „Calutron" genannt, nach *Cal*ifornia *U*niversity cyclo*tron*.

Groves hatte mittlerweile entschieden, daß Clinton für eine Plutoniumfabrik großen Stils nicht geeignet sei. Er wählte dafür ein Gelände bei Hanford im Staat Washington, wo der Fluß Columbia reichlich Wasser für die Kühlung der Batterien zur Verfügung stellen konnte. Der Bau begann im Juni 1943, und im September 1944 nahm dort die erste Batterie ihre Arbeit auf. Was den Entwurf, die Konstruktion und den Betrieb dieser und anderer Fabriken betraf, so stützte sich das Manhattan-Projekt auf die Mittel von Herstellerfirmen wie DuPont, Westinghouse, Standard Oil und vielen anderen. Gewiß war das Projekt Neuland, aber wie die Probleme beim Fortgang des Projekts kamen, so wurden sie gelöst.

Bereits weniger als zwei Jahre, nachdem die kleine Nuklearbatterie in Chicago in Betrieb gegangen war, arbeiteten große Nuklearfabriken, die bedeutende Mengen an ^{235}U und ^{239}Pu produzierten. Das nächste Problem war, wie man aus dem gewonnenen spaltbaren Material eine Bombe machen konnte. Das erforderte die Einrichtung großer, spezialisierter Laboratorien. Wichtig waren hier nicht billige elektrische Energie und kaltes Wasser im Überfluß, sondern die Gewährleistung der Sicherheit. Der Schwerpunkt verlagerte sich von chemischen, metallurgischen und mechanischen Ingenieurarbeiten auf wissenschaftliche Mathematik, Physik und Chemie. Die Grundlagenforschung war natürlich auch in den Jahren 1940–43 weiterbetrieben worden, und die Wirkungen von langsamen, mittelschnellen und schnellen Neutronen auf die Uranisotope waren ausgiebig untersucht worden. Jetzt, wo waffenfähiges ^{235}U und Plutonium in zunehmendem Maß verfügbar wurden, stellte sich die Frage, wie man eine wirkliche Bombe auslegen und zünden müsse, und welche Auswirkungen eine solche Explosion wahrscheinlich haben würde. Die ersten Schritte waren schon 1942 getan worden, als Robert Oppenheimer mit theoretischen Rechnungen zur Atombombe begann. Am Ende dieses Jahres begann die Suche nach einem geeigneten Platz für ein Versuchslabor. Die Wahl fiel auf Los Alamos in New Mexico, wo vor dem Krieg ein Landschulheim nach dem Konzept Kurt Hahns gearbeitet hatte. Oppenheimer kannte die Schule gut und hielt den Ort wegen seiner Abgelegenheit für ein Geheimlabor geeignet. Der Bau der neuen Gebäude begann im Dezember 1942. Am Beginn des darauffolgenden Jahres willigte die Universität von Kalifornien in einen Vertrag über den Betrieb des Labors ein, dessen verantwortlicher Leiter Oppenheimer wurde. Dieser stellte daraufhin eine erstaunlich begabte Arbeitsgruppe zusammen, zu der Fermi, Bohr, Chadwick und von Neumann gehörten. Neben der fortlaufenden Uranforschung wurden hier Untersuchungen durchgeführt, welches für die Bombe die beste Form des Plutoniummetalls sei, welcher „Detonator" sich zur Erzeugung der für den Start der Kettenreaktion erforderlichen Neutronen am besten eigne, welche Ummantelung und welche Abschußmethode gewählt werden solle, und vieles andere mehr. Die Plutoniumbombe bot eine besondere Schwierigkeit, da die für eine Uranbombe brauchbare Explosionsmethode – mit einer Art Kanone wurde eine unterkritische Masse auf eine andere geschossen – hier nicht anwendbar war. Die einzige Lösung war, eine subkritische Masse implodieren zu lassen, so daß sie durch die Kompression kritisch wurde. Es war also erforderlich, die Plutoniumkugel mit Explosivladungen zu umgeben, die dann gleichzeitig gezündet werden mußten.

Diese Probleme waren im Juli 1945 gelöst. Das verfügbare Uran genügte für eine Bombe, das Plutonium für zwei. Hinsichtlich der Plutoniumbombe gab es jedoch noch einige Unklarheiten, und deshalb wurde beschlossen, die Hälfte des Plutoniummetalls für einen Test einzusetzen. Am 12. Juli 1945 wurde dann in Alamagordo in der Wüste von New Mexico, 320 km von Los Alamos entfernt, die erste Plutoniumbombe erfolgreich gezündet. Schon einen Monat später wurde eine Uranbombe (mit dem Namen „Kleiner Junge") über Hiroshima zur Explosion gebracht und kurz darauf die Plutoniumbombe „Dicker Mann" über Nagasaki. Dies, so wurde damals überzeugend behauptet, brachte den 2. Weltkrieg zu einem sofortigen Ende. Die japanische Führung wußte natürlich nicht, daß das US-Arsenal über keine weiteren Bomben verfügte.

Dieser kurze Abriß der Geschichte der Atombombe beleuchtet einen Punkt, auf den ich schon weiter oben hingewiesen habe. Nur die reichste und mächtigste Nation der Welt, die in einem globalen Krieg über beide Ozeane hinweg ihre Finger im Spiel hatte, konnte die vielfältigen und komplexen Hilfsmittel aufbringen, die zur Bombenherstellung erforderlich waren, und gleichzeitig riskieren, daß sich das Projekt als Fehlschlag erweisen würde. Es erscheint als sicher, daß ohne den Krieg die Atombombe erst wesentlich später entwickelt worden wäre. Man könnte sogar die Behauptung wagen, daß die Möglichkeit billiger elektrischer Energie durch Kernspaltung, auf die Born und andere hingewiesen hatten, zunächst zum Bau von Atomkraftwerken geführt hätte, und daß Atombomben, darauf aufbauend, erst in zweiter Linie entwickelt worden wären. Mit anderen Worten wäre die Abfolge der Entwicklungen ohne den Krieg wahrscheinlich umgekehrt verlaufen, und die dafür benötigte Zeit wäre wesentlich länger gewesen (es sei an dieser Stelle nochmals auf die Begeisterung hingewiesen, die von der Aussicht auf sehr billige Energie wiederholt ausgelöst worden ist). Doch ist all das nur Spekulation. Zwei Dinge sind dagegen völlig sicher: Zum einen kann die Erfindung der Atombombe nicht ungeschehen gemacht werden; zum anderen wird jede Nation, die einmal eine Atombombe gezündet hat, für immer Nuklearmacht bleiben, denn nachgewiesenermaßen besitzt sie ja die notwendigen industriellen Hilfsmittel und die erforderlichen wissenschaftlichen und technischen Kenntnisse.

Die Geschichte des Manhattan-Projekts und die Entwicklung der militärischen und zivilen Kernenergie scheint das von einigen Wissenschaftlern vorgebrachte Argument zu bestätigen, daß die Technologie wissenschaftsabhängig ist, d.h. daß reine Wissenschaftler Entdeckungen machen, auf denen die Erfindungen und Neuerungen der Technologen dann aufbauen. Die Geschichte der flüssigkeitsgetriebenen Rakete bestätigt aber ebenso die umgekehrte These. Die Entdeckungen der (reinen) Astronomie, die mit Raumsonden, Satelliten und der Raumfähre gemacht wurden, wären ohne die Raketentechnologie nicht möglich gewesen.

Zwischen den Einrichtungen von Los Alamos und Peenemünde gibt es erregende Ähnlichkeiten. Peenemünde liegt zwischen Kiefernwäldern mit Blick auf die blauen Gewässer der Ostsee, ebenso liegt Los Alamos inmitten von Kiefernwäldern, und der Blick fällt auf die entfernten, blauen Berge „Sangre de Cristo". Auf beiden Seiten wurde das Unternehmen von einem Generalmajor geleitet, und auf beiden Seiten arbeitete ein Heer von Wissenschaftlern und Ingenieuren unter einem Mann mit nachgewiesenen außerordentlichen wissenschaftlichen bzw. technologischen Leistungen, nämlich R. Oppenheimer bzw. Wernher von Braun. Ferner ist wohlbekannt, daß es auf seiten der amerikanischen Wissenschaftler moralische Zweifel im Hinblick auf einen Atombombeneinsatz ohne vorherige Warnung gab; aber auch bei von Braun und einigen seiner Mitarbeiter gibt es Hinweise auf ähnliche Zweifel. Ihr Bestreben richtete sich auf die Raumfahrt und nicht auf die Entwicklung einer schrecklichen neuen Waffe. Natürlich handelt es sich dabei um zufällige Parallelen, und das Ausmaß der Leistungen in Los Alamos übertraf das in Peenemünde schließlich bei weitem. Und doch besteht auf einer tieferen Ebene eine aufschlußreiche Ähnlichkeit. Amerika und wohl auch Deutschland waren die technologisch führenden Nationen der damaligen Zeit. Los Alamos und Peenemünde demonstrierten, wie ein moderner Staat die im 19. Jahrhundert entwickelte Wissenschaft und Technologie geballt dafür einsetzen kann, bemerkenswerte Ergebnisse zu erzielen. Insofern stellen beide Unternehmungen in der Geschichte der Technologie etwas völlig Neues dar.

Es war bekannt, daß am leichten Ende der Atomgewichtsreihe bei dem Element Wasserstoff und seinen Isotopen die *Kernfusion* zu einem „Massendefekt" und folglich zur Energiefreisetzung führt. Hans Bethe, ein herausragendes Mitglied der Los Alamos-Gruppe, hatte eine allgemein anerkannte Theorie veröffentlicht, derzufolge die Wärme der Sonne von einem Fusionsvorgang im Sonneninneren herrührt, bei dem Wasserstoffkerne zu Heliumkernen verschmelzen (das Element Helium wurde nicht auf der Erde, sondern zuerst von Sir Norman Lockyer auf der Sonne entdeckt, daher rührt sein Name). Schon 1942 wurde über die Machbarkeit einer Fusionsbombe diskutiert. Das Haupthindernis waren die enorm hohen Temperaturen, die zur Einleitung des Fusionsprozesses benötigt wurden. Dafür besaß diese thermonukleare Bombe (die „Wasserstoffbombe") den Vorteil, daß sie anders als die Spaltungsbombe in ihrer Größe nicht beschränkt war. Es gab keine kritische Masse, fusionsfähiges Material konnte, wie auch bei gewöhnlichen Sprengstoffen, beliebig hinzugefügt werden. Eine solche Bombe konnte realisiert werden, nachdem es die Spaltungsbombe gab, denn diese konnte die erforderlichen hohen Zündtemperaturen liefern. Die erste Fusionsbombe wurde am 1. November 1952 im Pazifik gezündet. Dafür war allerdings viel mehr erforderlich als nur eine Spaltungsbombe und etwas fusionsfähiges Material zusammenzugeben. Um bei einigen sehr komplexen theoretischen Berechnungen Hilfestellung zu leisten, wurde ein bemerkenswertes „Elektronengehirn", ein Computer, entwickelt.

England stieg 1946 wieder in die Kernenergie ein, als unter der Leitung von Sir John Cockcroft das Forschungsinstitut in Harwell gegründet wurde. Weitere Nukleareinrichtungen gab es in Aldermaston und an verschiedenen Armeestandorten. In Capenhurst in Cheshire wurde eine große Diffusionsfabrik gebaut und im walisischen Windscale eine riesige Nuklearbatterie. Die erste englische Spaltbombe wurde 1951 auf der Monte Bello-Insel vor der Nordwestküste Australiens gezündet und die erste englische Fusionsbombe 1956 über der Weihnachtsinsel im Pazifischen Ozean. Rußland hatte zu dieser Zeit bereits Spalt- und Fusionsbomben gezündet. China und Frankreich folgten einige Jahre später.

Die Wärmeenergie, die bei Fermis kleiner Nuklearbatterie 1942 und erst recht in den viel größeren Batterien von Oak Ridge, Hanford und anderswo freigesetzt wurde, stellte ein Abfallprodukt dar, das man mittels Gaskühlung oder mit Hilfe des kalten Wassers aus dem Columbia-Fluß loswerden mußte. Natürlich konnte diese Abwärme auch genutzt werden, um Dampf für Turbinen zu erzeugen. Das ermöglichte die ersten wirklichen Unterseeboote. In beiden Weltkriegen hatten sich Unterseeboote als tödliche und ungemein zerstörerische Waffen erwiesen, waren aber einfach noch keine richtigen Unterseeboote, sondern eher tauchfähige Torpedoschiffe. Obwohl besonders von den deutschen U-Bootkonstrukteuren immer wieder versucht wurde, einen effizienten Motor mit geschlossenem Arbeitszyklus zu entwickeln, blieben die Unterseeboote für ihre Tauchfahrten von Batterien und Elektromotoren abhängig. Das „Schnorchel" genannte Belüftungsrohr stellte nur eine teilweise und sehr begrenzte Lösung des Problems dar. Diese U-Boote konnten unter Wasser maximal 150 km zurücklegen, und auch das nur bei der stark reduzierten Geschwindigkeit von etwa 10 km/h. Das erste echte U-Boot war die amerikanische *Nautilus*, die 1957 vom Stapel lief. In diesem Schiff wurde die Wärme, die ein Kernreaktor ohne die Zufuhr von Luft erzeugen konnte, zur Dampfgewinnung für die Turbinen benutzt. Die *Nautilus* war unter Wasser schneller als so manches an der Oberfläche operierende Kriegsschiff, und die Strecke, die sie tauchend zurücklegen konnte, war unbeschränkt. Ihre sensationellste und geschichtsträchtigste Reise verlief 1958 unter der Eiskappe des Nordpols hindurch von Amerika nach Europa.

Man sagt zwar, daß bereits die Deutschen im 2. Weltkrieg von U-Booten erfolgreich Feststoffraketen abgefeuert haben sollen, aber die Entwicklung der Polaris-Unterseeboote stellte auf jeden Fall einen enormen Fortschritt dar. Diese nukleargetriebenen U-Boote führten langreichweitige ballistische Geschosse mit sich, die mit nuklearen Sprengköpfen ausgestattet waren. Auf diese Weise lieferte die Kombination zweier revolutionärer Technologien, des Raketenantriebs und der Atomenergie, eine Waffe, die zweifellos als Gipfelpunkt der Abschreckung gelten kann. Es bleibt freilich künftigen Historikern überlassen, einzuschätzen, inwieweit diese furchtbaren Waffen, in denen militärische Land- und Seemacht verschmolzen, dazu beitrugen, die Gefahr eines Nuklearkrieges wesentlich zu verringern. Turbinen, die mit nuklear erzeugtem Dampf angetrieben werden, können auch zur Elektrizitätsgewinnung eingesetzt werden. In saubern und arbeitsparenden Atomkraftwerken Strom zu gewinnen, schien offenkundig vorteilhaft. Die Geschichte der zivilen Nutzung der Kernenergie nach 1945 verlief dennoch alles andere als geradlinig. Anfangs gab es wieder weit verbreitete Hoffnung auf extrem billige Energie. Zu einer wahren Euphorie, die vor allem von der Presse, dem Rundfunk und dem Fernsehen begeistert gefördert wurde, kam es, als 1956 das erste Kernkraftwerk in Calder Hall (das zum Windscale-Komplex gehörte) ans öffentliche Netz ging. England befand sich zu der Zeit in einer schmerzhaften Abhängigkeit von der immer teurer werdenden heimischen Kohle. Jevons war nicht in Vergessenheit geraten, und hier bot sich die Rettung an. Daß ein anderer Zweck von Calder Hall die Herstellung von Plutonium für militärische Zwecke war, wurde nicht hervorgehoben, ja nicht einmal erwähnt. Auf jeden Fall fiel es kaum jemandem auf, daß in den zurückliegenden 150 Jahren bereits mehrmals ähnliche Hoffnungswellen durchs Volk gelaufen waren. Die Ernüchterung der Öffentlichkeit hinsichtlich der Kernenergie blieb aber über die Jahre hinweg nicht aus und beruhte nicht nur auf deren Unfähigkeit, praktisch kostenlose Energie zu erzeugen, sondern auch auf einer Serie von Pannen, über die in den Medien ausführlich berichtet wurde: Angefangen von dem Reaktorbrand in

Windscale (das später in Sellafield umbenannt wurde, Anm. d. Übers.), der schon ein Jahr später in Nordwestengland weite Ackerflächen verseuchte, über die Episode von Three Mile Island, bis hin zu der wirklichen Katastrophe von Tschernobyl. Zusätzlich muß man eine atavistische Angst vor dem Überschreiten eines natürlichen Tabus, die Erinnerung an die Verwüstungen von Hiroshima und Nagasaki und die Eindrücke aus gut gemachten Filmen wie *On the beach* und *The China Syndrom* in Rechnung stellen. Heute betrachtet man die Kernenergie bestenfalls als zweifelhafte Segnung. Die Unfähigkeit der Ingenieure, hieb- und stichfeste Garantien abzugeben, daß in Zukunft keine Unfälle oder gar Katastrophen mehr passieren können und die ungelösten Entsorgungsprobleme des radioaktiven Abfalls erklären einen großen Teil der öffentlichen Sorge.

Die Probleme des radioaktiven Abfalls und der atomaren Verseuchung könnte man vermeiden, wenn ein funktionsfähiger Fusionsprozeß entwickelt werden könnte. Bislang ist dies nicht gelungen, obwohl die Vereinigten Staaten, Westeuropa und Rußland viel Arbeit und Geld in die Fusionsforschung investiert haben. Der hervorragende russische Physiker Andrei Sacharow lieferte die Grundlagen für das „Tokamak"-Prinzip. Dabei wird in einer kreisförmig geschlossenen Röhre ein extrem heißes Plasma aus den Wasserstoffisotopen Deuterium und Tritium erzeugt. Durch ein starkes Magnetfeld wird das Plasma von den Röhrenwandungen ferngehalten und auf die Röhrenachse konzentriert. Da das Plasma elektrisch leitfähig ist, kann es wie die Sekundärspule eines Transformators wirken, d.h. man kann in ihm einen Strom induzieren, der die Plasmatemperatur weiter erhöht. Ist die Temperatur hoch genug, beginnen die Deuterium- und Tritiumkerne miteinander zu verschmelzen und Heliumkerne zu bilden. Diese Fusion setzt eine enorm hohe Wärmeenergie frei. Beim 1978 eingerichteten „Joint European Torus" (JET) in Culham in Oxfordshire ist es 1991 bereits gelungen, mit einer Tokamakmaschine für etwa 2 Sekunden die Fusionstemperatur zu überschreiten und eine Fusionsleistung von rund 2 Megawatt zu erzeugen. Dieser Erfolg konnte 1993 bei dem amerikanischen Tokamak-Testreaktor TFTR mit einer noch höheren Leistung wiederholt werden. Man kann daher voraussehen, daß es in nicht allzu ferner Zukunft möglich sein wird, durch Kernfusion soviel Wärme zu erzeugen, daß nicht nur der Fusionsprozeß aufrechterhalten wird, sondern auch ein Energieüberschuß entnommen werden kann.

1960 wurde in Garching bei München von der Max-Planck-Gesellschaft und Werner Heisenberg das „Institut für Plasmaphysik GmbH" gegründet, das 1971 in die Max-Planck-Gesellschaft direkt eingegliedert wurde. Ziel war es, in Deutschland ein Zentrum für die Fusionsforschung aufzubauen. Bereits 1970 war die Zahl der dort Beschäftigten von anfänglich knapp 100 auf über 1000 angewachsen, im gleichen Zeitraum hatte sich der Jahresetat von rund 5 Millionen auf etwa 70 Millionen DM erhöht. Mit diesem Aufwand werden am IPP in enger europäischer und auch internationaler Zusammenarbeit alle Aspekte der Kernfusion erforscht. Dabei gibt es heute im wesentlichen zwei alternative Linien: Die Tokamak- und die Stellarator-Linie. An beiden wird weltweit gearbeitet, jedoch ist das IPP das einzige Institut, an dem *beide* Linien parallel verfolgt werden. Der Reaktortauglichkeit kam der Tokamak durch den „Divertor" ein wesentliches Stück näher, der zu Beginn der achziger Jahre am IPP entwickelt wurde und Verunreinigungen des Plasmas vermeiden und die Temperatureigenschaften deutlich verbessern hilft. Das Plasma erhält neue, positive Isolationsqualitäten, für die der Name „H-Regime" geprägt wurde. Der JET-Nachfolger

NET (Next European Torus) hat ebenfalls Divertoren. Die Stellarator-Linie erhielt neues Gewicht, als 1980 am IPP bewiesen werden konnte, daß mit den dabei verwendeten Magnetfeldern das heiße Plasma genauso effektiv eingeschlossen werden kann wie mit dem Tokamak. 1992 konnte mit einem verbesserten Stellarator-Experiment am IPP ebenfalls das H-Regime hergestellt werden, so daß sich ein Kopf-an-Kopf-Rennen zwischen den beiden Reaktorlinien zu entwickeln scheint. Noch liegt allerdings das Tokamak-Prinzip etwas vorne: Nach 40 Jahren Forschung sollen nun die internationalen Anstrengungen zu einem amerikanisch-europäisch-russisch-japanischen Gemeinschaftsprojekt gebündelt und mit dem „ITER" – International Thermonuclear Experimental Reactor – eine Tokamak-Maschine gebaut werden, die erstmals, wenn auch noch im Experimentiermaßstab, Fusionsenergie im Dauerbetrieb erzeugt und Einzelheiten nicht hinsichtlich der Grundlagen, sondern der *Reaktor*technologie aufzeigt[7]. Deuterium und Tritium können leicht in den erforderlichen Mengen bereitgestellt werden. Deshalb sind viele der Meinung, daß sichere und billige Energie zur Verfügung steht, sobald der Fusionsprozeß einmal läuft. Sicher mag die Energie durchaus sein, was aber die Erwartung anbelangt, sie werde billig sein, so ist aufgrund der Erfahrungen der Vergangenheit ein gewisses Maß an Vorsicht zweifellos angebracht. Spottbillige Energie wird es höchstwahrscheinlich niemals geben. Die praktischen Probleme bei der Entwicklung der Fusionsenergie werden sicherlich enorm sein, und die Kosten der erforderlichen hochmodernen Maschinen nicht weniger. Außerdem kann man davon ausgehen, daß das erste Fusionskraftwerk den üblichen geräuschvollen Protest hervorrufen wird.

Auf lange Sicht gesehen bietet die Kernenergie dennoch Hoffnung:

- Wenn der Fusionsprozeß auf wirtschaftliche Weise gebändigt,

- und wenn das Abfallproblem gelöst werden kann (warum sollte es unlösbar sein?),

- und wenn keine weiteren Tschernobyls eintreten,

dann können die positiven Seiten der Kernenergie zum Tragen kommen, nämlich praktisch unerschöpfliche Rohstoffquellen und keine Umweltverschmutzung[8]. Die Vorräte an fossilen Brennstoffen sind, wie wir wissen, begrenzt und werden momentan mit einer Geschwindigkeit aufgebraucht, die Jevons erschreckt hätte. Vielleicht können auch die alternativen Quellen verdünnter Energie zu einer gewissen Erleichterung beitragen, aber ihre Nachteile sind noch kaum in die Öffentlichkeit gedrungen, und auch hier legt die Erfahrung die Vermutung nahe, daß ihre Vorzüge möglicherweise übertrieben wurden. Manchmal wird auch ein effizienterer Umgang mit den Brennstoffen als eine Antwort auf das Energieproblem gesehen, aber da läßt sich wiederum Jevons zitieren. Er wies darauf hin, daß ein Herstellungsbetrieb oder auch eine Familie, wenn sie beim Brennstoffverbrauch

---

[7] Absatz vom Übers. nach Informationsschriften der MPG und der DPG hinzugefügt.

[8] Das ist in dieser Absolutheit leider nicht richtig. Zum einen spielt im Brennstoffkreislauf das radioaktive Wasserstoffisotop Tritium eine wesentliche Rolle, das sehr leicht in den Wasserhaushalt des Körpers übernommen wird. Zum anderen wird die Bausubstanz des Reaktors durch die freigesetzten Neutronen radioaktiv. Allerdings hat der so entstehende radioaktive Abfall einen deutlich freundlicheren Charakter als der bei einem herkömmlichen Spaltkraftwerk gebildete: Die Zerfallszeiten sind wesentlich kürzer, und er läßt sich leichter lagern, da die freiwerdende Wärme insgesamt wesentlich geringer ist. Anm. d. Übers.

(d.h. beim Energieverbrauch) einsparen können, die freigewordenen Mittel investieren und den Handlungsbereich ausweiten werden, was wiederum zu erhöhtem Energieverbrauch führt. Dieser Wettlauf kann nicht gewonnen werden. Wirtschaftliches Wachstum bedeutet ganz einfach auch wachsenden Energieverbrauch.

Wenn die Entwicklungsländer Afrikas, Asiens und Südamerikas auf der Leiter der wirtschaftlichen Entwicklung aufzusteigen beginnen (wie wir alle hoffen und annehmen, daß sie soweit kommen) und sich dem Wohlstandsniveau Amerikas, Europas, Japans und Südostasiens annähern, dann wird das Energieproblem noch viel dringlicher werden. Es ist darum nur klug, es jetzt anzupacken – und das bedeutet noch intensivere technologische und wissenschaftliche Forschung, nicht zuletzt im Bereich der Kernenergie.

Anmerkung zur Relativitätstheorie

Noch viele Jahre nach der Zeit Newtons waren die schnellsten Dinge auf der Erde, die der Wissenschaft bekannt waren, Kanonenkugeln, Granaten und andere Geschosse. Sie erreichten Geschwindigkeiten um 2000 km/h, was gegenüber der Lichtgeschwindigkeit vernachlässigbar klein ist. Erst zu Beginn des 20. Jahrhunderts lieferten die Atom- und die Kernphysik direkte experimentelle Hinweise auf Körper, die sowohl Masse besaßen als auch Geschwindigkeiten, die im Vergleich zur Lichtgeschwindigkeit c nicht mehr sehr klein sind. Die Experimente mit solchen schnellen atomaren Teilchen bestätigten die spezielle Relativitätstheorie Einsteins.

Nach der speziellen Relativitätstheorie wächst die an einem bewegten Körper gemessene Masse m mit der Geschwindigkeit v, die dieser Körper relativ zum messenden Beobachter hat:

$$m = \frac{m_0}{(1 - v^2/c^2)^{-1/2}}$$

Dabei ist m_0 die in Ruhe gemessene Masse (die sogenannte Ruhmasse).

Für Geschwindigkeiten bis etwa zur halben Lichtgeschwindigkeit kann man diesen Ausdruck mathematisch näherungsweise umformen zu

$$m = m_0 + \tfrac{1}{2}m_0 v^2/c^2$$

oder, wenn wir die Differenz $m - m_0$ mit M bezeichnen:

$$Mc^2 = \tfrac{1}{2}m_0 v^2/c^2$$

Das bedeutet, daß die kinetische Energie $\tfrac{1}{2}m_0 v^2/c^2$ des Körpers als Massenzuwachs in Erscheinung tritt. Allgemein entspricht einer Masse m ein Energiebetrag von mc^2. In der uns vertrauten, langsamen Welt sind solche energiebedingte Massenveränderungen viel zu klein, um aufzufallen. In der Welt der Atome gilt das jedoch nicht. Die Masse des Uranatoms ist größer als die gesamte Masse der Teilchen, in die es bei der Spaltung zerfällt. Die Massendifferenz tritt exakt als Spaltungsenergie wieder in Erscheinung.

Die vollständige spezielle Relativitätstheorie wurde von Einstein im Jahr 1905 aufgestellt, lange bevor die Spaltung des Uranatoms entdeckt wurde.

18 Technologie und der Einzelne: Kleine Technologie

Die Wärmekraftmaschinen, die mit Dampf oder interner Verbrennung die Generatoren in großen oder kleinen Kraftwerken antreiben, sind so konzipiert, daß sie über einen möglichst großen Temperaturbereich arbeiten. Das verlangen nicht nur die Prinzipien Sadi Carnots, sondern es ergibt sich auch aus ganz praktischen Konstruktionserfordernissen. Das Gas oder den Dampf bis auf atmosphärische Temperaturen hinab zu expandieren, würde allerdings enorm große Zylinder erfordern. Als Kompromiß wird deshalb am unteren Ende des Temperaturbereichs eine gewisse Wärmeenergie geopfert, die durch Kondensation oder mit Hilfe von Kühlwasser nutzlos abgeführt wird. Weil ihre Temperatur so niedrig ist, hätte diese verlorene Wärme zur gesamten nutzbaren Leistung der Maschine nur noch wenig hinzugefügt; dennoch könnte sie für viele andere Zwecke immer noch gute Dienste leisten. Dies wurde schon früh im 19. Jahrhundert erkannt, als die Abwärme aus den Dampfmaschinen Cornwalls zum Vorheizen des Kesselwassers verwendet wurde, was eine deutliche Brennstoffeinsparung ermöglichte. Später im 19. Jahrhundert wurden die heißen Rauchgase, die aus den Schornsteinen entwichen, zum Antrieb luftbetriebener Stirlingmaschinen kleiner Leistung genutzt. Es gibt noch viele andere frühe Beispiele für die Nutzung der Abwärme. Die interessanteste ist vielleicht die, über die Lynn White berichtet: Es ist eine sehr alte Praxis, die im Kamin aufsteigende heiße Luft einen Bratspieß drehen zu lassen, so daß daran befestigtes Fleisch schön gleichmäßig von allen Seiten geröstet wird.

Seit Beginn dieses Jahrhunderts wurde vor allem in den USA die Abwärme großer Kraftwerke genutzt, um Häuser und Geschäfte in der Nachbarschaft mit Fernwärme zu versorgen. Dieses Prinzip ist in den vergangenen Jahren erweitert worden zur Technologie der „Kraft-Wärme-Kopplung", die vor allem in Skandinavien, in Rußland und in den Vereinigten Staaten in großem Stil entwickelt wurde.

Kraft-Wärme-Kopplungsanlagen sind gewöhnlich ziemlich klein. Den Dampf erzeugen sie häufig durch die Verbrennung von Gasen, die bei der Verrottung von organischem Material und Hausabfällen entstehen. Wenn es darum geht, eine möglichst große Elektrizitätsmenge für ein flächendeckendes Netz zu erzeugen, können diese Anlagen mit großen Kraftwerken nicht konkurrieren. Wenn die Energiebilanz aber beide Formen – Strom und Wärme – einschließt, können sie wesentlich effizienter sein.

Eine andere Art der Wärmebereitstellung ist die Wärmepumpe. Die Argumentationskette Carnots zeigt ganz klar, daß eine rückwärts betriebene Wärmekraftmaschine Wärme von einem kalten Körper (z.B. einem Fluß) zu einem heißen Körper (z.B. einem Konzertsaal) pumpen kann und dabei einen thermischen Wirkungsgrad von deutlich mehr als 100% erreicht. Daß dabei der Energieerhaltungssatz nicht verletzt wird, zeigt eine einfache mechanische Analogie: Eine Tonne Wasser, die mit 100 m Fallhöhe und 60% Wirkungsgrad ein Wasserkraftwerk antreibt, liefert genug Energie, um 6 t Wasser 10 m hochzuheben. Wenn man jetzt nur die Wassermengen (bzw. Wärmemengen) betrachtet und die Fallhöhe (bzw. die Temperaturdifferenz) außer acht läßt, so beträgt der Wirkungsgrad in diesem Beispiel 600%.

Der verstorbene Professor Derek Price führte die nützliche Einteilung nach großer und kleiner Wissenschaft ein. Wir können diesen Gedanken auf den Bereich der Technologie ausdehnen. Kernenergie und Weltraumraketen sind zweifellos großtechnische Produkte – sowohl in sich selbst, als auch was die benötigte Forschungs- und Entwicklungsarbeit und die erforderlichen Produktionsstätten betrifft. Andererseits können sehr viele Dinge, die von gewöhnlichen Sterblichen verwendet werden, durchaus als „kleine Technologie" bezeichnet werden. Zu ihrer Erzeugung und Entwicklung mag zwar fortgeschrittene Forschung beigetragen haben, aber es waren keine großen Organisationen erforderlich: Kein Peenemünde, kein Los Alamos, kein Hanwell oder Harwell.

Technologietransfer

Vor zwanzig Jahren veröffentlichte E.F. Schumacher eine Aufsatzsammlung mit dem Titel „Small is beautiful" (klein ist fein). Es zeigte sich, daß diese Aufsätze die öffentliche Meinung sehr beeinflußten und der „grünen" Bewegung viel Auftrieb verliehen. Schumachers Thesen waren im wesentlichen ein Plädoyer für kleinere wirtschaftliche und technologische Einheiten, die, wie er sagte, mehr dem Maßstab des einzelnen Menschen angepaßt sind als dem der riesigen Aktiengesellschaften. Nun sind zweifellos einige der modernen Technologien durch eine gewisse Unbeweglichkeit gekennzeichnet. Ein Kampfflugzeug ist weniger eine Waffe als vielmehr Teil eines Waffensystems, das ausgeklügelte Hilfsdienste erforderlich macht, ehe es effizient sein kann (wohingegen beispielsweise die russischen Kanonen, die 1854 die Leichte Brigade vernichteten, keine komplexe Infrastruktur benötigten). Auch ein ziviles Verkehrsflugzeug hängt von hochentwickelten technologischen Dienstleistungen ab, die bei weitem über das hinaus gehen, was etwa für die Züge und Dampfschiffe des 19. Jahrhunderts nötig war. Auch sie beruhten aber, wie wir gesehen haben, zu ihrer Zeit auf aufwendigeren Dienstleistungen als die Postkutschen und die Segelschiffe, die durch sie verdrängt wurden. Doch ist es trotz solcher Starrheit zweifelhaft, ob die Empfehlungen Schumachers angesichts der Erwartungen und Wünsche eines großen Teils der Menschen in einem wirtschaftlich hochentwickelten Land mehr als nur begrenzte Anwendungen finden können.

Schumachers Argumente wurden auch auf die Entwicklungsländer angewendet, die bei dem stürmischen Fortschritt der modernen Technologie zunehmend ins Abseits gerieten. Viele dieser Länder hatten sich beeilt, nachdem sie nach 1945 die Unabhängigkeit erreicht hatten, neueste Technologien zu übernehmen (etwa eine staatliche Fluggesellschaft, Computer, moderne Stahlwerke oder ein nationales Fernsehsystem), obwohl der Lebensstandard und das technische Verständnis des größten Teils der Bevölkerung noch primitiv waren. Die Ergebnisse dieses Hineinplatschens in die moderne Welt waren meist nicht sehr glücklich. Wir haben schon festgestellt, und Svante Lindqvist hat es klar bewiesen, daß ein direkter Technologietransfer nur erfolgreich sein kann, wenn zwischen der Geber- und der Empfängerkultur ein gewisses Maß an Übereinstimmung besteht. Schumacher schlug als Alternative den Einsatz „intermediärer", kleinmaßstäblicher Technologie vor, die der Anzahl und den praktischen Fähigkeiten der betroffenen Menschen besser entspricht. Dieser menschenfreundliche Vorschlag erfordert aber Geduld auf seiten der Entwicklungsländer, die dazu bereit sein müssen, daß der Entwicklungssprung auf übermorgen verschoben wird. Han Suyin hat mir gesagt, daß in China intermediäre Technik erfolgreich eingesetzt wird, aber China ist eine alte Zivilisation mit sehr kreativen Menschen und einer geordneten Gesellschaft.

Es gibt in dieser Hinsicht kaum etwas bemerkenswerteres als die Art, wie sich Japan in nur wenig mehr als 100 Jahren von einer Feudalgesellschaft mit seit Jahrhunderten kaum veränderten Strukturen zu einem modernen Land gewandelt und eine weltweite Führungsrolle in vielen industriellen und technologischen Bereichen übernommen hat. Offensichtlich waren die angeborenen Fähigkeiten der Japaner durch gesellschaftliche Institutionen und durch die isolierte Insellage unterdrückt. Das gleiche gilt für China und die Länder Südostasiens. Diese Gesellschaften starteten in das technologische und industrielle Wachstum, indem sie die Erzeugnisse und sogar die Kleidung und andere Äußerlichkeiten des Westens übernahmen. Dies war die richtige Politik; auch die Engländer hatten sie im 17. und 18. Jahrhundert mit auffallendem Erfolg angewandt, und ebenso die südeuropäischen Völker des frühen Mittelalters gegenüber den Arabern. Nachahmung ist tatsächlich das Tor zu technologischem Fortschritt. Andererseits ist, wie gesagt, die Vereinbarkeit Voraussetzung für einen erfolgreichen Technologietransfer. Hinweise auf das Erfolgsgeheimnis der Japaner könnten ihre hochentwickelte Handwerkskunst (vgl. das Europa der Renaissance) und ihre schon sehr alten Fähigkeiten in der Metallbearbeitung und im Gartenbau sein. Im übrigen erinnern wir daran, daß die moderne Technologie im mittleren Osten ihren Anfang nahm, sich von dort westwärts nach Europa ausbreitete und England zuletzt erreichte, ehe sie über den Atlantik nach Amerika gelangte. Nach Japan und in die anderen ostasiatischen Länder kam sie sowohl von Europa als auch von Amerika aus. Damit ist sie rund um die Welt gewandert. Die bisherige Erfahrung legt nahe, daß die Zeitspanne einer technologischen Vorherrschaft für jede Nation begrenzt ist und daß nach dieser Zeit die Führung von anderen Nachfolgern übernommen wird.

Technologie im Haus

Bis in die letzten Jahrzehnte des 19. Jahrhunderts hatte die Technologie wenig Auswirkungen auf die Haushaltsführung. Die wachsende Eisenindustrie des späten 18. Jahrhunderts hatte die Haushalte mit gußeisernen Holz- oder Kohleöfen, mit Rosten, Kochherden und anderen Dingen, die zur Grundausstattung einer Küche gehören, versehen. Im übrigen blieb alles im wesentlichen so, wie zur Zeit von Shakespeares „Wenn die fettige Joan den Topf ausklopft" – eine Beobachtung, die unangenehme Assoziationen im Blick auf die häusliche Hygiene hervorruft.

Die Einführung des Petroleums nach dem Aufkommen der Mineralölindustrie in der Mitte des 19. Jahrhunderts bedeutete vor allem in ländlichen Gegenden einen neuen Brennstoff nicht nur zur Beleuchtung, sondern auch zum Kochen und Heizen. Im städtischen Umfeld sorgte die Kohlegasindustrie für die Beleuchtung, die Heizung und die Kochwärme, allerdings kam der von Auer erfundene, außerordentlich wirkungsvolle Gasglühstrumpf zu spät, um für die neue elektrische Glühbirne noch eine ernsthafte Konkurrenz zu sein.

In den Häusern der Mittelklasse und der Wohlhabenden wurden die häuslichen Lasten gewöhnlich von einer ganzen Armee von Dienstmädchen übernommen. Die Existenz dieser billigen Arbeitskräfte lähmte die Anreize zu Neuerungen. Sogar die Familien der unteren Mittelklasse, die sich einen oder mehrere Hausangestellte leisten konnten, hatten keinen Anlaß, nach Haushaltserfindungen und arbeitsparenden Geräten zu rufen. Das Dienstmädchen stand frühzeitig auf, räumte die erloschene Asche weg, reinigte die Roste und Feuerstellen, schwärzte die Öfen und den Herd und zündete die Feuer an. Danach wurde von ihr erwartet, daß sie die Zimmer säuberte, den Tisch deckte, den Abwasch erledigte und natürlich auch beim Kochen half. Was die Mehrzahl der Menschen, die Arbeiterklasse, anbelangt, so konnte sie sich keine Haushaltsgeräte leisten. Es war eine klassische Pattsituation. Der Engpaß wurde zuerst in den Vereinigten Staaten überwunden, wo schon um 1860 ein Mangel an Hausangestellten festgestellt wurde. Die Ursachen dafür lagen zweifellos in der größeren sozialen Mobilität und in der raschen Entwicklung des nordamerikanischen Kontinents. Überhaupt waren in der ganzen englischsprachigen Welt Veränderungen im Gang, die das „Dienstbotenproblem" verschärften. So kam die Büroarbeit auf, die Unabhängigkeit, verbesserten gesellschaftlichen Status und höhere Löhne bot und dadurch sicherlich zum Niedergang der Dienstmädchenklasse beitrug. Diese Veränderung wurde durch Kurse in Schreibmaschine, Kurzschrift, Büroführung, Buchhaltung etc., die von den neuen technischen Hochschulen und Abendschulen angeboten wurden, noch erleichtert. In derselben Epoche entstanden die ersten Warenhäuser, die mit angestellten Verkäufern arbeiteten und weitere Arbeitsplätze für Mädchen aus der Arbeiterklasse boten. Die Erfahrungen aus zwei Weltkriegen zeigten schließlich, daß Frauen sehr effizient Aufgaben ausführen konnten, die früher Männern vorbehalten waren. Das war das Aus für das traditionelle Dienstmädchen.

Mit dem Verschwinden des Dienstmädchens ging eine ganze Reihe von Neuerungen in den Privathaushalten einher, die durch den Aufstieg der Elektrizitätsversorgungsunternehmen möglich wurden. Die Gasindustrie konnte in bezug auf die Raumheizung und das Kochen sehr gut mit der Elektrizität konkurrieren (und tut dies immer noch). Nicht entfernt so gut konnte sie mithalten, als es um Kühlschränke und Gefriertruhen ging. Zwar war das Kühlen von Lebensmitteln in geringem Umfang schon zu Beginn des 19. Jahrhunderts praktiziert worden, zum Standard werden konnte der Haushaltskühlschrank aber erst, als Elektrizität billig und allgemein verfügbar war. Und was kleine Motoren mit Leistungen weit unter einem PS anbetrifft, so konnte schon gar keine andere Energieform mithalten. Nur die Elektrizität konnte Haushaltsgeräte wie Waschmaschinen, Trockenschleudern, Staubsauger, Haarföns, Klimaanlagen und eine Vielzahl anderer Kleingeräte rund um den Haushalt betreiben. Nebenbei bemerkt, konnten Häuser auch mit viel niedrigeren Decken gebaut werden, als das elektrische Licht die Gasbeleuchtung ersetzte. In den städtischen Häusern des 19. Jahrhunderts waren die Decken so hoch gezogen, daß die Abgase und der Rauch der Gasbrenner weit über die Köpfe der Bewohner zogen. Nach der Einführung des elektrischen Lichts war das nicht länger nötig. Dadurch reduzierten sich die Baukosten, und Energie wurde eingespart. Die Elektrizität erwies sich tatsächlich, mit Joules markanten Worten, als ein „großer Beweger".

Mit den neuen arbeitsparenden Geräten konnte die Dame des Hauses leicht und schnell alle Arbeiten erledigen, die früher den Dienern vorbehalten waren. Außerdem waren die neuen Geräte aus Stahlblech statt aus Gußeisen hergestellt und nicht mehr mattschwarz, sondern in hellen Farben gehalten, emailliert oder mit glänzender Glasur versehen. Gleichzeitig wurden kleine, dunkle Räume wie Speise- und Vorratskammern, Spülküchen und Waschräume überflüssig.

Der Staubsauger war mehr als nur eine arbeitsparende Reinigungsmaschine; er war ein hilfreicher Beitrag zu besserer Gesundheit. Als ausgebildeter Biologe war sich H.G. Wells, wie wir gesehen haben, wohl bewußt, daß Umgebungsschmutz Seuchen bedeuten kann. Dreck war nicht nur häßlich und abscheulich, sondern in den Jahren nach Louis Pasteur erkannte man immer mehr, daß er auch gefährlich war. Das galt auch für Parasiten wie Läuse und Flöhe. Der Staubsauger entfernte krankheitsträchtigen Schmutz, den die Leute mit ihren Schuhen in die Wohnung trugen, und saugte Flöhe, Läuse und ihre Eier hinweg. Die Hersteller der Staubsauger wußten das auch und machten daraus ein starkes Kaufargument. Die chemische Industrie steuerte neue Materialien bei, die, wie beispielsweise Plastik, Schmutz nicht aufnahmen und leicht zu reinigen waren. Auf diese Weise vereinte die Technologie eine wirtschaftliche Haushaltsführung mit den Vorschriften der modernen Medizin.

Wells hatte schon erkannt, daß die raschen Verbesserungen in der öffentlichen Transporttechnik, die am Ende des 19. Jahrhunderts einsetzten, es den Stadtbewohnern ermöglichten, immer weiter draußen im ländlichen Gebiet zu siedeln. Elektrifizierte Vorstadtzüge und moderne Signal- und Kontrollanlagen, Motorbusse und Straßenbahnen und nicht zuletzt das Automobil bedeuteten, daß sich eine wachsende Zahl von Stadtarbeitern ein halbländliches Leben in Vorstädten leisten konnten. Die städtische Lebenskultur, die im 18. Jahrhundert zu solcher Blüte gekommen war, ging mit dem Exodus aufs Land wieder verloren. Die neuen, sehr ausgedehnten Städte erforderten eine neue Technik der Lebensmittelherstellung und -konservierung sowie des Lebensmitteltransports. Das Essen konnte nicht länger vom Bauernhof bis vor die Haustür gebracht werden. Ohne die moderne Lebensmitteltechnologie mußte die Milch gekocht werden, wenn sie länger als 12 Stunden haltbar sein sollte, Fleisch mußte gekocht oder eingesalzen, und die Eier mußten eingelegt werden. Ein Vorstadtbewohner des 20. Jahrhunderts würde allerdings den Konservenfraß nicht akzeptieren, der einen Seemann zur Zeit der Segelschiffe noch befriedigt hätte. Deshalb entwickelte sich eine überaus erfolgreiche Technologie der Haltbarmachung, Verpackung und Verteilung von Lebensmitteln, ohne welche die Megastädte von heute nicht möglich wären.

In jüngster Zeit hat sich die Technik auch der Freizeitindustrie bemächtigt. Sportarten wie Bergsteigen, Segeln, Skifahren oder Tauchen waren ebenso Gegenstand technologischer Verbesserungen wie die traditionellen Spiele mit Ball und Schläger. Ob solche Fortschritte zu dem Vergnügen beigetragen haben, das man aus diesen Aktivitäten zieht, mag bezweifelt werden; ebenso zweifelhaft ist, ob sie irgendeinen positiven Effekt außerhalb der speziellen Sportarten hatten. Es scheint nicht, daß die Sporttechnologie eine strategische Technologie ist. Eine Ausnahme bildet der Motorsport, denn neben anderen Verbesserungen entwickelten deutsche Ingenieure für die Rennautos der dreißiger Jahre die Benzineinspritzung, die heute in Privatautos zum Standard geworden ist.

Die Megastadt hat auch ihre Nachteile, sowohl in materieller als auch in sozialer Hinsicht. Die heutige Praxis des Pendelns bedeutet, daß Millionen von Stadtarbeitern täglich viele Stunden in überfüllten Zügen oder in Verkehrsstaus auf Straßen verbringen. Was immer die Vorzüge und Annehmlichkeiten des vorstädtischen Lebens sein mögen, das Pendeln läuft jedenfalls auf eine schockierende Verschwendung von menschlicher und psychischer Energie hinaus. Graham Wallas hat bemerkt, daß Aristoteles, wenn er heute zurückkäme und London zur Rush-hour erlebte, meinen würde, die Welt sei verrückt geworden. Das gilt ebenso für alle anderen Großstädte der Welt. Es gibt Zyniker, die denken, viele oder sogar die meisten der städtischen Angestellten würden ihre Zeit damit zubringen, einander Papierstücke zuzusenden. Ob das nun stimmt oder nicht, auf jeden Fall hat die moderne Elektronik sicherlich viel Pendeln unnötig gemacht. Formelle Konferenzen und formlose Gespräche können heute zwischen Menschen stattfinden, die viele Kilometer voneinander entfernt sind. Die Speicherung von Information auf Tonbändern und Disketten, die sofort wieder lesbar sind, machen enorme Papiermengen überflüssig. Andere Fortschritte wie der Fotokopierer und das Faxgerät haben die Büroarbeit noch weiter vereinfacht. Man kann sich heute vorstellen, daß (sofern die Sicherheitsfragen gelöst werden können) die großen Büros in den Stadtzentren aufgelöst und auf die Häuser der Angestellten verteilt werden, von denen jeder mit effizienten, aber zunehmend billigeren elektronischen Hilfsmitteln ausgestattet wird. Andererseits ist es gut bekannt, daß die Menschen als isolierte Einzelne weniger gut und glücklich arbeiten als in kleinen Gruppen. Anders gesagt, kann man daraus schließen, daß die gemeinsame Arbeit ein psychologisches Bedürfnis befriedigt und daß das Pendeln, obwohl es unbequem und eine Energievergeudung ist, dem Arbeiten zu Hause vorgezogen wird. Dies ist allerdings eine Spekulation außerhalb des Bereichs der Technologie.

Die Bauingenieure des 19. Jahrhunderts legten die Grundlage für große Städte und erträgliche Lebensbedingungen in ihnen, indem sie für eine zuverlässige Wasserversorgung und eine wirkungsvolle Kanalisation sorgten. Durch eine Behandlung des Wassers konnten schädliche Bakterien ausgerottet und Seuchen wie die Cholera, die von verschmutztem Trinkwasser herrührten (freilich gab es noch gelegentliche Einbrüche, die dann z.B. zu Typhusepidemien führten) beendet werden. Was die Ingenieure und Wissenschaftler des 19. Jahrhunderts nicht in Angriff nehmen konnten, war die Umweltverschmutzung. Man kann sich auch kaum vorstellen, wie sie das hätten tun sollen, ohne das wirtschaftliche Wachstum zum Stillstand zu bringen. Diejenigen, die alt genug sind, um sich noch an die schmutzigen, erstickenden Nebel Londons vor vierzig und mehr Jahren zu erinnern, die liebevoll, aber nicht ganz realistisch in Hollywoodfilmen dargestellt werden, wundern sich, woran sich heute die ganze Aufregung entzündet. Der Smog ist mit der Elektrifizierung längst verschwunden, gleichzeitig wurde auch die Verschmutzung der Flüsse reduziert. Die Umweltverschmutzung insgesamt hat sich gewandelt: Heute ist nicht mehr die Dampfmaschine, sondern das Auto der Schuldige, und die Regierungen ergreifen Maßnahmen, um dessen Emissionen an Blei und Kohlendioxid zu verringern. Wachsamkeit angesichts der Umweltverschmutzung ist wesentlich, aber die Gefahr zu übertreiben, kann sich nur als kontraproduktiv erweisen.

Die Ausbeutung der Umwelt durch den Menschen ist im übrigen nichts besonders Neues. Vor 2000 und mehr Jahren waren die nordostafrikanischen Länder Ägypten und Libyen die Kornkammer des römischen Imperiums. Durch eine jahrhundertelange Übernutzung wurden sie zur Wüste – dafür kann die moderne Gesellschaft nicht verantwortlich gemacht werden. Wir können sogar noch weiter zurückgehen: Schon vor 200 Jahren wurde der

Lake District von Dichtern und anderen empfänglichen Menschen wegen seiner Schönheit überaus bewundert. Er stellte sich ihnen als eine Natur[1] dar, die durch Industrie noch nicht verdorben erschien und von Rauch, Lärm und Abgasen aus Fabriken, Schmieden, Bergwerken oder Mühlen unbelastet war. In Wirklichkeit ist dies aber eine Selbsttäuschung. Als die Menschen nach dem Ende der letzten Eiszeit die britischen Inseln zu besiedeln begannen, schlugen und brannten sie zuerst die ursprünglich vorhandenen Wälder nieder, um Weide- und Ackerflächen zu gewinnen. Dieser Kahlschlag hielt bis zum späten Mittelalter an. Die Berge des Lake Districts wurden auf diese Weise von Bäumen und Büschen „befreit", und seit dieser sehr frühen Zeit hat die Schafhaltung die Hügel künstlich von Wald freigehalten. Dasselbe passierte in den schottischen Hochländern, von dem alten kaledonischen Wald ist heute kaum noch etwas übrig. In jedem Zeitalter, von der Steinzeit bis zur Epoche des Traktors, des Bulldozer und des Mähdreschers, waren die Menschen bemüht, das Gesicht des Landes zu verändern, um es erfolgreicher ausbeuten zu können.

Die heutigen Menschen sind darum nicht wesentlich sorgloser im Umgang mit der natürlichen Umgebung als ihre unmittelbaren und fernen Vorfahren. Man kann sogar sagen, daß die moderne Gesellschaft bemerkenswert rücksichtsvoll mit der Umwelt umgeht[2]. Man sorgt sich sehr um gefährdete Arten und unternimmt große Anstrengungen, um alle Arten zu bewahren, die vom Aussterben bedroht sind oder scheinen. Man vergißt zu leicht, daß es seit dem Erdaltertum immer viele gefährdete Arten gegeben hat, und daß auch ohne menschliche Einwirkungen das Artensterben ein normales Schicksal war. Die einzige Art, um die man sich diesbezüglich wirklich Sorgen machen muß, ist die menschliche Rasse selbst. Das immer schnellere Wachstum der Weltbevölkerung bietet düstere Aussichten auf Massenhungertod und -seuchen. Die Technologie hat hier wenig zu bieten, außer vielleicht verbesserten Verhütungsmethoden, aber auch diese können nur in Gesellschaften wirken, die Verhütungsmittel grundsätzlich akzeptieren. Vielleicht ist intermediäre Technologie die beste, wenn es um den Kampf gegen den drohenden Hungertod ganzer Völker geht.

Die Ursprünge des modernen Computers

Die Geschichte von der Verwirklichung von „Babbages Traum", wie es genannt wurde, ist in wichtigen Details noch ungeklärt. Es könnte sein, daß wir den wesentlichen Fortschritten der Computerentwicklung noch zu nahe sind, um schon zu sicheren Schlüssen zu kommen. Dennoch lassen sich einige gültige und interessante Folgerungen ableiten.

---

[1] *Nature* im engl. Original; d. Übers.
[2] Die Gewichtung im Umgang mit der Natur hat sich im vergangenen Jahrtausend allerdings entscheidend verschoben: Während in der Antike und bis ins Mittelalter hinein eine spärliche Bevölkerung mit primitiven Mitteln darum kämpfen mußte, daß die freigeschlagenen Lebensräume nicht wieder zuwucherten, ist in den letzten Jahrhunderten eine ursprüngliche Landschaft von der stark gewachsenen Bevölkerung mit immer wirkungsvolleren Mitteln in unbedeutende Randbereiche zurückgedrängt worden und stellt im Gegensatz zu früher keinerlei Bedrohung mehr dar. So sind die chemische Verseuchung auch durch die industrielle Landwirtschaft, die globale Erwärmung und die Zerstörung der Ozonschicht ohne Beispiel in der Geschichte. Die Notwendigkeit, für 10 Milliarden Menschen eine lebenswerte Umwelt zu erhalten, stellt eine völlig neue Situation dar und läßt einen Vergleich der heutigen Eingriffe in die Umwelt mit den umweltzerstörerischen Aktivitäten früherer Jahrhunderte eigentlich gar nicht mehr zu. Anm. d. Übers.

Die beiden Hauptströmungen, aus deren Zusammenwirken heraus der moderne Computer entstanden ist, sind die weite Verbreitung ständig verbesserter Büromaschinen im 20. Jahrhundert und die Fortschritte der Elektrotechnik, insbesondere der Elektronik, im Zeitalter des Radars. Die Hauptantriebskräfte in dieser Zeitspanne für die Verbesserung des Computers kamen aus drei Richtungen: Aus der Wirtschaft, dem Militär und der Wissenschaft. Das wirtschaftliche Motiv bedarf keiner weiteren Diskussion. Das militärische spaltet sich auf in drei oder vier Teilantriebe: Die Berechnung ballistischer Tabellen für die Artillerie; die Entzifferung feindlicher verschlüsselter Nachrichten; die Konstruktion von Hochgeschwindigkeitsflugzeugen und Atombomben. Wissenschaftliche Motive gab es dabei zwei: Einmal die Lösung spezieller wissenschaftlicher Probleme, zum anderen das Bedürfnis, eine möglichst fortschrittliche Maschine zu bauen, die an die Grenzen des Wissens stößt (von diesem Bedürfnis war wohl auch Babbage getrieben, als er über seine analytische Maschine nachdachte). Vom letzten abgesehen, werden alle diese Wünsche mit ihren vielen Verästelungen am besten von spezialisierten Maschinen befriedigt. Nur der letzte scheint den Weg zu einem universellen Computer der Art, wie Babbage ihn sich gedacht hat, zu ebnen. Doch der Gang der technologischen Neuerungen folgt nur selten den unmittelbar vorhersagbaren Wegen. Konrad Zuse (1910–1995) wurde aus rein intellektuellem Interesse heraus ein Computerpionier. Zuse arbeitete zunächst für sich selbst, ganz in der Tradition der eigenfinanzierten Liebhaber des 19. Jahrhunderts. Seinen ersten Computer, ein rein mechanisches Gerät, nahm er 1934 in Betrieb. Sein nächster Computer, den er zwei Jahre später begann und Z2 nannte, fügte elektromagnetisch ausgeführte Operationen hinzu, wobei Zuse Relais von der Art einsetzte, wie sie bei Telefonvermittlungen verwendet wurden. Die Elektronik lehnte er ab, weil solche Bauteile noch zu unzuverlässig waren, wohingegen die Relais schon eine jahrelange Entwicklung hinter sich hatten und gründlich erprobt waren; außerdem waren sie frei erhältlich und billig. 1939 begann er mit der Arbeit an seinem dritten Computer Z3, der vollständig auf Relais fußte. Die Arbeiten wurden unterbrochen, als er zum Militärdienst einberufen wurde. Ein Jahr später, 1941, wurde er wieder entlassen, um die Z3 fertigzustellen und mit seiner vierten Maschine zu beginnen. Die Z3 war die erste programmgesteuerte, universelle Maschine und besaß bereits fortgeschrittene Konstruktionsmerkmale. Seit dieser Zeit wurde Zuses Arbeit von der Deutschen Versuchsanstalt für Luftfahrt DVL unterstützt, und seine Computer fanden sowohl bei der Konstruktion der V2-Rakete als auch bei der Flugzeugentwicklung Verwendung. Die Z4 blieb bis etwa acht Jahre nach dem Krieg im Einsatz. Insgesamt baute Zuse 21 Computer. Er scheint von seinen Vorgängern wenig oder gar nichts gewußt zu haben, aber seine Ideen waren bemerkenswert klar und weitsichtig. Von Anfang an bezog er binäre Arithmetik mit ein[3] und sorgte dafür, daß ein Programm abgespeichert werden konnte.

Drei Jahre nachdem Zuse mit seiner Arbeit begonnen hatte, veröffentlichte Howard Aitken von der Harvard Universität die Beschreibung einer Rechenmaschine und eine Übersicht über frühere Arbeiten in diesem Bereich. Er erwähnte das Werk Babbages und hob

---

[3] In der binären Arithmetik werden nur die beiden Ziffern 0 und 1 verwendet. Die Zahlen von Null, Zwei, Drei, Vier, Fünf werden dann 0, 1, 10, 11, 100, 101 geschrieben, usw. Der große Vorteil besteht darin, daß die Zustände „Ein" und „Aus" eines elektronischen Schaltteils oder Relais genau auf die 1 und die 0 der Binärarithmetik abbildbar sind.

hervor, daß Babbage der erste war, der eine Maschine speziell für wissenschaftliche Zwecke vorgeschlagen hatte. Er stellte fest, daß es zwischen einer Maschine, die für geschäftliche Zwecke konstruiert war, und einer für die wissenschaftliche Arbeit, erhebliche Unterschiede gab. Die letztere mußte z.B. sowohl negative als auch positive Zahlen verarbeiten und mit komplexen mathematischen Funktionen umgehen können, die im Geschäftsleben kaum vorkamen. IBM (International Business Machines) baute nach Aitkens Angaben eine wuchtige Maschine, die rund 16 m lang war und einen Motor mit 4 PS zum Antrieb benötigte. Ihr Entwurf war trotz Aitkens Einsicht und Gelehrsamkeit konservativ, d.h. weitgehend mechanisch und ohne Verzweigungslogik. Der Bau der Maschine begann 1939 und wurde erst 1944 vollendet. Sehr wahrscheinlich wurde sie für ballistische Berechnungen verwendet.

Neben den alteingeführten Analogrechnern waren die einzigen anderen bemerkenswerten Maschinen in den damaligen USA diejenigen, welche George Stibnitz an den Bell Laboratories entworfen hatte. Die erste, aus dem Jahr 1938, sollte Probleme bei der Konstruktion von elektrischen Leistungsschaltkreisen lösen. Es handelte sich um eine sehr effiziente Maschine, die freilich auf einen begrenzten Problemkreis zugeschnitten war. Ihren Platz in der Geschichte verdient sie auch insofern, als sie die erste Maschine war, die man über eine Telefonleitung fernbedienen konnte. Spätere Stibniz-Maschinen wurden auch für ballistische Rechnungen eingesetzt.

Alan Turing (1912–54) war ein hochbegabter englischer Mathematiker und möglicherweise ein Genie – das werden wir aber nie erfahren, weil seine Karriere durch den Kriegsdienst unterbrochen wurde[4] und er 1954 tragischerweise Selbstmord beging. 1936 schrieb er im Alter von 24 Jahren den denkwürdigen Aufsatz „Über berechenbare Zahlen, mit einer Anwendung auf das *Entscheidungsproblem*[5]". Als berechenbare Zahlen bezeichnete Turing solche, die wie rationale Brüche berechnet werden konnten, oder auch wie die Zahl Pi, die das Verhältnis von Kreisumfang zu Kreisdurchmesser ist. Turing wollte mit diesem Aufsatz beweisen, daß es im Gegensatz zu der Auffassung des deutschen Mathematikpapstes David Hilbert in der Mathematik unlösbare Probleme gibt. Er konnte zeigen, daß es in der Tat Zahlen gibt, die nicht berechnet werden können. Ein Schlüsselelement in seinem Beweis war die Funktionsweise des von ihm konzipierten universellen Computers. Allerdings war seine Vorstellung von einem solchen Computer abstrakt, ohne Bezug zu irgendeiner Hardware.

Der Schlüssel für die Entwicklung des Computers waren die Pulstechnik, wie sie auch beim Radar verwendet wird, und die binäre Arithmetik. Die Anwesenheit oder Abwesenheit eines Impulses, bzw. eine Abfolge von positiven und negativen Impulsen,

---

[4] Die englische Personalpolitik war weitaus vernünftiger als die Hitlerdeutschlands. England hatte dringliche und umfassende Maßnahmen ergriffen, um seine wissenschaftlichen Köpfe zu halten. Die Lektion von 1914–18 war gut gelernt worden: Wissenschaftler wurden nicht zum Militär eingezogen; sie durften sich nicht einmal freiwillig melden. Die Royal Society hatte im Auftrag der Regierung eine vollständige Auflistung der Wissenschaftler und Techniker der Nation erstellt, die nicht nur qualifizierte Berufstätige, sondern auch Studenten der Anfangssemester einschloß. Alan Turing befand sich sicherlich auch auf dieser Liste. Die in ihr Verzeichneten konnten natürlich, sofern sie im waffenfähigen Alter waren, für den Dienst in technischen Abteilungen abgestellt werden, ebenso für gewisse Kampfrichtungen wie die Marineluftwaffe, die oberste Priorität hatten und wo hohe Verluste zu erwarten waren.

[5] auch im engl. Original deutsch und kursiv, d. Übers.

konnte die 0 und die 1 des Binärsystems kodieren. Nachdem die Impulse normalerweise nur Bruchteile einer Mikrosekunde dauern, konnten damit im Vergleich zu mechanischen oder elektromechanischen Verfahren sehr große Rechengeschwindigkeiten erreicht werden. Die in binärer Form ausgedrückte Information wurde von der Maschine nach den ihr gegebenen Instruktionen verarbeitet und das Ergebnis ebenfalls in binärer Form ausgegeben.

Am Tag nach Ausbruch des 2. Weltkriegs stieß Turing zum Personal des „Bletchley Park", einer hochgeheimen englischen Aufklärungseinrichtung, deren Aufgabe es war, abgefangene feindliche Nachrichten zu entschlüsseln. Besonders verwirrend waren die Radionachrichten, die mit Hilfe der „Enigma"-Maschine verschlüsselt worden waren. Diese Maschinen waren vor dem Krieg erfunden worden und waren ziemlich weit bekannt. Wenn man eine Buchstabentaste drückte, wurde ein Stromstoß erzeugt, der über einen Kontakt am Rand eines Rades lief, dann durch das Rad hindurch zu einem anderen Kontakt, von dort zu einem weiteren Rad, usw. Auf diese Weise lief das Signal auf einem zufälligen Weg durch vier oder mehr Räder und kam am anderen Ende als vollkommen verschiedener Buchstabe wieder heraus. Wenn man eine andere Taste drückte, drehten sich die Räder, so daß die Botschaft hoffnungslos verzerrt wurde. Wenn der Empfänger über eine Maschine mit identischer Anordnung der Räder verfügte, ging die Entzifferung einfach und schnell vonstatten, wenn nicht, so schien es zunächst, daß der Code nicht zu knacken war.

Turings Aufgabe war es, diesen Code dennoch knacken zu helfen. Zu den Kollegen, die mit ihm an der gleichen Aufgabe arbeiteten, gehörte M.H.A. Newman, dessen Vorlesungen Turings in Cambridge gehört und der ihn bei der Abfassung des Artikels über die berechenbaren Zahlen unterstützt hatte. Newman erkannte, daß entscheidende Aspekte des Enigma-Problems mit elektronischen Maschinen geklärt werden konnten. Die ersten dieser Maschinen, „Robinson" genannt, waren noch nicht zuverlässig; sie waren faktisch erst Prototypen. Die nächste Maschine mit dem Namen „Colossus" aus dem Jahr 1943 war bereits sehr viel erfolgreicher. Sie enthielt 1500 Vakuumröhren und erhielt ihre Information durch gelochte Papierstreifen, die mit hoher Geschwindigkeit durchliefen. Ihr ein Jahr später gebauter Nachfolger, Mark II Colossus, enthielt 2500 Vakuumröhren und setzte den Standard für acht weitere Maschinen, die vor dem Ende des Krieges gebaut wurden. Max Newman war mit dem Entwurf der Elektronik beauftragt, Turing bearbeitete die logischen Aspekte der Maschine, und der Zusammenbau (der in die höchste Prioritätsstufe eingeordnet war) wurde von Postingenieuren ausgeführt. Man hat gesagt, die in Bletchley Park entwickelten Colossus-Maschinen seien die ersten elektronischen Computer gewesen. Unglücklicherweise sind wegen der Geheimhaltungsmanie, die für einige englische Politiker charakteristisch war, kaum Einzelheiten der Maschine veröffentlicht worden, und nach dem Krieg wurden alle vernichtet. Erst dreißig Jahre später, 1975, wurden einige Fotografien und geheimnisvolle Behauptungen der Öffentlichkeit zugänglich gemacht. So wurde festgestellt, daß die Maschinen Binärarithmetik mit elektronischen Impulsen realisierte, elektronischen Speicher besaß und über eine Verzweigungslogik verfügte. Die letztgenannte Technik, durch die der Computer in die Lage versetzt wird, den Fortgang der Rechnung je nach dem Wert bestimmter Zwischenergebnisse abzuändern, hatte schon Babbage im Auge. So erscheint die Schlußfolgerung gerechtfertigt, daß die Maschinen der Colossus-Serie schnelle, für einen bestimmten Zweck spezialisierte logische Apparate waren. Es mag sein, daß eines Tages Teile von Colossus Mark II nachgebaut werden können und dadurch

Wesen und Arbeitsweise der Maschine besser verständlich werden (man erinnere sich an die Nachbauten der Newcomen-Maschine). Fast sicher gibt es heute nicht mehr genug originale Vakuumröhren, um so etwas wie eine vollständige Wiederherstellung zu erlauben. Doch wenn einige entscheidende Elemente rekonstruiert werden könnten, ließe sich die Stellung der Colossus in der Geschichte der Computer klarer erkennen.

An dieser Stelle muß auf einen Punkt von allgemeiner Bedeutung hingewiesen werden. Wenn Maschinen oder andere von Menschen hergestellte Produkte veralten, werden sie normalerweise vernichtet. Sie sind alt, unmodern, überholt und nicht bewahrenswert. Doch langsam, wenn die Jahre ins Land gehen, gewinnen sie wieder mehr und mehr an Interesse, und wenn nur noch wenige Exemplare da sind, werden sie sogar wertvolle Reliquien. Wenn alles verloren und außer einigen Fragmenten und Zeichnungen nichts übriggeblieben ist, dann sollten wir versuchen, das Objekt neu zu schaffen, um zu sehen, wie es konstruiert war und wie es funktionierte. Dies ist beim griechischen Triremus, bei den Booten der Wikinger und Sachsen, bei der Newcomen-Maschine und kürzlich bei der Lokomotive *Planet* geschehen. Aus diesen Nachbauten ist viel gelernt worden, und es gibt keinen Grund, warum dies beim Computer nicht ebenso sein sollte.

Bereits vor dem 2. Weltkrieg hatte John V. Atanasoff von der Iowa State University begonnen, einen elektronischen Digitalrechner mit Speicher zu bauen. Wie die späteren Colossi sollte auch er binäre Arithmetik verwenden, aber das Projekt wurde nie vollendet. Wesentlich bedeutsamer waren die Arbeiten an der Moore School of Electric Engineering der Universität von Pennsylvania. Das dortige Personal hatte mit der Berechnung von ballistischen Tafeln für die US Armee zu tun und benutzte für diese Aufgabe einen Analogrechner. John Mauchly, einer der Mitarbeiter, kannte die Überlegungen Atanasoffs und wollte den mechanischen Analogrechner durch einen elektronischen Digitalrechner ersetzen. Ein anderes Mitglied der Arbeitsgruppe, J. Presper Eckert, arbeitete unterdessen an der Anpassung von Teilen des Analogcomputers an die Elektronik. Zwischen den beiden entstand eine Partnerschaft, und aus dieser Partnerschaft resultierte in den Jahren 1943–46 der erste elektronische Computer, der riesige Electronic Numerical Integrator and Calculator ENIAC, der mit einer gewissen Form der Verzweigungslogik ausgestattet war.

ENIAC war durch seine schiere Größe beeindruckend, hatte aber auch etwas von einem Dinosaurier an sich. Er benötigte mehr als 100 PS (75 kW) elektrische Energie, um mehr als 18 000 Vakuumröhren und viele tausend Relais und Widerstände zu betreiben. Die überaus große Zahl von Röhren hatte damit zu tun, daß der Rechner dezimale statt binäre Arithmetik benutzte. Eckert und Mauchly hatten die Vorteile der Binärarithmetik sorgfältig erwogen, aber die dezimale aus guten Gründen vorgezogen. Als Ausgleich war die Maschine tausendmal schneller als die mechanischen und elektromechanischen Computer dieser Zeit.

ENIAC hatte einen gewichtigen Nachteil und kann deshalb noch nicht als wirklich universeller Computer bezeichnet werden: Um ein neues Programm laufen zu lassen, mußte in großem Maßstab umgeschaltet und umgestöpselt werden, was Tage in Anspruch nehmen konnte. Die Maschine mußte praktisch für jedes Programm neu eingerichtet werden. Eckert und Mauchly – und auch John von Neumann, ein hervorragender Mathematiker der Universität Princeton – fanden schließlich die Lösung, das Programm im Speicher abzulegen, so daß sich die Maschine beim Fortschreiten der Rechnung sozusagen selbst programmieren konnte. Von Neumann, der sich der Moore School 1944 anschloß, erkannte, daß ein universeller Computer deshalb einen sehr großen Speicher besitzen muß. In einem Bericht Ende Juni 1945 skizzierte er das Prinzip des gespeicherten Programms sehr klar. Die nächste Maschine von Eckert und Mauchly, die 1951 fertiggestellte EDVAC (Electronic Discrete Variable Calculator) setzte diese Anforderung um. Allerdings wollte es das Spiel der Geschichte, daß der erste Computer, der von Neumanns Prinzipien verwirklichte und die EDVAC-Speichermethode benutzte, an der Universität Cambridge von dem späteren Professor M.V. Wilkes gebaut wurde. Er arbeitete bereits 1949. Wilkes hatte an der Moore School Vorlesungen gehört und die Diskussionen mitverfolgt, und seine EDSAC (Electronic Delay Storage Automatic Computer) kann wirklich als der erste universelle Computer bezeichnet werden. Eine ähnliche Maschine war die ACE (Automatic Computing Engine), die ab 1950 am National Physics Laboratory, zu dem Turing gehörte, arbeitete.

ENIAC erledigte die Aufgaben, für die sie gebaut war – sie tat aber noch mehr: Sie war weitaus schneller als jeder rein mechanische oder elektromechanische Computer, wies den Weg in die Zukunft und zeigte, welchen Gang die Dinge nehmen konnten und würden. Insofern war sie dem Fernsehen Bairds vergleichbar, wenn sie auch wesentlich erfolgreicher war.

Die hohen Geschwindigkeiten der Pulstechnik warfen das Problem auf, wie das effizienteste und umfassendste Speichersystem aussehen sollte. Relais waren bereits im Gebrauch; Magnetbänder waren verfügbar. Beide Verfahren waren aber ziemlich träge und unhandlich. Eine elektronische Vorrichtung, die als Basiseinheit eines Speichersystems verwendet werden konnte, war der „Flip-Flop" von Eccles und Jordan. Hierbei handelte es sich um eine Kombination zweier Röhren, die so miteinander verschaltet waren, daß, wenn die eine leitete, die andere auf Sperrung geschaltet wurde und umgekehrt. Beim Eintreffen eines Impulses kehrten sie ihren Zustand um, und diese Zustandswechsel konnten die 0 und die 1 des Binärsystems darstellen. Der Flip-Flop war zwar schnell, aber zu einer Realisierung eines Speichers nach den Standards von Neumanns wären viel zu viele Röhren notwendig gewesen.

In EDVAC, EDSAC, ACE und anderen frühen Computern wurde eine von Eckert, Mauchly und von Neumann vorgeschlagene akustische Verzögerungsstrecke als Speichervorrichtung eingesetzt. Das war nicht gerade eine neue Erfindung, denn sie wurde bereits beim Radar verwendet. Der Grundgedanke beruht auf der Tatsache, daß sich Schall mit einer bestimmten Ausbreitungsgeschwindigkeit fortpflanzt, in Luft z.B. mit etwa 330 m/s. Wie jeder weiß, kann deshalb eine beträchtliche Zeitspanne vergehen, bis ein Echo zur Schallquelle zurückkehrt. Wenn nun das Echo in der ursprünglichen Stärke und Qualität wiederhergestellt und erneut ausgesendet werden kann (wie ein Gummiball, der wieder und wieder an die Wand geworfen wird), dann kann man bei fortwährender Wiederholung dieses Vorgangs davon sprechen, daß der Schall gespeichert worden ist. Nach diesem einfachen Prinzip arbeitete die akustische Verzögerungsstrecke. Als geeignetstes Medium erwies sich Quecksilber. Es wurde also eine kurze Röhre mit Quecksilber gefüllt und an beiden Enden mit einem Quarzkristall verschlossen. Trifft ein elektrischer Impuls auf einen der Kristalle, so gerät er in Schwingungen und schickt einen akustischen Impuls durch die Quecksilberröhre. Am anderen Ende trifft der Impuls auf den zweiten Kristall und erzeugt dort das elektrische Signal in etwas verzerrter Form neu. Dadurch wird ein kleines elektronisches Gerät ausgelöst, das den elektrischen Impuls unverzerrt erneut in die Röhre schickt. Das akustische Signal kann so unbegrenzt zwischen den beiden Röhrenenden hin- und herwandern. In so einer Verzögerungsstrecke läßt sich sogar ein ganzes Muster von vielen Impulsen und deren Abwesenheit (d.h. von 1 und 0) unterbringen, jeweils durch Zeitintervalle von Mikrosekunden getrennt. Die Quecksilberverzögerung war zwar nicht so schnell wie der Flip-Flop (die Impulse konnten nur im Zeittakt von Milli- statt von Mikrosekunden wiedergewonnen werden), aber angesicht der enormen Einsparungen an Kosten und Platz war das akzeptabel, und sie war immerhin noch tausendmal schneller als jede mechanische oder elektromechanische Vorrichtung.

Nach dem Ende des 2. Weltkriegs wurde Max Newman noch 1945 Professor für Reine Mathematik an der Universität Manchester. Dort hatte D.R. Hartree vor dem Krieg einen großen „Differentialanalysator" gebaut, und von Jevons war dort bereits 1866 eine „mathematische Maschine" konstruiert worden. Newman beantragte ohne Verzug die Errichtung eines Rechenlabors. Sein Antrag wurde auch genehmigt, und nach kurzer Zeit erhielt er Verstärkung durch Turing, der seine Stelle am National Physics Laboratory aufgab.

Kurz nachdem Newman nach Manchester gezogen war, kam F.C. Williams, der schon vor dem Krieg zum Personal der Universität Manchester gehört hatte, als Professor für elektronisches Ingenieurwesen nach Manchester zurück. Williams hatte während des Krieges über Radarfragen gearbeitet und brachte die Idee mit, Kathodenstrahlröhren als Speichermedium einzusetzen. Die Technik war sehr simpel, und die Resultate waren brillant. Wenn ein kurzer Impuls von Elektronen in einer Kathodenstrahlröhre beschleunigt und auf einen kleinen Fleck des Leuchtschirms fokussiert wird, so schlagen die mit großer Geschwindigkeit dort auftreffenden, negativ geladenen Elektronen aus der Schirmbeschichtung mehr Elektronen heraus als ankommen, und insgesamt erscheint dort kurzzeitig eine *positive* Ladung. Diese plötzliche positive Ladung kann auf einer unmittelbar vor dem Glasschirm der Kathodenstrahlröhre angebrachten, entsprechend gewölbten Metallplatte einen Impuls erzeugen. Ein weiterer Elektronenimpuls kann den Vorgang knapp neben dem ersten positiven Fleck auf dem Schirm wiederholen. Auf diese Weise kann der ganze Schirm Reihe für Reihe mit Punktladungen „beschrieben" werden. Nach elektronischen Maßstäben haben die Punktladungen auf dem Schirm mit etwa 200 Millisekunden eine lange Verweildauer und können deshalb leicht aufgefrischt werden, indem man nach einem Durchlauf den Strahl mit einem gleichen Elektronenimpuls wieder auf die gleiche Stelle lenkt. Auf diese Weise wird auf dem Schirm der Kathodenstrahlröhre ein Ladungsmuster gespeichert. Die Stärke der Ladungspunkte kann variiert werden, so daß sich mit verschiedenen Stärken die 0 und die 1 darstellen lassen. Der gleiche Elektronenstrahl, der das Ladungsmuster auf den Schirm „schreibt", kann auch verwendet werden, das entsprechende Muster aus Nullen und Einsen wieder zu „lesen"; die Impulse werden dann von der Metallplatte aufgenommen, verstärkt und dem Computer zugeleitet.

Williams Speicherröhre ermöglichte den ersten rein elektronischen Computer, in dem es nichts mechanisches mehr gab, nicht einmal in der einfachen Form des akustischen Speichers. Ein Prototyp arbeitete 1948 erfolgreich, das erste gespeicherte Programm soll am 21. Juni gelaufen sein, aber es handelte sich nur um eine kleine Angelegenheit, die lediglich die Realisierbarkeit zeigen sollte. Die Speicherkapazität ließ sich ohne weiteres auf den

Umfang vergrößern, der für die Programme eines universellen Computers benötigt wurde, man brauchte nur weitere Kathodenstrahlröhren hinzuzufügen. Eine Magnettrommel sorgte für eine Speicherarchivierung. Die Speicherung war schnell und wirkungsvoll, und man konnte sofort auf beliebige Speicherplätze zugreifen. Turing erläuterte die Vorteile dieses Verfahrens sehr deutlich, indem er solche Computer mit Büchern verglich, bei denen der Leser ja auch praktisch sofort Zugang zu jeder beliebigen Seite hat. Die älteren Computer glichen dagegen den antiken Papyrusrollen, bei denen ein Speicherzugriff bedeutete, daß man die Rolle jedesmal von ihrem Anfang her aufrollen mußte. Wir haben bereits in den ersten Kapiteln darauf hingewiesen, daß das Buch in der ersten Informationsrevolution eine Schlüsselrolle spielte.

Die Magnettrommel bedeutete besonders für die Rechnerentwicklung im Nachkriegs-Deutschland einen Meilenstein, denn mit ihr ließen sich im Gegensatz zu früheren Speicherverfahren einige Hundert statt nur einige Dutzend Zahlen speichern. Es war Heinz Billing, der 1947 auf der Grundlage der in den Kriegsjahren in Deutschland entwickelten Magnetbandtechnik die Magnettrommel als Speichermedium für elektronische Rechner erfand. Zwischen 1950 und 1954 baute Billing im Rahmen der „Arbeitsgruppe Numerische Rechenmaschinen" der Max-Planck-Gesellschaft die beiden Rechenmaschinen G1 und G2, die mit Trommelspeichern arbeiteten. Über sie sagte Prof. Hertweck 1987 in seiner Laudatio anläßlich der Verleihung der „Konrad-Zuse-Medaille für Informatik" an Billing: „Bis 1956 waren diese beiden Rechner die einzigen, die in Deutschland für wissenschaftliche Anwendungen zur Verfügung standen. Sie haben damals besonders den Astrophysikern entscheidende Hilfestellung bei ihrer Arbeit geleistet"[6].

1949 nahm der Manchester Mark I Computer seine Arbeit auf. Die Universität verhandelte daraufhin mit der Ferranti Company über die Produktion von Computern für den kommerziellen Markt, die dann im Februar 1951 aufgenommen wurde[7]. Ganz kurz danach stieg die Lebensmittelfirma J. Lyons in das Computergeschäft ein. Lyons betrieb in London sowie in allen größeren englischen Provinzstädten eine Kette von Restaurants und Cafés; außerdem hatte Lyons ein landesweites Vertriebsnetz für Süß- und Konditoreiwaren aufgebaut. Kein noch so kleiner Gemischtwarenladen in irgendeinem englischen Dorf, der nicht Lyons-Süßwaren verkaufte. Eine solcher Konzern konnte für die Organisation und die Buchhaltung der Bestellungen und Rechnungen sehr gut Computer einsetzen. Lyons war eine der ersten großen Firmen (wenn nicht sogar die allererste), die auf Computer umstellte. In Zusammenarbeit mit der Cambridgegruppe installierten sie einen Computer vom EDSAC-Typ und begannen sogar mit der Herstellung solcher Computern, die von der LEO-Gesellschaft (Lyons Electronic Office) entworfen und gebaut wurden. Es handelte sich also um Nachkommen der ENIAC, die allerdings ganz anderen Zwecken dienten.

Eckert und Mauchly hatten die kommerziellen Möglichkeiten eines universellen Computers ebenfalls erkannt und am Ende des Krieges die Moore School verlassen, um ihre eigene Firma für Herstellung und Verkauf von Computern zu gründen. Ihr erstes

---

[6] Absatz vom Übers. auf der Grundlage einer MPG-Veröffentlichung eingefügt.
[7] Der verstorbene Lord Bowden, der einmal für die Ferranti Company tätig war, behauptete, der erste Computerhändler der Welt gewesen zu sein. Er erzählte, daß er diesen Einzigartigkeitsanspruch gegenüber einem Mitreisenden bei einer Atlantiküberquerung erhoben habe, der darauf bestand, einen noch ungewöhnlicheren Job zu haben: Er verkaufe nämlich Leuchttürme!

Produkt war noch nicht erfolgreich, das zweite – die UNIVAC (Universal Automatic Computer) – dagegen sehr. Unglücklicherweise hatten sie außerordentlich hohe Kosten für Forschung, Entwicklung, Herstellung und Marketing der Computer, so daß ihre Firma in finanzielle Schwierigkeiten geriet. Sie wurde dann von der Remington-Rand Corporation übernommen, die die UNIVAC erfolgreich vermarkten konnte. Die Verschmelzung kleiner Computerfirmen zu immer größeren Gesellschaften war ein Muster, das in den folgenden Jahren in allen Ländern ablief. Die Forschungs- und Entwicklungkosten und die Marketingprobleme waren zwei Hindernisse, die zur Folge hatten, daß nur finanzstarke Firmen mit ausreichend Mitteln für „F&E" und mit umfangreicher Marketingerfahrung große Computer entwickeln und verkaufen konnten. Für die meisten Geschäftsleute stellte die Elektronik eine schwarze Kunst dar, und der Gedanke, ihr Geschäft umzustellen auf die neuen Computer, rief Ängste hervor, und nur Firmen mit ausgedehnten Handels- und Servicenetzen und mit langjährigem guten Ruf konnten solche Ängste beschwichtigen. Im Lauf der Jahre schlossen sich die verschiedenen Pionierfirmen zusammen, um die Kosten des Computergeschäfts zu teilen. Eine dieser Firmen war IBM, ein direkter Nachfahre der früheren Hollerith-Gesellschaft; andere durch Zusammenschlüsse entstandene Firmen waren Unisys und Honeywell. In England war ICL (International Computers Limited) der verbleibende Erbe diverser solcher Verschmelzungen, in Frankreich war es Machines Bull und in Deutschland die Siemens AG.

Schon 1953 wurden sowohl die Quecksilberverzögerung als auch die Williamsröhre von einem neuen und einfacheren Speicherverfahren überholt. Es handelte sich um ein System aus Ringmagneten, das Jay W. Forrester am MIT entwickelt hatte. Es beruht auf der ältesten und einfachsten Erscheinung in der Geschichte des Elektromagnetismus, der Polarität eines Magneten. Die magnetischen Nord- und Südpole können im Binärsystem die 0 und die 1 bedeuten. Als geeignetste Anordnung erwiesen sich kleine Ringe aus Ferrit, einem von japanischen und holländischen Forschern entwickelten magnetischen Material, die in eine Drahtmatrix eingesetzt wurden. Obwohl die zugrundeliegende Idee einfach ist, erforderte auch hier die Entwicklung und systematische Anwendung viel zusätzliche Arbeit. Doch war auch der Ferritspeicher noch nicht das Ende der Entwicklung, sondern weitere Veränderungen waren schon im Gang.

Die erste war 1953 die Anwendung des Transistors in Computern. Der Transistor ließ eine systematische Weiterentwicklung zu, und sein Preis fiel mit der wachsenden Nachfrage ständig. Weil er wesentlich kleiner und zuverlässiger war als die Vakuumröhren, ferner weniger Energie verbrauchte und weniger Abwärme entwickelte und zudem eine praktisch unbegrenzte Lebensdauer hatte, ersetzte er bald die altehrwürdigen Röhren. Die Computer konnten jetzt viel kleiner gebaut werden, oder sie waren – wie einst die Hochdruck-Dampfmaschine – bei gleicher Größe wesentlich leistungsfähiger und vielseitiger.

Der Marsch zu immer neuen technologischen Verbesserungen setzte sich fort. Eine weitere Neuerung war das Magnetband, das während des Krieges in Deutschland entwickelt worden war und das bei der Archivierung die Magnettrommeln ersetzen konnte. Bedeutsamer war die Einführung der integrierten Schaltkreise in den sechziger Jahren. Silikonchips ermöglichten bei geeigneter Behandlung elektrische Schalteinheiten, bei denen die Transistorfunktion mit anderen Schaltkreiselementen zu den Funktionen eines „Mikroprozessors" kombiniert war. Damit war eine große Bandbreite von Computern möglich geworden:

Von sehr großen und leistungsstarken, die für Regierungsabteilungen und internationale Konzerne geeignet waren, bis hinunter zu ganz kleinen für den Hausgebrauch.

Die Herstellung immer kleinerer elektronischer Geräte, die sogenannte Miniaturisierung, hatte bereits während des 2. Weltkriegs eingesetzt. 1940 waren Radareinrichtungen so groß wie Garagen, 1945 hatten viele nur noch die Größe kleiner Koffer. Das war durch die sich wandelnden Erfordernisse des Krieges erreicht worden. Anfangs hatte man Radargeräte benötigt, um entfernte Bomberflotten oder Kriegsschiffe oder, auf kürzere Entfernungen, Artillerie aufzuspüren. Die dringenden Notwendigkeit des Krieges, gegen U-Boote vorgehen zu können und die Zielgenauigkeit der Bomber zu erhöhen, führte zur Entwicklung von Radargeräten, die in Flugzeugen eingesetzt werden konnten. Die Erfindung des Annäherungszünders verringerte die Größenordnung weiter. Damit dies möglich wurde, entwickelte man eine Reihe von winzigen Vakuumröhren, die wiederum von Transistoren und später von integrierten Schaltkreisen abgelöst wurden. Die elektronischen Computer, die ursprünglich große Hallen beansprucht hatten, verringerten damit bei gleicher Leistung ihre Größe soweit, daß sie leicht in einer Handtasche mitgenommen werden konnten. Durch diese Entwicklung wurde ein enormer ziviler Markt erschlossen.

Um den riesigen und vielseitigen Markt zu erschließen, wurde eine große Zahl kleiner Firmen gegründet, und viele ehrgeizige, junge Leute stießen zu dieser heute weltweiten Industrie. Obwohl die großen Firmen, deren Namen allgemein bekannt sind, ein wesentlicher Faktor in der Computertechnologie sind, bleibt für kleine und spezialisierte Firmen viel Raum. Deshalb ist es sicher gerechtfertigt, wenn wir die Computertechnologie als kleine Technologie beschreiben. Das soll natürlich nicht besagen, daß diese Technologie simpel, unbedeutend oder ohne Raffinesse wäre.

Es wäre korrekt zu sagen, daß nach 1955 Amerika den Weg in der Computertechnologie geebnet hat, wenn auch in den letzten Jahren Japan aufgeholt hat. Doch ist aus dem Vorangehenden hinreichend klar geworden, daß keine Einzelperson und auch keine Personengruppe den modernen universellen Computer erfunden hat; es gab auch keine bestimmte Zeit oder Stelle, an welcher der erste vollendet worden wäre. Zu sagen „Wir haben die Erfindung gemacht, und die Ausländer haben sie gestohlen", ist, wie wir gesehen haben, eine alte Klage, die von vielen Leuten aus vielen Nationen angestimmt wird. Aber das ist eine Behauptung, mit der man sich selbst betrügt. Tatsächlich lassen sich nur sehr wenige bedeutende Erfindungen uneingeschränkt einem Einzelnen zuschreiben. Wenn man nach der ersten Ahnung oder Vorstellung urteilt, so können die Griechen und die Chinesen behaupten, fast alles erfunden zu haben; der Abakus, der ferne Vorläufer des Computers, gehört sogar in die vorgeschichtliche Zeit. Eine solche Bewertung würde aber die praktischen und konzeptionellen Schwierigkeiten ebenso übersehen wie die wirtschaftlichen und gesellschaftlichen Probleme, die mit jeder bedeutenden Erfindung verbunden sind. Wenn wir das Verdienst demjenigen zuschrieben, der die erste Maschinen erfolgreich vermarktet hat, dann tun wir denen Unrecht, die vorher mit wesentlichen Beiträgen den Weg dazu geebnet haben. Im Fall des universellen Computers kann man sagen, daß er das Resultat einer Reihe von größeren und kleineren Detailveränderungen ist, die schließlich zu seiner Vollendung führten. Es kann sein, daß während dieser ganzen Epoche nur wenige, vielleicht nur zwei oder drei, eine klare Idee davon hatten, wohin die Entwicklung führen sollte. Man kann sagen, daß nur drei Männer eine deutliche Vorstellung von einem universellen Computer hatten: Babbage, Zuse und von Neumann. Dies ist zweifellos eine faire Einschätzung, aber die Beiträge von Atanasoff, Aitken, Shannon, Stibitz, Eckert, Mauchly, Goldstine, Turing, Williams, Forrester und anderen dürfen nicht übersehen werden. Viele, vielleicht die meisten dieser Männer waren „Außenseiter". Babbage war ein Mathematiker und reicher Liebhaberwissenschaftler; Zuse fing als Amateur an; von Neumann und Turing waren Mathematiker, die den Computer als Mittel zu mathematischen Zwecken betrachteten; Williams schließlich war ein Elektro- und Elektronikingenieur, der nach 1955 das Interesse an Computern verlor und seine Aufmerksamkeit auf andere Dinge richtete.

Eine interessante Frage für den Historiker ist folgende: Wie gewichtig ist die Rolle, die Babbage bei der Erfindung des universellen Computers spielte? Die Antwort muß bedauerlicherweise lauten: Nicht besonders gewichtig. Wenn Babbage nie gelebt hätte, so wäre es, soweit es den Computer anbelangt, nicht nötig gewesen, ihn zu „erfinden". Ähnliches kann von Cayley und der Erfindung des Flugzeugs gesagt werden, und zweifellos auch von vielen anderen Pionieren, die „vor ihrer Zeit" geboren waren. Die langsame Entwicklung des Analogcomputers folgte, wie wir gesehen haben, einer Linie, die vom Planimeter über Morins *Compteur*, James Thomsons Gezeitenrechner, die Spekulationen William Thomsons und James Clark Maxwells, die Kanonenrechner der Jahrhundertwende und die mechanischen Differentialanalysatoren Vannevar Bushs, D.R. Hartrees und anderer in den zwanziger und dreißiger Jahren führte. Diese Linie schuldet Babbage nichts, und ebensowenig die Entwicklung der Pulstechnik beim Radar. Wir haben gesehen, daß Eckert und Mauchly begannen, indem sie die Elektronik auf den Analogrechner anwendeten, um damit ballistische Tabellen zu berechnen, und daß dieser Ansatz zur Konstruktion der ENIAC führte. Die ENIAC wiederum ist der Vorgänger aller amerikanischen elektronischen Computer.

Zwei Fragen, die ungelöst bleiben, betreffen die Ursprünge der Colossus und die möglichen Verbindungen zwischen ihren Konstrukteuren und den Computerpionieren der Vereinigten Staaten. Wir haben kaum Informationen darüber, daß sich Newman und Turing der Arbeiten Babbages bewußt gewesen wären, wenn auch gesagt wird, daß Turing, als er noch in Bletchely Park arbeitete, etwas von den Gedanken Babbages wußte. Ungeachtet der Geheimniskrämerei der Kriegszeit bedarf es viel deutlicherer Hinweise, ehe Babbage ein wesentliches Verdienst an der Colossus zugeschrieben werden kann. Was die zweite Frage anbelangt, so stimmt es zwar, daß Amerikaner in Bletchley Park arbeiteten, aber an der Codeentschlüsselung und nicht an Artillerie- und Geschoßproblemen. Die Geheimhaltung um die Colossus war so groß, daß es – wie Randel festgestellt hat – sehr unwahrscheinlich ist, daß irgendeine Kenntnis davon die Moore School erreicht haben könnte. Arthur W. Burks, der an der ENIAC mitarbeitete, hat bestätigt, daß die Amerikaner weder von Zuses Arbeiten noch von der Colossus etwas wußten. Das unterstreicht die Beschwerde Norbert Wieners über die Auswirkungen der strikten Geheimhaltungspolitik der Wissenschaft während des Krieges. Zwei Forschungsorganisationen, die zwei verschiedenen Militärorganisationen angehören, lösen nach großen Kosten und Mühen das gleiche Problem, und keine weiß davon, daß sie lediglich die Anstrengungen der anderen Seite kopiert. Aus diesem Grund ist es unwahrscheinlich, daß es zwischen den Computerpionieren der USA und der Gruppe in Bletchley Park einen großen Ideenaustausch gegeben hat, weder in der einen noch in der anderen Richtung.

Noch eine letzte Frage, die sich aus der Betrachtung der ENIAC, Colossus und ähnlicher Maschinen ergibt: War der Computer ein Produkt des Krieges? Die Antwort muß sicher lauten: Er war es, aber nur in gewisser Hinsicht. Der Artikel, in dem Turing seine Vorstellung von einem universellen Computer veröffentlicht hat, stammt aus dem Jahr 1936, und erst nach 1945, dem Jahr, als von Neumann seine wegweisende Analyse schrieb, hat sich der Computer über alle Erwartungen hinaus entwickelt. Wir schließen daraus, daß gewisse kriegsbedingte Fortschritte, vor allem in der Radartechnologie, die Entwicklung des universellen Computers erleichtert und daß bestimmte Notwendigkeiten des Krieges ebenfalls dazu beigetragen haben. Im übrigen kann man davon ausgehen, daß der universelle Computer auch ohne den Krieg erfunden worden wäre, es hätte freilich mehr Zeit gebraucht.

Man kann es ohne Frage so sehen, daß der Computer eine der großen strategischen Technologien darstellt. Insbesondere übertrifft er im Umfang und in der Reichweite seiner Anwendungen alle anderen Technologien, mit Ausnahme vielleicht der Metallbearbeitung, die wir als die erste große strategische Technologie bezeichnet haben. Der Computer ist heute wirklich universal. Er ist – von geschlossenen religiösen Orden eventuell abgesehen – in allen Bereichen des individuellen und gesellschaftlichen Lebens zu finden. Wie das Fernsehgerät und der Staubsauger ist er ein normaler Einrichtungsgegenstand geworden, und in Form der Computerspiele hat er als zweckfreie Technik der modernen Welt etwas zu bieten. Er wird nicht nur in der Wirtschaft, im Finanzwesen und bei den Regierungen eingesetzt, sondern dient auch zur Konstruktion von Brücken, zur Flug- und Straßenverkehrskontrolle, zur Ausgabe von Flug- und Fahrtickets, zur Wettervorhersage, zur Steuerung von Fertigungs- und Montagefabriken, von Raffinerien und verfahrenstechnischen Anlagen. In einer Vielzahl von menschlichen Aktivitäten findet er weitere Anwendungen. Er wird bei musikalischen Kompositionen und in der Literaturwissenschaft eingesetzt, und als Wortprozessor tritt er zwischen die Tastatur und den Druckkopf und computerisiert so die Schreibmaschine[8] Babbage selbst hatte prophezeit, daß „die analytische Maschine, sobald sie existiert, zwangsläufig den künftigen Verlauf der Wissenschaft bestimmen wird". Das waren im Jahr 1864 in der Tat kühne Worte. Ob er wohl erkannt hat, daß der universelle Computer darüber hinaus auch auf die Technologie und alle öffentlichen, gesellschaftlichen und intellektuellen Angelegenheiten enorme Auswirkungen haben würde?

Der universelle Computer ist ein Produkt der zweiten Hälfte des 20. Jahrhunderts und die herausragendste technologische Schöpfung dieser Epoche. Lediglich Babbage und seine Mitarbeiter hatten im Jahrhundert zuvor eine Vorstellung von seinen Möglichkeiten. Auch die Atomenergie und die Raumfahrt sind einzigartige Resultate unseres Jahrhunderts, aber ihr Einfluß auf den Einzelnen ist nur indirekt. Das ist ein Grund, weshalb sie als große Technologie eingestuft wurden, während der Computer aufgrund seiner Größe und Stückzahlen in die Kategorie der kleinen Technologie fällt.

---

[8] Natürlich ist auch die moderne Naturwissenschaft ohne den Computer nicht mehr denkbar, und viele Forschungsprojekte sind wegen der enormen Datenmengen erst durch den Computer möglich geworden: Man denke etwa an die Experimente der modernen Kernphysik, an die hochpräzise Steuerung der modernen Teleskope und an die weitgehend automatisch funktionierenden Erkundungen der Raumsonden, sowie im theoretischen Bereich z.B. an die hochkomplexen Simulationen der Klimaentwicklung oder, im Fall der Fusionsforschung, von Plasmen in starken Magnetfeldern. Anm. d. Übers.

Es paßt zusammen, daß unsere Geschichte mit dem Antikythera-Mechanismus begann, der wohl das erste Beispiel einer mathematischen Technologie ist, und jetzt mit dem Computer endet. Wie das elektromechanische Fernsehsystem Bairds durch das effizientere und flexiblere elektronische ersetzt wurde, so haben sich auch die Rechenmaschinen von der mechanischen über die elektromechanische zur vollelektronischen Form gewandelt, zuerst mit Vakuumröhren, dann mit Transistoren und schließlich mit integrierten Schaltkreisen. In Übereinstimmung mit diesen Veränderungen entstand in den letzten 70 Jahren zuerst der Elektronikingenieur, dann der Computeringenieur und schließlich der Programmierer. Sie repräsentieren – wie auch der Chemieingenieur – das neue Ingenieurwesen, das mit Getrieben und Rädern nichts mehr zu tun hat.

In letzter Zeit wurde viel über die „postindustrielle Gesellschaft" geschrieben. Wenn damit eine Gesellschaft ohne Industrie gemeint sein sollte, dann würde diese Gesellschaft auf einem sehr primitiven Niveau existieren mit all den dazugehörigen Unbequemlichkeiten, Leiden und Krankheiten. In der vorhersehbaren Zukunft wird es immer eine Nachfrage nach Autos (oder deren Nachfolgern), Zügen, Schiffen und maschinellen Werkzeugen geben – d.h., kurz gesagt, nach den wesentlichen Erzeugnissen des mechanischen Ingenieurwesens. Der Aufstieg des Computers, der solche Produkte nicht ersetzen kann, ist ein Beispiel für den Aufstieg einer radikal neuen Art von Technologie: Des Ingenieurwesens der Logik und der Intelligenz. Babbage besaß bereits zu seiner Zeit eine gewisse Einsicht in diese Entwicklung (siehe Kapitel 16). Wie weit die Entwicklung in dieser Weise gehen wird, kann man nicht vorhersagen, es gibt sogar ein sehr gutes Beispiel (siehe das folgende Kapitel), das die Historiker vor jeder noch so vernünftig erscheinenden Vorhersage warnen sollte. Es mag sein, daß wir die Grenzen schon erreicht haben; wahrscheinlicher ist es aber, daß wir uns dem steilsten Teil des Aufstiegs nähern oder uns schon auf ihm befinden und daß die Grenzen der elektronischen Technologie noch nicht in Sicht sind.

19 Anmerkungen zu einer Philosophie der Technologie

> „Die Fähigkeiten des Einzelnen sind eine Schuld,
> die in das gemeinsame Guthaben aller
> zu deren Glück und Wohlergehen einzubringen ist."
> *John Smeaton*

Zusammenfassung

Das Wort „Technologie" wurde im 17. Jahrhundert geprägt. Wie Bacon klar erkannt hatte, war die Technologie seither ein Instrument der wirtschaftlichen und politischen Macht der reichsten Nationen der Erde. Vor 1600 lag die technologische Führung, wie Bacon ebenfalls bewußt war, in Süddeutschland und Norditalien. Zwischen 1700 und 1900 waren die Staaten Westeuropas und die USA die Hauptexponenten der Technologie. Nach 1900, und ganz besonders seit 1945, haben Japan und die südostasiatischen Staaten begonnen, in Führung zu gehen – es genügt ein beiläufiger Blick in die Garage oder in die Wohnzimmer und Küchen eines modernen Haushalts, um das zu bestätigen.

Die lexikalischen Definitionen des Wortes Technologie als „das wissenschaftliche Studium der industriellen Prozesse" oder „die Anwendung der Wissenschaft auf die Industrie" sind nicht hinreichend. Sie lassen nur die Unsicherheit der Wissenschaftler, welche die Beiträge der Wissenschaft und der Technologie zum industriellen Fortschritt studiert haben, erkennen. Meint das Wort Wissenschaft hier die Mathematik, die Chemie, die Physik usw. oder bezieht es sich auf etwas Umfassenderes? Die erstgenannte Auslegung bezieht sich auf die häufig anzutreffende Identifikation der angewandten Chemie und Physik mit der Technologie und dem industriellen Fortschritt. Die zweite Auslegung ist weniger speziell und bedarf weiterer Untersuchungen.

Es ist aufschlußreich, mit den Gedanken Aristoteles' zu beginnen. Als Begründer der biologischen Wissenschaft verlangte er, daß eine Aussage, wenn sie als befriedigende wissenschaftliche Erklärung gelten soll, vier Fragen beantworten muß: Was ist es?, Woraus besteht es?, Wer oder was hat es gemacht?, Was ist sein Zweck? Die Antworten auf diese vier Fragen werden gewöhnlich die „vier Ursachen" genannt, nämlich die formale, die materielle, die Wirk- und die Zweckursache. Mit der letzten Frage behauptet Aristoteles, daß sich die Wissenschaft immer auch mit dem Zweck oder der Absicht eines Forschungsgegenstandes beschäftigen muß, d.h. daß das Ziel der Wissenschaft wesentlich auch ein teleologisches ist. Es kann gut sein, daß sich Aristoteles bis zu einem gewissen Grad auf seine Erfahrung und sein Verständnis von der Technik seiner Zeit bezieht, wenn er schreibt, daß Schiffe und Häuser, wenn sie natürlich entstünden anstatt vom Menschen gebaut zu werden, im wesentlichen nicht anders wären als sie tatsächlich sind. Die Zweckbestimmung und die Anpassung an bestimmte Absichten seien in der Welt der lebenden Dinge ebenso grundlegend wie in der Welt der Technik. Demgegenüber hat die Wissenschaft – zumindest die Naturwissenschaft – seit dem 17. Jahrhundert der Teleologie den Rücken gekehrt. Die Technologie kann das aber nicht tun. Es ist sicherlich kein Zufall, daß der sehr einfallsreiche Ingenieur W.J.M. Rankine ein klassischer Gelehrter war, und sein Aristotelianismus wird in dem Dualismus, den er mit der Unterscheidung zwischen aktueller und potentieller Energie vertrat, offenkundig. Dieser Dualismus wurde verschleiert, als Thomson und Tait das Wort „aktuell" durch „kinetisch" ersetzten, um es an den Aufbau ihres Buches anzupassen. Rankines entschieden positivistische Philosophie weist auf eine weitere Verwandtschaft mit Aristoteles hin, denn der notwendige Positivismus vieler Ingenieure ist ein ausdrückliches Kennzeichen der Technologie.

Die Betonung des Zwecks unterscheidet die Technologie von der Wissenschaft. Viele bedeutende Fortschritte, z.B. Daltons Atomtheorie, wurden von Wissenschaftlern bewirkt, deren ursprüngliche Ziele ganz verschieden waren von ihren tatsächlich erreichten Ergebnissen. Sie konnten gar nicht vorhersehen, was bei ihren Forschungen schließlich herauskam. Weil sich das so verhält, müssen Wissenschaftsplanung und gesellschaftliche Kontrolle der Wissenschaft (ob gut gemeint oder nicht) unfruchtbar bleiben. Andererseits arbeitet ein Technologe, ein Erfinder, immer auf ein bestimmtes Ziel hin, das ihm vor Augen schwebt. Man kann sich kaum vorstellen, wie ein Ingenieur, der sich daran macht, einen neuen Brückentyp oder eine revolutionäre Wärmekraftmaschine zu entwerfen, damit endet, daß er einen neuen Schiffstyp oder einen neuen Gefrierschrank produziert.

Dennoch sind, wie ich immer wieder betont habe, Wissenschaft und Technologie eng miteinander verbunden – so eng, daß manche Grenzlinien zwischen ihnen bis zum Verschwinden verschwimmen. Deshalb sollte man natürlicherweise erwarten, daß die Wissenschaftsphilosophie (ein seit dem letzten Jahrhundert anerkanntes Untersuchungsgebiet) ein Licht auch auf die Technologiephilosophie wirft. Erstaunlicherweise ist das aber nicht der Fall.

Die heutige Wissenschaftsphilosphie wird nach wie vor von zwei Schulen beherrscht: Der von Sir Karl Popper[1], und die von Thomas C. Kuhn. Popper verwirft die induktive Methode Bacons, tritt stattdessen für ein hypothetisch-deduktives System ein und betont, daß ein Kennzeichen wirklicher wissenschaftlicher Theorien ist, „falsifizierbar" zu sein, d.h. die prinzipielle Möglichkeit einer Widerlegung betrachtet er als Gültigkeitskriterium für jede wissenschaftliche Theorie. Es sei gerade die prinzipielle Widerlegbarkeit, die wissenschaftliche Aussagen von denen der Politiker, Marxisten, Psychoanalytiker und vieler anderer Philosophen unterscheidet, vor allem von denen der neuhegelianischen Schule. Er ist schwer vorstellbar, wie diese Wissenschaftsphilosophie Poppers auf die Technologie Anwendung finden kann, wo sich die Frage der Falsifizierbarkeit nicht stellt und wo das Gültigkeitskriterium ein rein pragmatisches ist, nämlich: Funktioniert es?

Poppers Sicht der Wissenschaft ist rein akademisch – er betrachtet nur die „reine" Wissenschaft und schließt damit die Technologie von vornherein aus. Vertreter der Popperschen Schule würden freilich daran festhalten, daß die vom Markt bestimmte

---

[1] Popper hat unter anderem betont, daß die Studenten der Wissenschaft zu einem kritischen Geist ermuntert werden sollten. Soweit er damit meint, daß sie Gesetze und Konzepte nicht hinnehmen sollten, ehe sie diese nicht voll verstehen, ist das zweifellos ein vernünftiger Rat. Wenn er aber meint, daß sie aus Prinzip immer kritisch sein sollten, dann kann dieser Rat die Wissenschaft ad absurdum führen. Das ganze Geheimnis liegt darin, zu verstehen, wann, wie und wo es gilt, kritisch zu sein.

Technologie nicht in den Bereich der philosophischen Forschung fällt, aber das ist sehr unbefriedigend. Die Technologie als grundlegende menschliche Tätigkeit mit enormen Folgen darf aus der philosophischen Betrachtung nicht ausgeklammert werden, wenn sich die Philosophie nicht selbst auf eine untergeordnete und beschränkte Rolle bei dem Bemühen, die menschlichen Handlungen, Kenntnisse und Überzeugungen zu analysieren und zu verstehen, zurückziehen will.

Kuhns Philosophie entstand aus seiner Arbeit als Wissenschaftshistoriker. Er erkennt zwei Prozesse, die beim Fortschritt der Wissenschaft am Werk sind. Zum einen gibt es das, was er „normale Wissenschaft" nennt: Das sind die Routineverfahren der täglichen Wissenschaftspraxis. Zum anderen gibt es revolutionäre Wissenschaft, nämlich wenn der stetige Fortgang der normalen Wissenschaft in eine Krise führt, die ein neues „Paradigma" erforderlich macht, d.h. ein neues System gedanklicher Leitbilder und -vorstellungen, welches die früheren verdrängt. Ein Musterbeispiel für solche wissenschaftliche Revolutionen ist die neue Chemie, die Antoine Lavoisier im 18. Jahrhundert eingeführt hat. Kritiker der Kuhnschen Philosophie haben die Trennung zwischen normaler und revolutionärer Wissenschaft bestritten und entweder auf Popperscher Basis behauptet, daß alle gültige Wissenschaft revolutionär ist, oder darauf hingewiesen, daß es ja gar nicht klar sei, ob die Kuhnsche Trennung einfach die Anerkennung der Tatsache bedeute, daß sich in der Wissenschaft Phasen gleichmäßigen Fortschritts mit solchen dramatischen Wandels abwechseln, oder ob sie als fundamentale Theorie des wissenschaftlichen Fortschritts gemeint sei. Im Licht dieser und anderer Kritiken hat Kuhn seine Gedanken modifiziert. Er hat jedoch ohne Frage die Aufmerksamkeit auf ein wichtiges Kennzeichen des wissenschaftlichen Fortschritts gelenkt.

Die Verfahrensweisen der Technologie

Der ausgezeichnete Technologiehistoriker S.C. Gilfillan hat schon vor vielen Jahren darauf hingewiesen, daß es zwei einander ergänzende Entwicklunglinien der Technologie gibt, evolutionäre Verbesserungen und revolutionäre Erfindungen, die man freilich nicht sehr präzise definieren kann. Immerhin sind evolutionäre Verbesserungen eine alltäglich Erfahrung. Zum Beispiel werden Autos Jahr für Jahr verbessert, indem aus den Hilfsindustrien neue Komponenten hinzukommen, oder auf der Grundlage von Forschungen der Herstellerbetriebe selbst und durch Anwendung von Smeatons Prinzipien. Revolutionäre Erfindungen wiederum fallen in zwei Kategorien: Solche, die in einer bereits existierenden Technologie gemacht werden (wie die Watt-Maschine in die bestehende Dampfmaschinentechnologie paßte, diese aber völlig veränderte), und solche, die eine neue Technologie erschaffen, wo es zuvor noch keine gegeben hat. Beispiele für die zweite Kategorie sind die Druckerpresse Gutenbergs, die drahtlose Telegrafie Marconis und der universelle Computer unserer Tage.

Gilfillans Vorstellungen von evolutionären Verbesserungen und revolutionären Erfindungen bilden eine Parallele zu Kuhns normaler und revolutionärer Wissenschaft. Man kann Kuhns Unterscheidung sogar als kühne Erweiterung von Gilfillans Idee auf die Wissenschaftsphilosophie verstehen. Außerdem haben der wissenschaftliche und der technologische Fortschritt ein Merkmal gemeinsam, das bisher noch nicht genügend Aufmerksamkeit gefunden hat. Die revolutionären Fortschritte in der Technologie wurden, wie Gilfillan betont, gewöhnlich von Außenseitern bewirkt, Männer, die außerhalb der betreffenden Technologie standen. Oft hat gerade ein krasser „Newcomer" die revolutionäre Idee. Wir können James Watt, einen Instrumentenbauer, Sadi Carnot, einen Armeeoffizier mit halber Stelle, und Nikolaus Otto, einen Handelsreisenden, zu dieser Gruppe zählen. Was revolutionäre Erfindungen der zweiten Kategorie anbelangt, so kann es dort offensichtlich nur „Außenseiter" geben, wie es bei Gutenberg, Marconi oder Eli Whitney ja der Fall war.

Eine ähnliche Schlüsselrolle spielen Außenseiter auch manchmal in der reinen Wissenschaft. In der Chemie war beispielsweise die Atomtheorie nicht das Ergebnis „normaler" Chemie, sondern folgte aus den Spekulationen und Untersuchungen eines Meteorologen. Die Thermodynamik wurde im wesentlichen von Ingenieuren geschaffen und nicht von „normalen", mit Wärme befaßten Wissenschaftlern. Weder die Philosophie Poppers noch die Kuhns erfassen dieses Kennzeichen der Wissenschaft ausdrücklich. Allerdings kann es Kuhn viel leichter aufnehmen, das gleiche gilt für die „ökologische" Sichtweise Toulmins. Auch wenn wir die Problematik des Aristotelianismus völlig beiseite lassen, können wir schließen, daß ein philosophischer Zugang zur Technologie auf diesen Wegen fruchtbarer sein dürfte als auf Poppers Weg.

Zusammen mit Jewkes, Sawers und Stillerman widerlegte Gilfillan die früher populäre Legende, daß manche Erfindungen zufällig gemacht wurden. Diese Feststellung bedarf jedoch einiger Erläuterungen. Die Psychologie der Erfindungen läßt darauf schließen, daß gewisse Ereignisse – Zufälle – als Katalysatoren wirken können, durch die Gedankengänge freigesetzt werden, die dann zu Erfindungen führen. Wir verfügen über Triewalds Bericht über den Zufall, der ihn auf seine bedeutende Verbesserung der Newcomen-Maschine gebracht hat (siehe Kapitel 5), ferner über die Beschreibung der Brüder Parker, wie der Zufall sie zu einer Verbesserung ihrer Turbine führte (siehe Kapitel 12). Im Fall Hargreaves' soll ein auf der Seite liegendes und dennoch rotierendes Rad seine Neugier geweckt und ihn dazu gebracht haben, die Feinspinnmaschine zu erfinden. Demgegenüber kann man sich unmöglich vorstellen, Hargreaves habe beabsichtigt, etwa ein verbessertes Butterfaß zu erfinden, und dann zum Schluß aber festgestellt, daß er stattdessen die Feinspinnmaschine erfunden hatte!

Die Sache liegt etwas anders bei den chemischen Erfindungen, wo die Verbindung zur Wissenschaft sehr eng ist. Wie der Volksmund weiß, wurde die Explosivkraft des Schwarzpulvers oder Schießpulvers per Zufall entdeckt. Das kann auch kaum anders gewesen sein. Es gab zum Schießpulver keinen Vorläufer und keine Analogie, die irgendjemand auf die Vorstellung von einem Explosivstoff hätte bringen können (das war zu der Zeit unvorstellbar), so daß er dann nach einem solchen Stoff gesucht hätte. Bacons Argument (siehe Kapitel 4) macht das deutlich. Aus sehr viel jüngerer Zeit haben wir den gut dokumentierten Fall, daß die Entdeckung oder Erfindung des ersten Anilin-Farbstoffs durch W.H. Perkin 1856 auf Zufall beruhte. Daraus schließen wir, daß tatsächlich manche Erfindungen per Zufall gemacht werden können, vor allem in den Bereichen der Chemie und der Biologie.

Das Herz der Technologie liegt in der Fähigkeit, ein Bedürfnis oder ein Sehnen der Menschen zu erkennen und dann ein Mittel zu ersinnen, sei es durch eine Erfindung oder durch eine Neukonstruktion, um dieses Bedürfnis auf wirtschaftliche Weise zu befriedigen. Wenn das geschehen ist, muß das Modell oder der Prototyp gewöhnlich vergrößert und angepaßt werden, um Marktreife zu erlangen. Der Prozeß, das fertige Produkt in etwas zu verwandeln, das die Anforderungen des Marktes in bezug auf Sicherheit, Kosten-Nutzen-Relation und Kundenakzeptanz erfüllt, ist schwierig. Die gut dokumentierten Anstrengungen Boultons und Watts, die Dampfmaschine zu entwickeln und zu verkaufen, sind dafür ein klassisches Beispiel. Dagegen mag Emersons „bessere Mausefalle" viel Originalität besessen haben, er erkannte jedoch nicht (oder versäumte es, darauf hinzuweisen), daß sie auch *verkauft* werden sollte, was immer den letzten Entwicklungsschritt darstellt. Die Öffentlichkeit muß über die neue Erfindung informiert und dann überzeugt werden, daß man sie haben muß. Das ist oft nicht leicht, denn alte Gewohnheiten und Verpflichtungen müssen beseitigt, Ängste abgebaut und überhaupt der abwehrende Konservativismus und die Trägheit der meisten Leute überwunden werden.

Die große Mehrzahl der Erfindungen sind und waren schon immer empirisch, wie ich es genannt habe. Ein gutes Beispiel dafür ist die Bodenfräse, eine Maschine, mit der man die grobe Vegetation auf hartem Boden beseitigen kann[2]. Solche Erfindungen wurden gemacht, indem man vertraute Bauteile oder Materialien auf neue Art kombinierte, ohne Rückgriff auf abstrakte oder wissenschaftliche Prinzipien. Bacon stellte sich die Erfindung der Druckerpresse so vor. Man kann allerdings bezweifeln, daß Archimedes alle diese Maschinen sofort voll verstanden hätte, was ja Bacon als Maßstab aufstellte. Es ist falsch, den führenden Männern der Vergangenheit unsere Gedanken, Ideen und Erfahrungen unterzuschieben.

Auf der anderen Seite ist es zweifellos wahr, daß einige der fruchtbarsten Erfindungen aus wissenschaftlichen Entdeckungen abgeleitet wurden. Die Spekulationen von Guerickes führten zur ersten Dampfmaschine, obwohl er eine derartige Erfindung nicht hatte vorhersehen können. Die Arbeiten Molls und Henrys verwandelten den Elektromagnet in ein Gerät, das den Elektromotor ermöglichte, der bei Sturgeon überhaupt noch nicht im Blick war, und noch weniger bei Arago, der gezeigt hatte, wie ein elektrischer Strom eine Stahlnadel magnetisieren konnte. Hertz hat nicht vorausgesehen, daß Hertzsche Wellen für die Kommunikationstechnik eingesetzt werden könnten. In keinem dieser Fälle konnte die Erfindung direkt aus der ursprünglichen Entdeckung abgeleitet werden. Jedesmal war ein zusätzlicher und unabhängiger Erfindungsakt nötig, der auf den durch die Entdeckung ermöglichten neuen Erfahrungen beruhte. Man kann sich z.B. nur schwer vorstellen, daß der Erfinder des Schwarzpulvers die Kanone vorhergesehen hat.

Umgekehrt wurden aber wissenschaftliche Fortschritte von der Technologie abgeleitet. Bekannte Beispiele sind die Mechanisierung der Zeit durch die mittelalterlichen Uhrenbauer, die der wissenschaftlichen Revolution des 17. Jahrhunderts voranging, sowie die Entfaltung der Thermodynamik und des Energiebegriffs. In diesen Fällen bedurfte es eines zusätzlichen Akts der wissenschaftlichen Vorstellungskraft. Die Wissenschaft beruht auf der menschlichen Erfahrung, und die wiederum wird erweitert und vertieft durch den technologischen Fortschritt. Zu behaupten, die Wissenschaft hätte von Einzelnen geschaffen werden können, die innerhalb vorherbestimmter und begrenzter Erfahrungsbereiche arbeiteten, würde auf

---

[2] Durch einen pensionierten Börsenmakler hat der Autor persönliche Kenntnis von den Umständen und der Geschichte der Erfindung der Bodenfräse.

die Behauptung hinauslaufen, die Natur[3] sei gemäß den Vorstellungen und Bedürfnissen der akademischen Verwaltung und Prüfungsgremien eingerichtet.

Die Erfindungen sind auch nicht zwangsläufig auf den Umfang der vorhandenen wissenschaftlichen Kenntnisse eingegrenzt. Die Erbauer der mittelalterlichen Kathedralen haben ihre erstaunlichen Schöpfungen entworfen, ohne auf anerkannte Theorien über Baustrukturen und Materialstärken zurückgreifen zu können. Sie verließen sich einfach auf das angesammelte Praxiswissen und auf ihre Intuition. Als John Smeaton den Eddystone-Leuchtturm entwarf und erbaute, konnte er nicht auf die Wissenschaft warten, daß sie ihm die Antworten auf die sehr schwierigen Fragen, die dabei entstanden, liefere. Marconi schickte erfolgreich Radiosignale über den Atlantik, als die Wissenschaft noch behauptet hatte, das sei unmöglich; wie wir gesehen haben, führte gerade hier die Praxis zu neuen wissenschaftlichen Erkenntnissen. Randall und Boot erfanden das Hohlraummagnetron, ohne viel von den Arbeiten, die über das Magnetron veröffentlicht worden waren, zu kennen. Semmelweis und Snow leisteten Beiträge zur Medizin, obwohl die Keimtheorie, die für ihre Vorgehensweise die Begründung geliefert hätte, noch gar nicht formuliert war. Wir können daraus schließen: Es wäre lächerlich, zu meinen, die Erfindungen müßten mit ihrem Fortschritt demütig, den Hut in der Hand, warten, bis die Wissenschaft die Tür geöffnet habe. Die Technologie ist zweckbestimmt und, wie Rankine erkannt hat, sehr positivistisch. Das Kriterium ist einfach: Funktioniert es?

Daß zwischen Maschinen und Bauwerken ein großer Unterschied besteht, darauf hat Billington deutlich hingewiesen. Maschinen haben eine begrenzte Lebensdauer, sie veralten und werden, wenn es soweit ist, durch neue und vermutlich bessere ersetzt. Bauwerke sind für eine lange Zeit gedacht, man denke nur an die mittelalterlichen Kathedralen. Billington stellt daher sehr überzeugend die These auf, daß die Theorie den Bauingenieuren die Form ihrer Bauwerke nicht vorschreiben kann. Die Form wird zunächst von der Intuition, von der Kunstfertigkeit des Bauingenieurs bestimmt. Erst danach wird man, wenn nötig, auf die Theorie zurückgreifen, um Detailfragen zu klären. So war es etwa bei Smeatons Entwurf für den Eddystone-Leuchtturm, dessen Grundform auf einem vom Baumstamm ausgehenden Ast beruht. Die Wissenschaft und die Theorie sind deshalb im Bauingenieurwesen gute Diener, können aber nie zu verantwortlichen Meistern werden. Bis zu einem gewissen Grad gilt dies auch allgemein in anderen Zweigen der Technologie.

Mittelalterliche Kathedralen sind auch heute noch in Gebrauch. Herrschaftliche Gutshöfe der Tudorzeit und strohgedeckte Landhäuser des 17. Jahrhunderts werden von ihren Besitzern mit Stolz bewohnt. Die mechanischen Objekte jener Zeit aber, sofern sie überhaupt überlebt haben, befinden sich in Museen. Als Beispiel für moderne mechanische Gerätschaften können wir das Triebwerk der Me 109 als repräsentativ für den Standard eines flüssigkeitsgekühlten Reihenmotors nehmen, wie er in der ersten Hälfte des 20. Jahrhunderts entwickelt worden ist. Spätere Verbesserungen daran waren nur noch in immer langsamerem Tempo möglich, bis sie schließlich einen Zustand erreicht hatten, in dem weitere Verbesserungen nur noch mit sehr hohem Kostenaufwand hätten erreicht werden können. Während dieser Reifezeit wurde jedoch auch das konkurrierende Düsentriebwerk entwickelt. Es war einfacher und zuverlässiger und bot darüberhinaus

---

[3] *Nature* im Original. Anm. d. Übers.

mehr Leistung und wesentlich größere Entwicklungsmöglichkeiten. Denselben Vorgang können wir im Fall der Hubkolben-Dampflokomotive beobachten, die zu Beginn des Jahrhunderts annähernde Vollendung erlangte, während etwa gleichzeitig ihr Nachfolger, die elektrische Lokomotive, in der Entwicklung war. Ein weiteres Beispiel ist der schöne Schnellsegler aus der Mitte des 19. Jahrhunderts. Natürlich kann es sein, daß solche ästhetische Einschätzungen auch daher rühren, daß die betreffenden Maschinen die letzten ihrer Art waren.

Daß diese Maschinen ersetzt wurden, bedeutete keineswegs ihren vollständigen Verlust; ganz im Gegenteil. Sie hatten nicht nur die Fertigungsfähigkeiten gesteigert, sondern – beispielsweise – die schrittweise Klärung der wesentlichen Arbeitsparamater der Wärmekraftmaschinen führte zur Schaffung eines abstrakten Wissensschatzes, der einer wissenschaftlichen Theorie analog war. Wesentliche Phasen waren der Carnotzyklus, der Rankinezyklus, das Entropie-Temperatur- und das Sankey-Diagramm. Dieser vergleichsweise langsame Fortschritt steht in scharfem Kontrast zu der rapiden Entwicklung der Elektronik in unserem Jahrhundert. Hier gab es nur wenig Verzögerungen, die Prinzipien wurden rasch beherrscht und ein detaillierter Wissensschatz erarbeitet (auf diesen Punkt wurde von Polanyi hingewiesen.

Diese Wissenssysteme wurden im Verlauf der letzten beiden Jahrhunderte von akademischen, professionellen Körperschaften geordnet und formalisiert, Lehrbücher wurden geschrieben, Professoren ernannt, Zeitschriften gegründet und Prüfungsstandards eingeführt. Die von Anfang an nichtmilitärisch orientierten Bauingenieure erlangten als erste einen institutionalisierten und professionellen Status. Ihnen folgten die mechanischen Ingenieure, die Telegrafeningenieure (die späteren Elektroingenieure) und die Chemieingenieure. In unserem Jahrhundert haben weitere abgegrenzte technologische Gruppen den institutionalisierten und professionellen Status erreicht. Für die Technologen und Wissenschaftler (und für die Laien ohnedies) wurde es dadurch immer schwieriger, wenigstens einen gewissen Überblick über die technologischen Entwicklungen zu behalten. Von dieser Feststellung sollte man allerdings auch nicht zuviel Aufhebens machen. Nur aus dem Wissensvorsprung des Rückblicks heraus können wir sagen, daß da einmal eine Zeit war, in der ein gebildeter Mensch die gesamte zeitgenössische Wissenschaft und Technologie verstehen konnte: Wenn wir schon wissen, was für die Zukunft wichtig werden wird und daher alles andere außer acht lassen können, dann ist es sehr leicht, ein breites Verständnis zu entwickeln.

Bei dem Versuch, zwischen Wissenschaft und Technologie zu unterscheiden, stellte Michael Polanyi fest, daß die Technologie völlig vom Markt abhänge. Als amüsantes Beispiel führte er an, daß ein Gerät, das Champagner in Badewasser verwandelt, vom Markt niemals akzeptiert und deshalb auf dem Schrotthaufen landen würde, egal wie genial oder elegant es sein mag. Das läuft darauf hinaus, daß der Markt alles ist, während das technologische Wissen, das von einem Apparat dargestellt wird, uninteressant ist. Diese Sichtweise ist aber unvollständig und das Argument einseitig. Wenn dieser Apparat so genial und elegant wäre, wie Polanyi unterstellt, dann dürfen wir getrost annehmen, daß wenigstens ein Teil seiner Konstruktionsprinzipien andere Anwendungen finden würde und daß fruchtbare Weiterentwicklungen daraus erwachsen könnten. Das Prinzip des Hängerads, das einst für Wasserräder, die bei der Marktprüfung schon längst durchgefallen waren, und für

Cayleys Flugzeug, das nie geflogen ist, entworfen worden war, hat dauerhafte nutzbringende Anwendungen bei Fahrrädern und Kinderwagen gefunden. Watts Dampfmaschine ist so tot wie der Dodo, aber alle modernen Dampfmaschinen stammen von ihr her. In gleicher Weise ist die kopernikanische Astronomie tot, aber die Newtons Revolution baute auf einer durch Kepler reformierten Version dieser Astronomie auf.

Dieses Argument enthält unausgesprochen eine Frage von weitreichendem Interesse. Niemand würde bestreiten, daß der Erfolg von Erfindungen und technologischen Neuerungen auch von wirtschaftlichen Erwägungen (also kurz gesagt, vom Markt) sowie von der gesellschaftlichen Annehmbarkeit bestimmt wird. Die Frage ist jetzt, bis zu welchem Grad es das Geld ist, das die einzelnen Erfinder und Technologen antreibt und motiviert. Geht es ihnen in erster Linie um das Geld, das die Neuerung für sie selbst oder für andere (den Arbeitgeber oder die Gesellschaft insgesamt) einbringen oder sparen wird? Zur Zeit gibt es keine Antwort auf diese Frage. Alles, was man sagen kann, ist, daß es unklug wäre anzunehmen, daß alle oder auch nur die meisten Erfinder ausschließlich von kommerziellen Interessen motiviert seien. Die persönliche Befriedigung und die Hoffnung auf gesellschaftliche Anerkennung sind zweifellos für viele Technologen nicht weniger wichtige Faktoren als für viele „reine" Wissenschaftler.

Eine Apologie der Helden

Das Wort Held oder Heldin wird gewöhnlich für Menschen verwendet, die ihr Leben für andere einsetzen. Es eignet sich demnach für Soldaten, Polizisten, Ärzte und Krankenpfleger. Im Gegensatz dazu wäre es unpassend für Akademiker, Buchhalter, Lebensmittelhändler, Sekretäre, Börsenmakler usw., die im normalen Ablauf ihrer beruflichen Laufbahn keine wesentlichen körperlichen Risiken eingehen. Allerdings bürgerte es sich im 19. Jahrhundert ein, das Wort auch für Ingenieure zu gebrauchen, die in ihrem Beruf eine Spitzenstellung erreicht hatten. Samuel Smiles, zu seiner Zeit ein exzellenter Technologiehistoriker, dessen Werke auch heute noch lesenswert sind, half der öffentlichen Verbreitung dieses Wortsinns besonders nach. An der Praxis, diejenigen schönzureden, deren öffentliche Führungsrolle anerkannt war, ist freilich nichts Neues. Beispielsweise waren Bacon und Newton ebenfalls zwei solche Männer, wie die *Encyclopédie* bestätigt. Doch hatte Smiles über die rein technische Leistung hinaus noch ein zusätzliches Motiv, eine weitere Bestätigung. Er wollte Belege sammeln, welche die Doktrin des *laisser-faire* und den nützlichkeitsbestimmten Radikalismus unterstützten. Er stellte seine Spielart dieses Glaubens in „Self-help" dar, eine Arbeit, deren Titel in zwei Worten diese Thesen sehr schön zusammenfaßt. In den Lebenswegen der Ingenieure, welche die industrielle Revolution Englands zuwege gebracht hatten, fand Smiles genügend Beispiele zur Unterstützung der Doktrin der Selbsthilfe. Männer wie Watt oder Stephenson hatten enorme materielle Hindernisse und oft starken Widerstand der Menschen überwunden, um ihre Arbeit zu Ende zu bringen. Als gemeinsame Basis kann man aus solchen Beispielen eine glänzende Bestätigung der Doktrin von der Selbsthilfe ableiten. Smiles wies immer wieder darauf hin, daß solche Männer sich oft aus den einfachsten Anfängen erhoben hatten, ohne alle materiellen Vorteile und mit einer Vorbildung, die über das Elementarste kaum hinausging.

Mit dem Niedergang des nützlichkeitsbestimmten Radikalismus und des *laisser-faire*-Denkens als akzeptable gesellschaftliche und wirtschaftliche Doktrin ging auch das rasche Verblassen von Smiles Ruf als Gesellschaftsphilosoph einher, von dem bedauerlicherweise sein Ruf als Historiker ebenfalls betroffen war. Der Ingenieurheld ist kein Leitbild mehr. Die Technologiehistoriker wissen, daß es zu jeder angeblich bedeutenden Neuerung eine lange Vorgeschichte von relativ geringfügigen Erfindungen gibt, die auf diese zulaufen und sie stützen. Daraus könnte man schließen, daß der Ingenieurheld ein viktorianischer Mythos ist, daß keine Erfindung jemals wirklich revolutionär und überhaupt der ganze Verlauf der Technologiegeschichte rein evolutionär war. In dieser Sichtweise steckt eine gewisse Wahrheit, aber auch die Möglichkeit zu Irrtümern.

Eine gut eingeführte Industrie hat ihre eigene Technologie bzw. technologische Disziplin. Es gibt darin anerkannte Hierarchien von Autoritäten, die durch ein System von Lehrlingsausbildung, Fortbildung und Graduierung gestützt werden. Die Industrie verfügt dann auch über eine entsprechende professionelle Institution mit einer eigenen Zeitschrift. In den Umrissen läßt sich ein solches System zurückverfolgen bis zu den mittelalterlichen Zünften. Es verhindert evolutionäre Veränderungen nicht, ermutigt sie vielmehr, wird allerdings aus den bekannten Gründen radikalen Neuerungen, für die es keine Vorläufer gibt, Widerstand leisten. Wir haben gesehen, daß solche Neuerungen oft von Einzelnen herbeigeführt werden, die außerhalb der betreffenden Industrie oder Technologie stehen. Eine strikt evolutionäre Geschichte der Technologie würde dieses zweifellos wichtige Merkmal des Erfindungs- und Erneuerungsprozesses übersehen. Zudem haben revolutionäre Erfindungen oft auch eine neue Sprache und ein neues Vokabular geschaffen, und neue Männer haben die Bühne betreten – zur Verwirrung der älteren Generation und nicht selten von ihnen mißbilligt. Wie viele Postkutscher mögen die Fachsprache der Lokomotivingenieure des Jahres 1831 verstanden haben? Heute sind die älteren Leute durch die Computerterminologie verwirrt, ihre Kinder aber erlernen sie mit Leichtigkeit.

Der zweite Einwand gegen die evolutionäre Technikgeschichte erhebt sich *ad hominem*. Der Historiker kann bei seinen Untersuchungen die Anfänge der Dampfmaschine leicht als evolutionären Prozeß beschreiben, der mit den fantasievollen Spekulationen von Menschen wie Branca, de Caus, des Herzogs von Worcester begann und sich fortsetzte über von Guericke, Hautefeuille, Huygens, Papin und schließlich Savery, ehe dann Newcomen die Geschichte 1712 mit seiner erfolgreichen Maschine abrundet. Unsere Erfahrungen mit dem Bau und dem Betrieb einer exakten Nachbildung der ersten Newcomen-Maschine (im Maßstab 1:3 immer noch 5 m hoch!) hat uns freilich vom Genie Newcomens überzeugt, der ein wirklicher Ingenieurheld war. Probleme, die in keiner Literatur erwähnt sind, wurden bearbeitet und gelöst. Die tatsächlichen Funktionen der wesentlichen Komponenten waren auch in Beziehung zur Funktionsweise der ganzen Maschine voll verstanden. Vor nicht allzulanger Zeit haben Michael Bailey und seine Gruppe Experimente mit einem Nachbau der Lokomotive *Planet* gemacht, der in der ursprünglichen Größe und funktionsfähig für das Wissenschafts- und Industriemuseum von Manchester erstellt wurde. Man hat dadurch schon viel gelernt, was in den schriftlichen Berichten gar nicht zu finden ist. Daraus ergibt sich, daß jedes Herunterspielen der technologischen Leistung und damit des Ingenieurhelden Gefahr läuft, Schlüsselelemente dieser Leistung zu verwischen und eine objektive

Einschätzung zu erschweren. Schließlich lernen wir aus solchen Experimenten auch, *daß praktische Untersuchungen sehr viele Möglichkeiten bieten, die allein auf Dokumentarbeweise gegründete Geschichtsschreibung zu ergänzen und sogar zu korrigieren*[4].

Zu all diesen fachspezifischen Einwänden kommt noch der allgemeine Punkt hinzu, daß die politische Geschichte wenigstens zum Teil von Staatsmännern, Königen, Eroberern und Prälaten bestimmt wird, und der Leser deshalb ähnlich bestimmende Figuren in technologiegeschichtlichen Werken zu finden erwartet. Dieser Erwartung sollte entsprochen werden. Eine Geschichtsschreibung ohne Nennung herausragender Gestalten und bedeutender Epochen, die alles nur den gesellschaftlichen Wechselbeziehungen zuschreibt, wäre eine unbefriedigende und letztlich auch sterile Angelegenheit.

George Basalla hat kürzlich eine interessante evolutionäre Interpretation der Technologiegeschichte veröffentlicht. Er beginnt mit einer Besprechung der Theorie Ortega y Gassets, daß sich die Technik nicht als Antwort auf die Notwendigkeiten des Lebens, sondern auf der Luxusseite des Lebens entwickelt. Nach Ortegas Theorie brauchen die Menschen nicht einmal die einfachsten Werkzeuge und Gerätschaften; über viele Zeitalter hinweg lebten sie ohne Kochen, Ackerbau und Steinäxte; erst später wollten sie diese Dinge haben. Bei dieser Position scheint es aber ein paar Probleme zu geben. Zunächst: Wie können Menschen sich dafür entscheiden, Dinge wie z.B. die Steinaxt *nicht* haben zu wollen, wenn diese noch gar nicht existieren? Eine Wahl ohne Alternativen ist überhaupt keine Wahl. Zweitens gehört es zu den Merkmalen, die den Menschen erst kennzeichnen, daß er eine Technik entwickelt hat. Wir mögen mit der Definition Babbages, daß der Mensch „ein werkzeugmachendes Wesen" ist, nicht ganz zufrieden sein, aber wir können nicht leugnen, daß seit der frühesten Vergangenheit jede bekannte Kultur durch die Herstellung und den Gebrauch bestimmter Werkzeuge charakterisiert war und ist. Soweit es um die ersten bekannten Kulturen geht, wissen wir von ihrer Technik immerhin ein wenig, weniger von ihrer Kunst und ihren religiösen Überzeugungen, und gar nichts von ihren Sitten, ihrer Literatur und Musik (wenn sie überhaupt so etwas hatten) oder ihren Rechtssystemen.

Natürlich können Isolation oder politische Entscheidungen eines autoritären Regimes die Ausbreitung der Technologie verhindern, und politische Dogmen haben manchen Völkern versagt, was anderswo, nach anderen Maßstäben, als Bedürfnis galt. Sind also die Bedürfnisse ebenfalls eine Angelegenheit der Wahl? In letzter Konsequenz kann ich auch wählen, nicht zu leben. Es scheint, daß Ortega das Konzept der kollektiven Wahl bis zu einer Grenze ausgedehnt hat, wo „Bedürfnisse" praktisch eliminiert sind. Wenn wir diese Position einnehmen, stoßen wir noch auf eine weitere Schwierigkeit. Wie können wir der frühen Technologiegeschichte und den ganz unterschiedlichen Wegen, welche die Völker eingeschlagen haben, Rechnung tragen? In Daniel Defoes optimistischer Novelle *Robinson Crusoe* erschafft der Gestrandete für sich selbst einen vernünftigen Lebensstil; in William Goldings Novelle *Der Herr der Fliegen* dagegen versinkt eine Gruppe von Schuljungen, die mit ausreichend Lebensmitteln auf einer einsamen Insel ausgesetzt werden, sehr schnell in der Barbarei. Ob sie eine solche *Wahl* getroffen haben, mag diskutiert werden. Klar scheint, daß die verfügbaren Hinweise Goldings Geschichte einleuchtender machen als die Defoes. Die Menschen Tasmaniens, die vor rund 12 000 Jahren, als Tasmanien eine

---

[4] kursiv im Original. Anm. d. Übers.

Insel wurde, vom Kontinent Australien abgeschnitten wurden, vergaßen im Verlauf ihrer weiteren Entwicklung einige Techniken ihrer kontinentalen Brüder, z.B. das Fischen. Geschah das aufgrund einer Wahl? Oder stellt sich hier eine fundamentale Frage: Welches ist die minimale Größe, unterhalb derer eine einfache Gemeinschaft ihre Technik nicht mehr aufrechterhalten, geschweige denn weiterentwickeln kann?

Vor 60 Jahren hat Herbert Butterfield eine beachtenswerte Kritik der Geschichtsinterpretation der „Whigs" veröffentlicht, welche die Vergangenheit aus dem heutigen Blickwinkel, genauer gesagt aus der Sicht heutiger Moralvorstellungen heraus betrachten[5]. Ein Technologiehistoriker steht vor einem ähnlichen Problem, allerdings in abgemilderter Form. So kann z.B. die Geschichte der Eisenbahn sicherlich ohne Verzerrungen als evolutionärer Vorgang dargestellt werden. Dennoch wäre es absurd anzunehmen, daß die deutschen Bergleute, als sie die Eisenbahn erfanden, deren spätere Entwicklung vorausgesehen hätten. Noch schlimmer als absurd wäre es, wollte man sie dafür kritisieren, daß sie die Möglichkeiten der breiteren Anwendungen der Bahn nicht erkannt haben. In gleicher Weise ist die Geschichte der Dampfmaschine gewöhnlich evolutionär dargestellt worden. Doch hat man, wie R.L. Hills gezeigt hat, die Maschine mehr als 100 Jahre lang für eine auf *Druck* basierende Maschine gehalten, in Analogie zu den Wasserdruck-Maschinen der damaligen Zeit. Watt sah in ihr möglicherweise schon eine Wärmemaschine; Carnot tat dies ganz gewiß. Erst nachdem die Thermodynamik da war, konnte man ihre Funktionsweise im Zusammenhang mit der Wärmeenergie sehen. Ein Technologiehistoriker muß sich stets vor Augen halten, daß innerhalb des weiten evolutionären Rahmens immer mehrere unterschiedliche Geschichten nebeneinander stehen. Im Fall der Dampfmaschine sind dies die Geschichte der Druck-Maschine (sei es atmosphärischer oder Dampfdruck), die Geschichte der Wärmemaschine, und die Geschichte der Wärmekraftmaschine, deren Leistung von den Gesetzen der Thermodynamik diktiert wird. Man darf erwarten, daß der Verstehenshorizont, die Motive und die Erwartungen der Erfinder und Ingenieure in diesen unterschiedlichen Phasen sich unterscheiden, möglicherweise sogar sehr. Dies zugestanden, könnte eine evolutionäre Geschichte der Feuer-, Atmosphärendruck-, Dampfdruck- und Wärmekraftmaschine einschließlich der Turbine aufzeigen, wie die Bemühungen der Ingenieure und Wissenschaftler auf eine wachsende Beherrschung von Energiequellen hin ausgerichtet waren und wie diese Bemühungen unter anderem zu einer bedeutenden Erweiterung des wissenschaftlichen Kenntnisstands führten. Dennoch wird eine solche Darstellung nicht umhin können, den Ideen und Zielen der verschiedenen Epochen etwas Gewalt anzutun.

Faktoren des technologischen Fortschritts

Die grundlegenden Voraussetzungen für den Fortschritt der Technologie lassen sich leicht zusammenfassen: Die Überzeugungen eines Volkes und seine Psychologie sollten so beschaffen sein, daß es aufnahmebereit ist für neue Ideen und Erfindungen, aus welcher

---

[5] Die Whigs entstanden nach 1679 als Parlamentsgruppierung, welche die katholische Thronfolge ablehnte. Im 19. Jahrhundert traten sie für eine Parlamentsreform ein, im 20. Jahrhundert entwickelte sich aus ihnen die heutige Liberale Partei. Anm. d. Übers.

Ecke sie auch kommen mögen. Die vorherrschende Philosophie oder Religion sollte also diesbezüglich zumindest offen sein. Offen sollten ferner auch materielle Faktoren wie z.B. die Geographie sein. Außerdem ist ein Mindestmaß an individueller Freiheit erforderlich, welche die Freiheit des Reisens, des Lernens, des Arbeitsplatzwechsels, des Experimentierens und Erfindens einschließt. Es liegt auf der Hand, daß es auch wirtschaftliche oder andere gesellschaftliche Anreize für Erfindungen geben muß. Nötig ist auch eine kontinuierliche Ausbildung von Hilfskräften oder Technikern, wozu es eines geeigneten Ausbildungs- und Übungssystems bedarf. Schließlich zeigt die Erfahrung der letzten dreihundert Jahre, daß systematische experimentelle Methoden und Entwicklungsverfahren, wie sie etwa Smeaton als einer der ersten eingeführt hat, und eine enge Verbindung mit der Wissenschaft für die moderne Technologie charakteristisch sind. Wärmekraftmaschinen sind sowohl die Newcomen-Maschine als auch der Düsenmotor, ihr entfernter moderner Nachfahre. Ihre Arbeitsweisen sind zwar ganz verschieden, doch das zugrundeliegende Prinzip – die Umwandlung von Wärmeenergie in mechanische Arbeit – ist in beiden Fällen gleich. Der moderne Düsenmotor ist aber von Materialien abhängig, die druck- und temperaturbeständig sind in einem Ausmaß, wie das bei der Newcomen-Maschine nie erforderlich war. Außerdem müssen seine Teile mit einer Präzision angefertigt sein, die nur wenige Jahre zuvor nicht erreichbar war. Verallgemeinert kann man sagen, daß die Einführung revolutionärer Erfindungen von der Verfügbarkeit von Materialien (vor allem neuer Metalle) und neuer Werkzeuge abhängt, die bisher beispiellose Anforderungen erfüllen können. In der Steinzeit müssen Erfindungen und Neuerungen ein langsames und schwieriges Geschäft gewesen sein, da nur Stein, Knochen und Holz als Material und Werkzeug zur Verfügung standen.

Wir haben schon darauf hingewiesen, wie von der frühen Bronze- und Eisenverarbeitung über die Erfindung des Alphabets und der Arithmetik bis hin zum Computer immer wieder bestimmte Technologien mitsamt der dazugehörigen Industrie eine strategische Bedeutung erlangt haben, weil durch sie Fortschritte auch in anderen Technologien und Industrien angeregt wurden. So war der Computer in einem beträchtlichen Ausmaß das Kind einer früheren Technologie, nämlich der Elektronik, und ebenso war die Eisenbahn das Kind der Bergbauindustrie. Nun erhebt sich die Frage, ob irgendein übergreifendes oder gemeinsames Element in der Geschichte der Technologie gefunden werden kann – so, wie für die Chemie die Atomtheorie und für die Physik der Energiebegriff zur jeweils leitenden Idee wurde. Liebig gab auf diese Frage eine gute Antwort. Er schrieb, daß die Zivilisation Energieeinsparung sei. Dieser scheinbar groben Vereinfachung würden wohl viele widersprechen, sind doch die Kunst, die Musik, die Literatur, die Philosophie und das Rechtssystem vitale Elemente der Zivilisation. Doch könnten sich ohne immer neue Einsparungen an menschlicher Energie diese anderen Aktivitäten nicht so entfalten, und das Leben wäre auf einen häßlichen, brutalen und kurzen Kampf ums Dasein reduziert. Bereits der erste Mensch, der so etwas wie ein Segel an einem Boot oder einem Floß befestigte, erreichte eine bedeutende Energieeinsparung. Ein weiterer wesentlicher Fortschritt in dieser Richtung war die Erfindung des Rades. Durch die Geschichte der Erfindungen zieht sich demnach als roter Faden die Einsparung menschlicher Energie. Mit dem Wissen, das wir heute vom Ackerbau haben, können wir erkennen, daß die Geschichte des Ackerbaus, einer der Basistechnologien, eine Geschichte der fortgesetzten Bemühungen um eine immer bessere Energieausnutzung ist. Deshalb ist auch auf Lebensmittelpackungen die Anzahl der

Joule des Inhalts angegeben, und deshalb betont die Werbung den Energiegehalt der von ihr propagierten Lebensmittel und Getränke.

An dieser Stelle kommt allerdings ein Zweifel auf. Läßt sich eine „triumphalistische" Technologiegeschichte rechtfertigen, die nur den goldenen Erfolgsfaden im Blick hat und die vielen Fehlschläge auf allen Seiten ignoriert? Wer sagt, daß unser Weg der einzige oder der beste oder auch nur ein wünschenswerter Weg ist? Wie steht es mit den Technologien, die in der Unterhaltungsbranche unseres Jahrhunderts gebraucht werden? Was ist mit Bacons Aphorismus über den Gehorsam gegenüber der Natur? Meine einzige Antwort darauf ist, daß ich mich in diesem Buch mit dem beschäftigt habe, was tatsächlich geschehen ist; nicht mit dem, was hätte geschehen können oder sollen. Es kann sein, daß der zukünftige Gang der Dinge anders verlaufen wird, aber darauf müssen künftige Generationen achten. Für jetzt möchte ich nur darauf hinweisen, daß Jevons düstere Warnung auf die nachfolgenden Generationen keinen merklichen Eindruck gemacht hat, obwohl der Ölverbrauch in den letzten Jahrzehnten viel schneller angestiegen ist als der Kohleverbrauch in Jevons schlimmster Vorhersage. Optimismus und Selbstvertrauen überwinden gewöhnlich die finstersten Warnungen auch der maßgeblichsten Propheten.

Die Technologiehistoriker haben bisher sehr wenig Interesse an der Frage nach der möglichen Rolle der Religion beim Fortschritt der Technologie an den Tag gelegt, obwohl die Beziehungen zwischen religiösen Überzeugungen und Praktiken einerseits und dem technologischen Fortschritt andererseits sehr eng zu sein scheinen. Nur wenige Historiker der Technologie und auch der Wissenschaft haben großes Interesse an möglichen Beziehungen zum Rechtswesen gezeigt, wobei Hans Kelsen eine bemerkenswerte Ausnahme darstellt. Das ist überraschend, denn das Römische Recht ist das zweite große Erbe, das den besonderen Charakter des mittelalterlichen Europa schaffen half, in dem moderne Naturwissenschaft, Technologie und Handwerkskunst wurzeln. An dieser Stelle sollten wir uns an den Ausspruch Maines erinnern, daß die Entwicklung des Rechts durch eine zu enge Bindung an die Religion unterdrückt wird. Sobald das Recht sich aber aus den charismatischen Fesseln der Religion gelöst hat, kann es zu einem rationalen Gedankensystem und dadurch konform mit der Entwicklung von Technologie und Wissenschaft werden. Es hat den Anschein, daß das christliche Europa über Jahrhunderte hinweg eine fruchtbare Balance zwischen Religion, Philosophie, Recht und früher Technik halten konnte: Jede war relativ unabhängig von den anderen, aber sie unterstützten sich gegenseitig und waren somit alle frei für weitere Entwicklungen.

Oft ist gesagt worden, daß der Krieg Erfindungen und technologische Neuerungen angeregt habe. Demgegenüber haben wir gezeigt, daß beispielsweise die Napoleonischen Kriege wenig oder gar keinen direkten Einfluß auf die strategischen Technologien der Dampfmaschine und des motorisierten Transports oder auf die Entwicklung der Bautechnik und der Textilindustrie hatten. Es wäre auch interessant zu wissen, welche Erfindungen und Neuerungen unser Jahrhundert gebracht hätte, wenn es keine größeren Kriege gegeben hätte. Auf diese Frage gibt es freilich keine Antwort, aber es wäre wohl unvernünftig anzunehmen, daß andauernder Friede weniger Erfindungen bedeutet hätte. Eine Kriegswirtschaft ist eine Kommandowirtschaft, die nicht nur durch extreme technologische Geheimniskrämerei gekennzeichnet ist, sondern durch Einberufungen auch immer einen Aderlaß für den technologischen Personalstand bedeutet. Beides erschwert Neuerungen – siehe die

Colossus-Affäre im vorigen Kapitel, oder unser Argument gegen die Sklaverei in Kapitel 2. Marktwirtschaft, wie sie in Friedenszeiten möglich ist, ist unbestritten effizienter als eine Kommandowirtschaft, und deshalb kann man vermuten, daß ohne die großen Kriege in diesem Jahrhundert mehr, allerdings vielleicht etwas andere Erfindungen gemacht worden wären.

Diese These gewinnt an Überzeugungskraft, wenn man sie so formuliert: Die Erwartung eines Krieges regt bestimmte Erfindungen an, ohne gleich eine erstickende Kommandowirtschaft herbeizuführen. Im Frieden kann es sich eine reiche Nation leisten, einen Teil ihrer Forschungs- und Entwicklungsmittel auf militärische Projekte zu verwenden, die sich vielleicht als erfolgreich erweisen. Im Krieg können der gleichen Nation sehr wohl die Zeit und die Kräfte dazu fehlen, und sie wird sich vielleicht auch genötigt sehen, die intellektuellen Freiheiten zu beschränken. Außerdem sollte man individuelle Faktoren nicht übersehen. Im 1. Weltkrieg wurden viele Wissenschaftler, Technologen und Erfinder bei ihrer Tätigkeit oder im Militärdienst getötet. Viele potentielle Wissenschaftler und Technologen kamen um, ehe ihre Begabung eine Chance zur Entfaltung bekam. Schließlich sollten wir uns die Warnung vor Augen halten, die Joule, ein durch und durch konservativer Mann, in einer (allerdings nie gehaltenen) Rede aussprach, die er 1884 als Präsident der British Association schrieb. Darin sah er voraus, daß die Kriege immer zerstörerischer werden würden, und fügte hinzu, daß „die Wissenschaft, wenn sie sich ungeeigneten Objekten zuwendet, durch ihre eigene Hand fallen könnte. In dieser Beziehung müssen wir es auch beklagen, wenn die Wissenschaft sich zur Verherrlichung Einzelner oder ganzer Nationen prostituiert. Das Ergebnis kann nur sein, daß der Schwächere vernichtet wird und der Stärkere sich auf seinen Trümmern erhebt".

Den künftigen Verlauf der technologischen Entwicklung auch nur einigermaßen genau vorherzusagen, ist praktisch unmöglich. Zu komplex sind die größeren technologischen Fortschritte, und zu häufig hängen Neuerungen von Eingriffen von Außenseitern ab. Fantasievollen Schriftstellern wie Jules Verne oder H.G. Wells gelangen einige überraschend gute Vorhersagen, jedoch immer nur in allgemeiner Form. Die zahlreichen, scheinbar bestechenden Lösungen des Energieproblems, die seit 1800 vorgeschlagen und auch von vielen kompetenten Ingenieuren aufgegriffen wurden, zeigen, wie sehr das Begehren nach Neuerungen die Meinung bestärken kann, sie seien schon erreicht. Nur wenige haben typische Beispiele für den technologischen Fortschritt mit so viel Sorgfalt und Gelehrsamkeit untersucht wie Gilfillan. Er fühlte sich sicher, als er 1927 dem heute weithin vergessenen Propellerschiff eine große Zukunft vorhersagte. Natürlich haben sich seit Gilfillan die Methoden der Sozialwissenschaften wesentlich verbessert, aber im gleichen Maß ist auch die Technologie komplexer geworden.

Nach dem 2. Weltkrieg haben eine Zeitlang viele geglaubt, daß deutsche Raketeningenieure und -techniker nach Rußland entführt worden seien, um dort Geschosse und Weltraumtechnologie zu entwickeln. Gleichzeitig gingen von Braun und andere deutsche Ingenieure nach Amerika, um bei dem amerikanischen Raumfahrtprogramm mitzuhelfen. Dadurch entstand der Eindruck, weder Rußland noch Amerika hätten ohne die Hilfe geheimer Mitarbeiter erfolgreich Raketen entwickeln können. Das war aber ein atavistisches Denken, eine Rückkehr zu dem Glauben, häretische Wissenschaftler – Alchemisten, Astrologen, Magier und Philosophen – könnten sich Geheimnisse dienstbar machen, die jenseits der Reichweite gewöhnlicher Menschen lägen. Tatsächlich ist es offenkundig, daß die Vereinigten Staaten Raketen auch ohne die Unterstützung von Brauns und seiner Mitarbeiter erfolgreich hätten entwerfen und bauen können. Was Rußland anbelangt, so wissen wir heute, daß nach 1945 keine deutschen Ingenieure in dieses Land gingen. Neben K.E. Tsiolkowski, dem Raumfahrtpropheten des 19. Jahrhunderts, hatte Rußland zudem in Sergei Pawlowitsch Korolew einen begnadeten Konstrukteur, der schon vor dem 2. Weltkrieg an Raketen gearbeitet hatte. Das russische Raketen- und Weltraumprogramm wurde unter seiner Führung entwickelt. Die „Diffusionstheorie", derzufolge Erfindungen eine einzige Quelle haben müssen, von der aus sie sich über die verschiedenen Gesellschaften und Nationen verbreiten, trifft im Fall der Weltraumrakete nicht zu. Das gleiche Argument gilt auch für die frühe Geschichte der Kernenergie. Es gab da einige gefeierte Prozesse, in denen Leute angeklagt waren, dem potentiellen Feind Geheimnisse verraten zu haben. Über die für schuldig Befundenen wurden schwere Strafen verhängt, obwohl Shils bereits damals betont hat, daß es kaum glaubhaft ist, es habe sich dabei um irgendetwas Bedeutsames gehandelt. Die Geheimnisse der Natur liegen für alle offen, die sich damit beschäftigen. Man sollte davon ausgehen, daß zwei Kulturen, Zivilisationen oder Nationen, die etwa den gleichen technologischen Entwicklungsstand haben, auch mehr oder weniger gleichzeitig die gleichen Erfindungen ganz unabhängig voneinander machen, weil das Wesen dieser Erfindungen vom allgemeinen Niveau der technologischen Hilfsmittel und von den öffentlichen Bedürfnissen bestimmt wird. Eine Diffusionstheorie, die jede Erfindung ausnahmslos auf *eine* spezifische Quelle zurückführen will, ist inakzeptabel.

In letzter Zeit gab es viele Diskussionen über die Rolle von Frauen in den verschiedenen Berufen. Wir wurden daran erinnert, daß Frauen wesentliche Beiträge zur Literatur, zur Kunst und zur Wissenschaft geliefert haben. Es ist verblüffend, daß es wenigstens bis vor kurzem so selten herausragende weibliche Technologen gab. Nun sind Frauen ja ebenso Anwender von Technologie wie Männer. Tatsächlich findet man aber kaum Technologinnen, welcher Sparte auch immer, und das gilt für alle Nationen. Die einzige plausible Erklärung ist (wenn man nicht an eine männliche Verschwörung glaubt), daß bis heute die maßgebenden Mitglieder der Gesellschaft, seien es Männer oder Frauen, die Technologie nicht als eine geeignete Karriere für Frauen betrachtet haben und daß die Familien diese Anschauung übernommen haben. Wenn dieses Vorurteil gebrochen werden könnte, dann dürften wir eine radikale Beschleunigung der Technologie erwarten, begleitet möglicherweise von einem deutlichen Richtungswechsel. In dieser Beziehung ist besonders bedeutsam, was Ruth Cowan beobachtet hat: Daß die Industrialisierung die Tendenz hatte, die Arbeitsbelastung des Ehegatten zu verringern, aber nicht die der Hausfrau.

Nach den Präzedenzfällen von Lord Byrons Tochter Ada Augusta, die Babbages Forschungsassistentin war, und von Konteradmiral Grace Hopper von der US Marine (1906–92)[6], dürfte vermutlich die Computertechnologie die erste bedeutende Technologie sein, in der Frauen eine ebenbürtige Rolle spielen werden. Als neue Technologie gibt es in ihr noch nicht die etablierten Männerhierarchien, -denkmuster und -vorurteile wie in den älteren Technologien, so daß man vernünftigerweise erwarten kann, daß die einzigen Hindernisse aus den Vorurteilen der Eltern erwachsen. Dies ist ein weiterer Grund, weshalb

---

[6] Grace Hopper soll Ada Augusta Lovelaces Aufsätze über die Maschinen Babbages gelesen haben.

man die Computertechnologie als einzigartige strategische Technologie bezeichnen kann. Auf jeden Fall ist es wahrscheinlich, daß das erste Volk oder die erste Nation, die das allgemeine Vorurteil gegenüber Frauen in der Technologie (wenn es das denn ist) brechen kann, einen klaren Vorteil gegenüber seinen bzw. ihren Konkurrenten erlangen wird.

Die öffentliche Wahrnehmung der Technologie

Der Technologie werden oft alle Übel der modernen Welt angelastet. In neuerer Zeit haben einige Kritiker die Wissenschaft beschuldigt, am angeblichen Mangel an Spiritualität, am Niedergang des religiösen Glaubens und überhaupt am Materialismus der gegenwärtigen Epoche schuld zu sein. Man darf annehmen, daß sie damit auch die Technologie gemeint haben. Solche Kritik entbehrt jeder Grundlage. Wer sich nach mehr Spiritualität sehnt, möge sich überlegen, in einer der fundamentalistischen Nationen oder Gesellschaften der Erde zu leben, wo er Spiritualität im Übermaß finden kann. Die verheerendsten Attacken auf die Religion sind nicht von Wissenschaftlern ausgegangen, die meistens keine großen Polemiker sind, sondern von den zahlreichen Sozialkritikern, Philosophen und Romanschreibern, sowie von den kämpferischen Nationalisten und den totalitären Politikern. Materialismus mag beklagenswert sein, aber er ist sicherlich nicht mehr als das Ergebnis des allgemeinen Verlanges nach einem immer höheren Lebensstandard. Ob sie es wissen oder nicht, schlagen diese Kritiker als Ideal eine Art barbarischer Unwissenheit vor. Sie sollten sich einmal überlegen, daß sie im Grunde nur dank der Wissenschaft und der Technologie ihre Kritik äußern können. Man kann nicht die Wohltaten der modernen Medizin und des öffentlichen Gesundheitswesens genießen – die selbst die entschiedensten Kritiker sicherlich gutheißen würden – ohne auch die übrige Wissenschaft und Technologie zu akzeptieren. Die Medizin und das öffentliche Gesundheitswesen hängen ja von anderen Technologien ab, die auf den ersten Blick nur wenig damit zu tun zu haben scheinen. Daß die Technologie räumliche und zeitliche Distanzen überwunden hat, mag ein oft wiederholtes Klischee sein, aber es steckt ein großes Stück Wahrheit darin. 1914 war das Reisen komfortabler, schneller, sicherer und leichter als jemals zuvor. Die vor 1914 erschienenen Baedeker wiesen ihre Leser darauf hin, daß für Reisen in den zivilisierten Ländern Europas Pässe nicht mehr nötig seien; auch Amerika und das Britische Commonwealth waren – mit bedauerlichen Ausnahmen – für alle offen. Nach den im Gefolge von 1914 geschehenen Katastrophen sind wir heute dabei zu versuchen, diese Offenheit wiederherzustellen. Und wenn wir weltweit die jüngsten Greueltaten betrachten, die es rechtfertigen würden, das jetzt zu Ende gehende Jahrhundert als das Jahrhundert der Barbarei oder, mit Jonathan Miller, als das unverzeihliche Jahrhundert zu bezeichnen, dann finden wir, daß diese Greueltaten mit der Technologie herzlich wenig zu tun haben. Ihr Ursprung und ihre Wirkursachen sind extremer Nationalismus und eine perverse politische Philosophie. Wir hören freilich niemanden danach rufen, die Vorlesungen in politischer Theorie zu streichen oder ein Moratorium für das Abfassen von nationalistisch gefärbter Geschichtsschreibung zu erlassen – vor allem für eine, die militärische Siege glorifiziert. Die unterschwellige Basis für viele unserer heutigen Ängste und für unser Mißtrauen gegenüber der Wissenschaft und der Technologie ist eine atavistische Furcht, die mit der Tabuisierung des Natürlichen zusammenhängt. Den Auslassungen politischer Windbeutel und dem Geschmiere chauvinistischer Geschichtsschreiber haftet allerdings von einer solchen Furcht nichts an.

Auf der anderen Seite scheint es auf den ersten Blick bemerkenswert, daß all die Veränderungen, welche die Technologie seit dem 18. Jahrhundert herbeigeführt hat, von den zeitgenössischen Dichtern, Dramatikern und Romanciers kaum bemerkt worden sind. Die meisten von ihnen schrieben für die begüterten Mittelständler, deren große Mehrheit weitab von den aktuellen Bühnen der Industrie lebte und in deren Bildung nur wenig Wissenschaft und gar keine Technologie vorkam. Einige von ihnen, wie William Wordsworth, verachteten zumindest anfangs die Eisenbahn; die nächste Generation nahm sie dann allerdings schon für selbstverständlich. In der darauffolgenden Generation verachteten sie das Auto, und in kommenden Generationen werden sie verachten, was immer dann an die Stelle des Autos tritt.

In der Architektur sind die Auswirkungen der Technologie sehr deutlich zu spüren. Die großen Woll- und Baumwollfabriken im Norden Englands wurden zu ihrer Zeit von gut unterrichteten Kritikern wie dem hervorragenden preußischen Architekten C.F. Schinkel sehr bewundert. Aus ganz England und Europa kamen die Leute, um sie zu sehen. W. Cooke Taylor hat bemerkt, daß ein Industrieller aus Manchester eher seine Fabrik als sein Wohnhaus bewundert haben wollte. Es wäre falsch, dies als Philistertum abzuwerten: Diese Fabriken waren (bzw. sind, soweit sie noch bestehen) tatsächlich schöne Gebäude. Es ist unsinnig, sie als „finstere satanische Fabriken" darzustellen. Wolle und Baumwolle können in der Dunkelheit nicht kardiert, gesponnen und gewebt werden, dazu ist reichlich Licht vonnöten. Auf jeden Fall führten die neue Eisen- und Stahltechnologie das Bauingenieurwesen weit über die Fabriken hinaus. Eisenkonstruktionen machten öffentliche Gebäude wie Opern und Theater nicht nur feuersicherer, sondern vom Publikumsstandpunkt aus auch viel besser, da das Eisen und später der Stahl steile Galerien mit vielen Sitzreihen ermöglichten.

Neue Materialien eröffneten den Architekten Möglichkeiten, die gar nicht alle sofort ausgenutzt wurden. Die Verwendung von Eisen und Glas beim Bau von Bahnhöfen war ursprünglich nicht als Kunst gedacht, wird aber in unserem Jahrhundert als solche betrachtet. Verstärkter und vorgespannter Beton hat schlanke, elegante und kühne Bauwerke in den Bereich des Möglichen gerückt, z.B. Straßenbrücken und Dachkonstruktionen für große Ausstellungshallen, Fabriken oder Flughäfen.

Die Darstellung von neuen Technologien durch Künstler wirft Fragen der Wahrnehmung und des Verständnisses auf. Aus Zeichnungen und Gemälden der ersten Lokomotiven geht klar hervor, daß die Künstler die Maschinen nicht verstanden und sie dementsprechend nur in ganz groben Umrissen darstellten, mit kaum mehr Details als sie ein Kind malen würde. Seit der Renaissance hatten die Künstler stets die Anatomie der Menschen und auch der Tiere studiert, damit ihre Zeichnungen und Gemälde anatomisch korrekt waren. Als sie mit einer völlig neuen Maschine konfrontiert waren, fehlten den Künstlern vergleichbare Anhaltspunkte. Die Beziehungen zwischen den verschiedenen Komponenten verstanden sie nicht (wie hätten sie diese auch verstehen sollen!), sie konnten zwischen wesentlichen und zufälligen oder unwichtigen Merkmalen nicht trennen, und sie hatten wenig Einsicht in die Kräfte, welche die Wirkungsweise der Maschine bestimmten. Natürlich konnten sie schummeln, indem sie einen Menschen oder eine Rauchwolke vor ein Teil setzten, das sie nicht zu deuten wußten. Solche Wahrnehmungsdefizite kennzeichnet die Bilder von Maschinenprototypen seit den ersten Druckerpressen. Bilder von statischen Objekten wie Fabriken oder Brücken stellten dagegen für die zeitgenössischen Künstler kein Problem dar. So hatten z.B. die Künstler des 18. Jahrhunderts keine Schwierigkeiten, Arkwrights Fabrik oder die Hochöfen in Coalbrookdale zu malen.

Weltweite Technologie

Es ist ganz natürlich, zu fragen, ob es beim Vorantreiben der Technologie verschiedene nationale Stile gibt. Glänzen beispielsweise die Deutschen in hochwissenschaftlichen Neuerungen, während die Amerikaner für ihren praktischen Erfindungsreichtum bekannt sind? In solchen Verallgemeinerungen steckt zweifellos eine gewisse Wahrheit, ebenso, wie man – mit der gebotenen Vorsicht – die Gültigkeit von nationalen Charakteren feststellen kann. Doch ändern nationale Stile nichts an der Tatsache, daß die Technologie ebenso wie die Wissenschaft international ist. Für die Wissenschaft liegt der Wert faktisch bestehender Unterschiede darin, daß sie unterschiedliche Herangehensweisen an ein Problem erlauben. Eine Technologie oder Wissenschaft, die über die ganze Welt hin einheitlich wäre, dürfte ziemlich steril sein und wäre auf jeden Fall nicht annähernd so produktiv wie sie sein könnte und sollte.

Einfache, grundlegende und empirische Erfindungen haben die menschliche Rasse seit ihren allerersten Anfängen charakterisiert. Vor mehr als 2000 Jahren wurden in den Ländern des östlichen Mittelmeeres die Grundlagen der Naturwissenschaft gelegt, und es gab erste Anzeichen einer systematischeren Technik, d.h. einer Technologie. Im mittelalterlichen Europa fand eine m.E. tiefgreifende Veränderung der Bestrebungen und des Verstehens der Menschen statt, in deren Folge sich das Tempo der Erfindungen beschleunigte. In der Renaissance gab es schon Anzeichen einer systematischen Technik. Bücher wie Agricolas *De re metallica* oder Biringuccios *Pirotechnia* stellten ein einheitliches Gebäude anerkannten technischen Wissens dar. In der Form des Bergbaus, der Metallbearbeitung, des Bauingenieurwesens und der Architektur blühte in Deutschland und in Italien die Renaissancetechnologie, während die fortschrittliche Navigationstechnologie am anderen Ende von Europa, in Portugal und Spanien einen Höhepunkt erreichte. Letztere ermöglichte die Entdeckung der Erdkugel mit all den revolutionären Folgen, die diese hatte. Im 18. Jahrhundert hatte sich der technologische Schwerpunkt nach Holland, Frankreich, Skandinavien und England verlagert. Die Spannweite und das Wesen der Technologie wurden in jenem Jahrhundert klarer erkannt, wie auch das Wesen und die Verfahren der Technologen durch das Patentsystem und die Gründung regelmäßiger Fachzeitschriften besser verstanden wurden. Man könnte berechtigterweise sagen, daß sich die Wissenschaft und die Technologie seit dem 17. Jahrhundert einander angenähert haben. Zu Beginn des 19. Jahrhunderts war die *science technologique* in Frankreich eine anerkannte Wissenschaft, hauptsächlich durch die Arbeiten der *polytechniciens*[7]; am Ende des Jahrhunderts hatten

---

[7] französisch im Original. Anm. d. Übers.

sich die gesellschaftlichen Institutionen der Technologie in ähnlicher Weise entwickelt wie die der Naturwissenschaften.

Wir haben uns angewöhnt, die Wissenschaftler in zwei getrennte Gruppen einzuteilen: Die Experimentatoren, die in Laboratorien arbeiten, und die Theoretiker, die mit Bleistift und Papier arbeiten (heute mit Computerunterstützung). Die Technologen bilden eine verschiedenartigere und vielleicht reichere Gemeinschaft. Ihre Mitglieder reichen von Erfindern, die keine wissenschaftliche oder technologische Theorie kennen oder anwenden, bis zu denen, die an vorderster Front der Theorie arbeiten, wie beispielsweise in der Computertechnologie oder in der Atomenergie. Generell kann man sagen, daß das alte Feld der Technik durch den Aufstieg der Wissenschaft während und nach dem 17. Jahrhundert bereichert und erweitert worden ist. Zusammen mit der großen Vielfalt der technologischen Zweige hat das zu der breiten Vielfalt der Technologen in der modernen Welt geführt.

Die einfache, empirische Technik ist die früheste Form einer „kleinen" Technologie; nachdem heute wissenschaftliche Ansätze und ausgeklügelte technologische Verfahren hinzugekommen sind, gehören dazu die Heimcomputer und alle anderen erwähnten komplexen Erzeugnisse. Die „große" Technik beginnt mit den großen Zivilisationen: Man denke an die Große Mauer von China, die ägyptischen Pyramiden, die Aquädukte und Straßen der Römer. Großtechnik und -technologie setzen Entscheidungen auf höchster staatlicher Ebene, die Beschäftigung vieler Experten und zahlloser Arbeitskräfte, sowie Investitionen großen Stils voraus. Als die Beziehung zwischen der Wissenschaft und der Technologie um 1870 in Deutschland durch die Einführung von industriellen Forschungslaboratorien institutionell verstärkt wurde, ermöglichte Großtechnologie die Atomenergie und die Entwicklung der Raumfahrt, die beide nicht nur eine massive gesellschaftliche und politische Beteiligung, sondern auch eine breit angelegte wissenschaftliche Forschung erfordern[8].

In unserem Jahrhundert hat sich dieser Prozeß soweit fortgesetzt, daß es für einen normalgebildeten Menschen schwierig ist, zwischen Wissenschaft und Technologie zu unterscheiden. Wenn man Nichttechniker fragt, was sie als die bedeutendsten wissenschaftlichen Fortschritte seit 1945 betrachten, so werden sie sehr wahrscheinlich antworten: Den Düsenmotor, die Entschlüsselung des genetischen Codes, das Farbfernsehen, den Computer und die Raumfahrt. Mit dieser Meinung liegen sie auch keineswegs falsch. Schon Wittgenstein hat festgestellt, daß es die öffentliche Meinung ist, die eine Kuh zur Kuh macht. Es ist die gesamte Öffentlichkeit, welche die Bedeutung der Wörter festlegt. Wir ziehen daraus den Schluß, daß Wissenschaft und Technologie letztlich dasselbe sind, ungeachtet der unterschiedlichen Zwecke, die beide verfolgen. Sie bilden zusammen die untrennbaren Verfahren, mit denen wir die natürliche Welt zu verstehen und zu kontrollieren suchen, zum Wohl der Menschheit – und in letzter Konsequenz zu deren Überleben. Auf diese Weise wird die Geschichte der Technologie früher oder später als ein wesentlicher Zweig der Geschichtsschreibung verstanden werden, der die Geschichte der Naturwissenschaft ebenso mit einschließt wie das Studium der ältesten menschlichen Werkzeuge. Eines ist

---

[8] Ein Musterbeispiel dafür bietet heute die Erforschung und Entwicklung der Kernfusion. Hier werden nicht mehr nur wie ehedem bei der Raumfahrt und der Kernspaltung *nationale* Energien gebündelt eingesetzt. Durch die Entscheidung, für den Testreaktor ITER international alle Erfahrungen und Kenntnisse zusammenzuwerfen, sowie Kosten und Arbeit zu teilen, wird die Nutzbarmachung der Kernfusion vielmehr zu einem Gemeinschaftsprojekt der gesamten Menschheit. Anm. d. Übers.

jedenfalls sicher: Eine Wissenschaftsgeschichte, welche die Technologiegeschichte ignoriert, kann nicht zufriedenstellen.

Hier liegen vielleicht die tiefsten Fragen einer Philosophie der Technologiegeschichte – und ihre weitere Bearbeitung wird zweifellos den Rückgriff auf die reifen Einsichten eines Aristoteles und eines Bacon erfordern.

Sachwortverzeichnis

A

Abakus 309
Abbe, E. 216
Abfall, radioaktiver 291, 292
Abwärme 186, 290, 294, 308
Académie Royale des Sciences 132, 159
Ägypter 8, 14, 15
Agfa 191
Agricola *siehe* Bauer, G. (Agricola)
Aitken, H. 301
Akkumulator 218, 224, 226, 237
Alchemie 28, 40, 53, 55, 326
Aldrin, E. 279
Alkohol 138, 157, 275
— -fermentation 212
Alphabet 7–9, 31, 144, 324
Aluminium 226
Ampère, A. M. 5
Anilinfarben 190, 215, 316
Antibiotika *siehe* Medizin, Antibiotika
Antikythera-Mechanismus 14, 26, 251, 312
Apollonios von Perga 12
Appleton, E.V. 256
Araber 17–19, 21, 296
Arago, D.F.J. 160, 317
Arbeitsdisziplin, für Fabriken 175
Arbeitsteilung 7, 175, 193
Archimedes 14, 17, 54, 56, 92, 120, 193, 317
Architektur 20, 36, 64, 71, 127
— der Renaissance 44, 54, 330
— industrielle 92
— und Technologie 329
Aristarch 39
Aristarch von Samos 13
Aristoteles 4, 13, 17, 28, 36, 43, 299, 313, 332
Aristotelianismus 29, 50, 61, 65, 314, 316
Arkwright, R. 91–93, 110, 117, 120, 131, 135, 184, 193, 330
Armstrong, N. 279
Armstrong, W.G. 218
Aston, F.W. 281

Astrologie 13, 28, 53, 326
Astronomie 288
— babylonische 12
— griechische 12, 13
— kopernikanische 320
— Radio- 243
Atanasoff, J.V. 304
Äther 61, 62, 206–209, 239
Atombombe 5, 196, 259, 284–289, 301
Atomtheorie 102, 108, 145, 192, 245, 267, 281, 314, 316, 324
Augusta, A. (Gräfin von Lovelace) 270, 327
Austauschbarkeit, von Bauteilen 34, 142, 173, 177, 182–184, 237
Auto 14, 20, 141, 221, 235–238, 298, 299, 315, 329
— Modell T 237
Autoindustrie *siehe* Industrie, Auto-
Azo- Farben 190

B

Babbage, C. 121, 141, 150, 151, 175, 177, 178, 216, 269, 300, 310, 311, 322
Babylonier 8, 9, 15
Bacon, F. 47, 49, 61, 65, 68, 81, 85, 99, 120, 313, 314, 317, 320, 325, 332
Baekeland, L.H. 268
Bage, C. 110
Baird, J. L. 255
Baird, J.L. 305, 312
Bakelit 268
Bakewell, R. 96, 196, 234
Banks, J. 111, 112, 131, 133, 135, 193
Bardeen, J. 259
Barometer 60, 63, 64
Barrow, I. 99
Barsanti, E. 219
BASF 191, 215
Batterie 143, 144, 160, 162, 179, 197, 203, 204, 224, 228, 242, 282, 290
Bauer, G. (Agricola) 40–43, 50, 330
Baumwolle *siehe* Bleichen, 329

— -fabrik 92, 94, 96, 110, 114, 142, 176, 329
— -maschine 142
— -staaten 142
— maschinelle Bearbeitung 74, 91
Becher, J.J. 116
Becquerel, H. 281
Behaim, M. 38
Beighton, H. 58
Belidor, B.F. de 71, 87, 133
Bell Laboratories 259, 302
Bell, G. 241
Bell, H. 152
Benz, K. 222, 237
Benzin 222, 263
— -einspritzung 298
Bergbau 20, 36, 40–43, 65, 96, 106, 116, 119, 330
— in Cornwall 83, 85, 90, 104, 138, 139, 142, 154, 187, 197, 200, 294
— in Dannemora 84, 112
— in der Slowakei 43, 84, 119
— in Freiberg (Sachsen) 171
Berlin
— Akademie der Wissenschaften 239
— Weltausstellung 228
Berthollet, C.-L. 124, 134, 143
Bessell, F.W. 270
Bessemer
— -Konverter 185
— -Verfahren 168, 185
Bessemer, H. 185
Besson, J. 43
Bethe, H. 289
Billing, H. 307
Biringuccio, V. 40, 42, 43, 330
Black, J. 101–108, 114, 117, 134, 154, 164
Blanchard, J.P. 125
Bleichen 94, 124
Bleikammerverfahren (Schwefelsäureherstellung) 94, 96, 121
Blenheim, Schloß von 80
Blenkinsop, J. 136
Blitzableiter 99
Boerhaave, H. 96, 107, 120, 164, 195
Bohr, N. 281, 283, 284
Bohrmaschine 101, 104, 140, 171
Bomber 258, 260, 261, 263, 309
— Fliegende Festung 263

— Gotha- 257
Bonrepos, P.-P.R. de 65
Boot, H.A.H. 258, 318
Borda, C. de 127
Borda, J.C. de 88, 159
Born M. 284
Boulton, M. 97, 100, 104, 108, 130, 138, 164, 238, 243, 271, 317
Boyle, R. 65
Bradwardine 49
Bramah, J. 140
Branca, G. 60, 321
Brattain, W.H. 259
Braun, K.F. 244
Braun, W. von 276, 280, 289, 326
Breit, G. 256
Brille 21, 35
Brown, L. 81
Brunel, I.K. 163, 165, 168, 171
Brunel, M.I. 134, 150
Buch, L. von 119
Burdin, C. 137, 159
Bush, V. 270, 286, 310
Byrd, R.E. 262
Büro
— -arbeit 297, 299
— -maschinen 271, 301

C
Calippe, J.F. 109
Calley, S. 84
Cape Canaveral 273, 278
Carnot, L. 132, 154
Carnot, S. 6, 154, 158, 159, 199, 201, 219, 231, 232, 294, 316, 323
Carnotzyklus 199, 229, 231, 319
Carother, W.H. 268
Carronade (Kanone) 95
Caus, S. de 60, 321
Cayley, G. 134, 246, 269, 310, 319
Chadwick, J. 282, 285
Chamber, E. 68, 99
Chappe, C. 134, 259
Chaptal, J.A.C. 133
Chemie
— frühe 14, 15, 19, 116
— neue 117, 315
— organische 164, 190, 212, 267

334

Chinesen 10, 16, 19, 21, 22, 274, 309
Cholera 158, 192, 299
CIBA-Geigy 191
Clément, N. 122, 155
Clausius, R.J.E. 5, 6, 199, 201, 203
Clement, J. 141
Coalbrookdale 70, 95, 96, 100, 101, 105, 110, 145, 194, 330
Cockcroft, J.D. 282
Colbert, J.-B. 54, 64, 69, 71
Colbert, J.B. 117
Colt, S. 173, 182
Colt-Revolver 173, 182, 183
Committee on Electrical Units 225
Computer 51, 121, 141, 177, 269, 289, 300, 315, 324, 328, 331
— akustische Verzögerungsstrecke (Speichersystem) 305
— Analog- 251, 270, 302, 304, 310
— analytische Maschine 269, 301, 311
— Colossus 303, 310, 325
— EDSAC 305
— ENIAC 304, 307, 310
— Flip-Flop (Speichersystem) 305, 306
— Mark I 307
— UNIVAC 308
— Z3 301
Cooke, W.F. 163, 203
Cornwall, Bergbau in 83, 85, 90, 104, 138, 139, 142, 154, 187, 197, 200, 294
Corps des Ponts et Chaussées 118
Cotchett, T. 74
Coulomb, C.A. 127, 128, 130
Crompton, S. 120
Cugnot, N. 136, 229
Curie, M. und P. 281
Cuvier, G. 195

D
Daimler, G. 221, 222, 237
dAlembert, J. 99
Dalton, J. 108, 144, 166, 197, 245, 267, 281, 314
Dampf
— -hammer 171
— -kutsche 228
— -lokomotive 136, 148, 150–152, 167, 232, 262, 277
— -maschine 31, 61, 74, 77, 78, 86, 99, 104, 107, 110, 133–137, 139, 141, 150, 152, 162, 164, 173, 174, 179, 181, 187, 195, 197, 200, 205, 216, 219, 221, 222, 225, 228, 232, 236, 247, 252, 265, 294, 299, 315, 317, 320, 321, 323, 325
— — — Funktionsprinzip 154–159
— -maschine (Hochdruck) 179
— -maschine (Hochdruck-) 108, 135
— -pumpe 142
— -schiff 150, 152, 153, 169, 194, 200, 202, 244, 295
— — — Charlotte Dundas 152
— — — Comet 152
— -steuerung 170
— -turbine 60, 104
Dancer, J.B. 216
Dannemora, Bergbau in 84–85, 112
Darby, A. 70
Darby, A. III 100
Darwin, C. 97, 195–196, 234
Darwin, E. 97
Davy, H. 143, 191, 198
Defoe, D. 66, 322
Delius, C.T. 87, 120
Desaguliers, J.T. 58, 84
Descartes, R. 60, 62, 65, 68, 99, 207
Desinfektionsmittel 212
Desormes, C.-B. 122, 155
Detektordrahtgerät 246, 254, 259
Deuterium 283, 291, 292
Deutsche Naturforscherversammlung 175
Diderot, D. 99
Die Gesandten (Gemälde Hans Holbeins) 38
Dienstmädchen 297
Diesel, R.C.K. 229
Differentialanalysator 270, 306, 310
Differentialgetriebe 14, 141, 148
Differenzenmaschine 141, 269, 270
Diode 246, 259
Dirigismus 117
Diskette 299
Dornberger, W. 276
Drahtseil 146, 171
Drehbank 43, 173
Dreifelderwirtschaft 20
Dreschmaschine 174

Druckerpresse 6, 31–35, 43, 47, 184, 315, 330
Drucklufkabine 263
Dualismus 314
Dunlop, J.B. 236
Dynamo 203–205, 225, 228
Dynamometer 170
— differentielles 177
— Indikator 139, 160, 177
— Morins Compteur 177
— Pronyscher Zaum 160, 177, 188
Düsenmotor 264–267

E

Eau de Javel 124
Eckert, J.P. 304, 305, 307, 310
Ecole Polytechnique 58
Edgeworth, R.L. 97
Edison, T.A. 225, 245, 254
Ehrlich, P. 215
Einstein, A. 196, 253, 254, 281, 283, 284, 293
Eisen
— -brücke (Menai-Hängebrücke) 146, 165–168, 262
— -brücke (Niagara) 172
— -brücke (Severn) 100
— -brücke (Waterloo) 145
— -werke, von Carron 95, 96
— als Baumaterial 100, 109–113, 130, 135, 180, 329
— Guß- 70, 95, 100, 101, 109–112, 114, 131, 135, 145, 149, 166, 181, 298
— Schmiede- 9, 40, 58, 70, 109–111, 135, 139, 146, 165, 166, 168, 172, 185, 186
Eisenbahn 20, 41, 148, 151, 194, 200, 223, 232, 235, 236, 239, 262, 323, 324, 329
— -netz 162, 164, 172
— -system 149, 151, 152, 171
— elektrische 228
Eisenindustrie *siehe* Industrie, Eisen-
Elektrizität 99, 125, 128, 130, 143–144, 153, 160–162, 179, 182, 197, 203, 206, 224–226, 245, 297
Elektrodenröhren 247, 259
Elektrolyse 143, 227, 244
Elektromagnet 141, 161, 163, 179, 317
elektromagnetische Wellen 239, 241

Elektron 245, 255, 281, 283, 306
Elektronik 121, 168, 177, 254, 258, 259, 269, 301, 304, 308, 319
Elemente, chemische 116, 117, 144, 145, 281, 283
Emerson, W. 111, 133
Encyclopédie 99, 140, 320
Energie 130, 137, 142, 148, 159, 160, 187, 188, 199, 206, 226, 232, 253
— -flußdiagramm (Sankey-Diagramm) 231, 319
— -krise 205, 224, 292
— -technologie 159, 162, 194
— -versorgung 148
— alternative 205, 233, 292
— Atom- 284, 288–291, 295, 311, 331
— elektrische 162, 179, 183, 197, 203, 206, 226, 228, 240, 250
— hydraulische 31, 187, 189, 217
— mechanische 24, 31, 86, 198, 203, 217
— Wärme- 138, 180, 198, 199, 201, 203, 217, 228, 231, 240, 289, 291
Engels, F. 177, 226
Enigma-Maschine 303
Entropie 200, 231, 319
Entwicklungsländer 293, 295
Eratosthenes 14
Ercker, L. 42
Ericsson, J. 179, 182, 211
Erwachsenenbildung 27
Euklid 12, 14, 28
Euler, L. 127
Evans, O. 136, 138, 187, 193

F

Fabrikgebäude 92, 101, 110, 114, 124
Fachzeitschriften 68, 330
Fahrgestell, einklappbares 250, 262
Fahrrad 236–237
Fairbairn, W. 166
Faraday, M. 5, 6, 161, 179, 196, 206, 209, 210, 239, 245
Farbstoffherstellung, synthetische 215, 268
Farish, W. 133
Faxgerät 263, 299
Fermi, E. 283, 286, 289
Fernsehen 51, 238, 247, 255, 257, 271, 280, 290, 311, 312, 331

Fernwärme 294
Fertigkleidung 182
Feudalismus 18
Fizeau, H. 207, 240
Flammofen 40, 110
Fleming, A. 268
Fleming, J.A. 246
Fliegen, Probleme des 247
Fließband 114, 142, 238
Flugboot 260, 261
Flugzeug 134
Flugzeuge 235, 247–250, 252, 257, 260–262, 265, 277, 295, 301, 309, 310
— Boeing 248 262
— Douglas DC 2 und 3 262
— Jagd- 258, 263
--- --- Messerschmitt 109 264
--- --- Moskito 263
--- --- Spitfire 264
— Junkers Ju 52 261
— Lockheed Electra 263
— LockheedElectra 262
— viermotoriges 263
Ford Motor Company 237, 262
Ford, H. 117, 237
Forest, L. de 244, 246, 247
Forrester, J.W. 308
Fotografie 165, 185, 216, 277
Fotokopierer 299
Foucault, J.B.L. 224, 251
Fourier, J.B.J. 153, 159
Fourneyron, B. 137, 159, 188
Franklin, B. 99
Frauen
— als Fabrikarbeiter 271
— als Fabrikarbeiter 175
— Berufe 297, 327
— und Technologie 327
Frisch, O. 283
Fräsmaschine 173

G

Gagarin, J. 277
Galen 28, 39
Galilei, G. 25, 26, 29, 45, 54–60, 62, 67, 71, 99, 111, 112, 131, 166, 167, 273
Galvani, L. 143
Galvanometer 162

Gama, V. da 37, 38, 273
Garbett, S. 94, 95, 123
Gas
— -beleuchtung 110, 139, 148, 190, 225, 297
— -chemie 125
— -maschine 217
— -physik 125, 156, 157
— Gift-, als Waffe 185
Gauß, C.F. 162
Gay-Lussac, J.L. 143
Generator 203, 224, 226, 228, 245, 257, 294
— elektrostatischer 282
— Wechselstrom- 245, 246
Genetik 196, 272, 331
Geologie 195
Geophysik 275
Geophysik, neuer Berufszweig 256
Germanium 259
Gewehr 130, 142, 172, 182–184, 193
Gewehre 22, 23, 51, 70
Gezeitenrechner 250, 270, 310
Gibbs, J.W. 231, 267
Gilbert, W. 53
Gleichrichter 246, 259
Glenn, J.H. 279
Globus 38, 46
Glühbirne, elektrische 225, 245, 296
Glühstrumpf 296
Gläser, optische 216
Goddard, R.H. 275
Goodyear, C. 182
Grammemaschine 225
Grammophon 254
Great Eastern (Schiff) 165, 168, 210
Greenwich-Zeit 163, 222
Gregory, D. 63, 108
Griechen 12, 15, 16, 47, 165, 309
Grosseteste 49
Groves, L.B. 286
Große Mauer (China) 331
Großes Rad 21, 120, 130
Guericke, O. von 64, 74, 80, 160, 317, 321
Gutenberg, J. 31–36, 130, 142, 184, 315, 316

H

Héroult, P.L.T. 227
Hackworth, T. 149
Hahn, O. 283

Hall, C.M. 227
Hall-Héroult-Verfahren (Aluminiumdarstellung) 227
Halley, E. 62, 65, 84
Hargreaves, J. 93, 120, 316
Harris, J. 68, 75
Harrison, J. 26, 130
Hartree, D.R. 306, 310
Harvey, W. 54, 61
Hautefeuille, J. de 75, 321
Hedley, W. 149
Heisenberg, W. 284
Helmholtz, H. von 216, 238
Helmont, J. van 65
Hemmung (Uhr) 24, 63, 246
Henry, J. 161, 227, 240, 317
Henschel, J.F. 119
Hero von Alexandrien 60
Heron 14
Heronische Maschine 86, 233
Hertz, H. 239–242, 253, 258, 271, 317
Hertzsche Wellen 242, 243, 246, 317
Hindenburg (Luftschiff) 261
Hipparchos 12, 13
Hippokrates 28
Hire, P. de la 71
Hirn, G.A. 200, 202, 203, 232
Hiroshima 288, 291
Hitzeschild 278
Hochfrequenz 240, 241, 246, 255
Hochofen 6, 21, 70, 95, 111, 186
Hodgkinson, E. 166, 177
Hoell, J.K. 86
Holker, J. 121
Hollerith, H. 271
Holmes, O.W. 192
Home, F. 95
Hooke, R. 26, 62, 63, 65, 129
Hopper, G. (Konteradmiralin) 327
Hughes, D.E. 244
Humboldt, A. von 119, 164
Humboldt, W. von 4, 146, 164
Hume, D. 102, 108, 134
Hund (Schienenwagen) 41
Hutton, J. 195
Huxley, A. 254
Huygens, C. 63, 66, 75, 80, 99, 321

I

IBM (International Business Machines) 302, 308
IG Farben 216
Indigo 215
Induktion
— elektromagnetische 161
Induktion, elektromagnetische 197, 208, 240, 241
Industie
— Textil- 148
Industrie
— -forschung 268
— -gesellschaft 100, 117
— -städte 70, 144, 234
— Ausstellungen 133
— — Große Ausstellung 181–185, 193
— Auto- 117, 142, 237
— — amerikanische 252
— Bergbau- 77, 93, 138, 146, 148, 196, 232, 324
— chemische 6, 94, 123–125, 129, 145, 182, 191, 194, 215, 267, 268, 298
— Dampfmaschinen- 140, 155, 219
— Eisen- 65, 69, 95, 96, 101, 126, 134, 211, 296
— — Walzwerke 111, 223
— Eisen- 186
— Elektrizitäts- 206, 214, 226–228, 232, 297
— Elektronik- 257
— Fahrrad- 237
— Farbstoff- 189, 191, 216, 267
— Freizeit- 298
— Gas- 190, 296, 297
— Kohlen- 117
— Luftfahrt- 249, 260, 264
— Management 148
— Management- 238
— Metall- 129
— Mineralöl- 202, 238, 267, 296
— optische (in Deutschland) 252
— Rüstungs- 250
— Schwer- 124
— strategische 148, 228
— Textil- 90–94, 96, 109, 110, 121, 123, 124, 139–141, 148, 149, 176, 190, 194, 238, 325
— Uhrmacher- 26

Ingenieur
— Bau- 96
Ingenieure 26, 34, 36, 42, 51, 55, 58, 63–65, 71, 129, 159, 165, 197, 198, 316
— amerikanische 227, 231, 262
— arabische 19
— Ausbildung 120, 126, 127, 133
— Bau- 88, 118, 126, 146, 299, 318, 329, 330
— Chemie- 312, 319
— — — neuer Beruf 267
— Computer- 312
— deutsche 232, 257, 260, 264, 276, 298, 326
— Eisenbahn- 229
— Elektro- 215, 227, 254, 319
— Elektronik- 312
— Elektronik-, neuer Berufszweig 256
— englische 127, 146, 155, 183, 221, 231
— französische 87, 154, 166, 171, 232, 243
— hydraulische 66, 83, 87, 96
— in der Slowakei 42, 84
— Maschinenbau- 280
— Telegrafen- 205, 319
— Tier- 97
— ungarische 22
integrierte Schaltkreise 308, 312
Ionosphäre 242, 255
Isherwood, B.F. 203, 232

J
Jacobi, C.G. 270
Jacobi, M.H. 179, 197
Jacquard, J.M. 121
Jacquard-Webstuhl 121, 141, 148, 168, 271
Jacquin, N. 120
Jars, G. 87
Jeffries, J. 125
Jenner, E. 191
Jevons, W.S. 204, 223, 224, 290, 292, 306, 325
Joule, J.P. 5, 6, 196–199, 201, 203, 204, 206, 226, 248, 278, 326
Journalismus 68

K
Kabelzugtechnik 150
Kalender 6, 9, 13
Kalorische Maschine 179, 182

Kalzinieren 116
Kanal
— -bau 36, 65, 71, 148, 151, 196
— -netz 95, 162
Kanalisation 192, 299
Kanonen 6, 22, 40, 43, 51, 55, 70, 95, 104, 140, 210, 237, 250, 273, 287, 295, 317
— Steuerung 217, 250, 270
Kardiermaschine 91, 120, 121, 238
Kathedrale 181
Kathedralen 20, 25, 27, 100, 318
Kathodenstrahl 245
— - oszillograph 258
— -oszilloskop 255
— -röhre 244, 282, 306
— -röhre, braunsche 255
Kay, J. 90, 93
Keir, J. 123
Kelvin, Lord siehe Thomson, W. (Lord Kelvin)
Kepler, J. 45, 62, 99, 320
Keplergesetze siehe Physik
Kern
— -fusion 289, 291, 292
— -spaltung 283, 288
Ketley, R.R. von 95
Kindbettfieber 192
Kinder
— als Fabrikarbeiter 173, 175, 177, 271
Kinematik 133, 136
Kirchhoff, G.R. 240
Klein, F. 264
Klystron 258
Koch, R. 192
Kohlrausch, R.H.A. 207, 216, 239
Kolumbus, C. 37, 38, 47, 260, 273
Kompaß 21, 28, 51, 144, 163
— Kreisel- 250
Kondensator
— Dampf- 103, 104, 107, 125, 153, 156, 199, 200, 202
— elektrischer 240, 282
Kopernikus, N. 39, 45, 53
Korolew, S.P. 327
Kraft-Wärme-Kopplung 294
Kraftwerk 225–227, 229, 231, 294
— Atom- 288, 290
— Fusions- 292
— hydraulisches 218

— Wasser- 294
Kriegsschiffe 14, 66, 134, 165, 210, 218, 225, 250, 275, 290, 309
Kristallgerät 246, 247
Kristallpalast 180
Kuhn, T.C.(ff) 314
Kunstseide 268
Kurzwellen 241, 255, 258, 259

L
Ladungseinheit 206, 207, 209
laisser faire 65, 117, 174
laisser-faire 320
Langwellen 255
Laplace, P.S. de 115, 143
latente Wärme 102, 103, 114, 138, 198, 201
Lavoisier, A.-L. 5, 115, 116, 120, 122, 143–145, 315
Lawrence, E.O. 282
le Nôtre, A. 81
Lean, J. 138, 175, 200
Lebensmittelherstellung 298
Leblanc, N. 123
Leblanc-Verfahren 124, 145
Lebon, P. 139
Leibniz, G.W. 54, 63, 72, 198
Lenoir, J.J.E. 217, 219
Leuchtturm, von Eddystone 88, 146, 318
Leupold, J. 97
Leydener Flasche 240
Licht, elektrisches 297
Lichtbogenlampe 144, 223
Lichtgeschwindigkeit 207, 209, 239–241, 254, 256, 284, 293
Liebig, J. von 5, 164, 182, 189, 191, 212, 324
Lilienthal, O. 248
Lister, J. 212
Literary and Philosophical Society 144, 204
Liverpool-Manchester-Railway 149, 151, 152, 158, 163, 165
Lochstreifen 303
Locke, J. 99
Lokomotive 149–151, 170, 177, 178
— elektrische 106, 152, 179, 228, 319
— Planet 223, 262, 304, 321
— Straßen- 136, 141, 148
Lokomotive, Dampf- *siehe* Dampflokomotive
Lombe, T. und J. 74

Lomonosow, M. 119
Lorentz, H.A. 239
Lorenzsystem (Leitsystem für Flugzeuge) 257
Louis, J.V. 109
Luftfahrt 235, 247–249, 264, 301
— zivile 250, 260–263
Luftpost 260, 262
Luftschiffe 249
— Akron 261
— Hindenburg 261
— Macon 261
— R-101 261
— Zeppelin 257, 260
Luftverschmutzung 235
Lunar Society 97, 100, 146
Lyell, C. 195

M
Macadam, J.L. 145
MacLaurin, C. 108
Magellan, F. 37, 273
Magnet
— -band 307, 308
— -zünder 197, 203, 224
Magnetismus 28, 36, 153, 160, 161, 203
Magnetron 258, 259, 271, 318
Magnetzünder 162, 179, 181
Malthus, T.R. 196
Manhattan-Projekt 286–288
Mantelstromtriebwerk 265
Marconi, G. 242, 315, 316, 318
Mariotte, E. 58, 72, 111
Martine, G. 108
Marx, K. 177, 193
Maschinenfabrik Augsburg-Nürnberg (MAN) 230
Massachusetts Institute of Technology (MIT) 214, 270, 308
Massenproduktion 32, 93, 142, 148, 176, 238, 250
Massenspektrograph 281, 283, 286
Mateucci, F. 220
Mauchly, J. 304, 305, 307, 310
Maudsley, H. 140, 150, 171
Maxwell, J.C. 1, 6, 23, 206–210, 253, 310
Maxwellsche Theorie 239, 241, 242, 253, 254
Maybach, W. 221, 222, 237
Mayer, J.R. 198

McCormick, C. 173, 182
Mechanik 20, 25, 27, 36, 214, 271
— Newtonsche 46, 62, 68, 72, 116, 198, 253, 254, 276, 278
Medizin 27, 39, 127, 191
— Antibiotika 51, 268
— Anästhetika 191
— Aspirin 215
— Chemotherapie 215
— Keimtheorie 191, 212, 318
— Penicillin 268
— Salvarsan 215
Meitner, L. 283
Menabrea, L.F. 270
Menai-Hängebrücke *siehe* Eisenbrücke (Menai-Hängebrücke)
Mendel, G. 97, 196, 234
Meres, J. 83
Metallbearbeitung 311, 330
Metallurgie 10, 15, 20, 21, 36, 43, 65, 116, 158, 181, 186
Metcalf, J. 145
Meteorologie 64, 101, 145, 244
metrisches System 132
Mikoviny, S. 119
Mikroprozessor 308
Mikroskopie 216
Mikrowellenherd 259
Miniaturisierung, der Elektronik 309
Mittelwellen 255
Moderatoren 286
Mondlandung 278
Monge, G. 132
Montgolfier, J. und E. 125, 134, 146, 165
Monthly Engine Reporter 200
Monthly Engine Reporter (Zeitschrift) 138, 154, 175
Morins Compteur 14, 251, 270, 310
Morse, S. 163
Morton, W.T.G. 191
Moseley, H. 177
Motor
— Benzin- 221, 230, 231, 236, 237, 247, 248, 252
— Diesel- 229–231, 252
— Druckwasser- 217
— Düsen- 35, 262, 271, 276, 278, 324, 331

— Elektro- 161, 162, 179, 183, 197, 201, 224, 226, 228, 231, 237, 247, 248, 251, 282, 290, 317
— Gas- 75, 221, 222, 228, 231, 247, 252
— Otto- 219
— Wechselstrom- 228
Motorbusse 298
Motorrad 222
Murdock, W. 139
Mähdrescher 174
Mähmaschine 173

N
Nagasaki 288, 291
Napier, J. 108
NASA 278
National Academy of Sciences 211, 253, 285
Navier, C.L.M. 133
Navigation 37, 52, 88, 257, 280
Nebelkammer 282
neptunische Theorie 195
Neumann, J. von 304, 305, 310
Neutron 282, 283, 286, 287
Newcomen, T. 77–80, 130, 222, 321
Newcomen-Maschine 71, 78–80, 83–86, 94, 95, 101, 102, 104, 106, 107, 125, 139, 151, 152, 200, 265, 304, 316, 321, 324
Newman, M.H.A. 303, 306, 310
Newton
— *Opticks* 102
— *Principia* 62, 63, 67, 83, 116, 196, 198, 278
Newton, I. 25, 45, 62, 65, 67, 99, 112, 129, 144, 162, 196, 198, 239, 253, 278, 293, 320
Nightingale, F. 185, 211
Nordmühle, in Belper 113, 176
Nuklearbatterie 286, 289
Null 19
Nylon 268
Nähmaschine 51, 182

O
O'Kelly, J. 84
Oberth, H. 275, 276
Ockham, W. von 49
Oersted, H.C. 144, 160, 162
Ohain, H.P. von 264
Ohm, G.S. 205

Oppenheimer, R. 287, 289
Otto, N.A. 220–221, 237, 316

P
Paine, T. 110
Papier 21, 31
Papin, D. 75, 76, 78, 80, 321
Paradigma 315
Parcieux, C. de 87
Parent, A. 58, 72–73, 81, 111, 126, 189, 266
Parker, A. und Z. 187, 193, 316
Pascal, B. 64, 74
Pasteur, L. 212, 298
Patentsystem 67, 80, 330
Paul, L. 90, 93
Pendeln (zur Arbeit) 298
Penicillin 268
Peregrinus, P. 21
Perkin, W.H. 189, 316
Perpetuum Mobile 28, 36, 55, 156, 180
Perronet, J.-R. 118
Perspektive, isometrische 133
Petroleum 202, 296
Peugeot 221, 236
Pflug, sächsischer 20
Phlogiston 116, 155, 157
Photosynthese 116
Physik 28, 55, 114, 128, 144, 145, 153, 191
— Energiebegriff 6, 55, 196, 198, 204, 215, 317, 324
— Feldtheorie 196, 207, 253
— Keplergesetze 62
— Kern- 281–284, 293
Physik, Mechanik *siehe* Mechanik, Newtonsche
Planck, M. 253, 281
Plancksches Wirkungsquantum 253
Plastik 51, 268, 298
Platon 4, 26
Plexiglas 268
Plutonium 285, 286, 288, 290
— -fabrik 287
Pockenimpfung 191
Poincaré, H. 238
Polhem, C. 111, 112, 131
Polo, M. 37
Polymere 268
Popov, A.S. 244

Popper, K. 314
Porta, G. della 74
Positron 283
postindustrielle Gesellschaft 312
Postkutsche 149, 151
Postkutschen 295
Potter, I. 83, 97
Prandtl, L. 264
Priestley, J. 97, 116
Programmierer 312
Prony, R. de 133, 159
Proton 282
Ptolemäus 12, 14, 19, 28, 37
Puddelprozeß 40, 110
Pullmanwagen 224
Pulstechnik 256, 302, 305, 310
Puritaner 65
Pyramiden 331

Q
Quantentheorie 253, 254, 281
Quäker 70, 100

R
Radar 35, 247, 257–259, 271, 285, 301, 302, 305, 309, 310
Radio 239, 243, 244, 247, 253, 254, 257, 259, 290, 318
— -amateure 255
radioaktive Strahlen 281
radioaktive Strahlung 283
Radioaktivität, künstliche 283
Raffinerie 202, 311
Rakete
— Congreve 134
Raketen 265, 275–277, 326
— -antrieb 273, 276, 278, 290
— -technologie 288
— Congreve- 274
— V2- 276, 277, 280, 301
— Weltraum- 295, 327
Ramelli, A. 43, 57
Ramus, P. 49
Randall, J.T. 258, 271, 318
Rankine, W.J.M. 200, 201, 203, 208, 209, 215, 232, 314, 318
Rankinezyklus 230, 319
Raumfahrt 273, 275, 289, 311, 326, 331
Raumfähre 279

Raumsonden 278, 288
— Mariner 280
— Voyager 280
Reaktor
— Fusions- 291
— Spalt- 290
Reaktorunfall *siehe* Windscale, Reaktorbrand, Three Mile Island, Reaktorunfall, Tschernobyl, Reaktorbrand
Regnault, V. 201, 218, 232
Reifen, aufblasbarer 236
Reißverschluß 51
Relativitätstheorie 196, 254
— spezielle 253, 284, 293
Renaissance 27, 31, 45, 49, 54, 61, 140, 148, 164
— neue Wahrnehmung 43, 45, 46
Renaudot, T. 68
Revolution
— Französische 67, 97, 99, 109, 119, 120, 128, 132, 134, 146, 152, 154, 194
— industrielle 3, 6, 26, 31, 53, 57, 65, 90, 96, 111, 112, 126, 148, 175, 193, 234, 271, 320
— Informations- 35, 44, 280, 307
— technologische 194, 290, 315
— wissenschaftliche 2, 6, 27, 29, 37, 42, 60, 253, 281, 315, 317
Ridley, J. 174, 182
Ringmagneten 308
Ritter, J.W. 224
Roberts, R. 141, 150, 168
Rochas, A.B. de 219, 221
Roebuck, J. 94–96, 104, 123
Rohrbach, A.K. 260
Royal College of Chemistry 189, 191
Royal Institution 144, 161
Rutherford, E. 281
Röbling, J.A. 171
Römer 15–17, 20, 47, 65, 165
— -straßen *siehe* Straßen, Römer-
Römisches Recht 15, 28, 49, 194, 325
Röntgen, W.C. 281
Röntgenstrahlen 281

S
Séguin, M. 146, 150, 171, 223
Sacharow, A. 291

Satelliten 274, 277, 278, 280, 288
— Nachrichten- 280
Savery, T. 75–78, 80, 83, 255, 321
Savery-Maschine 75–77, 83, 106
Scheele, K.W. 124
Schemnitz, Bergbau in 84, 86, 87, 119
Schiffchen, fliegendes 90
Schiffsbau 14, 19, 37, 58, 113, 168, 169, 223
Schilling, Baron 162
Schreibmaschine 271, 297, 311
Schwarzpulver 22, 316
Schweigger, S.C. 162
Seefahrer 37, 280
Semmelweis, I.P. 192, 212, 318
Shakespeare 129
Sheppard, A.B. 278
Shockley, W. 259
Siemens AG 308
Siemens, C. 214
Siemens, F. 186
Siemens, W. 186, 214, 225
Siemens, W. von 204, 214, 239
Siemens-Martin-Verfahren 168, 186
Signalanlagen 223, 298
Silikonchips 308
Silizium 259
Skalenproblem 112
Sklaverei 17–18, 142, 165, 326
Smeaton, J. 88–90, 94, 95, 101, 106, 107, 112, 117, 126, 145, 146, 152, 166, 187, 315, 318, 324
Smiles, S. 4, 7, 10, 168, 195, 320
Smith, A. 101, 108, 193
Smith, W. 195
Snow, J. 192, 318
Soda 123, 267
Soddy, F. 281
Sommering, S.T. 144
Sonne, Hertzsche Wellen von der 243
Soufflot, J.G. 109
Southern, J. 139
Sperry, E. 251
Spinnmaschine 43, 74, 90, 93, 106, 120, 141, 176, 316
Spinnrad *siehe* Sächsisches Rad, Großes Rad
Sputnik 277, 278
Stacheldraht 51, 172

Stahl 10, 111, 129, 172, 180, 185, 200, 211, 223, 236, 260, 295, 298, 329
— -herstellung 40, 168, 185, 186, 189
— Damaszener 10
Stahl, G.E. 116
Staubsauger 298
Steinheil, C.A. 162
Stephenson, G. 137, 149, 320
Stephenson, R. 149, 150, 152, 166, 223, 228
Stevin, S. 66
Stibnitz, G. 302
Stirling, R. 157
Stirling-Maschine 157, 180, 186, 229, 294
Stockton-Darlington-Railway 149, 150
Strassmann, F. 283
Straßen 97, 237
— -bahn 228, 230, 234, 298
— -bau 64, 71, 145, 238
— -netz 64, 71, 236
— -verkehr 262, 311
— Römer- 20, 331
Straßenbahn 150
Stromeinheit 206
Strutt, W. 110, 113
Sturgeon, W. 160, 227, 317
Suezkanal 168
Swan, J. 225
Sächsisches Rad 21, 90, 120, 130

T
Technik
— amerikanische 142, 172, 193
— Bau- 14, 71, 109, 325
— chinesische 16
— deutsche 20
— Elektro- 160–162, 215, 228, 301
— englische 181
— französische 132, 171
— griechische 13, 14, 26
— intermediäre 296
— italienische 20
— Metallbearbeitungs- 43, 77, 95, 139, 166, 168
— mittelalterliche 20, 29
— und Energie 7
— und Naturwissenschaft 4, 5, 7, 50, 53, 73, 129, 186, 317, 331
— und Religion 11, 16, 29, 45, 65, 325

— und Technologie 2, 6
Technische Hochschulen 4, 37
— Bauakademie in Berlin 146, 171
— Bergakademie in Freiberg (Sachsen) 119
— Bergbauakademie in Schemnitz (Slowakei) 120
— Bergbauschule von St. Etienne 159
— Chemie, neues Fach 267
— Ecole des Ponts et des Chaussées 118
— Ecole du Génie 119, 127, 154
— Ecole Polytechnique 120, 125, 132, 154, 171
— Polytechnikum 146, 214
— Royal Military Academy 119
— West Point Military Academy 171
technisches Zeichnen 132
Technologie 6, 68, 85, 313, 318, 322, 328–330
— chemische 267
— der Navigation 330
— der Renaissance 330
— Informations- 35, 175, 241
— Kraftwerks- 72, 80, 160
— strategische 10, 31, 148, 168, 238, 268, 311, 325, 328
— und Kunst 20, 29, 45, 329
— und Wissenschaft, Wiederbelebung der deutschen 116, 147, 164, 193
— Weltraum- 268
Teflon 268
Teilchenbeschleuniger 282
Telefon 214, 242, 246, 247, 280, 301, 302
Telegrafie 144, 162, 164, 179, 185, 194, 203, 205, 242, 243, 247, 274, 275
— drahtlose 243–244, 246, 250, 315
— von Chappe 134, 259
Teleskop 55, 60, 62, 140, 273
Telford, T. 145, 165
Terzi, L. 64
Tesla, N. 228
Textil
— -maschinen 26
Textilfabrik 99, 105, 111, 113, 114, 126, 148, 187, 222, 271
Textilmaschinen 114, 121, 139, 142, 184
Thermodynamik 36, 107, 159, 199–201, 219, 229, 267, 316, 317, 323
Thermometer 55, 60, 101, 108
Thomas von Aquin 27, 49

Thomson W. (Lord Kelvin) 226, 227
Thomson, G.P. 285
Thomson, J. 188, 251, 270, 310
Thomson, W. (Lord Kelvin) 6, 158, 188, 199, 201, 203, 205, 211, 240, 244, 251, 310
Three Mile Island, Reaktorunfall 291
Thurston, R.H. 203, 232
Tiefdecker 261, 262
Tin Lizzie *siehe* Auto, Modell T
Titanic 169, 223, 244
Tokamak 291
Tonband 299
Torpedo 211, 228, 243, 290
Torricelli, E. 63, 72, 74
Townshend, Lord 69, 96
Transport
— motorisierter 239
transatlantische Passagierflüge 260
transatlantischer Handel 153
transatlantisches Kabel 210
Transistor 259, 308, 312
Transport
— Eisenbahn- 187, 222
— Kutschen- 263
— Kutschen- 148
— Luft- 169, 260, 261
— motorisierter 325
— Schiffs- 71, 96, 153, 187, 223
— Straßen- 141
Trevithick, R. 136–138, 149, 152, 155, 165, 277
Triewald, M. 79, 84, 112, 187, 316
Triode 246, 258, 259
Triremus 14, 304
Tritium 283, 291, 292
Tschernobyl, Reaktorbrand 291, 292
Tsiolkowski, K.E. 275, 327
Tull, J. 68, 96, 127
Turbine 51, 88, 137, 159, 160, 187, 188, 193, 228, 231, 250, 265, 266, 290, 316, 323
Turbinen 290
Turbojet 266
Turing, A. 302–303, 305, 306, 310
Tuve, M.A. 256

U
Uhr 6, 14, 23–27, 30, 35, 36, 46, 53, 60, 61, 63, 90
— -macher 25–27, 46, 47, 141, 251, 317
— astronomische 25
— Atom- 26
Uhrmacherindustrie *siehe* Industrie, Uhrmacher-

Umweltverschmutzung 5, 238, 292, 299
Universität, Humboldtsche 4, 146, 164
Universitäten
— deutsche 4, 5, 164, 217, 264, 268
— englische 118, 164, 189
— französische 118, 164
— mittelalterliche 27, 28, 164
— schottische 108, 118
Unterseeboote 211, 251, 275, 290
— Nautilus 290
Uran 281, 283–285, 288, 293
Ure, A. 176
Urey, H.C. 283
USA
— amerikanischer Weg 171, 172, 184
— Unabhängigkeitskrieg 100, 171

V
Verbrennung 116, 197, 219, 230
— -smaschine 219
Vermuyden, C. 66
Verne, J. 195, 273, 326
Versailles
— Vertrag von 260, 275
Versailles, Schloß von 80
Verzweigungslogik 302–304
Vesalius, A. 39
Vinci, L. da 45
vis viva 63, 72, 88, 132, 159, 198
Viviani, V. 74
Volta, A. 143, 161
Voltaire, F.-M. 65
Voyager (Raumsonde) 280

W
Walton, E.T.S. 282
Ward, J. 94
Warenhäuser 297
Warren, J.C. 191
Wassermühlen 31
Wasserrad 6, 106, 126, 137, 140, 155, 187, 266
— Brustrad 89, 94, 114
— oberschlächtig 87, 89, 91, 94

— oberschlächtiges 187
— unterschlächtig 72, 88, 89, 160
— von Marly 83, 85
Wasserräder 21, 26
Wasserstoff 289
— -isotope 282, 283
Wasserstoffisotope 291
Wassersäulenmaschine 86, 87, 136, 155, 159, 187, 216
Wasserwebrahmen 91, 120, 121
Watt, J. 14, 18, 58, 96, 97, 101–108, 112, 114, 118, 123, 126, 130, 135, 138, 154, 155, 165, 200, 222, 232, 238, 243, 267, 271, 316, 317, 320, 323
Watt, J. (jr) 119
Weber, M. 65
Weber, W.E. 162, 206, 207, 239
Wedgwood, J. 97, 100
Wells, H.G. 235, 247, 273, 298, 326
Werkzeug, maschinelles 148, 150, 168, 170, 173, 177, 183, 185, 200, 237, 312
Werner, A.G. 119, 195
Wettrüsten 249
— atomares 285
Wheatstone, C. 163, 203, 205, 227
Wheeler, J.A. 283
Whewell, W. 4
White, J. 94
Whitney, E. 142, 316
Whittle, F. 265, 267
Whitworth, J. 141, 168, 183
Widerstandseinheit 205
Wiener, N. 310
Wilde, H. 204
Wilkins, M. 271
Wilkinson, J. 101, 140
Williams, F.C. 306
Windkanal 248
Windmühle 21, 36, 47, 89
Windscale 289, 290
— Reaktorbrand 290
Winzer, F.A. 139
Wissenschaft
— antike 13, 15, 17
— deutsche 4, 20
— häretische 28, 36, 43, 326
— reine 4
— und Technologie 128, 129

— Wurzeln der 8
Wissenschaft und Technik *siehe* Technik und Naturwissenschaft
Wissenschaft, neue *siehe* Galilei, G., Newton, I.
Woolf, A. 138, 155
Woolf-Maschine 138, 154
Wren, C. 38, 62, 65
Wright, O. und W. 235, 247
Wrigley, J. 106
Wyatt, J. 90
Wärmekapazität 101, 213
Wärmekraftmaschine 136, 156–158, 201, 202, 219, 221, 229, 233, 294, 319, 323, 324
Wärmepumpe 294

Y
Yukawa, H. 283

Z
Zeiss, C. 216
Zeit
— -messung 23, 26
— Mechanisierung der 26, 45, 46
Zeitung
— Kriegsberichterstattung 185
— Tages- 68
Zelluloid 268
Zonca, V. 43
Zuse, K. 301, 310
Zweiflügler 261, 286
Zyklotron 282, 283

If you have any concerns about our products,
you can contact us on
ProductSafety@springernature.com

In case Publisher is established outside the EU,
the EU authorized representative is:
**Springer Nature Customer Service Center GmbH
Europaplatz 3, 69115 Heidelberg, Germany**

Printed by Libri Plureos GmbH
in Hamburg, Germany